实用模具设计与生产应用手册

挤压模与热锻模

SHIYONG MUJU SHEJI YU
SHENGCHAN YINGYONG SHOUCE
JIYAMU YU REDUANMU

刘志明　编著

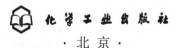

·北京·

本书是笔者基于多年一线设计与生产工作经验的基础上完成的，是多年实践经验的总结。本书内容丰富、简明、图文并茂、重点突出，便捷查阅，紧贴生产实际，以实用为目的。本书分上、下两篇：上篇为冷挤压模，重点介绍了冷挤压基础知识（工艺性、挤压毛坯制备、挤压力计算、挤压温度等）、挤压模具设计、特种挤压技术、冷挤压用材料、冷挤压模图例和冷挤压机；下篇为热锻模，重点介绍了模锻件的结构工艺性、锤上锻模设计、胎膜设计、螺旋压力机用锻模设计、平锻机用锻模设计、热模锻压力机用锻模设计、热模锻设备和热作模具钢。

本书可供从冷、热挤压模具和热加工锻压模具设计等相关工作的工程技术人员参考，也可供高等院校、职业院校相关专业师生参考。

图书在版编目（CIP）数据

实用模具设计与生产应用手册．挤压模与热锻模/刘志明编著．—北京：化学工业出版社，2019.6
ISBN 978-7-122-34024-5

Ⅰ.①实⋯ Ⅱ.①刘⋯ Ⅲ.①模具-设计-手册②挤压模-设计③锻模-设计 Ⅳ.①TG762-62

中国版本图书馆 CIP 数据核字（2019）第 041410 号

责任编辑：张兴辉　金林茹　　　　　　　　文字编辑：陈　喆
责任校对：宋　夏　　　　　　　　　　　　装帧设计：王晓宇

出版发行：化学工业出版社（北京市东城区青年湖南街 13 号　邮政编码 100011）
印　　装：大厂聚鑫印刷有限责任公司
787mm×1092mm　1/16　印张 25½　字数 684 千字　2019 年 9 月北京第 1 版第 1 次印刷

购书咨询：010-64518888　　　售后服务：010-64518899
网　　址：http://www.cip.com.cn

凡购买本书，如有缺损质量问题，本社销售中心负责调换。

定　价：128.00 元　　　　　　　　　　　　　　　　　　版权所有　违者必究

前言
PREFACE

  在现代机械工业生产中，随着坯料品的制备与精加工工艺的进步，热锻压技术与挤压工艺技术无疑成为机械加工中无切削加工的重要工艺手段。机械产品中的许多零件并不是直接用原材料加工而成的，而是要先经过锻压来改善内部组织结构，消除片状碳化物，使组织结构细化均匀，纤维流向一致，以增强钢制零件的刚度与强度。

  锻压工艺按锻压设备可分为锤模锻、螺旋压力机用模锻、平锻机用锻模、热模锻压力机用锻模等。在通用机械制造中，锻压技术广泛用于坯料制品与无切削加工的产品中。

  在机械加工中也可将金属材料直接经过模具挤压成精度较高的零件。挤压技术也是无切削加工的重要的加工工艺。挤压技术的装备是挤压模具，该模具必须具有高强韧性、高硬度、高耐磨性才能满足被挤压金属产品的要求。挤压成型工艺也是现代机械制造业少切削加工的先进工艺技术。冷挤压用的材料有纯铝与铝合金、纯铜和无氧铜、纯镍、锌与锌镉合金、纯铁与碳素钢、低合金钢、不锈钢、轴承钢等。挤压成型的零件不仅精度高，而且表面光洁，表面粗糙度可达 $Ra0.4 \sim 1.4\mu m$。被挤压的零件强度和刚度大大提高，可用低强度的钢材代替高强度的钢材。挤压成型模具也是模具工业的重要工艺装备。随着现代化工业的高速发展，其应用范围也越来越广。

  本书是笔者基于多年从事模具设计的实践经验编写的，将模具设计中应用的相关基础理论与实践经验相结合，较为详细地介绍了挤压成型技术和热锻模具成型技术。本书内容丰富、简明、实用、图文并茂、重点突出，力求使读者易懂，便捷查阅。本书分上、下两篇：上篇为冷挤压模，重点介绍冷挤压基础知识（工艺性、挤压毛坯制备、挤压力计算、挤压温度等）、挤压模具设计、特种挤压技术、冷挤压用材料、冷挤压模图例和冷挤压机；下篇为热锻模，重点介绍了模锻件的结构工艺性、锤上锻模设计、胎膜设计、螺旋压力机用锻模设计、平锻机用锻模设计、热模锻压力机用锻模设计、热模锻设备和热作模具钢。

  由于笔者专业知识水平有限，书中难免有不足之处，敬请读者批评指正。

编著者

目录

上篇 冷挤压模

第1章 冷挤压的分类和工艺性 … 2
1.1 冷挤压的分类 … 2
1.2 冷挤压件的合理形状和尺寸 … 4
1.3 挤压件的精度和表面粗糙度 … 6
 1.3.1 热挤压件的精度和表面粗糙度 … 6
 1.3.2 冷挤压件的精度和表面粗糙度 … 6
 1.3.3 温挤压件的精度和表面粗糙度 … 9

第2章 挤压毛坯的制备及处理 … 10
2.1 冷挤压工艺对毛坯的要求 … 10
2.2 毛坯的尺寸计算 … 10
2.3 毛坯的软化处理 … 14
2.4 毛坯的表面处理与润滑 … 17
 2.4.1 有色金属的表面处理 … 19
 2.4.2 钢材的表面处理 … 20

第3章 冷挤压变形程度与挤压力的计算 … 21
3.1 变形程度的表示方法 … 21
3.2 变形程度计算公式 … 22
3.3 许用变形程度 … 23
3.4 挤压力的计算 … 24
 3.4.1 冷挤压力的计算 … 24
 3.4.2 温挤压力的计算 … 34
 3.4.3 热挤压力的计算 … 36

第4章 挤压温度 … 41
4.1 挤压温度的选择原则 … 41
4.2 温挤压温度的选择 … 41
4.3 热挤压温度的选择 … 42
4.4 挤压模具的预热与冷却 … 44
 4.4.1 挤压模具的预热 … 44
 4.4.2 挤压模具的冷却 … 44

第5章 挤压模具设计 … 45
5.1 冷挤压模具设计 … 45
 5.1.1 冷挤压模具的设计要求 … 45
 5.1.2 冷挤压模具工作零件设计 … 45
5.2 温挤压模具设计 … 60
 5.2.1 温挤压整体模具设计 … 60
 5.2.2 温挤压组合凹模设计 … 61

5.3 热挤压模具设计 … 61
5.3.1 热正挤压凸模设计 … 61
5.3.2 热反挤压凸模设计 … 61
5.3.3 热正挤压凹模设计 … 62
5.3.4 热反挤压凹模设计 … 63
5.3.5 热挤压组合凹模设计 … 64
5.3.6 镦挤模的设计与计算 … 67
5.3.7 热挤压凸模与凹模的间隙 … 69
5.4 挤压模结构设计 … 69
5.4.1 挤压模凸模的紧固方式 … 69
5.4.2 挤压模凹模的紧固方式 … 71
5.4.3 挤压模架设计 … 71
5.4.4 卸件和顶出装置 … 72
5.4.5 垫板的设计 … 76
5.4.6 模具导向装置的设计 … 76
5.4.7 挤压模的冷却装置 … 80

第6章 特种挤压技术 … 81
6.1 静液挤压 … 81
6.1.1 静液挤压的特点 … 81
6.1.2 静液挤压分类及应用范围 … 81
6.1.3 静液挤压的液体介质 … 82
6.1.4 静液挤压工艺参数 … 83
6.2 高压介质的选用 … 83
6.3 静液挤压模具 … 83

第7章 冷镦和冷挤压用材料 … 85
7.1 冷镦和冷挤压用钢的化学成分 … 85
7.2 冷镦和冷挤压用钢的力学性能 … 86
7.3 冷镦和冷挤压用钢的特性和用途 … 87
7.4 常用冷作模具材料的选用 … 89
7.5 热挤压模的材料选用举例及其要求的硬度值 … 90
7.6 常用冷挤压模的热处理规范 … 90

第8章 冷挤压模图例 … 91
8.1 黑色金属正挤压模 … 91
8.2 黑色金属可调式挤压模 … 92
8.3 有色金属反挤压模（1） … 94
8.4 有色金属反挤压模（2） … 96

第9章 冷挤压机 … 97
9.1 J87系列曲轴式冷挤压机技术参数 … 97
9.2 J88系列肘杆式冷挤压机技术参数 … 97
9.3 UKR系列冷挤压机技术参数 … 98
9.4 Y61系列金属冷挤压液压机技术参数 … 98
9.5 J2系列冷挤压机技术参数 … 98

下篇 热 锻 模

第10章 模锻件的结构工艺性 ... 100
10.1 模锻件的分类 ... 100
10.1.1 锤上模锻件的分类 ... 100
10.1.2 螺旋压力机上模锻件的分类 ... 100
10.1.3 热模锻压力机上模锻件的分类 ... 101
10.1.4 平锻机上模锻件的分类 ... 102
10.1.5 胎模锻件的分类 ... 103
10.2 模锻件设计注意事项 ... 104
10.3 模锻件的尺寸公差和加工余量 ... 108
10.3.1 确定模锻件公差和机械加工余量的主要因素 ... 108
10.3.2 钢质模锻件公差 ... 109
10.4 模锻斜度 ... 119
10.5 圆角半径 ... 120
10.6 凸台与筋的结构 ... 121
10.7 冲孔连皮与压凹 ... 122
10.8 锻件图的技术条件 ... 123

第11章 锤上锻模设计 ... 124
11.1 制坯工步的选择 ... 124
11.1.1 圆饼类锻件制坯工步的选择 ... 124
11.1.2 长轴类锻件制坯工步的选择 ... 126
11.1.3 计算毛坯图 ... 127
11.1.4 模锻方法的选择 ... 129
11.2 毛坯尺寸计算 ... 130
11.3 锻锤吨位计算 ... 130
11.4 制坯模膛设计 ... 132
11.5 终锻模膛设计 ... 138
11.5.1 热锻件图 ... 138
11.5.2 飞边槽 ... 139
11.5.3 钳口 ... 141
11.6 预锻模膛设计 ... 143
11.7 锤上锻模结构设计 ... 146
11.7.1 锻模紧固方法 ... 146
11.7.2 键块尺寸和垫片尺寸 ... 149
11.7.3 中间模座尺寸 ... 149
11.7.4 模膛布排 ... 149
11.7.5 锁扣设计 ... 152
11.7.6 模块结构设计 ... 154
11.7.7 锤锻模块规格标准 ... 170
11.7.8 模膛主要尺寸公差与表面粗糙度 ... 170
11.7.9 锤上锻模设计实例 ... 171

第12章 胎模设计 ... 179

12.1	胎模分类	179
12.2	胎模锻工艺	180
12.3	胎模锻工艺选择	184
12.4	锻件图设计	187
12.4.1	胎模锻件的机械加工余量及公差	191
12.4.2	胎模锻件的收缩率	192
12.4.3	胎模锻件的技术要求	193
12.5	坯料计算及选择	193
12.5.1	坯料质量的计算公式	193
12.5.2	坯料尺寸的计算公式	193
12.6	胎模锻设备吨位的确定	194
12.6.1	套筒模成型	194
12.6.2	合模成型	194
12.6.3	垫模成型	194
12.6.4	跳模成型	194
12.6.5	各种空气锤的胎模锻造能力	195
12.7	胎模设计	196
12.7.1	胎模设计特点与要求	196
12.7.2	胎模结构	196
12.7.3	胎模锻实例	211
第13章	**螺旋压力机用锻模设计**	**215**
13.1	螺旋压力机的模锻特点	215
13.2	模锻工艺确定	215
13.3	模锻工步的选择	216
13.4	螺旋压力机吨位的选择	217
13.5	模膛和模块设计	217
13.6	精锻模设计	222
13.7	模架设计	224
13.7.1	模架种类	224
13.7.2	整体式圆形模块模架	224
13.7.3	整体式矩形模块模架	228
13.7.4	组合式圆形模块模架	229
13.7.5	组合式矩形模块锻模模架	231
13.7.6	斜楔和T形紧固螺钉	236
13.7.7	锻模技术要求	237
13.8	螺旋压力机上锻模结构实例	237
第14章	**平锻机用锻模设计**	**241**
14.1	平锻工艺性	241
14.1.1	平锻机的工作特点和工艺特点	241
14.1.2	锻件图设计	242
14.1.3	棒料直径的确定	244
14.2	平锻机压力计算和设备选择	245
14.2.1	平锻机压力计算	245

14.2.2 平锻机吨位选择 …………………………………………………………………… 246
14.2.3 平锻机的技术规格和安模空间主要参数 …………………………………………… 247
14.3 模膛、凸模和凹模设计 ………………………………………………………………… 251
14.3.1 终锻模膛设计 …………………………………………………………………… 251
14.3.2 预锻模膛设计 …………………………………………………………………… 255
14.3.3 聚集模膛设计 …………………………………………………………………… 257
14.3.4 夹紧模膛设计 …………………………………………………………………… 260
14.3.5 卡细模膛设计 …………………………………………………………………… 261
14.3.6 扩径模膛设计 …………………………………………………………………… 262
14.3.7 穿孔模膛设计 …………………………………………………………………… 262
14.3.8 切边模膛设计 …………………………………………………………………… 265
14.3.9 切断模膛设计 …………………………………………………………………… 267
14.3.10 管料镦粗（聚集）模膛设计 ……………………………………………………… 268
14.4 平锻模模具设计 ………………………………………………………………………… 272
14.4.1 模具总体结构 …………………………………………………………………… 272
14.4.2 凸模夹持器 ……………………………………………………………………… 275
14.4.3 凹模体 …………………………………………………………………………… 279
14.4.4 平锻模常用材料及热处理硬度 …………………………………………………… 280
14.4.5 模具主要尺寸公差和表面粗糙度 ………………………………………………… 282
14.5 挤压模设计 ……………………………………………………………………………… 288
14.5.1 水平分模平锻机挤压工艺特点 …………………………………………………… 288
14.5.2 挤压模结构及工作部分主要尺寸 ………………………………………………… 288
14.5.3 热挤压模设计实例 ………………………………………………………………… 289
14.6 平锻模设计实例 ………………………………………………………………………… 293

第15章 热模锻压力机用锻模设计 ……………………………………………………… 313
15.1 热模锻压力机的模锻特点 ……………………………………………………………… 313
15.2 热模锻工步选择 ………………………………………………………………………… 314
15.3 锻件图制定 ……………………………………………………………………………… 315
15.4 坯料计算 ………………………………………………………………………………… 315
15.5 设备吨位的确定 ………………………………………………………………………… 316
15.6 模膛设计 ………………………………………………………………………………… 317
15.6.1 终锻模膛设计 …………………………………………………………………… 317
15.6.2 预锻模膛设计 …………………………………………………………………… 318
15.6.3 制坯模膛设计 …………………………………………………………………… 320
15.7 锻模设计 ………………………………………………………………………………… 322
15.7.1 锻模总体结构和高度尺寸设计 …………………………………………………… 322
15.7.2 模架设计 ………………………………………………………………………… 323
15.7.3 模块设计 ………………………………………………………………………… 334
15.7.4 锁扣设计 ………………………………………………………………………… 337
15.7.5 顶料装置 ………………………………………………………………………… 339
15.7.6 导向装置 ………………………………………………………………………… 346
15.8 热模锻压力机上模锻实例 ……………………………………………………………… 352
15.8.1 倒挡齿轮锻模 …………………………………………………………………… 352

		15.8.2 套管叉锻模	355
		15.8.3 十字轴锻模	357
		15.8.4 连杆锻模	359
		15.8.5 磁极锻模	362

第16章 热模锻设备 … 364

- 16.1 锻锤 … 364
  - 16.1.1 空气锤、蒸汽-空气自由锻锤和模锻锤的技术参数 … 364
  - 16.1.2 锻锤的生产能力 … 366
  - 16.1.3 气液锤 … 367
  - 16.1.4 电液锤 … 368
  - 16.1.5 数控液压锻锤 … 369
  - 16.1.6 对击液气锤 … 370
  - 16.1.7 无砧座模锻锤的主要技术参数 … 370
  - 16.1.8 消振液压锤 … 370
  - 16.1.9 高速锤 … 371
- 16.2 螺旋压力机 … 371
  - 16.2.1 摩擦螺旋压力机 … 371
  - 16.2.2 离合器式螺旋压力机 … 372
  - 16.2.3 液压螺旋压力机 … 373
- 16.3 热模锻曲柄压力机 … 373
- 16.4 平锻机 … 373
- 16.5 水压机 … 374
  - 16.5.1 自由锻造水压机 … 374
  - 16.5.2 模锻水压机 … 376
  - 16.5.3 切边水压机 … 377
- 16.6 油压机 … 378
- 16.7 精压机 … 378
- 16.8 轧锻压力机 … 379
- 16.9 胎模锻设备选用 … 380

第17章 热作模具钢 … 383

- 17.1 模具钢锻造工艺 … 383
  - 17.1.1 模具钢锻造工艺规范 … 383
  - 17.1.2 常用模具钢的临界温度 … 384
  - 17.1.3 热作模具钢的分类 … 385
  - 17.1.4 热作模具钢的用途 … 385
  - 17.1.5 常用热作模具钢的化学成分 … 386
  - 17.1.6 常用热作模具材料的性能比较 … 386
  - 17.1.7 锤锻模具材料及其硬度 … 387
  - 17.1.8 其他类型热锻模材料的选用举例及其硬度 … 387
  - 17.1.9 热挤压模具材料的选用 … 388
  - 17.1.10 胎模锻的胎模材料及其硬度 … 389
  - 17.1.11 螺旋压力机锻模用钢及其硬度 … 389
- 17.2 常用热作模具钢的热处理 … 390

17.2.1　常用热作模具钢的热处理规范 …………………………………………………… 390
　　17.2.2　常用热作模具钢的回火硬度与回火温度的关系 …………………………………… 395
　　17.2.3　常用热作模具钢的高温硬度 ………………………………………………………… 396
　　17.2.4　常用热作模具钢的强韧化热处理规范 ……………………………………………… 396
参考文献 ………………………………………………………………………………………… 397
后记 ……………………………………………………………………………………………… 398

上篇

冷挤压模

第1章
冷挤压的分类和工艺性

1.1 冷挤压的分类

按冷挤压件的形状和成型特点可分为六种基本类型：阶梯轴类、空心类、凸缘类、盘形类、锥形类、齿形类等。冷挤压件的分类见表 1-1，各种毛坯冷挤压的方法示例见图 1-1。

表 1-1 冷挤压件的分类

类别	形状特征	冷挤压件分组				
		单台阶	多台阶	端面带凹	端面带浅孔	锥形过渡
阶梯轴类	单向台阶					
	双向台阶					
		直孔	阶梯孔	带凹窝	双向带孔	锥孔
空心类	盲孔					

续表

类别	形状特征	冷挤压件分组				
空心类	带有凹体	直孔	阶梯孔	带凹窝	双向带孔	锥孔
	通孔					
凸缘类	一端带凸缘	直孔	阶梯孔	双向带孔	通孔	带凸出部分
	中间带凸缘					
盘形类	扁平	实心体	带直孔	带锥孔	带有小孔	双向带孔
	附有凸起					
锥形类	外锥	整体锥形	单向台阶		双向台阶	
	锥孔					
齿形类	外齿	普通直齿	多段直齿	带槽直齿	带孔齿	锥齿
	内齿及异形齿	内齿		螺旋齿		内棘齿轮

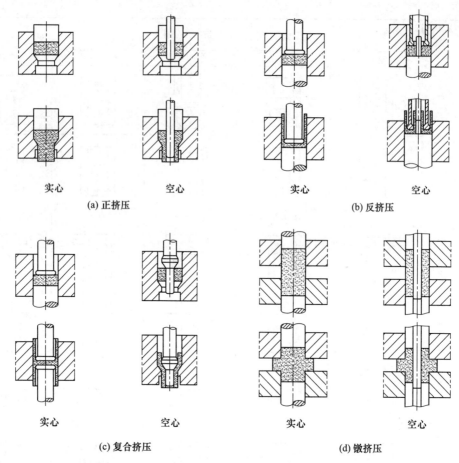

图 1-1 冷挤压的方法示例

1.2 冷挤压件的合理形状和尺寸

① 对于轴向非对称零件的挤压，金属流速差较大、凸模因偏负荷大而易折断，零件成型困难。

② 径向孔和轴向两端小而中间大的阶梯孔不能直接挤出，当径向局部有凸、凹部分，如凸耳、凹槽、加强筋等零件（见图 1-2）。可先挤成对称形状，然后用切边或切削加工方法去掉不必要的部分或采用分别制造、焊接方法组合而成。

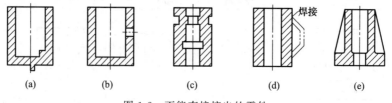

图 1-2 不能直接挤出的零件

③ 冷挤压件的转角处应避免锐角，否则锐角处造成金属流动困难，阻力较大，容易使模具磨损和开裂，故应将冷挤压件的锐角处改为圆角。

④ 冷挤压件有较小的深孔时，其直径小于 10mm 即孔深大于直径的 1.5 倍或挤压前截

面积与挤压后的环形截面积之比小于 1.5 倍时，则应在挤压之后安排钻孔，采用挤压是不经济的。

冷挤压件的合理尺寸见表 1-2～表 1-4。

冷挤压件的锐角改为圆角，推荐表 1-5 供参考。

表 1-2 正挤压的合理尺寸

类型	代号	参数		简　图
		钢	有色金属	
正挤压	挤出入模角 α	90°～120°		
	挤出直径 d	$\geq 0.5D$	$\geq 0.1D$	
	坯料长度 l_0	$\leq 10D$		
	挤出余料厚度 b	$\geq 0.5d$	$\geq 0.2\sim 0.3$mm	

表 1-3 反挤压的合理尺寸

代号	钢	有色金属
挤压凸模角 α	5°～7°	0°～2°
挤压件底厚 b	$\geq t$	$\geq 0.8t$
挤压件壁厚 t	$\geq D/15$	纯铝＞$D/200$，黄铜＞$D/25$
挤压件内径 d	$\leq 0.86D$	$\leq 0.99D$
挤压件内高 l	$\leq (2.5\sim 3)d$	$\leq (6\sim 7)d$
挤压凸模圆角半径 r	≥ 0.5mm	≥ 0.5mm
挤压件外角半径 R	≥ 0.8mm	$\geq 0.2\sim 0.4$mm

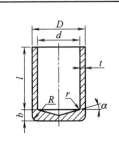

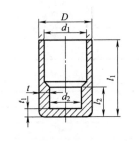

钢：$d_1 \leq 0.86D$　有色金属 $d_1 \leq 0.99D$
$d_2 \leq 0.86 d_1$
$l_1 \leq (2.5\sim 3)d_1$
$l_2 \leq 3d_2$
$t_1 \geq t$（也适用正挤压凸缘厚度）

表 1-4 复合挤压的合理尺寸

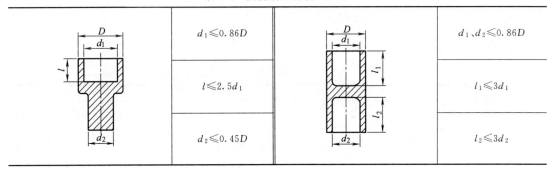

表 1-5　冷挤压件的角部 r 值　　　　　　　　　　　　　　　　　　　　　　mm

D 或 d / H 或 h	外侧 r_1 普通	外侧 r_1 精密	内侧 r_2 普通	内侧 r_2 精密
~10	0.5~2.0	0.3~1.0	1.0~3.0	0.5~1.5
>10~25	0.7~2.0	0.5~1.5	1.5~4.0	0.7~2.0
>25~50	1.0~3.0	0.7~2.0	2.0~5.0	1.0~3.0
>50~80	1.5~5.0	1.0~3.0	2.5~7.0	1.5~5.0
>80~120	2.0~6.0	1.5~5.0	3.0~9.0	2.0~7.0
>120~160	3.6~9.0	2.0~8.0	4.0~10.0	3.0~9.0

1.3　挤压件的精度和表面粗糙度

挤压件的精度和表面粗糙度与压力机的精度和刚性、模具的制造精度、毛坯的软化处理和表面处理及润滑条件有关。

1.3.1　热挤压件的精度和表面粗糙度

垂直于挤压方向的精锻件尺寸偏差见表 1-6。在 3.5MN 曲柄压力机上加工热挤压件的尺寸偏差见表 1-7~表 1-9。

表 1-6　垂直于挤压方向的尺寸偏差　　　　　　　　　　　　　　　　　　　mm

公差		<25	>25~40	>40~60	>60~90	>90~125	>125~160	>160~200	>200~250
上偏差	+	0.50	0.60	0.70	0.80	0.90	1.10	1.20	1.30
下偏差	−	0.20	0.20	0.25	0.30	0.35	0.40	0.50	0.60

注：内膛取反向公差。

表 1-7　垂直于挤压方向的尺寸偏差　　mm

尺寸部位	基本尺寸	公差
外形	<25	+0.3 / −0.2
外形	26~50	+0.5 / −0.3
外形	51~150	+0.7 / −0.5
内形	<50	+0.4 / −1.0
内形	50~100	+0.5 / −1.5

表 1-8　平行于挤压方向的尺寸偏差　　mm

基本尺寸	公差
≤50	+1.0 / −0.5
>50	+1.0 / −0.5

表 1-9　不同心度的偏差　　mm

孔的尺寸	公差
≤25	0.4
26~50	0.7
>50~100	1.0

1.3.2　冷挤压件的精度和表面粗糙度

① 挤压可达到的表面粗糙度见表 1-10。

表 1-10　不同温度挤压件能达到的表面粗糙度　　　　　　　　　　　　　　μm

挤压类型	材料 有色金属 Ra	材料 黑色金属 Ra
热挤压	2.5	10
温挤压	>0.25~0.4	>0.3~0.8
冷挤压	0.4	0.8

② 挤压件的精度及表面粗糙度见表 1-11。

表 1-11　挤压件的精度及粗糙度

挤压类型	尺寸精度	表面粗糙度/μm
一般零件的挤压	IT8 级以上	Ra 3.2～1.6（最小为 0.4）
模具型腔的挤压	IT7～IT8 级以上	Ra 0.8～0.4（最小为 0.2）

③ 正挤压实心件尺寸的极限偏差见表 1-12。

表 1-12　正挤压实心件尺寸的极限偏差　　　　　　　　　　　　mm

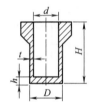

直径 d			长度 L	
基本尺寸	偏差		基本尺寸	偏挠值（ω）
	普通精度	精密级		
10～18	±0.05	±0.008	<100	0.02～0.15
>18～30	±0.07	±0.03	>100～200	0.05～0.25
>30～50	±0.08	±0.04	>200～500	0.10～0.50
>50～80	±0.10	±0.08	>500～700	0.20～1.50
>80～100	±0.12	±0.09	>700～1200	0.50～2.00

④ 反挤压杯形件尺寸的极限偏差见表 1-13、表 1-14。

表 1-13　反挤压杯形件尺寸的极限偏差（$H/D<1.2$）　　　　　　mm

基本尺寸	外径 D		内径 d	
	偏差		偏差	
	普通精度	精密级	普通精度	精密级
<10	±0.08	±0.05	±0.10	±0.05
>10～30	±0.10	±0.06	±0.10～±0.20	±0.05～±0.10
>30～40	±0.12	±0.07	±0.15～±0.25	±0.10～±0.15
>40～50	±0.15	±0.10	±0.20～±0.25	±0.10～±0.15
>50～60	±0.20	±0.12	±0.20～±0.30	±0.12～±0.20
>60～70	±0.22	±0.15	±0.20～±0.30	±0.15～±0.25
>70～80	±0.25	±0.17	±0.20～±0.35	±0.15～±0.25
>80～90	±0.30	±0.20	±0.25～±0.40	±0.20～±0.30
>90～100	±0.35	±0.22	±0.30～±0.45	±0.25～±0.35
>100～120	±0.40	±0.25	±0.35～±0.50	±0.30～±0.40

基本尺寸	壁厚 t		基本尺寸	底厚 h	
	偏差			偏差	
	普通精度	精密级		普通精度	精密级
≤2	±0.10	±0.05	<2	±0.15～±0.20	±0.10
2～10	±0.15	±0.10	>2～10	±0.20～±0.30	±0.15
>10～15	±0.20	±0.15	>10～15	±0.25～±0.30	±0.20
			>15～25	±0.30～±0.40	±0.25
			>25～40	±0.40～±0.50	±0.35

⑤ 镦挤件的轴径公差见表 1-15。

表 1-14　反挤压杯形件尺寸的极限偏差（$H/D>1.2$）　　　　mm

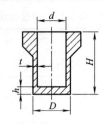

基本尺寸	外径 D 偏差 普通精度	外径 D 偏差 精密级	内径 d 偏差 普通精度	内径 d 偏差 精密级
<10	±0.10	±0.020	±0.05	±0.02
>10～30	±0.10	±0.020	±0.05～±0.07	±0.02～±0.04
>30～40	±0.10	±0.020	±0.08～±0.10	±0.02～±0.04
>40～50	±0.10	±0.025	±0.10～±0.12	±0.025～±0.04
>50～60	±0.10	±0.030	±0.12～±0.14	±0.03～±0.05
>60～70	±0.20～±0.30	±0.035	±0.15～±0.18	±0.035～±0.05
>70～80	±0.20～±0.30	±0.040	±0.18～±0.20	±0.04～±0.05
>80～90	±0.20～±0.30	±0.050	±0.20～±0.24	±0.05～±0.08
>90～100	±0.35	±0.060	±0.25～±0.30	±0.06～±0.09
>100～120	±0.30	±0.080	±0.30～±0.40	±0.08～±0.10
>120～140	±0.40	±0.120	±0.40～±0.50	±0.10～±0.12

基本尺寸	壁厚 t 偏差 普通精度	壁厚 t 偏差 精密级	基本尺寸	底厚 h 偏差 普通精度	底厚 h 偏差 精密级
>0.6	±0.05～±0.10	±0.02	<2	±0.15	±0.10
>0.6～1.2	±0.07～±0.10	±0.02	<2～10	±0.20～±0.30	±0.12
>1.2～2.0	±0.10～±0.12	±0.025	<10～15	±0.25～±0.35	±0.15
>2.0～3.5	±0.12～±0.15	±0.03	<15～25	±0.30～±0.40	±0.20
>3.5～6.0	±0.15～±0.20	±0.035	<25～40	±0.35～±0.50	±0.25
			<40～50	±0.40～±0.50	±0.30
			<50～70	±0.45～±0.60	±0.35

表 1-15　镦挤件的轴径公差　　　　mm

d	轴径公差
6～10	0.025
>10～18	0.035
>18～30	0.050

表 1-12～表 1-15 分别为钢的正挤压实心件、反挤压件的尺寸偏差及镦挤件的轴径公差，表中列出了正常的挤压工序及附加的精整工序所达到的精度范围。但应指出，这些表列数值偏大，适用于大批量生产。空心件内、外径偏差采用外径的 0.15%～1.2%；圆度采用外径（或内径）的 0.2%～0.6%（均指钢挤压件）。

⑥ 有色金属正、反挤压件的尺寸及极限偏差分别见表 1-16、表 1-17。

表 1-16　有色金属正挤压件的尺寸及极限偏差　　　　mm

名称	铅、锡、锌、铝 最小尺寸	铅、锡、锌、铝 最大尺寸	硬铝、铜、黄铜 最小尺寸	硬铝、铜、黄铜 最大尺寸	偏差
直径（圆柱件）	1	100	2	100	±(0.03～0.05)
断面（矩形件）	2×4	70×80	3×5	70×80	±(0.03～0.05)

续表

名称	铅、锡、锌、铝		硬铝、铜、黄铜		偏差
	最小尺寸	最大尺寸	最小尺寸	最大尺寸	
壁厚	0.08	>0.23	0.5(铜) 1.0(黄铜)	1.0以上	±(0.03~0.075)
凸缘厚度	0.2~0.3	>0.5	等于壁厚	大于壁厚	±(0.05~1.0)
工件长度	$H/d \leqslant 40$(铝) $H/d \leqslant 20$(铜及黄铜)				±(1~5)

注：1. 工件的最大尺寸视压力机的最大行程和压力而定。
2. 表中精度不包括直度、圆度和同轴度。

表 1-17　有色金属反挤压件的尺寸及极限偏差　　　　　　　　　　mm

名称	铅、锡、锌、铝		硬铝、铜、黄铜		偏差
	最小尺寸	最大尺寸	最小尺寸	最大尺寸	
直径(圆柱件)	3	100	5	40	±(0.03~0.05)
断面(矩形件)	3×4	70×80	4~5	20×40	±(0.03~0.05)
壁厚	0.08	>0.23	0.5(铜) 1.0(黄铜)	>1.0	±(0.03~0.075)
底厚	0.25~0.3	>0.5	等于壁厚	大于壁厚	±(0.1~0.2)
工件长度	$H/d=8$(铝) $H/d=4$(铜及黄铜)				±(1~3)

注：1. 工件的最大尺寸视压力机的最大行程和压力而定。
2. 表中精度不包括直径、圆度和同轴度。

⑦ 各种钢材冷挤压时的加工极限见表1-18。

表 1-18　钢材的冷挤压加工极限

材料	项目	反挤压	正挤压	缩径	自由镦粗	模具镦粗
含碳量至0.1%的 碳素钢	$\varepsilon_f/\%$	40~75	50~80	25~30	—	—
	$\varepsilon_h/\%$	—	—	—	50~60	30~50
	p/MPa	1600~2200	1400~2000	900~1100	500~700	1000~1600
含碳量至0.3%的碳素 钢和表面渗碳钢	$\varepsilon_f/\%$	40~70	50~70	24~28	—	—
	$\varepsilon_h/\%$	—	—	—	50~60	30~50
	p/MPa	1800~2500	1600~2500	1000~1300	800~1000	1600~2000
含碳量至0.5%的碳 素钢和合金钢	$\varepsilon_f/\%$	30~60	40~60	23~28	—	—
	$\varepsilon_h/\%$	—	—	—	50~60	30~50
	p/MPa	2000~2500	2000~2500	1150~1500	1000~1500	1800~2500

注：表中 ε_f——断面收缩率；ε_h——镦粗比；p——挤压力。

1.3.3　温挤压件的精度和表面粗糙度

温挤压件的精度比热挤压件高，但比冷挤压件低。低温温热挤压件的精度，可参照冷挤压件精度表中数值并适当增大些；高温温热挤压件的精度可参照热挤压件精度表中的数值并适当减小。温挤压件的表面粗糙度可见表1-10。

第 2 章 挤压毛坯的制备及处理

2.1 冷挤压工艺对毛坯的要求

① 毛坯材料应有较好的塑性、较低的强度、材料抗变形抗力小等特点,变形抗力一般不超过 2500MPa,以利于提高模具使用寿命。

② 材料冷作硬化敏感性较低,对冷挤压变形十分重要,冷作硬化敏感性越低,对挤压越有利。

③ 毛坯表面应保持光滑,表面粗糙度 Ra 值在 $6.3\mu m$ 以下,且不得有裂纹、折叠等缺陷。否则,会导致挤压后的工件成废品。

④ 毛坯的几何形状要求保持对称、规则,两端面应保持平行。否则,在挤压单位压力很大的黑色金属时,易使凸模折断。

2.2 毛坯的尺寸计算

① 挤压件毛坯尺寸应根据毛坯体积等于挤压件体积的原则求得,若挤压后需要进行切削加工或需要修边的,则挤压件的毛坯体积等于挤压件体积加上切削加工余量体积及修边余量体积之和。

毛坯体积 $\qquad V_0 = V + V_1 \qquad$ (2-1)

毛坯高度 $\qquad H_0 = V_0/F_0 = (V+V_1)/F_0 \qquad$ (2-2)

式中 V_0——毛坯体积,mm^3;

V——挤压件体积,由零件图求得,mm^3;

V_1——修边余量体积,可取挤压件体积的 3%~5%,旋转体的修边余量可查表 2-1、表 2-2;

H_0——毛坯高度,mm;

F_0——毛坯横截面积,mm^2。

表 2-1 修边余量 ΔH（用于批量不大的薄壁挤压件） mm

零件高度	≤10	>10~20	>20~30	>30~40	>40~60	>60~80	>80~100
修边余量 ΔH	2	2.5	3	3.5	4	4.5	5

注：1. 当零件高度大于 100mm 时，ΔH 为零件高度的 6%。
2. 对复合挤压件，ΔH 应适当放大。
3. 矩形件，ΔH 按上表数值加倍。

表 2-2 大量生产铝材薄壁挤压件时的修边余量 ΔH mm

零件高度	10~15	20~50	>50~100
修边余量 ΔH	8~10	>10~15	>15~20

注：适用于壁厚 0.3~0.4mm 的薄壁铝反挤压件的大量生产。

② 毛坯体积，对于几何形状简单的体积，可按表 2-3 中的体积公式计算。对于形状复杂的挤压件体积，可划分成若干个简单的体积进行计算。如用计算方法很麻烦，则可称出零件的质量，再加上估计增加的质量，得到毛坯体积 V_0 的质量 G，即可换算成体积：

$$V_0 = \frac{G}{\gamma} \tag{2-3}$$

式中 γ——零件材料的密度。

③ 冷挤压用的原材料一般有棒料、线材、管料及板材等。毛坯的形状应尽量接近挤压件的形状，以减少挤压时金属流动的体积。

④ 毛坯的制取。

加工冷挤压的毛坯原材料常用棒料及板料，有采用机械切削加工、剪切、冲裁等方法。经切削加工的挤压坯件，其公差小，一般尺寸精度可达到 ±0.05mm，表面粗糙度 Ra 可达 6.3~1.6μm，几何形状比较规则。剪切的毛坯，其断面有压塌或倾斜现象，且断面质量低，剪切后需要进行镦压或预压成型。

冲裁加工的毛坯，比较平直，质量高，但材料利用率低，常用于有色金属挤压坯件的加工。黑色金属毛坯，用普通冲裁模落料加工，还需落料后滚光毛刺及断面的缺陷，否则将影响挤压件的表面质量。

⑤ 冷挤压件毛坯厚度的计算公式见表 2-4。

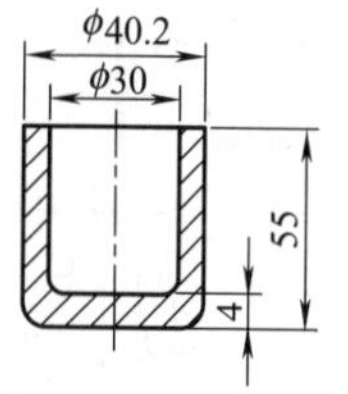

[例] 图 2-1 所示零件，材料为 10 钢，求毛坯尺寸。

解：该图零件，可用实心毛坯反挤压件成型。计算出毛坯尺寸的高度 h_0 和直径 d_0。查表 2-1，修边的余量 $\Delta H = 4$mm。

冷挤后的零件高度：$H_1 = 55 + 4 = 59$（mm）

挤压体积：$V = \frac{\pi}{4} \times 40.2^2 \times 4 + \frac{\pi}{4} \times (40.2^2 - 30^2) \times (59 - 4) = 35989.4$（mm³）

图 2-1 冷挤压件

毛坯直径：$d_0 = 40.2 - 0.2 = 40$（mm）

毛坯高度：$h_0 = V/F_0 = 4V/(\pi d_0^2) = 4 \times 35989.4/(3.14 \times 40^2) = 143957.6/5024 \approx 28.7$（mm）

[例] 图 2-2（a）所示零件，材料为纯铝，采用环形毛坯挤压件成型，求毛坯尺寸。

解：查表 2-1，修边的余量 $\Delta H = 3$mm。

零件体积：$V = V_1 + V_2 + V_3$（V_2 可用 1/4 凹球环表面积乘厚度计算）

$= \frac{\pi}{4}(D^2 - d^2) \times t + \frac{\pi}{4}(2\pi r d - 8r^2) \times 1 + \frac{\pi}{4}(d^2 - d_1^2) \times (h + \Delta h - t - r)$

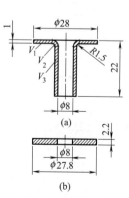

图 2-2 冷挤压件

$$= 0.785 \times (28^2 - 13^2) \times 1 + 0.785 \times (2 \times 3.14 \times 2 \times 13 - 8 \times 2^2) \times 1 + 0.785 \times (10^2 - 8^2) \times (22 + 3 - 1 - 1.5) = 1221.7 \text{ (mm}^3\text{)}$$

毛坯直径：$d_0 = 28 - 0.2 = 27.8$ (mm)

毛坯孔径：$d_2 = 8$ mm

毛坯高度：$h_0 = V/F_0 = 1221.7/[0.785 \times (28^2 - 8^2)] \approx 2.2$ (mm)

表 2-3 各种形状的体积计算公式

名称	简图	体 积	名称	简图	体 积
圆板	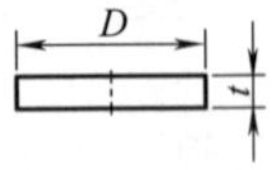	$V = 0.785 D^2 t$	球缺	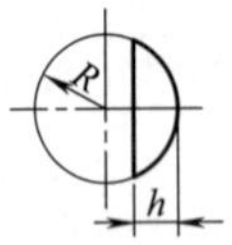	$V = \pi h^2 \left(R - \dfrac{h}{3}\right)$
圆环	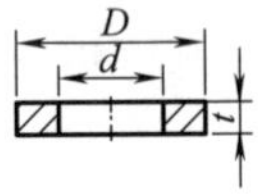	$V = 0.785 (D^2 - d^2) t$	球带	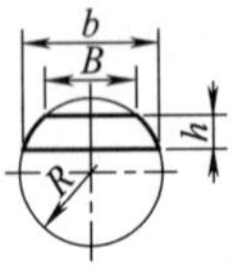	$V = 0.5236 h \left(\dfrac{3B^2}{4} + \dfrac{3b^2}{4} + h^2\right)$
圆筒	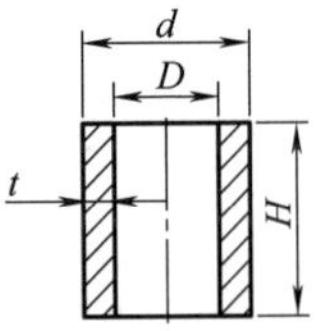	$V = 1.57 H t (D + d)$	方形板	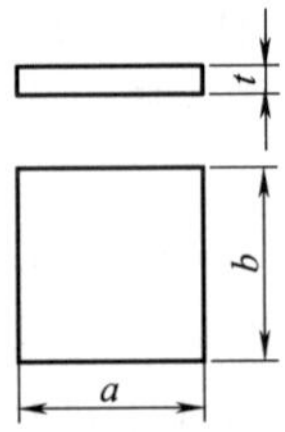	$V = abt$
圆锥体	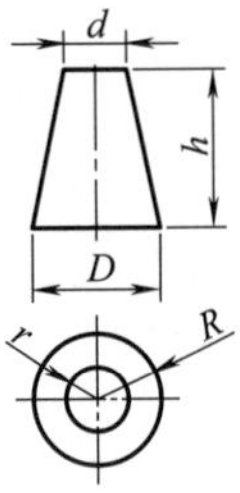	$V = 0.2618 (D^2 + Dd + d^2) h$	方孔筒	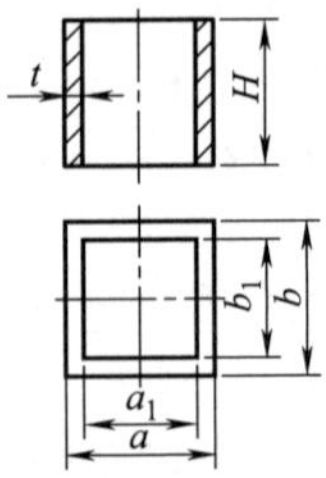	$V = 2Ht(a + b_1)$
圆锥筒	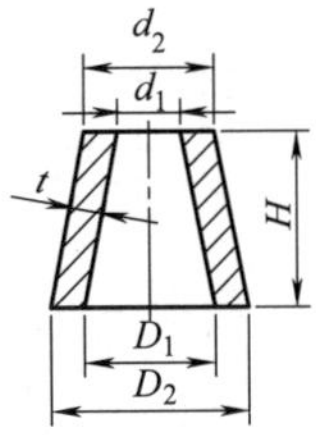	$V = \dfrac{\pi H}{12}(D_2^2 - D_1^2 + D_2 d_2 - D_1 d_1 + d_2^2 - d_1^2)$ 或 $V = 1.57 H (D_1 + d_2) t$	方孔板	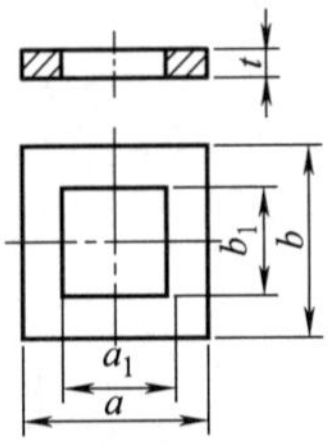	$V = (ab - a_1 b_1) t$

表 2-4 常用冷挤压件的毛坯厚度计算公式

挤压件形状	毛坯形状	计 算 公 式
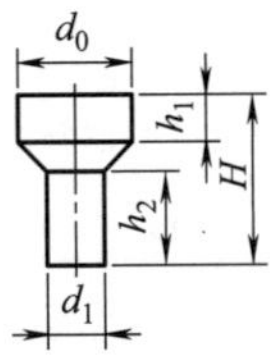	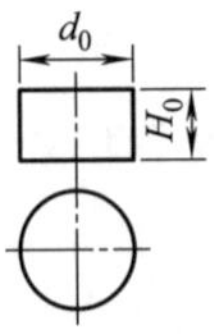	$H_0 = h_1 + \left(\dfrac{d_1}{d_0}\right)^2 h_2 + \dfrac{h - h_1 - h_2}{3} \left[1 + \left(\dfrac{d_1}{d_0}\right)^2 + \dfrac{d_1}{d_0}\right]$

续表

挤压件形状	毛坯形状	计 算 公 式
		$H_0 = h_1 + \dfrac{(d_1^2 - d_2^2)h_2}{d_0^2 - d_2^2} + \dfrac{(H - h_1 - h_2)(d_0^2 + d_1^2 + d_0 d_1 - 3 d_2^2)}{3(d_0^2 - d_2^2)}$
		$H_0 = h_1 + t_1 - \dfrac{d_1^2 h_1}{d_0^2}$
		$H_0 = h_1 + t_1 - \dfrac{A B h_1}{0.785 d_0^2}$
		$H_0 = h_1 + t_1 - \dfrac{a b h_1}{A B}$
		$H_0 = h_1 + t_1 - 0.785 \dfrac{d_1^2 h_1}{A B}$
		$H_0 = h_1 + t_1 - \dfrac{h_1 (D_1^2 - d^2 + d_1^2)}{D_0^2}$

续表

挤压件形状	毛坯形状	计算公式
		$H_0 = t_1 + \dfrac{h_1(D_0^2 - D_1^2) + h_2(d_1^2 - d_0^2)}{D_0^2 - d_0^2}$
		$H_0 = t_1 + \dfrac{h_1(D_0^2 - D_1^2) + h_2(d_1^2 - d_0^2)}{D_0^2 - d_0^2}$

注：毛坯的外径一般应比零件的外径小 0.1mm，挤压件内孔表面要求不高时，毛坯上预孔的尺寸一般比零件上相应孔的尺寸大 0.1mm，在毛坯厚度计算式中不计入径向尺寸偏差 0.1mm 对毛坯厚度的影响。

⑥ 毛坯外径与空心件毛坯内径尺寸。

为便于毛坯放入凹模，一般毛坯外径应比凹模小。

正挤压时：$D_{毛坯} = D_{凹} - (0.1 \sim 0.3)$

反挤压时：$D_{毛坯} = D_{凹} - (0.01 \sim 0.05)$（适用于薄壁有色金属）

空心件毛坯内径：

$d_{毛坯} = d_{件} + (0.1 \sim 0.3)$（零件内孔要求不高时）

$d_{毛坯} = d_{件} - (0.01 \sim 0.05)$（零件内孔要求高时）

2.3 毛坯的软化处理

对冷挤压毛坯原材料的软化处理，其目的是为了降低材料硬度，提高塑性，消除内应力，以获得较好的金相组织，降低材料在挤压过程中的变形抗力，提高模具的寿命和制品质量。

在挤压工序之间，应根据材料变形程度和冷作硬化程度的大小，需要进行工序间软化热处理。一般采用退火处理达到所需要的硬度，常用材料退火规范见表 2-5。对于一般碳素钢、低合金钢采用不完全退火比较经济，参照表 2-6 的规范。

表 2-5 常用挤压件材料的退火规范

材料		退火规范	退火前硬度(HBW)	退火后硬度(HBW)	备注
铝及铝合金	1070A、1060、1050A、1035、1200 (L₁～L₅)	420℃，2～4h，炉冷	—	15～19	暴露退火，出炉空冷
	2A11(LY11) 2A12(YL12)	(a) 420℃→410～420℃(4h)→230℃(12h); (b) 240℃→400～420℃(4h)→150℃	105	53～55 / 55～60	高温入炉 低温入炉
	5A02、5A05、3A21 (LF2～LF5)	360～400℃，5h，炉冷	—	38～39	
	2A80(LD8)	440±10℃，2h，炉冷至150℃空冷	—	55	
铜及铜合金	紫铜 T1～T4 无氧铜 TU1、TU2	710～720℃，4h，炉冷	110	38～42	也可采用水淬软化处理
	黄铜 H62 / H68	(a) 670～680℃，5h→150℃; (b) 600～670℃，4h→150℃	150	50～55 / 45～55	适用H62 适用H68 也可淬火软化，加热至700～750℃，水淬
	锡磷青铜 QSn6.5-0.15	700℃，2～4h，炉冷	—	80	
	QSnT-0.2	650℃，3h，炉冷至300℃空冷	—	65～70	也可采用100℃水淬
	QAl10-4-4	920℃，2.5h，炉冷至300℃空冷	—	143～150	
纯铁	DT1 DT2	900±10℃，3h，炉冷	—	60～80	

续表

材料		退火规范		退火前硬度(HBW)	退火后硬度(HBW)	备注
碳素钢	10,15,20 S10A,S15A,S20A	760~780℃,保温6h,炉冷至350℃ (a)	780~800℃,保温6h,炉冷至350℃ (b)	—	107~121	适用于10,15,S10A,S15A 适用于20,S20A
碳素钢	10钢	930℃,保温2~3h,炉冷至150~250℃空冷		—	80~90	退火后硬度低于上述相同钢种规范
碳素钢	20钢	850~890℃,保温6h,炉冷至150℃空冷		—	110~120	
碳素钢	45钢	820~850℃,保温2~3h,炉冷		—	145~155	
碳素钢	45钢	920~960℃保温8h,降至500℃保温16h,再8h,炉冷		—	≈130	
合金结构钢	15Cr 20Cr	860℃,保温14h,20℃/h炉冷至300℃空冷		170~217	113~120 120~130	
合金结构钢	40Cr	800℃,保温12h,15℃/h炉冷至500℃空冷			150~163	
合金结构钢	16Mn	760℃,保温5h,炉冷		170	130	
合金结构钢	20MnV	840℃保温2h,40℃/h随炉至720℃保温4h,至650℃保温5h,炉冷		—	>131	
合金结构钢	45Mn	880℃,保温4h,炉冷		217~230	145~155	

续表

材料		退火规范	退火前硬度(HBW)	退火后硬度(HBW)	备注
合金结构钢	30CrMnSiA	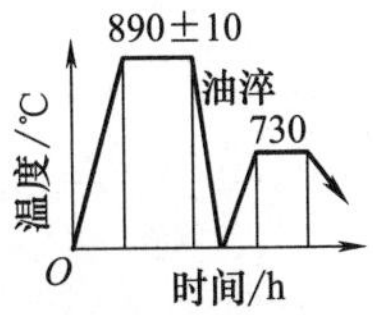 890±10 油淬 730，温度/℃对时间/h	—	≈120	淬火时间根据毛坯尺寸而定
碳素工具钢	T8	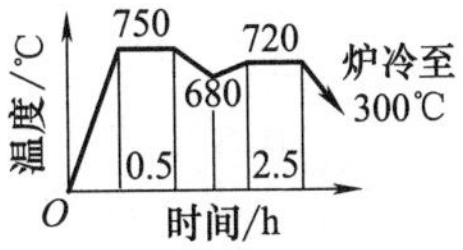 750, 680(0.5), 720(2.5) 炉冷至300℃	195HV	160～165HV	
轴承钢	GCr15	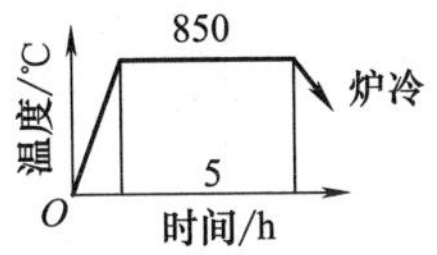 850 保温5h 炉冷	—	174～192	
不锈钢	1Cr18Ni9Ti	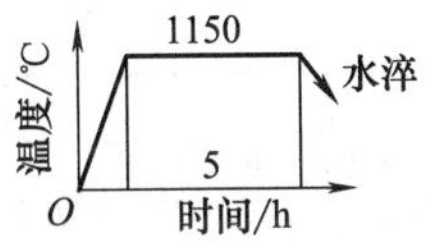 1150 保温5h 水淬	200	130～140	

表 2-6 常用材料的不完全退火规范

材料	退火规范		退火后的硬度(HB)	毛坯(材料)的硬度(HB)	
	温度/℃	保温时间/h		热轧状态	正火状态
10	700～720	2	107～118	137	
15			109～121	143	
20			123～131	156	
15Cr			115～128		179
20Cr			131～140		179
20Mn			134～143	197	
35			149～159	187	
45			163～170		197
45Cr			197～207		229

2.4 毛坯的表面处理与润滑

冷挤压时，对毛坯表面进行润滑处理，是为了降低冷挤压时的单位压力，以达到提高挤压件的表面质量和延长模具寿命的目的。润滑剂选用是否合适是影响冷挤压能否成型、表面质量好坏及模具寿命长短的关键问题。因此，除要求模具工作表面粗糙度值小（$Ra<0.1\mu m$）外，还必须采用合理的润滑方法。

对冷挤压件的润滑处理，首先应对毛坯进行表面处理。如钝化处理、氧化处理、磷酸盐处理、草酸盐处理等。经过处理的毛坯表面覆盖一层多孔状的薄膜，在孔内吸附的润滑剂，可以保持连续冷挤压的润滑效果。然后，将经过处理的毛坯表面涂上润滑剂，使其表面吸附的润滑膜牢固。有关不同的挤压材料所采用不同的表面处理方法和润滑剂见表 2-7。

冷挤压使用的润滑剂有液态和固态两种：液态的有动物油、植物油、矿物油等，固态的有硬脂酸锌、硬脂酸钠、二硫化钼、石墨等。它们可以单独使用，也可以混合使用，有色金属冷挤压常用润滑剂见表 2-8。

表 2-7 常用材料的冷挤压表面处理方法与润滑剂

材料	处理方法	采用化学药品与配方	温度/℃	时间/min	润滑剂
碳钢 (50钢)	磷化处理	氧化锌(ZnO) 169g 磷酸(H_3PO_4) 283g 硝酸(HNO_3) 259g 水(H_2O) 289g	95～98	20～30	皂化液
不锈钢 (1Cr18Ni9Ti) (1Cr13)	草酸盐处理	草酸($H_2C_2O_4$) 50g 钼酸铵($(NH_4)_2MoO_4$) 30g 氯化钠($NaCl$) 25g 氟化氢钠($NaHF_2$) 10g 亚硫酸钠(Na_2SO_3) 3g 水(H_2O) 1L	90	15～20	草酸处理后用热水冲洗,冷挤压时用氯化石蜡85%;二硫化钼15%润滑
黄铜 (H62、H68)	钝化处理	铬酸(CrO_3) 200～300g/L 硫酸(H_2SO_4) 8～16g/L 硝酸(HNO_3) 30～50g/L	20	5～15	豆油、菜籽油
纯铝 (1070A)					硬脂酸锌
硬铝 (2A11、2A13)	氧化处理	工业氢氧化钠 40～60g/L	50～70	1～3	豆油、菜籽油、蓖麻油

表 2-8 有色金属冷挤压润滑剂

挤压材料	润滑剂成分	配制与使用方法	应用效果与说明
纯铝 1070A	硬脂酸锌 100%	用毛坯质量的0.3%的粉状硬脂酸锌与毛坯一起放入滚筒滚转15～30min,使毛坯表面均匀粘上一层硬脂酸锌	金属流动性能好,挤压件壁厚均匀,卸料力小,冷挤压件粗糙度Ra可达0.8～3.2μm
	14醇 80% 酒精 20%	在气温低时,14醇应稍加热,增加流动性,使与酒精混合良好	效果较好
	猪油、工业豆油(或菜油)、蓖麻油		分别均可使用
	猪油 25% 液体石蜡 30% 十二醇 10% 四氯化碳 35%	猪油加热至200℃,稍冷却后加入四氯化碳,搅拌均匀后加入十二醇。冷却后再加入液体石蜡	冷挤压时流动性和润滑性较好,冷挤压零件表面粗糙度可达Ra2.5～0.63μm
防锈铝 3A21(LF21) 5A02(LF2)	猪油 18% 气缸油 22% 石蜡油 22% 十二醇 3% 四氯化碳 35%	猪油加热至200℃,加入少许四氯化碳,然后加入气缸油及石蜡油,升温至250℃,稍冷却后加入工业甘油和十四醇。冷却至150℃时把剩余的四氯化碳全部加入	润滑性较好,冷挤压件表面粗糙度Ra0.8μm
硬铝 2A10 2A12	工业豆油(或菜油)		润滑前需进行氧化处理、磷化处理或氟硅化处理 挤压件表面粗糙度,内孔Ra可达0.1μm,外表可达0.8μm
紫铜 T1、T2、T3 黄铜 H62、H68	猪油 13% 十四醇 3% 纯机油 84%	将猪油加热到200℃,几分钟后加入纯机油,搅拌均匀,最后再加入十四醇	零件表面很光滑
	工业豆油、蓖麻油		效果良好
黄铜 H62、H68	硬脂酸锌(粉末状)	敷于表面即可	正挤压空心件时,可得到较好的表面质量,避免孔内壁出现环状裂纹,但挤压力稍有增加

续表

挤压材料	润滑剂成分	配制与使用方法	应用效果与说明
黄铜 H62、H68	表面钝化处理,使黄铜表面形成钝化膜,起润滑作用,其过程是退火→酸洗→钝化→浸入润滑剂	钝化工艺流程:汽油除油→热水洗(60~120℃)→冷水冲洗→钝化(5~10s)→冷水冲洗→热水洗→干燥 钝化配方: 铬酐 200~250g/L 硫酸 8~16g/L 硝酸 30~50g/L 溶液温度 20℃ 时间 5~10s	
锌镉合金	羊毛脂与工业汽油按1:1或1:1.5混合	先将羊毛脂在50~60℃的电炉中熔化,然后按上述比例与工业汽油混合而成	表面质量较好,具有保持热量的能力,对模具及制品均无腐蚀作用
镍 N1、N2	表面镀铜后采用紫铜的润滑剂挤压	按镀铜工艺,镀层厚0.01~0.015mm	效果较好
钛	石墨、二硫化钼		氟-磷酸盐表面处理后再润滑
锌合金	羊毛脂、硬脂酸锌		
镁合金	石墨		将毛坯加热到230~370℃时润滑挤压

2.4.1 有色金属的表面处理

在有色金属中,塑性较差的硬铝(2A11、2A12),常在挤压过程中发生环状裂纹,故应将对毛坯进行表面处理,见表2-9。

表2-9 硬铝(2A11、2A12)的表面处理工艺

序号	处理方法	化学药品与配方		处理温度/℃	处理时间/min	备注
1	氧化处理	工业氢氧化钠 (NaOH) 水 (H_2O)	40~60g/L 1L	50~70	3~5	
2	磷化处理	磷酸二氢锌 $Zn(H_2PO_4)_2$ 磷酸 $H_3PO_4(75\%)$ 铬酐 CrO_3 十二醇烷基硫酸钠(湿润剂) 水 H_2O	28g/L 3~5g/L 10g/L 0.5g/L 1g/L	55~60	2~3	磷化后的零件,再用工业菜油润滑,可获得良好的效果
3	氟硅化处理	氟硅酸钠粉末 Na_2SiF_2 93% 氟化锌 ZnF_2 7% 水 H_2O	}30g 1L	沸点	10	处理前,毛坯表面清理干净,然后干燥

有工厂对硬铝零件进行氧化处理、磷化处理后,采用菜油润滑,挤压出的表面粗糙度值可比氧化处理工艺低1~3级,粗糙度值 Ra 在 $0.8\mu m$ 以下。

氟硅化处理后,其粗糙度值较磷化处理的差,但挤压时单位压力较低。

紫铜、无氧铜和黄铜、锡磷青铜等有色金属,在挤前一般要进行钝化处理,然后再涂润滑剂。其表面处理工艺见表2-10。

表2-10 铜及铜合金(紫铜、无氧铜及黄铜、锡磷青铜等)的表面处理工艺

处理方法	化学药品与配方		处理温度/℃	处理时间/s	备注
钝化处理	铬酐 CrO_3 硫酸 H_2SO_4 硝酸 HNO_3	200~300g/L 8~16g/L 30~50g/L	20	5~10	钝化处理后的坯料再涂以粉状硬脂酸锌和硬脂酸钙、工业豆油、菜油、猪油等即可使用

2.4.2 钢材的表面处理

钢材冷挤压时，由于单位挤压力可达 200kg/mm², 在这样高的单位压力作用下，即使在毛坯表面涂润滑剂，也会在挤压时被挤掉，而润滑不起作用。为了消除这种现象，可将钢材进行表面化学处理。如碳钢采用磷酸盐处理（磷化），奥氏体不锈钢采用草酸盐处理等。经过化学处理后的毛坯表面，覆盖了一层很薄的多孔状结晶膜，它随着毛坯的挤压变形而不剥离脱落，在孔内吸附的润滑剂可保持在挤压过程中润滑连续性的效果。碳钢的表面处理工艺程序见表 2-11。

表 2-11 碳钢的表面处理工艺程序

序号	处理方法		化学药品与配方			处理温度/℃	处理时间/min	备注
1	化学除油处理		氢氧化钠 碳酸钠 磷酸钠 水玻璃 水	(NaOH) (Na_2CO_3) (Na_3PO_4) (Na_2SiO_3) (H_2O)	60~100g/L 60~82g/L 25~80g/L 10~15g/L 1L	≥85	15~25	去油可用铁槽
2	热水洗					85~100		6~8 次冲洗
3	酸洗		盐酸(HCl)(32度)100%			室温	5~10	
4	流动冷水冲洗					室温		
5	中和		碳酸钠	(Na_2CO_2)	80~100g/L	35~50	2~3	
6	流动冷水洗							
7	磷化处理(Ⅰ)		氧化锌 磷酸 硝酸 碳酸钠 亚硝酸钠 水	(ZnO) (H_3PO_4) (HNO_3) (Na_2CO_3) ($NaNO_2$) (H_2O)	20~30g/L 20~30g/L 30~40g/L 4~6g/L 0.1~0.2g/L 1L	40~45	10~15	磷化层厚度 0.07~ 0.15mm
	磷化处理(Ⅱ)		磷酸 氧化锌	(H_3PO_4) (ZnO)	23mL/L 9g/L	90	15~20	
	磷化处理(Ⅲ)		氧化锌 磷酸 硝酸 水	(ZnO) (H_3OP_4) (HNO_3) (H_2O)	23~26g/L 40g/L(比重1.53) 22~24g/L(比重1.50) 1L	75~80	30	
8	热水洗					70~80		6~7次吊动冲洗
9	涂润滑剂（皂化）	Ⅰ	硬脂酸钠 水	($C_{17}H_{35}CONa$) (H_2O)	5~9g/L 1L	60~70	10	
		Ⅱ	肥皂 水	 (H_2O)	80~100g/L 1L	50~70	10	
		Ⅲ	二硫化钼 羊毛脂	(MoS_2)	3%~5% 95%~97%			
	干燥		自燃干燥或在温度 75~110℃ 的热空气进行干燥			<180		

挤压不锈钢零件（1Cr18Ni9Ti）时，由于不能进行磷化处理，常采用草酸盐处理，草酸盐处理与润滑剂见表 2-7。

第 3 章
冷挤压变形程度与挤压力的计算

3.1 变形程度的表示方法

挤压件的变形程度,常用断面收缩率 ε_f 或挤压面积比 G 及对数变形程度 φ 来表示。其表达式如下:

① 断面收缩率 ε_f

$$\varepsilon_f = \frac{F_0 - F_1}{F_0} \times 100\% \tag{3-1}$$

② 挤压面积比 G

$$G = F_0 / F_1 \tag{3-2}$$

③ 对数变形程度 φ

$$\varphi = \ln G = \ln(F_0 / F_1) \tag{3-3}$$

式中 F_0——冷挤压变形前毛坯的横截面积,mm^2;

F_1——冷挤压变形后工件的横截面积,mm^2。

ε_f 与 G 的关系:$\varepsilon_f = \left(1 - \dfrac{1}{G}\right) \times 100\%$

$$G = \frac{1}{1 - \varepsilon_f}$$

④ 镦粗变形程度用镦粗比 ε_h 表示:

$$\varepsilon_h = \frac{h_0 - h}{h_0} \times 100\%$$

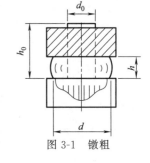

图 3-1 镦粗

如图 3-1 所示,经镦粗后的圆柱体外径为:

$$d = d_0 \sqrt{h_0 / h} = \frac{d_0}{\sqrt{1 - \varepsilon_h}} \tag{3-4}$$

$$h = (1 - \varepsilon_h) h_0 \tag{3-5}$$

式中 d_0——镦粗前的毛坯直径,mm;

d——镦粗后的外径,mm;

h_0——镦粗变形前的高度,mm;

h——镦粗变形后的高度,mm。

3.2 变形程度计算公式

挤压变形程度计算公式见表 3-1。

表 3-1 挤压变形程度计算公式

变形方式	毛坯尺寸	工件尺寸		断面收缩率 ε_f	挤压面积比 G	对数变形程度 φ
正挤压实心件				$\varepsilon_f = \dfrac{F_0 - F_1}{F_0} \times 100\%$	$G = \dfrac{F_0}{F_1}$	$\varphi = \ln G = \ln \dfrac{F_0}{F_1}$
			圆形件	$\varepsilon_f = \dfrac{d_0^2 - d_1^2}{d_0^2} \times 100\%$	$G = \dfrac{d_0^2}{d_1^2}$	$\varphi = \ln \dfrac{d_0^2}{d_1^2}$
正挤压空心件				$\varepsilon_f = \dfrac{F_0 - F_1}{F_0} \times 100\%$	$G = \dfrac{F_0}{F_1}$	$\varphi = \ln G = \ln \dfrac{F_0}{F_1}$
			圆形件	$\varepsilon_f = \dfrac{d_0^2 - d_1^2}{d_0^2 - d_2^2} \times 100\%$	$G = \dfrac{d_0^2 - d_2^2}{d_1^2 - d_2^2}$	$\varphi = \ln \dfrac{d_0^2 - d_2^2}{d_1^2 - d_2^2}$
反挤压筒形件				$\varepsilon_f = \dfrac{F_0 - F_1}{F_0} \times 100\%$	$G = \dfrac{F_0}{F_1}$	$\varphi = \ln \dfrac{F_0}{F_1}$
			圆形件	$\varepsilon_f = \dfrac{d_1^2}{d_0^2} \times 100\%$	$G = \dfrac{d_0^2}{d_0^2 - d_1^2}$	$\varphi = \ln \dfrac{d_0^2}{d_0^2 - d_1^2}$
反挤压带芯件				$\varepsilon_f = \dfrac{d_1^2 - d_2^2}{d_0^2} \times 100\%$	$G = \dfrac{d_0^2}{d_0^2 - d_1^2 + d_2^2}$	$\varphi = \ln \dfrac{d_0^2}{d_0^2 - d_1^2 + d_2^2}$
反挤压盒形件				$\varepsilon_f = \dfrac{a}{A} \times \dfrac{b}{B} \times 100\%$ 当 $A=B, a=b$ 时 $\varepsilon_f = \dfrac{a^2}{A^2} \times 100\%$	$G = \dfrac{AB}{AB - ab}$ 当 $A=B, a=b$ 时 $G = \dfrac{A^2}{A^2 - a^2}$	$\varphi = \ln \dfrac{AB}{AB - ab}$ 当 $A=B, a=b$ 时 $\varphi = \ln \dfrac{A^2}{A^2 - a^2}$

3.3 许用变形程度

冷挤压许用变形程度是指一次挤压加工所容许的变形程度。在冷挤压时,当模具承受的单位压力,超过模具材料的许用压应力时,就会降低模具寿命或导致模具损坏。许用变形程度受到模具材料单位挤压力的限制。对于不同的冷挤压材料及不同的工艺参数条件,均应按同一许用单位挤压力来决定其冷挤压变形程度。模具的许用单位压力越大,冷挤压的许用变形程度也越大,工序数目就越少,生产率越高。模具钢的最大许用单位压力为 2500～3000MPa,因此,为了提高模具寿命,应采用较小的变形程度,以减小单位挤压力。

影响冷挤压变形程度的主要因素有以下几点。

① 被挤压的材料越硬,许用变形程度越小;塑性越好,许用变形程度越大。

② 冷挤压方式不同,变形程度也不同,在变形程度相同的条件下,正挤压的压力小于反挤压的压力,所以反挤压的许用变形程度小于正挤压的许用变形程度。

③ 冷挤压的毛坯表面处理和润滑情况好,许用变形程度就可增大。

④ 模具的几何形状合理、表面粗糙度值低,则许用变形程度便可提高。

⑤ 模具的机械强度抗力大,许用变形程度也大。

在一定几何形状的模具上挤压时,模具强度及润滑条件均达到良好状态,其许用变形程度取决于被挤压材料硬度和变形方式。

各种金属材料的许用变形程度见表 3-2、表 3-3,冷挤压成型加工极限见表 3-4。

温正挤压(200～288℃)的最大变形程度见表 3-5。

表 3-2 各种金属材料第一次挤压许用变形程度

材料		正挤压		反挤压		自由镦粗 ε_h^*	
		断面收缩率 $\varepsilon_f/\%$	对数变形程度 φ	断面收缩率 $\varepsilon_f/\%$	对数变形程度 φ	断面收缩率 $\varepsilon_f/\%$	对数变形程度 φ
碳素钢	10	82～87	1.70～2.00	75～80	1.40～1.60	75～81	1.4～1.65
	15	80～82	1.60～1.70	70～73	1.20～1.30	70～73	1.2～1.3
	35	55～67	0.80～1.00	50	0.70	63	1.0
	45	45～48	0.60～0.65	40	0.50	40～45	0.50～0.6
合金钢	15Cr	53～63	0.75～1.00	42～50	0.55～0.60	53～56	0.75～0.9
	35CrMo	50～60	0.70～0.90	40～45	0.55～0.60	50～60	0.7～0.9
纯铝	1070A	95～99	3.0～4.5	90～99	2.30～4.50	～96	～3.2
铝合金	5A03	95～98	3.00～4.00	92～98	2.50～4.00	～92	～2.5
	2A11	92～95	2.50～3.00	75～82	1.40～1.80	70～78	1.2～1.5
铜及铜合金	T1、T2	92～95	2.5～3.0	85～90	1.90～2.30	78～82	1.5～1.8
	H62	75～87	1.40～2.0	75～78	1.40～1.50	73～82	1.3～1.6

注:ε_h^*——镦粗许用变形程度。$\varepsilon_h^* = \dfrac{H_0 - H_1}{H_0} \times 100\%$;$H_0$——毛坯高度;$H_1$——镦粗后的高度。

表 3-3 冷挤压许用变形程度

材料	断面收缩率 $\varepsilon_f/\%$		说 明
	正挤压	反挤压	
铝、锡、锌、无氧铜等软金属	95～99	90～99	
硬铝、紫铜、黄铜、镁	90～95	75～90	
钢(含碳量 0.1%)	82～88	75～88	低强度金属取上限,高强度金属取下限
钢(含碳量 0.2%)	78～85	68～78	
钢(含碳量 0.3%)	73～80	62～70	
钢(含碳量 0.4%)	70～76	58～68	

表 3-4 冷挤压成型加工极限

材料	参数	反挤压	正挤压	缩径	自由镦粗	模内镦粗
含碳量至0.1%的碳素钢	$\varepsilon_f/\%$	40~75	50~80	25~30	—	—
	$\varepsilon_h/\%$	—	—	—	50~60	30~50
	p/MPa	1600~2200	1400~2000	900~1100	500~700	1000~1600
含碳量至0.3%的碳素钢和表面渗碳钢	$\varepsilon_f/\%$	40~70	50~70	24~28	—	—
	$\varepsilon_h/\%$	—	—	—	50~60	30~50
	p/MPa	1800~2500	1600~2500	1000~1300	800~1000	1600~2000
含碳量至0.5%的碳素钢和合金钢	$\varepsilon_f/\%$	30~60	40~60	23~28	—	—
	$\varepsilon_h/\%$	—	—	—	50~60	30~50
	p/MPa	2000~2500	2000~2500	1150~1500	1000~1500	1800~2500

注：表中 ε_f——断面收缩率，%；ε_h——镦粗变形程度，%；p——许用单位压力，MPa。

表 3-5 部分材料温正挤压时的最大变形程度

材料	断面收缩率 $\varepsilon_f/\%$	材料	断面收缩率 $\varepsilon_f/\%$
1Cr18Ni9Ti、W9Cr4V2	0.6	30、40、45Cr、50	0.70~0.75
1Cr13、GCr15、T12、30CrMnSi	0.65~0.70	10、15、20、20Cr、20Mn	0.80~0.85

部分有色金属材料热挤压的最大变形程度见表 3-6。

表 3-6 部分有色金属材料热挤压的最大变形程度

材料	最大变形程度	材料	最大变形程度	材料	最大变形程度
紫铜	280	MB7	60		
H62	600	镍	80	6A02	250
H68	450	BFe30-1-1	30	5A02	80
HSn70-1	60	QSn4-0.4	50	5A05	70
QAl10-3-1.5	75	BFe5-1	150	2A12	80
QAl10-4-4	75	锌	200	7A04	80
镁	200	铝	1000		

3.4 挤压力的计算

挤压力是设计模具、选择模具材料和挤压设备吨位的依据。挤压力的大小与挤压材料的力学性能、毛坯尺寸（长径比）、挤压的变形程度、模具工作部分的几何形状及润滑条件等因素有关。温热挤压时与毛坯加热温度也有很大关系。挤压力的计算方法通常应用公式计算法及图算法来确定。它包括挤压凸模所承受的单位挤压力和挤压变形所需的总挤压力两项内容。

3.4.1 冷挤压力的计算

（1）公式计算法

钢冷挤压成型时，挤压变形程度系数见表 3-7，模具形状系数见表 3-8，挤压力计算公式见表 3-9。

表 3-7 挤压变形程度系数 n

挤压方式	变形程度		
	$\varepsilon_f=40\%$	$\varepsilon_f=60\%$	$\varepsilon_f=80\%$
正挤压	3	4	5
反挤压	4	5	6

表 3-8 模具形状系数

挤压方式	凸模或凹模的形状			
正挤压	90° $Z=0.9$	120° $Z=1.0$	150° $Z=1.1$	180° $Z=1.2$
反挤压	30° $Z=1.0$	7°~9° $Z=1.1$	$Z=1.2$	$Z=1.5$

表 3-9 挤压力计算公式

项目	公 式	说 明
经验公式	$P=Fp=FZnR_m$ $P=cpF$	式中 p——单位挤压力,MPa F——凸模工作部分截面积,mm^2 Z——模具形状系数(表 3-8) n——挤压变形程度系数(表 3-7) R_m——挤压材料的强度极限(表 3-10) c——安全系数,一般取 $c=1.3$
正挤压时	(1) 主应力法 $p=2\bar{\sigma}\left(\ln\dfrac{d_0}{d_1}+2\mu\dfrac{h_1}{d_1}\right)e^{\frac{2\mu h_0}{d_0}}$ (2) 滑移线法 正挤压时,当 $d/D=0.67$(d 为凹模工作带直径,D 为凹模筒直径),有摩擦时的滑移线场,求出正挤压单位挤压力为: $p=3.48K$ (3) 上限法 正挤压的上限法解,当 $d/D=0.67$(d、D 分别为凸模工作带直径及凹模筒直径)且有摩擦时,单位挤压力为: $p\leqslant 4.0K$ (4) 变形功法 $p=2K[1.2+\ln(F_0/F_1)]$	式中 $\bar{\sigma}$——被挤压材料变形抗力,MPa(可由图 3-2 查得) d_0——坯料直径,mm h_0——坯料高度,mm d_1——挤压后工件的直径,mm h_1——凹模工作带高度,黑色金属取 2~4mm,有色金属取 0.6~2mm e——自然对数底数(e=2.7183) μ——摩擦系数(有润滑剂时可取 $\mu=0.1$,或按表 3-11 查取) K——剪切屈服应力,$K=1/2\bar{\sigma}$ 或 $K=1/\sqrt{3}\bar{\sigma}$ F_0——坯料截面积,mm^2 F_1——挤压件截面积,mm^2
反挤压时	(1) 主应力法 $p=\bar{\sigma}\left[\dfrac{d_0^2}{d_1^2}\ln\dfrac{d_0^2}{d_0^2-d_1^2}+(1+3\mu)\left(1+\ln\dfrac{d_0^2}{d_0^2-d_1^2}\right)\right]$ (2) 滑移线法:$p=K(2+\pi)=5.14K$ (3) 上限法:$p=6K$ (4) 变形功法:$p=2K$ $\left[1.5+\dfrac{1}{1-\dfrac{d_1^2}{d_0^2}}\ln\dfrac{d_0}{d_1}+\dfrac{2}{\sqrt{3\dfrac{d_1}{d_0}\left(1-\dfrac{d_1^2}{d_0^2}\right)}}\right]$	式中 d_0——坯料直径,mm d_1——工件直径,mm μ——摩擦系数(有润滑剂时可取 0.1,或由表 3-11 查取) K——意义同前 反挤压的最佳加工范围为 $0.5<d/D<0.86$,现以 $d/D=0.5$ 为例,求反挤压杯形件的单位挤压力
复合挤压时	当复合挤压限定某一方向尺寸时: $p_{复}=p_{反}$(正挤压限定尺寸时) $p_{复}=p_{正}$(反挤压限定尺寸时) 当复合挤压不限定某一方向尺寸时: $p_{正}<p_{反}$ 时,$p_{复}=p_{正}$ $p_{反}<p_{正}$ 时,$p_{复}=p_{反}$	式中 $p_{复}$——复合挤压的单位压力,MPa $p_{正}$——单向正挤压的单位压力,MPa $p_{反}$——单向反挤压的单位压力,MPa

续表

项目	公 式	说 明
镦粗变形	$p = \bar{\sigma}\left(1 + \dfrac{1}{3}\mu\dfrac{d_1}{H_1}\right)$	式中 p——自由镦挤的单位挤压力,MPa $\bar{\sigma}$——挤压材料变形抗力,MPa,$\ln\dfrac{H_0}{H_1}$(可由图 3-2 查得) μ——摩擦系数,有润滑时 μ 取 0.1,由表 3-11 查取 d_1——镦挤后的直径,mm H_1——镦挤后的高度,mm
其他形式镦粗变形	$P = FC\bar{\sigma}$	式中 P——最大镦粗力,N C——不同镦粗形式系数(见图 3-3、图 3-4) F——镦粗终了时的受压面积,mm² $\bar{\sigma}$——平均变形抗力,MPa,由 $\varphi_1 = 0$ 和 $\varphi_2 = \ln(h_0/h_1)$ 可得(h_0 为变形前镦粗部分的高度,可由图 3-2 查得 $\bar{\sigma}_1$ 和 $\bar{\sigma}_2$)

表 3-10 挤压材料的强度极限

材料	σ/MPa	材料	σ/MPa	材料	σ/MPa	材料	σ/MPa
10	320	40Cr	600	GCr9	1800	2A12(LY12)	230
15	350	1Cr13	440	GCr15	2000	2A14(LD10)	220
20	380	2Cr13	460	Cr12MoV	2300	T1~T4	200
30	450	1Cr18Ni9Ti	600	L1~L6 (1070A~8A06)	110~150	H62	340
40	500	0Cr18Ni9	540	5A02(LF2)	190	H68	320
45	540	0Cr12Ni12	520	5A12(LF12)	160	H70	300
15Cr	440	18CrMoTi	600	3A21(LF21)	130	QSn6.5~0.15	300
20Cr	480	20CrMo	580	2A11(LY11)	220	Zn 合金	340

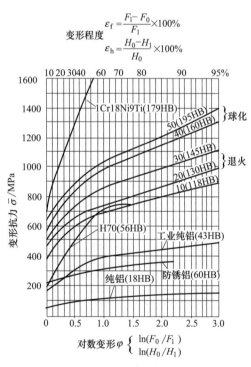

变形程度
$\varepsilon_f = \dfrac{F_1 - F_0}{F_1} \times 100\%$
$\varepsilon_h = \dfrac{H_0 - H_1}{H_0} \times 100\%$

图 3-2 不同材料的变形抗力
F_1—挤压件截面积;F_0—坯料截面积;
H_1—挤压件高度;H_0—坯料高度

$h_1 > d_1,\ C \approx 1.2$; $h_1 > d_1,\ C \approx 2.4$;
$h_1 \leqslant 0.8d_1,\ C \approx 1.5 \sim 2.7$; $h_1 \leqslant 0.8d_1,\ C \approx 3 \sim 5$

图 3-3 镦粗时的系数 C 值

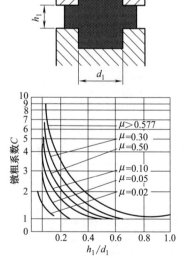

图 3-4 镦粗时的系数 C 值(图中 μ 为摩擦系数)

钢镦粗时不同润滑状态的摩擦系数见表3-11。

表3-11 钢镦粗时不同润滑状态的摩擦系数 μ

润滑剂	摩擦系数	润滑剂	摩擦系数
磷化处理+皂化	0.06~0.08	二硫化钼(MoS_2)+机油	0.07~0.08
石墨+机油	0.08~0.10	矿物油	0.12~0.14

各种材料冷挤压许用单位挤压力及变形程度见表3-12~表3-18。

表3-12 部分材料冷挤压许用单位挤压力及变形程度

类型	正挤压		反挤压		封闭校形	
	变形程度 ε_f/%	单位挤压力 /MPa	变形程度 ε_f/%	单位挤压力 /MPa	变形程度 ε_f/%	单位挤压力 /MPa
纯铝	97~99	600~800	97~99	≈800	30~50	
铝合金	92~95	800~1000	75~82	800~1200	30~50	1000~1600
黄铜	75~87	800~1200	75~78	800~1200	30~50	1000~1600
10钢	50~80	1400~2000	40~75	1600~2200	30~50	1000~1600
30钢	50~70	1600~2500	40~70	1800~2500	30~50	1600~2000
50钢	40~60	2000~2500	30~60	2000~2500	30~50	1800~2500

表3-13 碳钢冷挤压许用单位挤压力及变形程度

变形方式	含碳量低于0.1%低碳钢		含碳量为0.1%~0.3%的碳钢及渗碳钢		含碳量为0.3%~0.5%的碳钢及低合金钢	
	变形程度 $\varepsilon_f\varepsilon_h$/%	单位挤压力 /MPa	变形程度 $\varepsilon_f\varepsilon_h$/%	单位挤压力 /MPa	变形程度 $\varepsilon_f\varepsilon_h$/%	单位挤压力 /MPa
正挤压	50~80	1400~2000	50~70	1600~2500	40~60	2000~2500
反挤压	40~75	1600~2200	40~70	1800~2500	30~60	2000~2500
缩径	25~30	900~1100	24~28	1000~1300	23~28	1150~1500
自由镦粗	50~60	500~700	50~60	800~1000	50~60	1000~1500
冷模锻	30~50	1000~1600	30~50	1600~2000	30~50	1800~2500
型腔挤压	—	2000~2500	—	2000~2500	—	2200~2500

注：1. $\varepsilon_f=(F_0-F_1)/F_0\times100\%$；$\varepsilon_h=(h_0-h_1)/h_0\times100\%$。
2. 变形程度大时单位变形力取上限，反之取下限。

表3-14 正挤压实心钢件单位冷挤压力 MPa

钢的含碳量/%	拉伸强度 σ_b	挤压比						
		1.25	1.5	2.0	3.0	4.0	5.0	10.0
		单位冷挤压力						
0.1	400	570	745	1030	1480	—	1920	2600
0.15	380~400	570	745	1030	1480	—	1920	2600
0.2	450	610	810	1140	1580	—	2140	2900
0.3	500	680	900	1260	1710	—	2390	3260
0.45	550	—	1170	1700	2280	—	—	—
纯铁	—	—	600	930	1350	1630	1860	2470
1Cr18Ni9	520	—	1430	2100	2820	—	—	—

表3-15 正挤压实心铝件单位冷挤压力 MPa

材料	拉伸强度 σ_b	挤压变形程度						
		2	4	5	10	20	50	100
		单位冷挤压力						
纯铝	90~100	300	460	500	640	780	970	1110
7A04	200	500	850	1000	1160	1460	—	—

表 3-16　杯形件反挤压单位冷挤压力（一）　　　　　　　　　　　MPa

材料	拉伸强度 σ_b	断面收缩率 ε_f/%					
		65	70	80	85	90	95
		单位冷挤压力					
铝	95	—	700	740	750	770	940
铜	210	1340	1360	1500	1560	1750	2350
钢（含碳量 0.30%）	380	2270	2350	2600	2750	—	—
铝（99.7%）	70	500	—	530	—	640	740

表 3-17　杯形件反挤压单位冷挤压力（二）　　　　　　　　　　　MPa

材料	拉伸强度 σ_b	断面收缩率 ε_f/%						
		10	20	35	50	67	80	90
		单位冷挤压力						
钢（含碳量 0.13%）	400	2100	2000	1870	2030	2500	3090	—
钢（含碳量 0.43%）	490	2900	2510	2300	2760	—	—	—
铜	200	—	—	—	—	1200	1450	1850
硬铝	220	—	—	—	1150	1200	1600	2300
10 钢	—	—	1600	1550	1700	2100	2550	—

表 3-18　部分材料冷挤压加工的许用单位挤压力　　　　　　　　　MPa

冷挤压材料	冷挤压方式	单位挤压力 p	冷挤压材料	冷挤压方式	单位挤压力 p
纯铝	挤压成型	600～800	黄铜	压印、校正	2000～2400
	压印、校正	1000～1200	10 钢	挤压成型	1200～1600
高强度铝	挤压成型	700～1000		压印、校正	1600～2000
	压印、校正	1200～1400	15 钢	挤压成型	1600～1800
纯铜	挤压成型	1200～1400		压印、校正	2000～2500
	压印、校正	1800～2000	35 钢 20MnCr5 35CrMo	挤压成型	1800～2200
黄铜	挤压成型	1400～1600		压印、校正	2000～2800

（2）图算法

① 正挤压钢质实心件挤压力的图算法见表 3-19、图 3-5。

② 正挤压钢质空心件挤压力的图算法见表 3-20、图 3-6。

表 3-19　正挤压钢质实心件挤压力的图算法

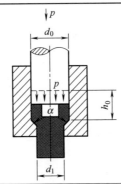

项目	参数	数据、公式及方法
工艺参数	坯料直径或凸模直径 d_0	$d_0=75$mm
	挤压后直径 d_1	$d_1=45$mm
	坯料长度 h_0	$h_0=110$mm
	凹模锥角 α	$\alpha=90°$
	坯料材料	纯铁
求解步骤	断面收缩率	根据相应的 d_0 及 d_1，查图 3-5①得断面收缩率 $\varepsilon_f=64\%$
	未经修正的单位挤压力	根据 $\varepsilon_f=64\%$ 及坯料材料，查图 3-5②得未经修正的单位挤压力 $p_1=850$MPa，p_1 是坯料长径比 $h_0/d_0=1$，凹模锥角 $\alpha=60°$ 时的单位挤压力

续表

项目	参数	数据、公式及方法
求解步骤	修正的单位挤压力	考虑到 $h_0/d_0=1.5, \alpha=90°$,上述单位挤压力需要修正,可根据图 3-5 ③中相应的曲线,查得修正的单位挤压力 $p=1050\text{MPa}$
	总挤压力	根据坯料直径 d_0 和修正的单位挤压力 p,由图 3-5 ④查得总挤压力 $P=4600\text{kN}$

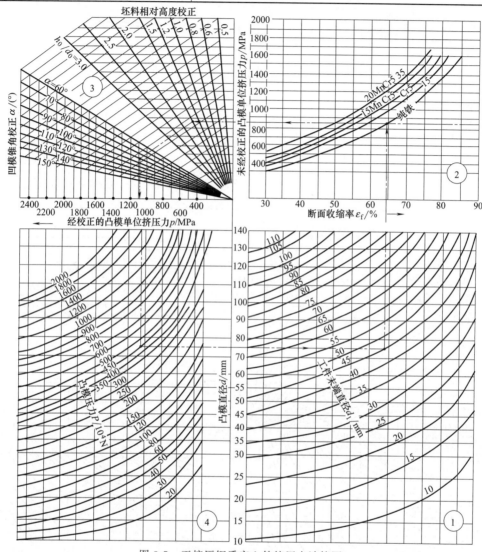

图 3-5 正挤压钢质实心件挤压力计算图

表 3-20 正挤压钢质空心件挤压力的图算法

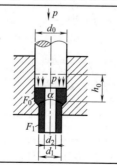

续表

项目	参数	数据、公式及方法
工艺参数	坯料直径或凸模直径 d_0	$d_0 = 95\text{mm}$
	挤压后零件外径 d_1	$d_1 = 85\text{mm}$
	挤压后零件内径 d_2	$d_2 = 80\text{mm}$
	坯料长度 h_0	$h_0 = 50\text{mm}$
	凹模锥角 α	$\alpha = 120°$
	坯料材料	纯铁
求解步骤	变形前坯料横断面积 F_0 和变形后横断面积 F_1	$F_0 = \dfrac{\pi}{4}(d_0^2 - d_2^2) = \dfrac{\pi}{4} \times (95^2 - 80^2) = 2061(\text{mm}^2)$ $F_1 = \dfrac{\pi}{4}(d_1^2 - d_2^2) = \dfrac{\pi}{4} \times (85^2 - 80^2) = 648(\text{mm}^2)$
	断面收缩率	根据上述 F_0 及 F_1，查图 3-6①得断面收缩率 $\varepsilon_f = 69\%$
	未经修正的单位挤压力	根据 $\varepsilon_f = 69\%$ 及坯料材料，查图 3-6②得未修正的单位挤压力 $p_1 = 890\text{MPa}$
	修正的单位挤压力	根据 $h_0/d_0 = 0.53$，$\alpha = 120°$，上述单位挤压力需要修正，可根据图 3-6③中相应的曲线，查得修正的单位挤压力 $p = 1100\text{MPa}$
	总挤压力	根据坯料直径 d_0 和修正的单位挤压力 p，由图 3-6④查得总挤压力 $P = 2250\text{kN}$

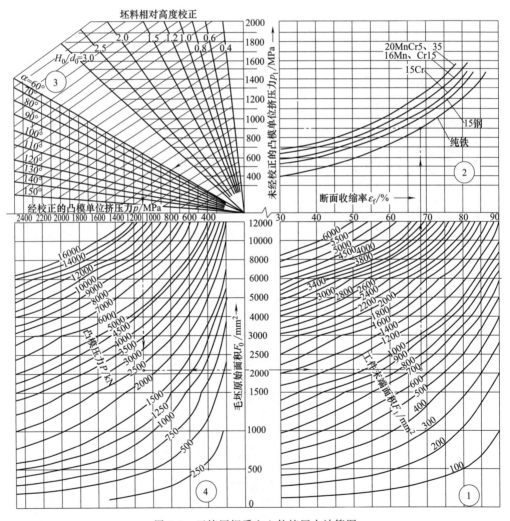

图 3-6 正挤压钢质空心件挤压力计算图

③ 反挤压钢质件挤压力的图算法见表 3-21、图 3-7。

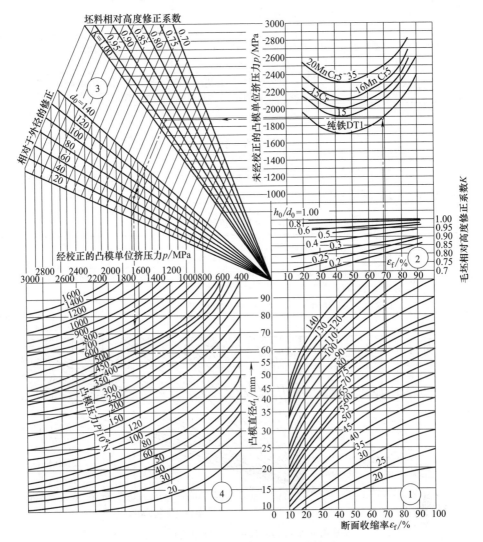

图 3-7 反挤压钢质件挤压力计算图

表 3-21 反挤压钢质件挤压力的图算法

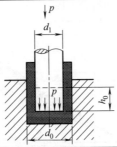

项目	参数	数据、公式及方法
工艺参数	坯料直径或凹模直径 d_0	$d_0 = 70\text{mm}$
	凸模直径 d_1	$d_1 = 58\text{mm}$
	坯料长度 h_0	$h_0 = 35\text{mm}$
	坯料材料	纯铁

续表

项目	参数	数据、公式及方法
求解步骤	断面收缩率	根据相应的坯料直径 d_0 及凸模直径 d_1,查图 3-7①得断面收缩率 $\varepsilon_f=69\%$
	未经修正的单位挤压力	根据 $\varepsilon_f=69\%$ 及坯料材料,查图 3-7②上部曲线,得未经修正的单位挤压力 $p_1=1860\mathrm{MPa}$,同时根据 $\varepsilon_f=69\%$ 和 $h_0/d_0=0.5$,从图 3-7②下部线查得坯料高度修正系数 $K=0.94$
	经修正的单位挤压力	未经修正的单位挤压力 p',经过图 3-7③的毛坯高度修正(上部曲线)和毛坯外径修正(下部曲线)查得修正的单位挤压力 $p=1660\mathrm{MPa}$
	总挤压力	根据凸模直径 d_1 和修正的单位挤压力 p,由图 3-7④查得总挤压力 $P=4400\mathrm{kN}$

④ 有色金属件挤压力的图算法见表 3-22、图 3-8、图 3-9。

图 3-8 为有色金属正挤压实心件和空心件单位挤压力的计算图,图 3-9 为反挤压有色金属件单位挤压力 p 的计算图。

表 3-22 有色金属件挤压力的图算法

参数	图 算 方 法
断面收缩率	根据图 3-8(或图 3-9)右下角相应的公式计算挤压的断面收缩率 ε_f
单位挤压力	根据算出的 ε_f 值及坯料材料,在图 3-8(或图 3-9)左部曲线得到相应的点,向右在右部相同 ε_f 的曲线上得到相应的点,垂直向下查得单位挤压力 p
总挤压力	由查得单位挤压力 p,按表 3-9 的公式算出总压力

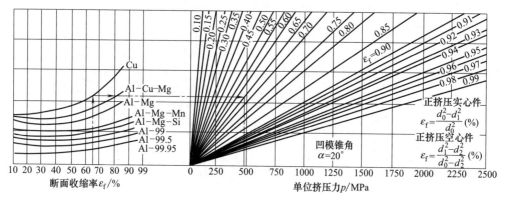

图 3-8 正挤压有色金属实心件和空心件单位挤压力 p 的计算图
(式中 d_0、d_1、d_2 的意义如表 3-1 所示)

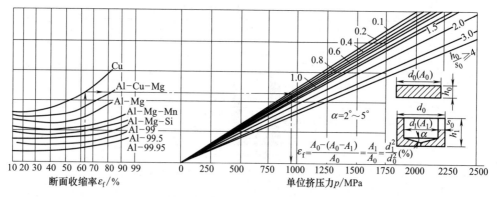

图 3-9 反挤压有色金属件单位挤压力 p 的计算图

⑤ 挤压力的计算实例见图 3-10 和图 3-11 及表 3-23。

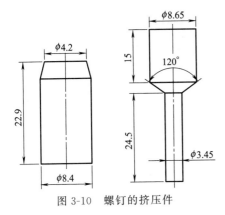

图 3-10 螺钉的挤压件

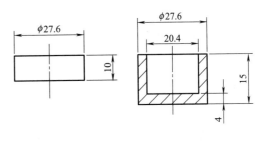

图 3-11 轴承套的挤压件

表 3-23 挤压力计算实例

类型	经验与理论公式计算	图算法	实测
螺钉挤压件	由图 3-10 已知：$d_0=8.65\text{mm}, d_1=3.45\text{mm}, h_0=22.9\text{mm}$，材料 0.8 钢，求单位挤压力和总挤压力。 (1) 按经验公式计算 $$p=Zn\sigma_b$$ 式中，Z 为模具形状系数，由表 3-8 查得 $Z=1.0$；n 为变形程度系数，由表 3-7 查得 $n=5.3$；σ_b 为被挤压强度极限，由表 3-10 查得 $\sigma_b=320\text{MPa}$，代入上式即： $$p=1.0\times 5.3\times 320=1696(\text{MPa})$$ (2) 理论计算公式 ① 主应力法。$p=2\bar{\sigma}\left(\ln\dfrac{d_0}{d_1}+2\mu\dfrac{h_1}{d_1}\right)e^{\frac{2\mu h_0}{d_0}}$ 按对数比：$\phi=\ln(F_0/F_1)=\ln(D_0^2/D_1^2)=\ln(8.65^2/3.45^2)=1.84$，$e=2.718$，由图 3-2 查得 $\bar{\sigma}=780\text{MPa}$；设 $H_1=2\text{mm}$ 代入上式，得： $$p=2\times 780\times\left(\ln\dfrac{8.65}{3.45}+2\times 0.1\times\dfrac{2}{3.45}\right)\times 2.718^{\frac{2\times 0.1\times 22.9}{8.65}}$$ $=1560\times(0.92+0.12)\times 1.7=2850(\text{MPa})$ 总压力。 $P=pF=2850\times(8.65^2\times\pi/4)=2580\times 58.74=167396.7(\text{N})=16.74(\text{tf})$，取 17(tf) ② 滑移线法。$p_\text{平}=3.48K$；$K$ 为剪切应力，$K=1/\sqrt{3}\bar{\sigma}$ $p_\text{轴}=3.48\sqrt{3}\times 1/\sqrt{3}\times 780=2712.7(\text{MPa})$ ③ 上限法。$p_\text{平}=4.0K$ 按平面变形，用于轴对称正挤压要扩大 $\sqrt{3}$ 倍 得：$p_\text{轴}=\dfrac{F_0}{F_1}\times 4\times 1/\sqrt{3}\times\bar{\sigma}=4\times 780=3120(\text{MPa})$ ④ 变形功法。$p=2K\left(1.2+\ln\dfrac{1}{\sqrt{3}}\right)=2\times 1/\sqrt{3}\times 780\times(1.2+1.838)=2735(\text{MPa})$	图算结果：2900MPa 经验计算结果：$P_\Sigma=17.2(\text{tf})=172000(\text{N})$	$P_\Sigma=18\text{tf}=180000\text{N}$ 实测结果：$p=3050\text{MPa}$ 从计算结果看，图算法、主应力法、变形功法和滑移线法比实测挤压力要小 5%～9%，而上限法比实测挤压力大 4.6%，但经验公式法比实测挤压力小 44.8%。故选择图算滑移线更接近实测挤压力
轴承套压件	由图 3-11 已知：$d_0=27.6\text{mm}, d_1=20.4\text{mm}, h_0=10\text{mm}$，材料为 16Mn，求单位反挤压力。 (1) 按经验公式计算 $$p=ZnR_m$$ 式中，Z 为模具形状系数，由表 3-8 查得 $Z=1.2$；n 为变形程度系数，由表 3-7 查得 $n=4.5$；R_m 为拉伸强度极限，由表 3-10 查得 $R_m=380\text{MPa}$ 代入上式： $$p=1.2\times 4.5\times 380=2052(\text{MPa})$$ (2) 理论计算公式 ① 主应力法。$p=\bar{\sigma}\left[\dfrac{d_0^2}{d_1^2}\ln\dfrac{d_0^2}{d_0^2-d_1^2}+(1+3\mu)\times\left(1+\ln\dfrac{d_0^2}{d_0^2-d_1^2}\right)\right]$	图算法：2000MPa 主应力法：$P_\Sigma=90\text{tf}$	$P_\Sigma=78\text{tf}$ $p=2390\text{MPa}$

续表

类型	经验与理论公式计算	图算法	实测
轴承套压件	按对数比：$\phi = \ln(F_0/F_1) = \ln\dfrac{d_0^2}{d_0^2-d_1^2} = \ln\dfrac{27.6^2}{27.6^2-20.4^2} = \ln 2.204 = 0.79$，由图 3-2 查得 $\bar{\sigma} = 730\text{MPa}$，有润滑取 $\mu = 0.1$，单位挤压力： $p = \sigma\left[\dfrac{27.6^2}{20.4^2}\ln\dfrac{27.6^2}{27.6^2-20.4^2} + (1+3\times 0.1) + \left(1+\ln\dfrac{27.6^2}{27.6^2-20.4^2}\right)\right]$ $= 730 \times 3.78 = 2760 \text{(MPa)}$ 总挤压力：$P = pF = 2752 \times (20.4^2\pi/4) = 2752 \times 326.69 = 899051\text{(N)}$ $= 90\text{(tf)}$ ② 滑移线法。$p = K(2+\pi) = 5.14K$ 式中 K——剪切应力，$K = 1/\sqrt{3}\bar{\sigma}$。 $p = 5.14 \times 1/\sqrt{3} \times 730 = 5.14 \times 0.577 \times 730 = 2165\text{(MPa)}$ ③ 上限法 $p = 6K = 6 \times 1/\sqrt{3} \times 730 = 2529\text{(MPa)}$ ④ 变形功法。$p = 2\bar{\sigma}\left[1.5 + \dfrac{1}{1-\dfrac{20.4^2}{27.6^2}}\ln\dfrac{27.6}{20.4} + \dfrac{2}{\sqrt{\dfrac{3\times 20.4}{27.6}\times\left(1-\dfrac{20.4^2}{27.6^2}\right)}}\right]$ $p = 2 \times 1/\sqrt{3} \times 730 \times (1.5 + 2.204 \times 0.302 + 1.994)$ $= 3505\text{(MPa)}$	图算法： 2000MPa 主应力法： $P_\Sigma = 90\text{tf}$	$P_\Sigma = 78\text{tf}$ $p = 2390\text{MPa}$

3.4.2 温挤压力的计算

（1）公式计算法

碳钢、低合金钢和奥氏体、马氏体不锈钢在 200～600℃ 进行温热挤压时，可按表 3-24 中的计算公式及表 3-26 温挤压近似计算法计算。部分材料在 650～850℃ 进行温挤压单位挤压力可查表 3-25。

表 3-24 温热挤压力的计算

参数	公式	说明
挤压力	$P = Fp$	式中 P——挤压力，kN F——凸模截面面积，mm^2 p——凸模单位挤压力，MPa；
挤压力	正挤压时：$P = \pi/4(D^2-d_0^2)p_b$ 反挤压时：$P = \pi/4 d_P^2 p_P$	式中 D——正挤压凹模内径，mm d_0——正挤压凹模工作带直径，mm d_P——反挤压凸模直径，mm p_b——正挤压凹模单位挤压力，MPa p_P——反挤压凸模单位挤压力，MPa
凸模单位挤压力	温度在 200～600℃ 挤压时： $p = 15.75(76w(\text{C}) + 1.3w(\text{Ni}) - 0.80w(\text{Cr}) - 0.1t + 0.36\varepsilon_f + 143)$	式中 $w(\text{C}), w(\text{Ni}), w(\text{Cr})$——碳、镍、铬的质量分数，% t——坯料加热温度，℃ ε_f——断面收缩率，%

表 3-25 不同温度下的单位挤压力

材料	断面收缩率 $\varepsilon_f/\%$	温度 $t/$℃									
		650		700		750		800		850	
		单位挤压力 p/MPa									
		正挤	反挤	正挤	反挤	正挤	反挤	正挤	反挤	正挤	反挤
10	40	—	—	404	650	336	502	308	512	253	—
	60	—	910	512	694	503	—	398	521	—	—
	80	—	—	592	—	562	—	—	462	—	—
20	40	—	890	440	679	392	600	342	576	320	—
	60	—	1060	570	955	536	696	425	635	420	—
	80	—	—	756	1150	630	1000	514	890	536	880

续表

材料	断面收缩率 ε_f/%	温度 t/℃									
		650		700		750		800		850	
		单位挤压力 p/MPa									
		正挤	反挤	正挤	反挤	正挤	反挤	正挤	反挤	正挤	反挤
35	40	—	1050	535	821	421	745	373	640	380	—
	60	—	1260	685	955	533	786	495	665	505	—
	80	—	—	865	1220	740	1070	667	870	581	84
45	40	—	1150	535	903	444	760	408	740	368	—
	60	—	1320	685	1013	565	844	550	810	500	—
	80	—	—	880	1120	826	1060	710	844	615	854
40Cr	40	—	1180	570	986	445	780	394	710	378	—
	60	—	1290	800	1050	760	821	640	751	592	—
	80	—	—	1110	1240	850	1000	750	960	690	970
40CrNi	40	—	—	565	918	424	890	—	811	—	730
	60	—	—	720	1010	687	985	545	839	—	785
	80	—	—	800	1110	785	1092	675	1030	—	936
T10	40	—	—	695	935	530	882	480	790	458	686
	60	—	—	806	1090	705	976	600	825	505	740
	80	—	—	1060	—	836	1228	726	1200	695	1154
GCr15	40	—	—	875	—	—	932	655	860	441	740
	60	—	—	1035	—	926	1410	702	970	615	750
	80	—	—	1170	—	936	—	875	1330	740	1240

注：由于表中所列数据是综合了较好情况得到的，故在实用中，一般可取表中数据的 1.2～1.3 倍。

表 3-26　温挤压近似计算法

类型	公式	说明
正挤压	$p = CnR_m$	式中　C——拘束系数（见表 3-27）
反挤压	(1) 相对于坯料断面积的单位挤压力：$p_b = CnR_m$ (2) 坯料断面积与凸模断面积不一致时，凸模单位挤压力：$p_b = (F_0/F_P)p_m = Cn(F_0/F_P)R_m$	n——材料硬化指数（见表 3-27） R_m——材料在常用温挤压温度下的拉伸强度，MPa（查表 3-28） F_0——坯料断面积，mm² F_P——凸模断面积，mm²

表 3-27　拘束系数 C 和硬化指数 n

断面收缩率/%	拘束系数 C		硬化指数 n	
	正挤压	反挤压	正挤压	反挤压
40	1.8	1.6	1.5～2	1.5～2
60	2.6	2.6	1.7～2.2	1.7～2.2
80	3.6	4.0	1.8～2.2	1.8～2.2

表 3-28　几种有色金属材料在常用温挤压温度时的拉伸强度 R_m

材料	温度/℃	拉伸强度 R_m/MPa
铅黄铜 HPb59-1	300 400	26 16
黄铜 H62	300	28
铝合金 2A12(LY12)	250	22

（2）图解计算法

图 3-12 所示为钢挤压时单位挤压力计算图。图中虚线上的箭头表示查图的方法，如 35 钢在挤压温度 550℃时，可在图中 550℃向上作虚线交于 35 钢的曲线上，然后再用虚线向左交于正挤压断面收缩率 80% 的曲线上一点，该点的垂线下至垂足点数值为 1900MPa，就是 35 钢在 550℃时，正挤压变形程度为 80% 时的单位挤压力。如果是反挤压，则箭头向右标去亦可查到某一断面收缩率下的单位挤压力。如 35 钢在 550℃下，在虚线交于挤压变形程度为 40% 曲线时，在垂线下的垂足点的单位挤压力为 1800MPa。

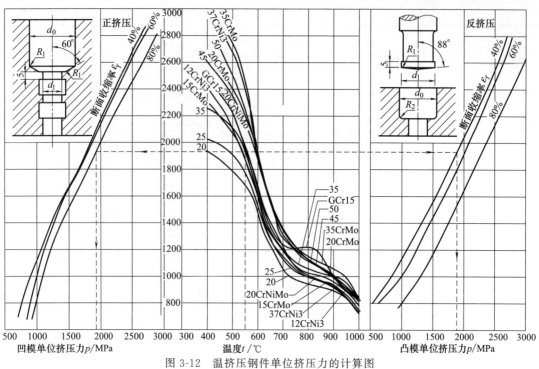

图 3-12 温挤压钢件单位挤压力的计算图

3.4.3 热挤压力的计算

(1) 公式计算法

在实际生产中,使用较多,运算较为简便的挤压力计算方法见表 3-29,常用钢种在高温下的拉伸强度见表 3-30。

表 3-29 热挤压力的计算

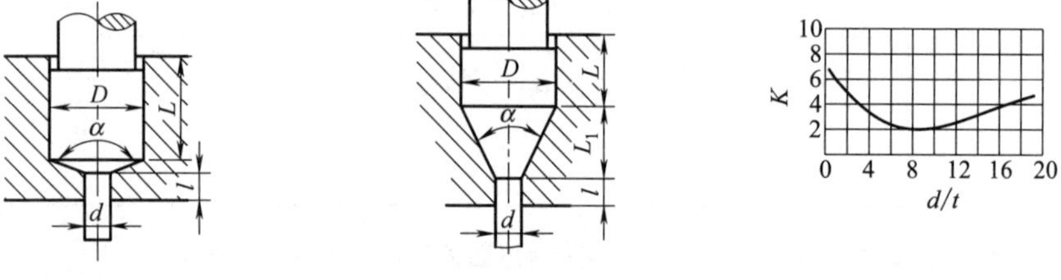

(a)   (b)   (c) 反挤压压力系数

图 1

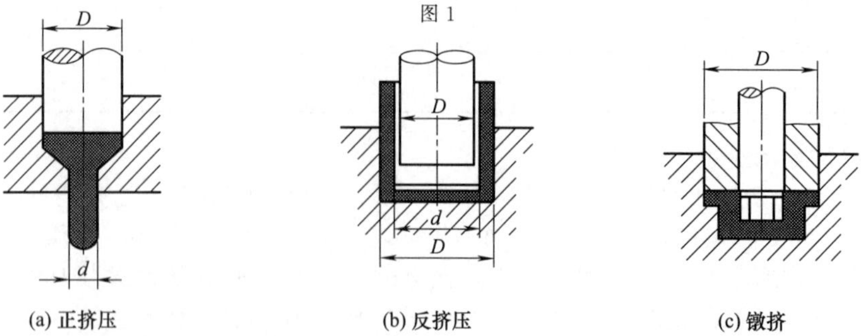

(a) 正挤压   (b) 反挤压   (c) 镦挤

图 2

续表

参数	公 式	说 明
挤压力	$P_1 = K(\sqrt{D/d} - 0.8)R_m F \times 10^{-2}$ $D = 1.13\sqrt{F}$ $d = 1.13\sqrt{f}$ 适用于 $D/d > 1.1$	式中 P_1——挤压部分的挤压力,kN K——选用设备有关的系数,油压机取 $K=10$,曲柄压力机的行程小于 $30 \sim 40$ 次/min,取 $K=12.5$,行程大于 $30 \sim 40$ 次/min,取 $K=15$ F——工件与挤压力垂直方向的投影面积,mm^2 f——挤出部分的横截面积,mm^2 R_m——金属在挤压温度下的拉伸强度,MPa
正挤压力	$P = R_m m \frac{\pi}{4} D^2 \times 10^{-2}$ 其中,平面凹模或凹模锥角 $\alpha \geqslant 120°$时: $m = 2\left(\ln\frac{D}{d} + 2\mu\frac{l}{d} + \frac{L}{D}\right)$ 凹模锥角 $\alpha \leqslant 60°$时: $m = 2\left(\frac{L_1}{D-d}\ln\frac{D}{d} + 2\mu\frac{l}{d} + \frac{L}{D} - \frac{1}{3}\right)$	式中 D——凹模直径,mm d——凹模工作孔径,mm L——凹模模腔高度,mm l——凹模工作带高度,mm L_1——凹模圆锥部分高度,mm μ——摩擦系数 R_m——金属在高温时的拉伸强度,MPa
	$P = 0.011(\sqrt{D/d} - 0.8)D^2 R_m$ 该式适用于 $D/d \geqslant 1$ 的情况,当压力机滑块的一次行程中,有 n 个模腔同时工作时,挤压力应该是这 n 个模腔所需挤压力的总和	式中 P——正挤压力,kN D——正挤压模凸模的工作直径,mm d——正挤压模凹模的工作直径,mm R_m——挤压终了温度时金属材料的拉伸强度,MPa
镦挤力	$P = 0.005(1 - 0.001D)D^2 R_m$	式中 P——镦挤压力,kN D——镦挤模凸模外套的工作直径,mm R_m——挤压终了温度时金属材料的拉伸强度,MPa
反挤压力	$P = 0.785 d^2 K R_m \times 10^{-2}$	式中 P——反挤压力,kN d——凸模直径(挤压件内径),mm K——系数,与凸模直径 d 与挤压件壁厚 t 之比有关 R_m——金属在高温时的拉伸强度,MPa
	$P = 0.001[8 + 1/(D/d-1)]d^2 R_m$	式中 P——反挤压力,kN D——反挤压凹模的工作直径,mm d——反挤压模凸模的工作直径,mm R_m——挤压终了温度时金属材料的拉伸强度,MPa

表 3-30 常用钢种在高温下的拉伸强度 R_m 10MPa

钢号	温度/℃				
	800	900	1000	1100	1200
Q235	8.0	5.0	3.0	2.1	1.5
10	6.8	4.7	3.25	2.6	1.58
15	5.8	4.5	2.8	2.4	1.4
20	9.1	7.7	4.8	3.1	2.0
30	10	7.9	4.9	3.1	2.1
35	11.1	7.5	5.4	3.6	2.2
45	11.0	8.3	5.1	3.1	2.1
55	16.5	11.5	7.5	5.1	3.6
T7	6.1	3.8	3.1	1.9	1.1
T7A	9.6	6.4	3.7	2.2	1.7
T8	9.3	6.1	3.8	2.4	1.59
T8A	9.3	5.6	3.4	2.1	1.5
T10A	9.2	5.6	3.0	1.8	1.6
T12	6.9	2.8	2.4	1.5	1.3
T12A	10.2	6.1	3.5	1.8	1.5
20Cr	10.7	7.6	5.28	3.8	2.5

续表

钢号	温度/℃				
	800	900	1000	1100	1200
40Cr	14.9	9.32	5.95	4.37	2.7
45Cr	8.9	4.3	2.6	2.1	1.4
20CrV	5.86	4.87	3.3	2.4	1.7
30CrMo	11.74	8.95	5.7	3.7	2.5
40CrNi	13.5	9.27	6.32	4.6	3.3
12CrNi3A	8.1	5.2	4.0	2.8	1.6
37CrNi3	13.03	9.16	6.05	4.15	2.77
18CrMnTi	14.0	9.7	8.0	4.4	2.6
30CrMnSiA	7.4	4.2	3.6	2.2	1.8
40CrNiMn	13.5	9.3	6.32	4.6	2.23
45CrNiMoV	10.4	6.7	4.4	2.9	1.85
18Cr2Ni4WA	11.8	6.6	4.9	2.7	1.9
60Si2Mo	8.1	5.7	3.4	2.6	3.3
60Si2	8.1	5.7	3.4	2.6	3.3
10Mn2	7.4	5.0	3.34	2.2	1.51
30Mn	8.3	5.45	3.55	2.32	1.52
60Mn	8.7	5.8	3.6	2.3	1.5
GCr15	10.0	7.4	4.8	3.0	2.1
Cr12Mo	19.8	10.1	5.4	2.5	0.8
Cr12MoV	12.5	8.3	4.7	2.5	0.8
W9Cr4V	22.2	9.5	6.4	3.3	2.1
W9Cr4V2	9.2	8.3	5.7	3.3	2.1
W18Cr4V	28	13.5	6.8	3.3	2.1
Cr9Si2	5.2	6	4.6	2.3	1.6
Cr17	4.1	2.2	2.1	1.4	0.8
Cr28	2.6	1.9	1.1	0.8	0.8
1Cr13	6.6	4.9	3.7	2.2	1.2
2Cr13	13	10.6	6.3	3.7	—
3Cr13	13.3	11.3	7.8	4.4	3
4Cr13	13.5	12.7	7.6	5.4	3.3
4Cr9Si2	8.8	8.5	5	2.8	1.6
1Cr18Ni9	12.2	6.9	3.9	3.1	1.6
1Cr18Ni9Ti	18.5	9.1	5.5	3.8	1.8
Cr23Ni18	14.1	9.2	5.6	5.3	3
Cr18Ni25Si2	18	10.2	6.3	3.1	2.2
2Cr13Ni14Mn9	12.7	7.6	4.2	2.3	1.4
Cr13Ni14Mn9	14.6	7.1	4.4	2.3	1.4
4Cr9Si2	8.8	8	5	2.6	1.6
Cr25Ti	2.6	1.9	1.1	0.8	0.8
Cr15Ni60	17	10.6	6.5	4.4	2.9
C29Ni80	22.8	10.5	5.8	3.8	2.3

(2) 图解计算法

① 热反挤压钢质件挤压力的图算法步骤如下。热反挤压力计算图如图3-13所示。

a. 根据挤压件尺寸,求得挤压件的变形程度 ε_f 及系数 d/h。

b. 如图 3-13 中箭头所示，由图 3-13①求得压力系数 n。

c. 继续向左移动，在图 3-13②中求得挤压钢材的高温拉伸强度曲线，在图 3-13③下部坐标求得未经修正（$K=1$）时单位挤压力 p_1。

d. 按变形程度 ε_f 与挤压行程 h_x 在图 3-13⑤⑥中求得变形速度 v_1。

e. 根据挤压行程中滑块的运动速度在图 3-13⑦中求得速度系数 K。

f. 由图 3-13③查到未经修正的单位挤压力 p_1 乘以速度系数 K 可以求得单位挤压力 p。

g. 在图 3-13④中由单位挤压力 p 与凸模直径可求得挤压力 P。

一般情况下，曲柄压力机标称压力角在 $0°\sim20°$，对应的滑块运动速度为 $0\sim200\text{mm/s}$。决定速度系数时，可将滑块运动速度定为 200mm/s。

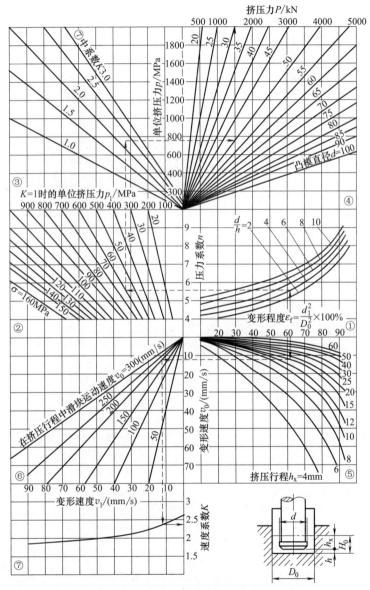

图 3-13　热反挤压力的计算图
d—凸模直径（工件内径）；h—工件底厚；H_0—坯料高度；D_0—坯料直径

② 热正挤压钢质件挤压力的图算法步骤如下。热正挤压力计算图如图 3-14 所示。

a. 根据挤压件尺寸，求得挤压件的变形程度 ε_f。

b. 由变形程度 ε_f 与凹模锥角 2α、坯料相对高度 H_0/D_0 和图 3-14①②可求得压力系数 n。

c. 由压力系数 n 与不同钢材的高温拉伸强度在图 3-14③中求得未经修正的（$K=1$ 时）单位压力 p_1。

d. 由图 3-14④求得速度系数 K。

e. 在图 3-14④中由未经修正的单位挤压力 p_1 与速度系数 K 求得单位挤压力 p。

f. 按单位挤压力 p 与凸模直径由图 3-14⑤可求得挤压力 P。

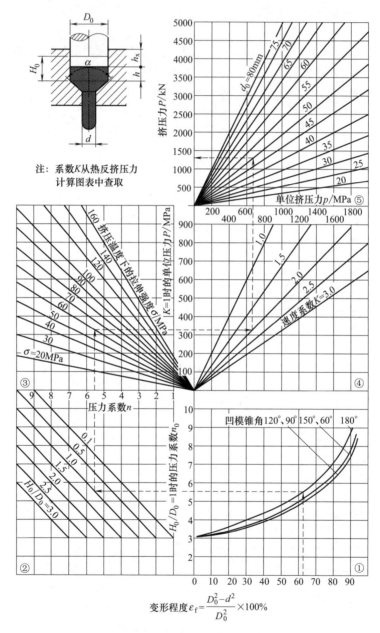

图 3-14　热正挤压力计算图

d—工件直径；h—挤压余厚；H_0—坯料高度；D_0—坯料直径

第4章
挤压温度

4.1 挤压温度的选择原则

① 能使金属变形抗力有显著下降的温度范围。
② 在金属开始有强烈氧化的温度之前,应避免蓝脆区。
③ 应在变形金属与相应的润滑剂之间具有较小摩擦因素的温度范围内。
④ 需要考虑模具材料可承受的最大单位挤压力。如高速钢在工作时,模具温升不大的情况下,挤压时可以承受的单位挤压力为 2500～3000MPa,而温挤压时,模具受热的影响比冷挤压时剧烈,其允许单位挤压力比冷挤压时适当降低,一般不超过 2000～2200MPa。

4.2 温挤压温度的选择

各种材料使用的温挤压温度见表 4-1～表 4-3,供参考。

表 4-1 各种材料的温挤压温度

材 料	温挤压温度/℃	说明
15 钢	400	高速锤上正挤压
10、15、20、35、40、45、50 钢	650～800	曲柄压力机
40Cr、45Cr、30CrMnSi、12CrNi3 等低合金结构钢	500(或 550)～800	液压机
30CrMnSi	650～900	
38CrA 等调质合金结构钢	600～800	
18Cr2Ni4WA 等中合金结构钢	670±20	
T8、T12、GCr15、Cr12MoV、W9Cr4V2、W6Mo5Cr4V2Al 等工具钢和轴承钢	700～800	
2Cr13、4C13 等马氏体不锈钢 1Cr13、Cr17Ni2 等马氏体-铁素体不锈钢	700～850	
1Cr18Ni9Ti 等奥氏体不锈钢	800～900 或 260～360	
GH140 等耐热钢及耐热合金	850～900 或 280～340	
铝及铝合金	250 以下	

续表

材 料	温挤压温度/℃	说明
一般铜及铜合金	350 以下	
HPb59-1 用冷挤压尚难成型的铅黄铜	300～400 或 680 左右	
室温塑性较差的镁及镁合金	175～390	
室温塑性较差的钛及钛合金	260～550	

表 4-2　部分材料按坯料直径选用温挤压温度

材料	坯料直径/mm	温挤压温度/℃	材料	坯料直径/mm	温挤压温度/℃
42CrMo	19	425	0Cr18Ni9	7	455
20CrNiMo	16	385		9	440
50Cr	25	425	1Cr18Ni9Ti	—	260～350
50CrV	19	440		—	700～800
40CrNiMo	16	425	38CrA、18CrNiWA	—	650
	13	400	GCr15	—	550～600
40	19	700～800	10、15、20、35、45、50	—	700～800
			40Cr、45Cr、30CrMnNi、T8	—	700～800
		370	2Cr13	—	650～700
Cr17	8	230	3Cr13	13	345

表 4-3　部分材料的温挤压温度和保温时间

材料	温挤压温度/℃	保温时间/h	材料	温挤压温度/℃	保温时间/h
10	720±10	2～3	40	720±10	2～3
20	930	2～3	45	720±10	2～3
30	720±10	2～3		820～850	2～3
	850～890	6	16Mn	760	5

4.3　热挤压温度的选择

采用较高的挤压温度，使金属塑性提高，易于变形。但坯料的加热温度必须严格控制在一定的范围内，否则加热温度过高，会产生严重的氧化和脱碳，而且出现过热和过烧现象。故加热温度的范围应保证被挤压金属坯料具有足够的塑性、较低的变形抗力和较为理想的金相组织。在实际生产中，根据金属材料种类、化学成分、坯料尺寸、零件性能要求等来确定挤压坯料的加热温度及温度范围。一般热挤压温度应控制在比金属坯料的熔化温度低 150～250℃。各种材料的热挤压温度见表 4-4～表 4-6。

表 4-4　各种材料的热挤压温度　　　　　　　　　　　　　　　℃

钢材	钢材牌号	开始挤压温度	终止挤压温度	挤压温度范围
普通碳素钢	(Q195)	1300	800	1280～850
	(Q215A)	1300	800	1280～850
	(Q215B)	1300	800	1280～850
	(Q235A)	1300	800	1280～850
	(Q235B)	1280	830	1250～870
	(Q255A)	1280	830	1250～870
	(Q255B)	1280	830	1250～870
	(Q275)	1280	830	1250～870
优质碳素结构钢	10	1280	830	1250～870
	15	1280	830	1250～870
	20	1280	830	1250～870
	25	1280	830	1250～870
	30	1280	830	1250～870

续表

钢材	钢材牌号	开始挤压温度	终止挤压温度	挤压温度范围
优质碳素结构钢	35	1280	830	1250～870
	40	1280	830	1250～870
	45	1260	840	1210～870
	50	1260	840	1210～870
	55	1240	850	1200～880
	60	1240	850	1200～880
	85	1180	870	1200～900
碳素工具钢	T7	1180	870	1130～900
	T8	1180	870	1130～900
	T9	1150	880	1100～910
	T10	1150	880	1100～910
	T11	1120	880	1090～920
	T12	1120	900	1090～920
	T13	1120	900	1090～920
合金工具钢	7Cr3	1150	890	1120～940
	8Cr3	1150	890	1120～940
	5CrMnMo	1200	900	1150～950
	5CrNiMo	1200	900	1150～950
合金结构钢	38Cr	1250	870	1200～920
	40Cr	1530	870	1180～920
	40CrNi	1200	890	1150～940
	18CrMnTi	1200	890	1150～940
	40CrVA	1200	890	1150～940
不锈钢	2Cr13	1180	920	1130～970
	3Cr13	1180	920	1130～970
	4Cr13	1200	900	1150～950
	Cr9Si2	1200	900	1150～950
轴承钢	GCr9	1200	900	1180～950
	GCr12	1190	890	1160～930
	GCr15	1180	880	1140～910
弹簧钢	60Si2	1200	900	1150～920
	65Mn	1200	850	1150～900
	70Mn	1200	850	1150～920
高速钢	W9Cr4V	1130	900	1100～920
	W18Cr4V2	1130	900	1100～920

表 4-5 常用钢材和铜合金的热挤压温度　　　　　　　　　　　　　　　　℃

材料	开始挤压温度	终止挤压温度
20、30	1250	900
45	1230	900
20Cr、40Cr、38CrA、T7、Cr12MoV	1200	900
12CrNi3A、4Cr9Si2、18CrMnTi	1180	900
30CrMnSiA、1Cr13、W18Cr4V	1150	900
CrWMn	1130	900
T12A	1080	900
H68	800	740
HSi80-3	790	740
H62	800	670
H59	680	640
HAl60-1-1、HSn70-1	700	650
HPb59-1、HMn58-2	680	620
HSn62-1	720	650
HSn60-1	670	630
HFe59-1-1	630	620

表 4-6　热挤压常用的坯料温度　　　　　　　　　　　　　　　　　℃

材料	热挤压温度	材料	热挤压温度	材料	热挤压温度
铅合金	90～260	铝合金	340～510	钛合金	870～1040
镁合金	340～430	铜合金	650～1100	镍合金	1100～1260
				钢	1100～1260

4.4　挤压模具的预热与冷却

4.4.1　挤压模具的预热

（1）挤压模具的预热目的

在挤压前对模具进行预热，使坯料与模具接触降温不致过大，以免降低塑性，增加变形力；也可避免坯料表面与中心温差过大，使变形不均匀，以致造成挤压件或模具损坏。在挤压前模具没有预热或预热温度不够，也使模具与坯料温差太大，挤压时模具表面温度迅速上升，使模具表面与中心层的温差过大，而产生较大的内应力，加之挤压变形力对模具造成的应力很大，易导致模具开裂破坏。

（2）挤压模具的预热方法

一般可在模具上安装电阻预热器，用喷灯加热，也可用加热的钢块对模具进行预热。

4.4.2　挤压模具的冷却

挤压模具的正常工作温度保持在 200℃左右，可连续工作而不会失去原性能，当模具温度上升至 550～600℃连续工作时，硬度就会迅速下降，强度也明显降低，影响模具寿命。在连续生产中，可用接触温度计或红外线温度计监测模具的实际温度，对模具工作部分调节冷却润滑剂的流量或喷射量，使模具温度保持在 200～300℃，以保证模具正常工作。小批量生产，可采用压缩空气冷却凸、凹模工作部分。如采用石墨水作冷却剂，在挤压中可使石墨水剂由上模向下流放，石墨水可用储水槽回收利用，石墨水既有冷却又起润滑作用。在大量生产中，须采用专门冷却装置来冷却模具，其常用冷却方法如下。

① 适当增加各次挤压之间的间隔时间。如每隔一个行程送一个坯料，以便有充分的时间对模具进行冷却。

② 在模具内开孔用泵将压力为 0.12～0.14MPa 的润滑剂注入模具内孔的通道以冷却凸模，同时向凹模吹送压力为 0.4～0.5MPa 的压缩空气来冷却凹模和顶料杆。

③ 采用喷雾剂冷却模具，由于在挤压过程中凸模温升高，向凸模内孔通道注入冷却润滑剂，因水分蒸发很快，流不到凸模下端，当压力机滑块回到上死点位置时，还须用喷嘴对凸、凹模进行喷雾冷却。

④ 可将上述三种方法联合使用效果更好。

第5章 挤压模具设计

5.1 冷挤压模具设计

5.1.1 冷挤压模具的设计要求

冷挤压时单位压力较大（高达 2000～2500MPa），在承受高压力作用下的冷挤压工作，为了保证模具的使用寿命，对模具结构的设计、材料的选用、制造工艺及其热处理具有严格的要求，以保证模具的强度和刚度。因此对模具设计要求如下。

① 模具工作零件的材料应具有高强度、高硬度、高耐磨性并具有一定的热硬性和韧性，使模具有较长的使用寿命。

② 模具工作部分的形状和尺寸合理，转角过渡避免尖角，防止应力集中而损坏模具。

③ 凸、凹模与上、下模座之间的支承面积应足够大，以减小上、下模座上的单位挤压力。垫板也应有足够的厚度和硬度。

④ 上、下模座必须采用足够厚度的中碳钢制造，而不能用铸铁制造，以保证足够的强度和刚度。

⑤ 模具的安装应牢固可靠，易损件更换、折卸、安装方便。

⑥ 模具导向良好，足以保证制件的制造公差和模具寿命。

⑦ 制造简单，成本低，要有利于进、出件方便，操作安全可靠。

5.1.2 冷挤压模具工作零件设计

（1）反挤压模工作零件

1）反挤压凸模

① 反挤压凸模结构设计见表 5-1。

② 反挤压凸模工作部分的尺寸见表 5-2。

③ 反挤压凸模的结构形式见表 5-3。

表 5-1　反挤压凸模的结构设计

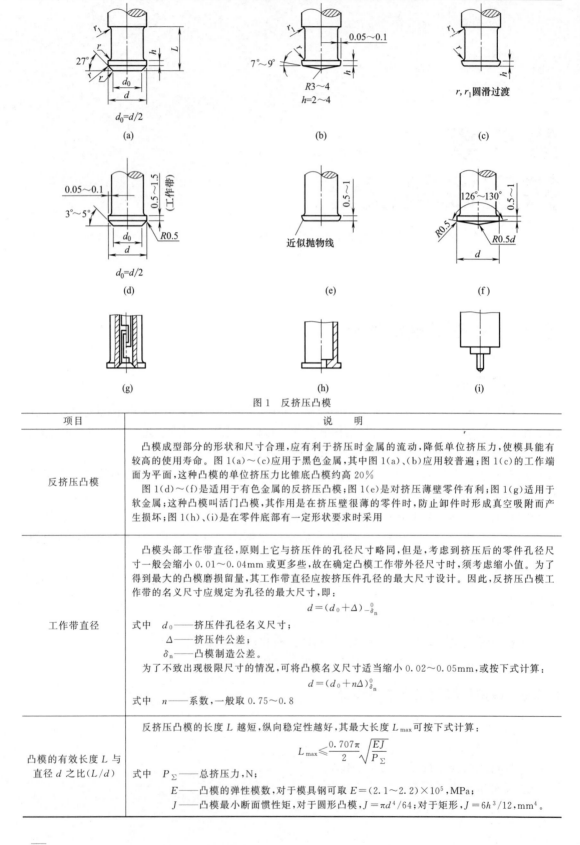

图 1　反挤压凸模

项目	说　　明
反挤压凸模	凸模成型部分的形状和尺寸合理,应有利于挤压时金属的流动,降低单位挤压力,使模具能有较高的使用寿命。图 1(a)～(c)应用于黑色金属,其中图 1(a)、(b)应用较普遍;图 1(c)的工作端面为平面,这种凸模的单位挤压力比锥底凸模约高 20% 图 1(d)～(f)是适用于有色金属的反挤压凸模;图 1(e)是对挤压薄壁零件有利;图 1(g)适用于软金属;这种凸模叫活门凸模,其作用是在挤压壁很薄的零件时,防止卸件时形成真空吸附而产生损坏;图 1(h)、(i)是在零件底部有一定形状要求时采用
工作带直径	凸模头部工作带直径,原则上它与挤压件的孔径尺寸略同,但是,考虑到挤压后的零件孔径尺寸一般会缩小 0.01～0.04mm 或更多些,故在确定凸模工作带外径尺寸时,须考虑缩小值。为了得到最大的凸模磨损留量,其工作带直径应按挤压件孔径的最大尺寸设计。因此,反挤压凸模工作带的名义尺寸应规定为孔径的最大尺寸,即: $$d = (d_0 + \Delta)_{-\delta_n}^{0}$$ 式中　d_0——挤压件孔径名义尺寸; 　　　Δ——挤压件公差; 　　　δ_n——凸模制造公差。 为了不致出现极限尺寸的情况,可将凸模名义尺寸适当缩小 0.02～0.05mm,或按下式计算: $$d = (d_0 + n\Delta)_{\delta_n}^{0}$$ 式中　n——系数,一般取 0.75～0.8
凸模的有效长度 L 与直径 d 之比(L/d)	反挤压凸模的长度 L 越短,纵向稳定性越好,其最大长度 L_{max} 可按下式计算: $$L_{max} \leqslant \frac{0.707\pi}{2}\sqrt{\frac{EJ}{P_\Sigma}}$$ 式中　P_Σ——总挤压力,N; 　　　E——凸模的弹性模数,对于模具钢可取 $E=(2.1～2.2)\times 10^5$,MPa; 　　　J——凸模最小断面惯性矩,对于圆形凸模,$J=\pi d^4/64$;对于矩形,$J=6h^3/12$,mm^4。

续表

项目	说　　明
凸模的有效长度 L 与直径 d 之比 (L/d)	L/d 值也可按经验数据粗略确定。 反挤压纯铝时：$L/d \leqslant 7 \sim 10$； 反挤压紫铜时：$L/d \leqslant 5 \sim 6$； 反挤压黄铜时：$L/d \leqslant 4 \sim 5$； 反挤压低碳钢时：$L/d \leqslant 2.5 \sim 3$。 当单位挤压力较大时，应选用较小的 L/d 值；单位挤压力不大时，可选用大的 L/d 值。其长度比 L/d 与所用的单位挤压力间的关系见图2。 对于纯铝、紫铜反挤压用的细长凸模，为了增加其稳定性，可以在凸模端面作工艺槽，工艺槽必须对称、同轴心，否则反而起不良作用。工艺槽宽一般取 0.3～0.8mm，深 0.3～0.6mm。槽底部不应有尖角。工艺槽的形状见图3 图2　高速钢凸模纵向弯曲许用应力
工艺槽的各种形状	图3　工艺槽的形状
凸模长度尺寸的确定	(a) 实心件正挤压模　　(b) 空心件反挤压模　　(c) 冲挤模 图4　凸模长度的确定 计算公式：$L = H_1 + H_2 + H_3 + H$ 式中　L——凸模长度； 　　　H_1——凸模固定套厚度； 　　　H_2——凸模进入模腔的深度； 　　　H_3——卸料板厚度； 　　　H——磨损、调整和安全因素附加的数值，可取 10～15mm 图4(a)所示正挤压时，工件留在凹模内无须用卸料板，故凸模长度为 $L = H_1 + H_2 + H$ 图4(b)所示反挤压时，工件有可能被凸模带上，而设置卸料板卸下，其凸模长度尺寸 L 应包括卸料板厚度 H_3 凸模上顶端面积，必须足够大，以使适宜载荷承受 为了便于定位和夹持，应适当增大凸模的台肩或过渡断面处的直径

表 5-2 反挤压凸模工作部分尺寸参数　　　　　　　　　　　　　　　　　mm

挤压材料	r_0	$\alpha_\beta/(°)$	d_0	Δd	h
低碳钢	0.2~0.5	0~2	(1.0~0.7)d	0.008d	2~4
中碳钢 低合金结构钢	0.5~1.5	2~5	(0.7~0.5)d	0.012d	2~4
轴承钢 合金结构钢	1.5~3.0	5~7	(0.5~0.3)d	0.016d	2~4
纯铝	0.2~0.5	2~5	(0.7~0.5)d	0.004d	0.5~1.5

表 5-3 反挤压凸模的结构形式

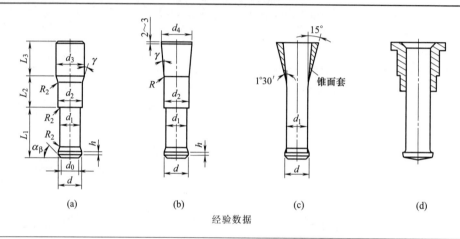

经验数据

d——挤压件内孔直径,mm
$d_1 = d - (0.1 \sim 0.2)$
$d_2 \geqslant d$
$d_3 \geqslant 1.3d$
$d_4 = (1.3 \sim 1.5)d$
$R_2 = (0.2 \sim 0.4)d$

$\gamma = 15° \sim 30°$
$L_1 =$ 挤压件内孔高度 $+ (3 \sim 5)$
$L_2 =$ 卸料板高度 $+ (10 \sim 15)$
$L_3 \approx d_3$

④ 反挤压长凸模的结构尺寸见表 5-4。
⑤ 反挤压空心凸模的工作尺寸见表 5-5。

表 5-4 反挤压长凸模的结构尺寸

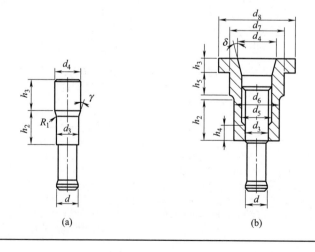

续表

符号	名称	经验数据	符号	名称	经验数据
d_3	导向部分直径	$\geqslant d+0.5$	d_6	导向套外径	$\geqslant 1.3d$
d_4	夹持部分直径	$(1.3\sim1.5)d$	h_4	导套结合面高度	$(1\sim1.5)d$
h_2	导向部分长度	$L_0+(3\sim5)$	d_7	导套夹持部分外径	$d_6+(5\sim10)$
h_3	夹持部分高度	d_4	d_8	导套夹持部分外径	$d_7+(5\sim10)$
R_1	连接圆角半径	$(0.2\sim0.4)d$	δ	夹持锥角	$5°\sim15°$
γ	斜角	$15°\sim30°$	h_5	导套过渡台阶高度	$d_7/2$
d_5	空隙直径	d_3+1			

注：L_0——凸模有效工作行程。

表 5-5 反挤压空心凸模的工作尺寸

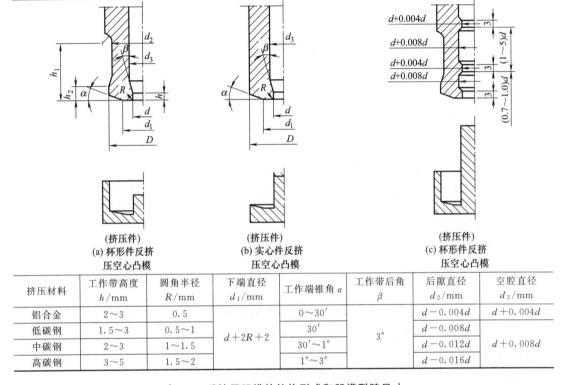

(a) 杯形件反挤压空心凸模　　(b) 实心件反挤压空心凸模　　(c) 杯形件反挤压空心凸模

挤压材料	工作带高度 h/mm	圆角半径 R/mm	下端直径 d_1/mm	工作端锥角 α	工作带后角 β	后隙直径 d_2/mm	空腔直径 d_3/mm
铝合金	2～3	0.5		0～30′		$d-0.004d$	$d+0.004d$
低碳钢	1.5～3	0.5～1	$d+2R+2$	30′	3°	$d-0.008d$	
中碳钢	2～3	1～1.5		30′～1°		$d-0.012d$	$d+0.008d$
高碳钢	3～5	1.5～2		1°～3°		$d-0.016d$	

表 5-6 反挤压凹模的结构形式和凹模型腔尺寸

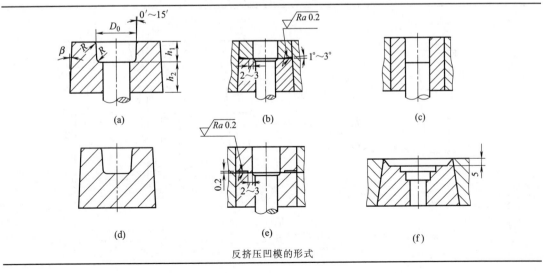

反挤压凹模的形式

续表

凹模型腔参数   mm

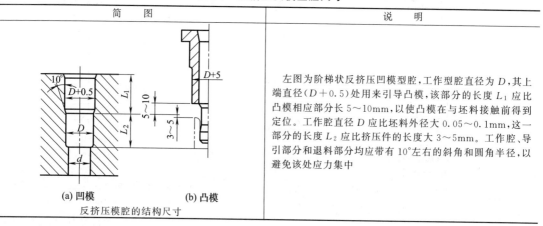

尺寸参数	经验数据
D	按挤压件外径确定
R	$\geqslant 2$
h_1	$(0.7 \sim 1.0)D$
h_2	$H_0 + R + (5 \sim 10)$
H	$h_2 + h_1$

注：H_0——毛坯的高度。

2）反挤压凹模

反挤压凹模的结构形式和型腔尺寸见表 5-6 和表 5-7，其中表 5-6 中整体式凹模图（d），因对模具强度和顶件不利，极少使用。

表 5-7　反挤压凹模型腔尺寸

简图	说明
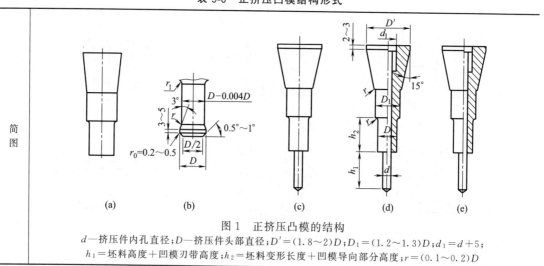 (a) 凹模　　(b) 凸模　反挤压模腔的结构尺寸	左图为阶梯状反挤压凹模型腔，工作型腔直径为 D，其上端直径（$D+0.5$）处用来引导凸模，该部分的长度 L_1 应比凸模相应部分长 5～10mm，以使凸模在与坯料接触前得到定位。工作腔直径 D 应比坯料外径大 0.05～0.1mm，这一部分的长度 L_2 应比挤压件的长度大 3～5mm。工作腔、导引部分和退料部分均应带有 10°左右的斜角和圆角半径，以避免该处应力集中

（2）正挤压模工作零件

1）正挤压凸模

正挤压凸模结构设计见表 5-8～表 5-11。

表 5-8　正挤压凸模结构形式

简图	

图 1　正挤压凸模的结构

d—挤压件内孔直径；D—挤压件头部直径；$D'=(1.8 \sim 2)D$；$D_1=(1.2 \sim 1.3)D$；$d_1=d+5$；$h_1=$坯料高度+凹模刃带高度；$h_2=$坯料变形长度+凹模导向部分高度；$r=(0.1 \sim 0.2)D$

简图	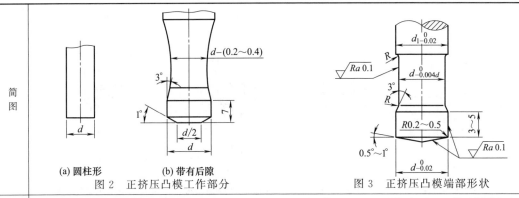 (a) 圆柱形　　(b) 带有后隙 图 2　正挤压凸模工作部分　　图 3　正挤压凸模端部形状
说明	在钢质件冷挤压中,反挤压凸模的长径比一般较小,而正挤压凸模的长径比往往较大,为了不使凸模纵向失稳,有时还需加上凸模保护套。 正挤压简单实心件的凸模,可采用图 1 中的(a)、(b)形式;图 1(b)端部的锥度可防止凸模纵向开裂;正挤压纯铝空心件可用图 1(c)的凸模形式;对于较硬的有色金属和钢质金属挤压件用图 1(d)、(e)组合形式凸模;图 1(e)所示组合凸模中,凸模孔与芯轴之间采用 H7/k6 配合,在挤压过程中,芯轴受到摩擦而产生很大的拉应力,因而仅适用于芯轴直径较大,或挤压材料不太硬,或摩擦因数较小的挤压;图 1(d)组合凸模中,凸模孔与芯轴之间采用 H7/h6 间隙配合,挤压过程中摩擦力的作用下,芯轴可随变形金属向下滑动,大大减弱了芯轴的受拉情况,可避免芯轴拉断。 正挤压凸模的工作尺寸,与凹模的有效尺寸相关,主要取决于凹模的间隙是否适当,间隙过小而出现凸、凹模卡住现象。在挤压时为了使凸模的弹性变形不影响凹模,可在工作带后附加后隙,如图 2(b)所示,后隙部分直径较工作带直径 d 小 0.2～0.4mm,工作带直径的高度,较反挤压凸模的工作带高度要小一些,一般可取 7～10mm。 实心整体凸模各台阶过渡应有圆弧半径,且圆滑不得有刀痕,如图 3 所示的顶端形状,其具有如下特点。 ① 端面有 0.5°～1°斜角,在坯料两端不平时可保证凸模的稳定性。 ② 同凹模配合的有效长度为 3～5mm,可防止在高压下凸模直径胀大而增加凸模下移的阻力,以确保凸模的使用精度。 ③ 后角为 3°,用小圆弧过渡,具有较低的应力集中系数,保证凸模有较高的使用寿命

表 5-9　实心件正挤压凸模的结构尺寸　　　　　　　　　　　　　　　　　　　　　mm

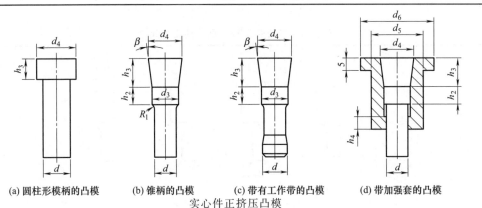

(a) 圆柱形模柄的凸模　　(b) 锥柄的凸模　　(c) 带有工作带的凸模　　(d) 带加强套的凸模

实心件正挤压凸模

符号	名称	经验数据
d_4	模柄直径	$(1.3～1.5)d$
h_3	模柄厚度	$d_4/2$
d_3	夹持部分直径	$1.3d$
h_2	夹持部分高度	$d_3/2$
β	锥角	$5°～15°$
R_1	圆角半径	$(0.2～0.4)d$
d_5	加强套外径	$2d$
d_6	加强套固定部分外径	$d_5+(5～10)$
h_4	配合面有效高度	$(1～1.5)d$

表 5-10 空心件正挤压凸模的结构尺寸　　　　　　　　　　　　　　　　mm

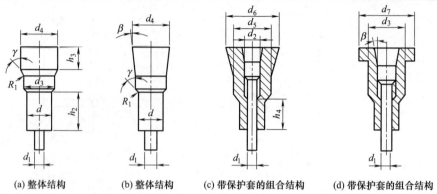

空心件正挤压凸模

符号	名　称	经　验　数　据
d	导向部分外径	$D_0 - 0.02$
d_1	芯杆直径	$d_0 - 0.2$
d_2	芯杆夹持部分直径	$d_1 + 1$
d_3	夹持部分直径	$\leqslant 1.3d$
d_4	固定部分直径	$(1.3 \sim 1.5)d$
d_5	锥柄外径	$(1.2 \sim 1.3)d$
d_6	锥柄大外径	$(1.8 \sim 2.0)d$
d_7	外套固定部分直径	$d_5 + 5 \sim 10$
h_2	导向部分高度	$L_0 + (3 \sim 5)$
h_3	固定部分高度	$d_4/2$
h_4	配合面有效高度	$(1 \sim 1.5)d$
γ	过渡锥角	$15° \sim 30°$
β	芯杆锥柄半角	$5° \sim 15°$
R_1	转角半径	$(0.2 \sim 0.4)d$

注：D_0——凹模型腔直径；d_0——筒形或空心坯料的孔径；L_0——凸模有效工作长度

表 5-11 空心件正挤压凸模的工作尺寸　　　　　　　　　　　　　　　　mm

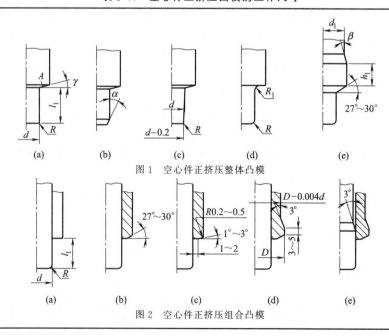

图 1 空心件正挤压整体凸模

图 2 空心件正挤压组合凸模

续表

挤压材料	芯杆直径 d	圆角半径 R	锥角 γ	芯杆露出长度 l_1	顶端锥角 α	工作带高度 h_1	芯杆半角 β	后隙直径 d_1
铝合金	$d_0-0.05$	2～5	5°～7°	h_0 为被挤压的筒形件，即前道工序半成品的孔深	5°～10°	5～10	3°	$D-0.008d$
低碳钢		3～5	3°～5°					
中碳钢	$d_0-0.1$	5～8	2°～3°			3～8		
高碳钢		8～12	1°～2°			3～5		

① 整体凸模

整体结构形式适用于挤压力不大的有色金属正向挤压。芯杆与本体连接处做成锥角 γ 的锥形，以防止应力集中、裂纹和芯杆部分折断。

图 1(a)、(b)、(c)、(e) 或采用较大的过渡圆图 1(d)。图 1(a) 是最基本的结构。设计时应保证芯杆伸出部分的长度 l_1 与被挤压的筒形件，即前道工序半成品的孔深 h_0 一致，以保证凸模肩部（图中 A 处）与半成品件孔口边缘接触的同时，芯杆伸出部分接触其空腔底部。若芯杆部分伸出过长，在开始正挤压之前，由于芯杆的拉伸作用，致使工件侧壁部变薄或拉断。若芯杆部分伸出太短，芯杆在正挤压前不能与工件底部接触而出现空隙，否则将导致挤压件缩进而形成凹陷，使挤压件形状畸变。

在凸模上应开设通气孔，以便于挤压件中的空气在挤压过程中迅速排出，防止挤压件被吸附在凸模上或产生底部变形。图 1(c) 中凸模伸出部分制成微锥形，或者在本体上做出一定高度 h_1 的工作带，并带有后隙[图 1(e)]。挤压管形件时，芯杆前端应带有起引导作用的锥角 α[图 1(b)]。当挤压件孔口要求平坦时[图 1(d)]。芯杆与本体连接处的圆角半径 R_1 应尽量加大，以消除应力集中，防止芯杆易从根部折断。

② 组合凸模

挤压低碳钢或芯杆伸出部分过长时，由于芯杆受很大的摩擦力和轴向的拉力作用，而极易从根部折断。故应将芯杆部分和凸模本体分开制成组合式凸模。图 2(a) 的凸模肩部呈平坦形状。有时为了降低挤压力，凸模肩部可做成一定的斜度[图 2(b)、(c)]。为了减小摩擦，也可以将凸模本体做成一定高度的环带结构，或将芯杆做成阶梯形状，即在芯杆上非配合部分的直径段取小些，如图 2(d)、(e) 所示。其组合式空心件正挤压凸模，结构合理，加工方便，使用寿命高

2) 正挤压凹模

设计正挤压凹模的结构和工作型腔时，应考虑坯料的形状和尺寸，挤压件的精度要求，模具的结构和强度，模具的弹性变形和温升，模具的磨损、寿命和经济性及其工艺特点和挤压变形的需要。凹模在挤压过程中要承受很大压力且压力分布不均匀，因此，设计凹模时必须计算凹模内壁的切向拉应力并采取相应的加强措施，以减小变形程度和保证模具使用寿命。

① 凹模型腔设计原则见表 5-12。

② 凹模型腔尺寸的确定。

凹模型腔尺寸应根据挤压件的尺寸和精度以及挤压变形的工艺要求，考虑留足最大的磨损留量，模腔工作带尺寸，应按挤压件的负公差计算，使其接近挤压件的最小极限尺寸。冷挤压件模腔工作尺寸计算公式见表 5-14。

表 5-12 凹模型腔的设计原则

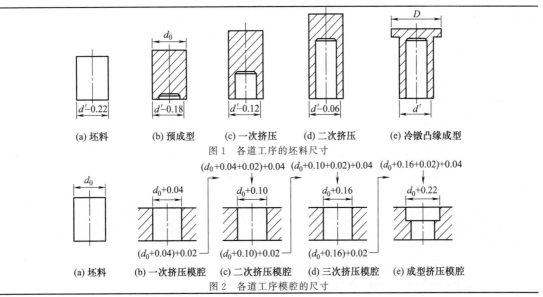

图 1 各道工序的坯料尺寸

图 2 各道工序模腔的尺寸

续表

项目	说 明
确定模腔工作尺寸的基本原则	正挤压杯形件时,凹模型腔尺寸取接近或等于挤压件的最小极限尺寸,以保证凹模磨损到一定范围内仍能挤出合格的零件。凸模尺寸按基孔制 7 级精度第一种间隙配合加工制造。 反挤压杯形件时,首先确定凸模工作带的直径尺寸,它取接近或等于挤压件孔径的最大极限尺寸,应保证凸模有最大的磨损留量和最高使用寿命。凹模型腔尺寸的计算方法同上
模具磨损量与型腔尺寸	为保证模具最大的磨损留量,型腔尺寸按挤压件的负公差进行计算,模具制造公差一般不超过挤压件公差的 10%
模具弹性膨胀与型腔尺寸	确定模腔尺寸时,应根据模具承受的工作压力和采用的材料及挤压件的变形程度、变形条件来考虑模具的弹性变形量。一般工具钢制造的模具比硬质合金模具的弹性膨胀量大。坯料的硬度和强度越高,挤压件尺寸和变形程度越大,挤压模具的弹性变形量也越大。碳素工具钢或合金工具钢制造的小型模具,正常挤压时的膨胀量为 0.01~0.02mm,不超过 0.04mm;硬质合金模具的弹性膨胀量在 0.005~0.01mm 之间
模具工作尺寸与挤压件形状精度	模腔工作部分尺寸必须满足挤压件的形状和精度要求,对于挤压件尺寸精度较高或为防止挤压件弯曲变形,可将模腔中的工作带宽度取大些,如挤压件很长时,可在工作带的下方增设矫正工作带
确定模腔转折部位锥角及圆角	在确定模腔转折部位的锥形角度和过渡圆角时,应考虑能使挤压材料流动平滑均匀,而又不增加挤压面积,致使摩擦力增大而造成材料流动困难,故应按变形程度和摩擦条件来正确选择入模角。正挤压时,对应于最小挤压力的入模角见表 5-13。空心件正挤压的最佳入模角是 25°~30°
考虑所设计的工艺方案	在决定模具尺寸时,须考虑的工艺方案,其主要有如下几个方面。 ①为了使前一道工序的挤压件能够顺利放入下一道工序的模腔中,各道模腔与所用坯料之间应有一定的间隙,但间隙不宜过大,以免在零件上产生接痕,间隙应尽量小 ②挤压时由于模腔的弹性膨胀,致使挤压的零件尺寸比实际模腔尺寸要大。 在图 2 中表示各道工序模腔之间的配合间隙为 0.04mm,模腔的弹性变形量为 0.02mm 时,图 1 所示为冷挤压件各道工序的模腔尺寸及推算过程。从图中看出坯料与预成型模腔的尺寸差,即配合间隙为 0.04mm;而后各道模腔除考虑正常的配合间隙外,还应把模具的弹性膨胀量考虑进去,其尺寸差变为 0.06(即 0.04+0.02)mm;最后一道工序的模腔尺寸变为 $d' = d_0 + 0.22$。由此可推算出坯料尺寸($d_0 = d' - 0.22$)及各道工序零件的实际尺寸(见图 1)
模具公差	设计模具公差时,既要留有最大的磨损余量,又要考虑到模具的弹性膨胀。模具公差一般不能超过挤压件公差的 10%。标注公差时,凹模上的公差如同孔一样标注(基准孔的下偏差为零),而凸模上如同轴一样(基准轴上偏差为零)标注

表 5-13 实心件正挤压入模角 α(半角)

变形程度/%		<25	50	75	84	92	96
α	μ=0.05	15°	15°	25°	30°	35°	40°
	μ=0.1	15°	20°	30°	35°	45°	60°

注:μ——摩擦因数。

表 5-14 冷挤压件的模腔工作尺寸计算公式 mm

类别	尺寸标注	计算公式	说 明
模腔的工作带尺寸	一般按挤压件的负公差进行设计,即取接近挤压件的最小极限尺寸	$d = (d_0 - 0.75\Delta)^{+\delta}_{0}$	式中 d_0——挤压件尺寸 Δ——挤压件公差 δ——凹模制造公差
正挤压实心件	标注变形端外形尺寸 $d_0^{-\Delta}$	$D_凹 = (d_0 - 0.75\Delta - \varepsilon_凹)^{+\delta_凹}_{0}$	式中 $D_凹$——正挤压实心件凹模工作带径向尺寸 $d_芯$——正挤压空心件时的芯杆尺寸 $d_凸$——反挤压杯形件时的凸模尺寸 d_0——实心件挤出端尺寸 d_1——空心件孔径尺寸 d_2——杯形件孔径尺寸 Δ——挤压件公差 $\varepsilon_凸, \varepsilon_凹$——凸、凹模的弹性变形量 $\delta_凸, \delta_凹$——凸、凹模、芯棒的制造公差,取 0.2Δ
正挤压空心件	标注变形端孔径尺寸 $d_1^{+\Delta}_{0}$	$d_芯 = (d_1 - 0.75\Delta)^{0}_{-\delta_芯}$	
反挤压杯形件	标注孔径尺寸 $d^{+\Delta}_{0}$	$d_凸 = (d_2 + 0.75\Delta - \varepsilon_凸)^{0}_{-\delta_凸}$ 按反挤压件壁厚要求确定 $d_凹$ 尺寸	

③ 杯形件正挤压凹模型腔设计见表 5-15~表 5-18。

表 5-15 短杆件正挤压凹模型腔尺寸　　　　　　　　　　　　　　　　　　　mm

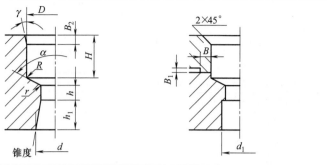

参数	计算公式	说明
盛料型腔直径 D	$D=D_0+(0.05\sim 0.20)$	
盛料型腔深度 H	$H=H_0+B_2+(2\sim 3)$ $H=H_0+R_1+R+(2\sim 3)$ $H=H_0+(3\sim 6)$	式中　D_0——坯料直径 　　　H_0——坯料高度 　　　ε——弹性变形量 　　　d_0——挤压件名义尺寸 　　　Δ——挤压件公差
盛料型腔圆角 R	$R=(D-d)/2$(或取值不小于 3~5)	
盛料型腔圆角 R_1	$R_1=2\sim 3$	
引入角 γ	$\gamma=10°$	
引入深度 B_2	$B_2=3\sim 5$	
入模角 α	$\alpha=90°\sim 130°$	
工作型腔圆角 r	$r=0.5\sim 1.5$	
工作型腔直径 d	$d=d_0-0.75\Delta-\varepsilon$	
工作带高度 h	纯铝为 1~2；黄铜、硬铝 1~3；低碳钢为 3~5	
退料锥度	1:100	
下料口直径 d_1	$d_1=d+(0.5\sim 1.0)$	
出料口高度 h_1	$h_1=(0.7\sim 1.0)d$	

表 5-16 长杆件正挤压凹模型腔尺寸　　　　　　　　　　　　　　　　　　　mm

示图	参数	公式	说　　明
(a) 整体凹模　(b) 组合凹模	矫正工作带直径 d_1、d_2	$d+0.004d$ 或 $d+0.1$ (d_1 与 d_2 相同)	挤压较长的杆形件时，为了防止杆的弯曲，通常在凹模工作带的下方增加矫正部分(见图示)。如果凹模的成型部分非常细长而复杂，可将其分解成盛料部分 1、成型部分 2、矫正部分 3 和顶杆配合部分 4，这四个部分分别用压套加强，各结合部分均以圆环面 B 相接触，其他部分则保持一定缝隙 B_1。成型工作带与第一矫正工作带之间的距离 L 应比矫正工作带之间的间隔 L_1、L_2 短一些。为了不影响成型工作带，顶杆直径 d_4 应比成型工作带尺寸 d 小，以保证顶杆与成型工作带不相碰
	空隙直径 d_3	$d+0.008d$ 或 $d+0.4$	
	退料部分直径 d_4	$d-0.008d$ 或 $d-(0.3\sim 0.4)$	
	工作带距离 L	$(0.7\sim 1.0)d$	
	矫正带间距离 L_1、L_2	$(1\sim 1.5)d$ (L_1 与 L_2 相同)	
	后隙角度 β	$3°\sim 5°$	

④ 凹模的外形尺寸。

凹模的尺寸包括外径、厚度以及用于固定的安装尺寸，见表 5-19。其结构取决于凹模强度、总体结构和安装固定的需要。为减少金属流动阻力，可将凹模的侧壁制成带有 $10'\sim 20'$ 的斜度，但不宜过大。

表 5-17 空心件正挤压凹模型腔尺寸　　　　　　　　　　　　　　　　　　mm

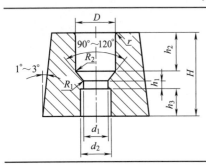

简图	参数	计算公式
	料腔直径 D	$D=D_0+0.1\sim 0.25$
	料腔深度 H	$H=H_0+(0.25\sim 0.75)H_0$
	过渡锥角 α	$\alpha>90°$，一般取 $120°\sim 130°$
	工作带高度 h	$3\sim 5$，最大取 10
	校正带直径 d_1	$d_1=d+0.1$
	空隙带直径 d_2	$d_2=d+0.5$
	过渡角半径 R	$3\sim 5$
	内腔过渡圆角半径 r	$0.5\sim 1.0$

表 5-18 正挤压凹模型腔参数　　　　　　　　　　　　　　　　　　　　mm

尺寸参数	计算公式			
D	$D=D_0+(0.15\sim 0.2)$，D_0—坯料直径；			
d_1	等于挤压件杆部直径			
d_2	$d_2=d_1+(0.5\sim 1)$			
r	$r=2\sim 3$			
R_2	$R_2\geqslant 2$			
R_1	$R_1=0.5\sim 1$			
h_3	$h_3=(0.5\sim 1)D$			
h_2	$h_2=H_0+R_2+r+(2\sim 3)$，H_0—坯料高度			
挤压材料	纯铝	低碳钢	硬铝、紫铜、黄铜	
h_1/mm	$1.0\sim 2.0$	$2.0\sim 4.0$	$1.0\sim 3.0$	

表 5-19 凹模外形尺寸

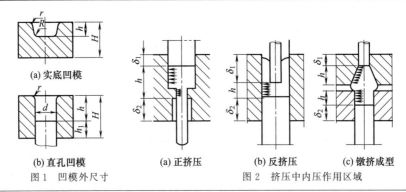

图 1　凹模外尺寸　　　　　　　　　图 2　挤压中内压作用区域

参数	说明
凹模外径	凹模外径根据挤压件尺寸和材料性能、变形程度和挤压力大小及其负荷大小来确定。凹模外径一般可取其内径的 $4\sim 6$ 倍，甚至达到 8 倍，也可根据承受内压的情况，按型腔直径的 $2.5\sim 4$ 倍确定凹模外径
凹模厚度	确定凹模的厚度主要有下列两种方法。 ①按型腔的有效深度和顶杆配合部分的长度近似确定凹模的厚度，对于带底的凹模[图 1(a)]，其厚度 $H\geqslant (2.5\sim 4)h$，$h=h_0+R+r+(2\sim 3)$，式中，h 为型腔深度；h_0 为坯料厚度。 对于通孔凹模[图 1(b)]，其厚度 $H=h+h_1$，$h=h_0+r+(3\sim 5)\mathrm{mm}$，一般取 $h_1=(0.7\sim 1.0)d$，式中，h 为型腔的有效深度；h_1 为与顶杆配合的长度 ②从强度方面来确定凹模的厚度，挤压时压力主要集中在模具和变形接触的部分，一般在模具的中间部位，见图 2(a)、(b)，模具的受力部分，称为内压作用区域，即高度为 h 内压作用区域也可能在一端，见图 2(c)。内压作用区域高度以外的部分 δ_1 和 δ_2 为非内压作用区域。确定非内压作用区域的高度，应按坯料厚度和盛料腔深度及顶料杆与凹模的配合部分长度，一般取 $\delta_1\leqslant \delta_2$ $(0.5\sim 1.0)d$。凹模厚度 $H=h+2d$，式中，h 为内压作用区域的最大高度，d 为凹模内径
凹模安装尺寸	凹模安装尺寸，要根据模具轮廓尺寸和承载能力的大小及其固定方法来确定。常采用平面或带锥度的压板和螺栓将凹模固紧在模座上。故应在凹模的外套或外形相应地加工出台阶或锥半角为 $10°\sim 15°$ 的锥形。采用压板时，凹模上的台阶宽度一般为 $10\sim 15\mathrm{mm}$ 之间，台阶高度，即压板厚度不能小于 $15\mathrm{mm}$

⑤ 凹模结构

凹模结构的几种形式见表 5-20、表 5-21，凹模一般采用预应力圈的结构。

表 5-20　正挤压凹模的结构

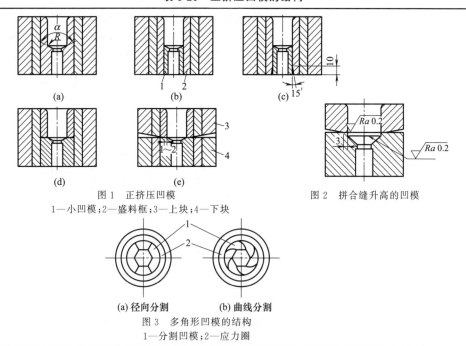

图 1　正挤压凹模　　　　　图 2　拼合缝升高的凹模
1—小凹模；2—盛料框；3—上块；4—下块

(a) 径向分割　　(b) 曲线分割
图 3　多角形凹模的结构
1—分割凹模；2—应力圈

参数	说　明
整体式凹模	图 1(a) 为整体式凹模外加预应力圈，这种凹模在受力情况较恶劣时，常在直壁与锥角相交处产生应力集中而易开裂
分割形	图 1(b)、(c) 为纵向分割形，小凹模 1 与盛料框 2 之间的过盈量取 0.02mm。为便于压入小凹模，如图 1(c) 在盛料框尾部 10mm 处作出 15′ 的斜度。图 1(d)、(e) 是横向分割形，为防止金属流入接缝形成毛刺，其拼合面应研磨平，表面粗糙度应小于 $Ra0.2\mu m$，上块或下块拼合面以外处应作出 1°斜度。图 2 的结构将拼合缝升高到凹模内壁转角以上 2~3mm，能更有效地防止金属流入接缝。多角形挤压件可采用图 3 所示的结构

表 5-21　反挤压凹模的结构

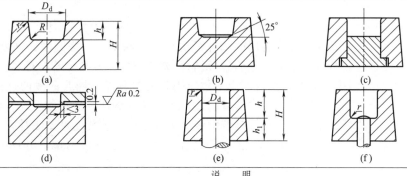

参数	说　明
整体式凹模	图 (a) 为整体式凹模，其结构简单，在转角处易塌陷或产生裂纹而降低模具寿命，故适用于批量不大或挤压力不大的挤压件生产。图 (b) 与 (a) 整体式凹模相似，但底部制成 25°斜度，有利于金属流动，可挤压 0.07mm 的薄壁铝质圆筒形件。凹模各尺寸为：$h = h_0 + r + R + (2\sim3)$；$R = 2\sim3$；$H = (2.5\sim4)h$；$r = (0.1\sim0.2)D_d$ > 0.5。图 (e)(f) 型的凹模高度 $H = h + h_1$，一般取 $h_1 = (0.7\sim1.0)D_d$。式中，h_0 为毛坯高度
组合凹模	图 (c) 是穿通式组合凹模，它比图 (a)、(b) 的寿命长，若制造精度不高，在接缝处会出现毛刺。图 (d) 上下组合凹模，与前三种凹模相比，结构合理，寿命较长，挤压件底部连接处毛刺较少，适用于大批量生产。但制造精度要求较高，以保证同轴度，其拼合面应按图示要求，以避免金属流入夹缝。图 (e)、(f) 凹模内有顶出装置，适用于钢质厚壁件的反挤压。图 (e) 适用于底部为直角的反挤压件，图 (f) 适用于底部呈圆角的挤压件

（3）冷挤压组合凹模设计

为了提高冷挤压凹模的强度，防止产生纵向裂纹，在冷挤压模设计中普遍采用预应力组合凹模。

预应力组合凹模通过外套的紧箍作用对内圈施加预应力。使承受挤压产生的切向拉应力被预压时产生的切向压应力全部或部分抵消，以提高模具的强度。冷挤压凹模通常采用三种形式，见图5-1。二层组合凹模的强度是整体式凹模强度的1.3倍，三层组合凹模的强度是整体式凹模强度的1.8倍。冷挤压组合凹模设计应注意以下事项。

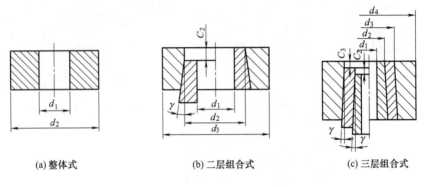

(a) 整体式　　　(b) 二层组合式　　　(c) 三层组合式

图 5-1　冷挤压凹模的三种形式

1) 凹模层数的确定，一般按单位挤压力 p 而定，当 p 为1000～1200MPa 时，采用整体式凹模，见图5-1（a）；当 p＞1200～1400MPa 时，采用二层组合凹模，见图5-1（b）；当 p＞1400～2500MPa 时，采用三层组合凹模，见图5-1（c）。

2) 组合凹模的各圈尺寸，整体凹模的外径应为内径的4～6倍，即 $d_2=(4～6)d_1$。二层组合凹模的尺寸见表5-22、表5-23。三层组合凹模的尺寸表5-24、表5-25。组合凹模径向过盈系数 p 的经验值见表5-26。

3) 在挤压过程中，模具温升较大，使组合凹模的内、外层温度梯度较大，因而使内层凹模与外层预应力圈的热胀程度也有差别，使过盈量比设计值增大，而需要修正。设内层与外层的平均温差为 $δ°$，内层凹模的外径为 d，模具材料线胀系数为 $α$，则过盈量的修正值 $A_a=αdδ°$。

4) 过盈值的公差，对于配合直径 d_1、d_2 处的加工精度，为保证组合凹模的强度，应尽可能提高其精度。加工误差分为各层的内外径误差和形状误差（椭圆度、锥度等）。内外径的公差应为设计过盈量的 +10%、-5%，形状公差应取内、外径公差的30%～50%。

5) 预应力组合凹模的装配，组合凹模的预应力是通过预应力圈与凹模的过盈配合得到的。永久性紧配合可加热外圈或冷却内圈进行装配。可置换的凹模芯在锥形配合面涂以二硫化钼润滑剂后进行机械加工压入装配。其装配锥度为 0.5°～1°。装配时要使对应的两接触面紧密贴合，也可将第一个预应力圈用锥度压配合，而第二个预应力圈（外圈）采用缩紧配合。

6) 预应力圈的材料，必须具有足够的强度和韧性两方面综合性能。

① 中层常用材料选用 5CrNiMo、40Cr、35CrMoA、30CrMnSiA。

② 外层常用材料选用 5CrNiMo、0CrNiMo、35CrMoA、40Cr、45。

③ 预应力圈的淬火硬度，中层为 42～44HRC，外层为 38～40HRC。对于内、外圈采用加热压合工艺时，预应力圈的回火温度必须高于压合需要的加热温度。对反复使用条件下的预应力圈应进行 200℃ 的低温回火以消除内应力。

表 5-22 二层组合凹模的设计　　　　　　　　　　　　　　　　　　mm

图例	参数	说明
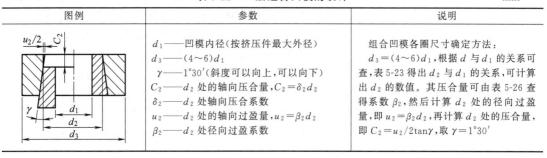	d_1——凹模内径(按挤压件最大外径) d_3——$(4\sim6)d_1$ γ——$1°30'$(斜度可以向上,可以向下) C_2——d_2 处的轴向压合量,$C_2=\delta_2 d_2$ δ_2——d_2 处轴向压合系数 u_2——d_2 处的轴向过盈量,$u_2=\beta_2 d_2$ β_2——d_2 处径向过盈系数	组合凹模各圈尺寸确定方法: $d_3=(4\sim6)d_1$,根据 d 与 d_1 的关系可查,表 5-23 得出 d_2 与 d_1 的关系,可计算出 d_2 的数值。其压合量可由表 5-26 查得系数 β_2,然后计算 d_2 处的径向过盈量,即 $u_2=\beta_2 d_2$,再计算 d_2 处的压合量,即 $C_2=u_2/2\tan\gamma$,取 $\gamma=1°30'$

表 5-23 二层组合凹模设计参数

序号	d_3	d_2	δ_2	β_2
1	$4d_1$	$1.8d_1$	0.16	0.0083
2	$5d_1$	$2.0d_1$	0.163	0.0085
3	$6d_1$	$2.2d_1$	0.166	0.0088

表 5-24 三层组合凹模的设计　　　　　　　　　　　　　　　　　　mm

图例	参数	说明
	d_1——凹模内径(按挤压件最大外径) d_4——$(4\sim6)d_1$ γ——$1°30'$(斜度可以向上,也可以向下) C_2——d_2 处的轴向压合量,$C_2=\delta_2 d_2$ δ_2——d_2 处轴向压合系数 u_2——d_2 处的轴向过盈量,$u_2=\beta_2 d_2$ β_2——d_2 处径向过盈系数 C_3——d_3 处的轴向压合量,$C_3=\delta_3 d_3$ u_3——d_3 处的径向过盈量,$u_3=\beta_3 d_3$ β_3——d_3 处径向过盈系数	三层组合凹模各圈尺寸确定方法: $d_4=(4\sim6)d_1$,根据 d_4 与 d_1 的关系可查表 5-25 得出 d_2 与 d_1 的关系,可计算出 d_2 和 d_3 的数值。其压合量可由表 5-26 查得系数 β_2 和 β,然后计算 d_2 和 d_3 处的径向过盈量,$u_2=\beta_2 d_2$,$u_3=\beta_3 d_3$,即 $C_3=u_3/2\tan\gamma$,也取 $\gamma=1°30'$

表 5-25 三层组合凹模设计参数

序号	d_4	d_2	d_3	δ_2	β_2	δ_3	β_3
1	$4d_1$	$1.55d_1$	$2.45d_1$	0.204	0.0106	0.12	0.006
2	$5d_1$	$1.7d_1$	$2.9d_1$	0.20	0.0105	0.09	0.0045
3	$6d_1$	$1.8d_1$	$3.25d_1$	0.195	0.0102	0.072	0.0038

表 5-26 组合凹模径向过盈系数 β 的经验值

凹模材料	β_2	β_3
硬质合金	0.0045~0.0065	0.004~0.006
合金工具钢	0.003~0.006	0.004~0.008

7) 组合凹模的压合方法。

① 热装时各圈不必制出斜度,将外圈加热到适当温度,套装到内圈上,利用热胀冷缩的原理使外圈冷却后将内圈压紧。但注意外圈的加热温度不应超过外圈材料的回火温度(一般为 500~600℃)。由于热状态下组合预应力圈会发生一定的变形,且使预紧力有一些损失。故实际热膨胀量要比计算的热膨胀量大 10%。当加热温度高于 450℃时,应采取防止氧化措施。该方法只适用于过盈量小(过盈量小于直径的 0.4%)的情况。

② 加热压合时的温度,可按计算公式确定:$T-T_1=(\delta+z)/(d\alpha)$,式中,$T$ 为预应力圈加热温度,℃;T_1 为内圈凹模的温度,℃;d 为配合处直径,mm;z 为插入时在 d 处的间隙,取 0.05~0.10mm;α 为预应力圈线胀系数,℃$^{-1}$;δ 为配合处的径向过盈量,mm。

③ 压合的方法：将各圈配合面制成一定的锥度，取 $\gamma=1°30'$，不宜超过3°，在室温下用液压机或其他设备进行压合。但由于压合力较大，压合时，应在设备上加防护挡板以保证人身安全。

④ 采用加热配合和强压力压合联合法，其过盈量很大时（过盈量大于直径的0.4%时）。为减少装配压合力，外圈采用较低温度加热，然后液压机或其他设备进行压合。

⑤ 各圈的压合次序，原则上由外向内，先将中圈压入外圈中，最后将内圈（凹模）压入。在每次压合后，由于预应力的作用，内腔尺寸有所缩小，故每次压合后还需对内腔尺寸进行修正。图5-2为三层组合凹模压合。图5-3为三层组合凹模压合顺序，图5-3（a）用于热压合；图5-3（b）用于强力压合；当中圈硬度高时，为避免其碎裂，用图5-3（b）。

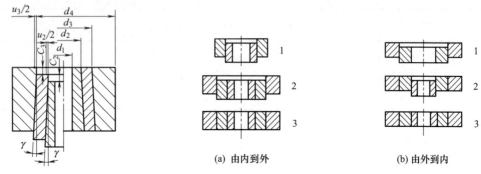

图 5-2　三层组合凹模压合　　　　图 5-3　三层组合凹模压合顺序

1～3—装配顺序

5.2　温挤压模具设计

温挤压模具的结构设计基本上与冷挤压模具的结构设计基本相同，可参照前述方法、原则及表中内容进行。

5.2.1　温挤压整体模具设计

温挤压整体凹模和温反挤压凸模的结构尺寸见表5-27。

表 5-27　温挤压整体凹模和温反挤压凸模的结构尺寸

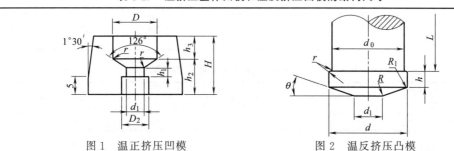

图1　温正挤压凹模　　　　　　　图2　温反挤压凸模

类型	参数	说明
温正挤压凹模	圆锥部分与工作部分的圆角 r	取 $r=1\sim4$mm（当挤压温度高时，取较大值）
	工作带长度 h_1	$3\sim5$mm
	直径 D_2	D_2 比 d_1 大 $0.2\sim0.4$mm
温反挤压凸模	工作带宽度 h	$3\sim5$mm
	直径 d	d 比 d_0 值大 $0.6\sim1.2$mm
	凸模端面斜角 θ	凸模端面应有 $\theta=5°\sim10°$的斜度
	圆角部分 R 与 R_1	在满足零件要求条件下，应尽可能大些。一般圆角半径可取 $2\sim3$mm，不能小于1mm
	长度与直径比 L/d	单位挤压力大时，$L/d\leqslant2.5\sim3$（对钢），以增加其稳定性

5.2.2 温挤压组合凹模设计

用简单设计法设计凹模以简化设计见表 5-28、表 5-29，但不如前述设计方法准确。

表 5-28 两层组合凹模设计   mm

图例	参数	说明	备注
	$d_2 \geqslant 2d_1$	d_1——凹模内径(按挤压件最大外径)	配合直径处的过盈量取配合直径的 0.3%～0.6%
	$d_3 = 2d_2$	d_2——预应力圈内径	
	$d_3/d_1 = 4\sim 6$	d_3——预应力圈外径	
	$d_2 = \sqrt{d_1 d_3}$		

表 5-29 三层组合凹模设计   mm

图例	参数	说明	备注
	$d_2 \geqslant 1.6 d_1$	d_1——凹模内径(按挤压件最大外径)	配合直径处的过盈量取配合直径的 0.3%～0.6%
	$d_3 = 1.6 d_2$	d_2——内层预应力圈内径	
	$d_4 = 1.6 d_3$	d_3——内层预应力圈外径，外层应力圈内径	
		d_4——外层预应力圈外径	

5.3 热挤压模具设计

5.3.1 热正挤压凸模设计

① 热正挤压凸模的结构见表 5-30。

表 5-30 热正挤压凸模的结构

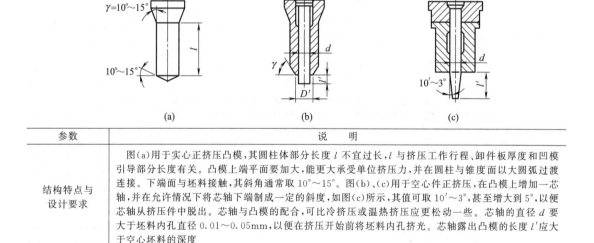

参数	说明
结构特点与设计要求	图(a)用于实心正挤压凸模，其圆柱体部分长度 l 不宜过长，l 与挤压工作行程、卸件板厚度和凹模引导部分长度有关。凸模上端平面要加大，能更大承受单位挤压力，并在圆柱与锥度面以大圆弧过渡连接。下端面与坯料接触，其斜角通常取 10°～15°。图(b)、(c)用于空心件正挤压，在凸模上增加一芯轴，并在允许情况下将芯轴下端制成一定的斜度，如图(c)所示，其值可取 10′～3°，甚至增大到 5°，以便芯轴从挤压件中脱出。芯轴与凸模的配合，可比冷挤压或温热挤压应更松动一些。芯轴的直径 d 要大于坯料内孔直径 0.01～0.05mm，以便在挤压开始前将坯料内孔挤光。芯轴露出凸模的长度 l' 应大于空心坯料的深度

② 热正挤压凸模各部分尺寸的计算见表 5-31。

5.3.2 热反挤压凸模设计

① 热反挤压凸模的结构见表 5-32。

表 5-31 热正挤压凸模各部分尺寸的计算 mm

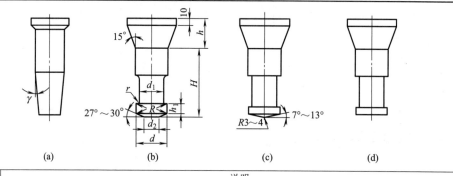

参数	公式
凸模工作直径 d	$d=D-(0.1\sim0.15)$
凸模圆柱部分直径 d_1	$d_1=1.2\sim1.7d$
凸模帽盖部分直径 d_2	$d_2=d_1+0.2d$
凸模圆柱部分高度 h	$h=(1\sim1.5)d_1$
凸模圆锥部分高度 h_1	$h_1=2\sim5$
凸模帽盖部分高度 h_2	$h_2=(0.2\sim0.3)d$
凸模工作部分高度 H	$H\leqslant 7d$
凸模工作端的锥度 β	$\beta=120°\sim180°$
凸模从圆柱部分过渡至工作部分的圆角半径 R	$R=(0.1\sim0.2)d$
凸模工作端的圆角半径 r	$r=0.5\sim1.5$

注：D——凹模内腔直径。

表 5-32 热反挤压凸模的结构

参数	说明
凸模结构特点	图(a)是带斜度的凸模，如需要挤出带斜度的内孔，凸模可不用工作带。当需要挤出不带锥度的内孔，可采用图(b)所示反挤压凸模，该凸模适用于通孔或不通孔的筒形件挤压，其凸模工作带宽度 h_1 为 4～14mm，以减少凸模的磨损。凸模设计参数见下表：

参数/mm	公式	说明
工作带直径	$d=d_0+d_0\alpha+\Delta/3$	式中 d_0——挤压件内径
下端平面直径	$d_2=(0.5\sim0.7)d$	α——挤压件材料终锻温度时的收缩率，可取 1.2%～1.5%
工作带高度	$h_1=4\sim14$	
外圆半径	$r=h_1/4$	
非工作区段的直径	$d_1=d-(0.6\sim1.0)$	Δ——挤压件内径正公差
内圆角半径	$R=1\sim2$	

图(c)是带有锥顶的凸模，在挤压深孔或挤压件需要冲孔时，为使凸模稳定，有利于中心定位，避免折断凸模，应设计带锥顶凸模，其斜角为 7°～13°。图(d)是带平底凸模，当反挤压件下端需要制成平面时，采用平底凸模，但较锥顶凸模的挤压力增加 10%～20%

设计要求	凸模工作带的高度为 h_1，圆柱体直径为 d，工作带以上的直径应缩小至 d_1，以减少金属与凸模的接触面，而降低摩擦力。凸模的长度也不宜过长，为防止挤压时凸模纵向弯曲或折断，凸模长度 H 的最大值不超过其最小直径 d_1 的 2.5～4 倍。凸模的内部纤维方向应与轴线一致，以利于提高凸模使用寿命。凸模的各过渡部分应为圆弧连接，不允许有尖角或刀痕，否则会引起应力集中，而易折断凸模。凸模多采用锥面配合和固定，且凸模上部制成锥形，以增大支承面积，并有利于中心定位

② 热反挤压凸模各部分的尺寸计算见表 5-33。

5.3.3 热正挤压凹模设计

① 热正挤压凹模的结构见表 5-34。
② 热正挤压凹模各部分尺寸的计算见表 5-35。

表 5-33 热反挤压凸模各部分的尺寸计算 mm

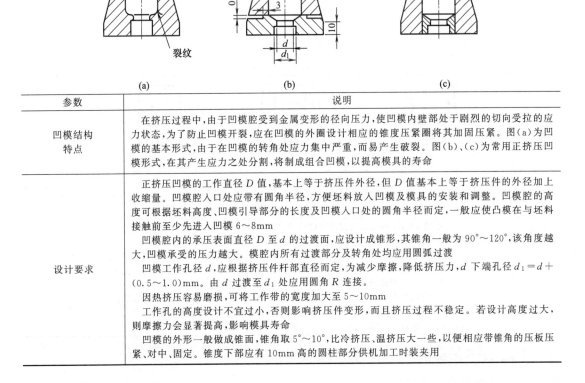

参数	公式
凸模长度 H 与最小直径 d_1	当 $d_1=10\sim 20$mm 时，$H=(2\sim 3)d_1$ 当 $d_1=20\sim 40$mm 时，$H=(3\sim 4)d_1$ 当 $d_1=40\sim 80$mm 时，$H=(4\sim 5)d_1$ 当 $d_1=80$mm 以上时，$H=(5\sim 7)d_1$
凸模工作直径 d	$d=D_0+\delta D_0$ 式中 D_0——挤压件的内径，mm δ——钢的收缩率，可取 $\delta=1.2\%\sim 1.5\%$
凸模杆部直径 d_1	$d_1=0.95d$
凸模端部直径 d_2	$d_2=(0.5\sim 0.7)d$
凸模紧固部分直径 D	$D\geqslant d(1+2h\tan\alpha)$
凸模自由部分高度 H	$H=(2\sim 7)d_1$
凸模紧固部分高度 h	$h=(1.3\sim 1.8)d$
凸模工作部分高度 h_1	$h_1=(0.3\sim 0.5)d$
凸模变径过渡部分高度 h_2	$h_2=(0.3\sim 0.7)d_1$
凸模紧固部分锥度 α	$\alpha=10°\sim 15°$
凸模工作锥角 β	$\beta=120°\sim 160°$
凸模过渡部分圆角半径 R	$R=(0.1\sim 0.2)d$
凸模工作端圆角半径 r	$r=(0.05\sim 0.1)d$
凸模紧固部分倒角长度 C	$C=0.5\sim 3$

表 5-34 热正挤压凹模的结构

参数	说明
凹模结构特点	在挤压过程中，由于凹模腔受到金属变形的径向压力，使凹模内壁部处于剧烈的切向受拉的应力状态，为了防止凹模开裂，应在凹模的外圈设计相应的锥度压紧圈将其加固压紧。图(a)为凹模的基本形式，由于在凹模的转角处应力集中严重，而易产生破裂。图(b)、(c)为常用正挤压凹模形式，在其产生应力之处分割，将制成组合凹模，以提高模具的寿命
设计要求	正挤压凹模的工作直径 D 值，基本上等于挤压件外径，但 D 值基本上等于挤压件的外径加上收缩量。凹模腔入口处应带有圆角半径，方便坯料放入凹模及模具的安装和调整。凹模腔的高度可根据坯料高度、凹模引导部分的长度及凹模入口处的圆角半径而定，一般应使凸模在与坯料接触前至少先进入凹模 6~8mm 凹模腔内的承压表面直径 D 至 d 的过渡面，应设计成锥形，其锥角一般为 90°~120°，该角度越大，凹模承受的压力越大。模腔内所有过渡部分及转角处均应用圆弧过渡 凹模工作孔径 d，应根据挤压件杆部直径而定，为减少摩擦，降低挤压力，d 下端孔径 $d_1=d+(0.5\sim 1.0)$mm。由 d 过渡至 d_1 处应用圆角 R 连接。 因热挤压容易磨损，可将工作带的宽度加大至 5~10mm 工作孔的高度设计不宜过小，否则影响挤压件变形，而且挤压过程不稳定。若设计高度过大，则摩擦力会显著提高，影响模具寿命 凹模的外形一般做成锥面，锥角取 5°~10°，比冷挤压、温挤压大一些，以便相应带锥角的压板压紧、对中、固定。锥度下部应有 10mm 高的圆柱部分供机加工时装夹用

5.3.4 热反挤压凹模设计

① 热反挤压凹模的结构见表 5-36。

表 5-35　热正挤压凹模各部分尺寸的计算

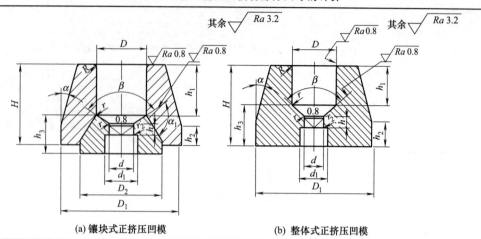

参数	公式	说明
凹模内腔直径 D	$D = D_0 + \delta D_0$	
凹模工作孔眼直径 d	$d = d_0 + \delta d_0$	
凹模导向孔直径 d_1	$d_1 = d + (1 \sim 2)$	
凹模工作孔眼高度 h	$h = (0.8 \sim 1.2)d$	D_0——挤压件的头部直径，mm
凹模储料腔高度 h_1	$h_1 = H_0 + R + 10$	δ——钢的收缩率，可取 $\delta = 1.2\% \sim 1.5\%$
凹模外圆定位部分高度 h_2	$h_2 = 8 \sim 12$	d_0——挤压件的杆部直径，mm
凹模底部厚度 h_3	$h_3 = (1.0 \sim 1.5)D$	H_0——坯料高度，mm
凹模底部外径 D_1	$D_1 = (2.5 \sim 3.5)D$	R——凹模型腔入口处圆角半径，mm
镶块凹模的外径 D_2	$D_2 = (1.3 \sim 1.7)D$	
凹模外圆锥度 α	$\alpha = 10° \sim 15°$	
凹模中心锥角 β	$\beta = 90° \sim 130°$	
凹模入口处圆角半径 R	$R = 3 \sim 5$	

表 5-36　热反挤压凹模的结构

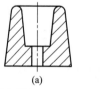

(a)　　　　　　　(b)　　　　　　　(c)

参数	说明
凹模结构	图(a)为整体反挤压凹模适用于单位挤压力较小的情况，多用于有色金属的热挤压。图(b)多用于单位挤压力高的情况。图(c)为组合凹模
设计要求	凹模内腔直径应接近挤压件的外径，由于凹模腔的磨损会使模腔尺寸变大，故设计反挤压凹模时，应采用挤压件下端平面尺寸的下偏差。 凹模模腔的深度应按坯料的高度来决定，为了使坯料放入凹模及模具调整方便，凹模的入口处应制成圆角，其圆角半径可取 $R = 3mm$，凸模进入凹模的引导部分长度一般取 $8 \sim 10mm$，其余尺寸与正挤压凹模相同。 凹模模腔内壁应自底部向上制出一定的斜度，其斜度可取 $10' \sim 20'$，这样既减少挤压金属的流动阻力，又方便坯料放入和挤压件的出模。如挤压件要求直壁，则模腔不必制出斜度，适当增加模腔深度，但增加模壁阻力，并应具有顶件装置的情况

② 热反挤压凹模各部分尺寸的计算见表 5-37。

5.3.5　热挤压组合凹模设计

整体式凹模一般用于挤压小型和中型带有凸部的圆柱形零件。而组合式凹模多用于形状较复杂的钢质金属挤压件,以利于提高凹模强度及简化制造和热处理工艺。热挤压组合凹模的结构形式见表 5-38。

表 5-37　热反挤压凹模各部分尺寸的计算　　　　　　　　　　　　　　mm

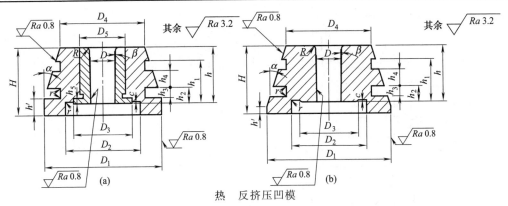

热　反挤压凹模

参数	公式	说明
凹模内腔直径(工作直径)D	$D = D_0 + \delta D_0$	
凹模底部外径 D_1	$D_1 = (2.5 \sim 3)D$	
凹模底部垫板孔直径 D_2	$D_2 = D_1 - (20 \sim 30)$	
凹模承压面直径 D_3	$D_3 = (1.3 \sim 1.7)D$	
凹模冷却槽内径 D_4	$D_4 = D_2 + (0 \sim 10)$	
镶套式凹模镶套外径 D_5	$D_5 = (1.2 \sim 1.3)D$	
凹模型腔入口处的圆角半径 R	$R = 2 \sim 5$	
凹模型腔高度 h	$h = h_0 + (3 \sim 5)R$	D_0——挤压件的外径,mm
凹模型腔底部第一道冷却槽端部的高度 h_1	$h_1 = (0.7 \sim 0.8)h$	δ——钢的收缩率,可取 $\delta = 1.2\% \sim 1.5\%$
凹模型腔底部第二道冷却槽端部的高度 h_2	$h_2 = (0.3 \sim 0.4)h$	h_0——坯料在模腔中的高度,mm
冷却槽的高度 h_3	$h_3 = 7 \sim 10$	
二道冷却槽之间的壁厚 h_4	$h_4 = h_1 - h_2 - h_3$	
凹模与模座的定位高度 h_5	$h_5 = (0.1 \sim 0.2)D$	
凹模高度 H	$H = h + h_5$	
各尖锐处所需的圆角半径 r	$r = 0.5 \sim 1.0$	
凹模承压面外的间隙 c	$c = 0.5 \sim 1.0$	
凹模外圆锥度 α	$\alpha = 10° \sim 15°$	
凹模型腔内壁锥度(即出模斜度)β	$\beta = 0°10' \sim 0°20'$	

表 5-38　热挤压组合凹模的结构形式

类型	图　示	说明
按高度组合	图 1　按高度组合的正挤压凹模　　图 2　按高度组合的反挤压凹模 1—凸模;2—组合凹模上部;3—组合凹模下部; 4—顶杆;5—调整垫块;6—底座	图 1 所示为按高度组合的正挤压凹模,其上部 2 为工作模腔,模腔底部设有顶杆 4。 图 2 是按高度组合的反挤压凹模。上部由凸模和导向件 2 组成,下模是由工作模腔及顶杆 4 组成

续表

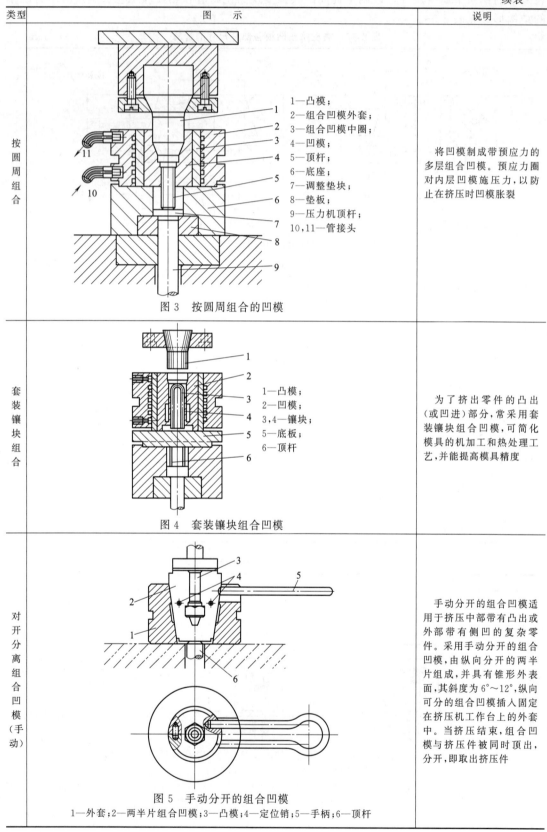

类型	图示	说明
按圆周组合	图3 按圆周组合的凹模 1—凸模；2—组合凹模外套；3—组合凹模中圈；4—凹模；5—顶杆；6—底座；7—调整垫块；8—垫板；9—压力机顶杆；10,11—管接头	将凹模制成带预应力的多层组合凹模。预应力圈对内层凹模施压力，以防止在挤压时凹模胀裂
套装镶块组合	图4 套装镶块组合凹模 1—凸模；2—凹模；3,4—镶块；5—底板；6—顶杆	为了挤出零件的凸出（或凹进）部分，常采用套装镶块组合凹模，可简化模具的机加工和热处理工艺，并能提高模具精度
对开分离组合凹模（手动）	图5 手动分开的组合凹模 1—外套；2—两半片组合凹模；3—凸模；4—定位销；5—手柄；6—顶杆	手动分开的组合凹模适用于挤压中部带有凸出或外部带有侧凹的复杂零件。采用手动分开的组合凹模，由纵向分开的两半片组成，并具有锥形外表面，其斜度为6°～12°，纵向可分的组合凹模插入固定在挤压机工作台上的外套中。当挤压结束，组合凹模与挤压件被同时顶出，分开，即取出挤压件

续表

类型	图示	说明
对开分离组合凹模（机动）	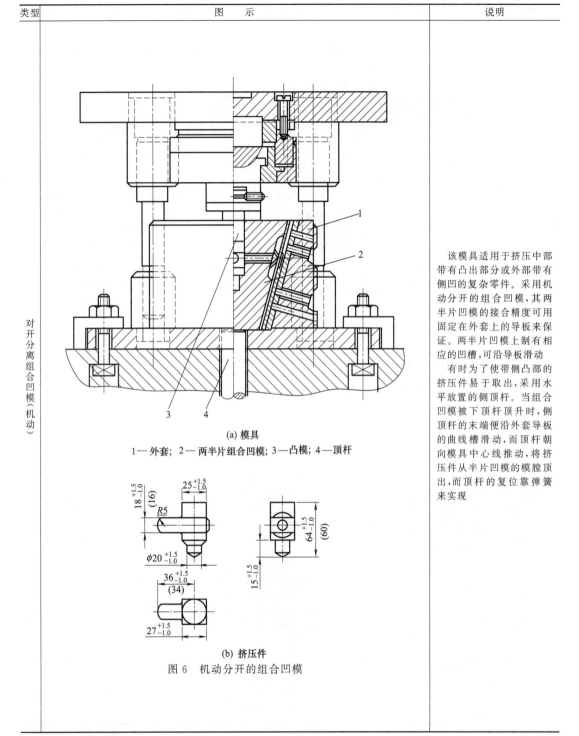 (a) 模具 1—外套；2—两半片组合凹模；3—凸模；4—顶杆 (b) 挤压件 图6 机动分开的组合凹模	该模具适用于挤压中部带有凸出部分或外部带有侧凹的复杂零件。采用机动分开的组合凹模，其两半片凹模的接合精度可用固定在外套上的导板来保证。两半片凹模上制有相应的凹槽，可沿导板滑动 有时为了使带侧凸部的挤压件易于取出，采用水平放置的侧顶杆。当组合凹模被下顶杆顶升时，侧顶杆的末端便沿外套导板的曲线槽滑动，而顶杆朝向模具中心线推动，将挤压件从半片凹模的模膛顶出，而顶杆的复位靠弹簧来实现

5.3.6 镦挤模的设计与计算

① 镦挤模的典型结构和工作原理见表5-39。
② 镦挤模凸模各部分尺寸的计算见表5-40。

表 5-39 镦挤模的典型结构和工作原理

典型结构	工作原理
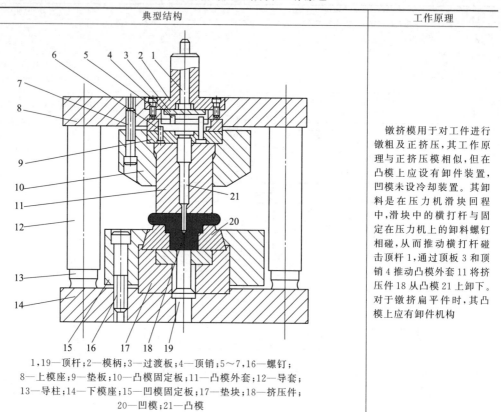 1,19—顶杆；2—模柄；3—过渡板；4—顶销；5~7,16—螺钉；8—上模座；9—垫板；10—凸模固定板；11—凸模外套；12—导套；13—导柱；14—下模座；15—凹模固定板；17—垫块；18—挤压件；20—凹模；21—凸模	镦挤模用于对工件进行镦粗及正挤压，其工作原理与正挤压模相似，但在凸模上应设有卸件装置，凹模未设冷却装置。其卸料是在压力机滑块回程中，滑块中的横打杆与固定在压力机上的卸料螺钉相碰，从而推动横打杆碰击顶杆1，通过顶板3和顶销4推动凸模外套11将挤压件18从凸模21上卸下。对于镦扁平件时，其凸模上应有卸件机构

表 5-40 镦挤模凸模各部分尺寸的计算   mm

简图	参数	公式
	凸模工作直径 d_0	$d_0 = d_0' + \delta d_0'$
	凸模导向部分直径 d	$d = (1.1 \sim 1.3)d_0$
	凸模加粗部分直径 d_1	$d_1 = (1.1 \sim 1.5)d$
	凸模台肩部分直径 D_0	$D_0 = (1.1 \sim 1.5)d_1$
	凸模台肩高度 h_1	$h_1 = (0.1 \sim 0.3)D_0$
	凸模切刀槽宽度 h_2	$h_2 = 2 \sim 3$
	凸模加粗部分高度 h	$h = (1 \sim 2)d_1$
	凸模导向部分高度 H	$H = (2 \sim 3)d$
	凸模工作部分高度 h_3	$h_3 = h_0' + \delta h_0'$
	凸模过渡部分高度 h_4	$h_4 = 0.5 \sim 1.0$
	凸模切刀槽深度 c	$c = 0.25 \sim 0.75$
	凸模工作锥角 β	$\beta = 120° \sim 180°$
	凸模过渡部分锥角 α	$\alpha = 90°$
	凸模从导向部分过渡到加粗部分的圆角半径 R	$R = (0.1 \sim 0.2)d$
	凸模切刀槽底部的圆角半径 r	$r = 0.2 \sim 0.7$
	凸模工作端的圆角半径 r_1	$r_1 = 0.3 \sim 0.8$

注：d_0'——挤压件的内径，mm；δ——钢的收缩率，可取 $\delta = 1.2\% \sim 1.5\%$；$h_0'$——挤压件孔深，mm。

③ 镦挤模凸模外套各部分尺寸的计算见表 5-41。

④ 镦挤模凹模的设计与计算

镦挤模凹模内腔尺寸可将挤压件图的外形尺寸加上钢材的收缩率。其外形尺寸的设计基本上与正、反挤压凹模的设计与计算相同，亦可参照前述所列方法进行。

表 5-41 镦挤模凸模外套各部分尺寸的计算 mm

图示	参数	公式
（见图）	凸模外套端部直径 D_1	$D_1 = (2\sim3)d'$
	凸模外套加粗部分直径 D_2	$D_2 = (1\sim1.2)D_1$
	凸模台肩部分直径 D_3	$D_3 = (1.1\sim1.2)D_2$
	凸模外套 D_1 部分的高度 h'	$h' = (0.9\sim1.2)d'$
	凸模外套部分的高度 h_1'	$h_1' = (0.9\sim1.2)d_1'$
	凸模外套圆锥过渡部分长度 h_2'	$h_2' = (0.1\sim0.2)d_1'$
	凸模台肩部分的高度 h_3'	$h_3' = (0.1\sim0.2)D_3$
	凸模外套总高度 H'	$H' = (0.1\sim0.2)D_3$
	凸模外套内孔 d_1' 倒角高度 C'	$C' = 0.5\sim1.5$
	凸模台肩部分锥度斜角 α'	$\alpha' = 30°\sim60°$
	凸模外套直径 D_1 的过渡圆角半径 R'	$R' = (0.1\sim0.2)D_1$

注：1. 凸模外套的内腔各尺寸与凸模相应部分尺寸相同，与凸模的配合采用 H7/g6。
2. 尺寸 D_1 由挤压件的最大尺寸决定，对于闭式挤压，尺寸 D_1 是由挤压件的最大尺寸来决定。在保证足够强度和挤压件外形尺寸的情况下，D_1 设计得越小越好，而 D_1 值大所需挤压力也大。
3. 凸模外套的技术要求和公差配合与凸模基本相同。

5.3.7 热挤压凸模与凹模的间隙

热挤压凸模与凹模的间隙见表 5-42。

表 5-42 热挤压凸模与凹模的间隙

凹模直径或尺寸	挤压圆形孔		挤压异形孔		说明
	铝合金	铜合金	铝合金	铜合金	
<20	0.05	0.1	0.1	0.15	热挤压钢质零件凸模与凹模间隙一般取 0.1~0.8mm。热镦挤无端部飞边时，镦件头部直径≤ϕ60mm，δ = 0.05~0.15mm；直径为 ϕ60~100mm，δ = 0.3~0.4mm。有端部飞边时间隙 δ 增大至 1.2~1.4mm（单边）
>20~40	0.1	0.15	0.15	0.2	
>40~60	0.15	0.2	0.2	0.25	
>60~100	0.2	0.25	0.25	0.3	
>100~160	0.3	0.4	0.4	0.5	

5.4 挤压模结构设计

5.4.1 挤压模凸模的紧固方式

挤压模凸模的紧固方式见表 5-43。

表 5-43 挤压模凸模的紧固方式

类型	简图	说明
用锥体螺母紧固	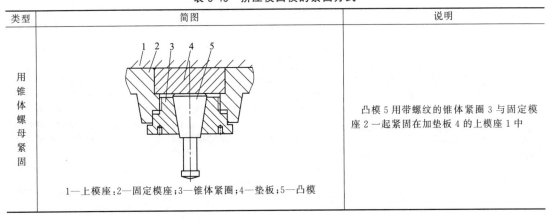 1—上模座；2—固定模座；3—锥体紧圈；4—垫板；5—凸模	凸模 5 用带螺纹的锥体紧圈 3 与固定模座 2 一起紧固在加垫板 4 的上模座 1 中

续表

类型	简图	说明
组合凸模的紧固	1—带外螺纹的模柄；2—带内螺纹的凸模压板；3—凸模；4—芯轴	适用于紧固挤压空心件的组合凸模，凸模3与芯轴4用凸模压板2紧固在模柄上
用紧固套与锥体螺母锁紧	1—上模座；2—固定座；3—垫板；4—锥体紧圈；5—紧固套圈；6—凸模	凸模6用带螺纹的锥体紧圈4与紧固套圈5将凸模6紧固在垫板3的上模座1中
用锥孔压板紧固	1—模柄；2—上模座；3—垫板；4—锥孔压板；5—凸模	凸模5用锥孔压板4与螺钉紧固在上模座2中
用紧固套圈与压板紧固	1—上模座；2—固定座；3—垫板；4—紧固套圈；5—压板；6—凸模	凸模6装入紧固套圈4中，压板5与螺钉将紧固套圈及凸模紧固
热挤压凸模紧固	(a) (b) (c)	图(a)和图(b)与凸模的压紧圈是采用带锥面配用螺钉紧固。该紧固形式配合紧密无间隙，并牢固可靠，定位精度高。图(c)采用阶梯面配合用螺钉紧固。其紧固形式加工比较容易，一般用于镦挤模凸模的紧固

5.4.2 挤压模凹模的紧固方式

挤压模凹模的紧固方式见表 5-44。

表 5-44 挤压模凹模的紧固方式

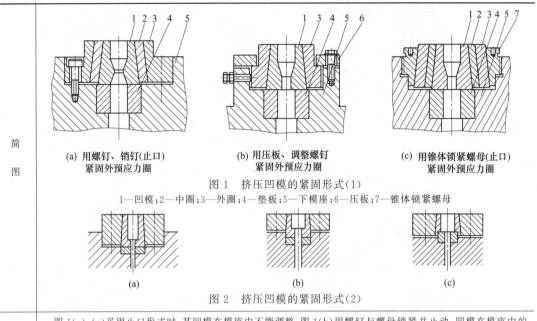

| 简图 | (a) 用螺钉、销钉(止口)紧固外预应力圈 | (b) 用压板、调整螺钉紧固外预应力圈 | (c) 用锥体锁紧螺母(止口)紧固外预应力圈 |

图 1 挤压凹模的紧固形式(1)
1—凹模；2—中圈；3—外圈；4—垫板；5—下模座；6—压板；7—锥体锁紧螺母

图 2 挤压凹模的紧固形式(2)

| 说明 | 图1(a)、(c)采用止口形式时，其凹模在模座中不能调整；图1(b)用螺钉与螺母锁紧并止动，凹模在模座中的位置可以微调。
图2(a)的紧固形式定位精确，但模具的加工要求较高。图2(b)和图2(c)所示的紧固形式要求凹模和凹模压紧圈配合应有足够的接触长度，才能在旋紧螺钉时，不致产生歪斜而影响定位 |

5.4.3 挤压模架设计

常用于摩擦压力机和机械压力机的三种通用模架结构见表 5-45。

表 5-45 挤压模架的结构

类型	图示	件号	名称	材料	热处理（HRC）
正挤压模架	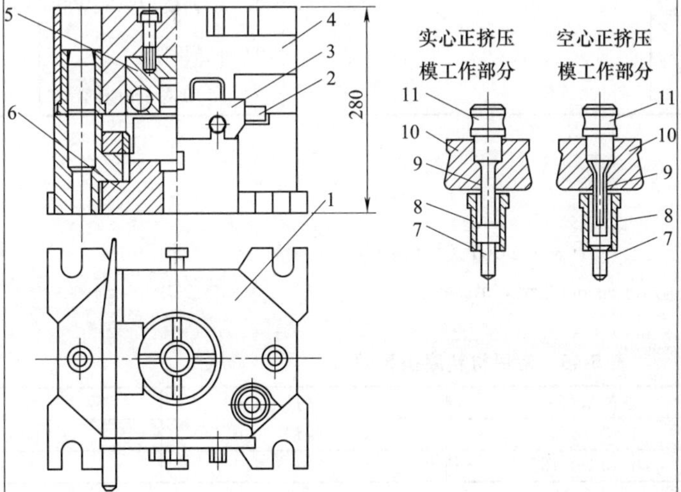	1	下模座	45	38～42
		2	镦粗垫片	T8A	50～55
		3	挡油板	45	30～35
		4	上模座	45	38～42
		5	上垫块	3Cr2W8V	50～55
		6	下垫块	3Cr2W8V	50～55
		7	顶杆	3Cr2W8V	50～55
		8	衬套	45	35～40
		9	挤压件		
		10	凹模	3Cr2W8V	50～55
		11	凸模	3Cr2W8V	50～55

续表

类型	图示	件号	名称	材料	热处理(HRC)
反挤压模架	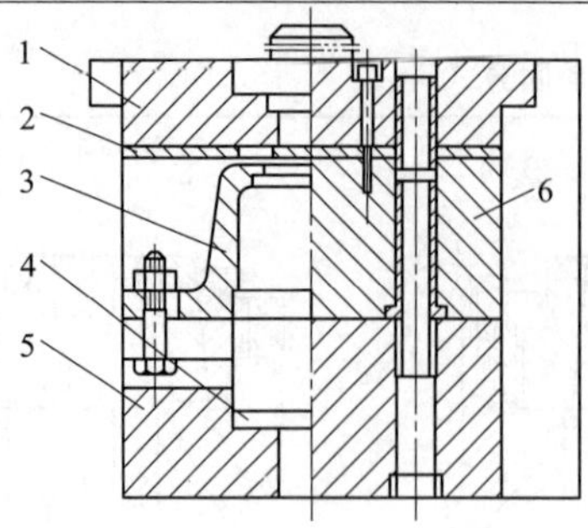 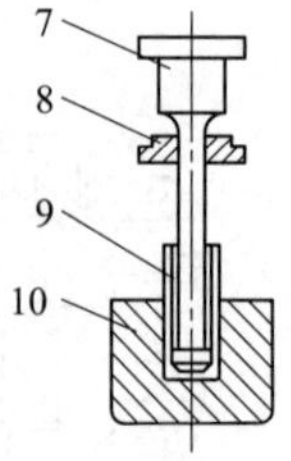 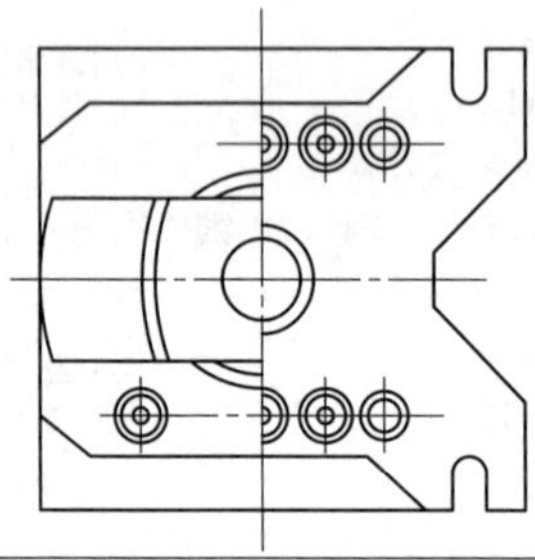	1	上模座	T8A	30~35
		2	垫板	T8A	50~55
		3	卸件板	45	30~35
		4	垫板	T8A	40~45
		5	下模座	5CrMnMo	30~35
		6	支承板	5CrMnMo	42~46
		7	凸模	3Cr2W8V	50~55
		8	卸件环	45	30~35
		9	挤压件		
		10	凹模	3Cr2W8V	50~55
径向挤压模架	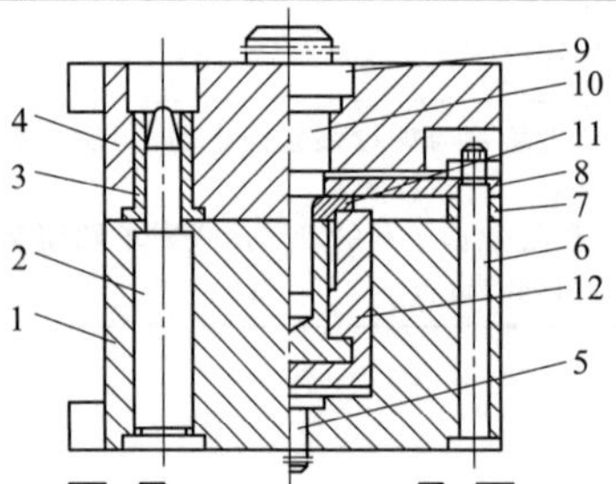 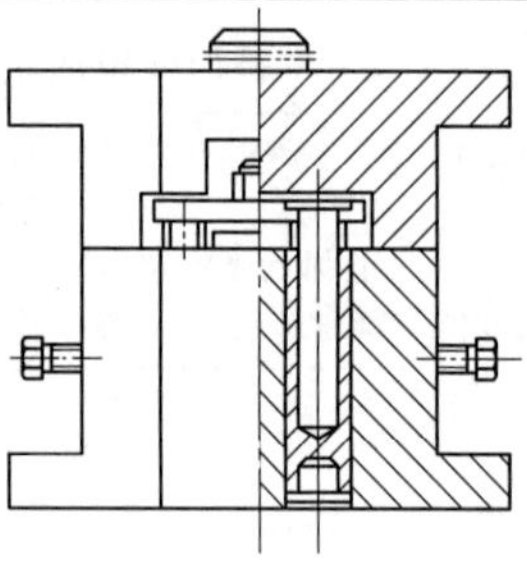 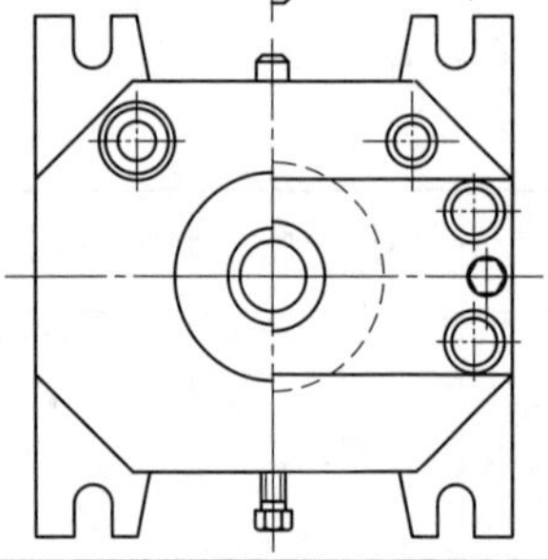	1	下模座	45	38~48
		2	导柱	T8A	40~45
		3	导套	T8A	40~45
		4	上模座	45	35~40
		5	顶杆	45	40~45
		6	拉杆	45	38~42
		7	套筒	Q235	
		8	卸料板	45	
		9	凸模垫板	T8A	40~45
		10	凸模	3Cr2W8V	50~55
		11	挤压件		
		12	凹模	3Cr2W8V	50~55

5.4.4 卸件和顶出装置

(1) 卸料力的计算

$$P_{卸} = 200F(1+\mu) \tag{5-1}$$

式中 F——挤压件与凹模接触的圆周面积，mm^2；

μ——摩擦系数，见表 5-46。

表 5-46 常用材料摩擦系数 μ

材料	摩擦系数 μ	材料	摩擦系数 μ
铝	0.15~0.20	软钢	0.11
铜	0.10~0.13		

（2）卸件装置

卸件装置主要用于将制件从凸模上卸下，其常用形式见表 5-47 中的组合卸件器。

表 5-47　卸件装置形式

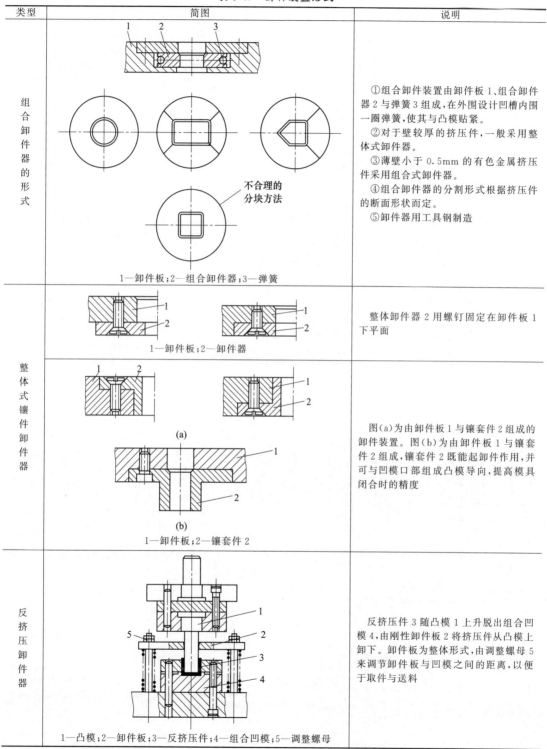

（3）顶出装置

顶出装置是用于将挤压件从凹模中顶出，常用顶出装置见表 5-48。

表 5-48 顶出装置的结构

类型	简图	说明
典型顶杆的结构形式	图 1 顶杆基本结构	顶杆直径 d_1,按 $d_1^2=d^2/2$ 计算,顶杆上端面略带 5°的锥度;下端为了能支承较大的单位挤压力,而采用锥形结构,以增大其支承面积,取 $d_2=(2\sim3)d$,含碳量小于 0.15% 或尺寸较小挤压件取较小值,含碳量大于 0.2% 或尺寸较大的挤压件取较大值,顶杆的长度 L 越短越好,以将挤压件顶出凹模平面即可,装配后,顶杆的工作端面应比凹模底面高出 0.1mm 左右。兼作挤压凸模用的顶杆(下凸模),设计时应按凸模同样考虑;不作挤压凸模用的顶杆,应根据载荷情况,以保证纵向稳定性的要求进行设计。顶杆必须采用工具钢制造
顶杆顶出装置	图 2 (a) (b) 1—凹模;2—顶件杆;3—顶杆 (c) 1—凹模;2—顶杆 (d) 1—凹模;2—顶件杆;3—下凸模	图 2(a)由顶杆与顶块直接顶出,结构简单。 图 2(b)顶件杆 2 是凹模 1 的组成部分,主要承受垂直方向的挤压力,顶杆 3 推动顶件杆 2 将挤压件从凹模 1 中顶出,常用于反挤压模。 图 2(c)顶件杆 2 位于凹模 1 的工作带的下面,而 $d_1>d$,使顶杆 2 的端部不承受挤压力,仅作顶件作用,常用于正挤压模。 图 2(d)顶件杆 2 是置于下凸模 3 的中心部位,当挤压成型后,由顶件杆 2 将挤压件从凹模 1 中顶出。适用于下凸模 3 尺寸较大的杯形件正挤压模或复合挤压模
套筒顶出装置	图 3 (a) (b) (c) 1—凹模;2—套筒;3—凸模;4—顶杆	图 3(a)中套筒 2 套入下凸模 3 的外部,由下部均布的顶杆 4 推动,将挤压件从凹模 1 中顶出,用于下部有孔的挤压件卸料和顶出。 图 3(b)中套筒 2 是凹模 1 的组成部分,承受垂直方向的挤压力并兼顶件作用,使挤压高度 h 较准确。 图 3(c)在挤压成型后,套筒 2 与挤压件间有一定距离,其套筒只起顶件作用
反挤压件顶出装置	图 4 1—凸模;2—凹模;3—顶件杆;4—下模座;5—垫板;6—顶杆	顶件杆 3 设在下模座 4 中,并要承受挤压力,其下部设有垫板 5。挤压回程时,顶杆 6 推动顶件杆 3 将挤压件随着凸模 1 从凹模 2 中脱出

续表

类型	简图	说明
正挤压件顶出装置	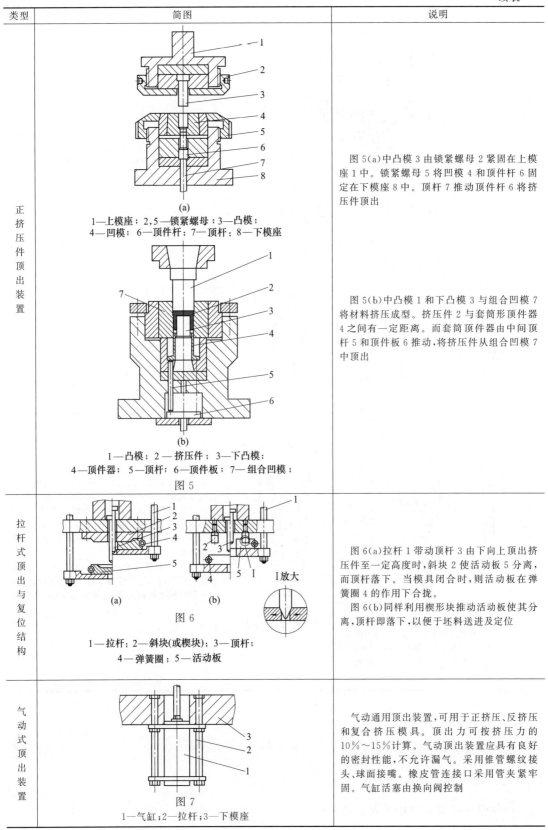 1—上模座；2,5—锁紧螺母；3—凸模；4—凹模；6—顶件杆；7—顶杆；8—下模座 1—凸模；2—挤压件；3—下凸模；4—顶件器；5—顶杆；6—顶件板；7—组合凹模； 图5	图5(a)中凸模3由锁紧螺母2紧固在上模座1中。锁紧螺母5将凹模4和顶件杆6固定在下模座8中。顶杆7推动顶件杆6将挤压件顶出 图5(b)中凸模1和下凸模3与组合凹模7将材料挤压成型。挤压件2与套筒形顶件器4之间有一定距离。而套筒顶件器由中间杆5和顶件板6推动，将挤压件从组合凹模7中顶出
拉杆式顶出与复位结构	1—拉杆；2—斜块(或楔块)；3—顶杆；4—弹簧圈；5—活动板	图6(a)拉杆1带动顶杆3由下向上顶出挤压件至一定高度时，斜块2使活动板5分离，而顶杆落下。当模具闭合时，则活动板在弹簧圈4的作用下合拢。 图6(b)同样利用楔形块推动活动板使其分离，顶杆即落下，以便于坯料送进及定位
气动式顶出装置	图7 1—气缸；2—拉杆；3—下模座	气动通用顶出装置，可用于正挤压、反挤压和复合挤压模具。顶出力可按挤压力的10%～15%计算。气动顶出装置应具有良好的密封性能，不允许漏气。采用锥管螺纹接头、球面接嘴。橡皮管连接口采用管夹紧牢固。气缸活塞由换向阀控制

续表

类型	简图	说明
模具倒装时的顶出装置	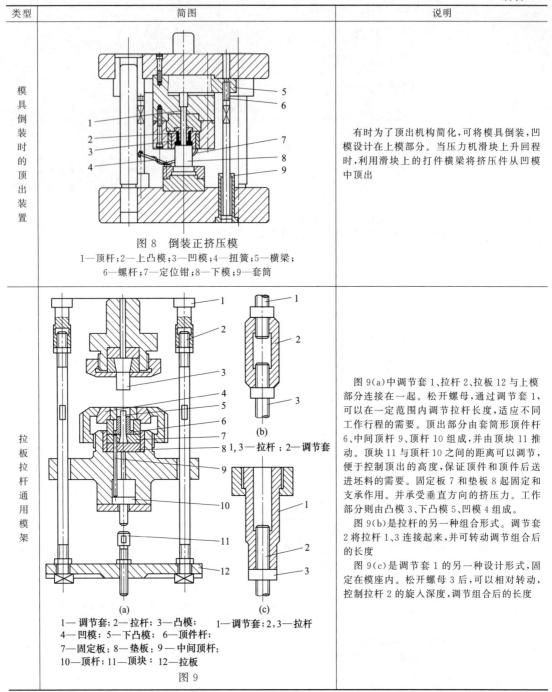 图 8 倒装正挤压模 1—顶杆；2—上凸模；3—凹模；4—扭簧；5—横梁； 6—螺杆；7—定位钳；8—下模；9—套筒	有时为了顶出机构简化,可将模具倒装,凹模设计在上模部分。当压力机滑块上升回程时,利用滑块上的打件横梁将挤压件从凹模中顶出
拉板拉杆通用模架	1—调节套；2—拉杆；3—凸模； 4—凹模；5—下凸模；6—顶件杆； 7—固定板；8—垫板；9—中间顶杆； 10—顶杆；11—顶块；12—拉板 1—调节套；2,3—拉杆 图 9	图 9(a)中调节套1、拉杆2、拉板12与上模部分连接在一起。松开螺母,通过调节套1,可以在一定范围内调节拉杆长度,适应不同工作行程的需要。顶出部分由套筒形顶件杆6、中间顶杆9、顶杆10组成,并由顶块11推动。顶块11与顶杆10之间的距离可以调节,便于控制顶出的高度,保证顶件和顶件后送进坯料的需要。固定板7和垫板8起固定和支承作用。并承受垂直方向的挤压力。工作部分则由凸模3、下凸模5、凹模4组成。 图 9(b)是拉杆的另一种组合形式。调节套2将拉杆1、3连接起来,并可转动调节组合后的长度 图 9(c)是调节套1的另一种设计形式,固定在模座内。松开螺母3后,可以相对转动,控制拉杆2的旋入深度,调节组合后的长度

5.4.5 垫板的设计

垫板的设计见表 5-49。

5.4.6 模具导向装置的设计

模具的导向装置设计见表 5-50。

表 5-49 垫板的设计

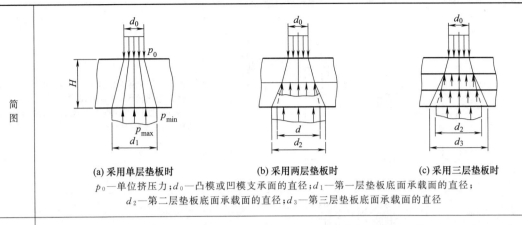

简图	(a) 采用单层垫板时 (b) 采用两层垫板时 (c) 采用三层垫板时 p_0—单位挤压力；d_0—凸模或凹模支承面的直径；d_1—第一层垫板底面承载面的直径； d_2—第二层垫板底面承载面的直径；d_3—第三层垫板底面承载面的直径
说明	挤压加工时的单位挤压力可达 2000～25000MPa，模座要承受如此大的压力，会使模座产生凹陷变形。为防止这种情况，在凸模和模座间或凹模和模座间设置垫板来分散压力。凸模或凹模挤压时作用于垫板表面上的单位挤压力均匀分布在凸模或凹模支承面的直径范围内。压力大致扩展成圆锥状传到垫板底面，压力分布以加压中心最大，而周边最小，垫板厚度增加时，受压面的传递直径增加，传递压力随之减小，故应尽量加大垫板厚度。 如果垫板厚度相同，则多层垫板力的传递范围要比使用单层垫板大。因此，同样厚度时应尽量采用多层垫板。 制造垫板的材料必须采用工具钢，并淬硬至 42～46HRC

表 5-50 模具的导向装置设计

类型	简图	说明
导柱导套导向装置		导柱导套导向在挤压模具中应用比较广泛，对压力机精度较差的情况下，在模具上应设有导向装置。一般将导柱和导套分别用压配合装在下模座和上模座上。导柱和导套之间采用滑动配合，一般采用二级精度公差，在挤压薄壁零件或精度要求较高的条件下应采用一级精度公差。导柱导套固定在模座上的长度应不小于导柱直径的 1.5～2 倍，导柱可取 2～4 根
凸模与凹模非工作部分导向	(a) (b) (c)	图(a)凸模工作部分与凹模型腔内壁进行导向，其结构简单。在挤压深度较大时，滑动配合面易磨损。但凸模前端的变形会给导向带来影响。 图(b)是凸模非工作部分与凹模型腔进行导向，凹模的型腔深度必须加大。 图(c)是凸模非工作部分与凹模的非工作部分进行导向，不影响凹模型腔工作部分尺寸，是较理想的导向方式

续表

类型	简图	说明
凸模与凹模非工作部分导向	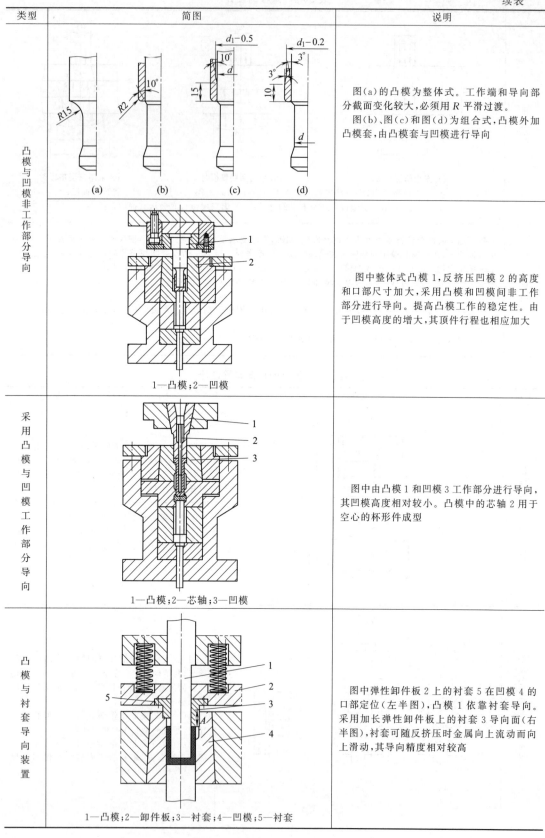	图(a)的凸模为整体式。工作端和导向部分截面变化较大,必须用 R 平滑过渡。 图(b)、图(c)和图(d)为组合式,凸模外加凸模套,由凸模套与凹模进行导向
	1—凸模;2—凹模	图中整体式凸模 1,反挤压凹模 2 的高度和口部尺寸加大,采用凸模和凹模间非工作部分进行导向。提高凸模工作的稳定性。由于凹模高度的增大,其顶件行程也相应加大
采用凸模与凹模工作部分导向	1—凸模;2—芯轴;3—凹模	图中由凸模 1 和凹模 3 工作部分进行导向,其凹模高度相对较小。凸模中的芯轴 2 用于空心的杯形件成型
凸模与衬套导向装置	1—凸模;2—卸件板;3—衬套;4—凹模;5—衬套	图中弹性卸件板 2 上的衬套 5 在凹模 4 的口部定位(左半图),凸模 1 依靠衬套导向。采用加长弹性卸件板上的衬套 3 导向面(右半图),衬套可随反挤压时金属向上流动而向上滑动,其导向精度相对较高

续表

类型	简图	说明
凸模用固定卸件板导向	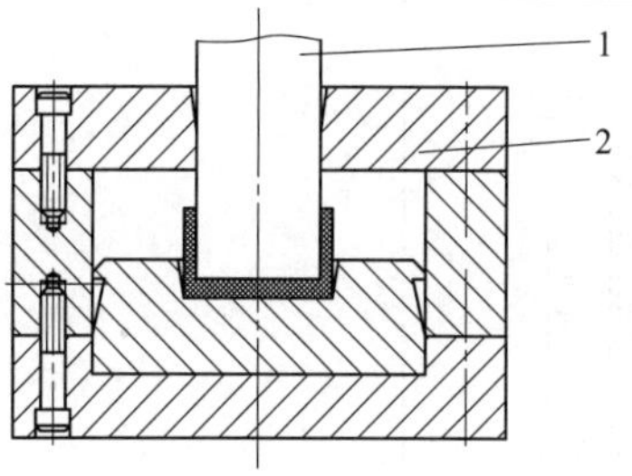 1—凸模；2—卸件板	图中凸模 1 依靠固定卸件板 2 导向，为了方便取件和送料，固定卸件板与凹模之间应有足够的空间，但有降低凸模的导向效果
凸模采用衬套导向	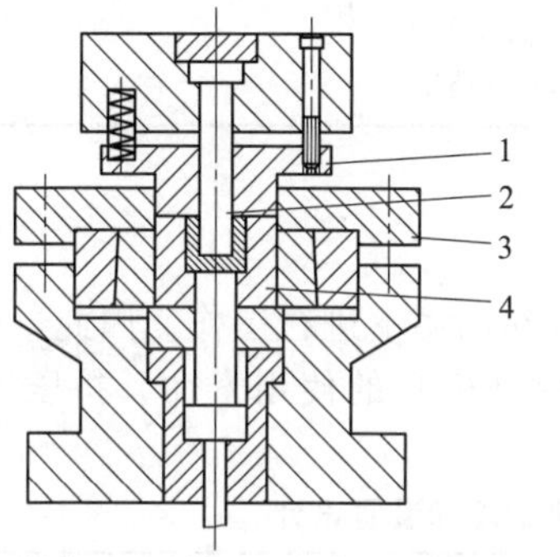 1—衬套；2—凸模；3—压套；4—组合凹模	采用弹性卸件板衬套 1 与组合凹模 4 的压套 3 作定位，凸模 2 由衬套进行导向
导板导向	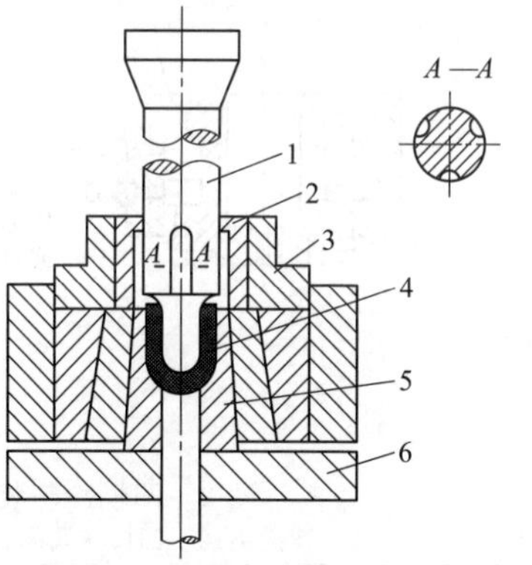 1—凸模；2—导板；3—外套；4—挤压件；5—凹模；6—模座	图中为导板导向挤压模的工作部分（模架未示）。导板导向的最大优点是挤压零件的壁厚差较小，模具制造也较简单。但模具高度稍有增加，为了减少凸模的长度，可在凸模上铣出三条卸件槽（图中 $A-A$ 剖面），卸件板利用三个槽的位置将挤压件从凸模上卸下
导筒导向结构	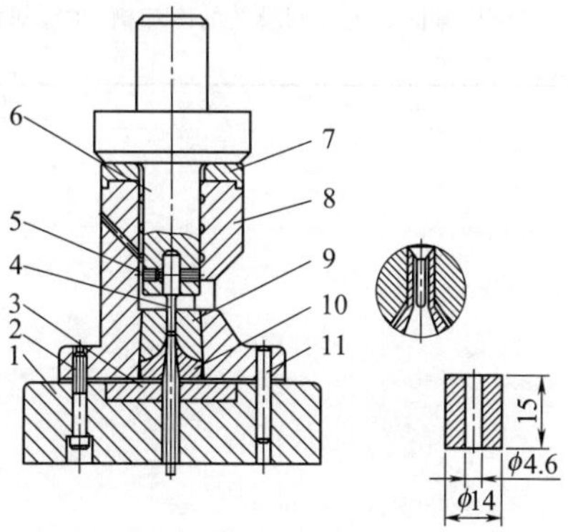	图中为导筒导向挤压模，其上、下凸、凹模的同轴度依靠柱塞 6 和导筒 8 的精密配合要求来保证。使挤出的工件壁厚比较均匀，操作比较安全。但这种模具制造工艺复杂，所需压力机闭合高度较大，其应用不广泛

类型	简图	说明
导筒导向结构	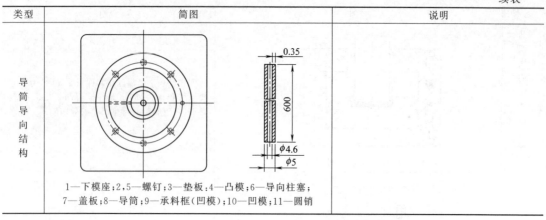 1—下模座；2,5—螺钉；3—垫板；4—凸模；6—导向柱塞；7—盖板；8—导筒；9—承料框(凹模)；10—凹模；11—圆销	

5.4.7 挤压模的冷却装置

热挤压模工作时，其凸、凹模等工作部分在高温下进行工作。因此，必须在热挤压模上设计冷却装置，对凸、凹模进行强制冷却，以提高模具的使用寿命。挤压模的冷却装置设计见表 5-51。

表 5-51 挤压模的冷却装置设计

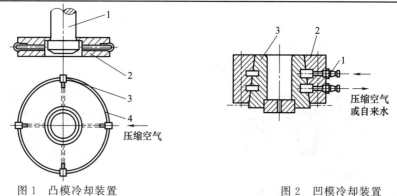

图 1　凸模冷却装置　　　　　　　　图 2　凹模冷却装置
1—凸模；2—卸件板；3—管接头；4—弧形弯管　　1—管接头；2—凹模压紧圈；3—凹模

类型	说明
凸模冷却装置	在卸件板 2 上均匀分布地钻出四个孔，并焊上四个管接头 3，用弧形弯管 4 与接头连成环形通道，其中一只管接头用橡胶管与压缩空气管道相连，通入压缩空气或自来水后使凸模 1 在工作中进行冷却
凹模冷却装置	用压缩空气或自来水通过管接头 1 和凹模压紧圈 2 进入凹模 3 的冷却槽，在冷却槽中自上而下地循环冷却凹模

第6章
特种挤压技术

6.1 静液挤压

静液挤压是利用高压黏性介质对坯料施加压力，使坯料通过凹模的出口挤出的一种挤压工艺。图 6-1 所示为静液挤压原理，是采用高压黏性介质为油液，由挤压轴对油液施加压力，坯料在油液足够的压力作用下而产生塑性变形，通过凹模型腔的出口挤出。

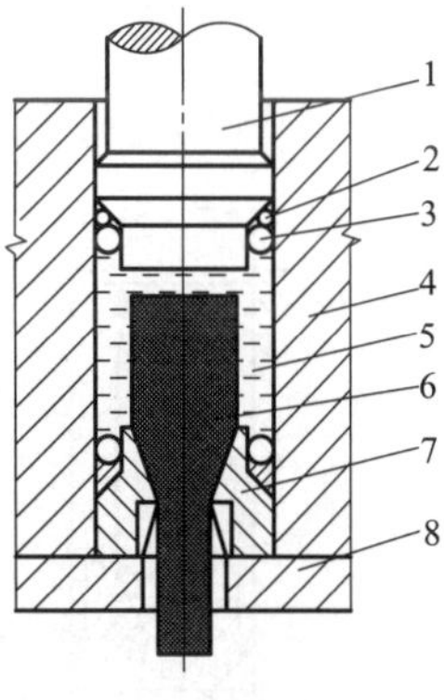

6.1.1 静液挤压的特点

① 静液挤压时，坯料外表面不与挤压筒接触，而由高黏性介质所包围，它们相互间无相对流动，仅与高压介质之间有较小的黏性摩擦力，故挤压力大大减小。

② 由于毛坯始终处于高压介质很大的三向压应力状态下，而提高了被挤压材料的塑性，因此静液挤压可挤压一些塑性低的脆性材料。

图 6-1 静液挤压原理
1—挤压轴；2—钢圈或铍青铜圈；
3—橡胶圈；4—挤压筒；5—油液；
6—坯料；7—凹模；8—垫板

③ 静液挤压时，挤压变形区的金属材料与凹模之间处于流体润滑状态，改善了润滑条件，金属流动均匀。

④ 可以挤压一些一般挤压方法难以挤压的工件，如双层金属线材、螺旋花键、螺旋齿轮等零件。

6.1.2 静液挤压分类及应用范围

静液挤压按温度可分为冷静液压挤压、温静液压挤压和热静液挤压三种。被挤压的金属和高压介质在室温时的挤压称为冷静液挤压。在室温以上至挤压金属再结晶温度以下的挤压称为温静液压挤压。在挤压金属再结晶温度以上的挤压称为热静液挤压。

静液挤压按挤压方法可分为简单正挤压、具有反压力的正挤压、机械静液挤压和拉拔静液挤压。图 6-2（a）就是简单正挤压，被挤压的金属材料在高压介质作用下挤出凹模型腔出口。图 6-2（b）是具有反压力的正挤压，被挤压金属材料从一种高压介质挤到另一种高压介质中，主要适用于脆性材料的正挤压。由于挤压过程中会增加挤压筒中的高压介质压力，故限制了坯料的挤压比。图 6-2（c）是机械静液挤压，挤压轴直接在坯料的上端面施加轴向压力，可以防止挤压中坯料和挤压件的偏移，并有利于控制和避免突然失压。图 6-2（d）是拉拔静液挤压，该方法是在出口处的挤压件上施加一个拉力，主要用于塑性好的材料挤压，有利于减小挤压件在挤压中的畸变。静液挤压的工艺过程如图 6-3 所示。

由于静液挤压具有良好的润滑条件及挤压的金属流动均匀性，特别适合于形状复杂、尺寸精度及表面质量要求高的异型管材和棒材的挤压成型。目前用于静液挤压的金属材料有：变形铝合金和某些铸造铝合金；镁合金及其铸造镁合金；各种铜合金；碳素钢、不锈钢、高速钢和铸钢；镍基高温合金；锌及其合金，铍、钽、锆、铌、铬、钼、钒、钨、钛和铋及其合金。

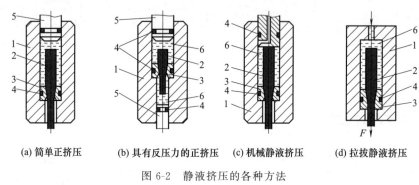

图 6-2　静液挤压的各种方法

1—挤压筒；2—坯料；3—挤压凹模；4—密封圈；5—挤压轴；6—高压介质

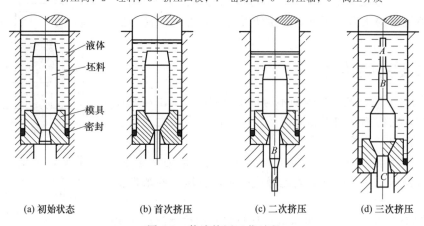

图 6-3　静液挤压工艺过程

6.1.3　静液挤压的液体介质

由于液体介质要承担传递压力和润滑的双重作用，故要求介质在高压下不产生固化现象，并在高压下压缩性较小，有良好的润滑作用。介质要有一定的稠度，保证液体介质在高压下不会在模具内渗漏。一般应根据工作压力的大小来选择不同的介质，在工作压力为 1000MPa 左右时，常选用矿物油或变压器油加 10% 左右的二硫化钼。在工作压力为 1500MPa 时，常用含有 25% 左右的乙二醇甘油。

静液挤压的液体介质压力一般为 1250~2000MPa，以能保证模具有足够长的使用寿命。

用1600MPa的液体压力时，使用99.5%的纯铝的挤压比 G 可达10000∶1；合金铝可达200∶1；紫铜可达50∶1；低碳钢可达10∶1；高速钢可达4∶1。

高速钢在静液挤压时，用1500～1600MPa的液体压力，正挤压变形的断面收缩率 $\varepsilon_{\mathrm{f}}=$ 60%～65%。挤压后碳化物偏析质量可提高2～3级，淬火后晶粒细而均匀，其显微硬度的均匀性也有所提高。

6.1.4 静液挤压工艺参数

① 单位挤压力 静液挤压的平均单位挤压力可用下式计算：

$$p = 15.95 \ln G (0.375 \mathrm{HV} + 4) \qquad (6\text{-}1)$$

式中 p——平均单位挤压力，MPa；
　　　HV——坯料的维氏硬度；
　　　G——挤压比。

对于形状复杂的工件，按式（6-1）计算的平均单位挤压力要增加30%。热静液压挤压的平均单位挤压力可按下式计算：

$$p = K \sigma_{\mathrm{s}} \ln G \qquad (6\text{-}2)$$

式中 K——表征变形区润滑条件的参数，取1.4～1.7；
　　　σ_{s}——屈服强度极限，MPa。

② 挤压力 压力机挤压时所需的总挤压力按下式计算：

$$p_{\text{总}} = K_{\mathrm{t}} p (\pi D^2 / 4) \qquad (6\text{-}3)$$

式中 K_{t}——挤压轴与挤压筒之间摩擦影响系数，取1.1～1.2；
　　　D——挤压筒直径，mm。

静液挤压力的计算方法有以下几种。

（1）经验公式计算法

$$p = (59 \mathrm{HV} + 630) \ln G \qquad (6\text{-}4)$$

式中 p——单位挤压力，MPa；
　　　HV——被挤压材料的维氏硬度；
　　　G——挤压比。

（2）图算法

由试验得出静液压挤压各种金属单位挤压力和挤压比的关系如图6-4所示。根据挤压比可查出液体介质所需压力。

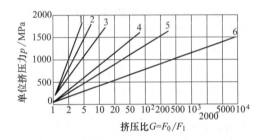

图6-4 静液挤压单位挤压力与挤压比的关系
1—高速钢 W6Mo5Cr4V2；2—35钢；3—15钢；4—紫铜（99.9%Cu）；5—铝合金；6—纯铝（99.5%Al）

6.2 高压介质的选用

静液挤压所用的高压介质分黏性液体和黏塑性体。黏性液体有蓖麻油、矿物油等，常用于冷静液挤压和在500～600℃下的温、热静液挤压；黏塑性体主要有耐热脂、熔融盐、玻璃、玻璃-石墨混合物等，主要用于700℃以上的较高熔点金属的热静液挤压。高压介质在热静液挤压时可起到润滑剂和隔热材料的作用。各种高压介质的种类和工作条件见表6-1。

6.3 静液挤压模具

（1）挤压筒

冷静液挤压时，挤压筒所承受的压力有时比传统挤压所承受的压力还要大，因此在考虑强度及其密封方面的要求也相应要高,挤压筒采用特殊的多层结构,或用钢带缠绕式结构。热静液挤压时,工作压力较低,一般采用二层或三层热套式结构可满足要求。

(2) 挤压凹模

静液挤压凹模的结构如图 6-5 所示。其内壁呈锥形状,凹模的前端内外受力,凹模的入模锥角较小,其锥角 α 可按下式计算:

$$\alpha = \sqrt{\frac{3}{2}\left(1+\ln\frac{d_0}{d}\right)\ln\frac{D}{d}\sqrt{\mu}} \qquad (6-5)$$

式中 d, d_0——挤压件和坯料的横截面直径,mm;
　　　D——挤压筒直径,mm;
　　　μ——摩擦系数,取 0.03～0.05。

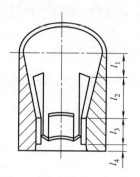

图 6-5　静液挤压凹模结构

凹模的尺寸 l_1 是坯料入口锥长度,可取坯料直径的 5%～10%;l_2 是金属成型部分长度;l_3 是凹模工作带长度,轴对称工件取 $l_3=(0.2～0.4)d$,非轴对称工件 $l_3=(0.4～0.8)d$;l_4 是出口锥长度,一般取 5～10mm,出口锥角取 5°～10°。

冷静液挤压凹模用的材料,一般可选用 Cr12MoV、3Cr2W8V、4Cr5W2VSi 或 W18Cr4V 等工具钢。为了提高模具寿命,也可以将挤压件外形尺寸的凹模部位采用硬质合金镶圈。温热静液挤压时,凹模多采用热强钢或硬质合金。

(3) 挤压轴及芯杆

挤压轴的结构形状如图 6-6 所示。挤压轴的材料一般可用 GCr15、3Cr2W8V 等材料。

挤压轴总长为:$L=(4.5～5.5)D$

式中 D——挤压轴工作部分直径。

工作部分长度:$L_1=(0.7～1)D$。

支承部分直径:$D_0=(1.2～1.5)D$。

锥角:$\alpha=30°～60°$。

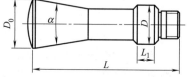

图 6-6　挤压轴结构

表 6-1　高压介质的种类和工作条件

工作条件	高压介质
冷挤压 　工作压力<1000MPa 　工作压力≥1000MPa	蓖麻油、煤油、机油、锭子油、气缸润滑油等 甘油、乙二醇及其各种混合物、MoS_2 或石墨与水的混合物
温挤压(≤500℃)	蓖麻油、气缸润滑油、气缸润滑油+石墨(+MoS_2)、沥青、沥青+石墨
热挤压(700～1200℃)	耐热脂、沥青、沥青+石墨、有机硅液体、玻璃、熔融盐等

芯杆如图 6-7 所示,是用于挤压管材或异型空心型材。由于芯杆前端工作条件非常恶劣,一般芯杆采用组合式结构,它由芯尖和芯体两部分组成。芯尖应采用抗黏性好、耐热,并具有较好韧性的超耐热合金、硬质合金等材料。芯体部分则采用工具钢。如果挤压温度高于 600～700℃,可以将芯杆设计成空心,挤压时进行通水冷却。

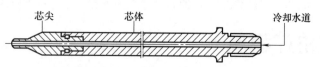

图 6-7　静液挤压用芯杆

第7章 冷镦和冷挤压用材料

7.1 冷镦和冷挤压用钢的化学成分

冷镦和冷挤压用钢的化学成分见表7-1。

表7-1 冷镦和冷挤压用钢的化学成分（GB/T 6478—2001）

序号	统一数字代号	牌号①	化学成分(质量分数)/%							
			C	Si	Mn	P	S	Cr	Al$_t$③	其他④
1. 非热处理型冷镦和冷挤压用钢①										
1-1	U40048	ML04Al	≤0.06	≤0.10	0.20~0.40	≤0.035	≤0.035	—	≥0.020	—
1-2	U40088	ML08Al	0.05~0.10	≤0.10	0.30~0.60			—	≥0.020	—
1-3	U40108	ML10Al	0.08~0.13	≤0.10	0.30~0.60			—	≥0.020	—
1-4	U40158	ML15Al	0.13~0.18	≤0.10	0.30~0.60			—	≥0.020	—
1-5	U40152	ML15	0.13~0.18	0.15~0.35	0.30~0.60			—	—	—
1-6	U40208	ML20Al	0.18~0.23	≤0.10	0.30~0.60			—	≥0.020	—
1-7	U4022	ML20	0.18~0.23	0.15~0.35	0.30~0.60			—	—	—
2. 表面硬化型冷镦和冷挤压用钢②										
2-1	U41188	ML18Mn	0.15~0.2	≤0.10	0.60~0.90	≤0.03	≤0.035	—	≥0.02	—
2-2	U41228	ML22Mn	0.18~0.23	≤0.10	0.70~1.00	≤0.03	≤0.035	—	≥0.02	—
2-3	A20204	ML20Cr	0.17~0.23	≤0.30	0.60~0.90	0.035	≤0.035	0.9~1.2	≥0.02	—
3. 调质型冷镦和冷挤压用钢										
3-1	U40252	ML25	0.22~0.29	≤0.20	0.30~0.60	≤0.035	≤0.035	—	—	—
3-2	U40302	ML30	0.27~0.34	≤0.20	0.30~0.60			—	—	—
3-3	U40352	ML35	0.32~0.39	≤0.20	0.30~0.60			—	—	—
3-4	U40402	ML40	0.37~0.44	≤0.20	0.30~0.60			—	—	—
3-5	U40452	ML45	0.42~0.50	≤0.20	0.30~0.60			—	—	—
3-6	L20158	ML15Mn	0.14~0.20	0.20~0.40	1.20~1.60			—	—	—
3-7	U41252	ML25Mn	0.22~0.29	≤0.25	0.60~0.90			—	—	—
3-8	U41302	ML30Mn	0.27~0.34	≤0.25	0.60~0.90			—	—	—
3-9	U41352	ML35Mn	0.32~0.39	≤0.25	0.60~0.90			—	—	—
3-10	A20374	ML37Cr	0.34~0.41	≤0.30	0.60~0.90			0.9~1.2	—	—
3-11	UA20404	ML40Cr	0.38~0.45	≤0.30	0.60~0.90			0.9~1.2	—	—
3-12	A30304	ML30CrMo	0.26~0.34	≤0.30	0.60~0.90			0.8~1.1	—	Mo:0.15~0.25
3-13	A30354	ML35CrMo	0.32~0.40	≤0.30	0.60~0.90			0.8~1.1	—	
3-14	A30424	ML42CrMo	0.38~0.45	≤0.30	0.60~0.90			0.9~1.2	—	

续表

序号	统一数字代号	牌号①	化学成分(质量分数)/%							
			C	Si	Mn	P	S	Cr	Al$_t$③	其他④
4. 调质型含硼冷镦和冷挤压用钢										
4-1	A70204	ML20B	0.17~0.24	≤0.40	0.50~0.80	≤0.035	≤0.035		≥0.02	—
4-2	A70284	ML28B	0.25~0.32	≤0.40	0.60~0.90					—
4-3	A70354	ML35B	0.32~0.39	≤0.40	0.50~0.80					—
4-4	A71154	ML15MnB⑤	0.14~0.20	≤0.40	1.20~1.60			B:0.0005~0.0035		—
4-5	A71204	ML20MnB	0.17~0.24	≤0.40	0.80~1.20					—
4-6	A71354	ML35MnB	0.32~0.39	≤0.40	1.10~1.40					—
4-7	A20378	ML37CrB	0.34~0.41	≤0.40	0.50~0.80					Cr:0.2~0.4
4-8	A74204	ML20MnTiB	0.19~0.24	≤0.40	1.30~1.60					Ti:0.04~0.1
4-9	A73154	ML15MnVB	0.13~0.18	≤0.30	1.20~1.60					V:0.07~0.12
4-10	A73204	ML20MnVB	0.19~0.24	≤0.30	1.20~1.60					V:0.07~0.12

① 非热处理型钢的铝镇静钢,采用碱性电炉冶炼时,钢中含硅量$w(Si) \leq 0.17\%$。
② 表面硬化型钢还包括:ML10Al、ML15Al、ML15、ML20Al、Mn20 钢。
③ Al$_t$ 指全铝含量。如测定酸溶铝(Al$_s$)含量(质量分数)不小于 0.015%,应认为是符合本标准的。
④ 钢中残余元素含量(质量分数):铬、镍、铜各不大于 0.20%。
⑤ 根据需方要求,ML15MnB 钢的碳含量(质量分数)可降到 0.12%~0.18%,但应在合同中注明。

7.2 冷镦和冷挤压用钢的力学性能

① 非热处理型冷镦和冷挤压用钢的力学性能见表 7-2。

表 7-2 非热处理型冷镦和冷挤压用钢的力学性能 (GB/T 6478—2001)

牌号	拉伸强度 $R_m/(N/mm^2) \leq$	断面收缩率 $Z/\% \geq$	牌号	拉伸强度 $R_m/(N/mm^2) \leq$	断面收缩率 $Z/\% \geq$
ML04Al	440	60	ML15	530	50
ML08Al	470	60	ML20Al	580	45
ML10Al	490	55	ML20	580	45
ML15Al	530	50			

② 退火状态冷镦和冷挤压用钢的力学性能见表 7-3。

表 7-3 退火状态冷镦和冷挤压用钢的力学性能 (GB/T 6478—2001)

牌号	拉伸强度 $R_m/(N/mm^2) \leq$	断面收缩率 $Z/\% \geq$	牌号	拉伸强度 $R_m/(N/mm^2) \leq$	断面收缩率 $Z/\% \geq$
ML10Al	450	65	ML37Cr	600	60
ML15Al	470	64	ML40Cr	620	58
ML15	470	64	ML20B	500	64
ML20Al	490	63	ML28B	530	62
ML20	490	63	ML35B	570	62
ML20Cr	560	60	ML20MnB	520	62
ML25Mn	540	60	ML35MnB	600	60
ML30Mn	550	59	ML37CrB	600	60
ML35Mn	560	58			

注:钢材直径不大于 12mm 时,断面收缩率降低 2%。

③ 表面硬化型及调质型冷镦和冷挤压用钢的硬度见表 7-4。

表 7-4　表面硬化型及调质型（包括含硼钢）冷镦和冷挤压用钢的硬度（GB/T 6478—2001）

牌号	淬火温度/℃	硬度（HRC）	牌号	淬火温度/℃	硬度（HRC）
ML20Cr	900±5	23～38	ML15MnB	880±5	≥28
ML37Cr	850±5	25～43	ML20MnB	880±5	20～41
ML40Cr	850±5	41～58	ML35MnB	850±3	36～55
ML35Mn	870±5	≤28	ML15MnVB	880±5	≥30
ML20B	880±5	≤37	ML20MnVB	880±5	≥32
ML28B	850±5	22～44	ML37CrB	850±5	30～54
ML35B	850±5	24～52			

注：表中的硬度值为试样距淬火端部9mm处的硬度值。

④ 表面硬化型冷镦和冷挤压用钢热轧状态的力学性能见表 7-5。

表 7-5　表面硬化型冷镦和冷挤压用钢热轧状态的力学性能（GB/T 6478—2001）

牌号	规定非比例伸长应力 $\sigma_{p0.2}$/MPa ≥	拉伸强度 R_m/MPa	断后伸长率 δ_5/% ≥	热轧布氏硬度（HBW） ≤
ML20Al	320	520～820	11	156
ML20	320	520～820	11	—
ML20Cr	490	750～1100	9	—
ML10Al	250	400～700	15	137
ML15Al	260	450～750	14	143
ML15	260	450～750	14	—

注：1. 直径大于和等于25mm的钢材，试样毛坯直径25mm；直径小于25mm的钢材，按钢材实际尺寸计。
2. 在本表中的力学性能不是交货条件。本表仅作为本标准所列牌号有关力学性能的参考，不能作为采购、设计、开发、生产或其他用途的依据。使用者必须了解实际所能达到的力学性能。

7.3　冷镦和冷挤压用钢的特性和用途

冷镦和冷挤压用钢的特性和用途见表 7-6。

表 7-6　冷镦和冷挤压用钢的特性和用途

序号	钢种	牌号	主要特性	用途举例
1	非热处理型冷镦和冷挤压用钢	ML04Al	含碳量很低，具有很高的塑性，冷镦和冷挤压成型性极好	制作铆钉，强度要求不高的螺钉、螺母及自行车用零件等
		ML08Al	具有很高的塑性，冷镦和冷挤压性能好	制作铆钉、螺母、螺栓及汽车和自行车用零件
		ML10Al	塑性和韧性高，冷镦和冷挤压成型性好，需通过热处理改善可加工性	制作铆钉、螺母、半圆头螺钉、开口销等
		ML15Al	具有很好的塑性和韧性，冷镦和冷挤压性能良好	制作铆钉、开口销、弹簧插销、螺钉、法兰盘、摩擦片、农机用链条等
		ML15	与 ML15Al 钢基本相同	与 ML15Al 钢基本相同
		ML20Al	塑性、韧性好，强度较 ML15 钢稍高，可加工性低，无回火脆性	制作六角螺钉、铆钉、螺栓、弹簧座、固定销等
		ML20	与 ML20Al 钢基本相同	与 ML20Al 钢基本相同
2	表面硬化型冷镦和冷挤压用钢	ML18Mn	特性与 ML15 钢相似，但淬透性、强度、塑性均较之有所提高	制作螺栓、螺母、铰链、销、套圈等
		ML22Mn	与 ML18Mn 钢基本相同	与 ML18Mn 钢基本相近
		ML20Cr	冷变形塑性好，无回火脆性，可加工性尚好	制作螺栓、活塞销等

续表

序号	钢种	牌号	主要特性	用途举例
3	调质型冷镦和冷挤压用钢	ML25	冷变形塑性好,无回火脆性倾向	制作螺栓、螺母、螺钉、垫圈等
		ML30	具有一定的强度和硬度,塑性较好。调质处理后可得到较好的综合力学性能	制作螺钉、丝杆、拉杆、键等
		ML35	具有一定的强度,良好的塑性,冷变形塑性高,冷镦和冷挤压性较好,淬火性差,在调质状态下使用	制作螺钉、螺母、轴销、垫圈、钩环等
		ML40	强度较高,冷变形塑性中等,加工性好,淬透性低。多在正火或调质,或高频表面淬火热处理状态下使用	制作螺栓、轴销、链轮等
		ML45	具有较高的强度,一定的塑性和韧性,进行球化退火热处理后具有较好的冷变形塑性。调质处理后可获得很好的综合力学性能	制作螺栓、活塞销等
		ML15Mn	高锰低碳调质型冷镦和冷挤压用钢,强度较高,冷变形塑性尚好	制作螺栓、螺母、螺钉等
		ML25Mn	与 ML25 钢相近	与 ML25 钢相近
		ML30Mn	冷变形塑性尚好,有回火脆性倾向,一般在调质状态下使用	制作螺栓、螺钉、螺母、钩环等
		ML35Mn	强度和淬透性比 ML30Mn 高,冷变形塑性中等,在调质状态下使用	制作螺栓、螺钉、螺母等
		ML37Cr	具有较高的强度和韧性,淬透性良好,冷变形塑性中等	制作螺栓、螺母、螺钉等
		ML40Cr	调质处理后具有良好的综合力学性能,缺口敏感性低,淬透性良好,冷变形塑性中等,经球化热处理后具有好的冷镦性能	制作螺栓、螺母、连杆螺钉等
		ML30CrMo	具有高的强度和韧性,在低于 500℃温度时具有良好的高温强度,淬透性较高,冷变形塑性中等,在调质状态下使用	用于制造锅炉和汽轮机中工作温度低于 450℃的紧固件,工作温度低于 500℃高温用的螺栓及法兰,通用机械中受载荷大的螺栓、螺柱等
		ML35CrMo	具有高的强度和韧性,在高温下有高的蠕变强度和持久强度,冷变形塑性中等	用于制造锅炉中 480℃以下的螺栓,510℃的螺母,轧钢机的连杆、紧固件等
		ML42CrMo	具有高的强度和韧性,淬透性较高,有较高的疲劳极限和较强的抗多次冲击能力	用于制造比 ML35CrMo 的强度要求更高、断面尺寸较大的螺栓、螺母等零件
4	含硼冷镦和冷挤压用钢	ML20B	调质型低碳硼钢,塑性、韧性好,冷变形塑性高	制作螺钉、铆钉、销子等
		ML28B	淬透性好,具有良好的塑性、韧性和冷变形成型性能。在调质状态下使用	制作螺钉、螺母、垫片等
		ML35B	比 ML35 具有更好的淬透性和力学性能,冷变形塑性好。在调质状态下使用	制作螺钉、螺母、轴销等
		ML15MnB	调质处理后强度高,塑性好	制作较为重要的螺栓、螺母等零件
		ML20MnB	具有一定的强度和良好的塑性,冷变形塑性好	制作螺钉、螺母等
		ML35MnB	调质处理后强度较 ML35Mn 高,塑性稍低。淬透性好,冷变形塑性尚好	制作螺钉、螺母、螺栓等
		ML37CrB	具有良好的淬透性,调质处理后综合性能好,冷塑性变形中等	制作螺钉、螺母、螺栓等
		ML20MnTiB	调质后具有高的强度,良好的韧性和低温冲击韧性,晶粒长大倾向小	用于制造汽车、拖拉机的重要螺栓零件
		ML15MnVB	经淬火低温回火后,具有较高的强度、良好的塑性及低温冲击韧性,较低的缺口敏感性,淬透性较好	用于制造高强度的重要螺栓零件,如汽车用气缸盖螺栓、半轴螺栓、连杆螺栓等
		ML20MnVB	具有高强度、高耐磨性及较高的淬透性	用于制造汽车、拖拉机上的螺栓、螺母等

7.4 常用冷作模具材料的选用

常用冷作模具材料的选用见表 7-7。

表 7-7 常用冷作模具材料的选用

类别	模具名称	使用条件	推荐使用牌号	代用牌号	工作硬度（HRC）
冷挤压模	轻载冷挤压	铝合金（单位压力小于1500MPa）	Cr2（小型）	MnCrWV①	60～62
			Cr6WV（中型）	Cr12MoV	56～58
	重载冷挤压	钢件（单位压力 1500～2000MPa）	6W6Mo5Cr4V（凸模）	W6Mo5Cr4V2	60～62
		钢件（单位压力 2000～2500MPa）	Cr12MoV（凹模）	6Cr4W3Mo2VNb（65Nb）、CrWMn	58～60
			W6Mo5Cr4V2（凸模）	W18Cr4V	61～63
	模具型腔冷挤压凸模	一般中、小型	9SiCr	Cr2、T10A	59～61
		大型复杂件	5CrW2Si	—	59～61（渗碳）
		复杂精密件	Cr12MoV	Cr6WV	59～61
		成批压制用	6Cr4W3Mo2VNb	6W6Mo5Cr4V	59～61
		高单位压力（>2500MPa）	W6Mo5Cr4V2	W18Cr4V Cr12	61～63
冷精压模	平面精压模	非铁金属	T10A	Cr2	59～61
		钢件	Cr12MoV	—	59～61
	刻印精压模	非铁金属	V	9Cr2	58～62
		钢件	Cr6WV	Cr12MoV	
		不锈钢等高强度材料	6W6Mo5Cr4V 6Cr4W3Mo2VNb	5CrW2Si	
	立体精压模	浅型腔	Cr2	GCr15、9Cr2	60～62
		复杂型腔	Cr6WV		56～58
			5CrNiMo	5CrW2Si	54～56
			9Cr2	5CrMnMo	57～60
冷滚压模	搓丝板	小于或等于 M20	9SiCr	Cr12MoV	58～61
	滚丝模及滚齿纹模	一般	Cr12MoV	Cr6WV	58～61
		螺距大于 3mm		9SiCr	56～58
		梯形螺纹、齿纹			54～56
	成型滚压模	型材校直辊，无缝金属管轧辊等	9Cr2	Cr2	61～63
拉拔模	钢管、圆钢冷拔模	强烈磨损、咬合及张应力作用	T10A、Cr2、45	石墨钢	（碳氮共渗淬火）：61～63（渗硼淬火）：40～45（心部）61～63（表面）
		特殊形状规格	Cr12MoV	Cr12	
粉压模	粉末冶金压模	简单凹模	Cr12MoV	W18Cr4V	62～64
		复杂凹模	3Cr2W8V		64～66（渗氮）
		简单凸模	Cr12MoV	MnCrWV①	58～62
		复杂凹模	Cr6WV	Cr2	54～56
		一般模芯	W6Mo5Cr4V2	W18Cr4V	60～62
	耐火材料压模	模板	20Cr（渗碳）		60～62
			Cr12MoV		60～62
	陶瓷压模	简单	Cr2	T10	58～62
		复杂	Cr12MoV	CrWMn、Cr12	

7.5 热挤压模的材料选用举例及其要求的硬度值

热挤压模的材料选用举例及其要求的硬度值见表 7-8。

表 7-8 热挤压模的材料选用举例及其要求的硬度值

工具名称		被挤金属 钢、钛及镍合金 (挤压温度 1100~1260℃)	铜及铜合金 (挤压温度 650~1000℃)	铝、镁及其合金 (挤压温度 350~510℃)	铅、锌及其合金 (挤压温度<100℃)
			推荐选用的材料牌号		
挤压模	凹模(整体模块或嵌镶模块)	4Cr5MoSiV1 4Cr5W2VSi 3Cr2W8V 4Cr4Mo2WVSi 5Cr4W5Mo2V 4Cr3W4Mo2VTiNb 高温合金 43~51HRC①	4Cr5MoSiV1 4Cr5W2VSi 3Cr2W8V 4Cr4Mo2WVSi 5Cr4W5Mo2V 4Cr3W4Mo2VTiNb 高温合金 40~48HRC①	4Cr5MoSiV1 4Cr5W2VSi 46~50HRC①	45 16~20HRC①
	模垫	4CrMoSiV1 4Cr5W2VSi 42~46HRC	5CrMnMo 4Cr5MoSiV1 4Cr5W2VSi 45~48HRC	5CrMnMo 4Cr5MoSiV1 4Cr5W2VSi 48~52HRC	不用
	模座	5CrMnMo 4Cr5MoSiV 42~46HRC	5CrMnMo 4Cr5MoSiV 42~46HRC	5CrMnMo 4Cr5MoSiV 44~50HRC	不用
挤压筒	内衬套	4Cr5MoSiV1 4Cr5W2VSi 3Cr2W8V 4Cr4Mo2WVSi 5Cr4W5Mo2V 4Cr3W4Mo2VTiNb 高温合金 400~475HB	4Cr5MoSiV1 4Cr5W2VSi 3Cr2W8V 4Cr4Mo2WVSi 5Cr4W5Mo2V 4Cr3W4Mo2VTiNb 高温合金 400~475HB	 400475HB	
	外套筒	5CrMnMo 4Cr5MoSiV 300~350HB	5CrMnMo 4Cr5MoSiV 300~350HB		T10A(退火)
挤压垫		4Cr5MoSiV1、4Cr5W2VSi、3CrW8V 4Cr4Mo2WVSi、5Cr4W5Mo2V 4Cr3W4Mo2VTiNb,高温合金 40~44HRC		4CrMoSiV1 4Cr5W2VSi 44~48HRC	不用
挤压杆		5CrMnMo、4Cr5MoVSi、4Cr5MoV1Si 450~500HB			5CrMnMo 450~500HB
挤压芯棒(挤压管材用)		4Cr5MoV1Si 4Cr5W2VSi 3Cr2W8V 42~50HRC	4Cr5MoV1Si 4Cr5W2VSi 3Cr2W8V 40~48HRC	4Cr5MoV1Si 4Cr5W2VSi 48~52HRC	45 16~20HRC

① 对于复杂形状的模具,硬度比表列值应低 4~5HRC。

7.6 常用冷挤压模的热处理规范

冷挤压模热处理规范见表 7-9。

表 7-9 冷挤压模热处理规范

钢 号	工艺规范
Cr12MoV	1020~1030℃加热,200~220℃硝盐分级淬火+160~180℃2h,回火 3 次,硬度为62~64HRC
W6Mo5Cr4V2	凸模:1240℃加热,300℃分级淬火+500℃×2h 回火 2 次 凹模:1180℃加热,300℃分级淬火+500℃×2h 回火 2 次

第 8 章
冷挤压模图例

8.1 黑色金属正挤压模

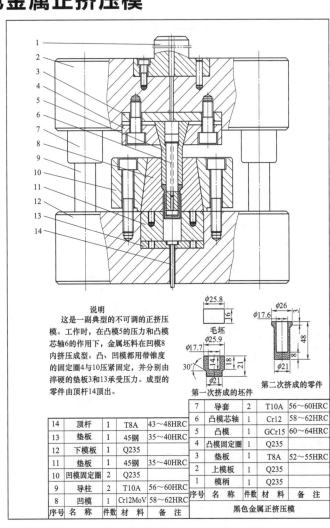

说明

这是一副典型的不可调的正挤压模。工作时，在凸模5的压力和凸模芯轴6的作用下，金属坯料在凹模8内挤压成型。凸、凹模都用带锥度的固定圈4与10压紧固定，并分别由淬硬的垫板3和13承受压力。成型的零件由顶杆14顶出。

14	顶杆	1	T8A	43～48HRC
13	垫板	1	45钢	35～40HRC
12	下模板	1	Q235	
11	垫板	1	45钢	35～40HRC
10	凹模固定圈	2	Q235	
9	导柱	2	T10A	56～60HRC
8	凹模	1	Cr12MoV	58～62HRC
序号	名称	件数	材料	备注

7	导套	2	T10A	56～60HRC
6	凸模芯轴	1	Cr12	58～62HRC
5	凸模	1	GCr15	60～64HRC
4	凸模固定圈	1	Q235	
3	垫板	1	T8A	52～55HRC
2	上模板	1	Q235	
1	模柄	1	Q235	
序号	名称	件数	材料	备注

黑色金属正挤压模

8.2　黑色金属可调式挤压模

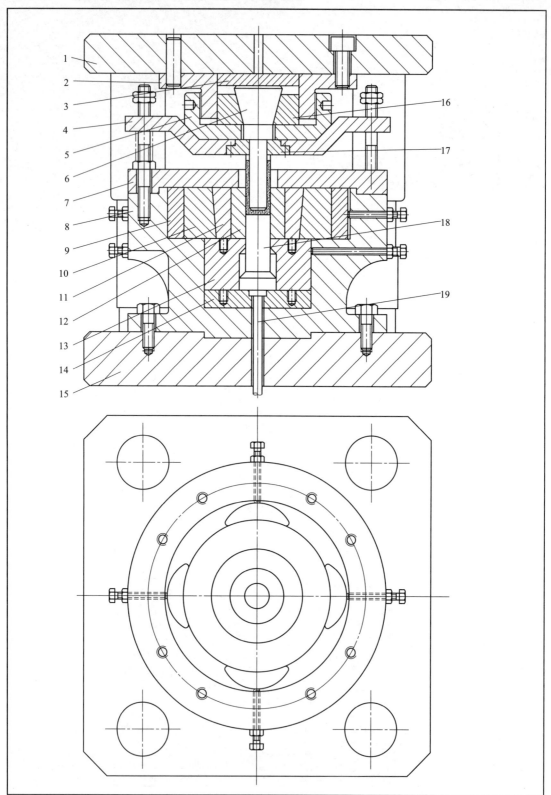

挤压坯件

挤压件

说明

该模具是采用黑色金属挤压可调式通用模架。因挤压力较大,所以在凸模上端制成锥度,以保证较大的支承面积,并在凸模上垫以经过淬硬的垫板3。由于挤压后的工件可能箍在凸模上或是卡在凹模内,故设置了卸料板17和顶出器18。顶出器的下端直径加大以增大承压面积,从而提高顶出器18和垫板14的抗压能力。

为了使凹模在较大的压力下工作而不产生位移,能保持上、下模同轴度,从而设计了四块月牙形压板9将凹模外圈10夹紧,并用压板7将组合凹模10、11、12压紧。这样既夹紧可靠,又能使上、下模同轴度调整容易。

该模具为通用性典型模架结构,只要更换凸、凹模及相关零件,就可以挤压不同尺寸的零件。若更换上正挤压或复合挤压模的工作部分,则可进行正挤压或复合挤压工作。也可适用于有色金属零件的挤压。

19	顶杆		T8A	43～45HRC
18	顶出器		T8A	43～45HRC
17	卸料板		T8A	43～45HRC
16	锥套	1	T8A	43～48HRC
15	下模板	1	45钢	调质32～35HRC
14	垫板	1	T8A	52～55HRC
13	垫块	1	45钢	35～40HRC
12	凹模	1	Cr12MoV	58～62HRC
10、11	凹模外圈	2	T8A	52～55HRC
序号	名　称	件数	材料	备注

9	月牙形压板	4	45钢	
8	凹模座	1	45钢	
7	压板	2	45钢	
6	凸模	1	Cr12MoV	58～62HRC
5	紧固圈	1	45钢	
4	卸料连接板	1	45钢	
3	垫板	1	T8A	52～55HRC
2	凸模座板	1	45钢	
1	上模板	1	45钢	调质32～35HRC
序号	名　称	件数	材料	备注

黑色金属可调式挤压模

8.3 有色金属反挤压模(1)

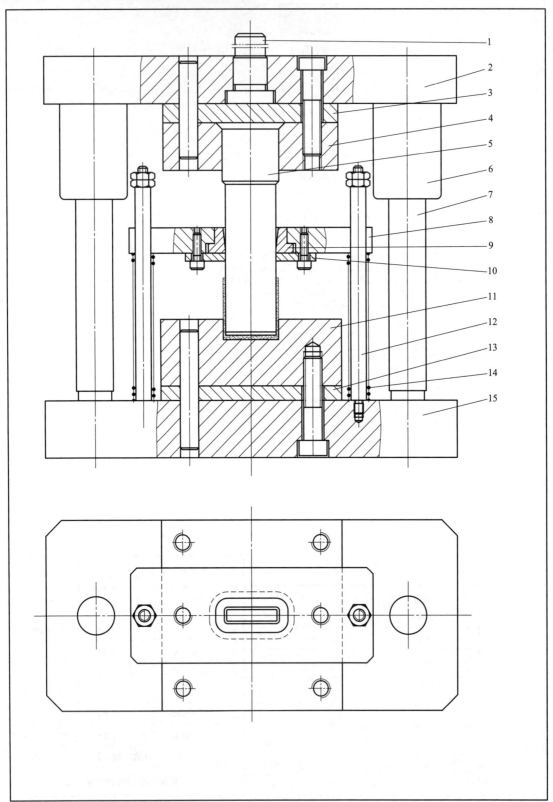

1. 挤压工艺分析

挤压件壁厚 0.6mm，其尺寸为 40mm×30mm×6mm。

挤压变形程度为：$(F_0-F_1)/F_0 \times 100\%$

$=[(30\times 6)-(30\times 6-29\times 5)]/180\times 100\%$

$=(180-35)/180\times 100\% \approx 81\%$，小于一次挤压成型的许用变形程度。

2. 挤压工艺过程

(1) 下料铝型材 30mm×6mm×9mm。

(2) 冲压挤光毛坯，用 10 号机油润滑，其外形尺寸比挤压凹模四周均小 0.05mm，粗糙度达 $Ra=1.6\mu m$。

(3) 将冲压挤光毛坯进行 430～450℃ 退火处理。

(4) 进行碱洗、酸洗除去表面氧化皮，清水清洗。

(5) 用烘箱在 600℃ 以下温度烘干水分。

(6) 将毛坯浸入润滑剂后取出晾干，保持干净，以防沾上污物在挤压时造成损坏模具。

3. 润滑剂

挤压纯铝的润滑剂常选用硬脂酸锌、14 醇、18 醇、酒精等。

4. 挤压力计算

挤压力简单计算公式：$P=cpF$

式中　F——挤压作用于制件的投影面积，mm^2；

　　　p——单位挤压力，MPa，纯铝反挤压单位压力取 800MPa；

　　　c——安全系数，常取 1.3～1.5。

　　　$P=180\times 800\times 1.3=187200N$

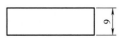

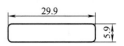

挤压毛坯

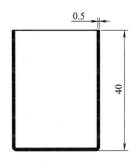

挤压件

材料：纯铝1050A(L_3)

15	下模板	1	45钢	
14	弹簧	2	65Mn	43～48HRC
13	垫板	1	T8A	52～55HRC
12	螺杆	2	45钢	35～40HRC
11	凹模	1	Cr12MoV	58～60HRC
10	压板	1	45钢	
9	卸料器	1	T8A	52～55HRC
8	卸料板	1	45钢	
序号	名　称	件数	材　料	备　注

7	导柱	2	20钢(渗碳淬硬)	58～62HRC
6	导套	2	20钢(渗碳淬硬)	58～62HRC
5	凸模	1	CrWMn	56～60HRC
4	固定板	1	Q235	
3	垫板	1	T8A	52～55HRC
2	上模板	1	45钢	
1	模柄	1	Q235	
序号	名　称	件数	材　料	备　注
有色金属反挤压模(1)				

8.4 有色金属反挤压模（2）

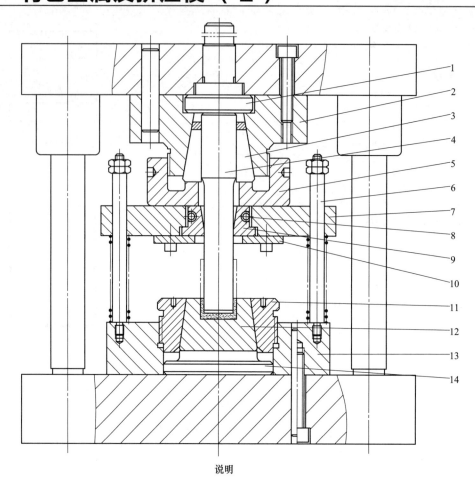

说明

模具的导柱和导套采用配合间隙小于0.005～0.010mm，并使其装配在上、下模板上的固定长度应大于导柱直径的1.5～2倍。模具装配时，为了保证上下挤压凸、凹模的同轴度，可用专用工具替代凸、凹模采用H6/h5配合，以保证上下同轴度小于0.01mm。可用比挤压件稍厚些的软黄铜片放在挤压模中，经拉深后测定其壁厚是否均匀，然后再用销钉定位装配。

挤压后的工件由卸料板7及卸料器9从凸模4上刮下。卸料器由三块均等分的扇形件及弹簧8组成。将其套入环形槽中，使其紧贴于凸模。卸料板7固定在下模，用弹簧托起。上、下模座均采用45钢制成。该模具制造要求高，更换凸、凹模方便，应用较广泛。

序号	名称	件数	材料	备注
14	垫板		T8A	52～55HRC
13	固定板	1	45钢	43～48HRC
12	凹模	1	CrWMn	58～60HRC
11	紧固圈	1	45钢	43～48HRC
10	压板	1	45钢	35～40HRC
9	卸料器	2	65Mn	
8	弹簧	2	T10A	56～60HRC

序号	名称	件数	材料	备注
7	卸料板	1	45钢	
6	螺杆	2	45钢	
5	紧固圈	1	45钢	
4	凸模	1	Cr12MoV	56～60HRC
3	弹簧夹	1	T8A	
2	固定板	1	Q235	
1	垫板	1	T8A	52～55HRC

有色金属反挤压模(2)

第9章 冷挤压机

9.1 J87系列曲轴式冷挤压机技术参数

J87系列曲轴式冷挤压机技术参数见表9-1。

表9-1 J87系列曲轴式冷挤压机技术参数

参数名称		J87-160	J87-250	J87-300	J87-400	J87-630	J87-1000
公称压力/kN		1600	2500	3000	4000	6300	10000
滑块行程/mm		160/230/280	200	300	250	300	400
公称压力行程/mm		20/25/31	32	40	40	40	70
滑块行程次数/(次/min)		34	32	30	25	18	12
最大装模高度/mm		360	500	550	670	700	700
装模高度调节量/mm		75	80	70	80	100	100
工作台尺寸(前后×左右)/mm×mm		650×520	750×650	630×700	850×670	700×800	1080×1100
滑块尺寸(前后×左右)/mm×mm		520×520	650×650	630×600	670×630	680×750	—
下顶出器	行程/mm	120	100	90	125	125	150
	顶出力/kN	16	25	30	40	63	50
电动机功率/kW		30	75	55	100	130	155
机器质量/kg		10000	—	—	38000	73000	70000

9.2 J88系列肘杆式冷挤压机技术参数

J88系列肘杆式冷挤压机技术参数见表9-2。

表9-2 J88系列肘杆式冷挤压机技术参数

参数名称	J88-160	J88-160A	JB88-200D	J88-400	JA88-500	J88-1000
公称压力/kN	1600	1600	2000	4000	5000	10000
滑块行程/mm	70	120	273	160	420	400
公称压力行程/mm	4	8	—	10	25	17
滑块行程次数/(次/min)	80	65	65	30	16	13
最大装模高度/mm	260	400	480	—	835	—
装模高度调节量/mm	30	30	—	—	15	—
工作台尺寸(前后×左右)/mm×mm	670×850	430×600	—	—	—	—
滑块尺寸(前后×左右)/mm×mm	350×400	400×400	—	—	—	—
电动机功率/kW	5.5	13	11	—	—	—

9.3 UKR系列冷挤压机技术参数

UKR系列冷挤压机技术参数见表9-3。

表9-3 UKR系列冷挤压机技术参数

参数名称	UKR 1000	UKR 1600	UKR 3000	UKR 5000
公称压力/kN	1000	1600	3000	5000
滑块行程/mm	240	280	320	370
最大装模高度/mm	360	420	540	660
装模高度调节量/mm	30	30	40	50
滑块行程次数/(次/min)	36	34	30	25
工作台尺寸(前后×左右)/mm×mm	380×620	430×650	450×800	850×900
垫板厚度/mm	80	90	100	120
滑块尺寸(前后×左右)/mm×mm	350×350	400×360	470×480	800×750
立柱间距/mm	400	440	500	890
下顶出器行程/mm	80	90	100	110
顶出力/kN	80	100	150	300
电动机功率/kW	15	22	37	55
机器质量/kg	6000	9500	16000	28000

9.4 Y61系列金属冷挤压液压机技术参数

Y61系列金属冷挤压液压机技术参数见表9-4。

表9-4 Y61系列金属冷挤压液压机技术参数

参数名称	YB61-160	YA61-400	YB61-630	YA61-1000
公称压力/kN	1600	4000	4000/6300	6300/10000
回程压力/kN	250	630	1250	1000
顶出压力/kN	250	630	1000	1200
液体最大工作压力/MPa	25	32	32	32
滑块距工作台最大距离/mm	530	1000	1300	1800
滑块行程/mm	230	600	800	1000
顶出行程/mm	80	300	400	400
工作台距地面高度/mm	850	500	400	400
工作台尺寸(前后×左右)/mm×mm	500×500	710×1000	1000×1000	1200×1200
滑块尺寸(前后×左右)/mm×mm	500×500	710×710	900×1000	1100×1100
外形尺寸(左右×前后×地面高度)/mm×mm×mm	2850×2110×2825	4800×4200×4700	5675×3721×5207	6690×4050×6450
电动机功率/kW	23.1	110	123.59	167

9.5 J2系列冷挤压机技术参数

J2系列冷挤压机技术参数见表9-5。

表9-5 J2系列冷挤压机技术参数

参数名称	J2-016D/2	J2-018D	J2-014D	J2-013D
公称压力/kN	5000	5000	8000	12500
公称压力行程/mm	4	4	2.5	3
滑块行程/mm	300	300	300	350
滑块行程次数/(次/min)	20	20	30	25
最大装模高度/mm	400	400	480	500
装模高度调节量/mm	10	10	15	15
工作台尺寸(前后×左右)/mm×mm	1000×900	1000×1000	—	—
滑块尺寸(前后×左右)/mm×mm	980×530	600×600	—	—
顶出力/kN	—	—	600	1000
电动机功率/kW	55	55	55	95
机器质量/kg	41900	46100		

下篇

热锻模

第10章 模锻件的结构工艺性

10.1 模锻件的分类

10.1.1 锤上模锻件的分类

锤上模锻件的分类见表10-1。

表10-1 锤上模锻件的分类

类别	组别	锻件简图	基本工序	类别	组别	锻件简图	基本工序
圆饼类	简单形状		镦粗（压扁）、终锻	长轴类	直轴类		拔长、滚压（预锻）、终锻
	较复杂形状				弯曲轴类		拔长、滚压、弯曲（预锻）、终锻
	复杂形状				枝芽类		拔长、滚压成型（预锻）、终锻
					叉类		拔长、滚压、预锻、终锻

10.1.2 螺旋压力机上模锻件的分类

由于螺旋压力机可带有顶件装置，并且可采用多向分模的组合凹模，锻件按其外形与成型特点及模具形式进行分类，见表10-2。

表 10-2 螺旋压力机上模锻件分类

类别		锻件简图	成型特点
I	顶镦类	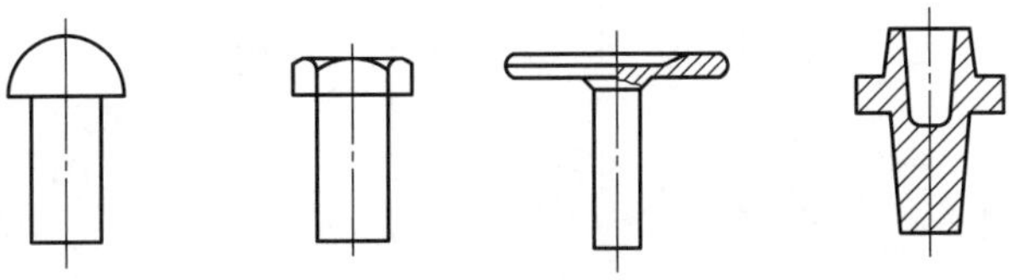	成型时毛坯立放,头部局部镦粗成型,杆部不变形
I	挤压类	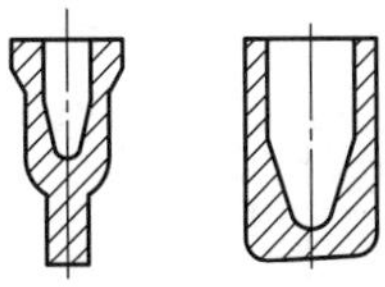	成型时毛坯立放,挤压成型
I	盘类	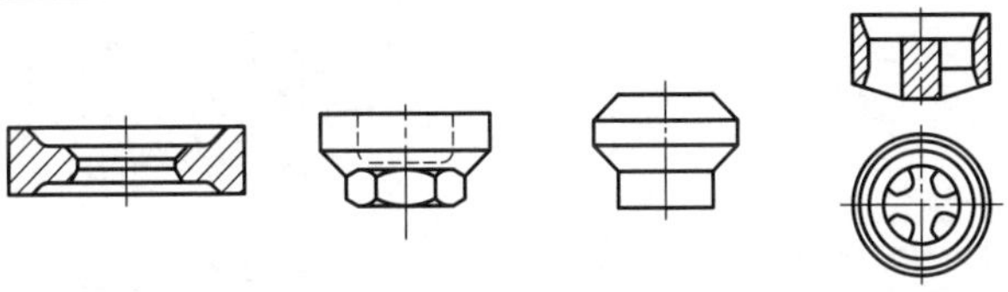	成型时毛坯立放,锻件主轴与分模面平行
II	长轴类	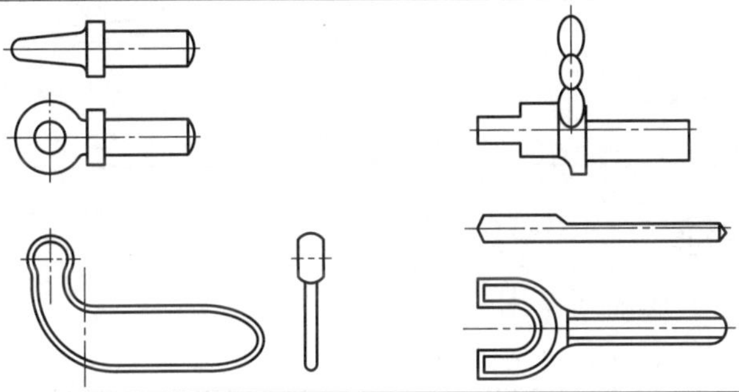	成型时毛坯平放,锻件主轴与分模面平行
III	用组合凹模锻出的锻件	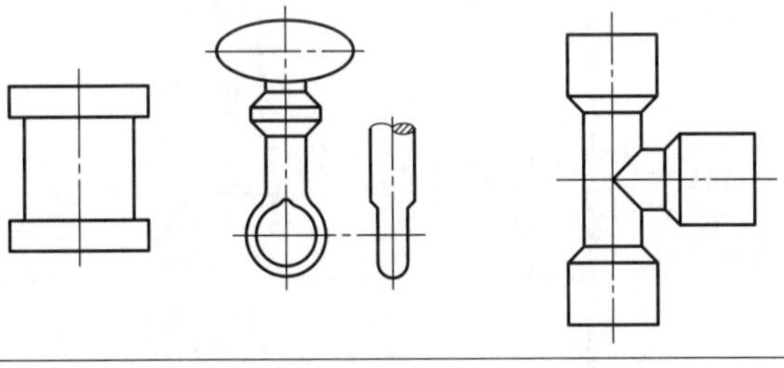	采用组合凹模,可得到在两个方向有凹坑、凹挡的锻件,如法兰、三通阀体等
IV	精密锻件	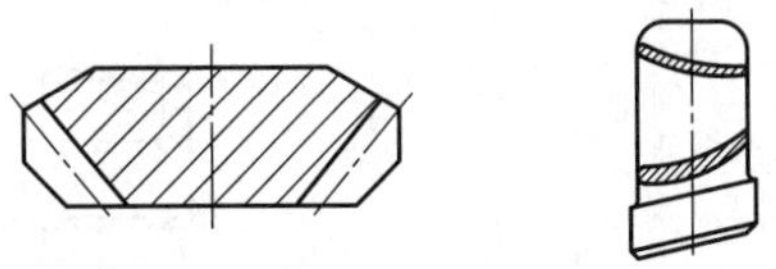	锻件精度比一般模锻方法高,对毛坯和模具均有专门要求

10.1.3 热模锻压力机上模锻件的分类

热模锻压力机上具有顶料装置,坯料可立式放置,采用无钳口模锻,应注意放置稳定与安全等因素。模锻件分类见表 10-3。

表 10-3 热模锻压力机上模锻件的分类

类别	A	成型特点	B	成型特点	C	成型特点
1	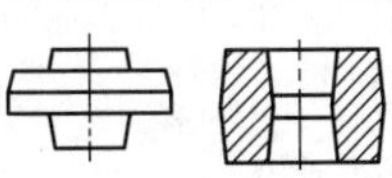	镦粗—终锻,也可用一个终锻模膛	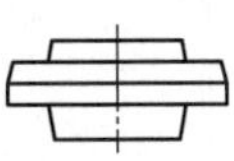	镦粗—终锻或预锻—终锻	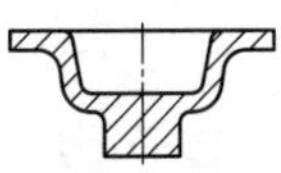	镦粗—预锻—终锻

续表

类别	A	成型特点	B	成型特点	C	成型特点
2	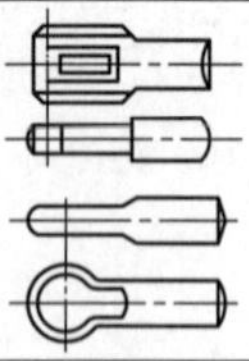	压扁—预锻—终锻,采用少无氧加热时,也可采用预锻—终锻	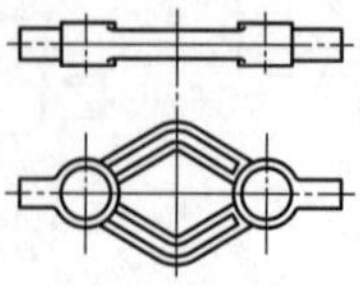	采用镦挤—预锻—终锻或镦挤—终锻	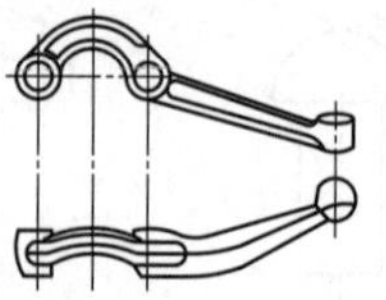	镦挤—预锻—终锻,当轴线为弯曲时,采用弯曲—预锻—终锻
3	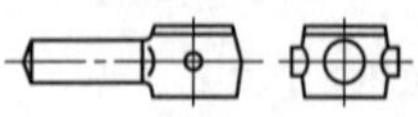	压扁—预锻—终锻	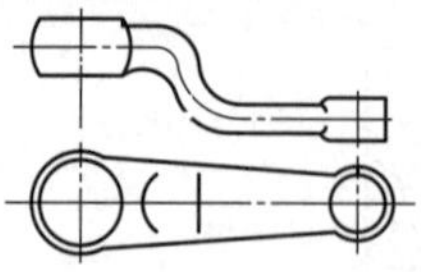	镦挤—预锻—终锻,采用对称锁扣平衡错移力	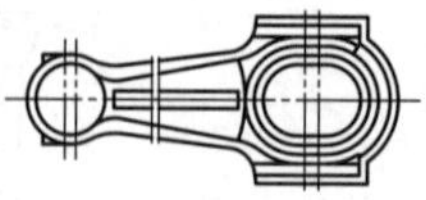	镦挤—预锻—终锻
4	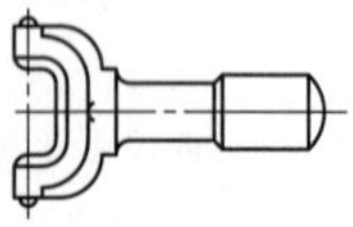	压扁—预锻—终锻,或制坯后,一次加热,采用预锻—终锻		采用预锻—终锻	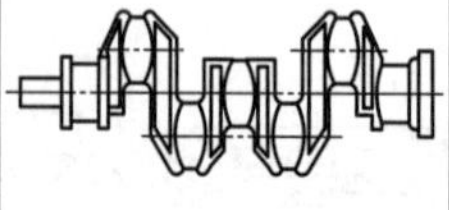	辊锻机上制坯,采用预锻—终锻
5	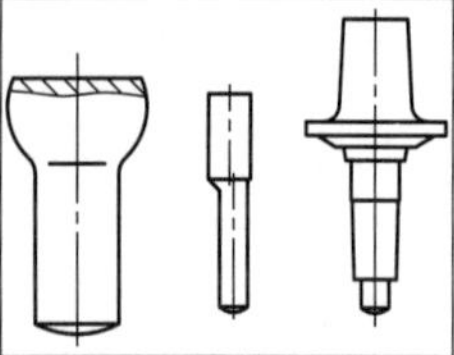	一次镦挤成型	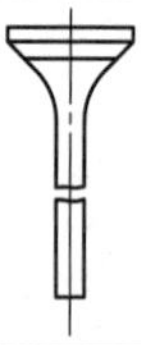	二次镦挤成型,采用镦粗—预挤—终挤	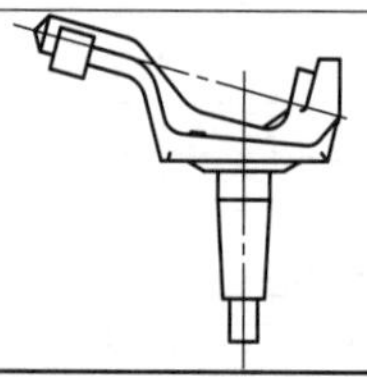	镦粗—预挤—终挤或压力机上制坯,其他设备终锻或精整

10.1.4 平锻机上模锻件的分类

根据锻件形状特点,平锻件的分类见表10-4。

表10-4 平锻件的分类

类别	锻件简图	成型特点	类别	锻件简图	成型特点
I	带头部的杆类锻件(无孔类)	模锻工步为聚料、预成型和终锻成型	II	无杆部的无孔或不通孔类锻件	主要工步为聚料、冲孔、预成型和终锻成型、切断
I	带头部的杆类锻件(不通孔类)	基本同上	III	管材镦粗	主要工步为聚料、预成型和终锻成型
II	无杆部的通孔类锻件	主要工步为聚料、冲孔、预成型和终锻成型、穿孔	IV	联合模锻件	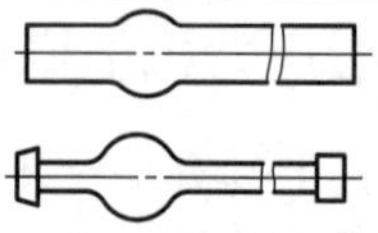 **平锻制坯—锤锻成型** 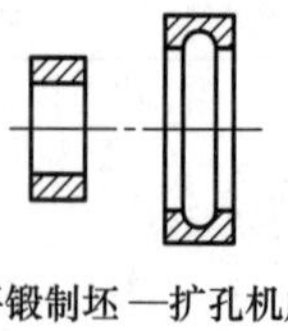 **平锻制坯—扩孔机成型** 与其他设备结合,分别完成制坯和成型

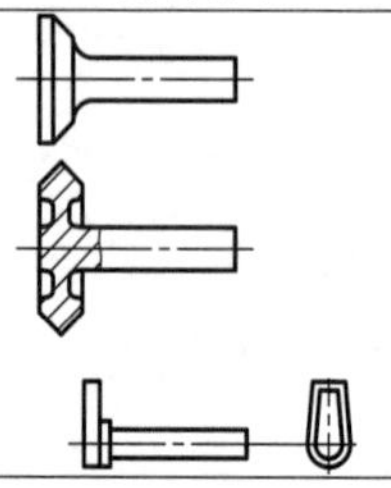

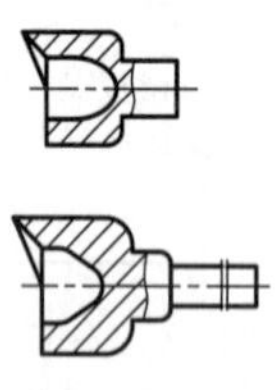

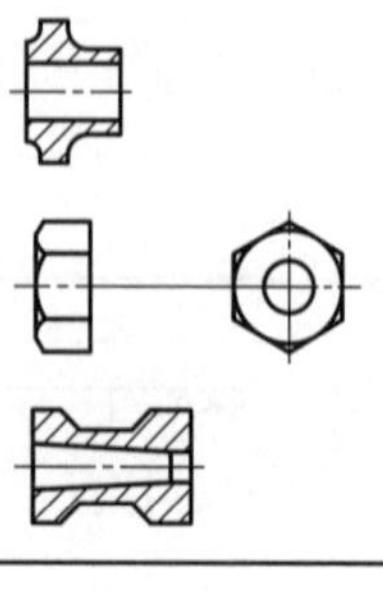

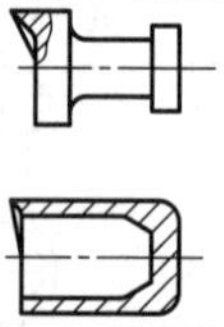

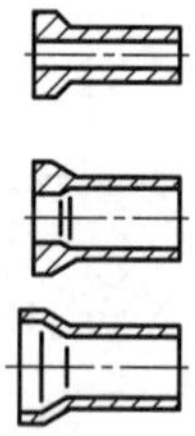

10.1.5 胎模锻件的分类

胎模锻件的分类见表 10-5。

表 10-5 胎模锻件的分类

类别		锻件简图	工艺特点
圆轴类	台阶轴		摔形拔长成型
	法兰轴		局部镦粗—摔形拔长成型
圆盘类	法兰		镦挤、局部镦粗、冲挤、拉挤或扩口成型
	齿轮		套模闭式成型或多次压边成型
	杯筒		模内冲挤或翻边成型
圆环类	环		成型后冲切出孔
	套		冲孔、扩孔后在模内成型
杆类	直杆		按锻件轴线上各截面的要求制坯后，在合模内成型
	弯杆		按轴线形状制坯后在模内成型
	枝杆		枝芽部制坯后在模内终锻成型
	叉杆		锻件叉口处劈挤制坯后在模内终锻成型

10.2 模锻件设计注意事项

为了使金属易于充满型槽，减少模锻工序和提高模具使用寿命，锻件外形应力求简单、平直对称，避免锻件的截面形状差异过大，或是壁过薄、筋肋或凸起过高等结构。模锻件与平锻件的结构设计注意事项分别见表10-6和表10-7。锻件确定分模位置的基本原则是：应考虑坯料易充满型槽，保证锻件形状尽可能与零件形状相同，锻件容易从锻模槽中取出及节约金属等。故锻件的分模位置应选择在具有最大的水平投影尺寸的位置上。

表 10-6 模锻件结构设计注意事项

类别	注意事项	改进前的设计	改进后的设计
分模面的选择	不改变零件形状，尽量锻出非加工面，并有利于锻件脱模		
	分型面通过锻件最大截面，尽可能以镦粗成型，以便有利于金属充满型槽		
	易于发生错模		
	尽量采用平直分模面，避免曲面、多面等复杂分模面，使水平方向或垂直方向为易于制模的简单形状		
	沿圆弧面分模可防止锻件产生裂纹或折叠，简便制模		

续表

类别	注意事项	改进前的设计	改进后的设计
分模面的选择	沿弯曲主轴外分模可减少制坯工序		
	对有流线方向要求的锻件,应沿锻件最大轮廓外形分模,有利于锻件获得理想的流线		
	对于锻件的切边定位高度应保证足够,对无定位方向的圆形锻件,应避免不对称形状与冲头接触而压坏锻件	$h \leqslant 2$水口高度 冲切方向	$h \leqslant 2$水口高度 冲切方向 ϕ
	当盘类锻件 $H \leqslant D$ 时,应采用径向分模,便于模具加工并能锻出内孔减少金属损耗	D	H
	分模面为曲面时,应注意侧向力的平衡,以减少锻造时上下模的错移		
	为了避免上下模在锻造中易发生错移,分模位置可选择在锻件侧面的中部[图(a)、(d)]。为防止下模错移,简化模具制造,分模位置尽可能采用直线式[图(e)],头部较大的长轴锻件不宜用直线分模,应用折线分模[图(b)、(f)],使尖角充满成型,并使上下模的槽深保持相等	(a) (b) (c)	(d) (e) (f)

类别	注意事项	改进前的设计	改进后的设计
外形设计	外形相似的锻件，应尽量设计成对称结构		
	对具有细而高的筋，大而薄的法兰等成型困难的锻件，应改变外形或增加余量，以降低模锻工艺难度		
	锻件上的圆角半径应适当，如过小，模具易产生裂纹，过大则加工余量增大	$R<K$，$R<0.25b$	$R>2K$，$R>b$
工艺方法的选择	具有高筋的锻件，采用先模锻后弯曲成型，既简化工艺又节省材料	$h/d>30$	先模锻，后弯曲
	形状复杂的锻件可采用锻、焊组合结构，以降低成型难度及金属的损耗		焊接处
	连杆件合锻，连杆与连杆盖合锻，既有利于成型，又有利于分割后的配合		

续表

类别	注意事项	改进前的设计	改进后的设计
多向分模锻件分模面的选择	方形、六方形一类锻件应采用对角分模,并且分模面取在锻件的最大水平尺寸方向上,以有利于锻件的出模	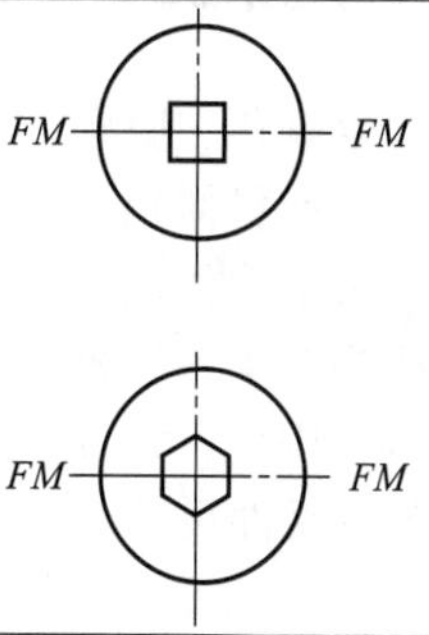 FM—□—FM（方形） FM—⬡—FM（六方形）	FM—◇—FM（方形） FM—⬡—FM（六方形）
	锻件的水平方向具有小凸起的部分难以成型,应尽量采用纵向分模,以挤压方式成型,有利于金属的充填	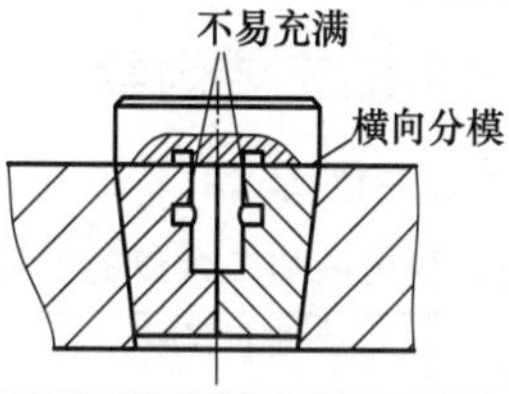 不易充满；横向分模	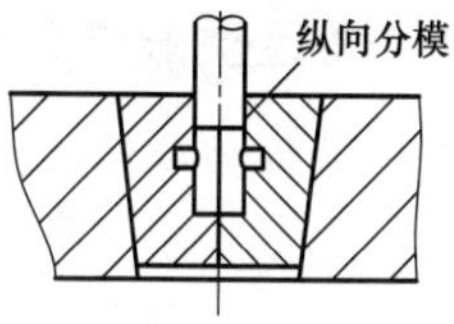 纵向分模
	便于去除飞边或毛刺	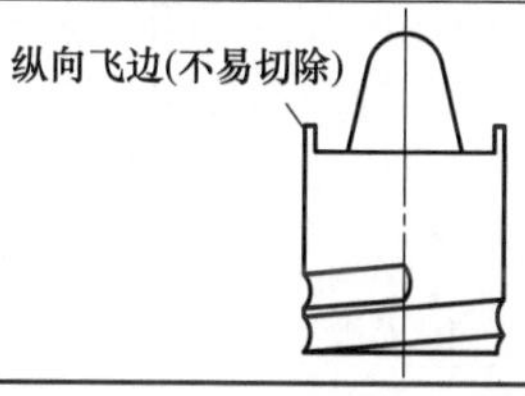 纵向飞边(不易切除)	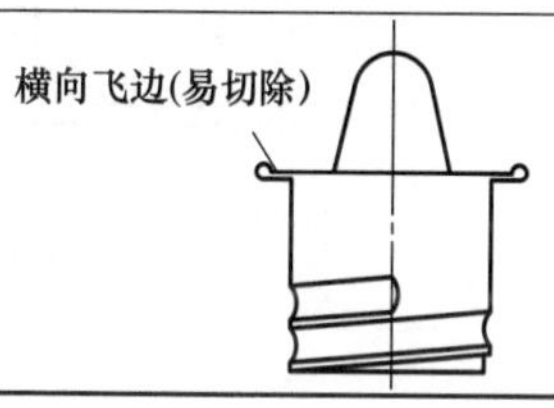 横向飞边(易切除)

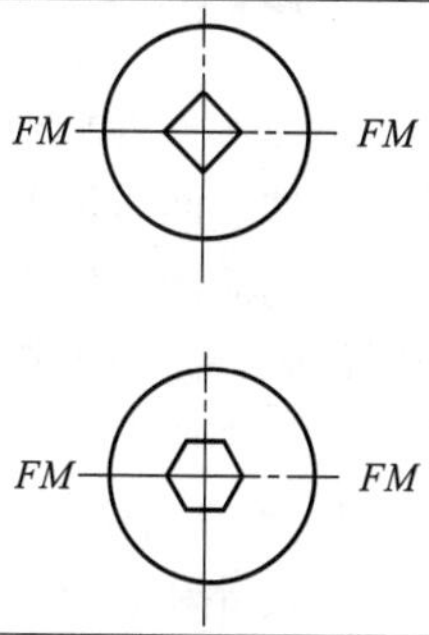

表 10-7 平锻件结构设计注意事项

类别	注意事项	改进前的设计	改进后的设计
杆件外形	杆件的中部和尾部应避免凹挡或锥体	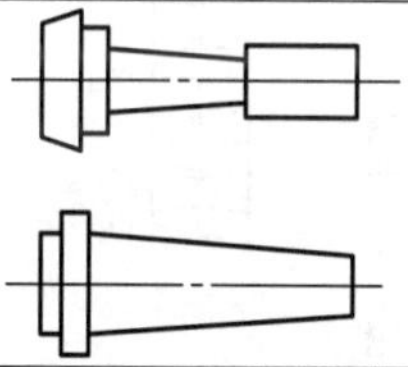	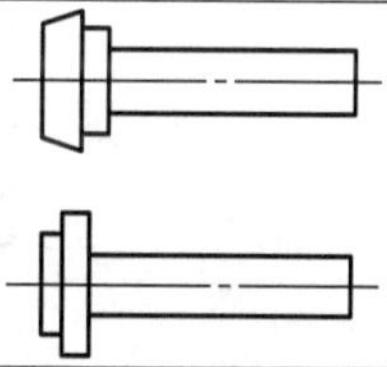
截面差	端部或中间法兰的聚料体积不应超过由原直径 d 与长度 L 所组成的体积	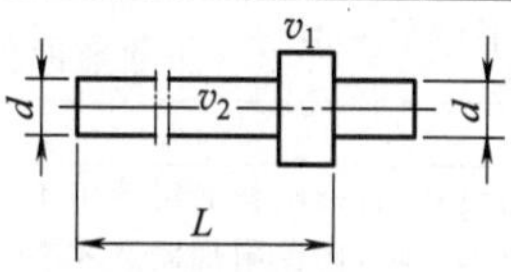 $L>(10\sim12)d$	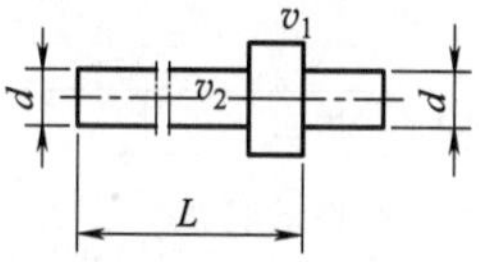 $L<(10\sim12)d$
带孔件的截面形状	应避免带孔平锻件纵向上的横截面逐步缩小	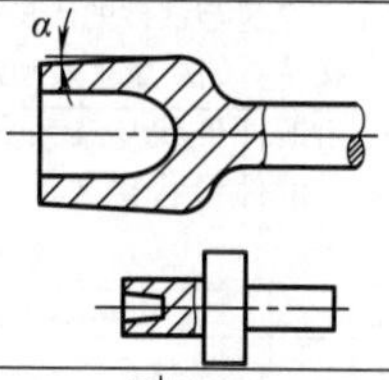	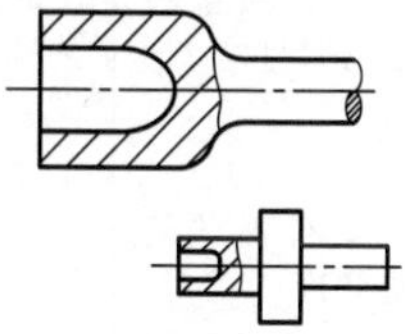
孔壁厚度	有孔平锻件的壁厚不可过薄,壁厚应为 $s>0.15d$	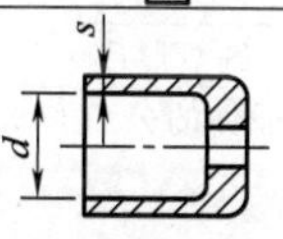 $s<0.15d$	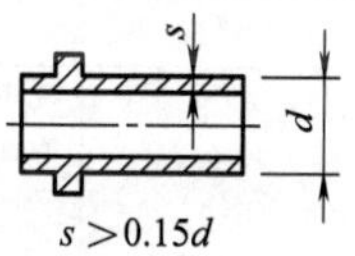 $s>0.15d$
过渡锥长度	锥度过渡长度与杆部直径之比应为 $L<1.5d$, $L_{max}<100$	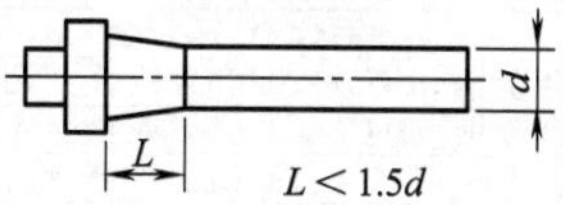 $L<1.5d$	

10.3 模锻件的尺寸公差和加工余量

在模锻过程中，由于坯料在高温条件下产生氧化、脱碳现象，导致锻件表面质量差，或产生某些缺陷；而坯料体积变化及终锻温度的波动，使锻件的尺寸难以控制；由于锻件出模的需要使锻件侧壁添加敷料；由于锻模型槽的磨损及上、下模可能出现的错移现象，导致锻件尺寸出现偏差等。因此，锻件不仅应留有机械加工余量，而且还要规定适当的锻件尺寸公差。锻件各种尺寸和公差余量见图10-1。

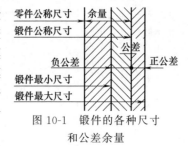

图 10-1　锻件的各种尺寸和公差余量

10.3.1 确定模锻件公差和机械加工余量的主要因素

确定模锻件公差和机械加工余量的主要因素见表10-8。

表 10-8　确定模锻件公差和机械加工余量的主要因素

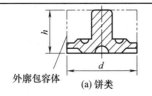 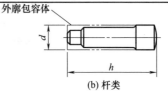

(a) 饼类　　　　　　　　　(b) 杆类

图 1　圆形锻件

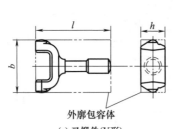 

(a) 叉锻件(Y形)　图 2　非圆形锻件　(b) 弯轴型

序号	因素	说　　明			
1	锻件的精度等级	一般分为普通级和精密级，普通级适用于一般模锻工艺能够达到的技术要求的锻件；精密级适用于有较高技术要求，需要附加制造才能达到要求的锻件，精密级公差可用于锻件的全部尺寸，也可用于锻件的局部尺寸			
2	锻件质量和公称尺寸	锻件的公差和机械加工余量与锻件的质量有关，可按零件图基本尺寸估计机械加工余量，绘制初步锻件图并估算锻件质量。按估算的质量查表确定锻件的公差和机械加工余量。然后再修正锻件图			
3	锻件形状复杂程度	锻件形状复杂程度用锻件形状复杂系数 S 表示。它是锻件质量 m 与锻件外廓包容体质量 m_1 之比，即 $S=m/m_1$，锻件形状复杂系数分为 4 级，见表1。			
		表 1　系数 S 值				
		S_1 级(简单锻件)	$0.63<S_1\leqslant1$	S_3 级(较复杂锻件)	$0.16<S_3\leqslant0.32$
		S_2 级(一般锻件)	$0.32<S_2\leqslant0.63$	S_4 级(复杂锻件)	$0<S_4\leqslant0.16$
		薄圆盘或法兰锻件当圆盘厚度 t 和直径 d 之比 $t/d\leqslant0.2$ 时，可不做计算直接采用 S_4 级			
4	锻件的材质	锻件的材质不仅影响锻件的公差和机械加工余量，用锻件的材质系数 M 表示，常用金属材料的材质系数见表2。			
		表 2　材质系数				
		材料种类		塑性		材质系数
		铝合金，镁合金		优		M_0
		低碳、低合金钢[$w(C)<0.65\%$或合金元素总量<3%]		良		M_1
		高碳、高合金钢[$w(C)\geqslant0.65\%$或合金元素总量$\geqslant3\%$]		一般		M_2
		不锈钢、耐热钢、高温合金、钛合金		差		M_3

续表

序号	因素	说 明
5	零件表面粗糙度	零件表面粗糙度是确保锻件公差和加工余量的重要参数,表面粗糙度值大时,用较大公差和较小加工余量;表面粗糙度值小时,用较小公差和较大加工余量
6	锻件加热条件	采用煤加热或二火加热时,可考虑适当增大公差或余量

10.3.2 钢质模锻件公差

钢质模锻件的各类公差见表 10-9～表 10-27。

表 10-9 钢质模锻件的各类公差

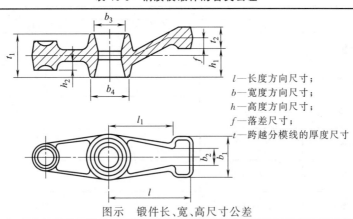

l—长度方向尺寸;
b—宽度方向尺寸;
h—高度方向尺寸;
f—落差尺寸;
t—跨越分模线的厚度尺寸

图示 锻件长、宽、高尺寸公差

技术参数	说 明
长度 l、宽度 b 和高度 h 的公差	指上模或下模沿长度、宽度、高度方向上的尺寸公差。其公差由表 10-10～表 10-12 或表 10-20 和表 10-21 确定
落差尺寸 f 的公差	f 尺寸公差是高度尺寸公差的一种形式,其数值比相应高度尺寸公差要低一档。上下偏差按 $\pm \frac{1}{2}$ 比例分配。其公差值由表 10-20 和表 10-21 确定
厚度尺寸 t 的公差	指上模和下模总的厚度尺寸的公差,其数值按锻件最大厚度尺寸确定,并且锻件所有厚度尺寸取同一公差。其公差由表 10-22 和表 10-23 确定
顶料杆压痕公差	凸出为正,凹进为负,凹进深度不得超过表面缺陷深度公差。其公差由表 10-22 和表 10-23 确定
错移公差	错差是锻件在分模线上、下两部分对应点所偏移的距离。其公差由表 10-20 和表 10-21 确定
残留飞边及切入锻件深度公差	锻件切边时会残留飞边或切入锻件,但其值不能超过规定的残留飞边公差和切入深度公差。其公差值由表 10-20 和表 10-21 确定
孔壁厚度公差	壁厚差是带孔锻件同一横截面内最大壁厚和最小壁厚的差,其公差取错移公差的 2 倍,可由表 10-20 和表 10-21 确定
直线度和平面度公差	直线度公差是指零件中心线允许的偏差值,平面度公差是指零件允许的平面偏差值。其值不得大于该表面机械加工余量的 2/3,可由表 10-13 和表 10-26 确定
中心距公差	指锻件上同一块模具内的中心距的公差,可由表 10-25 确定。弯曲轴线及其他类型锻件的中心距公差由供需双方商定
表面缺陷深度公差	表面缺陷深度是指锻件表面的凹陷、碰伤、折叠和裂纹的实际深度,其公差见下表 <table><tr><td>表面类型</td><td>锻件尺寸</td><td>深度公差</td></tr><tr><td rowspan="2">加工表面</td><td>锻件实际尺寸等于基本尺寸时</td><td>取单边加工余量的 1/2</td></tr><tr><td>锻件实际尺寸大于或小于基本尺寸时</td><td>取单边加工余量的 1/2 加或减单边实际偏差值,内表面取相反值</td></tr><tr><td>非加工表面</td><td colspan="2">深度公差取厚度尺寸公差的 1/3</td></tr></table>

续表

技术参数	说　明
拔模斜度公差	一般情况下，不作要求和检查，需要时由表 10-16 确定
角度公差	锻件各部分之间成一定角度时，按形成夹角的短边的长度，由表 10-18 确定其角度公差
纵向毛刺及冲孔变形公差	切边或冲孔后，未经加工的锻件边缘允许存在少量残留毛刺和冲孔变形，其公差根据锻件质量由表 10-17 确定，并在锻件图中标明位置
冲孔偏移公差	冲孔偏移指在冲孔连皮处孔中心对理论中心的偏移量，其公差由表 10-14 确定
内外圆角半径公差	一般情况下，不要求。需要时由表 10-15 确定
剪切端变形公差	坯料剪切时杆部产生局部变形，其公差由表 10-19 确定

注：该表所列公差参考 GB/T 12362—2003 的规定。

表 10-10　锤上模锻件余量和公差　　　　　　　　　　　　　　mm

锻锤吨位	锻件余量		锻件公差	
	高度方向	水平方向	高度方向	水平方向
10kN(1t)夹板锤	1.25	1.25	+0.8 -0.5	按下列自由公差表选定
10kN(1t)模锻锤	1.5～2.0	1.5～2.0	+1.0 -0.5	
20kN(2t)模锻锤	2.0	2.0～2.5	+1.5 -0.5	
30kN(3t)模锻锤	2.0～2.5	2.0～2.5	+1.5 -1.0	
50kN(5t)模锻锤	2.25～2.5	2.25～2.5	+2.0 -1.0	
100kN(10t)模锻锤	3.0～3.5	3.0～3.5	+2.5 -1.0	

自由公差

尺寸	≤6	>6～18	>18～50	>50～120	>120～260	>260～500	>500～800
自由公差	±0.5	±0.7	±1.0	±1.4	±1.9	±2.5	±3.0

表 10-11　模锻件水平尺寸公差　　　　　　　　　　　　　　mm

零件长或宽	≤50	>50～120	>120～260	>260～500	>500～800	≥800
公差	+1.0 -0.5	+1.5 -0.7	+2.0 -1.0	+2.5 -1.5	+3.0 -2.0	+3.5 -2.5

表 10-12　锤上模锻件单边余量和高度公差　　　　　　　　mm

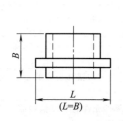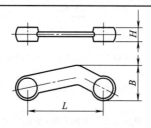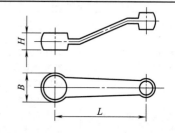

L—长度；B—宽度；H—高度

L\H	精度等级	1	≤50	>50～120	>120～260	>260～360	>360～500	>500～800	>800～1250	≥1250
		2	—	≤50	>50～120	>120～260	>260～360	>360～500	>500～800	>800～1250
		3	—	—	≤50	>50～120	>120～260	>260～360	>360～500	>500～800

精度等级			L/B	余量	高度公差	余量	高度公差	余量	高度公差	余量	高度公差	余量	高度公差	余量	高度公差	余量	高度公差	余量	高度公差
1	2	3																	
≤30	—	—	<2	1.0	+0.8 -0.4	1.25	+0.9 -0.5	1.5	+1.0 -0.5	1.75	+1.2 -0.6	—		—		—		—	
			2～5	1.0	+0.8 -0.4	1.0	+0.8 -0.4	1.25	+0.9 -0.5	1.5	+1.0 -0.5	1.75	+1.2 -0.6	—		—		—	
			>5	—		1.0	+0.8 -0.4	1.0	+0.8 -0.4	1.25	+0.9 -0.5	1.5	+1.0 -0.5	1.75	+1.2 -0.6	—		—	

第10章 模锻件的结构工艺性

续表

H \ L	精度等级	1	≤50	>50~120	>120~260	>260~360	>360~500	>500~800	>800~1250	≥1250
		2	—	≤50	>50~120	>120~260	>260~360	>360~500	>500~800	>800~1250
		3	—	—	≤50	>50~120	>120~260	>260~360	>360~500	>500~800

精度等级			L/B	余量	高度公差	余量	高度公差	余量	高度公差	余量	高度公差	余量	高度公差	余量	高度公差	余量	高度公差	余量	高度公差	余量	高度公差
1	2	3																			
>30~60	≤30	—	<2	1.25	+0.9 -0.5	1.5	+1.0 -0.5	1.75	+1.2 -0.6	2.0	+1.4 -0.7	2.25	+1.6 -0.8	2.5	+1.8 -0.9	—	—	—	—		
			2~5	1.0	+0.8 -0.4	1.25	+0.9 -0.5	1.5	+1.0 -0.5	1.75	+1.2 -0.6	2.0	+1.4 -0.7	2.25	+1.6 -0.8	2.5	+1.8 -0.9	—	—		
			>5	—	—	1.0	+0.8 -0.4	1.25	+0.9 -0.5	1.5	+1.0 -0.5	1.75	+1.2 -0.6	2.0	+1.4 -0.7	2.25	+1.6 -0.8	—	—		
>60~100	>30~60	≤30	<2	—	—	1.75	+1.2 -0.6	2.0	+1.4 -0.7	2.25	+1.6 -0.8	2.5	+1.8 -0.9	2.75	+2.0 -1.0	3.0	+2.2 -1.1	3.25	+2.4 -1.2		
			2~5	—	—	1.5	+1.1 -0.5	1.75	+1.2 -0.6	2.0	+1.4 -0.7	2.25	+1.6 -0.8	2.5	+1.8 -0.9	2.75	+2.0 -1.0	3.0	+2.2 -1.1		
			>5	—	—	1.25	+0.9 -0.5	1.5	+1.0 -0.5	1.75	+1.2 -0.6	2.0	+1.4 -0.7	2.25	+1.6 -0.8	2.5	+1.8 -0.9	2.75	+2.0 -1.0		
>100~150	>60~100	>30~60	<2	—	—	2.0	+1.4 -0.7	2.25	+1.6 -0.8	2.5	+1.8 -0.9	2.75	+2.0 -1.0	3.0	+2.2 -1.1	3.25	+2.4 -1.2	3.5	+2.6 -1.3		
			2~5	—	—	1.75	+1.2 -0.6	2.0	+1.4 -0.7	2.25	+1.6 -0.8	2.5	+1.8 -0.9	2.75	+2.0 -1.0	3.0	+2.2 -1.1	3.25	+2.4 -1.2		
			>5	—	—	1.5	+1.0 -0.5	1.75	+1.2 -0.6	2.0	+1.4 -0.7	2.25	+1.6 -0.8	2.5	+1.8 -0.9	2.75	+2.0 -1.0	3.0	+2.2 -1.1		
>150	>100~150	>60~100	<2	—	—	—	—	2.5	+1.8 -0.9	2.75	+2.0 -1.0	3.0	+2.2 -1.1	3.25	+2.4 -1.2	3.5	+2.6 -1.3	3.75	+2.8 -1.4		
			2~5	—	—	—	—	—	—	2.5	+1.8 -0.9	2.75	+2.0 -1.0	3.0	+2.2 -1.1	3.25	+2.4 -1.2	3.5	+2.6 -1.3		
			>5	—	—	—	—	—	—	2.25	+1.6 -0.8	2.5	+1.8 -0.9	2.75	+2.0 -1.0	3.0	+2.2 -1.1	3.25	+2.4 -1.2		
—	>150	>100~150	<2	—	—	—	—	—	—	3.25	+2.4 -1.2	3.5	+2.6 -1.3	3.75	+2.8 -1.4	4.0	+3.0 -1.5				
			2~5	—	—	—	—	—	—	3.0	+2.2 -1.1	3.25	+2.4 -1.2	3.5	+2.6 -1.3	3.75	+2.8 -1.4				
			>5	—	—	—	—	—	—	2.75	+2.0 -1.0	3.0	+2.2 -1.1	3.25	+2.4 -1.2	3.5	+2.6 -1.3				

表 10-13 锻件非加工面直线度和平面度公差　　mm

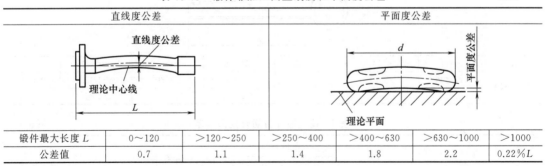

锻件最大长度 L	0~120	>120~250	>250~400	>400~630	>630~1000	>1000
公差值	0.7	1.1	1.4	1.8	2.2	0.22%L

表 10-14 锻件冲孔偏移公差　　mm

冲孔直径 D		<30	>30~50	>50~80	>80~120	>120~180	>180
公差值	普通级	1.8	2.2	2.5	3.0	3.5	4.0
	精密级	1.0	1.2	1.5	1.8	2.2	2.8

表 10-15 锻件的内外圆角半径公差　　　　　　　　　　　　　　　　　mm

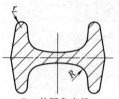

R—外圆角半径；
r—内圆角半径

基本尺寸		上偏差	下偏差
R	<10	+0.6R	−0.3R
r		+0.40r	−0.2r
R	>10~50	+0.5R	−0.25R
r		+0.30r	−0.15r
R	>50~120	+0.40R	−0.2R
r		+0.25r	−0.12r
R	>120~180	+0.3R	−0.15R
r		+0.20r	−0.10r
R	>180	+0.25R	−0.12R
r		+0.20r	−0.10r

表 10-16 锻件的拔模斜度公差　　　　　　　　　　　　　　　　　　　mm

锻件高度尺寸		<6	>6~10	>10~18	>18~30	>30~50	>50~80	>80~120	>120~180	>180~260	>260
公差值	普通级	5°00′	4°00′	3°00′	2°30′	2°00′	1°30′	1°15′	1°00′	0°50′	0°40′
	精密级	3°00′	2°30′	2°00′	1°30′	1°15′	1°00′	0°50′	0°40′	0°30′	0°30′

表 10-17 锻件切边冲孔纵向毛刺及局部变形量　　　　　　　　　　　　mm

 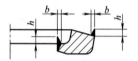

锻件质量/kg		<1	>1~5	>5~30	>30~55	>55
纵向毛刺公差	高度 h	1.0	1.6	2.5	3.0	4.0
	宽度 b	0.5	0.8	1.2	3.0	4.0
变形量		0.5	0.8	1.0	1.5	2.0

表 10-18 锻件角度公差

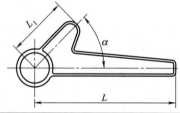

短边长度 L_1/mm		<30	>30~50	>50~80	>80~120	>120~180	>180
极限偏差	普通级	±3°00′	±2°30′	±2°00′	±1°30′	±1°15′	±1°00′
	精密级	±3°00′	±1°30′	±1°15′	±1°00′	±0°45′	±0°30′

表 10-19 锻件剪切端变形公差　　　　　　　　　　　　　　　　　　　mm

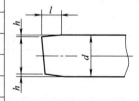 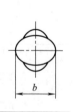

坯料尺寸		公差值	
		h	l
d	<36	0.07d	1.0d
	36~70	0.05d	0.7d
	>70	0.04d	0.6d
b		≤1.05d	

表 10-20 模锻件的长度、宽度、高度公差及错差、残留飞边量（普通级）（摘自 GB/T 12362—2003）

mm

锻件质量/kg		锻件轮廓尺寸									
大于	至	大于 至	0 / 30	30 / 80	80 / 120	120 / 180	180 / 315	315 / 500	500 / 800	800 / 1250	1250 / 2500
			公差值及极限偏差								
0	0.4		$1.1^{+0.8}_{-0.3}$	$1.2^{+0.8}_{-0.4}$	$1.4^{+1.0}_{-0.5}$	$1.6^{+1.1}_{-0.5}$	$1.8^{+1.2}_{-0.6}$	—	—	—	—
0.4	1.0		$1.2^{+0.8}_{-0.4}$	$1.4^{+1.0}_{-0.5}$	$1.6^{+1.1}_{-0.5}$	$1.8^{+1.2}_{-0.6}$	$2.0^{+1.4}_{-0.6}$	$2.2^{+1.4}_{-0.7}$	—	—	—
1.0	1.8		$1.4^{+1.0}_{-0.4}$	$1.6^{+1.1}_{-0.5}$	$1.8^{+1.2}_{-0.6}$	$2.0^{+1.4}_{-0.6}$	$2.2^{+1.4}_{-0.7}$	$2.5^{+1.7}_{-0.8}$	$2.8^{+1.9}_{-0.9}$	—	—
1.8	3.2		$1.6^{+1.1}_{-0.5}$	$1.8^{+1.2}_{-0.6}$	$2.0^{+1.4}_{-0.7}$	$2.2^{+1.5}_{-0.7}$	$2.5^{+1.7}_{-0.8}$	$2.8^{+1.9}_{-0.9}$	$3.2^{+2.1}_{-1.1}$	$3.6^{+2.4}_{-1.2}$	—
3.2	5.6		$1.8^{+1.2}_{-0.6}$	$2.0^{+1.4}_{-0.7}$	$2.2^{+1.5}_{-0.7}$	$2.5^{+1.7}_{-0.8}$	$2.8^{+1.9}_{-0.9}$	$3.2^{+2.1}_{-1.1}$	$3.6^{+2.4}_{-1.2}$	$4.0^{+2.7}_{-1.3}$	$4.5^{+3.0}_{-1.5}$
5.6	10		$2.0^{+1.4}_{-0.7}$	$2.2^{+1.5}_{-0.7}$	$2.5^{+1.7}_{-0.8}$	$2.8^{+1.9}_{-0.9}$	$3.2^{+2.1}_{-1.1}$	$3.6^{+2.4}_{-1.2}$	$4.0^{+2.7}_{-1.3}$	$4.5^{+3.0}_{-1.5}$	$5.0^{+3.3}_{-1.7}$
10	20		$2.2^{+1.5}_{-0.7}$	$2.5^{+1.7}_{-0.8}$	$2.8^{+1.9}_{-0.9}$	$3.2^{+2.1}_{-1.1}$	$3.6^{+2.4}_{-1.2}$	$4.0^{+2.7}_{-1.3}$	$4.5^{+3.0}_{-1.5}$	$5.0^{+3.3}_{-1.7}$	$5.6^{+3.8}_{-1.8}$
20	50		$2.5^{+1.7}_{-0.8}$	$2.8^{+1.9}_{-0.9}$	$3.2^{+2.1}_{-1.1}$	$3.6^{+2.4}_{-1.2}$	$4.0^{+2.7}_{-1.3}$	$4.5^{+3.0}_{-1.5}$	$5.0^{+3.3}_{-1.7}$	$5.6^{+3.8}_{-1.8}$	$6.3^{+4.2}_{-2.1}$
50	120		$2.8^{+1.9}_{-0.9}$	$3.2^{+2.1}_{-1.1}$	$3.6^{+2.4}_{-1.2}$	$4.0^{+2.7}_{-1.3}$	$4.5^{+3.0}_{-1.5}$	$5.0^{+3.3}_{-1.7}$	$5.6^{+3.8}_{-1.8}$	$6.3^{+4.2}_{-2.1}$	$7.0^{+4.7}_{-2.3}$
120	250		$3.2^{+2.1}_{-1.1}$	$3.6^{+2.4}_{-1.2}$	$4.0^{+2.7}_{-1.3}$	$4.5^{+3.0}_{-1.5}$	$5.0^{+3.3}_{-1.7}$	$5.6^{+3.8}_{-1.8}$	$6.3^{+4.2}_{-2.1}$	$7.0^{+4.7}_{-2.3}$	$8.0^{+5.3}_{-2.7}$
			$3.6^{+2.4}_{-1.2}$	$4.0^{+2.7}_{-1.3}$	$4.5^{+3.0}_{-1.5}$	$5.0^{+3.3}_{-1.7}$	$5.6^{+3.8}_{-1.8}$	$6.3^{+4.2}_{-2.1}$	$7.0^{+4.7}_{-2.3}$	$8.0^{+5.3}_{-2.7}$	$9.0^{+6.0}_{-3.0}$
			$4.0^{+2.7}_{-1.3}$	$4.5^{+3.0}_{-1.5}$	$5.0^{+3.3}_{-1.7}$	$5.6^{+3.8}_{-1.8}$	$6.3^{+4.2}_{-2.1}$	$7.0^{+4.7}_{-2.3}$	$8.0^{+5.3}_{-2.7}$	$9.0^{+6.0}_{-3.0}$	$10^{+6.5}_{-3.3}$
				$5.0^{+3.3}_{-1.7}$	$5.6^{+3.8}_{-1.8}$	$6.3^{+4.2}_{-2.1}$	$7.0^{+4.7}_{-2.3}$	$8.0^{+5.3}_{-2.7}$	$9.0^{+6.0}_{-3.0}$	$10^{+6.7}_{-3.3}$	$11^{+7.5}_{-3.5}$
					$6.3^{+4.2}_{-2.1}$	$7.0^{+4.7}_{-2.3}$	$8.0^{+5.3}_{-2.7}$	$9.0^{+6.0}_{-3.0}$	$10^{+6.5}_{-3.3}$	$11^{+7.5}_{-3.5}$	$12^{+8.0}_{-4.0}$
					$7.0^{+4.7}_{-2.3}$	$8.0^{+5.3}_{-2.7}$	$9.0^{+6.0}_{-3.0}$	$10^{+6.5}_{-3.3}$	$11^{+7.5}_{-3.5}$	$12^{+8.0}_{-4.0}$	$13^{+8.0}_{-4.0}$

分模线		横向残留飞边	同轴度错差
平直对称	落差不对称		
		0.5	0.4
		0.6	0.5
		0.7	0.6
		0.8	0.8
		1.0	1.0
		1.2	1.2
		1.4	1.4
		1.7	1.6
		2.0	1.8
		2.4	2.0
		2.8	2.4

例：见图中箭头部分：当锻件质量为3kg，材质系数为M_1，锻件复杂系数为S_3，尺寸为120mm，平直分模线、锻件复杂系数为S_3，尺寸为120mm，平直分模线尺寸及极限偏差、锻件内表面尺寸极限偏差、正负符号与表中相反。长度、宽度尺寸的上下偏差按±2/3，±1/3比例分配。

注：锻件的高度或台阶高度尺寸及中心尺寸到边缘尺寸公差，按±1/2比例分配。

表 10-21 模锻件的长度、宽度、高度公差及错差、残留飞边量（精密级）（摘自 GB/T 12362—2003） mm

同轴度错差	横向残留飞边	分模线		锻件质量/kg		锻件材质系数		锻件形状复杂系数				锻件轮廓尺寸								
		平直对称	不对称	大于	至	M_1	M_2	S_1	S_2	S_3	S_4	大于至	0 / 30	30 / 80	80 / 120	120 / 180	180 / 315	315 / 500	500 / 800	800 / 1250
																			1250 / 2500	
0.3	0.3			0	0.4								$0.7^{+0.5}_{-0.2}$	—	—	—	—	—	—	—
0.4	0.4			0.4	1.0								$0.8^{+0.5}_{-0.3}$	$0.8^{+0.5}_{-0.3}$	$0.9^{+0.6}_{-0.3}$	$1.0^{+0.7}_{-0.3}$	$1.2^{+0.8}_{-0.4}$	—	—	—
0.5	0.5			1.0	1.8								$0.9^{+0.6}_{-0.3}$	$0.9^{+0.6}_{-0.3}$	$1.0^{+0.7}_{-0.3}$	$1.2^{+0.8}_{-0.4}$	$1.4^{+0.9}_{-0.5}$	$1.6^{+1.1}_{-0.5}$	—	—
0.6	0.6			1.8	3.2								$1.0^{+0.7}_{-0.3}$	$1.2^{+0.8}_{-0.4}$	$1.4^{+0.9}_{-0.5}$	$1.4^{+0.9}_{-0.5}$	$1.6^{+1.1}_{-0.5}$	$1.8^{+1.2}_{-0.6}$	$1.8^{+1.2}_{-0.6}$	—
0.7	0.7			3.2	5.6								$1.2^{+0.8}_{-0.4}$	$1.4^{+0.9}_{-0.5}$	$1.6^{+1.1}_{-0.5}$	$1.6^{+1.1}_{-0.5}$	$1.8^{+1.2}_{-0.6}$	$2.0^{+1.3}_{-0.7}$	$2.0^{+1.3}_{-0.7}$	$2.5^{+1.7}_{-0.8}$
0.8	0.8			5.6	10								$1.4^{+0.9}_{-0.5}$	$1.6^{+1.1}_{-0.5}$	$1.8^{+1.2}_{-0.6}$	$1.8^{+1.2}_{-0.6}$	$2.0^{+1.3}_{-0.7}$	$2.2^{+1.5}_{-0.7}$	$2.2^{+1.5}_{-0.7}$	$2.8^{+1.9}_{-0.9}$ $3.2^{+2.1}_{-1.1}$
1.0	1.0			10	20								$1.6^{+1.1}_{-0.5}$	$1.8^{+1.2}_{-0.6}$	$2.0^{+1.3}_{-0.7}$	$2.0^{+1.3}_{-0.7}$	$2.2^{+1.5}_{-0.7}$	$2.5^{+1.7}_{-0.8}$	$2.5^{+1.7}_{-0.8}$	$3.2^{+2.1}_{-1.1}$ $3.6^{+2.4}_{-1.2}$
1.2	1.2			20	50								$1.8^{+1.2}_{-0.6}$	$2.0^{+1.3}_{-0.7}$	$2.2^{+1.5}_{-0.7}$	$2.2^{+1.5}_{-0.7}$	$2.5^{+1.7}_{-0.8}$	$2.8^{+1.9}_{-0.9}$	$2.8^{+1.9}_{-0.9}$	$3.6^{+2.4}_{-1.2}$ $4.0^{+2.7}_{-1.3}$
1.2	1.2			50	120								$2.0^{+1.3}_{-0.7}$	$2.2^{+1.5}_{-0.7}$	$2.5^{+1.7}_{-0.8}$	$2.5^{+1.7}_{-0.8}$	$2.8^{+1.9}_{-0.9}$	$3.2^{+2.1}_{-1.1}$	$3.2^{+2.1}_{-1.1}$	$4.0^{+2.7}_{-1.3}$ $4.5^{+3.0}_{-1.5}$
1.4	1.4			120	250								$2.2^{+1.5}_{-0.7}$	$2.5^{+1.7}_{-0.8}$	$2.8^{+1.9}_{-0.9}$	$2.8^{+1.9}_{-0.9}$	$3.2^{+2.1}_{-1.1}$	$3.6^{+2.4}_{-1.2}$	$3.6^{+2.4}_{-1.2}$	$4.5^{+3.0}_{-1.5}$ $5.0^{+3.3}_{-1.7}$
1.4	1.7												$2.5^{+1.7}_{-0.8}$	$2.8^{+1.9}_{-0.9}$	$3.2^{+2.1}_{-1.1}$	$3.2^{+2.1}_{-1.1}$	$3.6^{+2.4}_{-1.2}$	$4.0^{+2.7}_{-1.3}$	$4.0^{+2.7}_{-1.3}$	$5.0^{+3.3}_{-1.7}$ $5.5^{+3.5}_{-2.0}$
													$2.8^{+1.9}_{-0.9}$	$3.2^{+2.1}_{-1.1}$	$3.6^{+2.4}_{-1.2}$	$3.6^{+2.4}_{-1.2}$	$4.0^{+2.7}_{-1.3}$	$4.5^{+3.0}_{-1.5}$	$4.5^{+3.0}_{-1.5}$	$5.5^{+3.5}_{-2.0}$ $6.0^{+4.0}_{-3.0}$
													$3.2^{+2.1}_{-1.1}$	$3.6^{+2.4}_{-1.2}$	$4.0^{+2.7}_{-1.3}$	$4.0^{+2.7}_{-1.3}$	$4.5^{+3.0}_{-1.5}$	$5.0^{+3.3}_{-1.7}$	$5.0^{+3.3}_{-1.7}$	$6.0^{+4.0}_{-3.0}$ $7.0^{+4.5}_{-2.5}$
													$3.6^{+2.4}_{-1.2}$	$4.0^{+2.7}_{-1.3}$	$4.5^{+3.0}_{-1.5}$	$4.5^{+3.0}_{-1.5}$	$5.0^{+3.3}_{-1.7}$	$5.5^{+3.5}_{-2.0}$	$5.5^{+3.5}_{-2.0}$	$7.0^{+4.5}_{-2.5}$ $8.0^{+5.0}_{-3.0}$
													—	$4.5^{+3.0}_{-1.5}$	$5.0^{+3.3}_{-1.7}$	$5.0^{+3.3}_{-1.7}$	$5.5^{+3.5}_{-2.0}$	$6.0^{+4.0}_{-3.0}$	$6.0^{+4.0}_{-3.0}$	$8.0^{+5.0}_{-3.0}$ $8.5^{+5.0}_{-3.5}$
																	$7.0^{+4.5}_{-2.5}$		$8.5^{+5.0}_{-3.5}$	$9.0^{+5.5}_{-3.5}$

例：当锻件质量为 6kg，材质系数为 M_1，锻件复杂系数为 S_2，尺寸为 160mm，平直分模线，锻件的高度或合阶高度及中心到边缘尺寸公差，按 ±1/2 比例分配，±1/3 比例分配。

注：1. 锻件内表面尺寸极限偏差，正负符号与表中相反。长度、宽度尺寸的上下偏差按 ±2/3、±1/3 比例分配。

2. 本表不适用于平锻机上生产的锻件。

表10-22 模锻件的厚度公差及顶料杆压痕公差(普通级)(GB/T 12362—2003)

mm

顶料杆压痕		锻件质量/kg		锻件厚度尺寸						
+(凸)	-(凹)	大于	至	大于 0 至 18	18 30	30 50	50 80	80 120	120 180	180 315
				公差值及极限偏差						
0.8	0.4	0	0.4	$1.0^{+0.8}_{-0.2}$	$1.1^{+0.8}_{-0.3}$	$1.2^{+0.9}_{-0.3}$	$1.4^{+1.0}_{-0.4}$	$1.6^{+1.2}_{-0.4}$	$1.8^{+1.4}_{-0.4}$	$2.0^{+1.5}_{-0.5}$
1.0	0.5	0.4	1.0	$1.1^{+0.8}_{-0.3}$	$1.2^{+0.9}_{-0.3}$	$1.4^{+1.0}_{-0.4}$	$1.6^{+1.2}_{-0.4}$	$1.8^{+1.4}_{-0.4}$	$2.0^{+1.5}_{-0.5}$	$2.2^{+1.7}_{-0.5}$
1.2	0.6	1.0	1.8	$1.2^{+0.9}_{-0.3}$	$1.4^{+1.0}_{-0.4}$	$1.6^{+1.2}_{-0.4}$	$1.8^{+1.4}_{-0.4}$	$2.0^{+1.5}_{-0.5}$	$2.2^{+1.7}_{-0.5}$	$2.5^{+2.0}_{-0.5}$
1.5	0.8	1.8	3.2	$1.4^{+1.0}_{-0.4}$	$1.6^{+1.2}_{-0.4}$	$1.8^{+1.4}_{-0.4}$	$2.0^{+1.5}_{-0.5}$	$2.2^{+1.7}_{-0.5}$	$2.5^{+2.0}_{-0.5}$	$2.8^{+2.1}_{-0.7}$
1.8	0.9	3.2	5.6	$1.6^{+1.2}_{-0.4}$	$1.8^{+1.4}_{-0.4}$	$2.0^{+1.5}_{-0.5}$	$2.2^{+1.7}_{-0.5}$	$2.5^{+2.0}_{-0.5}$	$2.8^{+2.1}_{-0.7}$	$3.2^{+2.4}_{-0.8}$
2.2	1.2	5.6	10	$1.8^{+1.4}_{-0.4}$	$2.0^{+1.5}_{-0.5}$	$2.2^{+1.7}_{-0.5}$	$2.5^{+2.0}_{-0.5}$	$2.8^{+2.1}_{-0.7}$	$3.2^{+2.4}_{-0.8}$	$3.6^{+2.7}_{-0.9}$
2.8	1.5	10	20	$2.0^{+1.5}_{-0.5}$	$2.2^{+1.7}_{-0.5}$	$2.5^{+2.0}_{-0.5}$	$2.8^{+2.1}_{-0.7}$	$3.2^{+2.4}_{-0.8}$	$3.6^{+2.7}_{-0.9}$	$4.0^{+3.0}_{-1.0}$
3.5	2.0	20	50	$2.2^{+1.7}_{-0.5}$	$2.5^{+2.0}_{-0.5}$	$2.8^{+2.1}_{-0.7}$	$3.2^{+2.4}_{-0.8}$	$3.6^{+2.7}_{-0.9}$	$4.0^{+3.0}_{-1.0}$	$4.5^{+3.4}_{-1.1}$
4.5	2.5	50	120	$2.5^{+2.0}_{-0.5}$	$2.8^{+2.1}_{-0.7}$	$3.2^{+2.4}_{-0.8}$	$3.6^{+2.7}_{-0.9}$	$4.0^{+3.0}_{-1.0}$	$4.5^{+3.4}_{-1.1}$	$5.0^{+3.8}_{-1.2}$
6.0	3.0	120	250	$2.8^{+2.1}_{-0.7}$	$3.2^{+2.4}_{-0.8}$	$3.6^{+2.7}_{-0.9}$	$4.0^{+3.0}_{-1.0}$	$4.5^{+3.4}_{-1.1}$	$5.0^{+3.8}_{-1.2}$	$5.6^{+4.2}_{-1.4}$
		250		$3.2^{+2.4}_{-0.8}$	$3.6^{+2.7}_{-0.9}$	$4.0^{+3.0}_{-1.0}$	$4.5^{+3.4}_{-1.1}$	$5.0^{+3.8}_{-1.2}$	$5.6^{+4.2}_{-1.4}$	$6.3^{+4.8}_{-1.5}$
				$3.6^{+2.7}_{-0.9}$	$4.0^{+3.0}_{-1.0}$	$4.5^{+3.4}_{-1.1}$	$5.0^{+3.8}_{-1.2}$	$5.6^{+4.2}_{-1.4}$	$6.3^{+4.8}_{-1.5}$	$7.0^{+5.3}_{-1.7}$
				$4.0^{+3.0}_{-1.0}$	$4.5^{+3.4}_{-1.1}$	$5.0^{+3.8}_{-1.2}$	$5.6^{+4.2}_{-1.4}$	$6.3^{+4.8}_{-1.5}$	$7.0^{+5.3}_{-1.7}$	$8.0^{+6.0}_{-2.0}$
				$4.5^{+3.4}_{-1.1}$	$5.0^{+3.8}_{-1.2}$	$5.6^{+4.2}_{-1.4}$	$6.3^{+4.8}_{-1.5}$	$7.0^{+5.3}_{-1.7}$	$8.0^{+6.0}_{-2.0}$	$9.0^{+6.8}_{-2.2}$
				$5.0^{+3.8}_{-1.2}$	$5.6^{+4.2}_{-1.4}$	$6.3^{+4.8}_{-1.5}$	$7.0^{+5.3}_{-1.7}$	$8.0^{+6.0}_{-2.0}$	$9.0^{+6.8}_{-2.2}$	$10^{+7.5}_{-2.5}$

例:当锻件质量为3kg,材质系数为M_1,锻件复杂系数为S_3,尺寸为45mm时各类公差查法。

注:上、下偏差按+3/4、−1/4比例分配。锻件复杂系数也可按+2/3、−1/3比例分配。若有需要时各类公差查法。

表 10-23　模锻件的厚度公差及顶料杆压痕公差（精密级）（GB/T 12362—2003）　　　mm

顶料杆压痕		锻件质量/kg		锻件厚度尺寸						
+（凸）	-（凹）	大于	至	公差值及极限偏差						
				大于 至	0 18	18 30	30 50	50 80	80 120	120 180	180 315
0.6	0.3	0	0.4	$0.6^{+0.5}_{-0.1}$	$0.8^{+0.6}_{-0.2}$	$0.9^{+0.7}_{-0.2}$	$1.0^{+0.8}_{-0.2}$	$1.2^{+0.9}_{-0.3}$	$1.4^{+1.0}_{-0.4}$	$1.6^{+1.2}_{-0.4}$
0.8	0.4	0.4	1.0	$0.8^{+0.6}_{-0.2}$	$0.9^{+0.7}_{-0.2}$	$1.0^{+0.8}_{-0.2}$	$1.2^{+0.9}_{-0.3}$	$1.4^{+1.0}_{-0.4}$	$1.6^{+1.2}_{-0.4}$	$1.8^{+1.4}_{-0.4}$
1.0	0.5	1.0	1.8	$0.9^{+0.7}_{-0.2}$	$1.0^{+0.8}_{-0.2}$	$1.2^{+0.9}_{-0.3}$	$1.4^{+1.0}_{-0.4}$	$1.6^{+1.2}_{-0.4}$	$1.8^{+1.4}_{-0.4}$	$2.0^{+1.5}_{-0.5}$
1.2	0.6	1.8	3.2	$1.0^{+0.8}_{-0.2}$	$1.2^{+0.9}_{-0.3}$	$1.4^{+1.0}_{-0.4}$	$1.6^{+1.2}_{-0.4}$	$1.8^{+1.4}_{-0.4}$	$2.0^{+1.5}_{-0.5}$	$2.2^{+1.7}_{-0.5}$
1.5	0.8	3.2	5.6	$1.2^{+0.9}_{-0.3}$	$1.4^{+1.0}_{-0.4}$	$1.6^{+1.2}_{-0.4}$	$1.8^{+1.4}_{-0.4}$	$2.0^{+1.5}_{-0.5}$	$2.2^{+1.7}_{-0.5}$	$2.5^{+2.0}_{-0.5}$
1.8	1.0	5.6	10	$1.4^{+1.0}_{-0.4}$	$1.6^{+1.2}_{-0.4}$	$1.8^{+1.4}_{-0.4}$	$2.0^{+1.5}_{-0.5}$	$2.2^{+1.7}_{-0.5}$	$2.5^{+2.0}_{-0.5}$	$2.8^{+2.1}_{-0.7}$
2.2	1.2	10	20	$1.6^{+1.2}_{-0.4}$	$1.8^{+1.4}_{-0.4}$	$2.0^{+1.5}_{-0.5}$	$2.2^{+1.7}_{-0.5}$	$2.5^{+2.0}_{-0.5}$	$2.8^{+2.1}_{-0.7}$	$3.2^{+2.4}_{-0.8}$
2.8	1.5	20	50	$1.8^{+1.4}_{-0.4}$	$2.0^{+1.5}_{-0.5}$	$2.2^{+1.7}_{-0.5}$	$2.5^{+2.0}_{-0.5}$	$2.8^{+2.1}_{-0.7}$	$3.2^{+2.4}_{-0.8}$	$3.6^{+2.7}_{-0.9}$
				$2.0^{+1.5}_{-0.5}$	$2.2^{+1.7}_{-0.5}$	$2.5^{+2.0}_{-0.5}$	$2.8^{+2.1}_{-0.7}$	$3.2^{+2.4}_{-0.8}$	$3.6^{+2.7}_{-0.9}$	$4.0^{+3.0}_{-1.0}$
3.5	2.0	50	120	$2.2^{+1.7}_{-0.5}$	$2.5^{+2.0}_{-0.5}$	$2.8^{+2.1}_{-0.7}$	$3.2^{+2.4}_{-0.8}$	$3.6^{+2.7}_{-0.9}$	$4.0^{+3.0}_{-1.0}$	$4.5^{+3.4}_{-1.1}$
				$2.5^{+2.0}_{-0.5}$	$2.8^{+2.1}_{-0.7}$	$3.2^{+2.4}_{-0.8}$	$3.6^{+2.7}_{-0.9}$	$4.0^{+3.0}_{-1.0}$	$4.5^{+3.4}_{-1.1}$	$5.0^{+3.8}_{-1.2}$
4.5	2.5	120	250	$2.8^{+2.1}_{-0.7}$	$3.2^{+2.4}_{-0.8}$	$3.6^{+2.7}_{-0.9}$	$4.0^{+3.0}_{-1.0}$	$4.5^{+3.4}_{-1.1}$	$5.0^{+3.8}_{-1.2}$	$5.6^{+4.2}_{-1.4}$
				$3.2^{+2.4}_{-0.8}$	$3.6^{+2.7}_{-0.9}$	$4.0^{+3.0}_{-1.0}$	$4.5^{+3.4}_{-1.1}$	$5.0^{+3.8}_{-1.2}$	$5.6^{+4.2}_{-1.4}$	$6.3^{+4.8}_{-1.5}$
				$3.6^{+2.7}_{-0.9}$	$4.0^{+3.0}_{-1.0}$	$4.5^{+3.4}_{-1.1}$	$5.0^{+3.8}_{-1.2}$	$5.6^{+4.2}_{-1.4}$	$6.3^{+4.8}_{-1.5}$	$7.0^{+5.3}_{-1.7}$
				$4.0^{+3.0}_{-1.0}$	$4.5^{+3.4}_{-1.1}$	$5.0^{+3.8}_{-1.2}$	$5.6^{+4.2}_{-1.4}$	$6.3^{+4.8}_{-1.5}$	$7.0^{+5.3}_{-1.7}$	$8.0^{+6.0}_{-2.0}$

锻件材质系数：M_1，M_2

锻件形状复杂系数：S_1，S_2，S_3，S_4

例：当锻件质量为3kg，材质系数为M_1，锻件复杂系数为S_3，尺寸为45mm时各类公差查法。

注：1. 上、下偏差按+3/4、-1/4比例分配。若有需要也可按+2/3、-1/3比例分配。
2. 本表不适用于平锻件。

表 10-24 模锻件内外表面加工余量 (GB/T 12362—2003)

锻件质量 /kg	一般加工精度 F_1 / 磨精加工精度 F_2	锻件形状复杂系数 S_1 / S_2	厚度(直径)方向	锻件单边余量/mm 水平方向						
				>0~315	>315~400	>400~630	>630~800	>800~1250	>1250~1600	>1600~2500
>0~0.4			1.0~1.5	1.0~1.5	1.5~2.0	2.0~2.5				
>0.4~1.0			1.5~2.0	1.5~2.0	1.5~2.0	2.0~2.5	2.0~3.0			
>1.0~1.8			1.5~2.0	2.0~2.2	1.5~2.0	2.0~2.7	2.0~3.0			
>1.8~3.2			1.7~2.2	1.7~2.2	2.0~2.5	2.0~2.7	2.0~3.0	2.5~3.5		
>3.2~5.0			1.7~2.2	2.0~2.5	2.0~2.5	2.3~3.0	2.5~3.5	2.5~4.0		
>5.0~10			2.0~2.5	2.0~2.5	2.0~2.7	2.3~3.0	2.5~3.5	2.7~4.0	3.0~4.5	
>10~20			2.0~2.5	2.5~3.0	2.2~2.7	2.5~3.5	2.5~3.5	2.7~4.0	3.0~4.5	
>20~50			2.3~3.0	2.5~3.5	2.5~3.0	2.5~3.5	2.7~4.0	3.0~4.5	3.5~4.5	4.0~5.5
>50~150			2.5~3.2	2.5~3.5	2.5~3.5	2.7~4.0	2.7~4.0	3.0~4.5	3.5~5.0	4.0~5.5
>150~250			3.0~4.5	2.7~4.0	3.0~4.0	3.0~4.5	3.0~4.5	3.5~5.0	4.0~5.0	4.5~6.0
			4.0~5.5	3.5~4.5	4.0~4.5	3.5~4.5	3.5~5.0	3.5~5.0	4.0~5.5	4.5~6.0

例: 当锻件质量为 3kg, 锻件复杂系数为 S_3, 锻件长度为 480mm, 在 16000kN 热模锻压机上生产, 零件无磨削精加工工序时查出该锻件的余量是: 厚度方向 1.7~2.2mm, 水平方向 2.0~2.7mm。

注: 本表适于在热模锻压力机、螺旋压力机、模锻锤及平锻机上生产的模锻件。

表 10-25 模锻件的中心距尺寸公差（GB/T 12362—2003）

锻件中心距尺寸公差

单位：mm

中心距尺寸	大于	0	30	80	120	180	250	315	400	500	630	800	1000	1250	1600	2000
	至	30	80	120	180	250	315	400	500	630	800	1000	1250	1600	2000	2500
一般锻件 N_1 有一道校正压印或校正工序 N_2 同时有校正压印或校正工序 N_3																
锻件精度	普通级	±0.3	±0.4	±0.5	±0.6	±0.8	±1.0	±1.2	±1.6	±2.0	±2.5	±3.2	±4.0	±5.0	±6.0
	精密级	±0.25	±0.3	±0.4	±0.5	±0.6	±0.8	±1.0	±1.2	±1.6	±2.0	±2.5	±3.2	±4.0	±5.0

例：当锻件长度尺寸为 300mm，该零件只有一道压印或校正工序，其中心距尺寸公差普通级为±1.0mm，精密级为±0.8mm。

注：本表适用于在热模锻压力机、模锻锤、平锻机及螺旋压力机上生产的模锻件。但精密级不适用于平锻件。

表 10-26 模锻件加工表面直线度、平面度公差（GB/T 12362—2003）

锻件轮廓直线度尺寸直线度、平面度公差

单位：mm

轮廓尺寸	大于	0	30	80	120	180	250	315	400	500	630	800	1000	1250	1600	2000
	至	30	80	120	180	250	315	400	500	630	800	1000	1250	1600	2000	2500
正火锻件 1 调质锻件 2																
锻件精度	普通级	0.6	0.7	0.8	1.0	1.1	1.2	1.4	1.6	1.8	2.0	2.2	2.5	2.8	3.2
	精密级	0.4	0.5	0.6	0.7	0.7	0.8	0.9	1.0	1.1	1.2	1.4	1.6	1.8	2.0

例：当锻件长度尺寸为 240mm，在调质时，直线度和平面度的公差普通级为 1.2mm，精密级为 0.8mm。

注：1. 对于带有落差和弯曲的锻件，不能采用本表数值，应适当放宽或由双方协商确定。
  2. 精密级不适用于平锻件。

表 10-27　锻件内孔直径的机械加工单边余量　　　　　　　　　mm

孔径	孔深				
	<63	>63~100	>100~140	>140~200	>200~280
<25	2.0	—	—	—	—
>25~40	2.0	2.6	—	—	—
>40~63	2.0	2.6	3.0	—	—
>63~100	2.5	3.0	3.0	4.0	—
>100~160	2.6	3.0	3.4	4.0	4.6
>160~250	3.0	3.0	3.4	4.0	4.6

10.4　模锻斜度

模锻斜度的作用是使锻件成型后能顺利从锻模槽内取出。位于锻件外侧壁上的斜度为外斜度 α，而锻件内壁上的斜度为内斜度 β。模锻斜度的大小，根据锻件的几何形状，模具结构及锻件材料等因素确定锻造工艺，合理确定模锻斜度，见表 10-28。

① 锤上模锻件外模锻斜度 α 的数值见表 10-29。
② 螺旋压力机上模锻件的模锻斜度见表 10-30。
③ 热模锻压力机上模锻件的外模锻斜度 α 的数值见表 10-31。

表 10-28　模锻斜度

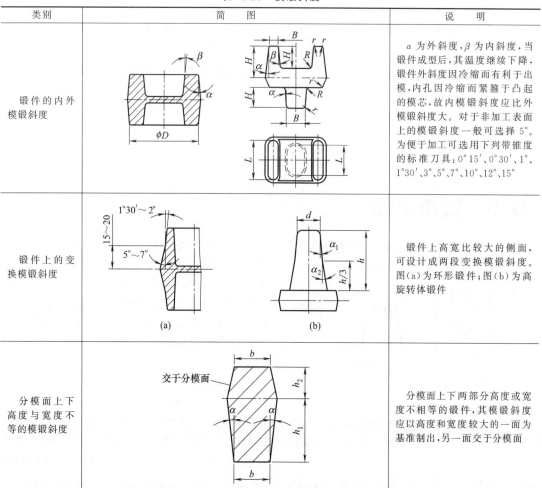

类别	简图	说明
锻件的内外模锻斜度		α 为外斜度，β 为内斜度，当锻件成型后，其温度继续下降，锻件外斜度因冷缩而有利于出模，内孔因冷缩而紧箍于凸起的模芯，故内模锻斜度应比外模锻斜度大。对于非加工表面上的模锻斜度一般可选择 5°。为便于加工可选用下列带锥度的标准刀具：0°15′、0°30′、1°、1°30′、3°、5°、7°、10°、12°、15°
锻件上的变换模锻斜度		锻件上高宽比较大的侧面，可设计成两段变换模锻斜度。图(a)为环形锻件；图(b)为高旋转体锻件
分模面上下高度与宽度不等的模锻斜度		分模面上下两部分高度或宽度不相等的锻件，其模锻斜度应以高度和宽度较大的一面为基准制出，另一面交于分模面

表 10-29 锤上模锻件外模锻斜度 α 的数值

L/B	H/B				
	≤1	>1~3	>3~4.5	>4.5~6.5	>6.5
≤1.5	5°00′	7°00′	10°00′	12°00′	15°00′
>1.5	5°00′	5°00′	7°00′	10°00′	12°00′

注：内模锻斜度 β 的确定可按表中数值增大 2°~3°（15°除外）；当上下模膛深度不相等时，应按模膛较深一侧计算模锻斜度。

表 10-30 螺旋压力机上模锻件的模锻斜度

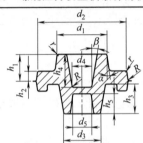

类别	外模锻斜度 α				内模锻斜度 β			
材质	有色金属		钢		有色金属		钢	
有无顶杆	有	无	有	无	有	无	有	无
高度与直径(宽度)之比								
<1	0°30′	1°30′	1°	3°	1°	1°30′	1°30′	5°
>1~2	1°	3°	1°30′	5°	1°30′	3°	3°	7°
>2~4	1°30′	5°	3°	7°	2°	5°	5°	10°
>4	3°	7°	5°	10°	3°	7°	7°	12°

表 10-31 热模锻压力机上模锻件的外模锻斜度 α 的数值

L/B	H/B				
	≤1	>1~3	>3~4.5	>4.5~6.5	>6.5
≤1.5	3°	5°	7°	10°	12°
>1.5	3°	3°	5°	7°	10°

注：1. 该表可参见表 10-28 中的内外模锻斜度简图。
2. 内模锻斜度 β 可较外模锻斜度 α 增大 2°~3°。

10.5 圆角半径

锻件上的圆角对金属在锻模槽内的流动及填充模膛和锻模的强度均有很大的影响。锻件上凸出或凹下的转角处必须均用适当的圆角连接，见图 10-2。凸出部位的圆角为外圆角，其作用是避免锻模在热处理时和锻压过程中产生应力集中而导致开裂。凹下部位的圆角为内圆角。使锻造时易于金属流动充满型槽，防止产生折叠和型槽被压塌。

圆角半径 r ＝ 余量 ＋ 圆角半径 r_1 或倒角 c，若无倒角，则 r_2 ＝ 余量。

圆角半径的大小与锻件的形状尺寸和材质有关：锻件材料塑性好的，内、外圆角半径可取小些，否则应适当增大；凸台或凸筋越高，圆角半径应取大些，反之适当减小；内圆角应比外圆角取大些，直角比钝角取得大

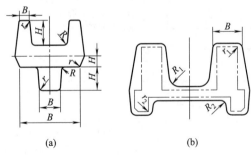

图 10-2 模锻件上的圆角半径

H — 高度；B — 宽度；r — 外圆角半径；R — 内圆角半径

些；锻件侧壁斜度较大的，圆角半径可取小些，反之应加大。为了保证锻件外圆角处的最小加工余量，一般应满足图 1-2（b）。圆角半径的数值应按下列标准系列选取：1、1.5、2、2.5、3、4、5、6、8、10、12、15、20、25、30（mm）等。

模锻件圆角半径的数值由锻件各部分的高度与宽度的比值 H/B 确定［见图 10-2（a）］，然后按表 10-32 中的计算式计算，再按标准系数值确定。

螺旋压力机模锻件的圆角半径确定与锻件的材质和尺寸有关。钢质锻件的圆角半径与表 10-32 中数值相同，有色金属锻件的圆角半径按表 10-33 选取。

表 10-32 模锻件圆角半径计算式 mm

H/B	r	R
≤2	$0.05H+0.5$	$2.5r+0.5$
>2~4	$0.06H+0.5$	$3.0r+0.5$
>4	$0.07H+0.5$	$3.5r+0.5$

表 10-33 螺旋压力机有色金属模锻件圆角半径 mm

高度 H	内圆角半径 R	外圆角半径 r
<10	1	1.5
>10~15	1.5	1.5
>15~20	1.5~2.0	1.5
>20~30	2.5	2
>30~40	2.5	2
>40	>3	>2

10.6 凸台与筋的结构

锻件上的凸台与筋应在锻压行程方向上面，凸台起支承或连接作用，而筋多为加强结构，见表 10-34。

筋间距的极限尺寸见表 10-35。

表 10-34 凸台与凸筋结构

类型	简图	说明
凸台尺寸	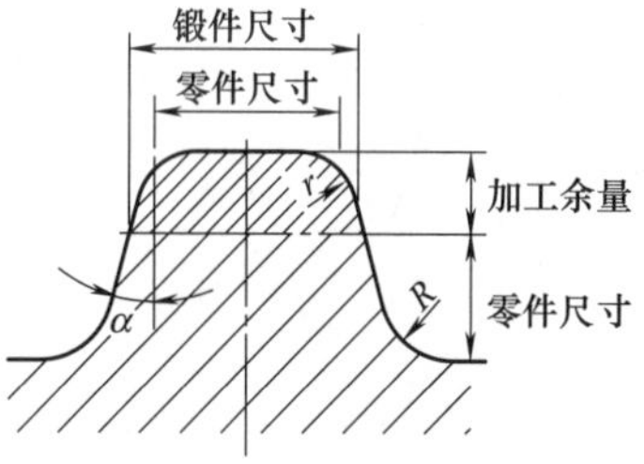	①凸台顶部应有较多的加工余量，水平外圆角上应按高径比确定，并取较大值。 ②凸台根部的水平圆角 R 应尽量取较大值，以利于金属充填。 ③在确定由腹板上伸出并与筋相交的凸台径向尺寸时，应保持零件原有的模锻斜度和端面尺寸
平行筋与环形筋的间隔	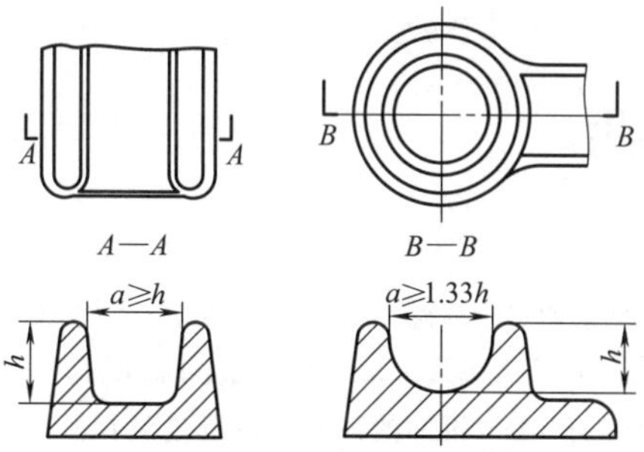	平行筋的间距应不小于筋的高度，环形筋的最小内径应不小于筋高的 1.31 倍
正交筋的高度	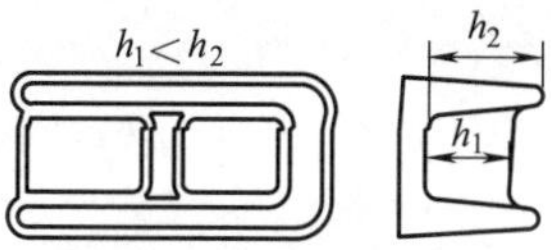	正交筋应小于或等于封闭筋的高度，即 $h_1 \leq h_2$

续表

类型	简 图	说 明
斜筋	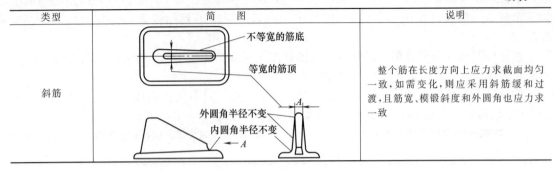	整个筋在长度方向上应力求截面均匀一致,如需变化,则应采用斜筋缓和过渡,且筋宽、模锻斜度和外圆角也应力求一致

表 10-35　筋间距的极限尺寸　　　　　　　　　　　　　　　　mm

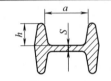

筋高 h	钢及合金钢、钛合金		铝合金		镁合金	
	a_{min}	a_{max}	a_{min}	a_{max}	a_{min}	a_{max}
<5	10	30S	10	35S	10	30S
6～10	12	30S	10	35S	12	30S
11～16	20	30S	15	35S	20	30S
17～25	30	25S	20	30S	30	25S
26～35	45	25S	35	30S	50	25S
36～50	60	20S	50	25S	70	20S
51～70	80	20S	65	25S	100	20S
71～100	—	—	80	25S	—	—

当锻件的腹板设有减轻孔且其面积不小于腹板面积的 50% 时,筋与筋的最大间距可不受限制,若筋的高度不一致时(见图 10-3),按其不同高度分别计算出筋间的最小距离后取平均值:

$$a_{min} = (ah_{1min} + ah_{2min})/2$$

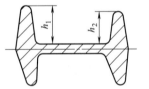

图 10-3　不同高度的筋

式中　a_{min}——筋间最小距离的平均值;
　　　ah_{1min}——按筋 h_1 高计算出的筋间最小距离;
　　　ah_{2min}——按筋 h_2 高计算出的筋间最小距离。

10.7　冲孔连皮与压凹

锻件上小于 25mm 的内孔一般不锻出,直径大于 25mm 的内孔应考虑锻出,若锤锻或压力机等锻造设备上不能锻出透孔,则须在孔内保留一层连皮,并可在后续的工步中切除。冲孔连皮的形式与压凹的适用范围及设计尺寸见表 10-36。压凹孔的尺寸见表 10-37。

表 10-36　冲孔连皮的形式与压凹的适用范围及设计尺寸　　　　　　　　　　mm

类别	简 图	适用范围	尺寸参数
平底连皮	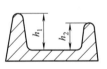	最为常用	$t = 0.45\sqrt{d} - 0.25h - 5 + 0.6\sqrt{h}$ $R_1 = R + 0.1h + 2$ 式中　R_1——内圆角半径; 　　　R——其他内圆角半径

续表

类别	简 图	适 用 范 围	尺 寸 参 数
斜底连皮		常用于 $d>2.5h$ 或 $d>60mm$ 的预锻型槽	$t_大=1.35t$ $t_小=0.65t$ $d_1=(0.25\sim 0.35)d$ 式中 t——平底连皮的计算值
带仓连皮		用于内孔很大且高度很小的锻件（$d>15h$）	厚度 t 和宽度 b 分别与终锻型槽的飞边桥部高度 h 和桥部宽度 b 相同
拱底连皮		用于内孔很大且高度很小的锻件（$d>15h$）	R_1——由作图决定,$R_2=5h$。 $t=0.4\sqrt{d}$
锻件压凹		适用于内孔小于 25mm，为促使金属充满模膛的锻件	孔底可为半球形或平面,尺寸的确定见表 10-37

表 10-37 压凹孔的尺寸   mm

		D		H	R
		钢	有色金属		
		<20	<10	1/2D	1/2D
		20～25	10～40	2/3D	1/2D
		>50	>40	<D	<1/5D

10.8 锻件图的技术条件

对于锻件的质量和相关检验要求，当图样上未能表示时，应列出技术条件进行说明，一般技术条件如下。

① 未注明的模锻件斜度和圆角半径。
② 热处理及硬度要求，检测硬度的位置。
③ 允许的表面缺陷深度（包括加工表面和非加工表面）。
④ 允许的错移量和残余毛边宽度。
⑤ 需要取样进行金相组织和机械性能试验时，应注明锻件上的取样位置。
⑥ 锻件的清理，清除表面氧化皮的方法有喷砂、抛丸、酸洗、滚筒清理等。
⑦ 锻件的直线度和平面度公差等。

第 11 章 锤上锻模设计

锤上模锻是借助锻锤的冲击力,利用锻模型槽使金属坯料变形而获得锻件的锻造工艺。锤锻模由上下两半模块组成(见图 11-1),其模块由燕尾、楔铁和键块固定在锤头和下模座上。通常锤上模锻的方式可分为带飞边槽的开式锻模和无飞边槽的闭式锻模(见图 11-2),可分为单型槽锻模和多型槽锻模或单件锻模和多件锻模。

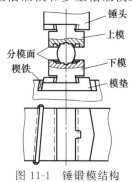

图 11-1 锤锻模结构

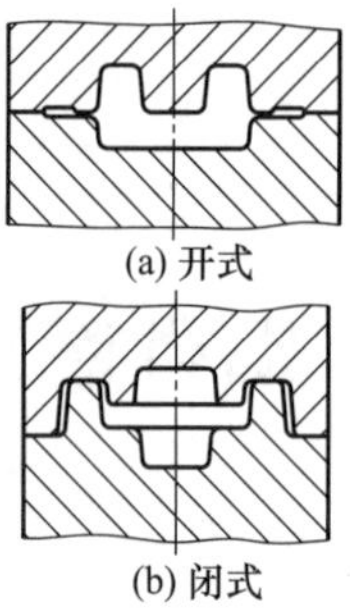

图 11-2 开式与闭式锤锻模

11.1 制坯工步的选择

11.1.1 圆饼类锻件制坯工步的选择

圆饼类锻件的制坯,常采用镦粗工步制坯,对于形状较复杂的锻件应采用成型镦粗制坯。表 11-1 列出制坯变形的工步实例。表 11-2 为圆饼类锻件镦粗后的直径应满足的条件。

表 11-1 圆饼类锻件制坯变形工步实例

序号	锻件简图	变形工步	说　明
1	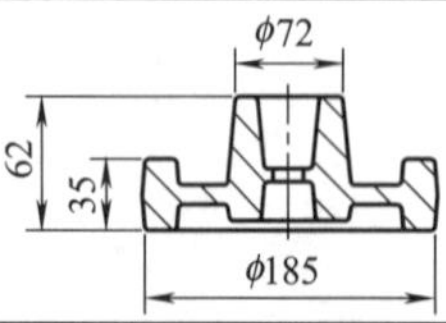 φ72, 62, 35, φ185	自由镦粗 终锻	适用于一般齿轮锻件

续表

序号	锻件简图	变形工步	说　　明
2	φ43, 63, 13, 122	自由镦粗 成型镦粗 终锻	轮毂较高的法兰锻件
3	φ42, 105, 33, φ106	拔长 终锻	轮毂较高的法兰锻件
4	φ325, 22, 63	坯料直接终锻	直径较大的套环锻件，不便在锻模上安排镦粗台
5	φ96	滚挤 打扁 终锻 切断	对金属纤维方向无严格要求的小型圆饼类锻件，逐件模锻生产率高
6	φ175, 58, 98, φ108	自由镦粗 套锻	适用于材料、件数均相同，尺寸配合有利者
7	φ182, 70, φ24, 246	自由镦粗 打扁 终锻	平面接近圆形锻件
8	42, 105	自由镦粗 成型 终锻	十字轴类锻件

表 11-2 圆饼类锻件镦粗后的直径应满足的条件

序号	类型	简图	镦粗后的直径应满足的条件
1	轮毂较短并有较薄轮辐的锻件	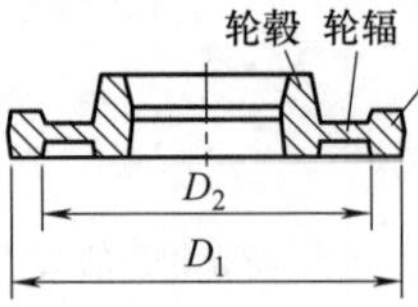	为防止轮毂和轮缘间过渡区产生折叠,镦粗后毛坯的直径 $D_{镦}$ 应满足 $D_1 > D_{镦} > D_2$ 范围内
2	轮毂较高的锻件	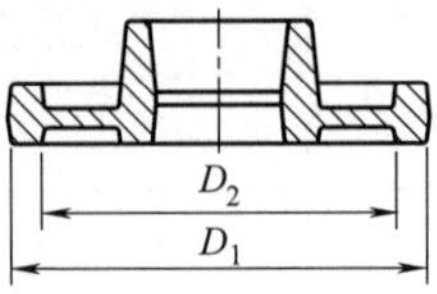	为了防止产生折叠和保证轮毂高度方向充满,镦粗后毛坯直径应满足 $(D_1 + D_2)/2 > D_{镦} > D_2$ 范围内
3	高毂深孔锻件	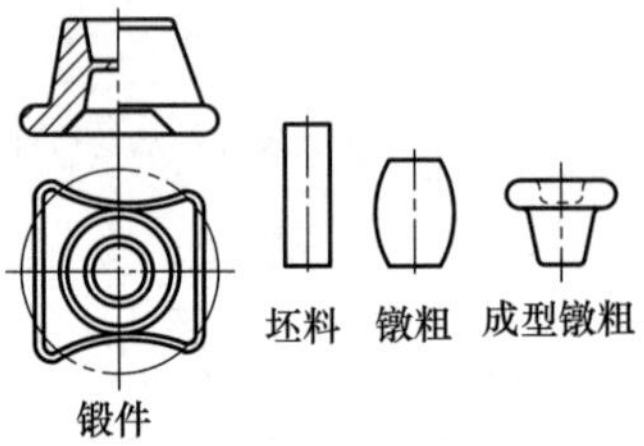	这一类高毂深孔锻件,常采用镦粗、成型镦粗、终锻工步来完成变形过程,这样有利于轮毂处充满,也便于坯料在终锻型槽中的定位
4	轮毂高突缘大的锻件	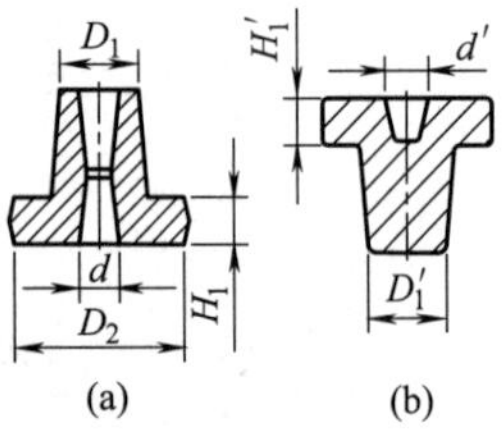	此类锻件,为了保证锻件充满成型,以便于坯料放入终锻型槽中定位,宜采用镦粗。镦粗后应符合如下条件:$H_1' > H_1 \quad D_1' \leqslant D_1 \quad d' \leqslant d$

11.1.2 长轴类锻件制坯工步的选择

长轴类锻件包括直长轴线锻件、弯曲轴线锻件、带枝芽长轴线锻件和叉形锻件等。此类锻件的模锻工序一般由拔长、滚挤、卡压、成型等制坯工步以及预锻、终锻和切断工步组成,见表 11-3。

表 11-3 长轴类锻件制坯工步选择实例

序号	类型	简图	变形特点
1	直长轴线锻件	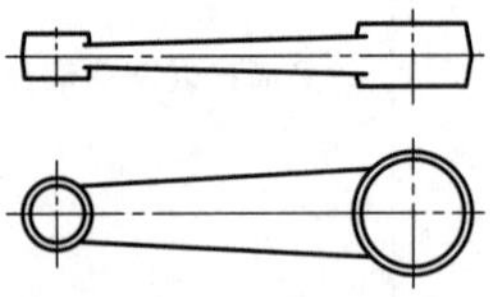	这类较简单的锻件,一般采用拔长、滚挤、卡压、成型制坯工步等
2	弯曲轴线锻件	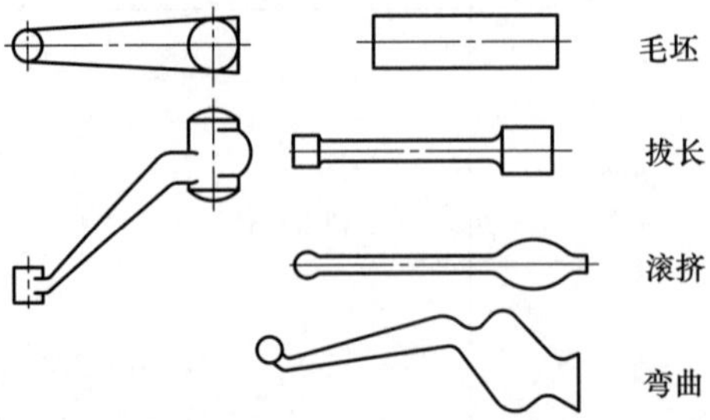	这类锻件的变形采用拔长、滚挤、弯曲成型工序

序号	类型	简 图	变 形 特 点
3	带枝芽长轴线锻件	毛坯 拔长 成型 预锻	这类锻件变形工序与前面的基本相同,只需增加一道制坯工步,然后预锻、终锻
4	叉形锻件	毛坯 拔长 弯曲	这种叉形锻件的变形除具有前3种特点外,还需用弯曲工步或预锻劈开使叉部成型

11.1.3 计算毛坯图

对于拔长、滚挤、卡压三种制坯工步,采用经验计算法。根据锻件图计算和绘制出计算毛坯截面图和直径图(见图 11-3),然后可根据绘制的图形中求出有关的工艺繁重系数,并参考经验图表,结合锻件的实际条件确定制坯工步,计算方法见表 11-4。

以上计算得到的工艺繁重系数,可从生产经验图表(图 11-4)中加以校对,从而得出制坯工步的初步方案。是否确定此方案,还须根据生产实际条件、锻件的复杂程度及生产批量进行综合分析后作出必要的修改。

当有一锤模件质量为 0.8kg,绘制出毛坯图后,计算其工艺繁重系数为 $\alpha=1.37$, $\beta=3.2$, $K=0.05$,将其对照图 11-4,可采用闭式滚挤制坯,最后终锻成型。

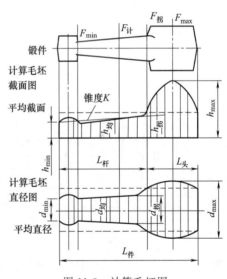

图 11-3 计算毛坯图

表 11-4 计算毛坯

计算项目	计算公式	说 明
轴向横截面积	$A_{计} = A_{锻} + 2kF_{飞}$	式中 $A_{计}$——计算毛坯的截面积 $A_{锻}$——锻件截面积 $F_{飞}$——飞边的截面积 k——充满系数,易充满处取 0.4~0.6;一般取 0.6~0.8;难充满处取 0.8~1.0

续表

计算项目	计算公式	说明
毛坯截面的高度	$h_{计}=A_{计}/M$	式中 M——缩尺比，一般取 $20\sim50\text{mm}^2/\text{mm}$。以计算毛坯的截面图上每一处的高度代表计算毛坯的截面积
计算毛坯的体积（即锻件与飞边之和）	$V_{计}=MA_{计}$	式中 $V_{计}$——计算毛坯体积；$A_{计}$——计算毛坯截面图曲线下的面积；M——缩尺比，mm^2/mm。计算毛坯图中截面积图曲线下的整个面积，就是计算毛坯（锻件与飞边之和）的体积
计算毛坯图中某一处的直径	$d_{计}=1.13\sqrt{A_{计}}$	
根据计算毛坯图确定坯料尺寸、制坯工步和设计制坯槽所需进行的运算步骤	①计算平均截面积和平均直径：$A_{均}=V_{计}/L_{计}$ $h_{均}=A_{均}/M$ $d_{均}=1.13\sqrt{A_{均}}$ ②将计算毛坯截面图的平均高度 $h_{均}$ 与平均直径 $d_{直}$ 用虚线在截面图上绘出，凡大于虚线的部分称为头部，小于虚线的部分称为杆部。当 $d_{计}>d_{均}$ 或 $h_{计}>h_{均}$ 的部位，称为计算毛坯的头部，反之，$d_{计}<d_{均}$ 或 $h_{计}<h_{均}$ 的部位，称为计算毛坯的杆部。制坯工步的选择，将以下列繁重系数来决定：$\alpha=d_{\max}/d_{均}$ $\beta=L_{计}/d_{均}$ $K=\dfrac{d_{拐}-d_{\min}}{L_{计}}$	式中 α——金属流入头部繁重系数；β——金属沿轴向流动的繁重系数；K——杆部锥度系数；$d_{\max}$——计算毛坯的最大直径；$d_{\min}$——计算毛坯的最小直径；$d_{拐}$——杆部与头部转接处的直径，即拐点处的直径。拐点处的直径可按下式计算：$d_{拐}=\sqrt{3.82\dfrac{V_{杆}}{L_{杆}}-0.75d_{\min}^2-0.5d_{\min}}$ 式中 $V_{杆}$——计算毛坯杆部体积，mm^3；$L_{杆}$——计算毛坯杆部长度，mm^3。$d_{拐}$ 也可由计算毛坯的直径或截面图求出其近似值：$d_{拐}=1.13\sqrt{h_{拐}M}$

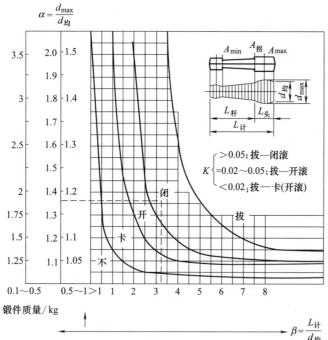

图 11-4 长轴类锻件制坯工步选择范围

对只有一个头部和一个杆部的计算毛坯见图 11-3 或称为基元计算毛坯。而复杂的计算毛坯，则有两个或两个以上头部和杆部，见图 11-5。制作工步时，先将它转变成简单计算毛坯。从计算毛坯的一端开始，使杆部多余的金属即使面积 $S_{1头}=S_{1杆}$ 或体积 $V_{1头}=V_{1杆}$，然后根据各个基元计算毛坯成型的难易程度，从中选出具有较高效率的工步方案。

图 11-4 中的文字含义为：

不——不需制坯工步，可直接模锻成型；

卡——需卡压制坯；

开——需开式滚压制坯；

闭——需闭式滚压制坯；

拔——需拔长制坯；

拔—闭滚——当 K 值大于 0.05 时，宜用拔长加上闭式滚挤制坯；

拔—开滚——当 K 值在 0.02~0.05 之间，宜用拔长加上开式滚挤制坯；

拔—卡——当 K 值小于 0.02 时，可用拔长加上卡压制坯。

对头部有内孔的长轴类锻件，计算毛坯的截面图和直径图在头部具有突变的轮廓线。为了简便制坯槽制造及有利于头部聚料，应按减少部分体积等于增加部分体积的原则，将其轮廓线应以圆滑线连接加以修正，见图 11-6。

(a) 双杆一头　　(b) 一杆两头

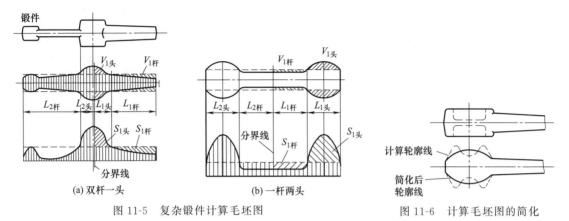

图 11-5　复杂锻件计算毛坯图

图 11-6　计算毛坯图的简化

11.1.4　模锻方法的选择

对于大、中型模锻件，大多数是一个坯料只锻一个锻件；而对于一些小型锻件，为了降低成本，提高生产效率，根据适当的条件可采用一模多件、一火多件及调头模锻等方法，见表 11-5，并可参考图 11-7 选择合适的方法。多件模锻的排列法见图 11-8。

表 11-5　模锻方法的选择

序号	模锻方法	特　点
1	调头模锻	坯料整体加热后，先锻出一个锻件，然后调头，夹持已锻出的锻件，将余料再锻出另一个锻件，此方法不影响制坯工步，也无须切断工步，生产效率高。调头模锻的锻件长度应在 300mm 以下，且单件质量应小于 2.5kg。坯料总质量也不要超过 7kg，以免劳动强度过大，操作不便
2	一模多件	在同一模块上一次可锻出两个或两个以上的锻件，这种方法可简化工序，生产效率高，减小料头损耗。适用于锻件长度在 80mm 以下、质量在 0.5kg 以下的小型锻件。一模多件在设计模具时，锻件在模面上的布排应合理，尽量简化工步，节省材料，并兼顾使金属分布均匀，减小截面差，使锻件容易成型和切边方便
3	一火多件	坯料加热后一模多件连续模锻，每锻完一件在切断型槽将锻件从坯料上切下，接着再锻下一个锻件。一火多件一般可锻件数为 4～6 件，单件质量在 0.5kg 以下。否则，件数过多，不便操作，也影响锻件质量和模具寿命

图 11-7　选择模锻方法

(a) 调头模锻　(b) 一模多件模锻　(c) 对头排列锻件　(d) 成对排列锻件

图 11-8　模锻排列法

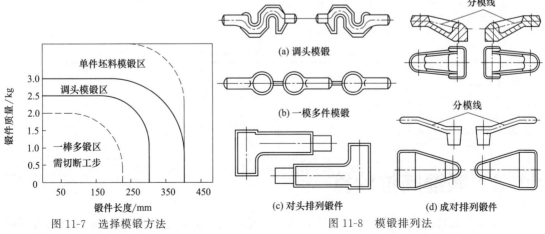

11.2 毛坯尺寸计算

模锻件的坯料通常采用圆钢或方钢进行制坯工步。根据毛坯的规格计算出毛坯的总体积。毛坯的总体积包括锻件、飞边、连皮、钳料头和氧化皮损耗率等。坯料尺寸的计算见表 11-6。

表 11-6 坯料尺寸计算

计算项目		计算公式	说明
毛坯总的体积		$V_{坯} = (V_{锻} + V_{飞} + V_{连皮})(1+\delta\%)$	式中 $V_{锻}$——锻件的体积，mm³ $V_{飞}$——飞边的体积，mm³ $V_{连皮}$——连皮的体积，mm³ δ——坯料烧损率（见表 11-7）
长轴类锻件坯料尺寸	圆坯料截面尺寸	$D_{坯} = 1.13\sqrt{F_{坯}}$	式中 $F_{坯}$——坯料截面积，mm² $F_{均}$——计算毛坯图上的平均截面积，mm² $F_{头·均}$——计算毛坯头部的平均截面积，mm²
	方坯料截面尺寸	$A_{坯} = \sqrt{F_{坯}}$	
	不制坯时	$F_{坯} = (1.02\sim1.05)F_{均}$	
	拔长时	$F_{坯} = (0.95\sim1.0)F_{头·均}$	
	滚压时	$F_{坯} = (1.05\sim1.2)F_{均}$	
	拔长+滚压	聚料作用显著时：$F_{坯} = (0.7\sim0.9)F_{最大}$	
	拔长+滚压	聚料作用不显著时：$F_{坯} = (0.9\sim1.0)F_{头·均}$	
	弯曲或压扁	$F_{坯} = (1.0\sim1.02)F_{均}$	式中 $F_{1坯}$——钢材的截面积 $L_{1钳}$——钳夹头长度
	压肩或成型	$F_{坯} = (1.03\sim1.3)F_{均}$	
	坯料长度	$L_{坯} = V_{坯}/F_{1坯} + L_{1钳}$	
短轴类锻件坯料尺寸	按等体积法计算	$V_{坯} = (V_{锻} + V_{飞})(1+\delta\%)$	式中 $V_{坯}$——坯料的体积 δ——加热时的烧损率（见表 11-7） $V_{锻}$——锻件的体积（包括冲连皮） $V_{飞}$——飞边的体积，对于短轴类飞边，可按飞边槽仓部的一半计算即： $V_{飞} = 0.5L_{周}F_{飞}$ $L_{周}$——锻件周长 $F_{飞}$——飞边槽的截面积
	圆坯料直径	$D_{坯} = (0.83\sim0.95)\sqrt[3]{V_{坯}}$	
	方坯料边长	$A_{坯} = (0.77\sim0.87)\sqrt[3]{V_{坯}}$	
	坯料长度 圆坯	$L_{坯} = \dfrac{4V_{坯}}{\pi d_{坯}^2} \approx 1.27\dfrac{V_{坯}}{d_{坯}^2}$	
	坯料长度 方坯	$L_{坯} = \dfrac{V_{坯}}{F_{坯}}$	
圆饼类锻件	按等体积法计算	$V_{坯} = (1+k)V_{件}$	式中 k——宽裕系数，考虑锻件的复杂程度对飞边的影响，并计算火耗。对于圆形锻件 $k=0.12\sim0.25$；非圆形锻件 $k=0.2\sim0.35$ m——坯料高径比，取 $1.8\sim2.2$ $d_{坯}$——钢材直径
	坯料直径	$d_{坯} = 1.08\sqrt{\dfrac{(1+k)V_{件}}{m}}$	
	坯料长度	$L_{坯} = \dfrac{V_{坯}}{F_{坯}} = 1.27\dfrac{V_{坯}}{d_{坯}^2}$	

注：1. 因短轴类锻件通常采用镦粗工步，为避免镦粗使坯料失稳而产生侧向弯曲，故对坯料的高径比值 L/D 加以限制，一般控制在 $1.5\sim2.2$。
2. 表中系数视最大截面积所占比例而定，比例大取大值，反之取小值。
3. 对长轴类飞边体积应按充满飞边槽 70% 计算。
4. 对于有钳口的模锻，还应将夹钳料头体积计入。

表 11-7 各种加热方法的烧损率 δ

加热方法	烧损率 δ	加热方法	烧损率 δ
室式煤炉或油炉	2.5~4.0	半连续煤气炉	2.0~2.5
室式油炉	2.5~3.0	连续式煤气炉	1.5~2.5
室式煤气炉	2.0~2.5	电阻炉	1.0~1.5
半连续煤炉或油炉	2.5~3.0	电接触加热和感应加热	0.5~1.0

注：两火加热时，δ 应扩大 $1.5\sim2.0$ 倍。

11.3 锻锤吨位计算

锻锤吨位的确定对保证锻件的成型，节省能耗，延长模具寿命具有重要意义。有关锻锤吨位的计算，目前仅能用经验公式或简化理论公式进行估算，见表 11-8。

表 11-8 锻锤吨位经验计算公式

类别	项目	计算公式	说 明
经验公式（1）	双作用锤	$G=(3.5\sim6.3)KF_{件}$	式中 G,G_1,G_2——锻锤落下的质量,kg $F_{件}$——锻件和飞边（按飞边槽 50% 计算）在水平面上的投影面积,cm^2 E——无砧座锤的能量,J K——材料系数,由表 11-9 查取
经验公式（1）	单作用锤	$G_1=(1.5\sim1.8)G$	
经验公式（1）	无砧座锤	$E=(20\sim25)G$ 或 $G_2=2G$	
经验公式（2）	说明	$G=K'F'$	式中 G——锤落下部分质量,kg F'——包括飞边（按飞边槽 1/2 计算）及连皮在内的锻件水平投影面积,cm^2 K'——钢种系数,按表 11-10 选用
简化理论公式	圆饼类锻件	$G_{圆}=(1-0.005D)\left(1.1+\dfrac{2}{D}\right)^2\times(0.75+0.001D^2)\times D\sigma$	式中 $G_{圆}$——锻锤落下部分质量,kg D——锻件外径 σ——锻件在终锻温度时的变形抗力,MPa,查表 11-9 L——分模面上锻件的最大长度 B——锻件平均宽度（投影面积 A 与长度 L 之比）,cm 在计算 $G_{圆}$ 时,D 要用当量直径代替,即 $D_e=1.13\sqrt{A}$。 图 11-9 所示是根据以上两式所作的诺模图,可按具体条件在图中查取锻锤吨位
简化理论公式	长轴类锻件	$G=G_{圆}(1+0.1\sqrt{L/B})$	
简化理论公式	采用实际生产计算公式	$G=\dfrac{KR_mF_{件}}{10nH}$	式中 K——锻件尺寸系数,从表 11-10 查取 R_m——终锻时的强度极限,MPa $F_{件}$——锻件水平投影面积,cm^2 H——锤头落下高度 mm n——终锻锤击次数 G——锻锤吨位,kg

双作用锤公式系数 3.5 用于生产率不高或锻件形状简单的条件，而系数 6.3 则用于要求高生产率或锻件形状复杂的条件，一般可取中间值 4～5。

表 11-9 终锻温度时各种材料的变形抗力 σ 和系数 K

材 料	K	σ/MPa			
		锤上	锻压机	平锻机	热切边
碳素结构钢[$w(C)<0.25\%$]	0.9	55	60	70	100
碳素结构钢[$w(C)>0.25\%$]	1.0	60	65	80	120
低合金结构钢[$w(C)<0.25\%$]	1.0	60	65	80	120
低合金结构钢[$w(C)>0.25\%$]	1.15	65	70	90	150
高合金结构钢[$w(C)>0.25\%$]	1.25	75	80	90	200
合金工具钢[$w(C)>0.25\%$]	1.55	90～100	100～120	120～140	250

表 11-10 钢种系数 K'

钢 种	K'
低中碳结构钢、低碳合金钢,如 20、30、45、20CrMnTi	4
中低碳合金钢,如 45Cr	6
高合金钢、耐热钢、不锈钢,如 GCr15、12Cr2Ni4A、2Cr13、45CrNiMo	8

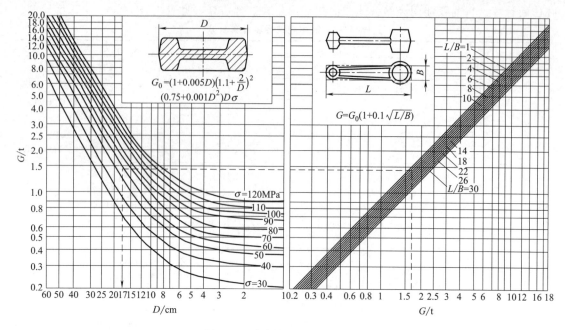

图 11-9　确定锻锤吨位的诺模图

适用条件：(1) 双作用模锻锤；(2) $D \leqslant 60$ cm。

锻锤吨位的计算公式不可能完全满足锻件生产的实际需要，尚有偏大或偏小的可能，但只要在一定范围内，且不影响锻件成型即可，从表 11-8 中的实际生产计算公式中可以看出，即使选用的锻锤吨位不足，只要增加锤击次数 n，也可达到模锻成型的目的，但增加的锤击次数 n 有限，锤锻次数过多，坯料温度下降，增加变形抗力，也无法使锻件成型。

11.4　制坯模膛设计

锻件的外形基本上确定了终锻时金属的流动情况及终锻前的工步选择（图 11-10）。表 11-11 为制坯模膛的设计。

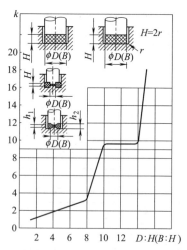

图 11-10　锻件尺寸系数与 D/H 的关系

表 11-11 制坯模膛的设计

模膛形式	简 图	设 计 要 求	特 点
开式拔长模膛		①拔长坎高 a 只需拔长时：$a = k_1 d_{min} = k_1 \sqrt{F_{min}}$ 拔长后再滚压：$a = k_2 \sqrt{\dfrac{V_{杆}}{L_{杆}}}$ 式中 k_1, k_2——系数，按表1查取； d_{min}——毛坯杆部最小直径，mm； $V_{杆}$——毛坯杆部体积（包括飞边体积），mm³； $L_{杆}$——毛坯杆部长度，mm。 表1 系数 k_1, k_2 值 | $L_{杆}$/mm | <200 | 200~500 | >500 | | k_1 | 0.85 | 0.8~0.75 | 0.7 | | k_2 | 0.9 | 0.85 | 0.8 | ②拔长坎长度 C $C = k_3 d_{坯}$ 式中 k_3——系数，按表2查取； $d_{坯}$——毛坯直径，mm。 表2 系数 k_3 值 | $L_{始}/d_{坯}$ | <1.2 | (>1.2~1.5) | (>1.5~3) | (>3~4) | >4 | | k_3 | 0.8~1 | 1.1 | 1.3 | 1.5 | 2 | $L_{始}$——拔长前坯料长度。 ③半径 R 与 R_1 $R = 0.25C$ $R_1 = 2.5C = 10R$ ④拔长模膛宽度 B $B = k_4 d_{坯}$（不得小于 45mm） 式中 k_4——系数，按表3查取，直排时取大值，斜排时取小值 表3 系数 k_4 值 | $d_{坯}$/mm | <40 | 40~80 | >80 | | k_4 | 1.7~2 | 1.5~1.7 | 1.3~1.5 | ⑤拔长横膛长度 L $L = L_{杆} + (5~10)$ ⑥拔长模膛深度 h_1 和 h_2 杆部无小头：$h_1 = 2a_{杆}$ 杆部有小头：$h_1 = 1.2 d_{小头}$ $h_2 = d_{坯} + 10$ ⑦斜排时，模膛中心线与燕尾中心线的夹角 α 一般为 10°、12°、15°、18°、20°	模膛中心线与燕尾中心线平行，模膛截面形状为矩形，一侧边缘开通。模膛结构简单，制造方便，应用较广泛，但生产效率低
闭式拔长模膛			模膛中心线与燕尾中心线平行，其截面形状呈椭圆形，边缘封闭。这种模膛拔长效率高，毛坯光滑，其操作要求较高，但毛坯易弯曲。适用于拔长部分的长度 $L_{拔}$ 与拔长部分的原宽度 $a_{杆}$ 之比大于15，需高效拔长的细长锻件
斜排式拔长模膛			模膛中心线与燕尾中心线成一定夹角 α，模膛位于锻模前右侧。适用于模膛数量较多，布排较紧的锻模。但对拔长后的坯料长度不易控制
拔长台		长度：$L = L_{杆} + 10$ 宽度：$B = (1.4~1.6) d_{坯}$ 式中 $L_{杆}$——锻件杆部长度，mm； $d_{坯}$——坯料直径，mm。 R 根据 $d_{坯}$ 按表4确定。 表4 R 值 mm | $d_{坯}$ | <30 | >30~60 | >60~100 | >100 | | R | 10 | 15 | 20 | 25 |	当毛坯拔长部分的尺寸 $L_{杆} < 1.2 d_{坯}$ 时，应采用拔长台，可在锻模分模面的前面留出一位置或在模膛之间留出一定宽度 B，并将边缘倒成圆角 R。拔长台可根据锻件的形状，制出一定的斜度，使拔长较方便

续表

模膛形式	简图	设计要求	特点
滚压模膛	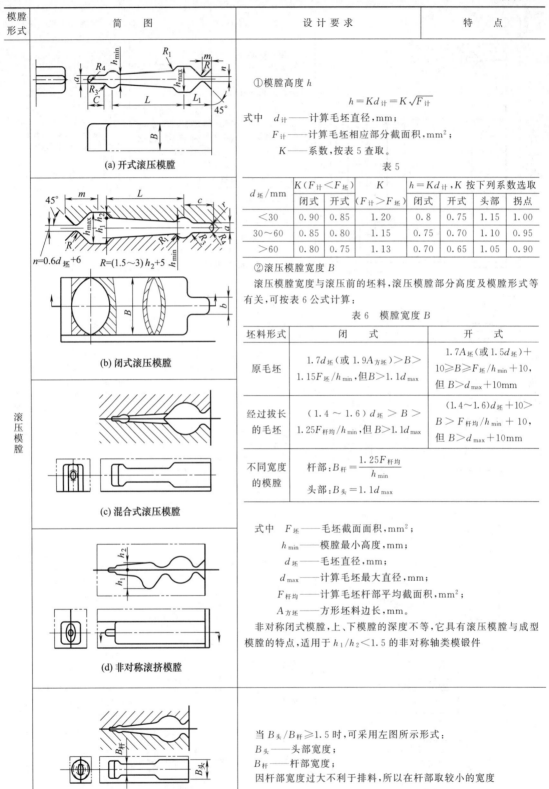 (a) 开式滚压模膛 (b) 闭式滚压模膛 (c) 混合式滚压模膛 (d) 非对称滚挤模膛 (e) 不等宽闭口式滚压模膛	①模膛高度 h $$h = K d_计 = K\sqrt{F_计}$$ 式中 $d_计$——计算毛坯直径，mm； 　　$F_计$——计算毛坯相应部分截面积，mm²； 　　K——系数，按表5查取。 表5 | $d_坯/\text{mm}$	$K(F_计<F_坯)$ 闭式	开式	K ($F_计>F_坯$)	$h=Kd_计$，K 按下列系数选取 闭式	开式	头部	拐点
---	---	---	---	---	---	---	---
<30	0.90	0.85	1.20	0.8	0.75	1.15	1.00
30~60	0.85	0.80	1.15	0.75	0.70	1.10	0.95
>60	0.80	0.75	1.13	0.70	0.65	1.05	0.90 | ②滚压模膛宽度 B 滚压模膛宽度与滚压前的坯料、滚压模膛部分高度及模膛形式等有关，可按表6公式计算： 表6　模膛宽度 B | 坯料形式	闭　式	开　式
---	---	---
原毛坯	$1.7d_坯$（或 $1.9A_方坯$）$>B>$ $1.15F_坯/h_{\min}$，但 $B>1.1d_{\max}$	$1.7A_坯$（或 $1.5d_坯$）$+$ $10{\geqslant}B{\geqslant}F_坯/h_{\min}+10$，但 $B>d_{\max}+10\text{mm}$
经过拔长的毛坯	$(1.4\sim1.6)d_坯>B>$ $1.25F_杆均/h_{\min}$，但 $B>1.1d_{\max}$	$(1.4\sim1.6)d_坯+10>$ $B>F_杆均/h_{\min}+10$，但 $B>d_{\max}+10\text{mm}$
不同宽度的模膛	杆部：$B_杆=\dfrac{1.25F_杆均}{h_{\min}}$ 头部：$B_头=1.1d_{\max}$		 式中　$F_坯$——毛坯截面面积，mm²； 　　$h_{\min}$——模膛最小高度，mm； 　　$d_坯$——毛坯直径，mm； 　　$d_{\max}$——计算毛坯最大直径，mm； 　　$F_{杆均}$——计算毛坯杆部平均截面积，mm²； 　　$A_{方坯}$——方形坯料边长，mm。 非对称闭式模膛，上、下模膛的深度不等，它具有滚压模膛与成型模膛的特点，适用于 $h_1/h_2<1.5$ 的非对称轴类模锻件 当 $B_头/B_杆{\geqslant}1.5$ 时，可采用左图所示形式： $B_头$——头部宽度； $B_杆$——杆部宽度。 因杆部宽度过大不利于排料，所以在杆部取较小的宽度

续表

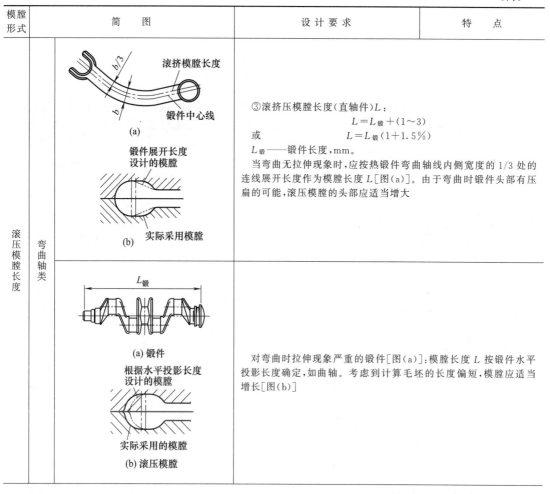

模膛形式	简图	设计要求	特点
滚压模膛长度	弯曲轴类	③滚挤压模膛长度（直轴件）L： $L = L_{锻} + (1\sim3)$ 或 $L = L_{锻}(1+1.5\%)$ $L_{锻}$——锻件长度，mm。 当弯曲无拉伸现象时，应按热锻件弯曲轴线内侧宽度的1/3处的连线展开长度作为模膛长度L[图(a)]。由于弯曲时锻件头部有压扁的可能，滚压模膛的头部应适当增大	
		对弯曲时拉伸现象严重的锻件[图(a)]：模膛长度L按锻件水平投影长度确定，如曲轴。考虑到计算毛坯的长度偏短，模膛应适当增长[图(b)]	

④钳口和尾部飞边槽部分尺寸[见开式滚挤槽图(a)]：

a. 钳口尺寸按下式确定：

$$h = 0.2d_{坯} + 6$$
$$m = (1\sim2)h$$
$$R = 0.1d_{坯} + 6$$

b. 型槽尾部飞边槽尺寸按表7选定：

表7 尾部飞边槽尺寸　　　　　mm

模具结构	$d_{坯}$	a	C	R_3	R_4
无切刀	<30	4	20	5	4
	>30～60	6	25	5	6
	>60～100	8	30	10	8
	>100	10	35	10	10
有切刀	<30	6	25	5	6
	>30	8	30	5	8

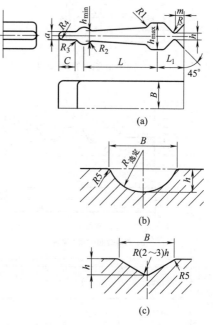

闭式滚挤模膛的断面有两种形状：一种为圆弧形断面，如图(b)所示，由宽度B和高度h的确定，得到三点，并通过这三点做成圆弧。另一种形状为棱形断面，如图(c)所示，当$d_{坯}$小于80mm，滚挤模膛杆部宜采用圆弧形；$d_{坯}$大于80mm，采用棱形，以增强滚挤效果，而模膛头部宜做成圆弧形。

续表

模膛形式	简 图	设 计 要 求	特 点
卡压模膛	（锻件、压肩毛坯示意图）	a. 模膛高度 h 计算式： $$h = kd_{计}$$ 式中 k——经验系数，按表8选取。 表8 经验系数 k | $d_坯$/mm	<30	30～60	>60
杆部	0.75	0.65	0.6
头部	1.0	1.05	1.1	 b. 模膛宽度 B： $$B = F_坯/h_{min} + (5 \sim 10)$$ $$B \leqslant 1.5 d_坯 \text{（或 } 1.7 F_坯\text{）}$$ c. 模膛其他尺寸： $$R = 0.2 d_坯 + 5 \text{mm}$$ $$n = (0.2 \sim 0.3) d_坯$$ $$m = (1 \sim 2) n$$ $$a = 0.1 d_坯 + 3 \text{mm}$$ $$c = 0.3 d_坯 + 15 \text{mm}$$ R_3、R_4 同滚压模膛	卡压模膛也称为压肩模膛，其作用使毛坯的宽度增大，高度略有减小，而头部得到少量聚料；卡压后的毛坯不翻转，可直接放入终锻或预锻模膛。 卡压模膛分开式和闭式两种，开式应用较广，制造也方便。其设计依据与滚挤模膛设计相同，可按计算毛坯图确定型槽各部分的高度尺寸。 式中 $d_坯$——毛坯直径 $F_坯$——毛坯截面积 h_{min}——型槽最小高度
弯曲模膛	(a) 自由弯曲的弯曲模膛 (b) 夹紧弯曲的弯曲模膛	a. 模膛高度 h 弯曲模膛高度 h 应比锻件相应位置的宽度 b 略减小，可按下式取： $$h = b_锻 - (2 \sim 10) \text{ 或}$$ $$h = (0.8 \sim 0.9) b_锻$$ 式中 $b_锻$——锻件在分模面上相应位置的宽度，mm。 b. 模膛宽度 B 采用原坯料弯曲时： $$B = F_坯/h_{min} + (10 \sim 20)$$ 式中 $F_坯$——原坯料横截面积，mm²； h_{min}——弯曲模膛最小高度，mm。 采用拔长或滚挤后的坯料弯曲时： $$B = F_1/h_{min} + (10 \sim 20)$$ 但 $B \geqslant F_{max}/h_2 + (10 \sim 20)$ 式中 F_1——弯曲模膛最小高度处毛坯截面积，mm²； F_{max}——弯曲毛坯最大截面积，mm²； h_2——弯曲毛坯最大截面积处的模膛高度，mm。 c. 凹槽深度 h_1 $$h_1 = (0.1 \sim 0.2) h$$ d. 弯曲模膛上下模突出分模面的高度应基本相等，即 $Z_1 = Z_2$	弯曲模膛用来使坯料获得与锻件水平面投影相似的形状，其变形程度比成型模膛变形大，但没有聚料作用，放入锻模膛时需要翻转90°。自由弯曲模膛，一般只有一个弯曲角，坯料拉伸不明显，适用于圆辊形弯曲锻件。 夹紧弯曲模膛使坯料在弯曲时拉伸变形较大，且弯曲时兼有成型，适用于多个拐弯并具有急突弯曲的锻件，如多拐曲轴

上下模间隙 Δ /mm	锻锤吨位	1	1～1.5	2～2.5	3～4	5～8	10～16
	间隙 Δ	3	4	5	6	7	9

续表

模膛形式	简 图	设计要求	特 点
弯曲模膛形状	图1 弯曲模膛的定位挡料台 图2 弯曲模膛定位支承 图3 弯曲模膛急突转角形状 (a)折叠在锻件和飞边上　(b)折叠在飞边上	弯曲模膛的钳口部分尺寸： 钳口高度：$h=(0.2\sim0.3)d_{坯}$ 钳口圆角：$R=0.2d_{坯}+5$ 钳口其他尺寸与滚压模膛相同	
镦粗台	（A—A剖视图及俯视图）	a. 坯料镦粗后直径 d： 　　$d \geqslant (D_1+D_2)/2$ b. 坯料镦粗后高度 h：$h=\dfrac{4V_{坯}}{\pi d^2}$ c. 键槽中心的位置：$\dfrac{B-b}{b}<1.4$ d. 燕尾槽中心的位置：$\dfrac{L_1}{L-L_1}<1.4$ e. 镦粗后坯料到各边的距离： 　　$C=10\sim15$mm 　　$C_1=5\sim10$mm 　　$C_2=15\sim20$mm 边缘倒角 R：$R=8\sim10$mm 式中　D_1——锻件外径，mm； 　　　D_2——锻件外环内径，mm； 　　　h——坯料镦粗后高度； 　　　$V_{坯}$——坯料体积(包括飞边)，mm； 　　　B——模块宽度，mm； 　　　b——键槽中心线与模块右侧的距离，mm； 　　　L——模块厚度，mm； 　　　L_1——燕尾槽中心线与模块前面的距离，mm； 　　　C,C_1,C_2——镦粗后坯料到各边的距离，mm	用于圆饼类锻件，使坯料高度减小，增大水平尺寸，以减少坯料在终锻槽中的锤击次数，并有利于金属充满模膛和提高模具寿命，防止终锻时产生折叠，同时还有去除氧化皮的作用
压扁台		a. 压扁台的长度 L_1： 　　$L_1=L_{坯}+40$ b. 压扁台的宽度 B_1： 　　$B_1=B_{坯}+20$ 或　$B_1=(1.2\sim1.5)D_{坯}$ 式中　$L_{坯}$——压扁后坯料的长度，mm 　　　$B_{坯}$——压扁后坯料的宽度，mm 　　　$D_{坯}$——坯料直径，mm	压扁台适用于长轴线类、扁宽形状的锻件，在终锻前的压扁制坯，压扁以增大坯料宽度，压扁台一般设置在模膛的左边，为了减少锻模尺寸，也可利用部分飞边槽仓部

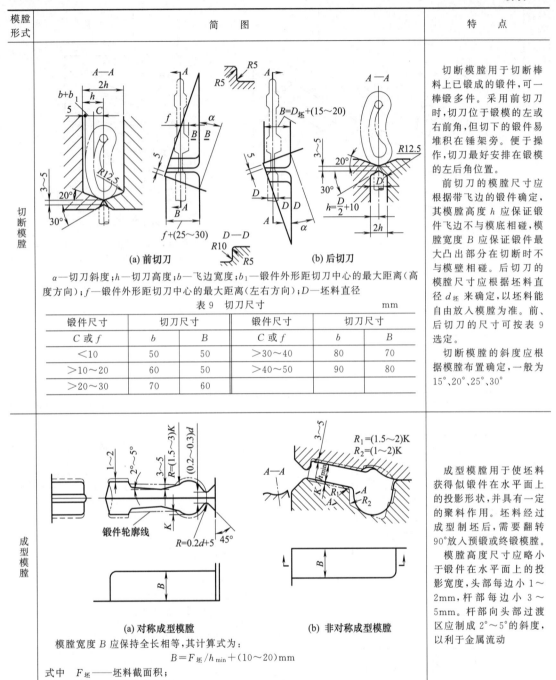

模膛形式	简图	特点
切断模膛	(a) 前切刀　(b) 后切刀 α—切刀斜度；h—切刀高度；b—飞边宽度；b_1—锻件外形距切刀中心的最大距离(高度方向)；f—锻件外形距切刀中心的最大距离(左右方向)；D—坯料直径 表9　切刀尺寸　　　　　　　　　　mm <table><tr><td>锻件尺寸</td><td colspan="2">切刀尺寸</td><td>锻件尺寸</td><td colspan="2">切刀尺寸</td></tr><tr><td>C 或 f</td><td>b</td><td>B</td><td>C 或 f</td><td>b</td><td>B</td></tr><tr><td><10</td><td>50</td><td>50</td><td>>30～40</td><td>80</td><td>70</td></tr><tr><td>>10～20</td><td>60</td><td>50</td><td>>40～50</td><td>90</td><td>80</td></tr><tr><td>>20～30</td><td>70</td><td>60</td><td></td><td></td><td></td></tr></table>	切断模膛用于切断棒料上已锻成的锻件，可一棒锻多件。采用前切刀时，切刀位于锻模的左或右前角，但切下的锻件易堆积在锤架旁。便于操作，切刀最好安排在锻模的左后角位置。前切刀的模膛尺寸应根据带飞边的锻件确定，其模膛高度 h 应保证锻件飞边不与模底相碰，模膛宽度 B 应保证锻件最大凸出部分在切断时不与模壁相碰。后切刀的模膛尺寸应根据坯料直径 $d_坯$ 来确定，以坯料能自由放入模膛为准。前、后切刀的尺寸可按表9选定。切断模膛的斜度应根据模膛布置确定，一般为 $15°、20°、25°、30°$
成型模膛	(a) 对称成型模膛　(b) 非对称成型模膛 模膛宽度 B 应保持全长相等，其计算式为： $B = F_坯/h_{min} + (10～20)\,\mathrm{mm}$ 式中　$F_坯$——坯料截面积； 　　　h_{min}——模膛最小高度	成型模膛用于使坯料获得似锻件在水平面上的投影形状，并具有一定的聚料作用。坯料经过成型制坯后，需要翻转90°放入预锻或终锻模膛。模膛高度尺寸应略小于锻件在水平面上的投影宽度，头部每边小1～2mm，杆部每边小3～5mm。杆部向头部过渡区应制成2°～5°的斜度，以利于金属流动

11.5　终锻模膛设计

11.5.1　热锻件图

热锻件图是用来加工和检验终锻模膛的依据，它与冷锻件图的区别在于尺寸的标注和加放收缩量，对热锻件图的要求见表11-12。

表11-12 绘制热锻件图的相关要求

序号	项 目	要求及注意事项
1	热锻件图的尺寸标注	①热锻件图上的尺寸标注，在高度方向上的尺寸是以锻模的分模面为基准标注的，以便加工和检验。 ②对非平面分模的锻件，应将分模线的形状绘出，并在各转折的交点处标注尺寸，而对非交点的连接也需表示其起止点。 ③有内孔的锻件应将连皮形状及尺寸标注。 ④由于金属的热胀冷缩，热锻件图上的尺寸应比冷锻件图的相应尺寸适当增大，即加放收缩量
2	加放收缩率	锻件加放收缩率的计算式： $L = L_1 + (1+\delta)$ 式中 L——锻件尺寸 L_1——冷锻件尺寸 δ——终锻温度下的金属收缩率，见表1 表1 锻件材料收缩率 | 材料名称 | 收缩率/% | 材料名称 | 收缩率/% | |---|---|---|---| | 碳钢、低碳钢 | 0.8~1.5 | 钛合金 | 0.5~0.9 | | | | 镁合金 | 0.7~0.8 | | 不锈钢 | 1.0~1.8 | 铝合金 | 0.6~1.0 | | 铜合金 | 0.6~1.3 | 镍基高温合金 | 1.3~1.8 | 锻件材料的收缩率计算式： ① $\delta = a_1 t_1 \times 100\%$ ② $\delta = [a_1 t_1 - a_2 t_2] \times 100\%$ ③ $\delta = [a_1(t_1-t_0) - a_2(t_2-t_0)] \times 100\%$ 式中 δ——收缩率 a_1——终锻温度下锻件材料的平均线胀系数 a_2——模具钢加热温度下的线胀系数 t_0——室温 t_1——锻件从模具中取出时的温度 t_2——模锻过程中模具应保持的加热温度
3	热锻件图要求及注意事项	①锻件尺寸较大的、厚度较厚的应取较大收缩率，内径或较薄处取较小的收缩率，长而细或宽而薄的锻件，在模锻中冷却较快，其收缩率应当减小。 ②无坐标中心的圆角半径可不加收缩率。 ③需要在终锻模膛中进行校正的锻件，其收缩率根据校正中的温度高低适当减小。 ④在模膛的易磨损处，可在锻件负公差范围内增加磨损量，以提高模具寿命。 ⑤形状复杂的锻件不能保证坯料在下模膛或切边凹模中准确定位时，应在热锻件图上增设定位块，然后在切边或加工时去除。 ⑥由于下模膛底部易聚积氧化皮，而造成充型不满，为了避免锻件产生缺陷，可在模膛底部加深2mm左右。 ⑦若锻锤吨位不足或过大时，易产生锤击面欠压或塌陷现象，故应在热锻件高度方向上的尺寸减小或增大，其增大值应控制在尺寸公差范围内

模锻件图例如图11-11所示。

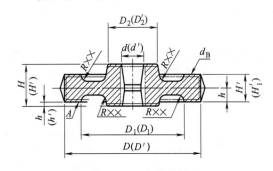

图11-11 模锻件图

注：图中带括号尺寸为锻件尺寸，不带括号尺寸为工件尺寸。

技术条件

1. 未注出锻模斜度××，圆角半径R××mm。
2. 热处理 HB：××。
3. 毛刺不大于××mm。
4. 表面缺陷深度：①不加工表面不大于××mm。
   ②加工表面大于实际余量的1/2。
5. A平面的不平度不大于××mm。
6. 错移不大于××mm。
7. 尺寸按交点注。

11.5.2 飞边槽

1）飞边槽的设计形式见表11-13。

表 11-13 终锻模飞边槽设计形式

序号	截面简图	特 点	应 用 范 围
Ⅰ		飞边槽的桥部在上模,与坯料接触受热时间短,温度较低,故桥部不易过热和磨损	一般锻模常采用这种形式
Ⅱ		当锻件在上模部分形状较复杂或整个锻件位于下模时,可简化切边凸模形状或锻模的加工	适用于不对称的锻件,切边时需要将锻件翻转180°
Ⅲ		飞边槽的仓部较大,能容纳较多的金属	适用于形状复杂和大型的锻件或坯料尺寸偏大的情况
Ⅳ		在飞边槽桥部设有阻力沟,增大水平方向的阻力,以迫使金属充满深而复杂的模膛	一般仅用于锻件形状复杂难以充满的局部位置,如高筋、叉口与枝芽等处

2) 确定飞边槽尺寸,可按两种方法。

① 吨位法。按锻锤吨位确定飞边槽尺寸,见表 11-14。

表 11-14 飞边槽尺寸 mm

锻锤吨位/kN	h	b	b_1	h_1	r	$F_飞/mm^2$
10(1t)	1.0~1.6	8	22~25	4	1.0	100~126
15(1.5t)	1.6~2	8	25~30	4	1.0	—
20(2t)	1.8~2.2	10	25~30	4	1.5	134~168
30(3t)	2.5~3.0	12	30~40	5	1.5	207~285
50(5t)	3.0~4.0	12~14	40~50	6	2.0	320~440
100(10t)	4.0~6.0	14~16	50~60	8	2.5	528~728
160(16t)	6.0~9.0	16~18	60~80	10	3.0	833~1219

注:1. 锤吨位偏大时,h 应当减小;锤吨位偏小时,h 应当增大。
2. 锻件复杂时,b、b_1 应当增大。

② 计算法。采用经验公式计算飞边槽高度,然后按表 11-15,查取其他尺寸。

$$h_飞 = 0.015\sqrt{F_件}$$

式中 $F_件$——锻件在水平面上的投影面积。

表 11-15 中宽度尺寸分为 3 组,与锻件的形状复杂程度有关。宽度第一组尺寸用于镦粗法充填锻件,如图 11-12(a)所示;第二组用于压入法成型锻件,如图 11-12(b)所示;第三组用于复杂程度高的锻件成型,如图 11-12(c)所示。

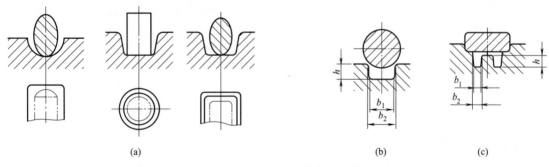

图 11-12 镦粗成型、压入成型和复杂程度高的锻件成型

表 11-15 按计算法确定飞边槽尺寸　　　　　　　　　　　　　　　　　　　　　mm

序号	高度尺寸		b_1			第一组			第二组			第三组		
	h	h_1	<20	20~40	>40	b	b_1	$F_{飞}/\text{mm}^2$	b	b_1	$F_{飞}/\text{mm}^2$	b	b_1	$F_{飞}/\text{mm}^2$
				r										
1	0.6	3	1	1	1.5	6	18	52	6	20	61	8	22	74
2	0.8	3	1	1.5	1.5	6	20	69	7	22	77	9	25	88
3	1.0	3	1	1.5	2	7	22	80	8	25	91	10	28	104
4	1.6	3.5	1	1.5	2	8	22	102	9	25	113	11	30	155
5	2.0	4	1.5	2	2.5	9	25	136	10	28	153	12	32	177
6	3.0	5	1.5	2	2.5	10	28	201	12	32	233	14	38	278
7	4.0	6	2	2.5	3	11	30	268	14	38	344	16	42	385
8	5.0	7	2	2.5	3	12	32	343	15	40	434	18	46	506
9	6.0	8	2.5	3	3.5	13	35	435	16	42	530	20	50	642
10	7.0	10	3	3.5	4	14	38	601	18	46	745	22	59	903
11	8.0	12	3	3.5	4	15	40	768	20	50	988	25	60	1208

3) 叶片类锻件飞边槽。

① 普通型飞边槽。其结构与一般锻件采用的飞边槽相同，如图 11-13 所示。可参考表 11-16 中的数据制定。当桥部高度 h 在 0.5mm 以上，若叶片进排气边圆弧半径小于 0.5mm，飞边阻力不足，切边时容易产生畸变。

② 精锻型飞边槽。适合于钢和铝合金叶片的精锻，在结构上与普通型飞边槽有明显的区别，如图 11-14 所示。这种精锻型飞边槽，首先在型面放大图上作进排气边的圆①，由圆心向里延长 e 作圆②与上、下型面相切。弦长小于 25mm 时，取 $e=(10\%\sim15\%)l$；弦长大于 25mm 时，取 $e=(5\%\sim10\%)l$。作圆①与②的圆心连线并向外延伸 2mm 作圆③，其直径即飞边槽高度 h，$h=0.3\sim1.0$mm，根据叶片大小而定。当精锻叶片进排气边的圆弧直径小于 0.3mm，故应从圆③至圆①无法作出共切线相连，而只能与上、下型面线交于 Q 点。为保证叶片精度，交点 Q 与圆①端点的距离不应大于 1mm。

表 11-16 普通型飞边槽尺寸　　　　　　　　mm

材　料	h	b
钢	0.5~1.0	2.5~7.0
钛合金	0.5~0.9	1.5~4.0
铝合金	0.75	1.5~2.5

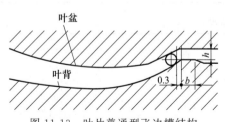

图 11-13　叶片普通型飞边槽结构

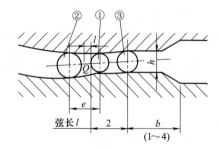

图 11-14　叶片精锻型飞边槽结构

11.5.3　钳口

终锻模膛和预锻模膛前端特制的凹腔称为钳口。它用于锻造中放置夹钳，便于用夹钳将锻件从模膛中取出。在制造锻模时，也可用来浇铅或金属盐的浇口，以便检查模膛的形状与尺寸。

钳口与模膛间相连接的沟槽称为钳口颈。它也是浇铅或金属盐的浇道，并增强了锻件与钳夹头连接的刚度。常用的普通钳口形式，在锻件质量小于10kg的情况下采用，见图11-15。钳口的尺寸按夹头直径d选定，见表11-17和表11-18。若夹头需要拔长变细，应以拔长后的直径来选择钳口尺寸。

调头模锻时，钳口尺寸应满足放置坯料和锻件头部（包括飞边）的要求。

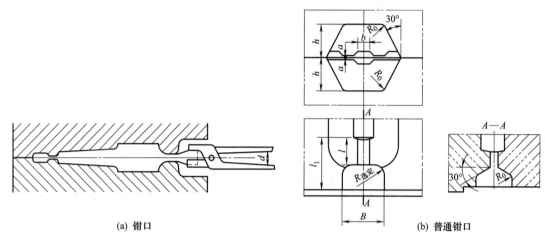

(a) 钳口　　　　　　　　　　　　　　　(b) 普通钳口

图 11-15　常用的钳口形式

表 11-17　钳口尺寸　　　　　　　　　　　　mm

钳夹头直径 d	B	h	R_0
<18	50	20	10
>18～28	60	25	10
>28～35	70	30	10
>35～40	80	35	15
>40～50	90	40	15
>50～55	100	45	15
>55～60	110	50	15
>60～65	120	55	15
>65～75	130	60	15
>75～85	140	65	20
>85～90	150	70	20
>95～105	160	75	20
>105～115	170	80	20

表 11-18　钳口颈尺寸　　　　　　　　　　　　mm

锻件质量/kg	b	a	l
<0.2	6	1	
>0.2～2.0	8	1.5	
>2.0～3.5	8	2	$l \geqslant 0.5 S_0$
>3.5～5.0	10	2.5	S_0——锻模外壁最小厚度
>5.0～6.5	10	3	
>6.5～8.0	12	3.5	
>8.0～10.0	14	4	

模锻无须用夹钳时，钳口仅作为出模和浇口用，可按图11-16和表11-19设计。若钳口只用作浇口，其宽度$B=G+30$mm。式中，G为锻件质量kg，以1kg按1mm计算。

表 11-19 特殊钳口宽度 B

锻锤吨位/t	<2	>2~3	>3~5	>5~10
钳口宽度 B/mm	60	80	100	120

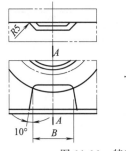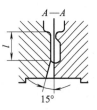

图 11-16 特殊钳口

若锻件质量 G 大于 10kg,则钳口做成圆形,见图 11-17。钳口颈直径 $D=0.2G+10$ mm,但不应大于 30mm,l_1 和 l 由设计选定。

当终锻模膛与预锻模膛的钳口之间的壁厚 $c<15$ mm 时,为便于加工,可开通成一个大钳口,即为共用钳口,见图 11-18。

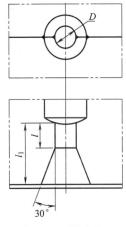

图 11-17 圆形钳口

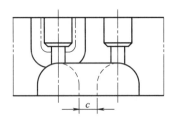

图 11-18 共用钳口

11.6 预锻模膛设计

预锻模用于改善终锻时金属的流动条件以保证终锻模膛充满,避免锻件上产生折叠减小锻模的磨损,提高模具寿命。是否采用预锻模,应根据具体情况而定。如锻件带有高筋、枝芽、深孔及腹板较宽等难以成型的部位时,应采用预锻模,见表 11-20。但增设预锻模的缺点是:在终锻时产生偏心打击,易出现上下模膛错移;模块尺寸增大;对于宽度较大的锻件,需要采用两套锻模,需在两台锻锤上联合锻造,增加了设备数量,降低了生产率。

表 11-20 预锻模膛设计

序号	项目	简图	设计要点	说明
1	模膛高度与截面面积	预锻与终锻模膛形状的差别	①预锻模膛的高度一般较终锻模大 2~5mm;其宽度比终锻模小 1~2mm。 ②预锻模膛的截面积为: $F_{预}=F_{终}+(0.2\sim1)F_{飞}$	式中 $F_{预}$——预锻模膛的横截面积,mm^2 $F_{终}$——终锻模膛的横截面积,mm^2 $F_{飞}$——飞边槽截面积,mm^2

序号	项目	简图	设计要点	说明
1	模锻斜度与圆角半径(1)	预锻模与终锻模的尺寸关系	在终锻模膛具有较深较窄的部位时,为减小金属的流动阻力,易于充填模膛。故对预锻膛难以充满的部位应增大斜度,模膛斜度可按表1值适当增大。 表1 模膛斜度 终锻模膛 3° 5° 7° 10° 12° 预锻模膛 5° 7° 10° 12° 15° 预锻模增大斜度后不易充满模膛,须增大圆角半径R_1,其计算式: $R_1 = R + c$ R——终锻膛的圆角半径,mm; c——系数,按表2选取 表2 系数 c 值 型槽深度/mm: <10, >10~25, >25~50, >50 c: 2, 3, 4, 5	为便于制造,预锻模膛的模锻斜度应与终锻模膛相同。对于较难成型的模膛斜度可增大,而对于预锻模膛中依靠压入成型的部位,则斜度应保持不变,而凸筋高度应比终锻模膛相应部位小些,即 $h' = (0.8\sim0.9)h$。当凸筋的高宽比 h/a 较小时,取大系数,反之,取小系数。凸筋的顶部宽度相同,即 $a' = a$,且模锻斜度相同时,凸筋的底宽为 $c' < c$。为了使终锻时凸筋部金属流动顺利,应适当加大底部的圆角半径 R'
2	模锻斜度与圆角半径(2)	(a) 预锻模膛水平面上拐角处的圆角形式 (b) 带枝芽锻件的预锻模膛	预锻模的周围一般不设飞边槽,可在模膛沿分形面的转角处采用较大的圆角R_1相连接,即按下列公式计算: $R_1 = R + C'$ 式中 R_1——预锻模膛圆角半径,mm; R——终锻模膛沿飞边转角处的圆角半径,mm; C'——系数,按表3查取 表3 系数 C' 值 模膛深度/mm: <10, 11~20, 21~40, 41~60 C': 2, 3~4, >4~6, >6~8	①对于水平面投影截面尺寸突然变化的锻件[见图(a)],预锻模拐角处的圆角半径应适当增大。使坯料变形逐渐过渡,避免终锻时在此处产生折叠。 ②对于带有枝芽的锻件,如枝芽仅高度较小突出部分[图(a)],终锻成型时,为避免产生折叠,在预锻时可以简化或不锻出;枝芽较长的,预锻模的枝芽形状可简化,并增大圆角半径,还可在分模面上增设阻尼沟,以增大预锻时金属流向飞边槽的阻力[见图(b)]

续表

序号	项目	简图	设计要点	说明
3	劈料台的形式与尺寸	(a) (b) (c) 预锻模膛的简化设计	左图中相关尺寸按下式计算： $A=0.25B$ $8<A<30$ $h=(0.4\sim0.7)H$ $\alpha=10°\sim45°$ 当 $\alpha>45°$ 时，建议采用图(b)的形式	锻件的叉形部分在终锻时充不满模膛，预锻时必须在预锻模设置的劈料台上将金属劈开挤向两侧，流入叉部模膛内。以利于终锻时金属充满模膛。劈料台的结构形式见图(a)适用于一般情况，而图(b)适用于较窄的叉部或 $\alpha>45°$ 时选用
4	工字形截面锻件的预制模膛	制坯 / 预锻 / 终锻 工字截面的不同预锻方法		带工字截面锻件的预锻应根据凸筋的相对高度 h/b 值的大小，采用不同的预锻形式。其目的在于改善金属流动，避免产生折叠
		椭圆形截面（预锻 终锻）	该模膛用于 $\dfrac{h}{b}\leqslant1$ 两端较易充满的情况，模膛的尺寸应满足 $F_1=F_2$	F_1——终锻模膛截面积，mm^2 F_2——预锻模膛截面积，mm^2
		长方形截面（终锻 预锻）	该预锻模膛用于 $\dfrac{h}{b}\leqslant2$ 的情况，模膛尺寸按下式确定 $B_2=B_1-(2\sim6)$ $H_2=F_1/B_2$	B_1——终锻模膛宽度，mm B_2——预锻模膛宽度，mm b——终锻件凸肩宽度，mm h_1——终锻模膛厚度，mm h_2——预锻模膛深度，mm h_3——预锻模膛压不足的高度，锻锤小于3t时，$h_3=1.5\sim3.5$，mm h_4——预锻模膛深度，mm H_2——预锻模膛高度，mm
		圆深形工字截面（终锻 预锻）	该模膛形式用于 $\dfrac{h}{b}>2$ 时，模膛的尺寸按下式确定： $F_2=F_1-F_3$ $F_3=h_3B_2$ 预锻模膛深度：$h_2=h_1-h_3$ 预锻模膛宽度： $B_2=B_1-(1\sim3)$ h_4 则根据面积相等原则，以圆滑曲线用作图法求得	

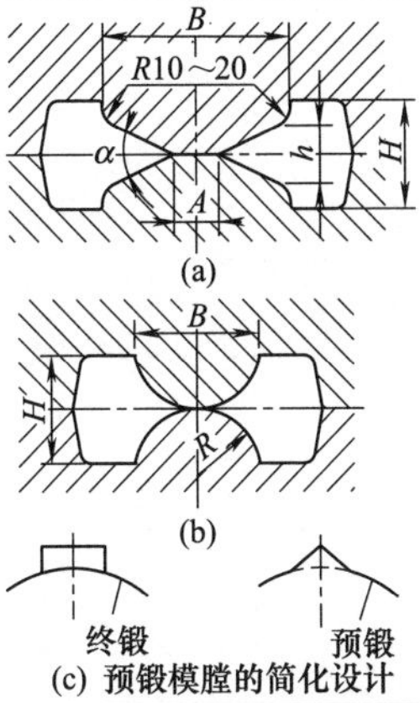

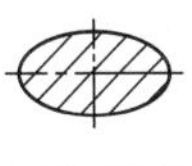

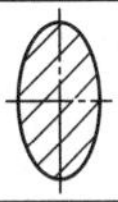

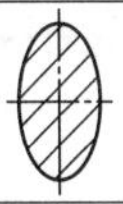

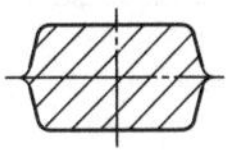

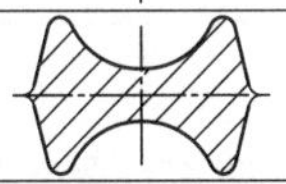

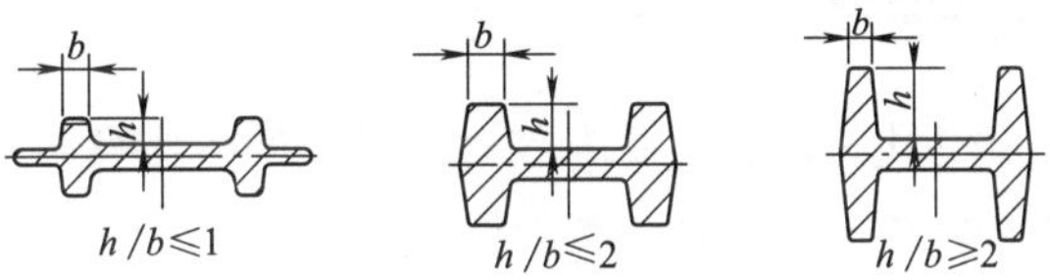

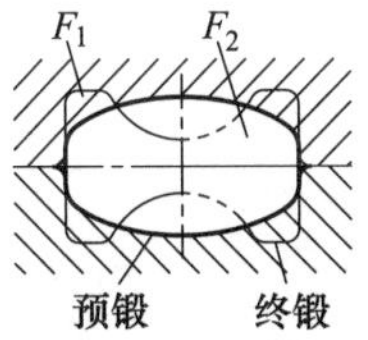

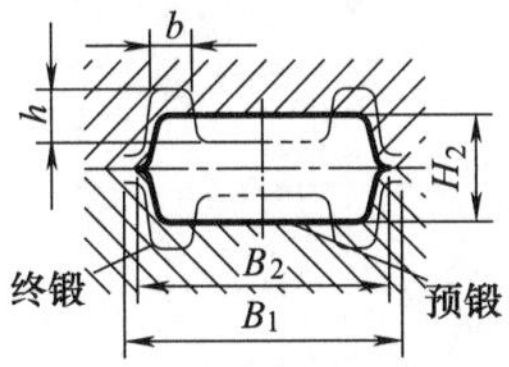

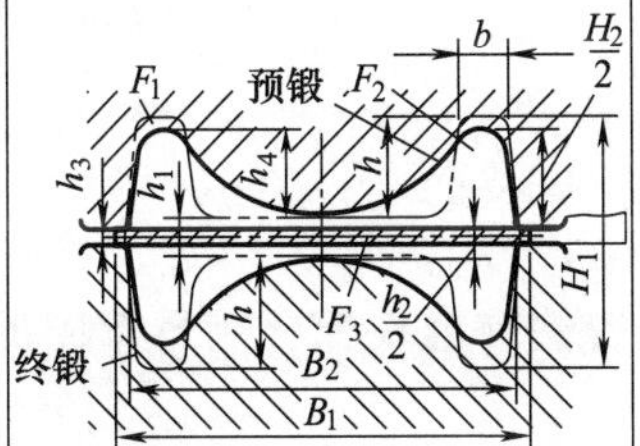

续表

序号	项目		简图	设计要点	说明
4	工字形截面锻件的预制模膛	工字形截面铝合金锻件	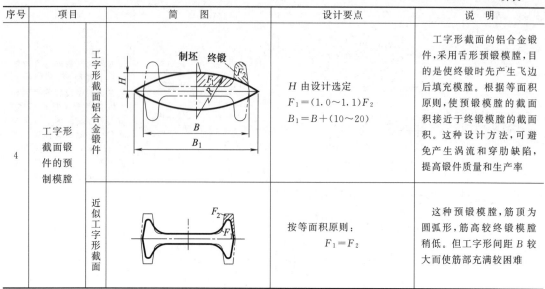	H 由设计选定 $F_1=(1.0\sim1.1)F_2$ $B_1=B+(10\sim20)$	工字形截面的铝合金锻件,采用舌形预锻模膛,目的是使终锻时先产生飞边后填充模膛。根据等面积原则,使预锻模膛的截面积接近于终锻模膛的截面积。这种设计方法,可避免产生涡流和穿肋缺陷,提高锻件质量和生产率
		近似工字形截面		按等面积原则: $F_1=F_2$	这种预锻模膛,筋顶为圆弧形,筋高较终锻模膛稍低。但工字形间距 B 较大而使筋部充满较困难

11.7 锤上锻模结构设计

锻模结构的设计是整个模具设计的重要内容,它对锻件的质量、生产率、劳动强度、锻模和锻锤的使用寿命以及模具加工等都有很大的影响。

根据锻件的形状和复杂性来确定锻模的结构形式,常见锻模有整体式和镶块式,为便于磨损的镶块更换,采用楔铁或热套紧固在模块本体上,见图11-19和图11-20。

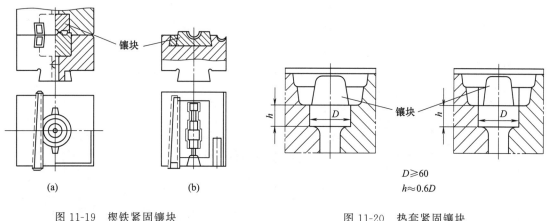

图 11-19 楔铁紧固镶块

图 11-20 热套紧固镶块

$D \geqslant 60$
$h \approx 0.6D$

11.7.1 锻模紧固方法

锻模紧固在锻锤的下模座和锤头上,采用楔铁和键块配合燕尾紧固的方法,见图11-21,使安装调试方便。

锻锤的安装锻模空间尺寸、锻模的燕尾尺寸和锤楔尺寸分别列于表11-21~表11-23。但是安装用的上、下模楔铁均不能互换使用。

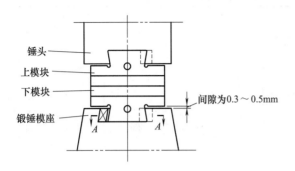
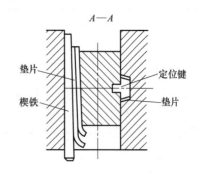

图 11-21 锻模的紧固方法

表 11-21 蒸汽模锻安装空间尺寸   mm

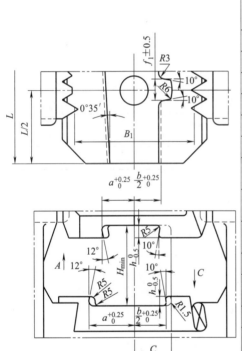

尺寸/mm \ 锤吨位/kN	5 (0.5t)	10 (1t)	15 (1.5t)	20 (2t)	30 (3t)	50 (5t)	100 (10t)	160 (16t)
G_{max}/kg	175	350	525	700	1050	1750	3500	5250
H_{min}	270	320	360	400	480	530	610	660
H_{max}	1000	1200	1200	1250	1250	1250	1300	1400
B_1	400	500	550	600	700	700	1000	1200
l	350	450	600	700	800	1000	1200	1500
L	600	700	800	900	1000	1200	1400	1600
$\frac{b}{2}{}^{+0.25}_{0}$	80	100	100	100	150	150	200	200
$a{}^{+0.25}_{0}$	115	140	140	140	200	200	260	260
$h{}^{0}_{-0.5}$	45	50	50	50	65	65	80	80
$f_1 \pm 0.5$	76	84	84	84	116	116	140	140
$f{}^{0}_{-0.1}$	72	80	80	80	110	110	132	132
C	121	143	143	143	204	204	264	264

注：1. G_{max}——上模最大质量，超过表列质量不推荐。
2. H_{max}——在上下模总高度为 H_{min} 时最大锤头行程。

蒸汽模锻安装空间尺寸

表 11-22 锻模燕尾、键槽尺寸　　　　　　　　　　　　　mm

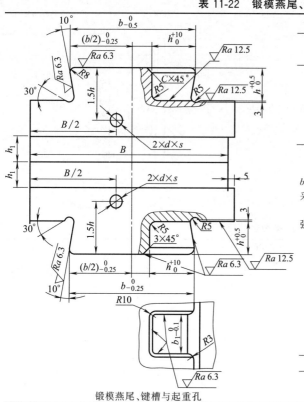

锻模燕尾、键槽与起重孔

锻锤吨位/kN	燕尾宽度 b	燕尾高度 h	键槽宽度 b_1		
			1	2	3
5	160	45.5	45	48	51
10	200	50.5	50	53	56
20	200(260)	50.5	50	53	56
30～50	300	65.5	75	78	81
100～160	400	80.5	100	103	106

注:1. 在初制键槽或补焊后再加以铣制时,宽度 b_1 采用第一栏的数字,用铣削修复时,应视磨损情况而采用第二栏或第三栏的数字。

2. 20kN 锤燕尾宽度 b 有些厂采用 260mm,以增强锻模承受载荷的能力。

锻模起重孔尺寸

锻锤吨位/kN	直径 d	深度 s
0.5～5	30	60
10～16	50	100

表 11-23 锤楔尺寸　　　　　　　　　　　　　mm

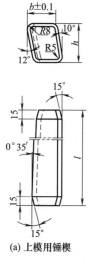

(a) 上模用锤楔

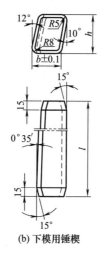

(b) 下模用锤楔

注:1. 材料为45钢;
2. 中间硬度为 207～255HBW;
3. 两端硬度为 241～285HBW。

锤楔

锻锤吨位/kN	高度 h	上模用锤楔		下模用锤锻	
		宽度 b	长度 l	宽度 b	长度 l
5(0.5t)	45	35.8	480	35.7	700
10(1t)	50	40.8	580	40.7	800
15(1.5t)	50	40.8	730	40.7	900
20(2t)	50	40.8	830	40.7	1000
30(3t)	65	50.8	930	50.7	1100
50(5t)	65	50.8	1130	50.7	1300
100(10t)	80	60.8	1330	60.7	1500
160(16t)	80	60.8	1630	60.7	1700

11.7.2 键块尺寸和垫片尺寸

键块尺寸与垫片尺寸见表 11-24 和表 11-25。

表 11-24　键块尺寸　　　　　　　　　　　　　mm

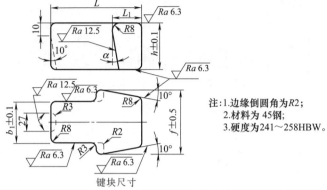

注：1. 边缘倒圆角为 R2；
　　2. 材料为 45 钢；
　　3. 硬度为 241~258HBW。

锻锤吨位/kN	f	h	L	L₁	b₁		
					1	2	3
5	72	45	90	46	44.9	47.9	50.9
10~20	80	50	97	48	49.9	52.9	55.9
30~50	110	65	123	62.5	74.9	77.9	80.9
100~160	132	80	148	75	99.9	102.9	105.9

表 11-25　垫片尺寸　　　　　　　　　　　　　mm

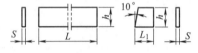

(a) 锤楔用垫片　　　(b) 键块用垫片

垫片尺寸

注：1. 垫片厚度 S=0.5, 0.75, 1, 2, 3, 5(mm)；
　　2. 材料为 35~40 钢。

锻锤吨位/kN	h	L	L₁
5	45	300~400	41
10~20	50	400~750	43
30~50	65	550~1150	54
100~160	80	750~1550	64

11.7.3 中间模座尺寸

中间模座尺寸见表 11-26。

表 11-26　中间模座尺寸　　　　　　　　　　　　mm

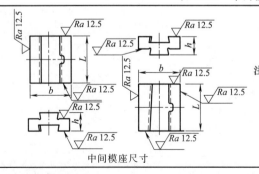

中间模座尺寸

注：1. 材料 45Cr；
　　2. 硬度为 321~363HBW。

中间模座尺寸

锻锤吨位/kN	b	L	h
5	370	290	210
10~20	430	480	225
30	590	690	270

11.7.4 模膛布排

模膛的布排见表 11-27。

表 11-27 模膛的布排

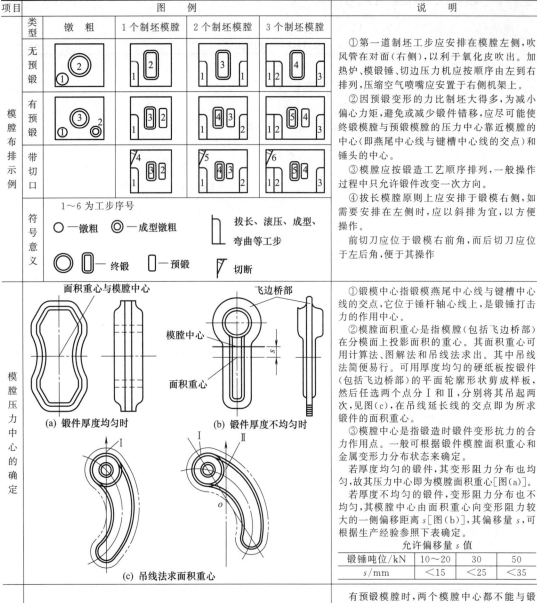

项目		图 例				说 明
模膛布排示例	类型	镦粗	1个制坯模膛	2个制坯模膛	3个制坯模膛	①第一道制坯工步应安排在模膛左侧，吹风管在对面（右侧），以利于氧化皮吹出。加热炉、模锻锤、切边压力机应按顺序由左到右排列，压缩空气喷嘴应安置于右侧机架上。 ②因预锻变形的力比制坯大得多，为减小偏心力矩，避免或减少锻件错移，应尽可能使终锻模膛与预锻模膛的压力中心靠近模膛的中心（即燕尾中心线与键槽中心线的交点）和锤头的中心。 ③模膛应按锻造工艺顺序排列，一般操作过程中只允许锻件改变一次方向。 ④拔长模膛原则上应安排于锻模右侧，如需要安排在左侧时，应以斜出为宜，以方便操作。 前切刀应位于锻模右前角，而后切刀应位于左后角，便于其操作
	无预锻					
	有预锻					
	带切口					
	符号意义	1～6 为工步序号　○ 镦粗　◎ 成型镦粗　拔长、滚压、成型、弯曲等工步　○ 终锻　□ 预锻　∨ 切断				

模膛压力中心的确定：

①锻模中心指锻模燕尾中心线与键槽中心线的交点，它位于锤杆轴心线上，是锻锤打击力的作用中心。
②模膛面积重心是指模膛（包括飞边桥部）在分模面上投影面积的重心。其面积重心可用计算法、图解法和吊线法求出。其中吊线法简便易行。可用厚度均匀的硬纸板按锻件（包括飞边桥部）的平面轮廓形状剪成样板，然后任选两个点分Ⅰ和Ⅱ，分别将其吊起两次，见图（c），在吊线延长线的交点即为所求锻件的面积重心。
③模膛中心是指锻造时锻件变形抗力的合力作用点。一般可根据锻件模膛面积重心和金属变形力分布状态来确定。
若厚度均匀的锻件，其变形阻力分布也均匀，故其压力中心即为模膛面积重心[图（a）]。
若厚度不均匀的锻件，变形阻力分布也不均匀，其模膛中心由面积重心向变形阻力较大的一侧偏移距离 s[图（b）]，其偏移量 s，可根据生产经验参照下表确定。

允许偏移量 s 值

锻锤吨位/kN	10～20	30	50
s/mm	<15	<25	<35

模膛的排列：

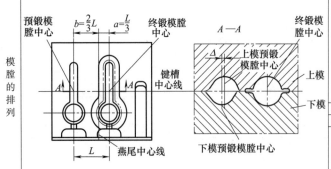

有预锻模膛时，两个模膛中心都不能与锻模中心重合，应分布在燕尾中心线的两侧，为了减小错移量保证锻件质量，两者兼顾，力求两个模膛中心靠近锻模中心。模膛排列要点是：终锻与预锻模膛中心至燕尾中心线距离之比，应等于或略小于1/2，即 $a/b ≤ 1/2$；预锻模膛中心线必须在燕尾宽度内，模膛超出燕尾部分的宽度不得大于模膛总宽度的1/3；终锻模膛与锻模中心线的左右方向偏移量 a，应不超过下表的数值。

锤吨位/t	1	1.5	2	3	5	10	16
a/mm	25	30	40	50	60	70	80

如因终锻模膛偏移过大而导致错差量超差时，可允许 $L/5<a<L/3$，即 $2L/3<b<4L/5$，在这种条件下设计预锻模膛时，应预先考虑上、下模膛的错差量 Δ，按经验确定，Δ 值一般在 1～4mm 的范围内，锤吨位大者取大值，小者取小值

续表

项目	图例	说明
有落差的锻件的模膛布排	(a) 凸出部分在上模　(b) 凸出部分在下模	对于有落差的锻件,其锻模的分模面为曲线。一般采用平衡锁扣平衡锻造时的错移力,为减小上下模的错移和锁扣的磨损,模膛中心并不与键槽中心相重合,而是沿锁扣方向偏移,其偏移量根据锁扣形式的不同采用一定的偏移量 s。 当平衡锁扣凸出部分在上模,模膛中心应向平衡锁扣相反方向离开锻模中心,其偏移量 s_1[见图(a)]为: $s_1=(0.2\sim0.4)h$ (h 为凸平衡锁扣凸出部分高度) 当平衡锁扣凸出部分在下模,模膛中心应向平衡锁扣方向离开锻模中心,其偏移量 s_2[见图(b)]为: $s_2=(0.2\sim0.4)h$
终锻与预锻模膛的排列方式	(a) 平行排列　(b) 错开排列	图(a)预锻和终锻模膛的压力中心均位于键槽中心线上平行排列,使 L 值减小,模锻时上下模前后方向的错移较小,锻件质量较好。 图(b)预锻和终锻模膛前后方向错开排列,能使 L 值减小,但模膛会使前后方向产生错移,一般适用于特殊形状的锻件
	(a) 锻件大头靠近钳口　(b) 锻件小头靠近钳口	图(a)将锻件形状复杂或大头部分按排在钳口一端,可便于操作和取出锻件。 图(b)将锻件的小头靠近钳口,大头或难充满的部分安排在钳口的另一端,以利于金属充满模膛,也可利用锻件杆部夹料,减少钳口用料
预锻终锻模膛的反向排列		预锻模膛和终锻模膛反向排列,可减小 L 值,同时有利于去除毛坯的氧化皮和模膛的充满,一般用于上下模对称的大型锻件

续表

项目	图例	说明
制坯弯曲模膛布排	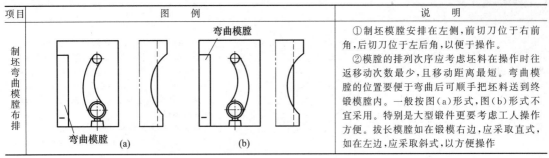	①制坯模膛安排在左侧，前切刀位于右前角，后切刀位于左后角，以便于操作。 ②模膛的排列次序应考虑坯料在操作时往返移动次数最少，且移动距离最短。弯曲模膛的位置要便于弯曲后可顺手把坯料送到终锻模膛内。一般按图(a)形式，图(b)形式不宜采用。特别是大型锻件更要考虑工人操作方便。拔长模膛如在锻模右边，应采取直式，如在左边，应采取斜式，以方便操作

11.7.5 锁扣设计

锁扣的主要作用是平衡上下模之间的错移力。由于带有落差的锻件，锻模的分模面为斜面或曲面，或锻模压力中心与模膛中心有偏移时，会使上下模在模锻过程中产生水平方向的错移力，从而导致锻件产生沿分模面的错差，影响锻件的尺寸精度和锻锤的寿命。因此，在锻模上设置锁扣来补偿导向产生的错差。

锁扣分为平衡锁扣和一般锁扣两类：平衡锁扣用于具有落差的斜面或曲面分模面，以平衡上下模产生的错移力；一般锁扣用于保证锻件精度以及便于锻模安装和调整而设置导向锁扣。锁扣的设计见表 11-28～表 11-30。

表 11-28 锁扣设计

类别	形式	简图	说明
平衡锁扣	锻件斜置	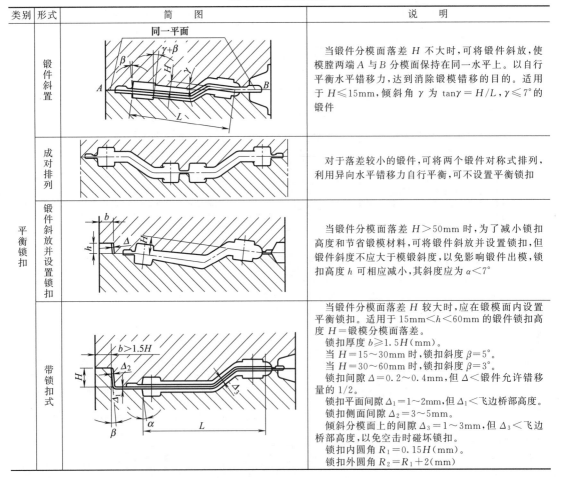	当锻件分模面落差 H 不大时，可将锻件斜放，使模膛两端 A 与 B 分模面保持在同一水平上。以自行平衡水平错移力，达到消除锻模错移的目的。适用于 $H \leqslant 15mm$，倾斜角 γ 为 $\tan\gamma = H/L$，$\gamma \leqslant 7°$ 的锻件
	成对排列		对于落差较小的锻件，可将两个锻件对称式排列，利用异向水平错移力自行平衡，可不设置平衡锁扣
	锻件斜放并设置锁扣		当锻件分模面落差 $H>50mm$ 时，为了减小锁扣高度和节省锻模材料，可将锻件斜放并设置锁扣，但锻件斜度不应大于模锻斜度，以免影响锻件出模，锁扣高度 h 可相应减小，其斜度应为 $\alpha<7°$
	带锁扣式		当锻件分模面落差 H 较大时，应在锻模面内设置平衡锁扣。适用于 $15mm<h<60mm$ 的锻件锁扣高度 $H=$ 锻模分模面落差。 锁扣厚度 $b \geqslant 1.5H$ (mm)。 当 $H=15\sim30mm$ 时，锁扣斜度 $\beta=5°$。 当 $H=30\sim60mm$ 时，锁扣斜度 $\beta=3°$。 锁扣间隙 $\Delta=0.2\sim0.4mm$，但 $\Delta<$ 锻件允许错移量的 $1/2$。 锁扣平面间隙 $\Delta_1=1\sim2mm$，但 $\Delta_1<$ 飞边桥部高度。 锁扣侧面间隙 $\Delta_2=3\sim5mm$。 倾斜分模面上的间隙 $\Delta_3=1\sim3mm$，但 $\Delta_3<$ 飞边桥部高度，以免空击时碰坏锁扣。 锁扣内圆角 $R_1=0.15H$ (mm)。 锁扣外圆角 $R_2=R_1+2$ (mm)

续表

类别	形式	简 图	说 明
一般锁扣	圆形锁扣	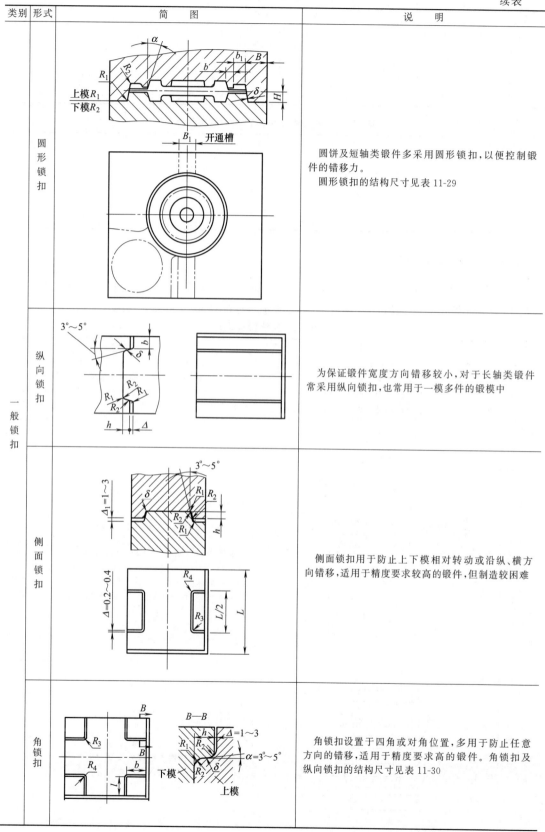	圆饼及短轴类锻件多采用圆形锁扣,以便控制锻件的错移力。圆形锁扣的结构尺寸见表11-29
	纵向锁扣		为保证锻件宽度方向错移较小,对于长轴类锻件常采用纵向锁扣,也常用于一模多件的锻模中
	侧面锁扣		侧面锁扣用于防止上下模相对转动或沿纵、横方向错移,适用于精度要求较高的锻件,但制造较困难
	角锁扣		角锁扣设置于四角或对角位置,多用于防止任意方向的错移,适用于精度要求高的锻件。角锁扣及纵向锁扣的结构尺寸见表11-30

表 11-29　圆形锁扣的结构尺寸　　　　　　　　　　　　　　mm

锻锤吨位/kN	h	b	δ	Δ	α/(°)	R_1	R_2
10(1t)	25	35	0.2～0.4	1～2	5°	3	5
20(2t)	30	40	0.2～0.4	1～2	5°	3	5
30(3t)	35	45	0.2～0.4	1～2	3°	3	5
50(5t)	40	50	0.2～0.4	1～2	3°	5	8
100(10t)	50	60	0.2～0.4	1～2	3°	5	8
160(16t)	60	75	0.2～0.4	1～2	3°	5	8

表 11-30　角锁扣及纵向锁扣的结构尺寸　　　　　　　　　　mm

锻锤吨位/kN	h	b	l	δ	Δ	α/(°)	R_1	R_2	R_3	R_4
10～15(1～1.5t)	30	50	75	0.2	1	5°	3	5	8	10
20(2t)	35	60	90	0.2	1	3°	3	5	9	12
30(3t)	40	70	100	0.3	1	3°	3	5	10	15
50(5t)	45	75	110	0.4	1	3°	5	8	12	15
100(10t)	55	90	150	0.5	1.5	3°	5	8	15	20
160(16t)	70	120	180	0.6	1.5	3°	6	10	20	25

11.7.6　模块结构设计

应根据模腔的数量、尺寸、排列方式、模腔间的壁厚和锻模安装空间尺寸等因数来确定模块的量小外形尺寸，然后选取相近或较大尺寸的标准模块。模块结构的设计见表 11-31。

表 11-31　模块结构设计

序号	项目	简图	设计原则
1	允许的最小承击面积	（图）	承击面积是指锻模上下模的接触面积(左图)，即分模面上减去模腔和飞边槽的面积。根据经验一般每吨(10kN)配以 300cm² 的承击面积。如承击面积太小，易造成分模面压陷或压塌。最小承击面积的允许值见表1 表1　F 值 | 锻锤吨位/kN | 10 | 20 | 30 | 50 | 100 | 160 | |---|---|---|---|---|---|---| | 承击面积 F/cm² | 250～300 | 450～500 | 650～700 | 900 | 1600 | 2500 |
2	锻模中心偏移范围	（图）	锻模中心(燕尾中心线与键槽中心线的交点)相对模块中心(模块对角线交点)的偏移量不能太大，否则模块本体重量将使锤杆承受大的弯曲应力，会影响锻件的精度，也影响锻锤的寿命。其偏移量应控制在偏移方向模块外形尺寸的10%以内
3	锻模长度	（图）	当锻件较长，必须使锻模伸出模座和锤头外时，所伸出的悬空部分长度 f 应满足下式条件： $$f < H/3$$ 式中　f——模块悬空部分长度 　　　H——上模块或下模块的高度

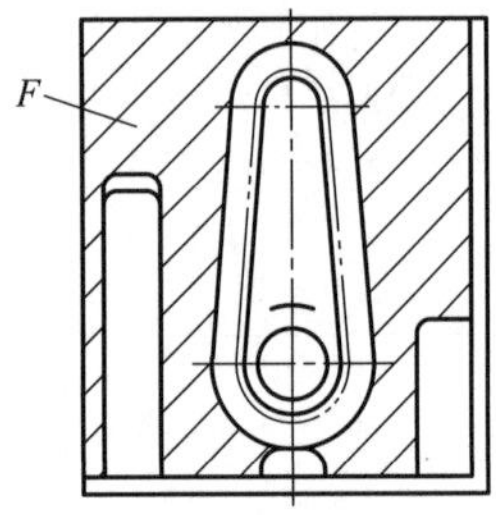

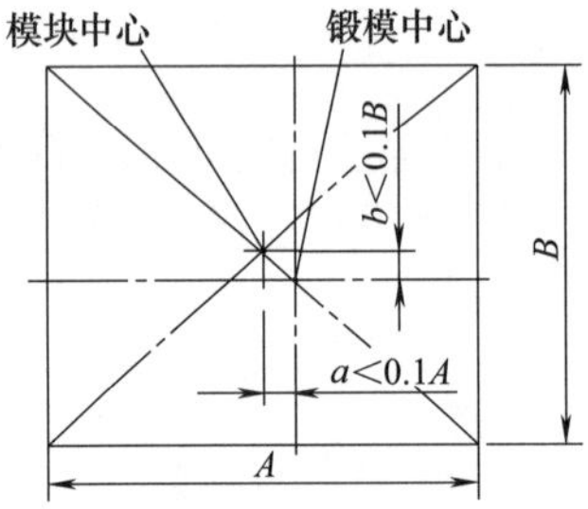

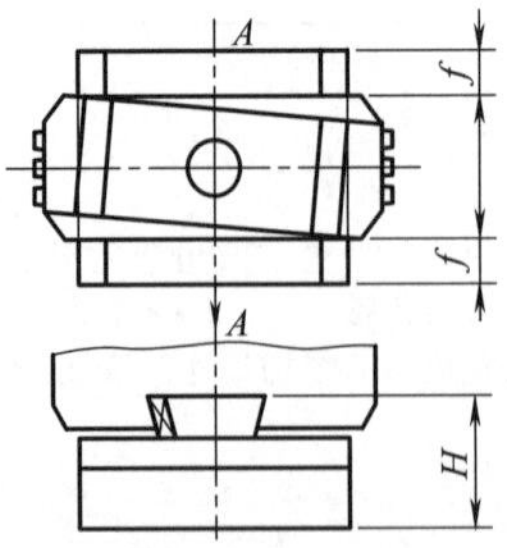

续表

序号	项目	简图	设计原则
4	锻模宽度	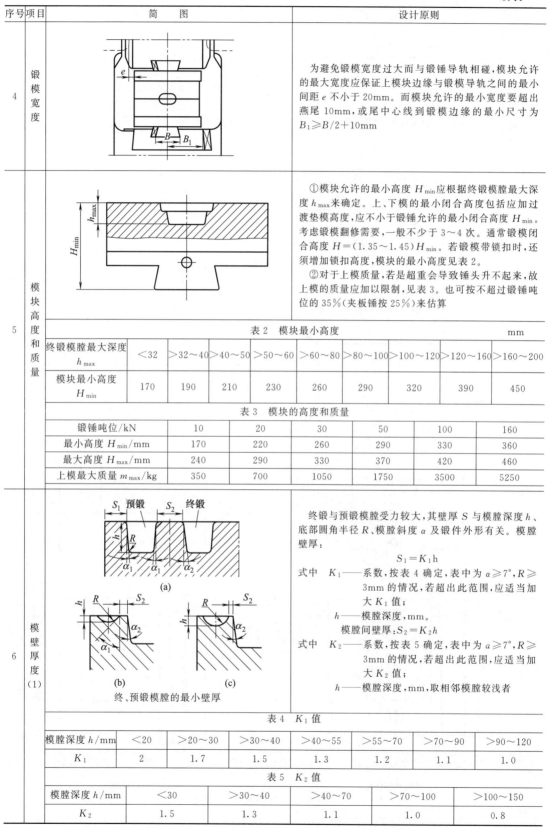	为避免锻模宽度过大而与锻锤导轨相碰，模块允许的最大宽度应保证上模块边缘与锻模导轨之间的最小间距 e 不小于 20mm。而模块允许的最小宽度要超出燕尾 10mm，或尾中心线到锻模边缘的最小尺寸为 $B_1 \geq B/2 + 10$mm
5	模块高度和质量		①模块允许的最小高度 $H_{\min}$ 应根据终锻模膛最大深度 $h_{\max}$ 来确定。上、下模的最小闭合高度包括应加过渡垫模高度，应不小于锻锤允许的最小闭合高度 $H_{\min}$。考虑锻模翻修需要，一般不少于 3～4 次。通常锻模闭合高度 $H = (1.35\sim1.45)H_{\min}$。若锻模带锁扣时，还须增加锁扣高度，模块的最小高度见表 2。 ②对于上模质量，若是超重会导致锤头升不起来，故上模的质量应以限制，见表 3。也可按不超过锻锤吨位的 35%（夹板锤按 25%）来估算
6	模壁厚度(1)		终锻与预锻模膛受力较大，其壁厚 S 与模膛深度 h、底部圆角半径 R、模膛斜度 α 及锻件外形有关。模膛壁厚： $$S_1 = K_1 h$$ 式中 K_1——系数，按表 4 确定，表中为 $\alpha \geq 7°$，$R \geq 3$mm 的情况，若超出此范围，应适当加大 K_1 值； h——模膛深度，mm。 模膛间壁厚：$S_2 = K_2 h$ 式中 K_2——系数，按表 5 确定，表中为 $\alpha \geq 7°$，$R \geq 3$mm 的情况，若超出此范围，应适当加大 K_2 值； h——模膛深度，mm，取相邻模膛较浅者

表 2　模块最小高度　　　　　　　　　　　　mm

终锻模膛最大深度 $h_{\max}$	<32	>32～40	>40～50	>50～60	>60～80	>80～100	>100～120	>120～160	>160～200
模块最小高度 $H_{\min}$	170	190	210	230	260	290	320	390	450

表 3　模块的高度和质量

锻锤吨位/kN	10	20	30	50	100	160
最小高度 $H_{\min}$/mm	170	220	260	290	330	360
最大高度 $H_{\max}$/mm	240	290	330	370	420	460
上模最大质量 $m_{\max}$/kg	350	700	1050	1750	3500	5250

终、预锻模膛的最小壁厚

表 4　K_1 值

模膛深度 h/mm	<20	>20～30	>30～40	>40～55	>55～70	>70～90	>90～120
K_1	2	1.7	1.5	1.3	1.2	1.1	1.0

表 5　K_2 值

模膛深度 h/mm	<30	>30～40	>40～70	>70～100	>100～150
K_2	1.5	1.3	1.1	1.0	0.8

续表

序号	项目	简图	设计原则
7	模壁厚度(2)	制坯与滚压模膛的壁厚 / 一模多件时相邻两终、预锻模膛的最小壁厚	制坯模膛与滚压模膛的最小外壁厚为: $S_1 = 5 \sim 10 \mathrm{mm}$ 制坯模膛与滚压模膛之间的壁厚为: $S_2 = 10 \sim 15 \mathrm{mm}$ $S_2 = (0.5 \sim 1)h$ 式中 h——模膛深度。 模膛到钳口间的壁厚 S_4 为: $S_4 = 0.7 S_2$
8	模块深度与检验角		锻模的两个侧面所构成的90°角称为检验角。位于模块的前面和左侧面或右侧面,是各模膛和燕尾尺寸的基准面。也是模具调整的依据,两个面的加工深度 b 为5mm,高度 h 按表6选定。 表6 h 值 | 锻锤吨位/t | <2 | 2~5 | >5 | |---|---|---|---| | 高度 h/mm | 50 | 75 | 100 |
9	镶块模(1)	(a) 圆形镶块模　(b) 方形镶块模 1—上模;2—上模镶块;3—下模镶块;4—下模;5—下楔块;6—上楔块	

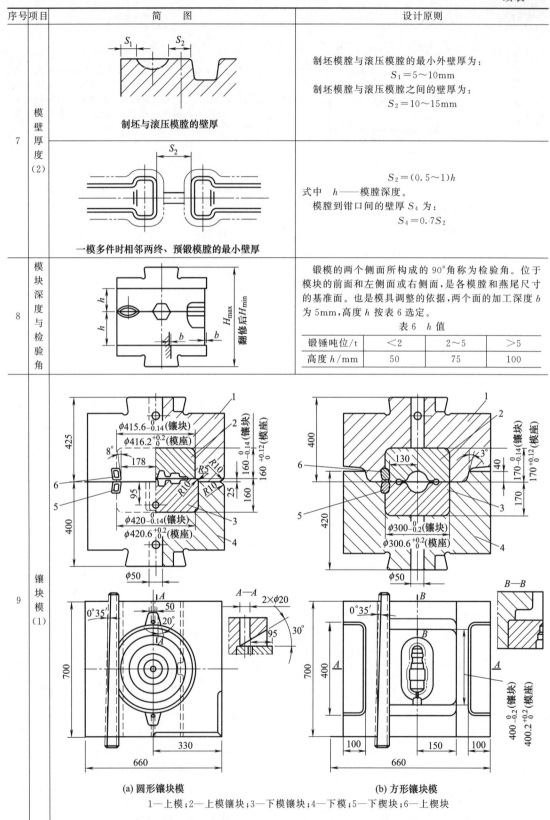

续表

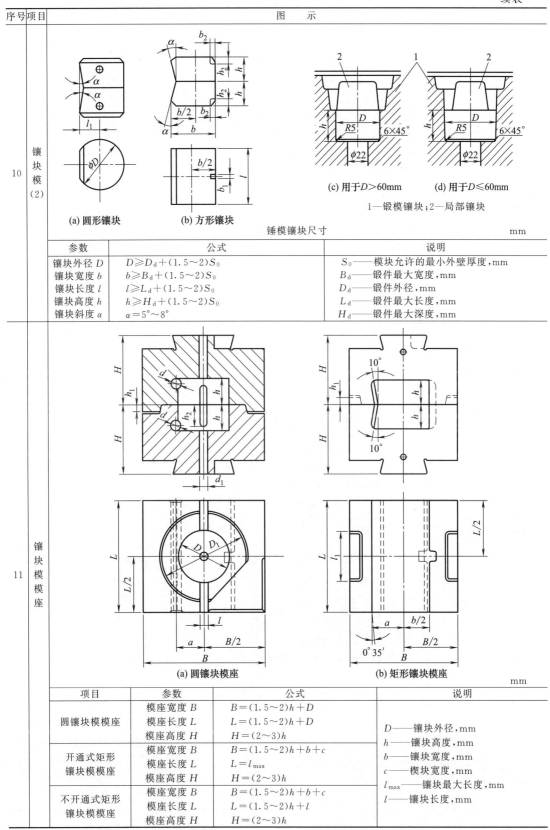

序号	项目	图示
10	镶块模(2)	锤模镶块尺寸 mm

参数	公式	说明
镶块外径 D	$D \geqslant D_d + (1.5 \sim 2)S_0$	S_0——模块允许的最小外壁厚度，mm
镶块宽度 b	$b \geqslant B_d + (1.5 \sim 2)S_0$	B_d——锻件最大宽度，mm
镶块长度 l	$l \geqslant L_d + (1.5 \sim 2)S_0$	D_d——锻件外径，mm
镶块高度 h	$h \geqslant H_d + (1.5 \sim 2)S_0$	L_d——锻件最大长度，mm
镶块斜度 α	$\alpha = 5° \sim 8°$	H_d——锻件最大深度，mm

序号	项目			
11	镶块模模座			

项目	参数	公式	说明
圆镶块模模座	模座宽度 B	$B = (1.5 \sim 2)h + D$	
	模座长度 L	$L = (1.5 \sim 2)h + D$	D——镶块外径，mm
	模座高度 H	$H = (2 \sim 3)h$	h——镶块高度，mm
开通式矩形镶块模座	模座宽度 B	$B = (1.5 \sim 2)h + b + c$	b——镶块宽度，mm
	模座长度 L	$L = l_{max}$	c——楔子宽度，mm
	模座高度 H	$H = (2 \sim 3)h$	l_{max}——镶块最大长度，mm
不开通式矩形镶块模座	模座宽度 B	$B = (1.5 \sim 2)h + b + c$	l——镶块长度，mm
	模座长度 L	$L = (1.5 \sim 2)h + l$	
	模座高度 H	$H = (2 \sim 3)h$	

续表

序号	项目	图示
12	矩形镶块及模座	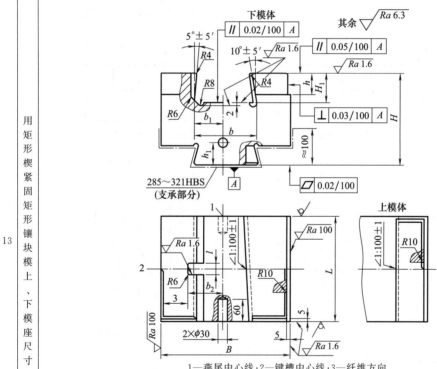 1—下模座；2—上模座；3—上键块；4—矩形镶块；5—上楔块；6—下楔块；7—下键块

mm

序号	适用锻锤	锻模宽度 B	锻模长度 L	锻模闭合高度 H		镶块高度 H_1	
				H_{max}	H_{min}	H_{1max}	H_{1min}
1	5kN(0.5t)	380	320	442	500	122	180
2	10kN(1t)	480	360	522	600	122	200
3	20kN(2t)	560	450	682	760	162	240
4	30kN(3t)	670	560	722	800	202	280

序号	项目	图示
13	用矩形楔紧固矩形镶块模上、下模座尺寸	1—燕尾中心线；2—键槽中心线；3—纤维方向

mm

序号	模座外形尺寸			l (H9)	H_1	h	h_1	b	b_1	b_2	最大质量/kg
	B	L	H					H11			
1	380	320	220	32	60	50	70	195	85	115	155
2	480	360	260		60	50	75	225	100	130	272
3	560	450	340	40	80	60		312	140	175	515
4	670	560	360		100	80	100	356	160	200	797

续表

序号	项目	图示									
14	矩形镶块尺寸	序号	适用锻锤	$B_{-0.1}^{0}$	H	L	α	d	h	l	l_1	l_2 (H9)	c	最大质量/kg

序号	适用锻锤	$B_{-0.1}^{0}$	H	L	α	d	h	l	l_1	l_2 (H9)	c	最大质量/kg
1	5kN	170	61	250	20	16	21	32	32	32	10	19
				320								25
			90	250								27
				320								35
2	10kN	200	61	360	25					40		29
				320								32
			100	360								42
												48
3	20kN	280	81	400			26		38			68
				450								71
			120	400								100
				450								112
4	30kN	320	101	500	32	20		40	40	40	12	108
				560								120
				450			31		42			134
			140	500								148
				560								165
												185

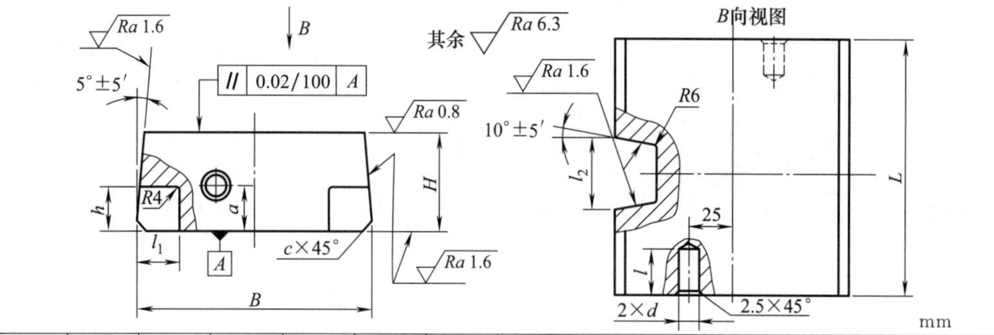

序号	项目	序号	H	L	L_1	B	$b_{-0.1}^{0}$	最大质量/kg	备注
15	矩形镶块模上键块和下键块	1	20	32	30	60	30	0.3	尺寸 L 的公差按 e_8 计
					38			0.4	
		2	25	40	38	70	35	0.55	
		3	30		38	80	40	0.75	

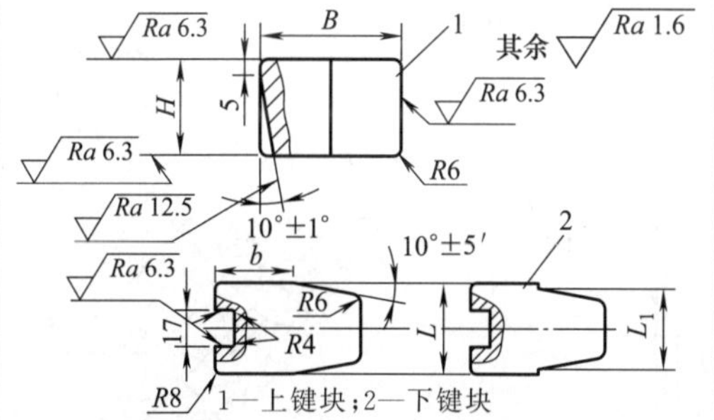

序号	项目	序号	$B\pm 0.1$	H	L	最大质量/kg
16	矩形镶块模上楔块和下楔块	1	25.4	58	420	4.6
		2			460	5.0
		3	32.4	78	550	8.0
		4	36.4	98	660	16.7

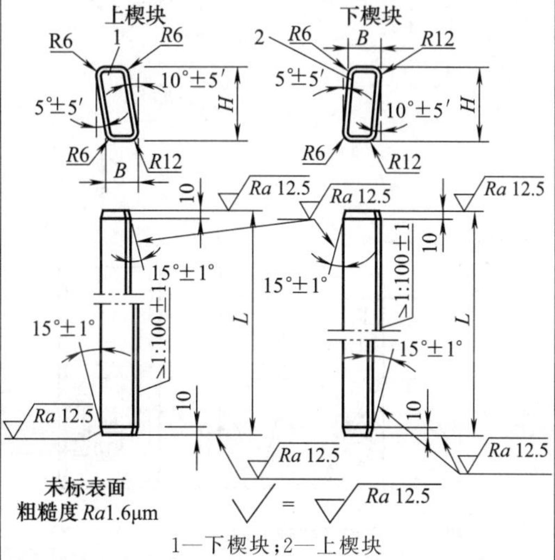

未标表面粗糙度 Ra 1.6μm

1—下楔块；2—上楔块

续表

序号	项目	图示
17	角度定位镶块模	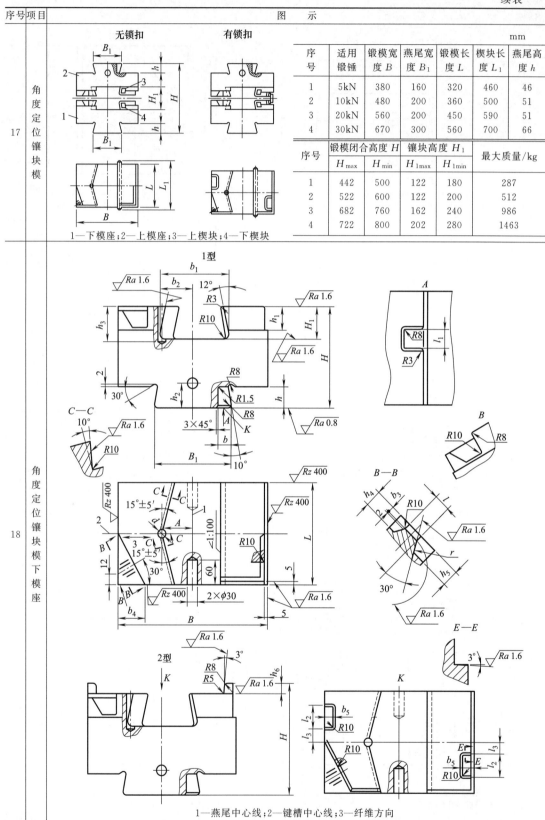

1—下模座；2—上模座；3—上楔块；4—下楔块 |
| 18 | 角度定位镶块模下模座 | 1—燕尾中心线；2—键槽中心线；3—纤维方向 |

表中尺寸单位：mm

序号	适用锻锤	锻模宽度 B	燕尾宽度 B_1	锻模长度 L	楔块长度 L_1	燕尾高度 h
1	5kN	380	160	320	460	46
2	10kN	480	200	360	500	51
3	20kN	560	200	450	590	51
4	30kN	670	300	560	700	66

序号	锻模闭合高度 H		镶块高度 H_1		最大质量/kg
	H_{max}	H_{min}	H_{1max}	H_{1min}	
1	442	500	122	180	287
2	522	600	122	200	512
3	682	760	162	240	986
4	722	800	202	280	1463

续表

序号	项目	图示												

mm

序号	适用锻锤	B	$B_{1-0.5}^{0}$	L	l	$l_1^{+0.1}_0$	l_2	l_3	H 形式1	H 形式2	H_1	$h^{+0.5}_0$	h_1	h_2
1	5kN	380	160	320	25	45	80	30	220	245	60	46	50	70
2	10kN	480	200	360	30	50	120	30	260	290	60	51	50	75
3	20kN	560	200	450	30	50	140	40	340	370	80	51	60	75
4	30kN	670	300	560	40	75	160	50	360	400	100	66	80	100

序号	h_3	h_4	h_5	h_6	A	b	$b_1^{+0.1}_0$	$b_2^{+0.1}_0$	b_3	b_4	b_5	d	r	最大质量/kg 形式1	最大质量/kg 形式2
1	65	40	30	25	85	56	205	95	4.5	80	40	25	40	140	142
2	65	45	35	30	110	60	250	120	5.5	100	50	28	57	252	255
3	85	65	45	30	170	60	352	180	8.0	120	60	28	57	486	490
4	105	80	60	40	180	75	396	190	10.0	150	70	30	101	723	730

序号 18 角度定位镶块模下模座

序号 19 角度定位镶块模上模座

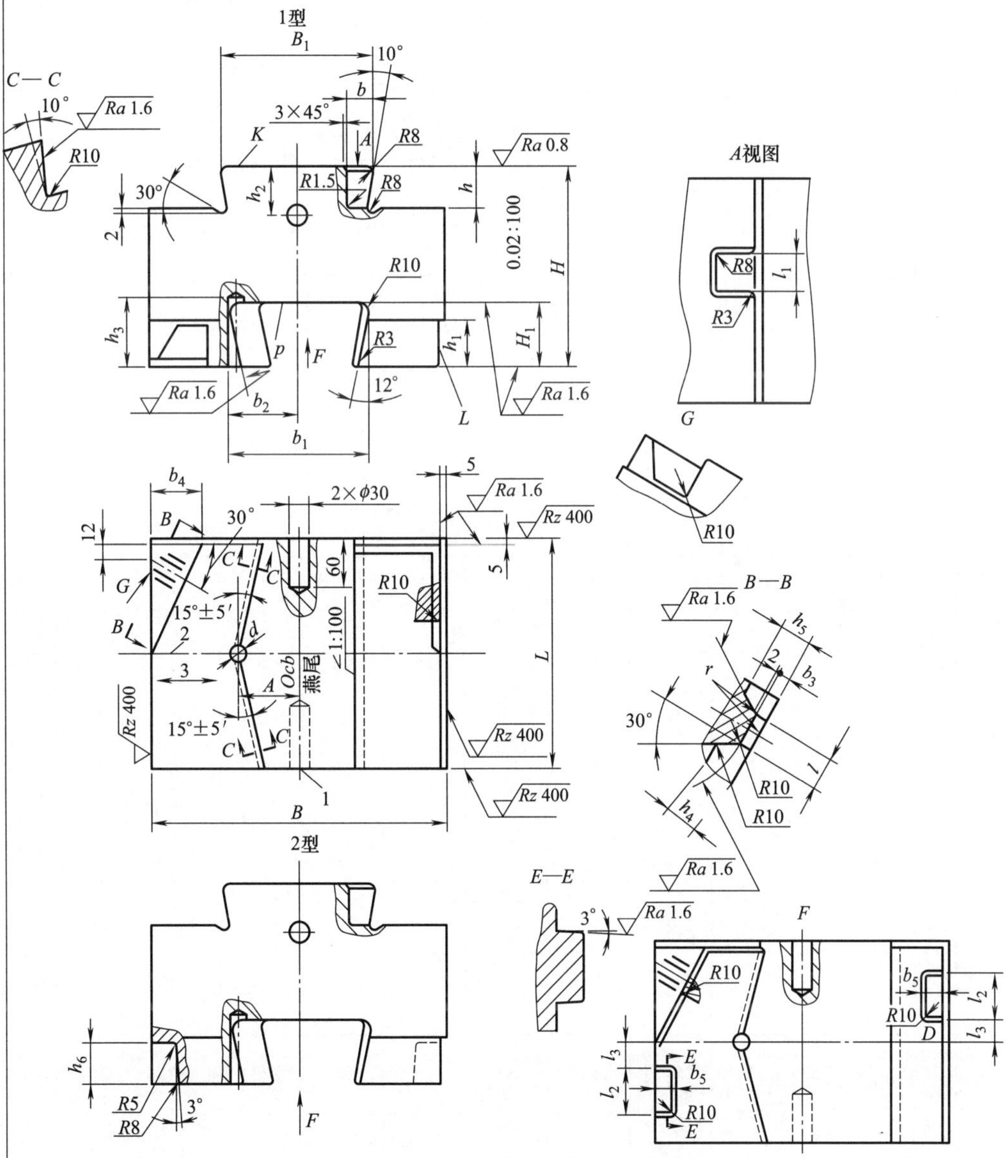

1—燕尾中心线；2—键槽中心线；3—纤维方向

续表

序号	项目	图示													
19	角度定位镶块模上模座														mm
		序号	适用锻锤	B	$B_{1-0.5}^{0}$	L	l	$l_{1\ 0}^{+0.1}$	l_2	l_3	H	H_1	$h_{\ 0}^{+0.5}$	h_1	h_2	h_3
		1	50kN	380	160	320	25	45	80	30	220	60	46	50	70	65
		2	10kN	480	200	360	30	50	120	30	260	60	51	50	75	65
		3	20kN	560	200	450	30	50	140	40	340	80	51	60	75	85
		4	30kN	670	300	560	40	75	160	50	360	100	66	80	100	105
		序号	h_4	h_5	h_6	A	b	$b_{1\ 0}^{+0.1}$	$b_{2\ 0}^{+0.1}$	b_3	b_4	b_5	d	r	最大质量/kg 形式1	形式2
		1	40	30	27	85	56	205	95	4.5	80	40	25	40	140	138
		2	45	35	32	110	60	250	120	5.5	100	50	28	57	252	249
		3	65	45	32	170	60	352	180	8.0	120	60	28	57	486	482
		4	80	60	42	180	75	396	190	10.0	150	70	30	101	723	716

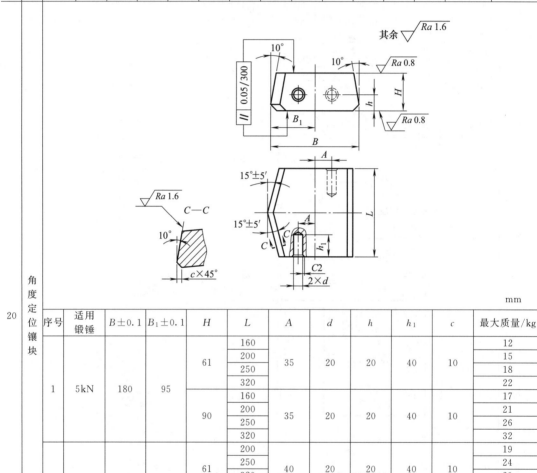

序号	项目	序号	适用锻锤	$B±0.1$	$B_1±0.1$	H	L	A	d	h	h_1	c	最大质量/kg
20	角度定位镶块	1	5kN	180	95	61	160	35	20	20	40	10	12
							200						15
							250						18
							320						22
						90	160	35	20	20	40	10	17
							200						21
							250						26
							320						32
		2	10kN	225	120	61	200	40	20	20	40	10	19
							250						24
							320						29
							360						36
						100	200	40	20	20	40	10	27
							250						33
							320						42
							360						46
		3	20kN	320	180	81	320	60	25	25	50	12	60
							400						72
							450						81
						120	320	60	25	25	50	12	83
							400						101
							450						126

续表

序号	项目	图示									
20	角度定位镶块	序号	适用锻锤	$B\pm0.1$	$B_1\pm0.1$	H	L	A	d	h	h_1	c	最大质量/kg
		4	30kN	360	190	101	450	70	25	25	50	12	111
							500						120
							560						136
						140	450	70	25	25	50	12	149
							500						167
							560						180

（表格经重排，上表中列"A d h h₁ c 最大质量/kg"）

序号	项目	序号	适用锻锤/kN	$B_0^{+0.1}$	H	L	最大质量/kg
21	角度定位镶块下、上楔块	1	630	25.6	38	460	3.0
						480	
		2	1000	25.6	48	500	4.0
						560	
		3	2000	32.6	48	590	7.0
						670	8.0
		4	3150	36.6	58	700	8.5
						770	11.0

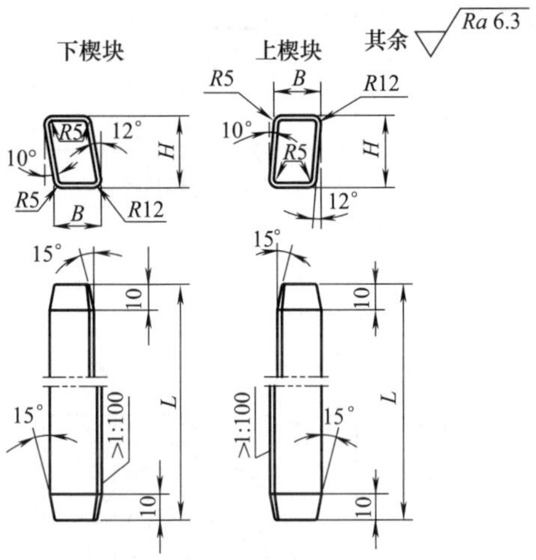

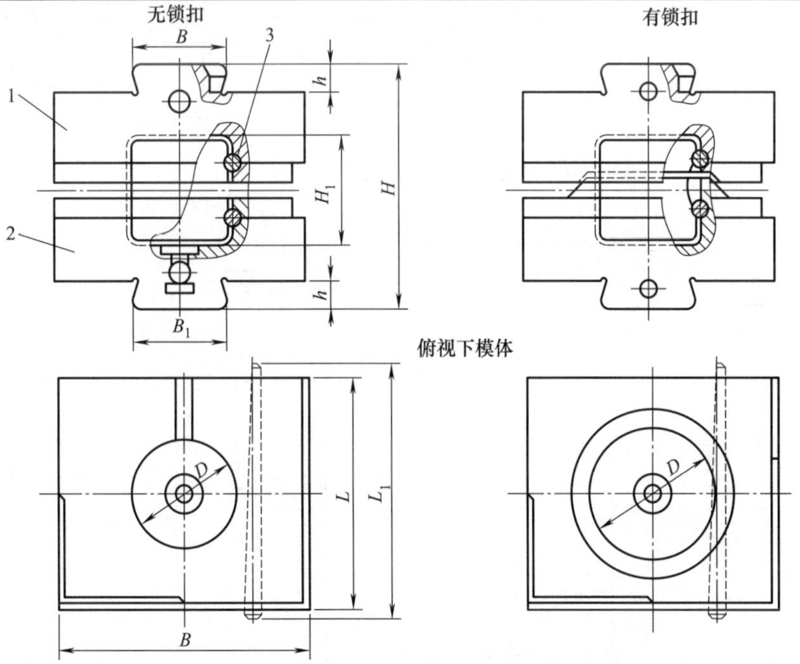

1—下模座；2—上模座；3—楔块

mm

序号	项目	序号	适用锻锤	B	B_1	L	L_1	D	h	锻模闭合高度 H		镶块高度 H_1		最大质量/kg
										H_{min}	H_{max}	H_{1min}	H_{1max}	
22	用圆柱楔紧固的圆柱模	1	5kN	360	160	340	480	200.2	46	502	—	162	220	390
		2	10kN	450	200	420	560	250.2	51	522	580	242	300	567
		3	20kN	560	200	530	670	320.3	66	642	700	282	340	1148
		4	30kN	630	300	630	770	380.3	66	742	800	322	380	1796

序号	项目	图示
23	用圆柱楔紧固的圆柱模下模座	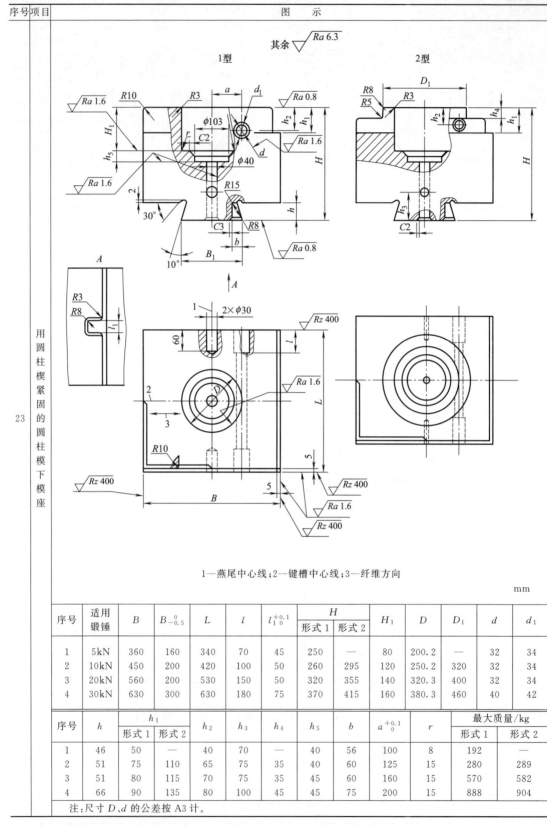

1—燕尾中心线；2—键槽中心线；3—纤维方向

mm

序号	适用锻锤	B	$B_{-0.5}^{0}$	L	l	$l_1{}_{0}^{+0.1}$	H 形式1	H 形式2	H_1	D	D_1	d	d_1
1	5kN	360	160	340	70	45	250	—	80	200.2	—	32	34
2	10kN	450	200	420	100	50	260	295	120	250.2	320	32	34
3	20kN	560	200	530	150	50	320	355	140	320.3	400	32	34
4	30kN	630	300	630	180	75	370	415	160	380.3	460	40	42

序号	h	h_1 形式1	h_1 形式2	h_2	h_3	h_4	h_5	b	$a_{0}^{+0.1}$	r	最大质量/kg 形式1	最大质量/kg 形式2
1	46	50	—	40	70	—	40	56	100	8	192	—
2	51	75	110	65	75	35	40	60	125	15	280	289
3	51	80	115	70	75	35	45	60	160	15	570	582
4	66	90	135	80	100	45	45	75	200	15	888	904

注：尺寸 D、d 的公差按 A3 计。

续表

序号	项目	图示
24	用圆柱楔紧固的圆柱模上模座	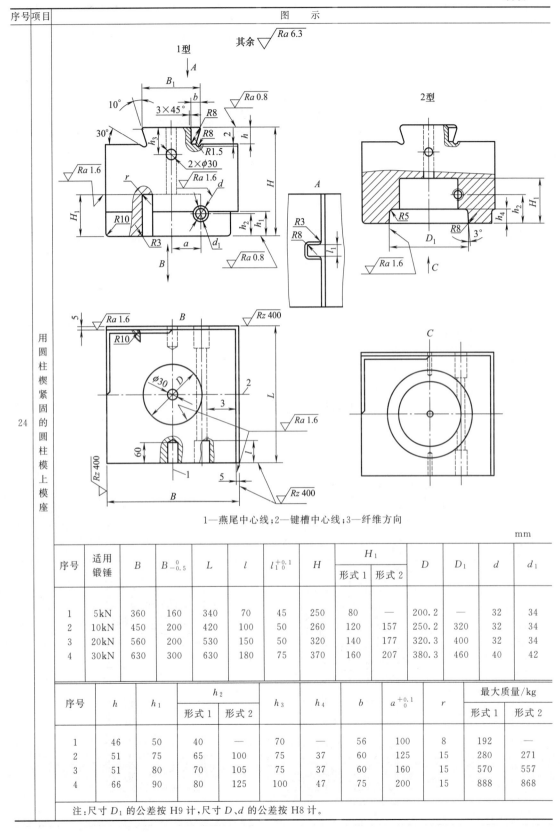

1—燕尾中心线；2—键槽中心线；3—纤维方向

mm

序号	适用锻锤	B	$B_{-0.5}^{0}$	L	l	$l_1{}_{0}^{+0.1}$	H	H_1		D	D_1	d	d_1
								形式1	形式2				
1	5kN	360	160	340	70	45	250	80	—	200.2	—	32	34
2	10kN	450	200	420	100	50	260	120	157	250.2	320	32	34
3	20kN	560	200	530	150	50	320	140	177	320.3	400	32	34
4	30kN	630	300	630	180	75	370	160	207	380.3	460	40	42

序号	h	h_1	h_2		h_3	h_4	b	$a_{0}^{+0.1}$	r	最大质量/kg	
			形式1	形式2						形式1	形式2
1	46	50	40	—	70	—	56	100	8	192	—
2	51	75	65	100	75	37	60	125	15	280	271
3	51	80	70	105	75	37	60	160	15	570	557
4	66	90	80	125	100	47	75	200	15	888	868

注：尺寸 D_1 的公差按 H9 计，尺寸 D、d 的公差按 H8 计。

续表

序号	项目	图示
25	用圆柱楔紧固的圆柱镶块	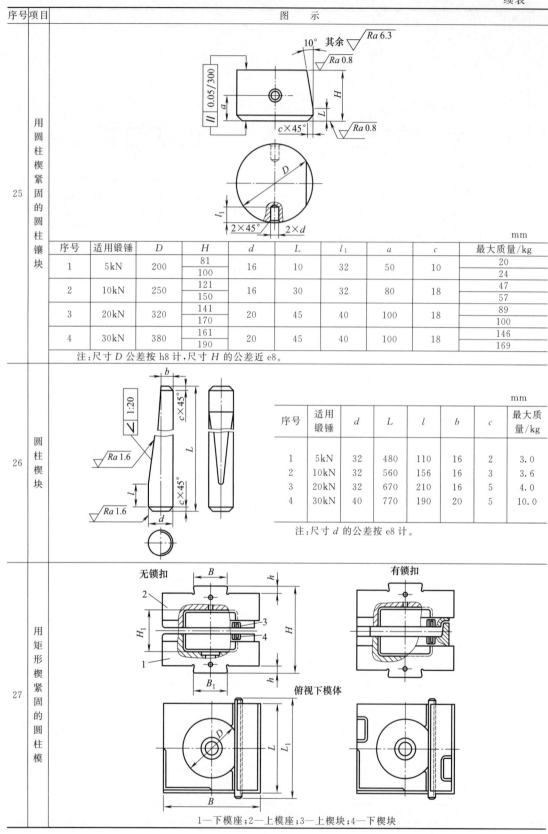

序号	适用锻锤	D	H	d	L	l_1	a	c	最大质量/kg
1	5kN	200	81/100	16	10	32	50	10	20/24
2	10kN	250	121/150	16	30	32	80	18	47/57
3	20kN	320	141/170	20	45	40	100	18	89/100
4	30kN	380	161/190	20	45	40	100	18	146/169

注：尺寸 D 公差按 h8 计，尺寸 H 的公差近 e8。

| 26 | 圆柱楔块 |

序号	适用锻锤	d	L	l	b	c	最大质量/kg
1	5kN	32	480	110	16	2	3.0
2	10kN	32	560	156	16	3	3.6
3	20kN	32	670	210	16	5	4.0
4	30kN	40	770	190	20	5	10.0

注：尺寸 d 的公差按 e8 计。

| 27 | 用矩形楔紧固的圆柱模 |

1—下模座；2—上模座；3—上楔块；4—下楔块

续表

序号	项目	图示										

											mm	
序号		序号	适用锻锤	B	B_1	L	L_1	D	h	锻模闭合高度 H	镶块高度 H_1	最大质量/kg
										H_{max} / H_{max}	H_{1max} / H_{1max}	
27	用矩形楔紧固的圆柱模	1	5kN	360	160	340	480	200.2	46	502 / 560	162 / 220	386
		2	10kN	450	200	420	560	250.2	51	522 / 580	242 / 300	462
		3	20kN	560	200	530	670	320.3	51	642 / 700	282 / 340	1048
		4	30kN	630	300	630	770	380.3	66	742 / 800	322 / 380	1790

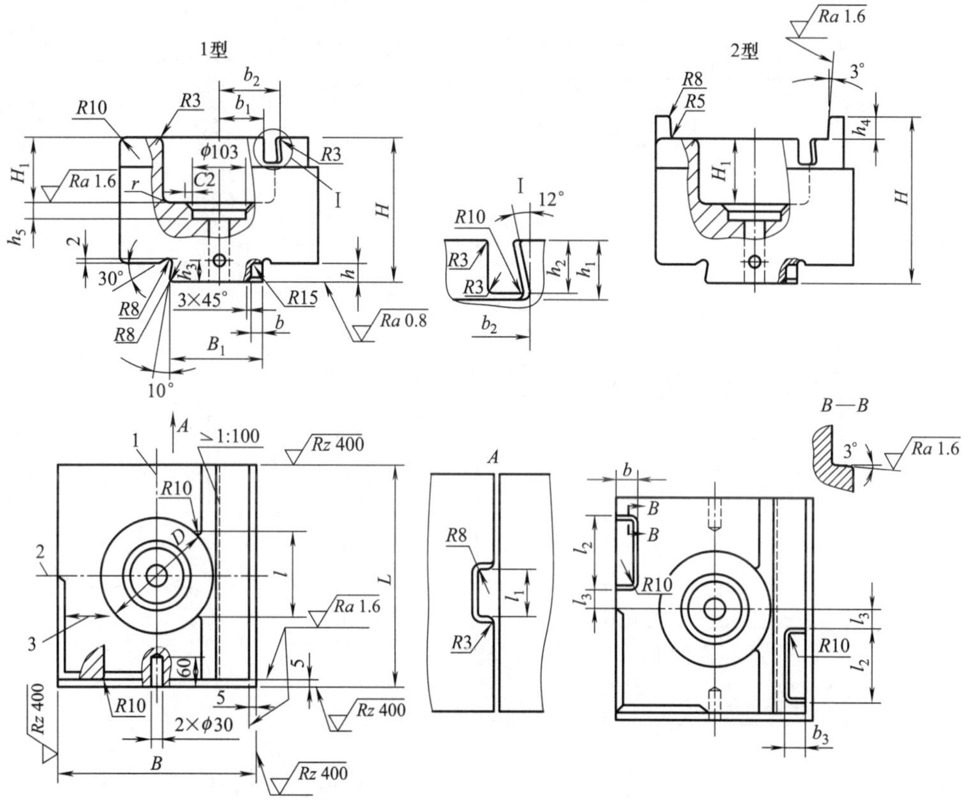

1—燕尾中心线；2—键槽中心线；3—纤维方向

mm

序号	适用锻锤	B	$B_1{}_{-0.5}^{0}$	L	l	$l_1{}_{0}^{+0.1}$	l_2	l_3	H 形式1	H 形式2	H_1	$h{}_{0}^{+0.5}$	h_1
1	5kN	360	160	340	160	45	80	30	250	275	80	46	50
2	10kN	450	200	420	200	50	120	40	260	290	120	51	65
3	20kN	560	200	530	220	50	140	40	320	350	140	51	65
4	30kN	630	300	630	260	75	160	50	370	410	160	66	65

序号	h_2	h_3	h_4	h_5	D	b	$b_1 \pm 0.1$	$b_2 \pm 0.1$	b_3	r	最大质量/kg 形式1	最大质量/kg 形式2
1	45	70	25	—	200.2	56	80	115	40	8	190	191
2	60	75	30	40	250.2	60	100	140	50	15	277	280
3	60	75	30	45	320.3	60	135	182	60	15	566	570
4	60	100	40	45	380.3	75	160	211	70	15	884	891

项目28：用矩形楔紧固圆柱模的下模座

续表

序号	项目	图示
29	用矩形楔紧固圆柱模的上模座	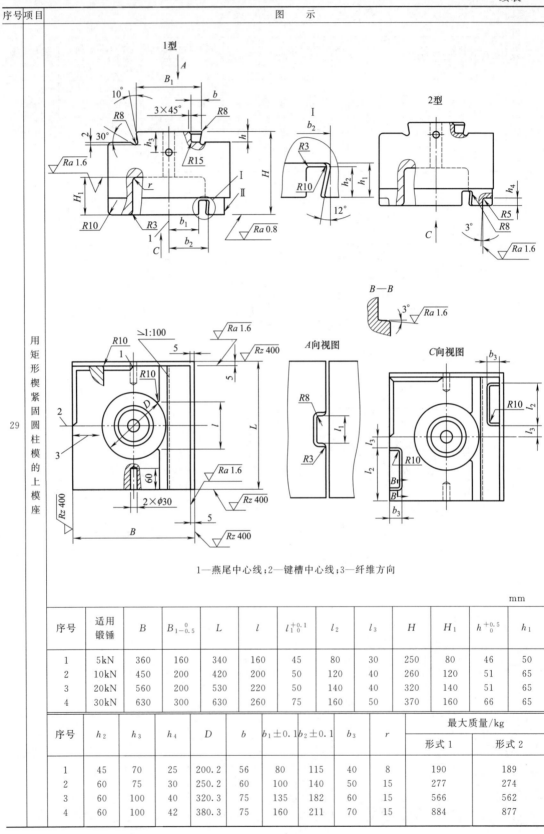

1—燕尾中心线；2—键槽中心线；3—纤维方向

mm

序号	适用锻锤	B	$B_{1-0.5}^{0}$	L	l	$l_1{}_{0}^{+0.1}$	l_2	l_3	H	H_1	$h^{+0.5}_{0}$	h_1
1	5kN	360	160	340	160	45	80	30	250	80	46	50
2	10kN	450	200	420	200	50	120	40	260	120	51	65
3	20kN	560	200	530	220	50	140	40	320	140	51	65
4	30kN	630	300	630	260	75	160	50	370	160	66	65

序号	h_2	h_3	h_4	D	b	$b_1\pm 0.1$	$b_2\pm 0.1$	b_3	r	最大质量/kg	
										形式1	形式2
1	45	70	25	200.2	56	80	115	40	8	190	189
2	60	75	30	250.2	60	100	140	50	15	277	274
3	60	100	40	320.3	75	135	182	60	15	566	562
4	60	100	42	380.3	75	160	211	70	15	884	877

续表

序号	项目	图示
30	用矩形楔紧固圆柱镶块	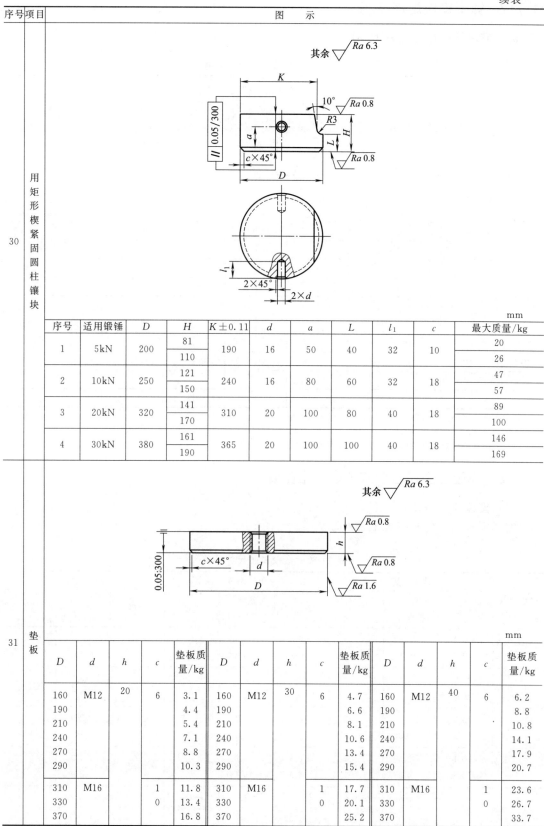

序号	适用锻锤	D	H	K±0.11	d	a	L	l_1	c	最大质量/kg
1	5kN	200	81 / 110	190	16	50	40	32	10	20 / 26
2	10kN	250	121 / 150	240	16	80	60	32	18	47 / 57
3	20kN	320	141 / 170	310	20	100	80	40	18	89 / 100
4	30kN	380	161 / 190	365	20	100	100	40	18	146 / 169

序号	项目											
31	垫板	D	d	h	c	垫板质量/kg	D	d	h	c	垫板质量/kg	(见下)

mm

D	d	h	c	垫板质量/kg	D	d	h	c	垫板质量/kg	D	d	h	c	垫板质量/kg
160	M12	20	6	3.1	160	M12	30	6	4.7	160	M12	40	6	6.2
190				4.4	190				6.6	190				8.8
210				5.4	210				8.1	210				10.8
240				7.1	240				10.6	240				14.1
270				8.8	270				13.4	270				17.9
290				10.3	290				15.4	290				20.7
310	M16		10	11.8	310	M16		10	17.7	310	M16		10	23.6
330				13.4	330				20.1	330				26.7
370				16.8	370				25.2	370				33.7

11.7.7 锤锻模块规格标准

锤锻模块规格标准见表 11-32。

表 11-32 锤锻模块规格标准　　　　　　　　mm

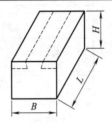

高度 H	宽度 B														
	250	300	350	400	450	500	550	600	650	700	750	800	850	900	950	1000
250	○	○	○	○	○											
275		○	○	○	○											
300		○	○	○	○	○										
325		○	○	○	○	○										
350			○	○	○	○	○	○								
375					○	○	○	○								
400				○	○	○	○	○								
425									○	○		○	○		○	
475										○	○			○		○

注: 1. 格内有圆圈的为钢厂可供应规格,应优先选用。
2. 模块长度尺寸由用户订货时与厂方商定。
3. 厂方供货的模块高度方向上应有 20mm 的加工余量（$H+20$）。

11.7.8 模膛主要尺寸公差与表面粗糙度

（1）模膛尺寸公差

锻模模膛尺寸公差按表 11-33 选取。

表 11-33 锻模模膛尺寸公差　　　　　　　　mm

模膛尺寸	终锻模膛			预锻模膛			制坯模膛		
	深度	宽度（或直径）	长度	深度	宽度（或直径）	长度	深度	宽度（或直径）	长度
≤20	+0.2 / −0.1	+0.3 / −0.1	—	+0.3 / −0.2	+0.5 / −0.2	—	±0.5	+2.0 / −1.0	—
21～50	+0.25 / −0.15	+0.4 / −0.2	+0.4 / −0.2	+0.4 / −0.2	+0.6 / −0.3	+0.6 / −0.3	±0.6	+3.0 / −1.5	±1.0
51～80	+0.3 / −0.2	+0.5 / −0.3	+0.5 / −0.2	+0.5 / −0.3	+0.7 / −0.4	+0.7 / −0.4	±0.8	+3.0 / −1.5	±1.2
81～160	+0.4 / −0.3	+0.6 / −0.3	+0.5 / −0.3	+0.6 / −0.3	+0.8 / −0.4	+0.8 / −0.4	±1.0	+4.0 / −2.0	±1.5
161～260	—	+0.6 / −0.4	+0.6 / −0.3	+1.0 / −0.5	+1.0 / −0.5	—		+5.0 / −2.0	±1.8

续表

模膛尺寸	终锻模膛			预锻模膛			制坯模膛		
	深度	宽度（或直径）	长度	深度	宽度（或直径）	长度	深度	宽度（或直径）	长度
261～360	—	+0.7 −0.5	+0.7 −0.3	—	+1.0 −0.5	+1.0 −0.5	—	—	±2.0
361～500	—	—	+0.8 −0.4	—	—	+1.2 −0.5	—	—	±2.5
>500	—	—	+0.8 −0.5	—	—	+1.2 −0.5	—	—	±3.0

注：表中深度公差指上、下模各自模膛深度的公差。

（2）锤锻模表面粗糙度

锤锻模表面粗糙度可参考表 11-34。

表 11-34 锤锻模表面粗糙度

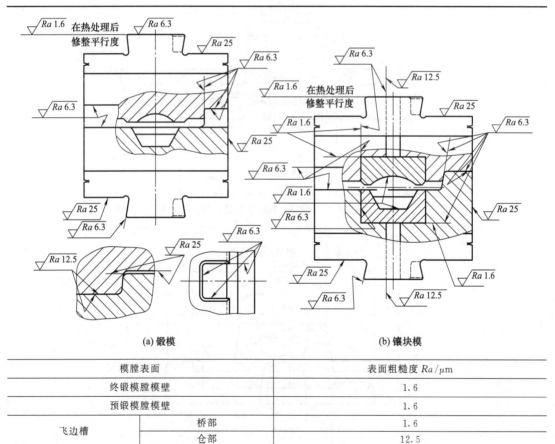

(a) 锻模　　　　　　　　　(b) 镶块模

模膛表面		表面粗糙度 $Ra/\mu m$
终锻模膛模壁		1.6
预锻模膛模壁		1.6
飞边槽	桥部	1.6
	仓部	12.5

11.7.9 锤上锻模设计实例

（1）常用啮合齿轮短轴类锻模设计

常用啮合齿轮短轴类锻模设计见表 11-35。

表 11-35 常用啮合齿轮短轴类锻模设计

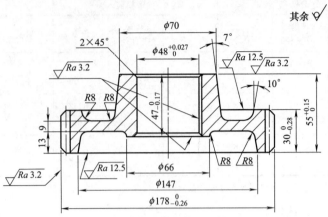

图 1 常用啮合齿轮的零件图

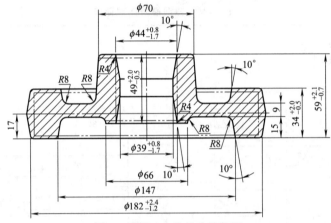

图 2 常用啮合齿轮冷锻件图

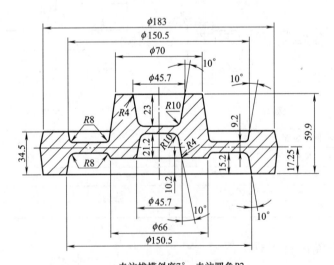

未注拔模斜度7°，未注圆角R2。

图 3 常用啮合齿轮热锻件图

续表

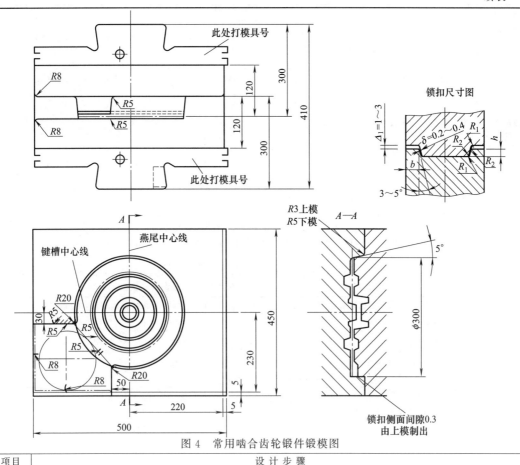

图 4 常用啮合齿轮锻件锻模图

项目	设计步骤
制定锻件图	根据零件图(图1)制定锻件图 (1)确定分模位置。齿轮高径比为 H/D，即 $55/178=0.31<1$，是短轴线类锻件，故取径向分模。分模面取在其最大外径 1/2 高度的位置。 (2)公差和加工余量确定。估算锻件质量约为 5.22kg，外廓包容体质量为 12.05kg；零件材料为 18CrMnTi，材质系数为 M_1；形状复杂系数为：$$S=m/m_1$$式中 m——锻件质量； m_1——锻件外廓包容体质量。$$S=5.22/12.05=0.433$$复杂系数为二级 S_2；零件加工精度为一般加工精度；锻件在煤气加热炉中加热，加工余量由表 10-24 查得；水平及高度方向的单边加工余量为 2.0～2.5mm，取 2mm；由表 10-27 查得：内孔单边加工余量为 2mm，零件尺寸加上加工余量即为锻件名义尺寸，由锻件尺寸表 10-20 确定锻件各尺寸的公差。 (3)模锻斜度。外模锻斜度与零件图上一致，取 $\alpha=7°$，内模锻斜度取 $\beta=10°$。 (4)圆角半径。零件内孔有导角 $2\times45°$，故此处的外圆半径为 $r=$ 余量+零件圆角值$=2+2=4$mm，其余圆角半径不变。 (5)连皮厚度。$t=0.45\times\sqrt{d-0.25h-5}+0.6\sqrt{h}$，可按内孔高度的一半作为 h，即 $h=24.5$mm，$d=44$mm 代入式中后，可确定 $t=5.55$mm，连皮圆角半径应大于内圆角半径，取 $R_1=10$mm。 (6)技术条件。 ①图上未注明模锻斜度 7°。 ②图上未注明圆角半径 $R=2$mm。 ③由表 10-20 查得允许的错差量≤1.2mm。 ④由表 10-20 查得允许的残留飞边量≤1.2mm。 ⑤允许的表面缺陷深度≤1.0mm。 ⑥锻件热处理：正火。 ⑦锻件表面清理：抛丸。 以上各项参数确定后，即可绘制锻件图(见图2)。

续表

项目	设 计 步 骤
确定锻件的基本数据	锻件的基本数据：锻件在平面上的最大投影面积为 26015mm²；锻件周边长度为 572mm；锻件体积为 664970mm³；锻件质量为 5.22kg
确定设备吨位	确定设备吨位可按表 11-8 的经验公式计算。将 $\sigma=60$MPa、$D=18.2$cm 代入经验公式圆饼类锻件：$$G=(1-0.005D)\times\left(1.1+\frac{2}{D}\right)^2\times(0.75+0.001D^2)D\sigma$$ 式中 G——锻锤落下部分质量，kg；D——锻件外径，cm；σ——终锻时材料的变形抗力，MPa，由表 11-9 查得 $$G=(1-0.005\times18.2)\times(1.1+2/18.2)^2\times(0.75+0.001\times18.2^2)\times18.2\times60=1571(\text{kg})$$ 可选用 2t 模锻锤。
确定飞边槽尺寸	按锻件的水平面上投影面积 $A=26015$mm² 由经验公式计算飞边桥部高度：$$h=0.015\sqrt{A}=0.015\times\sqrt{26015}=2.42(\text{mm})$$ 查表 11-15，飞边槽形式 1，根据计算值查表 11-15 中第二组选取 $h=3$mm，$h_1=5$mm，$b=12$mm，$b_1=32$mm，$F_{飞}=233$mm²
终锻模膛设计	终锻模设计的主要内容是绘制热锻件图，供制造模膛用。热锻件图按冷锻件图加上收缩率制定。常啮合齿轮考虑收缩率 1.5%，模锻斜度和内、外圆角的尺寸与冷锻件图相同，绘制的热锻件图见图 3
确定制坯工步	齿轮类锻件一般采用镦粗制坯，镦粗直径 $D_{镦}$ 的确定需考虑锻件形状，对常啮合齿轮锻件应满足 $(D_1+D_2)/2>D_{镦}>D_2$ 式中 D_1——锻件轮缘外径，mm；$D_{镦}$——镦粗后毛坯直径，mm；D_2——锻件轮缘外径，mm。即 $(182+147)/2=164.5>D_{镦}>147$，取 $D_{镦}=160$mm。
确定毛坯尺寸	锻件体积 $V_d=664970$mm³；飞边体积按飞边槽容积的 50% 计算，即 $V_{飞}=99700$mm³。取氧化烧损率为 2.5%，则坯料体积为：$$V_{坯}=(1+2.5\%)\times(664970+99700)=783787(\text{mm}^3)$$ 取坯料高径比 $m=2$，则坯料直径为：$$d'_{坯}=1.08\sqrt[3]{V_{坯}/m}=1.08\times\sqrt[3]{783787/2}=79.03(\text{mm})$$ 按标准规格选择坯料直径 $d=80$mm。下料长度为：$L_{坯}=4V_{坯}/\pi d_{坯}^2=\frac{4}{\pi}\times783787/80^2=156(\text{mm})$ 考虑到下料误差，实际取 $L_{坯}=159$，则坯料尺寸为：$\phi80\times159$mm
锻模结构设计	模膛布置：镦粗台置在锻模的左前角，坯料镦粗后距离各边缘不小于 10mm。由于是轴对称锻件，终锻模压力中心就是形心，应与锻模中心重合。锁扣尺寸：采用圆形锁扣，锁扣高度 $H=36$mm，最小宽度不小于 40mm，锁扣侧面间隙为 0.3mm。锁扣其余尺寸见图 4。模块尺寸：根据模膛、镦粗台尺寸、锁扣宽度、模壁壁厚、承击面等初步算出模块平面尺寸；按模膛最大深度、2t 锤的最小闭合高度、锻模翻新量等因素确定模块高度尺寸，由表 11-31 可确定模块宽度为 500mm，高度为 300mm，长度为 450mm；承击面积约为 970cm²，远大于 2t 锤允许的最小承接面 (450~500cm²)。根据上述设计计算结果，绘制出锻模图 (见图 4)

(2) 传动杆长轴类锻模设计

传动杆长轴类锻模设计见表 11-36。

表 11-36 传动杆长轴类锻模设计

项目	设 计 步 骤
锻件图设计	传动杆锻件图(图1)，经冷精压后，除两端内孔需要进行机械加工外，其余均为非加工面。左端的内孔直径大于 30mm，设有连皮，右端的 3 个小孔未设连皮。锻件上的内孔中心距 165mm 和 28mm 处与加工余量无关，故与零件尺寸相同。由于锻件头部与杆部不对称，分模线在头部转折处作 45°的拐弯，成折线状。热锻件图(图2)尺寸按冷锻件图上相应尺寸加上 1.5% 收缩率，杆部右端 8.4mm 简化相同为尺寸 9.1mm。外缘圆角半径 $R5$、$R7$、$R10$ 等处不加收缩率

续表

项目	设计步骤
锻件图设计	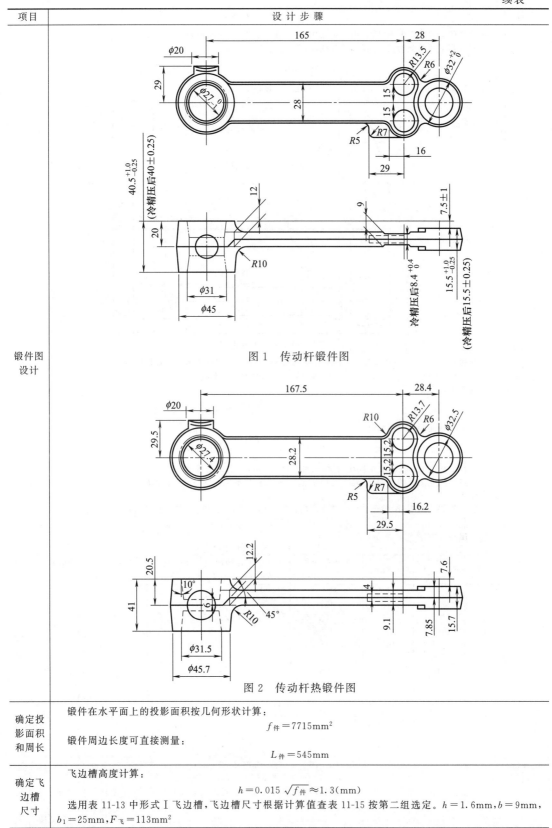 图1 传动杆锻件图 图2 传动杆热锻件图
确定投影面积和周长	锻件在水平面上的投影面积按几何形状计算： $$f_{件}=7715mm^2$$ 锻件周边长度可直接测量： $$L_{件}=545mm$$
确定飞边槽尺寸	飞边槽高度计算： $$h=0.015\sqrt{f_{件}}\approx 1.3(mm)$$ 选用表11-13中形式Ⅰ飞边槽，飞边槽尺寸根据计算值查表11-15按第二组选定。$h=1.6mm$，$b=9mm$，$b_1=25mm$，$F_{飞}=113mm^2$

项目	设 计 步 骤
绘制计算毛坯的截面图和直径图	从锻件图上取若干典型截面,用坐标纸按1:1作出截面图,将截面积值列于表1。 绘制计算毛坯的截面图,并将锻件各截面积换算为高度 $h_{计}$: $$h_{计}=\frac{F_{件}+1.4F_{飞}}{M}$$ 比例系数 M 取为20,即1mm的 $h_{计}=20\text{mm}^2$ 的截面积 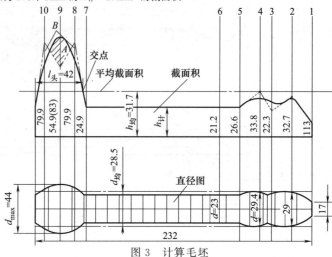 图3 计算毛坯 计算出各个 $h_{计}$ 值后,在坐标纸上绘制计算毛坯截面图(见图3),从图上可直接读数: $$V_{计}=V_{件}+V_{飞}=147000(\text{mm}^3)$$ 平均截面积为: $$F_{均}=V_{计}/L_{计}=\frac{147000}{232}=634(\text{mm}^2)$$ 计算毛坯截面图上的平均高度 $h_{均}$ 为: $$h_{均}=F_{均}/M=\frac{634}{20}=31.7(\text{mm})$$ 平均截面积用 $h_{均}$ 在图上用虚线表示,头部长度为42mm,杆部长度为232-42=190(mm)。 用双点画线连接成的截面图,其突变形状,应将截面图修成圆深的形状,并使图中 A 区面积与两侧 B 区面积之和相等。 按修正后的截面图(实线表示),计算各截面积的计算直径,列于表1。平均直径为: $$d_{均}=1.13\sqrt{F_{均}}=1.13\sqrt{634}=28.5(\text{mm})$$ 直径图特征见图3。

表1 传动杆锻件计算数据

序号	$F_{件}/\text{mm}^2$	$F_{飞}/\text{mm}^2$	飞边截面积 $1.4F_{飞}/\text{mm}^2$	计算毛坯截面积高度/mm $h_{计}=(F_{件}+1.4F_{飞})/M$	计算毛坯直径图的直径/mm $d_{计}=1.13\sqrt{F_{计}+1.4F_{飞}}$
1	0	113	226①	11.3	17
2	496	113	158	32.7	29
3	288	113	158	22.3	24
4	519	113	158	33.8	29.4
5	374	113	158	26.6	26
6	266	113	158	21.2	23
7	340	113	158	24.9	25.2
8	1440	113	158	79.9	40
9	940	113	158	54.9	44
10	1440	113	158	79.9	40

①指第一截面只有飞边,取 $2F_{飞}$。

项目	设 计 步 骤
选择定制坯工步	计算出繁重系数: $$\alpha=d_{\max}/d_{均}=44/28.5=1.54$$ $$\beta=L_{计}/d_{均}=232/28.5=8.1$$ $$G_{件}=7.85V_{件}=7.85\times0.118=0.926(\text{kg})$$ 将 $\alpha、\beta、G_{件}$ 代入图11-4,查出可用拔长制坯,系数 $K<0.2$,可不需要制坯工步,为了使坯料光滑和减小钳夹头直径,增加一道滚挤制坯工步为好。 可参照图11-7,当锻件质量 $G_{件}=0.92\text{kg}$,长度 $L_{件}=230\text{mm}$ 时,可采用连续模锻方案,并增设切断型槽

续表

项目	设 计 步 骤
计算毛坯尺寸	坯料截面尺寸计算： $$F_{坯}=F_{拔}-K(F_{拔}-F_{滚})$$ $$F_{拔}=V_{头}/L_{杆}=\frac{50000}{42}=1190(\text{mm}^2)$$ $$F_{滚}=1.2F_{均}=1.2\times 6.34=760(\text{mm}^2)$$ $$k=\frac{d_{锥}-d_{\min}}{L_{杆}}=\frac{25.5-23}{111}=0.019$$ $$F_{坯}=1190-0.019\times(1190-760)=1181(\text{mm}^2)$$ 坯料直径为： $$d_{坯}=1.13\sqrt{F_{坯}}=1.13\sqrt{1181}=38.8(\text{mm})\quad 取 d_{坯}=40\text{mm}$$
拔长模膛设计	拔长模膛进口处高度 a： $$a=k_2\sqrt{\frac{V_{杆}}{L_{杆}}}=0.9\times\sqrt{\frac{97000}{190}}=20(\text{mm})$$ 拔长模长度 c： $$c=1.5d_{坯}=1.5\times 40=60(\text{mm})$$ 圆角半径 R： $$R=0.25\times c=0.25\times 60=15(\text{mm})$$ $$R_1=10R=150(\text{mm})$$ 模膛宽度、拔长模膛作 $15°$ 斜排，B 按下式计算： $$B=(1.5-0.4\tan\alpha)d_{坯}+20$$ $$=(1.5-0.4\times 0.268)\times 40+20=76(\text{mm})$$ 实际取 $B=70\text{mm}$。 拔长模膛深度 e： $$e=1.2d_{小头}=1.2\times 29.4=35(\text{mm})$$ 但由于拔长模膛与切断模膛位于同侧，故应使模膛深度保持协调一致，取 $e=60\text{mm}$（见图4） 图 4　拔长型槽
滚挤模膛设计	滚挤模膛高度的计算结果见表2 表2　滚挤模膛高度数据 | 截面号	计算毛坯直径 $d_{计}$/mm	系数	模膛高度 $h=\mu d_{计}$/mm	截面号	计算毛坯直径 $d_{计}$/mm	系数	模膛高度 $h=\mu d_{计}$/mm
---	---	---	---	---	---	---	---
1	17	0.75	13	6	23	0.75	17
2	29	0.75	22	7	25.2	0.75	19
3	24	0.75	18	8	40	1.05	42
4	29.4	0.75	22	9	44	1.05	46
5	26	0.75	20	10	40	1.05	42	 图 5　滚挤模膛 将 h 值沿轴向对半分开，作出坐标点，然后连接成光滑曲线构成模膛形状（见图5）。钳口尺寸计算如下： $$n=0.2d_{坯}+6=0.2\times 40+6=14(\text{mm})$$ $$m=(1\sim 2)n=(1\sim 2)\times 14=14\sim 28(\text{mm})$$ $$R=0.1d_{坯}+6=0.1\times 40+6=10(\text{mm})$$ 飞边槽尺寸： $$a=8\text{mm}, c=30\text{mm}, R=5\text{mm}, R_4=8\text{mm}$$ 模膛宽度： $$(1.4\sim 1.6)d_{坯}+10>B>\frac{1.25F_{杆均}}{h_{\min}}+10$$ 即：$(1.4\sim 1.6)\times 40+10>B>\dfrac{1.25\times 97000}{\dfrac{190}{16}}+10$ 或 $70\text{mm}>B>45\text{mm}$ 取 $B=65\text{mm}$，完全可满足模膛头部的要求，则 $B_{头}=d_{头}+10=44+10=54(\text{mm})$

续表

项目	设 计 步 骤
切断模膛设计	切断模膛应安排合理和操作方便,一般应安排在后角与拔长模膛同侧,其截面形状和尺寸见图6 图6 切断模膛
锻模图	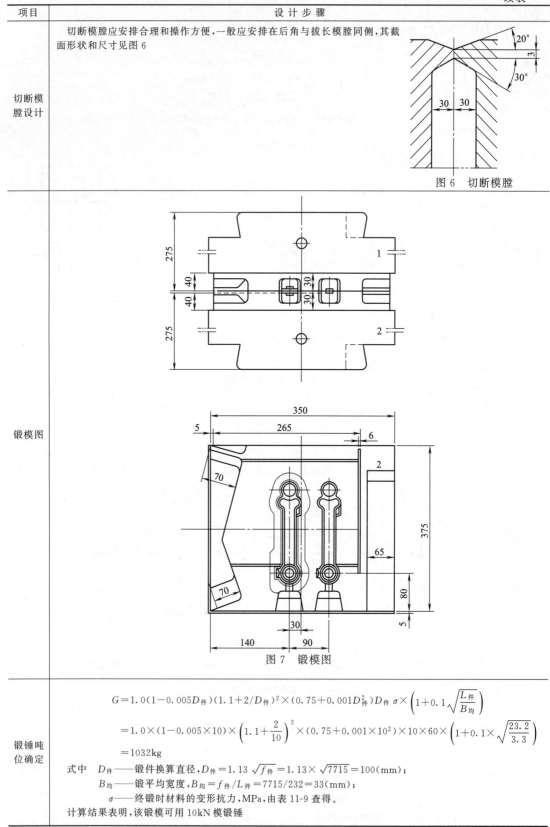 图7 锻模图
锻锤吨位确定	$G = 1.0(1-0.005D_{件})(1.1+2/D_{件})^2 \times (0.75+0.001D_{件}^2)D_{件}\sigma \times \left(1+0.1\sqrt{\dfrac{L_{件}}{B_{均}}}\right)$ $= 1.0 \times (1-0.005 \times 10) \times \left(1.1+\dfrac{2}{10}\right)^2 \times (0.75+0.001 \times 10^2) \times 10 \times 60 \times \left(1+0.1 \times \sqrt{\dfrac{23.2}{3.3}}\right)$ $= 1032 \text{kg}$ 式中 $D_{件}$——锻件换算直径,$D_{件}=1.13\sqrt{f_{件}}=1.13 \times \sqrt{7715}=100 (\text{mm})$; $B_{均}$——锻平均宽度,$B_{均}=f_{件}/L_{件}=7715/232=33(\text{mm})$; σ——终锻时材料的变形抗力,MPa,由表11-9查得。 计算结果表明,该锻模可用10kN模锻锤

第 12 章 胎模设计

胎模锻是在自由锻设备上，采用活动模具来成型锻件的一种工艺。胎模锻模具结构简单，容易制造，成本低，生产准备周期短。对质量较大的锻件，可以利用胎模锻的灵活性分段模锻或局部模锻，在较小吨位的锻锤上进行锻造。胎模锻特别适用于中小批量生产。由于胎模在锻造中需要经常翻动及抬动，工人劳动强度较大，故胎模的设计应力求结构合理，制造方便，便于操作，安全耐用。

12.1 胎模分类

胎模的分类、特点及应用见表 12-1。

表 12-1 胎模的分类、特点及应用

序号	分类		结构简图	工艺特点和用途
1	摔模	光摔		摔模是最常见的模胎，一般由上、下摔及摔把组成，分为光摔和型摔两种类型。在锻造过程中，不断旋转锻件，既不产生飞边，也不产生纵向毛刺，可用于制坯，也可用于成型及修整
		型摔		
2	扣模			扣模由上、下扣或仅有下扣（上扣为锤头）等组成。在锻造过程中一般不翻转，或扣形后在锤砧上拍平侧面再扣，不产生飞边及毛刺，用于非旋转体锻件的制坯及成型
3	开式套筒模			又称垫模，一般只有下模，锻造过程中，金属首先充满模膛，然后在端面形成小飞边。主要用于旋转体锻件的制坯与成型。模具轻便，易于制造，生产效率较高。若毛刺控制得当，可以不需切边工序
4	闭式套筒模			一般由套模、模冲（上模）及模垫（下模）等组成，锻造时，模套与模冲、模垫形成封闭模膛，金属在其中变形。主要用于旋转体锻件的成型。不需切边工序，但纵向有毛刺，且对坯料精度要求较高

续表

序号	分类	结构简图	工艺特点和用途
5	合模	(上模、模槽、定位销、下模)	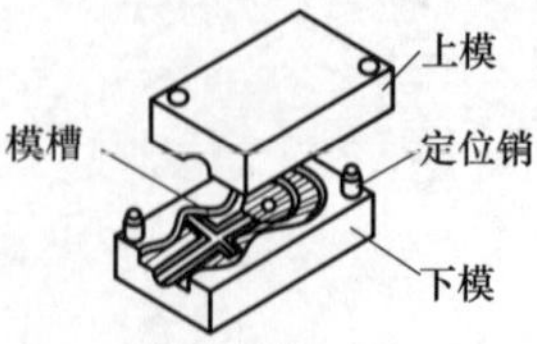 一般由上、下模及导向装置组成。分型面设在锻件水平方向最大截面的中间位置,锻造过程中,多余金属流入飞边槽形成飞边。主要用于非旋转体的成型。因有飞边调节作用,锻件高度方向尺寸精度较高
6	弯曲模	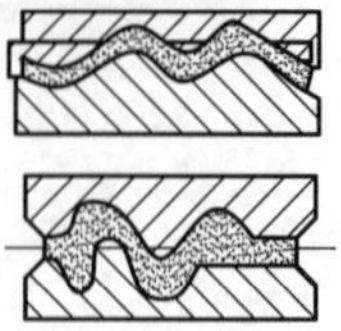	弯曲模由上、下模组成。制坯时用于改变坯料或毛坯的轴线形状,常用于最终成型,以获得所需形状的锻件
7	冲切模	切边模(冲头、凹模) / 冲孔模	一般由冲头及凹模组成。用于锻件的切边和冲连皮,切除飞边的叫切边模,冲连皮的叫冲孔模

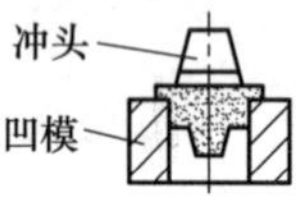

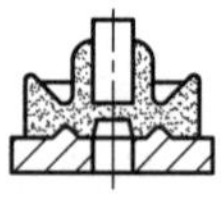

12.2 胎模锻工艺

① 胎模锻工艺见表 12-2。

表 12-2 胎模锻工艺

序号	胎模锻工艺	简图	说明
1	镦粗	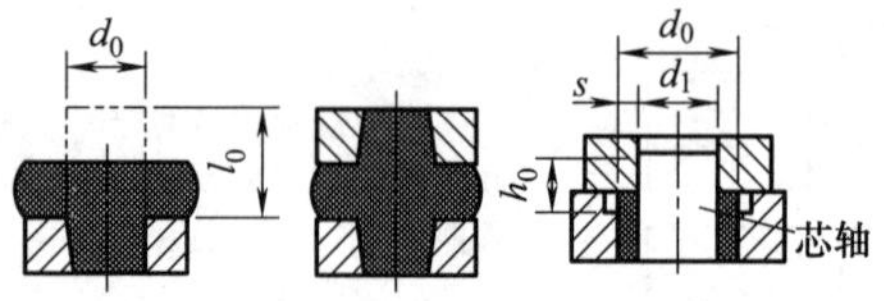 (a)端部镦粗(顶镦) (b)中间镦粗 (c)空心坯料局部镦粗 图1 局部镦粗 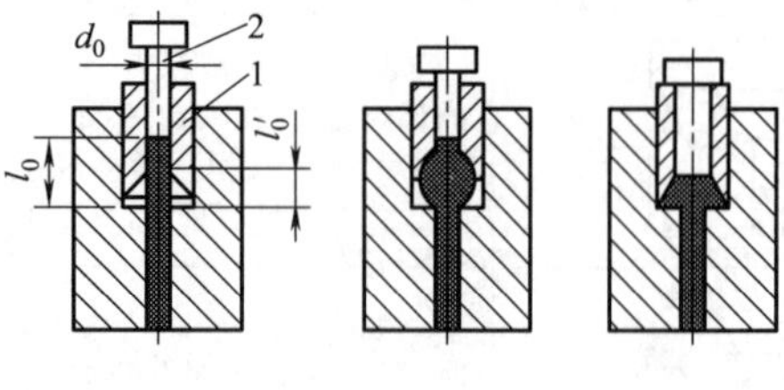 图2 滑动镦粗 1—上模;2—冲头	①镦粗工序分为整体镦粗和局部镦粗,其目的除了得到所需的中间毛坯外,有时还用来改善金属流线方向(如齿轮锻件)和焖形前去除氧化皮。 ②为了防止自由镦粗出现的鼓形和压圆出现凹心,可将实心坯料在漏盘内整体镦粗。但下料要准确,否则会出现小飞边或充不满现象。空心坯料整体镦粗使坯料高度减小,外径增大,内径减小。为了不使锤击失稳而形成夹层,合理的坯料尺寸见图12-1。 ③胎模锻中常采用各种顶镦、中间镦粗和空心坯料局部镦粗(见图1),镦粗比为1.5～2.0。有芯轴的空心坯料局部镦粗高度 h_0/壁厚 s 应不大于2.5～3.0。滑动镦粗实际上是连续送料镦粗见图2,坯料镦粗比 (l_0/d_0) 可大于2.0～2.5。镦粗过程中坯料已镦粗部分从上模1向上顶起,直至其上端面与冲头2凸缘底面相接触,然后上模1与冲头2同时下移,获得最后形状

续表

序号	胎模锻工艺	简图	说明
2	拔长	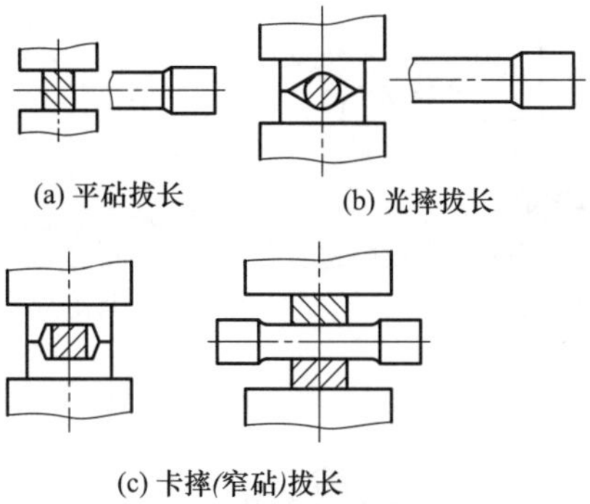 (a) 平砧拔长　(b) 光摔拔长 (c) 卡摔(窄砧)拔长 图3　实心坯料拔长 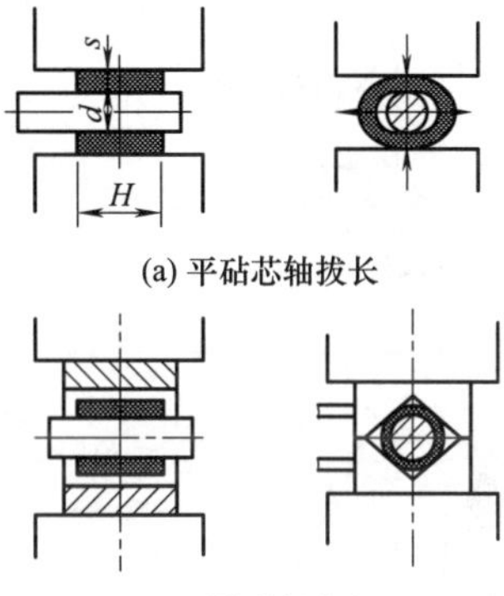 (a) 平砧芯轴拔长 (b) 型摔芯轴拔长 图4　空心坯料拔长	胎模锻拔长分为实心坯料拔长和空心坯料拔长(见图3、图4)。当毛坯直径与料坯直径相差不大时可采用光摔直接拔长；当锻件杆部位于中部且拔长长度小于锤砧宽度时，应采用卡摔拔长；当采用薄壁环坯(厚度s/直径d≤0.5)时，最好在菱形摔内拔长
3	摔形	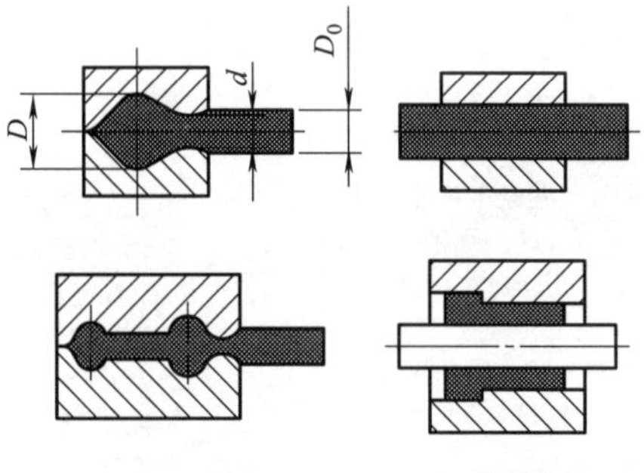 (a) 制坯摔形　(b) 修整摔形 图5　摔形方法 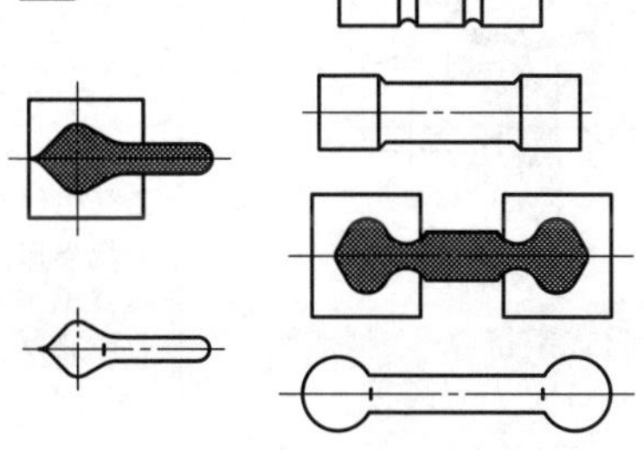 (a) 一头一杆毛坯　(b) 两头一杆毛坯 图6　拔长-摔形方法	摔形分为制坯摔形和修整摔形(图5)。根据摔形长度又分为整体摔形和局部摔形两种。局部摔形不设钳口夹头，节省材料；但因摔形模一端不封闭，金属外流阻力较小，使聚料效果低于整体摔形。 当摔形最小直径d/摔形最大直径$D=0.6\sim0.9$，且坯料直径$D_0\geqslant(0.85\sim1.0)D$时，可用坯料直接摔形。 当$d/D<0.6$时，应预先压肩再摔形。修整摔形主要用于摔光和校正摔光。摔形常需与拔长结合进行(图6)。 只有一个头部的锻件可预拔杆部，再用摔模摔形，最后校准长度。对于两端皆有头部的锻件，一般应先压肩，然后用窄砧摔预拔杆部，摔出头部后，再校准杆部长度

第12章　胎模设计

续表

序号	胎模锻工艺		简图	说明
4	扣形		图7 扣形方式 (a)单扇扣形　(b)双扇扣形 (c)压板扣形	坯料在胎模(扣模)成型中不经旋转而重新分配金属体积的工艺称为扣形。扣形后一般均需旋转90°。 在平砧上拍平,扣形和拍平交替反复进行,以致锻件成型。扣形方式有单扇扣形、双扇扣形、压板扣形。 可以是对称扣形。也可以是不对称扣形(图7)。扣形工艺能获得较准确的毛坯形状和较大的变形量,有时也可采用扣模使锻件最终成型
5	翻边		图8 翻边方法 (a)外翻边　(b)内翻边	将薄壁筒筒壁翻为凸缘或平面毛坯翻为薄杯筒形锻件,且厚度变化不大的工序,总称为翻边(图8)。 胎模锻中的翻边用的是热态毛坯,为了减少翻边时拉缩现象对圆角 R 的影响,在预制毛坯时应考虑到预留拉缩量 A
6	挤压	(1)镦挤	图9 开式镦挤 1—径向流动区;2—轴向流动区; D_x—分流面直径;F_1—漏盘平面摩擦力; F_0—漏盘内表面摩擦力;H—镦粗区高度; H_0—坯料高度;h—挤出凸台高度; d—漏盘内孔直径;d_0—毛坯直径; D—镦挤后直径;R—模孔圆角半径; α—模孔锥度	胎模挤压包括镦挤、冲挤、翻挤、拉挤、劈挤等工艺。在镦粗的同时金属被挤入模孔中的变形方法称为镦挤,分为开式镦挤(图9)和闭式镦挤。 开式镦挤的工具为漏盘,为获得较好的镦挤效果应增大挤压区直径 D_x;合理地选择毛坯尺寸,一般毛坯直径 $d_0 \geqslant (1.2\sim1.5)d$,否则毛坯侧面变形过大。毛坯镦挤的高度 $H_0=(1.5\sim3.0)d$ 或 $H_0=H+1.5h$;合理设计漏盘形状和尺寸,一般模孔圆角半径 R 取 $3\sim10$mm 或 $(0.05\sim0.15)d$ 模孔锥度越小,挤出效果越好,其锥度最好采用 $\alpha=0°$的直壁模孔。反向镦挤效果比正向镦挤效果好。为便于定位找正,先正向镦挤,轻击一二锤,然后将漏盘和锻件一起翻转180°,重击成型
			图10 闭式镦挤 (a)小间隙时　(b)大间隙时 H—镦粗区高度;h—挤出凸台高度; d—漏盘内孔直径;D_1—毛坯直径; D—镦挤后直径;α—模孔锥度	闭式镦挤见图10,受模具侧壁的作用,金属形成三向压应力状态,有利于成型面积较大和较高的凸台。但金属在模具中冷却迅速,只有操作熟练,才能获得较好的效果。闭式镦挤时,不应出现纵向毛刺,否则形成毛刺的金属沿模具侧壁反向挤压,使变形力急增,从而使胎模受到剧烈磨损

续表

序号	胎模锻工艺	简 图	说 明
6	挤压	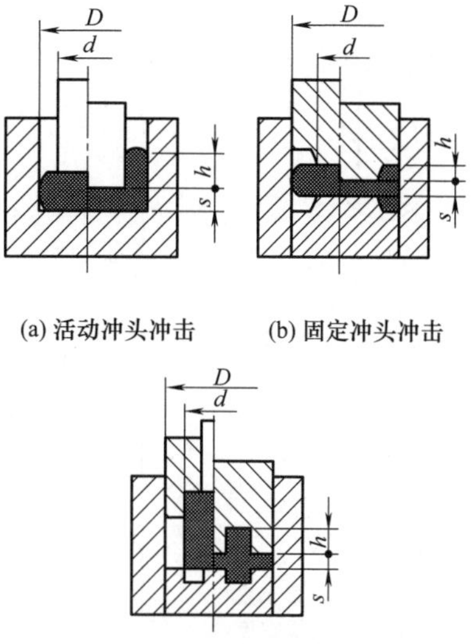 (2)冲挤 (a) 活动冲头冲击　(b) 固定冲头冲击 (c) 滑动冲头冲击 图11　闭式冲挤	分为开式冲挤与闭式冲挤两类。开式冲挤和自由锻造冲孔相同。闭式冲挤(即模内冲孔)见图11。闭式冲挤变形力较大,但可制出直壁深孔
		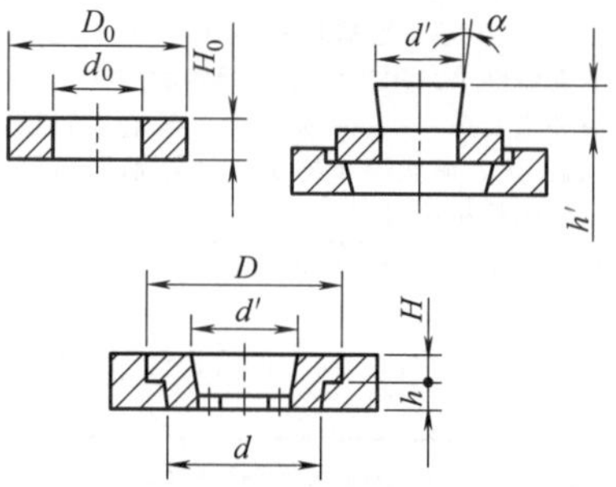 (3)翻挤 图12　环形坯料翻挤 H_0—坯料高度;D_0—坯料外径;D—锻件外径;d'—翻挤凸模上端直径;h—锻件下端高度;H—锻件上端高度;d—翻挤凹模下端直径;d_0—坯料孔径;α—凸模锥角;h'—凸模高度 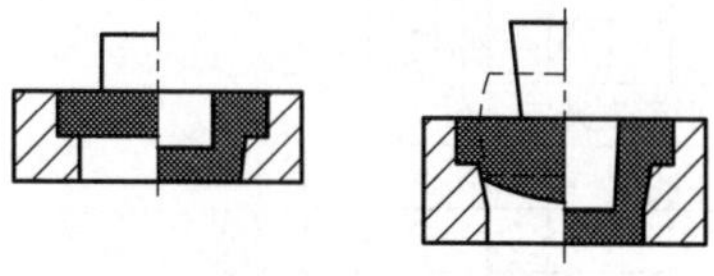 (a) 圆饼坯翻挤　(b) 镦挤坯翻挤 图13　圆饼形坯料翻挤	在冲头翻边的同时,挤出连皮孔或不通孔的工艺方法,适合于大孔薄壁矮法兰锻件的成型。按所采用的坯料不同,分为环形坯料翻挤、圆饼形坯料翻挤等。 环形坯料翻挤(见图12)坯料高度$H_0=(0.65\sim0.80)(H+h)$,h/d较大,系数取上限;毛坯内孔$d_0=(0.70\sim0.75)d$;毛坯外径$D_0<D$,凸模上端直径d'等于锻件内孔直径;凸模高度$h'=0.9(H+h)$;凸模锥角$\alpha=30'\sim1°30'$。 圆饼形坯料翻挤(见图13)主要用于大凸缘小凸台($D/d>2.5$)的法兰
		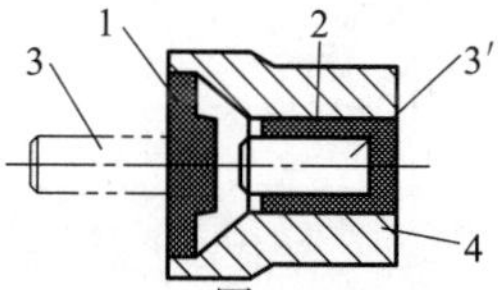 (4)拉挤 图14 1—坯料;2—锻件;3—凸模(初始位置);3'—凸模(成型位置);4—凹模	毛坯在冲头作用下,通过模口拉挤成筒杯形锻件的工序称为拉挤。变形的前一段为变薄拉延,后一段为反向冲挤。 拉挤后的毛坯厚度明显减薄,而冲头下方的底部金属变形相对较小是该工序与翻边和翻挤的区别

续表

序号	胎模锻工艺		简　图	说　明
6	挤压	(5)劈挤	(a) 大凸缘锻件毛坯　(b) 小凸缘锻件毛坯 图 15　劈挤毛坯 1—叉部；2—盘部；3—杆部；H—凸缘高度 h—叉口深度；l—叉口宽度；B—凸缘宽度 L—凸缘长度	劈挤主要用于成型叉形锻件的叉口部，如汽车转向节。 劈挤毛坯尺寸： 大凸缘锻件 $H=h+(50\sim60)\,\text{mm}$，$L=H/(1.4\sim1.6)$，通过试验确定 B 小凸缘锻件 $H=h+(50\sim60)\,\text{mm}$，$L=l-(5\sim10)\,\text{mm}$，$B$ 按体积不变定律估算
7	焖形		胎模锻焖形有开式（有飞边、小飞边）焖形和闭式（无飞边）焖形。胎模锻有飞边焖形采用合模，小飞边焖形采用垫模，无飞边焖形采用套模。通常用在制坯后再次加热并迅速清除氧化皮后进行焖形。长杆类锻件的制坯应最大限度地接近锻件外形，以降低工艺力，节约金属和提高胎模寿命；形状比较复杂的叉形、十字轴类锻件可采用预锻和终锻两副胎模，依次在一火中焖形；胎模锻焖形时，飞边部分一旦形成会很快降温变黑，继续减薄和挤出多余金属相当困难，当设备能力不足时，可采用焖形→切飞边→焖形的方法。形状简单的旋转体短轴类胎模锻件，应尽量一火成型；在设备能力不足时，尽量以镦粗成型代替挤压成型	
8	其他		①冲孔、切边和冲型。在胎模锻中除采用冲连皮、切飞边工序外，还采用专用工具对扁平毛坯进行封闭或局部的冲切，以获得锻件的复杂外形和尺寸。 ②扩孔（冲头扩孔、芯轴扩孔）和整径冲孔。冲出的连皮孔带有较大的起模斜度大于 7°时，采用整径冲孔的方法得到直壁孔。整径冲孔可以在焖形后与冲孔在同一火内进行，但需要两副胎模	

② 镦粗坯料合理尺寸如图 12-1 所示。

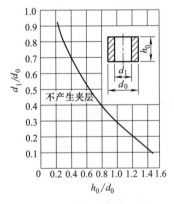

图 12-1　镦粗坯料合理尺寸

12.3　胎模锻工艺选择

为了完成特定胎模锻件的成型，必须制定出胎模锻件的工艺方案。需要考虑的现场生产条件,包括锻锤的吨位、加热条件、模具制造能力、锻件的生产批量以及锻件的材料特性。锻件批量大时,应采用较完善的工艺过程;批量小时,采用简易的工艺。对镁合金和高温合金,应尽量选用较为理想的三向压应力成型。各类锻件常用胎模锻变形工艺见表12-3,胎模与胎模锻成型工艺见表12-4。

表 12-3　各类锻件常用胎模锻变形工艺

序号	锻件类别		变形工艺简图	说　　明
1	轴类	台阶轴	摔形拔长	胎模轻便,所需设备能力小;台阶同心度及锻件平面度不易保证,生产率低。适用于长度较大的多阶轴(如主轴)及截面平滑变化的杆轴类(如变速杆)
		法兰轴	(a) (b) (c) 局部镦粗—摔形拔长	头部镦粗长径比不大于2,锻件总长不大于500mm时,采用直径等于杆部的坯料直接局部镦粗[见图(a)];当不能直接镦粗时,一般采用直径接近头部的坯料先摔形拔长再局部镦粗[见图(b)],此时头部与杆部垂直度好,生产率高,但胎模笨重;也可采用直径近于头部的坯料先局部镦粗后摔形拔长方案[见图(c)],胎模轻便,锻件长度不受限制;但法兰与轴垂直度差,校直费工
2	圆盘类	法兰	镦挤	法兰部分镦粗成型,凸台部分挤压成型。适用于中小型宽缘矮台法兰
			局部镦粗	坯料直接(或拔长后)局部镦粗,适用于窄缘高台法兰及双面法兰
			冲挤	模内固定(或活动)冲头冲挤镦粗,适用于中小型窄缘厚壁有孔法兰
			拉挤	坯料预镦后拉挤孔壁,镦粗法兰;所需设备能量小,操作技术要求高;适用于大中型宽缘薄壁(尤其是斜壁)有孔法兰

续表

序号	锻件类别		变形工艺简图	说　明
2	圆盘类	法兰	翻边	预镦筒坯,然后将筒壁翻边为法兰,适用于窄缘薄壁大孔法兰
		齿轮	焖形	坯料预镦或其他方式制坯后,套模无飞边焖形;节约金属,高度方向公差大;适用于中小型扁薄齿轮
			压挤	采用小型压辐工具,多次局部碾压成型;工具简单,大大降低所需设备能力,但锻件精度差生产率低;适用于大中型薄齿轮
		杯筒	冲挤	模内冲挤孔;适用于厚壁小孔杯筒
			拉挤	制坯后将法兰拉挤为筒壁,A 为拉挤时附加余料,适用于薄壁大孔杯筒
3	圆环类	环套	冲切	成型后冲切制孔,孔壁光洁,生产率高,冲切芯料较大;适用于扁平环(如挡圈)
			扩孔整形	冲孔扩孔后模内整形,不但提高扩孔效率、锻件尺寸精度,并可获得直径相差不大的台阶内(外)径环套(如锥齿轮)
4	杆叉类	直杆、弯杆、枝叉杆	(a) 直杆形 (b) 叉形 制坯—焖形—切边	根据锻件截面及轴线形状采用拔长、摔形、扣形、弯曲、剁形、冲孔、偏镦等制坯工序;然后在台模内整体(或局部)焖形。适用于各类锻件(如拉杆、连杆、吊钩、阀体、拨叉等)

续表

序号	锻件类别		变形工艺简图	说 明
4	杆叉类	直杆、弯杆、枝叉杆	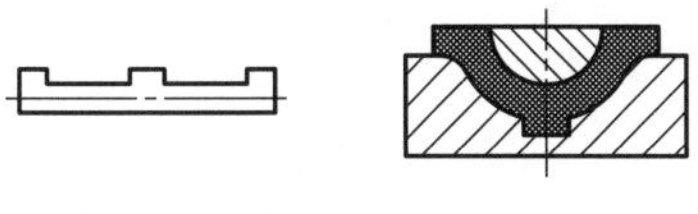 制坯—弯曲	制坯后模内弯曲成型;适用于截面变化平缓、弯曲角度较大的弯杆(如连杆盖、吊环)
			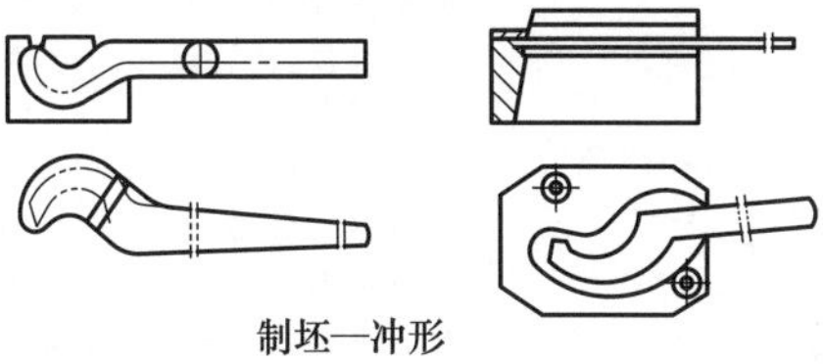 制坯—冲形	制坯后模内冲形;适用于外形复杂扁平弯杆(如钩头扳手)

表 12-4 胎模与胎模锻成型工艺

成型类型	简 图	成型类型	简 图
摔模成型		合模成型	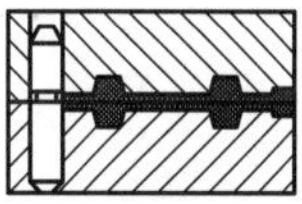
垫模成型	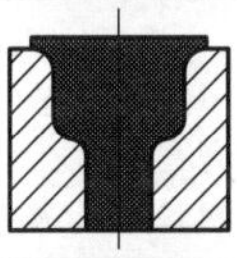	弯曲模(弯曲)成型	
扣模成型	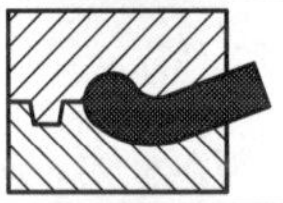	冲切模	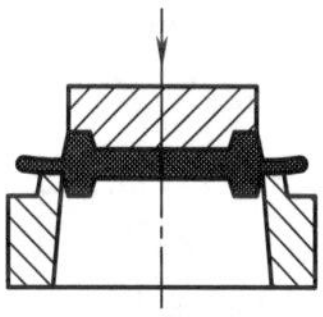
套模成型	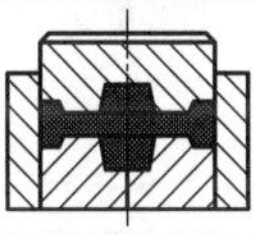		

12.4 锻件图设计

锻件图是根据零件图,并考虑分模面的选择、加工余量、锻造公差、工艺余块、模锻斜度、圆角半径等设计的（见表 12-5）。与模锻工艺一样,胎模的锻件图也分冷锻件图和热锻件图。热锻件的尺寸是由冷锻件尺寸加上材料冷缩量得到的。冷锻件图用于锻件检验,热锻件图用于胎模的制造和检验。

表 12-5 胎模锻件结构设计

序号	参数	简 图	说 明
1	胎模分模面	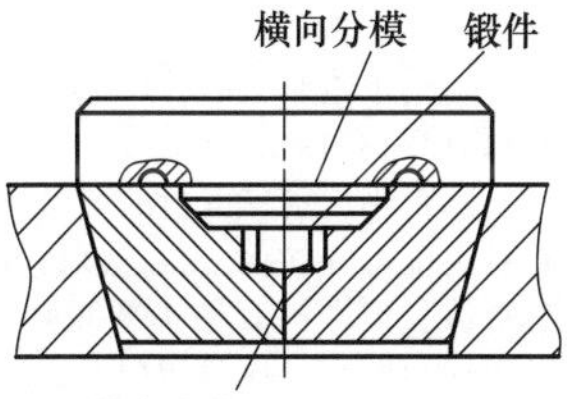 图 1 两个分模面的垫模	组成模膛的各模块的分合面为胎模分模面,一般应选在锻件的最大水平投影尺寸位置上。分模面位置应保证锻件尽可能与零件形状相同或相近;锻件出模容易;使金属在胎模锻时可镦粗充填成型。 垫模和套模成型的锻件分模面一般取在端面上,但根据零件的形状特点,有的模锻件可以选择两个或更多的分模面(图1),这是合模模锻件选定分模面时应考虑的主要原则,见表12-6。合模锻件分模面的选定较灵活,同一锻件,见图 2(c),在不同工序中可以选取不同的分模面,见图 2(a)、(b)

序号	参数	简 图	说 明
1	胎模分模面	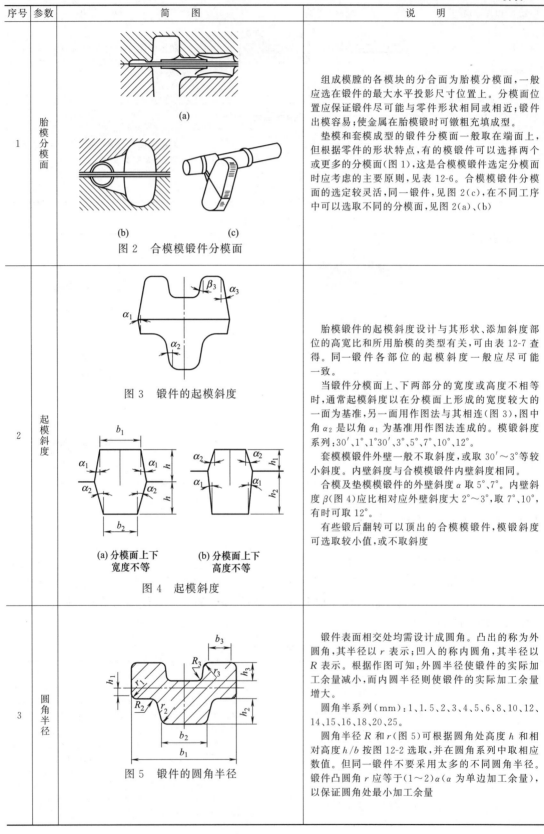图 2 合模模锻件分模面	组成模膛的各模块的分合面为胎模分模面，一般应选在锻件的最大水平投影尺寸位置上。分模面位置应保证锻件尽可能与零件形状相同或相近；锻件出模容易；使金属在胎模锻时可镦粗充填成型。 垫模和套模成型的锻件分模面一般取在端面上，但根据零件的形状特点，有的模锻件可以选择两个或更多的分模面(图1)，这是合模锻件选定分模面时应考虑的主要原则，见表 12-6。合模模锻件分模面的选定较灵活，同一锻件，见图2(c)，在不同工序中可以选取不同的分模面，见图2(a)、(b)
2	起模斜度	图 3 锻件的起模斜度 (a) 分模面上下宽度不等　(b) 分模面上下高度不等 图 4 起模斜度	胎模锻件的起模斜度设计与其形状、添加斜度部位的高宽比和所用胎模的类型有关，可由表12-7查得。同一锻件各部位的起模斜度一般应尽可能一致。 当锻件分模面上、下两部分的宽度或高度不相等时，通常起模斜度以在分模面上形成的宽度较大的一面为基准，另一面用作图法与其相连(图3)，图中角 α_2 是以角 α_1 为基准用作图法连成的。模锻斜度系列：30′、1°、1°30′、3°、5°、7°、10°、12°。 套模模锻件外壁一般不取斜度，或取 30′～3°等较小斜度。内壁斜度与合模模锻件内壁斜度相同。 合模及垫模锻件的外壁斜度 α 取 5°、7°。内壁斜度 β(图4)应比相对应外壁斜度大 2°～3°，取 7°、10°，有时可取 12°。 有些锻后翻转可以顶出的合模模锻件，模锻斜度可选取较小值，或不取斜度
3	圆角半径	图 5 锻件的圆角半径	锻件表面相交处均需设计成圆角。凸出的称为外圆角，其半径以 r 表示；凹入的称内圆角，其半径以 R 表示。根据作图可知：外圆半径使锻件的实际加工余量减小，而内圆半径则使锻件的实际加工余量增大。 圆角半系列(mm)：1、1.5、2、3、4、5、6、8、10、12、14、15、16、18、20、25。 圆角半径 R 和 r(图5)可根据圆角处高度 h 和相对高度 h/b 按图12-2选取，并在圆角系列中取相应数值。但同一锻件不要采用太多的不同圆角半径。锻件凸圆角 r 应等于$(1～2)a$(a为单边加工余量)，以保证圆角处最小加工余量

序号	参数	简图	说明
4	冲孔连皮及压凹	(a) 平底连皮 (b) 端面连皮 图 6 孔的连皮 S—连皮厚度；R—冲孔底部圆弧半径； H—锻件高度；d—冲孔上端直径 图 7 压凹形式	当锻件孔径大于 30mm 时，可在大锻件上设计带连皮的孔，然后再用冲孔模将其冲掉，连皮的尺寸可按表 12-8 确定。 胎模锻件的通孔一般设计成带平底连皮或带端面连皮（图 6）。 端面连皮主要用在高度不大，可用简单的开式套模的模锻件。 设备吨位不足时连皮厚度可适当放大。 内孔较大而高度较低的锻件，一般先冲孔，然后再胎模锻，孔内没有冲孔连皮但有飞边。 盲孔通常采用三种压凹形式（图 7），但孔径 $d<25mm$ 时不压凹

表 12-6 分模面选定原则

序号	选定分型面的原则	合理	不合理
1	保证锻件能从模膛中取出		
2	易检查上、下模膛的相对错移		
3	为了简化模具制造（例如尽量选取平分型面）		
4	应考虑到坯料易充满模膛		
5	应考虑节约金属，便于模具加工及保证锻件外形一致		

表 12-7 胎模锻件起模斜度

胎模类型	锻件简图	起模斜度
合模	(图)	**外壁起模斜度 α** | h/b \ L/b	<1	>1~3	>3~4.5	>4.5~6.5 | |---|---|---|---|---| | <1.5 | 5° | 7° | 10° | 12° | | >1.5 | 3° | 5° | 7° | 10° | 内壁斜度应较相应部位的外壁斜度增大一档
套模	开式(垫模) (图)	①翻转模具用垫环顶出锻件的起模斜度 | | | | | | |---|---|---|---|---| | $α_1$ | 0° | 30′ | 1° | 1°30′ | | $α_2$ | 1° | 1°30′ | 2° | 3° | ②不用垫环顶出锻件的起模斜度 | | | | | |---|---|---|---| | $α_1$ | 5° | 7° | 10° | | $α_2$ | 7° | 10° | |
	闭式(垫模) (图)	外壁起模斜度 α 与开式的相同 内壁起模斜度 α′ 与合模的相同
摔模	(图)	同合模,一般 α 不小于 7°,α′ 不小于 10°

注:h_1,h_2——相应部位的高度;b_1,b_2,b_3——相应部位的宽度;$α_1$,$α_2$,$α_3$——相应部位的起模斜度;L_1,L_2,L_3——相应部位的厚度。

表 12-8 连皮尺寸 (mm)

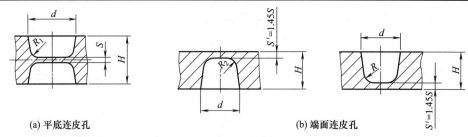

(a) 平底连皮孔　　　(b) 端面连皮孔

d	H											
	≤25			>25~50			>50~70			>70~100		
	S	R_1	R_2	S	R_1	R_2	S	R_1	R_2	S	R_1	R_2
≤50	3	4	5	4	6	8	5	8	12	6	14	16
>50~70	4	5	7	5	7	10	6	10	14	7	16	18
>70~100	5	6	8	6	8	12	7	12	16	8	18	20

圆角半径的选用如图 12-2 所示。

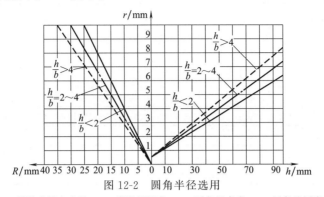

图 12-2 圆角半径选用

r—锻件凸圆角半径；R—锻件凹圆角；h—圆角处高度；b—圆角处厚度

示例：$h=40$mm，$b=80$mm，$h/b=40/80=0.5<2$，由图 12-2 查得 $r=3$mm，$R=8$mm。

12.4.1 胎模锻件的机械加工余量及公差

对于含碳质量分数不超过 0.9% 的碳钢和合金总质量分数不超过 4% 的合金钢胎模锻件，表面粗糙度 Ra 为 3.2～2.5μm 的胎模锻件摔模成型时的机械加工余量及公差见表 12-9；垫模、套模成型机械加工余量及公差见表 12-10；合模成型的机械加工余量及公差见表 12-11。

表 12-9 摔模成型机械加工余量及公差   mm

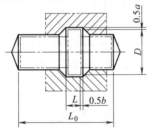 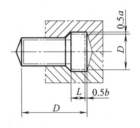

a—外径余量及公差；b—长度余量及公差

成型部分零件直径 D	成型部分零件长度 L									
	<30		>30～50		>50～80		>80～120		>120～160	
	余量 a、b 及极限偏差									
	a	b	a	b	a	b	a	b	a	b
<30	3.0±1.0	3.5±1.0	3.5±1.0	4.0±1.0	4.0±1.0	4.5±1.5	4.5±1.5	5.0±2.0	5.0±2.0	5.5±2.0
>30～50	3.5±1.0	4.0±1.0	4.0±1.0	4.5±1.5	4.5±1.5	5.0±2.0	5.0±2.0	5.5±2.0	5.5±2.0	6.0±2.0
>50～80	—	—	4.5±1.5	5.0±2.0	5.0±2.0	5.5±2.0	5.5±2.0	6.0±2.0	6.0±2.0	6.5±2.0
>80～120	—	—	—	—	5.5±2.0	5.5±2.0	6.0±2.0	6.0±2.0	6.5±2.0	7.0±2.0
>120～160	—	—	—	—	—	—	6.5±2.0	7.0±2.0	7.0±2.0	7.5±2.0

表 12-10 垫模、套模成型机械加工余量及公差   mm

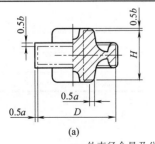 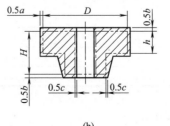 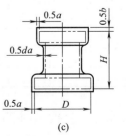

(a)   (b)   (c)

a—外直径余量及公差；b—长度余量及公差；c—内径余量及公差；D—直径或边长

续表

零件最大高度 H	零件最大截面尺寸 D								
	<100			$>100\sim 160$			$>160\sim 200$		
	余量 a、b、c 与极限偏差								
	a	b	c	a	b	c	a	b	c
<50	$4.0^{+1.5}_{-1.0}$	$3.0^{+2.0}_{-1.0}$	$6.0^{+2.0}_{-1.5}$	$4.5^{+1.5}_{-1.0}$	$4.0^{+2.0}_{-1.0}$	$7.0^{+2.0}_{-1.5}$	$5.0^{+2.0}_{-1.0}$	$4.5^{+2.0}_{-1.0}$	$7.5^{+2.5}_{-1.5}$
$>50\sim 100$	$4.5^{+1.5}_{-1.0}$	$4.0^{+2.0}_{-1.0}$	$7.0^{+2.5}_{-1.5}$	$5.0^{+2.0}_{-1.0}$	$4.5^{+2.0}_{-1.0}$	$7.5^{+2.5}_{-1.5}$	$5.5^{+2.0}_{-1.0}$	$5.0^{+2.0}_{-1.0}$	$8.5^{+3.0}_{-2.0}$
$>100\sim 160$	$5.0^{+2.0}_{-1.0}$	$4.5^{+2.0}_{-1.0}$	$7.5^{+2.5}_{-1.5}$	$5.5^{+2.0}_{-1.0}$	$5.0^{+2.5}_{-1.0}$	$8.5^{+3.0}_{-2.0}$	$6.0^{+2.0}_{-1.0}$	$5.5^{+3.0}_{-1.5}$	$9.0^{+3.0}_{-2.0}$
$>160\sim 200$	—	—	—	$6.0^{+2.0}_{-1.5}$	$5.5^{+3.0}_{-1.5}$	$9.0^{+3.0}_{-2.0}$	$6.5^{+3.0}_{-1.0}$	$6.0^{+3.0}_{-1.5}$	$10.0^{+3.5}_{-2.5}$
$>200\sim 250$	—	—	—	—	—	—	$7.0^{+3.0}_{-1.0}$	$6.5^{+3.0}_{-1.5}$	$10.5^{+3.5}_{-2.5}$
$>250\sim 315$	—	—	—	—	—	—	—	—	—
$>315\sim 400$	—	—	—	—	—	—	—	—	—

零件最大高度 H	零件最大截面尺寸 D								
	$>200\sim 250$			$>250\sim 315$			$>315\sim 400$		
	余量 a、b、c 与极限偏差								
	a	b	c	a	b	c	a	b	c
<50	$5.5^{+2.0}_{-1.0}$	$5.0^{+2.5}_{-1.0}$	$8.5^{+3.0}_{-2.0}$	—	—	—	—	—	—
$>50\sim 100$	$6.0^{+2.0}_{-1.5}$	$5.5^{+3.0}_{-1.5}$	$9.0^{+3.0}_{-2.0}$	$7.0^{+2.0}_{-1.5}$	$6.5^{+3.0}_{-1.5}$	$10.0^{+3.5}_{-2.5}$	—	—	—
$>100\sim 160$	$6.5^{+2.0}_{-1.5}$	$6.0^{+3.0}_{-1.5}$	$10.0^{+3.5}_{-2.5}$	$7.5^{+2.5}_{-1.5}$	$7.0^{+3.5}_{-1.5}$	$11.5^{+4.0}_{-2.5}$	$8.0^{+3.0}_{-2.0}$	$8.0^{+4.0}_{-2.0}$	$13.0^{+4.5}_{-3.0}$
$>160\sim 200$	$7.0^{+2.0}_{-1.5}$	$6.5^{+3.5}_{-1.5}$	$10.5^{+3.5}_{-2.5}$	$8.0^{+3.0}_{-2.0}$	$7.5^{+4.0}_{-2.0}$	$12.0^{+4.5}_{-3.0}$	$9.0^{+3.0}_{-2.0}$	$8.5^{+4.5}_{-2.0}$	$13.5^{+4.5}_{-3.0}$
$>200\sim 250$	$7.5^{+2.5}_{-1.5}$	$7.0^{+3.5}_{-1.5}$	$11.5^{+4.0}_{-2.5}$	$8.5^{+3.0}_{-2.0}$	$8.0^{+4.0}_{-2.0}$	$13.0^{+4.5}_{-3.0}$	$9.5^{+3.0}_{-2.0}$	$9.0^{+4.5}_{-2.0}$	$14.5^{+4.5}_{-3.0}$
$>250\sim 315$	$8.5^{+3.0}_{-2.0}$	$8.0^{+4.0}_{-2.0}$	$13.0^{+4.5}_{-3.0}$	$9.5^{+3.0}_{-2.0}$	$9.0^{+4.5}_{-2.0}$	$14.5^{+5.0}_{-3.0}$	$10.5^{+3.5}_{-2.5}$	$10.0^{+5.0}_{-2.5}$	$16.0^{+5.5}_{-4.0}$
$>315\sim 400$	—	—	—	$10.0^{+3.5}_{-2.5}$	$9.5^{+5.0}_{-2.5}$	$15.0^{+5.5}_{-3.5}$	$11.0^{+3.5}_{-2.5}$	$10.5^{+5.5}_{-2.5}$	$16.5^{+5.5}_{-4.0}$

表 12-11 合模成型类胎模锻件机械加工余量及公差　　　　　　　　　　mm

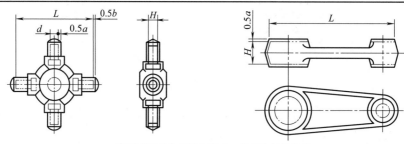

a—直径或厚度余量及公差；b—长度余量及公差

零件最大高度 H	零件长最大度 L										
	<60		$>60\sim 120$		$>120\sim 180$		$>180\sim 250$		$>250\sim 315$		$>315\sim 400$	
	余量 a、b 及极限偏差										
	a	b	a	b	a	b	a	b	a	b	a	b
<30	$3.5^{+1.5}_{-1.0}$	$3.0^{+2.0}_{-1.0}$	$4.0^{+1.5}_{-1.0}$	$3.5^{+2.0}_{-1.0}$	$4.5^{+1.5}_{-1.0}$	$4.0^{+2.0}_{-1.0}$	—	—	—	—	—	—
$>30\sim 50$	$4.0^{+1.5}_{-1.0}$	$3.5^{+2.0}_{-1.0}$	$4.5^{+1.5}_{-1.0}$	$4.0^{+2.0}_{-1.0}$	$5.0^{+2.0}_{-1.0}$	$4.5^{+2.0}_{-1.0}$	$5.5^{+2.0}_{-1.0}$	$5.0^{+2.5}_{-1.0}$	$6.0^{+2.0}_{-1.5}$	$5.5^{+3.0}_{-1.5}$	$6.5^{+2.0}_{-1.5}$	$6.0^{+3.0}_{-1.5}$
$>50\sim 80$	—	—	$5.0^{+2.0}_{-1.0}$	$4.5^{+2.0}_{-1.0}$	$5.5^{+2.0}_{-1.0}$	$5.0^{+2.5}_{-1.0}$	$6.0^{+2.0}_{-1.5}$	$5.5^{+3.0}_{-1.5}$	$6.5^{+2.0}_{-1.5}$	$6.0^{+3.0}_{-1.5}$	$7.0^{+2.0}_{-1.5}$	$6.5^{+3.0}_{-1.5}$
$>80\sim 120$	—	—	$5.5^{+2.0}_{-1.0}$	$5.0^{+2.5}_{-1.0}$	$6.0^{+2.0}_{-1.5}$	$5.5^{+3.0}_{-1.5}$	$6.5^{+2.0}_{-1.5}$	$6.0^{+3.0}_{-1.5}$	$7.0^{+2.0}_{-1.5}$	$6.5^{+3.0}_{-1.5}$	$7.5^{+2.5}_{-1.5}$	$7.0^{+3.5}_{-1.5}$
$>120\sim 160$	—	—	—	—	$6.5^{+2.0}_{-1.5}$	$6.0^{+3.0}_{-1.5}$	$7.0^{+2.0}_{-1.5}$	$6.5^{+3.0}_{-1.5}$	$7.5^{+2.5}_{-1.5}$	$7.0^{+3.5}_{-1.5}$	$8.0^{+3.0}_{-2.0}$	$7.5^{+3.5}_{-1.5}$

12.4.2 胎模锻件的收缩率

热锻件的收缩率见表 12-12。

表 12-12 热锻件的收缩率

序号	选 用 条 件	收缩率/%
1	钢质锻件	0.8～1.2
2	形状简单或终锻温度较高的锻件、在终锻前重新加热的形状比较复杂胎模锻件	1.2～1.5
3	尺寸在 50mm 以下的锻件	一般不考虑

12.4.3 胎模锻件的技术要求

胎模锻件的主要技术要求与模锻件相似，具体有如下几点。
① 图上未注明的圆角半径及拔模斜度。
② 锻件热处理及硬度。
③ 锻件清理方法。
④ 锻件表面质量，如允许表面缺陷位置及深度，允许留有残余飞边宽度等。
⑤ 其他要求，如上、下模允许错移量，同轴度、弯曲度以及对锻件质量要求等。

12.5 坯料计算及选择

为了确保胎模坯料的质量，首先应根据锻件质量、烧损、各种工艺损耗（飞边、连皮、芯料、切头等）等进行概略计算，经试锻后调整确定。采用无飞边焖形工艺时，需严格控制坯料质量，以避免影响锻件质量或损坏胎模；采用套模焖形时，因模具变形较大，每次投料前应重新测量尺寸，核定坯料质量；采用摔模成型时，坯料直径一般应等于或略大于锻件最大直径。若无合适的坯料，可增加拔长或镦粗工序。选择胎模锻坯料的原则如下。
① 以镦粗成型为主的锻件长径比应在 0.8～2.5 之间，便于剪切下料，在镦粗时不产生纵向弯曲。
② 以拔长成型为主的锻件，坯料直径与拔长部分所需长度比应大于 0.3，否则拔长后端面产生凹心。
③ 局部镦粗成型锻件的坯料直径应等于或略小于杆部直径 1～5mm。

12.5.1 坯料质量的计算公式

坯料质量的计算公式见表 12-13。

表 12-13 坯料质量的计算公式

名称	公式	说　明
锻件质量	$m_{锻}=m_1+m_2+\cdots+m_n$	$m_1,m_2,\cdots,m_n$ 为锻件各部分质量
烧损量	$m_{烧}$ 计算公式略	坯料体积计算参照表 11-6
冲孔连皮的烧损量	$m_{连皮}$ 计算公式略	坯料冲孔连皮体积计算参照表 11-6
飞边烧损量	$m_{飞}=\rho \eta A_{飞} L_{周} \times 10^{-6}$	η——飞边槽充满系数，旋转体锻件取 0.2～0.5，非旋转体锻件取 0.4～0.7，其中形状复杂、制坯粗糙者取上限值 ρ——锻件材料密度，g/mm³ $A_{飞}$——飞边槽截面积，mm² $L_{周}$——锻件沿分型面的周长，mm
坯料质量	$m_{坯}=m_{锻}+m_{烧}+m_{连皮}+m_{飞}$	

12.5.2 坯料尺寸的计算公式

坯料尺寸的计算公式见表 12-14。

表 12-14 坯料尺寸的计算公式

序号	工 艺 方 法	坯料直径尺寸
1	不经镦粗制坯的锻件	一般按其最大直径 D_{max} 选择坯料直径
2	如需滚摔头部	$D_{坯}=(0.95\sim1.0)D_{max}$
3	如用拔长锻出台阶后所需经摔子修整	$D_{坯}=(1.0\sim1.02)D_{max}$
4	如需弯曲或压扁杆部	$D_{坯}=(1.02\sim1.05)D_{max}$

12.6 胎模锻设备吨位的确定

胎模锻造通常在自由锻锤上进行,所需锻锤吨位的计算方法与采用胎模的类型有关。

12.6.1 套筒模成型

在闭式套筒模内成型一般没有飞边,在不同吨位设备上锻造锻件所达到的直径尺寸也不同。套筒模锻设备吨位与锻件最大直径的关系见表 12-15。对于材料强度高或具有较扁薄部分的锻件,应取直径较小值;对于有预锻或终锻前再次加热的锻件,则直径可取较大值。

表 12-15 套筒模锻设备吨位与锻件最大直径的关系

设备吨位/kg	锻件最大直径/mm		
	在闭式套模内成型	在开式套模内成型	在跳模内成型
250	100	比采用闭式套模增大 10%~20%	比采用闭式套模减小 40%~50%
450	125		
560	150		
750	175		
1000	200		

12.6.2 合模成型

合模成型时的设备吨位可按表 12-16 中的公式计算。

表 12-16 合模成型时的设备吨位

公式	说 明
$m=kF_{锻}$	m——锻锤落下部分质量,kg $F_{锻}$——锻件(不包括飞边)在分模面上的投影面积,cm² K——锻件形状系数;形状简单或制坯较好的锻件,取 5~6;形状复杂或局部有筋的锻件,取 6~7;不需制坯的小型锻件,取 7~9;扁薄锻件或薄辐齿轮件,取 8~10

12.6.3 垫模成型

垫模成型时锻件顶部边缘有形成横向小飞边。对于同一规格的锻锤,采用垫模可成型锻件最大直径较套模成型适当增大,见表 12-17。

表 12-17 垫模可锻造锻件的最大直径

公式	说 明
$D_{垫}=(1.1\sim1.2)D_{套}$	$D_{垫}$——可锻造垫模锻件的最大直径,mm $D_{套}$——可锻造套模锻件的最大直径,mm

12.6.4 跳模成型

为使锻件在锻锤重击数次后从跳模内自动跳出,除应保证模膛光洁、良好润滑及足够的锤击力外，锻锤吨位也应足够。在同一锻锤上跳模可锻造锻件与套模锻件最大直径的关系见表 12-18。

表 12-18　跳模可锻造锻件与套模锻件最大直径的关系

公式	说　明
$D_{跳}=(0.5\sim0.6)D_{套}$	$D_{跳}$——可锻造跳模锻件的最大直径，mm $D_{套}$——可锻造套模锻件的最大直径，mm

12.6.5　各种空气锤的胎模锻造能力

各种空气锤的胎模锻造能力见表 12-19。

表 12-19　各种空气锤的胎模锻造能力

序号	名称	简　图	锻件尺寸/mm	空气锤落下部分质量/kg				
				250	400	560	750	1000
1	摔模	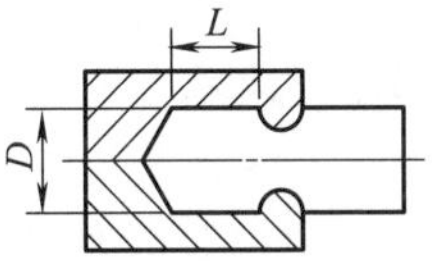	$D\times L$	60×80	80×90	90×120	100×150	120×180
2	垫模	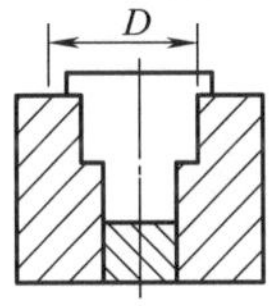	D	120	140	160	180	220
3	跳模	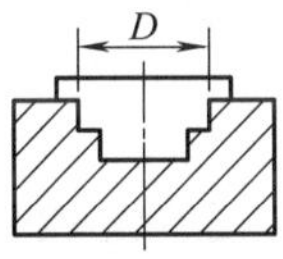	D	65	75	85	100	120
4	顶镦跳模	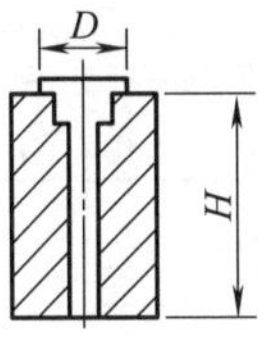	$D\times H$	65×250	100×320	120×380	140×450	160×500
5	套模	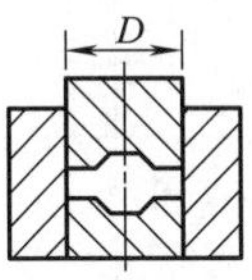	D	80	130	155	175	200
6	合模	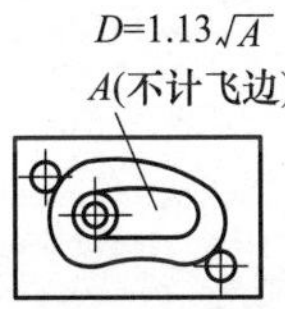 $D=1.13\sqrt{A}$ A(不计飞边)	D	60	75	90	110	130

注：1. 表中锻件尺寸系指一次成型（或制坯后一火焖形）时的上限尺寸；若增加火次，锻件尺寸可以增大或选用较小锻锤。

2. 摔模 L 受砧宽度限制；顶镦垫模 H 受锤头有效打击行程限制。

12.7 胎模设计

12.7.1 胎模设计特点与要求

胎模锻采用自由锻造设备和不固定在设备上的活动胎模,而具有自由锻造的许多特点,其胎模简单,工艺多样。采用胎模成型,并具有模锻的特点,锻件的形状和尺寸精度由胎模控制。在设计胎模时,应充分利用自由锻工具和模锻模具设计的经验,满足胎模锻的工艺要求。胎模设计的基本要求如下。

① 选择合适的胎模结构。同一锻件可采用不同的胎模锻工艺,选择不同的胎模类型。同一类型的胎模可采用不同的结构。应根据锻件形状、生产批量、制模能力等情况具体分析来确定采用哪一种结构形式的胎模。

② 胎模质量大小直接关系到工人劳动强度的大小,生产效率的高低,操作人数的多少以及生产安全等因素。因此在保证足够强度的前提下应尽量减轻胎模质量。

③ 胎模应操作方便、灵活、放件、取件容易,翻转移动次数少,模具套数与辅具要尽量减小。

④ 合理选择胎模材料,便于制模和热处理,便于修复,同时又延长使用寿命。

⑤ 当生产批量较大时,应考虑采用简单易行的胎模操作机械化装置,以减轻劳动强度,提高劳动生产率。

12.7.2 胎模结构

(1) 漏盘

漏盘主要用于镦挤凸台或带杆法兰件的局部镦粗,也可用于圆饼、环等短轴类锻件的镦粗成型。漏盘设计见表 12-20。

表 12-20 漏盘设计

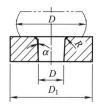 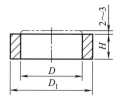

锻件直径 D/mm	漏盘外径 D_1/mm	使用的设备	漏盘高度 H/mm
<150	$D+60$	<250kg 的空气锤	≥25
150~250	$D+80$	250~750kg 的空气锤	≥60
>250	$D+100$		

注:1. 漏盘外径需比镦粗后的锻件外径略大,除保证模具强度外,又使镦粗在漏盘平面内进行。
2. 漏盘入口处的圆角半径 R 应与锻件相适应。
3. 漏盘孔壁拔模斜度 $α=1°\sim3°$。
4. 镦粗成型时内孔成直壁,为了充填良好,漏盘高度应较工件低 2~3mm。
5. 带杆法兰件的局部镦粗时,漏盘高度应与杆部一致或稍高。

(2) 摔模

摔模是一种径向旋转锻造用胎模。锻造时要求摔模不夹料、不卡料,坯料在摔模的模膛中转动灵活,摔出锻件表面光整。常用摔模的结构分类见表 12-21。

表 12-21　常用摔模结构分类

类别	结 构 简 图	结构特点主要用途
光摔		$l/d=1.5\sim3.9$ 用于变形量较小的摔形,或摔光及整形
卡摔		$l/D<0.5$ 用于卡槽、卡台
型摔		模膛形状及尺寸视聚集金属的多少及形状而定,用于卡压或聚料
校正摔		模膛形状及尺寸与锻件校正部分一致,用于长轴类旋转体锻件的局部校正与整形

1) 光摔

光摔主要用以摔光及控制锻件被摔部分的直径。

① 模膛的形状。当被摔毛坯的变形量较大时,为提高伸长率及防止夹料现象,模膛横截面应制成菱形,见图 12-3 (a)。如毛坯的变形量不大或仅用作摔光和整形,则模膛横截面可制成近似椭圆形,见图 12-3 (b)。

② 直径。如毛坯被摔部分的直径是通过摔模闭合(靠打)状态下来控制的,摔模内径 D 应等于锻件被摔部分的热态直径。对于毛坯变形量较大,摔模不易打靠时,其内径 D 应等于毛坯被摔部分的热态直径减去 $2\sim3$mm 的欠压量。

③ 外形尺寸。根据毛坯被摔部分直径来确定,具体可查表 12-22 选定。在不影响胎模强度条件下,为减轻胎模质量,外形尺寸应尽量小。对于具有直径相差较大台阶轴的锻件,其对应胎模的高度尺寸也应适当增大。

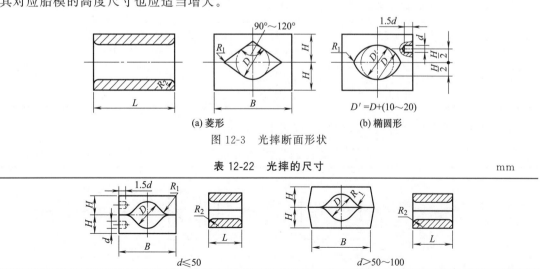

(a) 菱形　　(b) 椭圆形

图 12-3　光摔断面形状

表 12-22　光摔的尺寸　　mm

续表

D	H	B	L	R_1	R_2	d
≤20	35	70	70	10	5	10
>20~30	40	80	80	10	6	13
>30~40	45	90	90	15	6	13
>40~50	50	100	100	15	8	16
>50~60	55	110	105	20	8	16
>60~70	60	120	110	20	8	16
>70~80	65	130	115	25	10	19
>80~90	70	140	120	25	10	19
>90~100	75	150	125	25	10	19
>100~110	80	160	130	25	10	19
>110~120	85	170	130	30	12	22
>120~130	90	180	150	30	12	22
>130~140	95	190	150	30	12	22
>140~150	100	200	150	30	12	22

2）型摔

型摔为制坯摔子，其作用与锤上锻模的滚压模膛相似。

① 模膛的横断面形状。根据毛坯变形量的大小，其横断面形状可分别制成菱形或椭圆形，也可采用两者组合的形状。

② 模膛尺寸。根据毛坯被摔部分的形状、尺寸及变形目的来确定，对于用作终锻成型的型摔，其模膛尺寸应与锻件被摔部分的热态尺寸相同；对于用作制坯的型摔，应根据终锻前后体积相等的原则来确定模膛尺寸。模膛各台阶的过渡处，应设有模锻斜度，并要有圆弧过渡。

③ 型摔模膛口部与尾部的尺寸按表 12-23 选定。为了便于旋转毛坯与聚料，型摔的口部长度 L_2 应尽量小，并带有斜度 α_2，对于一端封闭的型摔，应设置毛刺槽以储存摔形时产生的毛刺。

表 12-23　型摔模膛口部及尾部尺寸　　　　　　　　　　　mm

d	R_2	α_2	L_2	L_2'	D	R_3	L_3	d_3	α_3
≤20	5	60°	16	6	≤30	2	5	4	1°30′
>20~50	8	45°	23	8	>30~50	5	10	5	1°30′
>50~100	12	45°	30	10	>50~100	10	15	8	3°
>100~140	15	30°	40	15	>100~150	15	20	10	5°

④ 型摔的外形尺寸。型摔外形尺寸按表 12-24 选取确定。

表 12-24　型摔外形尺寸　　　　　　　　　　　mm

续表

D	H	B	L_1	L_2
≤30	40	80	35	20
>30~40	45	90	35	20
>40~50	50	100	40	25
>50~60	55	110	40	25
>60~70	60	120	45	25
>70~80	65	130	45	30
>80~90	70	140	50	30
>90~100	75	150	50	30
>100~125	95	175	60	40
>125~150	110	200	60	40

（3）扣模

扣模通常用作开式模，相当于锤上模锻的成型或弯曲模膛，在锻造过程中坯料不翻转。扣模多用于非回转体长轴类锻件沿轴线方向的局部扣形，弯曲制坯或直接成型。最终成型的扣模应采用导向装置，而制坯扣模可不设导向装置。常用扣模结构特点见表12-25。

表 12-25 常用扣模结构特点

类别	结构简图	结构特点和主要用途	类别	结构简图	结构特点和主要用途
单扇扣模		只有下模，上模为平砧，适用于顶面为平面的锻件扣形	侧导锁扣模		由上下模及侧导锁组成，适用于形状不对称，扣形时会产生较大水平错移力的锻件
双扇扣模		型槽形状对称，上、下模无导向装置。适用于上下对称，扣形时不易产生错移力的锻件	前导板扣模		模具前端采用焊接式导板导向装置，适用于形状不对称，扣形时会产生较大水平错移力的锻件
前导锁扣模		由上下模及前导锁式导向装置组成，适用于形状不对称，扣形时会产生较大水平错移力的锻件	侧导板扣模		模具两侧采用焊接式导板导向装置，适用于形状不对称，扣形时会产生较大水平错移力的锻件

扣模结构尺寸设计见表12-26。

表 12-26 扣模结构尺寸设计   mm

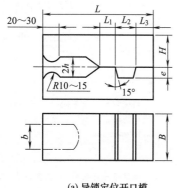

(a) 导锁定位开口模

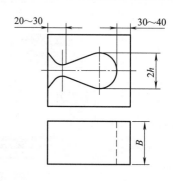

(b) 无定位开口模

在设计扣模时,有关设计要求如下:

扣模多用于合模成型前的制坯,其模膛形状与锻件相似,但模膛高度尺寸应比相应合模模膛宽度减小 2～3mm,以便扣形后的坯料翻转 90°后能放入合模内,形成良好的压入充模状态。扣模作为最终成型使用时,其模膛应根据锻件尺寸再加收缩率。

扣模宽度 $B=b+20\sim30(\text{mm})$,式中,b 为锻件在扣模内的最大宽度。

扣模高度 $H=(2\sim3)h(\text{mm})$,式中,h 为模膛最大深度。为了保证强度 H 不低于 35mm,可按表 12-27 给出的扣模高度尺寸选用。

扣模总长度 $L=$ 各部分长度的总和。

扣模口部圆角半径 R,一般可取 $10\sim15\text{mm}$。

表 12-27　扣模高度尺寸 H　　　　　mm

高度 H 模子长度 L	模膛最大深度 h ≤10	>10～20	>20～30	>30～40	>40～50
≤100	35	40	—	—	—
>100～120	40	40	50	70	—
>120～140	—	45	55	70	—
>140～160	—	45	55	70	80
>160～200	—	50	60	70	85

导锁部分尺寸见表 12-28。

表 12-28　导锁部分尺寸　　　　　mm

结构简图	锻件单侧最大高度 h	≤10	11～20	21～30	31～40	41～50
	S	9	13	16	16	20
	S_1	12	16	20	20	25
	e	12	16	20	20	25
	r	2	3	3	3	3
	R	3	4	5	5	6
	T	12	16	20	20	25
	T_1	12	16	16～20	16～20	20～25

(4) 垫模

垫模为小飞边锻造胎模,仅有下模,上模是平面锤砧。垫模主要应用于短轴类回转体锻体的制坯和终锻成型,锻件的端面应为平面。常用垫模的结构及应用范围见表 12-29。

表 12-29　常用垫模结构及应用范围

类别	结构简图	结构特点主要用途
普通垫模		由一件构成,结构简单。用于锻造饼类锻件,如齿轮坯等
带模垫垫模		垫模且可更换不同尺寸的垫模。并通过更换垫块来锻造不同高度的凸台或杆部长度的锻件
跳模		整体不通孔垫模,模膛斜度大,且表面粗糙度较低。用于锻造凸台不大的饼类锻件

续表

类别	结构简图	结构特点主要用途
拼分垫模		由模套和拼分镶块组成。用于锻造侧壁有内凹的锻件,如双凸缘法兰等
局部顶镦锻模		在保证模具强度的条件下,为减轻质量,外形可制成不等外径。适用于长轴类锻件的局部镦粗

垫模设计主要参数如下。

① 槽型尺寸

槽型尺寸应与热锻模尺寸相符合,其尺寸在加工时应控制在负偏差范围内。当垫模高度 $H<50\mathrm{mm}$ 时或锻件外径 $D>200\mathrm{mm}$ 且 $H<D/4$ 时,应采用有模垫的垫模以提高模具使用寿命。垫模高度为:

$$H=H_{锻}+H_1-(1\sim 3)$$

式中　$H_{锻}$——锻件高度,mm;
　　　H_1——模垫高度,mm,按表 12-30 选择取。

② 垫模外形尺寸

垫模外形尺寸可根据锻件的最大直径确定,具体尺寸可按表 12-31 查取。通常垫模无飞边槽,对于锻件精度要求较高的则应制出飞边槽。

垫模的模锻斜度不小于 $5°\sim 7°$,模膛表面粗糙度不高于 $1.6\mu\mathrm{m}$,模膛精度选用 H11 级。

为使锻件出模顺利,应采用锤击能量较大的锻锤锻造,为保证垫模强度,其外形尺寸可适当加大,通常可取 $D\geqslant D_{锻}+(70\sim 80)$;$H\geqslant H_{锻}+(30\sim 40)$。

表 12-30　垫模模垫高度　　　　　　　　　　　　　　　mm

加模垫部分直径 $D_{锻}$	≤80	81~120	121~160	161~200	>200
模垫高度 H_1	30	35	45	50	60

表 12-31　垫模外形尺寸　　　　　　　　　　　　　　　mm

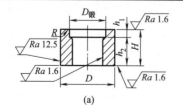
(a)

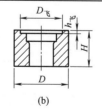
(b)

锻件最大直径 $D_{锻}$	垫模外径 D	垫模高度		飞边槽尺寸	
		无飞边槽	有飞边槽	$D_{飞}$	$h_{飞}$
≤100	$D_{锻}+60$	等于锻件高度 $H_{锻}-(2\sim 3)$	等于锻件高度 $H_{锻}$	$D_{锻}+20$	1~2
>100~150	$D_{锻}+70$			$D_{锻}+30$	1.5~2.5
>150~200	$D_{锻}+80$			$D_{锻}+50$	2~3
>200~250	$D_{锻}+100$			—	—
>250~300	$D_{锻}+120$			—	—

（5）套模

套模是一种闭式锻造用胎模，锻造时不产生横向无飞边，但常出现纵向毛刺。套模通常由上、下模垫和模套组成。常用套模结构见表12-32，套模结构尺寸见表12-33、表12-34。

表12-32　套模的结构

类别	结构简图	结构特点和主要用途
活动上模垫套模		结构最简单的模套形式，由上模垫和模套组成，取件时需翻模180°，用于锻造形状较简单的法兰、齿轮类锻件
上下活动模垫套模		由活动的上、下模垫和外套组成，取件时不需翻转。模套内壁可制成直壁或斜壁。斜壁模套便于模套迅速套在下模垫上。适用于锻造形状简单的法兰、齿轮类锻件
活动凸模套模		活动凸模套模由模套、上模垫、下模垫、活动凸模等零件组成。活动的凸模更换方便，常用于环套、齿轮、有孔法兰类和凸缘类锻件的成型
拼分模垫套模		带有拼分镶块模垫的模套，下模垫分成对开的两个半模，可锻造侧壁有内凹的锻件，常用于双联齿轮、双凸缘法兰类锻件的锻造

表12-33　模套及上、下模垫尺寸

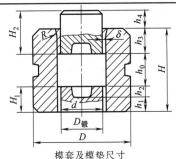

模套及模垫尺寸

技术参数	计算公式	说明
模套口部圆角 R	$R=5\sim10$mm 或倒角 $5\times45°$	H_1——下模垫高度，mm
出口斜度 α	$\alpha=0.5°\sim3°$	H_2——上模垫高度，mm
套筒的总高度 H	$H=H_1+H_2+h_0-h_4$	h_0——锻件轮缘部分高度，mm
上模垫尺寸 H_2	$H_2=h_3+h_4$，应保证在终锻打靠时上模垫应高出模套 $20\sim30$mm	h_3——上模垫伸入模套高度，根据毛坯在套模中的变形量确定，但应保证初始导向段长度不小于 $15\sim25$mm
下模垫尺寸 H_1	$H_1=h_1+h_2$ 或 $H_1=(0.3\sim0.6)D_0\geqslant30$mm	h_4——上模垫高出套筒部分，如果上模垫在锻造中需夹持时，h_4 取 $30\sim50$m；不需夹持时，只考虑修复量，h_4 取 $5\sim10$mm
模垫外径 d	通常取 $d=40\sim60$mm，模套外径尺寸见表12-36，模套外径与高度的关系见表12-38	h_1——下模垫有效高度，其最小值可按表12-35 选取
内锥式套模锥角 β	$\beta=3°\sim7°$，如果要求脱模迅速，可取 $\beta=10°\sim30°$	h_2——锻件上凸台高度或凹坑深度尺寸
模垫与套筒的间隙 δ	模垫与套筒的间隙可取 $0.25\sim0.75$mm 或按表12-36 中11级精度动配合选定	
套模强度	由于闭式套模胎模锻时金属在封闭模膛内成型，模套承受很大的径向压应力和切向拉应力，故要求模套应具有足够的强度。其强度可按表12-37 和表12-38 进行校核	

表 12-34 模套外径尺寸　　　　　　　　　　　　　　　　　　　　　　mm

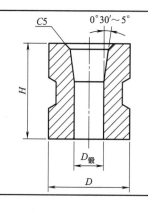

锻件最大外径 $D_{锻}$	套筒外径 D
≤40	$D_{锻}+70$
41～70	$D_{锻}+75$
71～100	$D_{锻}+80$
101～130	$D_{锻}+85$
131～160	$D_{锻}+95$
161～200	$D_{锻}+100$
201～240	$D_{锻}+110$
241～280	$D_{锻}+125$

表 12-35 下模垫最小高度　　　　　　　　　　　　　　　　　　　　mm

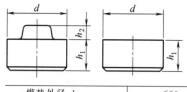 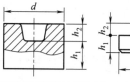

模垫外径 d	<80	81～120	121～160	161～200	>200
模垫最小高度 h_1	30	35	45	50	60

为了使上、下模垫在模套中取出或放入方便，模套与上，下模垫之间应留有间隙 δ，δ 值单边间隙在 0.25～0.75mm 范围内。也可按表 12-36 中 11 级精度动配合选定。

表 12-36 模套与上、下模垫的配合　　　　　　　　　　　　　　　　mm

基本直径 $D_{锻}$	H11	b11	a11	基本直径 $D_{锻}$	H11	b11	a11
>40～50	+0.16	−0.18 −0.30	−0.32 −0.48	>140～150	+0.25	−0.28 −0.53	−0.52 −0.77
>50～65	+0.19	−0.19 −0.38	−0.34 −0.53	>150～160	+0.25	−0.28 −0.53	−0.52 −0.77
>65～80	+0.19	−0.20 −0.39	−0.36 −0.55	>160～180	+0.25	−0.28 −0.53	−0.58 −0.83
>80～100	+0.22	−0.22 −0.44	−0.38 −0.60	>180～200	+0.29	−0.34 −0.63	−0.66 −0.95
>100～120	+0.22	−0.24 −0.46	−0.41 −0.63	>200～225	+0.29	−0.34 −0.63	−0.74 −1.03
>120～140	+0.25	−0.26 −0.51	−0.46 −0.71	>225～250	+0.29	−0.34 −0.63	−0.82 −1.11

表 12-37 空气锤用套模强度核算

锻锤落下部分质量 m/kg	75	150	250	400	560	750	1000
锻锤最大打击能量/J	1000	2500	5300	9500	13700	19000	27000
锻锤最大行程/mm	350	410	500	700	715	835	950
最大冷击力/N	415	1100	2300	4200	6000	8300	12000
模膛水平方向允许最小截面/mm²[②]	460	1200	2550	4700	6650	9200	13300
模膛水平方向允许最小直径/mm[①]	ϕ25	ϕ40	ϕ57	ϕ80	ϕ90	ϕ110	ϕ125
模壁允许最小垂直截面/mm²[②]	290	760	1600	2900	4200	5800	8300

① 此时许用压应力 $[\sigma_{压}]=900$MPa，如 5CrMnMo 等。
② 此时许用拉应力 $[\sigma_{拉}]=720$MPa，如 5CrMnMo 等。

表 12-38　蒸汽-空气锤用套模强度核算

锻锤落下部分质量 m/kg	1000	1500	2000	3000	4000	5000
锻锤最大打击能量/J	35500	52500	70000	105000	140000	175000
锻锤最大行程/mm	1000	1150	1260	1450	1600	1700
最大冷击力/N	13500	16000	17000	22500	26000	27500
模膛水平方向允许最小截面/mm²①	15000	18000	19500	25000	29000	30500
模膛水平方向允许最小直径/mm①	ϕ138	ϕ151	ϕ158	ϕ178	ϕ192	ϕ200
模壁允许最小垂直截面/mm²②	9400	11000	12200	15700	18000	19200

① 此时许用压应力不大于 900MPa，如 5CrMnMo 等。
② 此时许用拉应力不大于 720MPa，如 5CrMnMo 等。

（6）合模

合模是有飞边的锻造用胎模，由上、下模及导向装置组成。按其导向装置的特点可分为导销式、导锁式、导销-导锁式和导框式四类。合模设计与锤上模锻的终锻模设计相似，只是要求低些、结构简化些。合模适用于中、小批量锻件的生产，合模通用性较大，外形复杂、精度要求高的非旋转体锻件在没有模锻设备又无法在套模内成型时，也可以用合模锻造成型。合模的类型及结构特点见表 12-39。合模设计要求见表 12-40。

表 12-39　合模的类型及结构特点

类型	结构简图	结构特点和主要用途
导销式合模	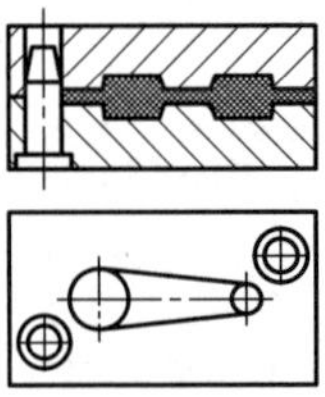	由上下模及导销组成，结构简单，制造、调整和维修方便。但承受错移力较小，多用于水平分模锻件的锻造
导锁式合模	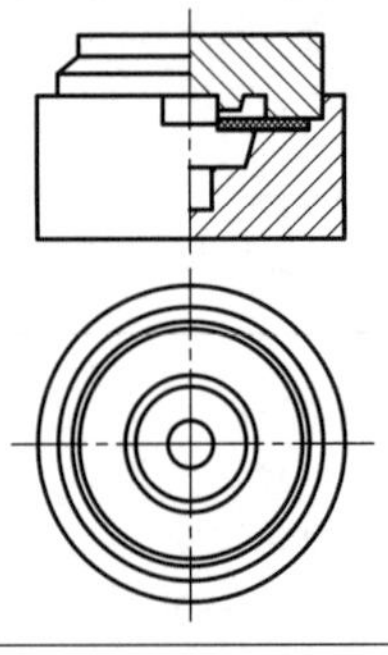	导锁强度高，可承受较大的水平错移力，但结构较复杂，制造、维修不便。多用于弯曲分模面及精度要求较高的水平落差不大的分模面锻件的锻造
导销-导锁式合模	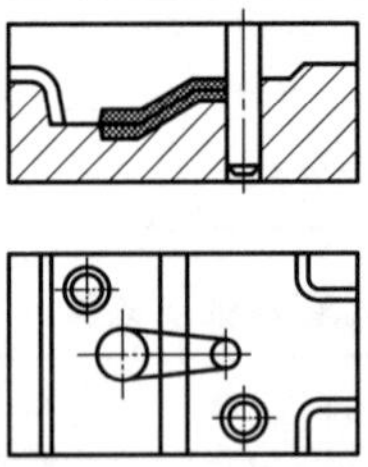	由导锁、导销联合导向，变形初始阶段由导销导向，终了阶段则由导锁导向。用于锻件分模面水平落差较大或锻件高度方向变形较大的锻件
导框式合模	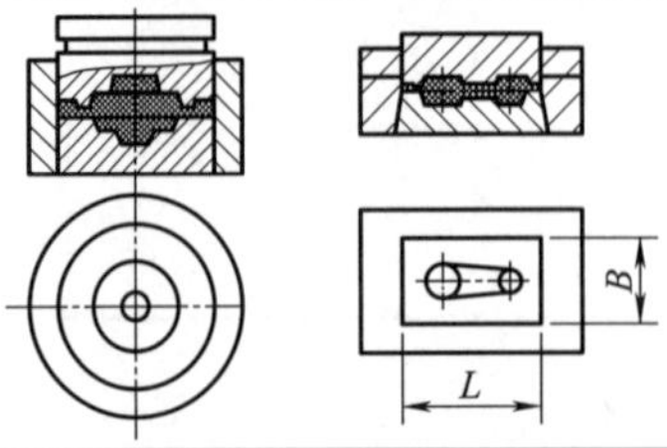	导框式合模有圆形和矩形两种形式，由上、下模及起导向作用的导框组成。圆形导框式合模用于锻造的锻件与套模相同，矩形导框式合模主要用于锻造尺寸相近，长宽比不大于 2 的锻件

表 12-40 合模设计要求

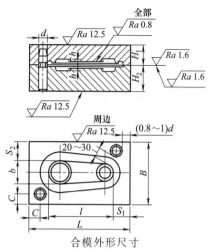

$L = l + 2S_1$
$B = b + 2S_2$
H_1、$H_2 \geqslant L/4$
式中 L——模块长度
B——模块宽度
H_1、H_2——模块高度
l——模膛最大长度
b——模膛最大宽度
S_1,S_2——模膛长度方向和宽度方向的最小壁厚,一般 $S_2 > S_1$
$S_{min} = 0.5h + (20 \sim 25)$
式中 h——模膛最大深度

合模外形尺寸

序号	参数		设计要求						
1	模膛尺寸		合模的模膛尺寸应等于热锻件尺寸,即锻件尺寸加收缩率,其冷收缩率的大小按终锻温度确定。合模焖形的终锻温度较低,冷收缩率可取 1.0%,加工精度可按 11 级精度。表面粗糙度不低于 $Ra1.6\mu m$,一般可采用 $Ra3.2\mu m$						
2	飞边槽尺寸		合模飞边槽主要用于储存少量多余的金属。对于较精确的制坯,其飞边槽可制成平的,也可仅减小模膛高度 1~3mm,而不制飞边槽。如锻件尺寸较小(<100mm),允许在下模制出飞边槽,而另一面为平面。对于形状复杂的锻件,飞边槽桥部高度应增大,宽度与锤锻模相近;仓部宽度应适当减小,高度与锤锻模相似。飞边的形式及尺寸见表 12-41						
3	合模外形尺寸	模块最小高度 H	模块有圆形和矩形两种,通常模块高度 H 应大于水平最大尺寸(长或宽)的 1/4,矩形模块长宽比一般情况下不大于 1.75,个别情况不应超过 2.2。根据使用锻锤吨位来确定模块最小厚度($H-h$)可按下表选取						
			锻锤落下部分质量/kg						
			250	400	560	750	1000	2000	3000
			$H-h$/mm						
			30	35	40	50	60	70	80
		模块高度 H 计算公式	当 $h < 50mm$ 时,$H = h + (40\sim60)mm$ 当 $h > 50mm$ 时,$H = h + (50\sim70)mm$,模具材料强度高时取下限值						
			注:h——模膛深度,mm;H——合模模块最小高度,mm						
		模块长度 L	$L = l + 2S_1$			式中 l——模膛最大长度,mm b——模膛最大宽度,mm S_1——模膛长度的最小壁厚,mm S_2——模膛宽度方向的最小壁厚,mm,一般 $S_2 > S_1$			
		模块宽度 B	$B = b + 2S_2$						
4	最小壁厚 S_{min}		$S_{min} = 0.5h + (20\sim25)$ 注:①模膛为半圆形时,最小壁厚 $=0.8S_{min}$。 ②当锻件长宽比大于 2 时,锻模长度方向的模壁厚度可取宽度方向的模壁厚度 0.9 倍						
5	导向定位装置		合模在工作时不固定于砧上,为了上、下模的定位,防止错移,而需要设计导销、导锁和导套(框)等定位导向装置						
		导销设计	常用导销形式及尺寸见表 12-42。通常销孔采用基孔制配合。上模销孔与导销采用 9~11 级动配合。下模销孔与导销采用 8~9 级过盈配合,应保证在热态状态下不会因销孔热胀而松动。导销一般设计在模块的对角线上,使导销与导孔间的间隙值对锻件错移影响最小,两导销间的距离应尽可能加大。导销与模膛的距离应当大于 20~30mm,导销中心与模块边缘的距离 C 应大于导销直径的 1~1.5 倍(见图示)。						

续表

序号	参数		设计要求
5	导向定位装置	导锁设计	导锁设计见表12-43。导锁具有平衡错移力强,不易损坏,起模方便。其形状,尺寸和位置取决于锻件的形状、分模面的形状(曲面或平面)、导锁作用(单纯导向或平衡错移力)等因素。按错移力大小和方向不同,有对角、三角、四角、两侧等布置方式。对旋转体锻件可设计环形导锁。 若导销与导锁联用,当锻件较高时,为避免导锁太高,应先以导销导向,然后以导锁定位。故导销孔与导销配合单边间隙应放大至 0.5～0.8mm,导销间隙不变,并以导销为基准加工
		导套(框)设计	导套(框)设计见表12-44。导套(框)主要起导向作用,导套(框)一般在小型胎模上,导向效果较好,不易损坏。但模块加工精度要求较高,导套(框)有矩形和圆形两种
6	浇口设计		浇口用于浇注铅型,低合金浇型或用熔融的蜡拌砂子浇型,以便检验无钳口合模的模膛形状、尺寸及上、下模错模量。浇口尺寸应按锻件质量选定,浇口位置应布置在锻件较大一端的加工面上,浇道高度 h_1 与飞边仓相等。浇口设计见表12-45
7	起模孔		起模孔应根据模块质量来确定,见表12-46
8	冲子(冲头)		胎模制坯、焖形、切边等工序中常需用冲子,其形状尺寸和使用范围见表12-47

表 12-41 合模飞边槽形式及尺寸

形式	飞边槽简图	锻锤落下部分质量/kg	飞边槽尺寸					适用范围
			桥部高度 h_f/mm	上模仓部高度 h_1/mm	仓部宽度 b/mm	桥部宽度 b_1/mm	飞边槽截面积 S_f/mm²	
Ⅰ		250 400～560 750 1000	1.4 1.6 2.0 3.0	— — — —	15 18 20 25	— — — —	21 29 40 75	用于形状简单或制坯良好的锻件
Ⅱ		250 400～560 750 1000	1.6 2.0 3.0 4.0	3 3.5 4 5	8 9 10 12	18 20 22 24	77 108 129 216	用于形状复杂或制坯较差的锻件

表 12-42 导销形式及尺寸   mm

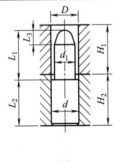 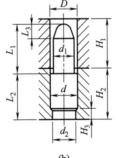 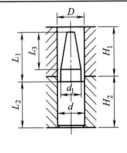

(a)　　　　　　　　(b)　　　　　　　　(c)

导销形式

	锤头落下部分质量/kg	250	400	560	750	1000
导销直径	模块高度 H_1、H_2	<50	51～70	71～100	101～120	121～140
	导销公称直径	18、20	20、22、25	25、30、35	35、40、45	40、45、50
导销与导孔配合	导销基本直径	18	20、22	25、30	35、40	45
	上、下销孔直径 D 公差(H9)	+0.043	+0.052		+0.062	
	导销上部直径 d 公差(a11)	-0.29 -0.40	-0.30 -0.43		-0.31 -0.47	-0.32 -0.48
	导销下部直径公差 (x7)	+0.063 +0.045	+0.075 +0.054	+0.085 +0.064	+0.105 +0.080	+0.122 +0.097

续表

	类型	L_1	L_2	L_3	说明：导销导向部分 L_1 应保证毛坯放入下模后进入销孔的导向部分不小于 10～15mm
导销长度	图(a)	$0.9H_1$	$H_2-(2\sim5)$	$10\sim15$	
	图(b)	$(0.8\sim0.9)H_1$	$(0.6\sim0.7)H_2$	$10\sim15$	
	图(c)	$0.9H_1$	$H_2-(2\sim5)$	$L_1-(15\sim20)$	

表 12-43　导锁设计

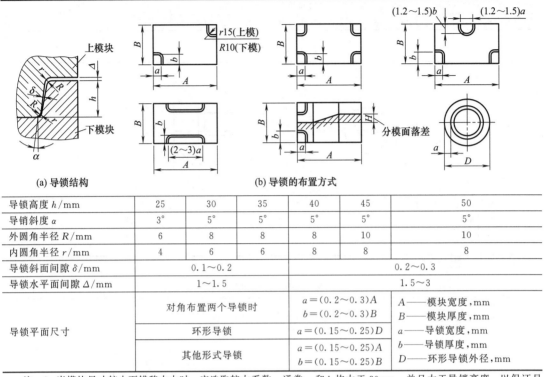

(a) 导锁结构　　(b) 导锁的布置方式

导锁高度 h/mm	25	30	35	40	45	50
导销斜度 α	3°	5°	5°	5°	5°	5°
外圆角半径 R/mm	6	8	8	8	10	10
内圆角半径 r/mm	4	6	6	8	8	8
导锁斜面间隙 δ/mm	$0.1\sim0.2$			$0.2\sim0.3$		
导锁水平面间隙 Δ/mm	$1\sim1.5$			$1.5\sim3$		
导锁平面尺寸	对角布置两个导锁时		$a=(0.2\sim0.3)A$ $b=(0.2\sim0.3)B$		A——模块宽度，mm B——模块厚度，mm a——导锁宽度，mm b——导锁厚度，mm D——环形导锁外径，mm	
	环形导锁		$a=(0.15\sim0.25)D$			
	其他形式导锁		$a=(0.15\sim0.25)A$ $b=(0.15\sim0.25)B$			

注：1. 当模块尺寸较小而错移力大时，应选取较大系数。通常 a 和 b 均大于 30mm，并且大于导锁高度，以保证足够的强度。

2. 导锁高度 h 应在 $35\sim45$mm 之间，并保证坯料放入下模后初始导向高度不小于 $10\sim15$mm。

表 12-44　合模导套（框）设计

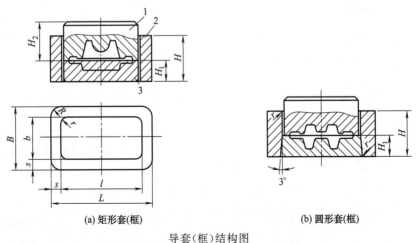

(a) 矩形套(框)　　(b) 圆形套(框)

导套(框)结构图

1—上模；2—导套；3—下模；H_1—下模垫高度

续表

锻锤落下部分质量/kg	200	300	400	500	750	1000	3000
导框(套)的壁厚 s/mm	30	35	35	40	40	45	55
导框(套)的高度 H	$H=H_1+H_0+(15\sim25)$				式中 L,b——导框架内相应模垫的长度和宽度 H_1——下模垫高度 H_0——坯料高度或焖形前上下模间距		
套框长度 L	$L=l+2s$						
套框宽度 B	$B=b+2s$						
导套内表面斜度	导框(套)与下模配合的内表面斜度为3°						
套框(套)与模块的间隙	导框(套)与模块的单边间隙取0.15~0.3mm						
矩形导套的内圆角	矩形导框套的四个内圆角可取 $r>12$mm, $R>15$mm						

表 12-45 浇口设计

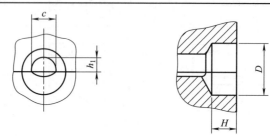

锻件质量/kg	<1	≥1~2	>2~3	>3~5	>5~8
D/mm	20	20	20	25	30
H/mm	10	10	10	10	12
c/mm	6	8	10	12	14

注:h_1——飞边槽仓部高度。

表 12-46 起模孔尺寸

模块质量/kg	<30	≥30~50	>50~100	>100
孔径 D/mm	15	20	25	30
孔深 L/mm	20~30	25~30	25~30	35~40

表 12-47 胎模锻常用冲子(冲头)形状和用途

名称	形状及尺寸/mm	用途及特点
带柄冲孔冲子	$d=10\sim45$ $l=d+(60\sim80)$ $L=120\sim180$ $\alpha=3°\sim5°$	主要用于冲制较小的孔,操作方便。为了减轻振动,冲柄与冲子可采用活接
冲孔冲子	$d=45\sim180$ $D=d+(5\sim20)$ $H\approx1.5d$ $\alpha\approx5°$	主要用于自由锻制坯,双面冲孔(翻转冲孔)。端面平齐,为了便于夹持,上端应留有一段圆柱体部分
扩孔冲子	$d=45\sim100$ $D=d+(20\sim40)$ $R=10\sim20$ H:按需要选用	主要用于冲孔后的扩孔。为了减少扩孔次数,斜度应大一些,但不可太大,否则会产生翻孔现象

续表

名称	形状及尺寸/mm		用途及特点
翻边冲子		$d=$翻边前孔径 H：按需要选用 $D=$翻边后孔径	用于锻件内翻边
冲深孔冲子		尺寸按需要设计	用于冲制较深的孔。非工作部分应适当减小，以减小冲制及取出冲子时冲子与金属之间的摩擦阻力
拔长冲子		$d=$锻件孔径 $H>$锻件长度 $H/d\geqslant 3\sim 5$	拔长芯轴，主要用于自由锻芯轴拔长或摔模芯轴拔长。为了便于退件方便，制有较小斜度，并有四方尾柄，以便钳持
非圆形冲子			用于非圆形冲孔，沿轴向常有圆滑的形状过渡
冲切冲子		$D=40\sim 120$ $d=D-(5\sim 20)$ $h=5\sim 15$ $H\approx D$	主要用于冲切及连皮冲穿
挤孔冲子		$d=20\sim 30$ H：按需要选用 $R=5\sim 10$	主要用于开式胎模内冲挤、翻边，冲子轴向几乎无斜度
校孔冲子		$D=50\sim 250$ $d=D-(10\sim 30)$ $h=20\sim 45$ $H=80\sim 275$	主要用于精度要求较高的孔，校孔段（$D\times h$）可以是鼓形。当$D>100$时，为了减轻冲孔质量，可做成空心的
冲孔校孔冲子		尺寸按需要设计	用于在胎模中同时完成中小型孔的冲孔和校孔
套料冲子			主要用于大孔的冲制，可减少冲孔次数，冲孔芯料可利用

（7）漏模

漏模可分为切边（或冲孔）和切形模两种。切边模或冲孔模用于锻件的飞边切除或冲切连皮，切形模则用于冲切锻件的孔或外形。常用漏模的结构类型及特点见表12-48。

表12-48 漏模结构类型及特点

模具类型	结构简图	特点
单体模	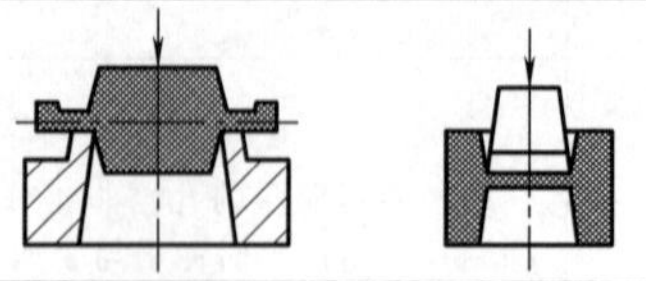	只有凹模或凸模（冲头），用锻锤上砧直接压锻件（冲头）顶部完成切边或冲孔，适用于外形简单且顶面为平面的锻件
简单模	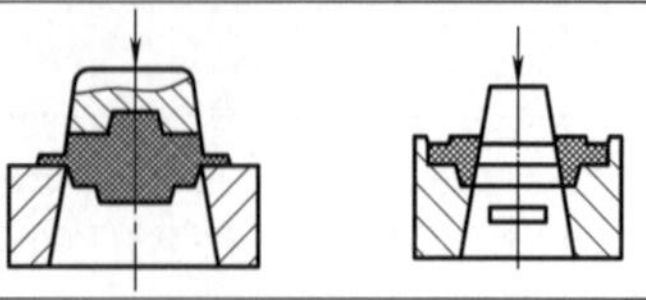	由凸模和凹模组成，锻件由凹模支撑并定位，由锤头打击凸模（冲头）进行切边
定位板模	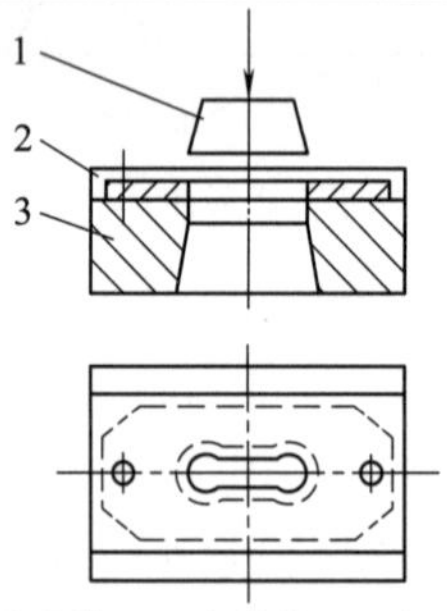 1—切边凸模；2—定位板；3—切边凹模	由凹模、凸模及定位板组成。锻件由定位板定位进行切边
局部切边模	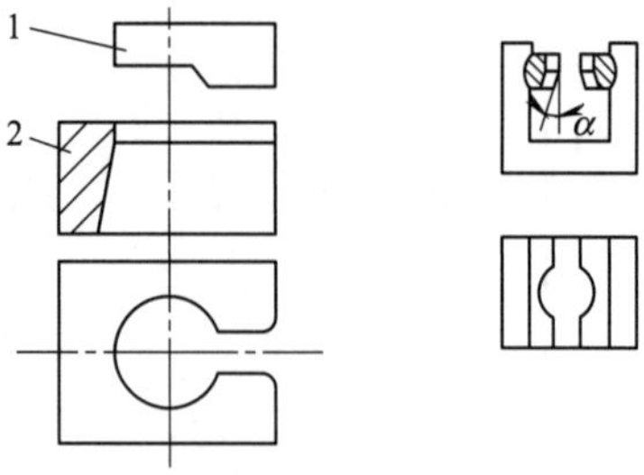 1—切边凸模；2—切边凹模	由凹模及凸模组成，用于切除锻件局部焖形时产生的飞边。当局部飞边在一端时，可采用左图形式；当局部飞边在中间，两端均需敞口时，可采用右图厚底切边形式
复合模	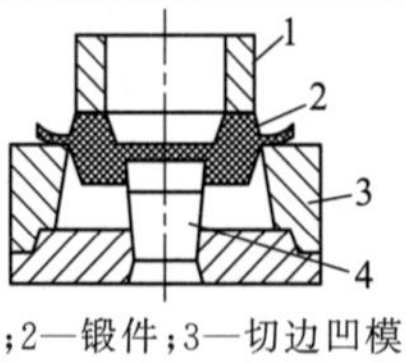 1—切边凸凹模；2—锻件；3—切边凹模；4—切边凸模	由凸凹模、凸模及凹模组成，在一次锤击中同时完成切边和冲孔。但因操作不便，故在锤上很少使用

切边凹模的刃口形式见表12-49。切边凹模尺寸见表12-50，切边凸模的形状和凸模与凹模的单边间隙，见表12-51。

表12-49 切边凹模的刃口形式

类别	结构简图	特点	类别	结构简图	特点
直壁刃口	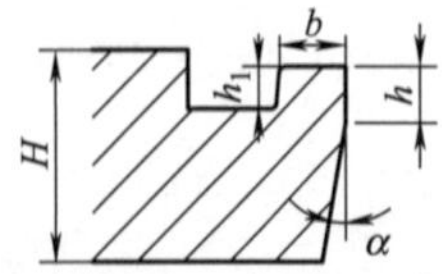	刃口部加工容易，多次修磨且尺寸不变，但切边力较大，刃口磨损也较大	双直壁刃口	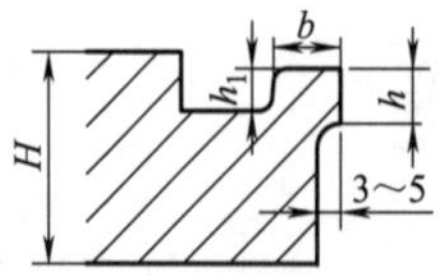	与直壁刃口基本相同

续表

类别	结构简图	特　点	类别	结构简图	特　点
斜壁刃口		刃口部加工容易，但磨损后刃口尺寸有变化且难以修复	双斜壁刃口		刃口部加工较复杂，但磨损后刃口可修复

注：表中尺寸如下：刃口高度 $h=3\sim10$mm，薄件、小件取小值；刃口宽度 $b=$ 锻件飞边桥部宽度 $-(1\sim2)$；模壁斜度 $\alpha=3°\sim7°$，$\alpha_1=0°30'\sim1°$；刃口凸台高度 $h_1=$ 飞边槽高 $+(2\sim3)$mm；圆角半径 $R=2\sim3$mm；保护台高度 $h'=$ 锻件飞边仓部高度。

表 12-50　切边凹模的尺寸　　　　　　　　　　　　　　　mm

锻件尺寸(b,l)	长度 L	宽度 B	保护台高度 h'	凹模高度 H	注：式中 $H_{锻}$ 大时取小值，$H_{锻}$ 小时取大值。一般情况下 $H=45\sim80$mm，如 $H>60$mm 时，可采用带模垫式切边模。为避免冲切后上砧打击凹模表面，则凹模高度应满足：$H=H_{锻}+H'+h'$（式中，H' 为凸模高度；h' 为保护台高度）l 为锻件最大长度
≤60	$l+(60\sim70)$	$b+(60\sim65)$	6	$H=H_{锻}+(20\sim40)$	
61～90	$l+(70\sim75)$	$b+(65\sim70)$	9		
91～120	$l+(80\sim85)$	$b+(75\sim85)$	11		
121～150	$l+(90\sim95)$	$b+(85\sim90)$	13		
151～200	$l+(95\sim100)$	$b+(90\sim100)$	15		

表 12-51　切边凸模与凹模的单边间隙 δ　　　　　　　　mm

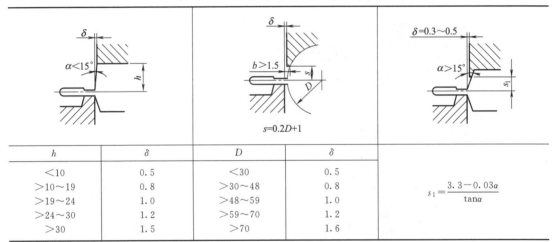

h	δ	D	δ	
<10	0.5	<30	0.5	
>10～19	0.8	>30～48	0.8	$s_1=\dfrac{3.3-0.03\alpha}{\tan\alpha}$
>19～24	1.0	>48～59	1.0	
>24～30	1.2	>59～70	1.2	
>30	1.5	>70	1.6	

12.7.3　胎模锻实例

胎模锻实例见表 12-52。

表 12-52　胎模锻实例

类别	简　图	锻造工艺
套模锻造齿轮	图 1　锻件简图	材料：20CrMo。 坯料质量：6.4kg。 坯料尺寸：$\phi90$mm×128mm。 火次：一火。 工序：1. 下料、加热。 　　　2. 镦粗。 　　　3、4. 将镦粗坯料放入套模中终锻成型

续表

类别	简图	锻造工艺
套模锻造齿轮	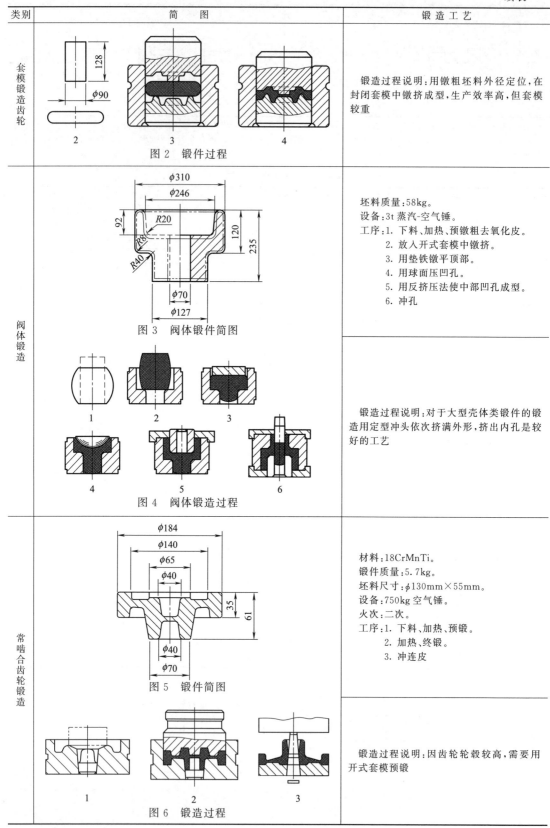 图2 锻件过程	锻造过程说明:用镦粗坯料外径定位,在封闭套模中镦挤成型,生产效率高,但套模较重
阀体锻造	图3 阀体锻件简图	坯料质量:58kg。 设备:3t 蒸汽-空气锤。 工序:1. 下料、加热、预镦粗去氧化皮。 　　　2. 放入开式套模中镦挤。 　　　3. 用垫铁镦平顶部。 　　　4. 用球面压凹孔。 　　　5. 用反挤压法使中部凹孔成型。 　　　6. 冲孔
	图4 阀体锻造过程	锻造过程说明:对于大型壳体类锻件的锻造用定型冲头依次挤满外形,挤出内孔是较好的工艺
常啮合齿轮锻造	图5 锻件简图	材料:18CrMnTi。 锻件质量:5.7kg。 坯料尺寸:φ130mm×55mm。 设备:750kg 空气锤。 火次:二次。 工序:1. 下料、加热、预锻。 　　　2. 加热、终锻。 　　　3. 冲连皮
	图6 锻造过程	锻造过程说明:因齿轮轮毂较高,需要用开式套模预锻

续表

类别	简 图	锻 造 工 艺
法兰锻造	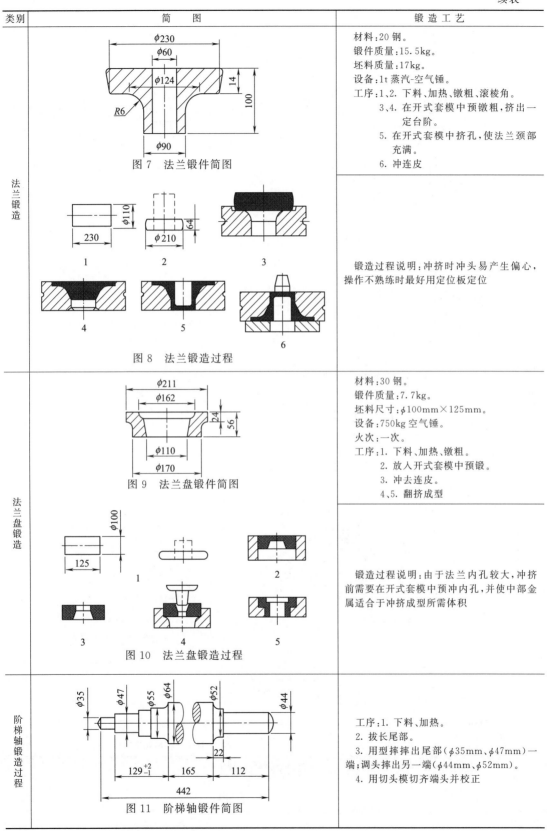图 7 法兰锻件简图 图 8 法兰锻造过程	材料:20钢。 锻件质量:15.5kg。 坯料质量:17kg。 设备:1t 蒸汽-空气锤。 工序:1、2. 下料、加热、镦粗、滚棱角。 　　　3、4. 在开式套模中预镦粗,挤出一定台阶。 　　　5. 在开式套模中挤孔,使法兰颈部充满。 　　　6. 冲连皮 锻造过程说明:冲挤时冲头易产生偏心,操作不熟练时最好用定位板定位
法兰盘锻造	图 9 法兰盘锻件简图 图 10 法兰盘锻造过程	材料:30钢。 锻件质量:7.7kg。 坯料尺寸:$\phi100mm\times125mm$。 设备:750kg 空气锤。 火次:一次。 工序:1. 下料、加热、镦粗。 　　　2. 放入开式套模中预锻。 　　　3. 冲去连皮。 　　　4、5. 翻挤成型 锻造过程说明:由于法兰内孔较大,冲挤前需要在开式套模中预冲内孔,并使中部金属适合于冲挤成型所需体积
阶梯轴锻造过程	图 11 阶梯轴锻件简图	工序:1. 下料、加热。 　　　2. 拔长尾部。 　　　3. 用型摔摔出尾部($\phi35mm$、$\phi47mm$)一端;调头摔出另一端($\phi44mm$、$\phi52mm$)。 　　　4. 用切头模切齐端头并校正

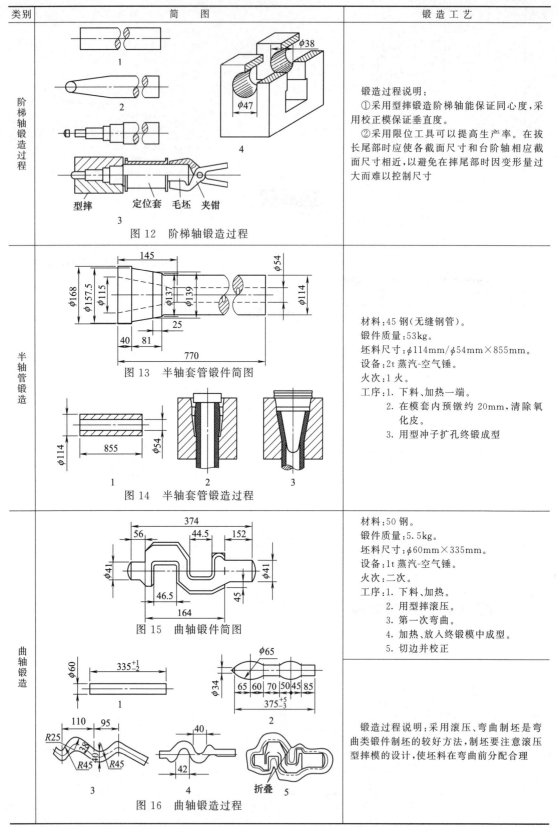

第 13 章 螺旋压力机用锻模设计

13.1 螺旋压力机的模锻特点

螺旋压力机有摩擦压力机、液压螺旋压力机和电动螺旋压力机等类型。螺旋压力机在模锻生产中具有独特的优越性，所以应用较为广泛，具有如下主要特点。

① 螺旋压力机具有模锻锤和热模压力机的双重工作特性，工艺适应性好。可进行模锻、精锻、镦粗、挤压、弯曲、切边、冲孔、精压、压印及冷、热校正等多种工序。适合于再结晶速度较低的低塑性合金钢和有色金属的模锻。

② 螺旋压力机每分钟的行程次数少，打击速度慢，模锻受打击载荷较小。可采用整体和组合模具，以简化模具设计和制造，缩短生产周期，节省模具材料，降低生产成本。

③ 由于螺旋压力机的行程是不固定的，并有顶出装置，其导向性较锻锤好。故可适用于闭式模锻、精密模锻和长轴类锻件的镦锻，也适用于模锻件斜度小及无模锻斜度的锻件。

④ 螺旋压力机螺杆与往复运动的滑块之间是非刚性连接的，其承受偏心载荷的能力差，一般只适合于单一模膛模锻，用其他设备进行制坯。若采用双模膛时，其偏心载荷不能太大，两模膛中心距不超出螺杆节圆的半径。

13.2 模锻工艺确定

① 分模面位置的选择，对于第Ⅰ与第Ⅲ类锻件（见表 10-2）通常采用小飞边或无飞边模锻，其分模面的位置设在金属最后充满处。第Ⅱ类锻件分模面的选择与锤上锻模相同；第Ⅲ类锻件采用组合凹模时，可设两个分模面。

② 锻件的加工余量和公差与锤上模锻相同（见表 10-20～表 10-24）。对于局部镦粗件，因杆部不变形，可参考平锻机模锻件公差和余量的有关标准确定。

③ 模锻件的斜度与圆角半径。螺旋压力机上模锻件的斜度可按表 10-30 确定；钢质锻件的圆角半径可按表 10-32 确定。有色金属的圆角半径可按表 10-33 选取。

13.3 模锻工步的选择

① 第Ⅰ类锻件。此类锻件包括顶镦件与杯盘类锻件，对于镦粗成型的部分，可按压力机一次行程的顶镦条件确定，见表13-1；杯盘类锻件多采用无飞边模锻，形状简单的锻件，可采用毛坯在终锻模膛中直接模锻成型工艺，见图13-1（a）。形状复杂的锻件，特别是带孔或小凸台的锻件，为防止产生折叠，必须采用预锻工步［见图13-1（b）］，预镦坯料直径 $D_{预}=D_{锻}-(2\sim3)$ mm。形状特别复杂的锻件，还须采用成型预锻后终锻成型，见图13-1（c）。

表13-1 顶镦件一次行程顶镦成型的条件

	一次行程顶镦的条件	$l\leqslant 2.3d$	当 $d_1>1.5d$ $l_1\geqslant d$ 时 $l\leqslant 2.5d$	当 $d_1<1.5d$ $l_1\leqslant d$ 时 $l\leqslant 4.0d$
l—顶镦长度；d—顶镦直径	适用于局部顶镦方式			

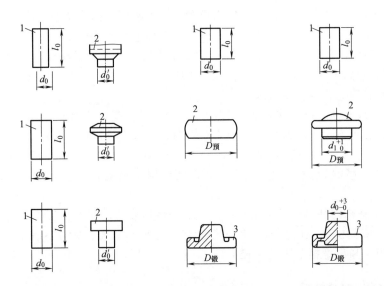

(a) 直接终锻成型的锻件　　(b) 采用粗镦工步的锻件　　(c) 采用成型粗镦工步的锻件

图13-1 杯盘类锻件模锻工艺过程
1—坯料；2—预锻件；3—终锻件

② 第Ⅱ类锻件。此类锻件工艺设计的主要依据是计算毛坯直径图，工艺计算方法可参阅锤上模锻相应内容。由于螺旋压力机仅适合单模膛模锻的特点。应尽量选用原坯料直接终锻成型。必要时，螺旋压力机也可进行弯曲、成型、卡压、压扁等单次打击的制坯工步，进行打击次数为2~3次的简单滚压制坯。对于形状复杂的锻件，需采用多模膛模锻，因螺旋压力机打击速度慢，故模膛设置也不宜超过两个。若锻件截面积相差较大，必须采用拔长—

滚压或打击次数较多的滚挤制坯时，可根据生产批量采用自由制坯、胎模锻制坯或使用辊锻机、仿形斜轧机、电镦机制坯等方法在螺旋压力机上终锻成型。

③ 第Ⅲ类锻件。此类锻件有两个方向凸起、凹坑或有多个凸缘，为了使锻件顺利出模，应采用组合凹模。根据形状不同的锻件，如双向凸起，则需双向模锻，双凸缘锻件则需要两次局部镦粗，见图13-2。

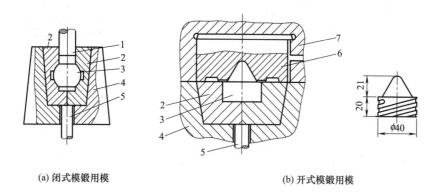

(a) 闭式模锻用模　　　　　　(b) 开式模锻用模

图 13-2　双向有凹孔锻件的模锻
1—凸模；2—组合凹模；3—锻件；4—下模座；5—顶杆；6—上模块；7—上模座

13.4　螺旋压力机吨位的选择

① 确定螺旋压力机的压力，可按下式计算：

$$P = \alpha \left(2 + 0.1 \frac{F_{锻} \sqrt{F_{锻}}}{V_{锻}}\right) \sigma_s F_{锻}$$

式中　α——与锻模形式有关的系数，对开式锻模 $\alpha = 4$，对闭式锻模 $\alpha = 5$；
　　　$F_{锻}$——锻件水平面投影面积（开式锻模时包括飞边桥部面积），mm^2；
　　　$V_{锻}$——锻件体积，mm^3；
　　　σ_s——终锻时金属的屈服点，MPa，通常用常温下的抗拉强度 R_m 代替。

② 根据摩擦压力机的规格用系数 K 换算法确定：

$$P = KF/q$$

式中　P——压力机公称压力，kN；
　　　K——系数，热锻和精压时，$K \approx 80 kN/cm^2$，锻件形状比较简单的，$K \approx 50 kN/cm^2$，对于具有高肋薄壁的锻件，$K = 120 \sim 150 kN/cm^2$；
　　　F——锻件总变形面积（包括锻件面积、冲孔连皮面积和飞边面积），mm^2；
　　　q——变形系数，变形程度小的精压件取1.6；变形程度不大的取1.3；变形程度大的取 0.9~1.1。

13.5　模膛和模块设计

模膛和模块结构设计见表13-2。

表 13-2 模膛和模块结构设计

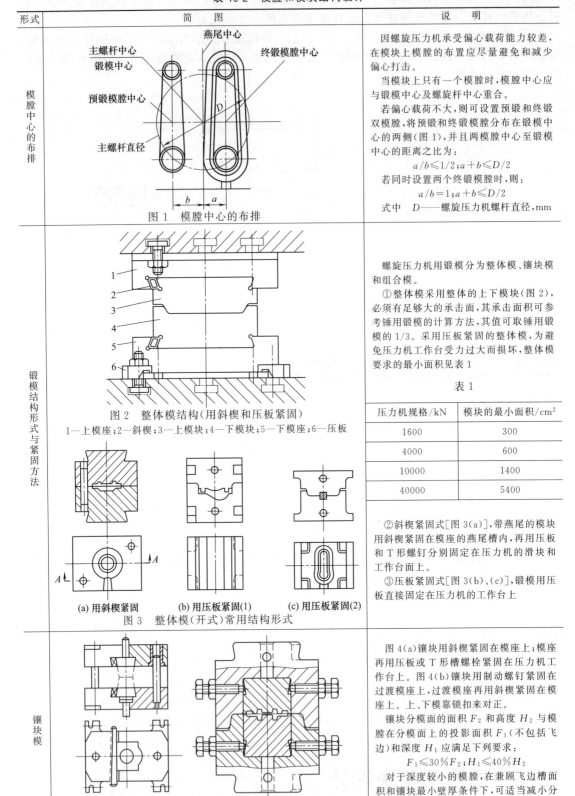

形式	简图	说 明
模膛中心的布排	图 1 模膛中心的布排	因螺旋压力机承受偏心载荷能力较差,在模块上模膛的布置应尽量避免和减少偏心打击。 当模块上只有一个模膛时,模膛中心应与锻模中心及螺旋中心重合。 若偏心载荷不大,则可设置预锻和终锻双模膛,将预锻和终锻模膛分布在锻模中心的两侧(图1),并且两模膛中心至锻模中心的距离之比为: $a/b \leqslant 1/2; a+b \leqslant D/2$ 若同时设置两个终锻模膛时,则: $a/b=1; a+b \leqslant D/2$ 式中 D——螺旋压力机螺杆直径,mm
锻模结构形式与紧固方法	图 2 整体模结构(用斜楔和压板紧固) 1—上模座;2—斜楔;3—上模块;4—下模块;5—下模座;6—压板 (a) 用斜楔紧固　(b) 用压板紧固(1)　(c) 用压板紧固(2) 图 3 整体模(开式)常用结构形式	螺旋压力机用锻模分为整体模、镶块模和组合模。 ①整体模采用整体的上下模块(图2),必须有足够大的承击面,其承击面积可参考锤用锻模的计算方法,其值可取锤用锻模的1/3。采用压板紧固的整体模,为避免压力机工作台受力过大而损坏,整体模要求的最小面积见表1 表1 | 压力机规格/kN | 模块的最小面积/cm² | |---|---| | 1600 | 300 | | 4000 | 600 | | 10000 | 1400 | | 40000 | 5400 | ②斜楔紧固式[图3(a)],带燕尾的模块用斜楔紧固在模座的燕尾槽内,再用压板和T形螺钉分别固定在压力机的滑块和工作台面上。 ③压板紧固式[图3(b)、(c)],锻模用压板直接固定在压力机的工作台上
镶块模	(a) 用斜楔紧固　(b) 用制动螺钉紧固 图 4 镶块模(闭式)结构	图4(a)镶块用斜楔紧固在模座上;模座再用压板或T形槽螺栓紧固在压力机工作台上。图4(b)镶块用制动螺钉紧固在过渡模座上,过渡模座再用斜楔紧固在模座上。上、下模靠锁扣来对正。 镶块分模面的面积 F_2 和高度 H_2 与模膛在分模面上的投影面积 F_1(不包括飞边)和深度 H_1 应满足下列要求: $F_1 \leqslant 30\% F_2; H_1 \leqslant 40\% H_2$ 对于深度较小的模膛,在兼顾飞边槽面积和镶块最小壁厚条件下,可适当减小分模面尺寸

续表

形式	简 图	说 明
组合模	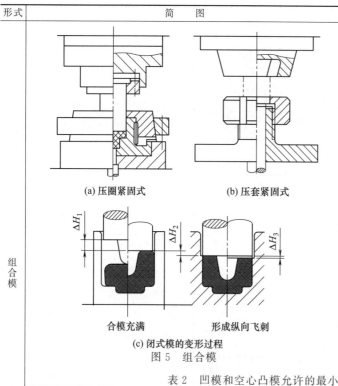 (a) 压圈紧固式　　(b) 压套紧固式 合模充满　　形成纵向飞刺 (c) 闭式模的变形过程 图 5　组合模	组合模是由多个零件装配组合而成,且有两个以上的分模面,模块多为圆形,通常用压圈或压套紧固[图 5(a)、(b)],该模适合于中小型旋转体类锻件,也可用于长杆类锻件。 闭式模或称无飞边模,适用于轴类对称变形或近似轴对称变形的锻件,闭式模锻件的变形过程见图 5(c)。 对于闭式模锻的组合锻模,在设计模具时应确保模具有足够的强度,锻模所允许的凸模最小纵截面面积见表 2。 闭式锻模的冲头和凹模应有适当的间隙,见表 3。 顶料装置中的顶杆与凹模孔之间可采用 H8/f8 配合。

表 2　凹模和空心凸模允许的最小纵截面面积　　mm²

凸模材料	压力机吨位/kN									
	400	630	1000	1600	2500	4000	6300	10000	16000	25000
18CrNiW(σ_p=600MPa)	670	1050	1700	2700	4100	6700	10500	17000	27000	41000
5CrNiMo,5CrMnMo(σ_p=720MPa)	550	870	1400	2200	3500	5500	8800	14000	22000	35000

表 3　间隙值　　mm

冲头直径	间隙值	冲头直径	间隙值	冲头直径	间隙值
<20	0.05	>40~60	>0.08~0.10	>120~200	>0.15~0.20
>20~40	0.05~0.08	>60~120	>0.10~0.15	>200	>0.20~0.30

形式	简 图	说 明
导销导向的锻模	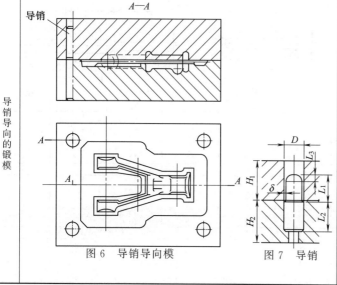 图 6　导销导向模　　图 7　导销	螺旋压力机锻模采用导向装置,减少错移,以确保锻件精度,图 6 采用导销导向(表 4) 表 4　导销值 | 导销直径/mm | 压力机吨位/kN | | | | | |---|---|---|---|---|---| | | 400 | 630 | 1000 | 1600 | 3000 | | D | 25 | 30 | 35 | 40 | 45 | | 导销直径/mm | 压力机吨位/kN | | | | | | | 4000 | 6300 | 10000 | 16000 | 25000 | | D | 50 | 55 | 60 | 80 | 100 | 图 7 中参数:$L_1=(0.8\sim0.9)H_1$ $L_2=(0.6\sim0.7)H_2$ $L_3=15\sim20$ 式中　L_1——导销与上模块接触段高度,mm; H_1——上模块高度,mm; L_2——导销下段高度,mm; H_2——下模块高度,mm; L_3——导销上段高度,mm

续表

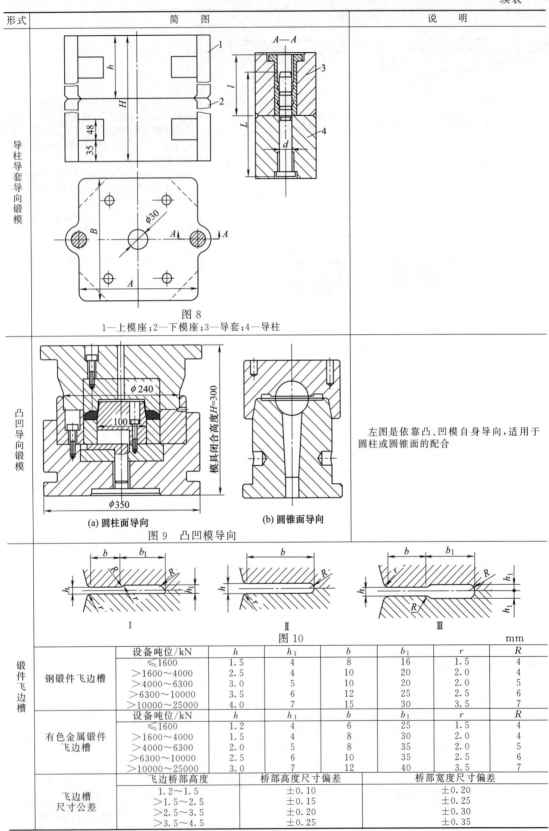

形式	简图	说明
导柱导套导向锻模	图8　1—上模座；2—下模座；3—导套；4—导柱	
凸凹导向锻模	图9　凸凹模导向　(a) 圆柱面导向　(b) 圆锥面导向	左图是依靠凸、凹模自身导向，适用于圆柱或圆锥面的配合

图10　　mm

锻件飞边槽		设备吨位/kN	h	h_1	b	b_1	r	R
	钢锻件飞边槽	≤1600	1.5	4	8	16	1.5	4
		>1600~4000	2.5	4	10	20	2.0	4
		>4000~6300	3.0	5	10	20	2.0	5
		>6300~10000	3.5	6	12	25	2.5	6
		>10000~25000	4.0	7	15	30	3.5	7
	有色金属锻件飞边槽	设备吨位/kN	h	h_1	b	b_1	r	R
		≤1600	1.2	4	6	25	1.5	4
		>1600~4000	1.5	4	8	30	2.0	4
		>4000~6300	2.0	5	8	35	2.0	5
		>6300~10000	2.5	6	10	35	2.5	6
		>10000~25000	3.0	7	12	40	3.5	7
	飞边槽尺寸公差	飞边桥部高度		桥部高度尺寸偏差		桥部宽度尺寸偏差		
		1.2~1.5		±0.10		±0.20		
		>1.5~2.5		±0.15		±0.25		
		>2.5~3.5		±0.20		±0.30		
		>3.5~4.5		±0.25		±0.35		

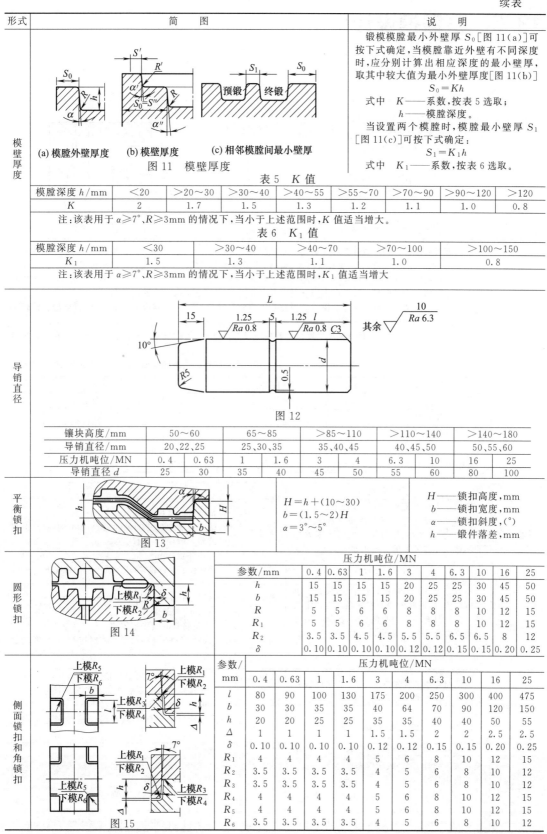

13.6 精锻模设计

精锻模设计见表 13-3。

表 13-3 精锻模设计

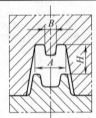

图 1 精锻模腔尺寸

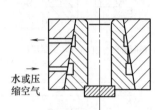

图 2 模具冷却装置

模腔设计要点	普通模锻的模腔是按热锻件图尺寸确定的,而精锻模模腔尺寸不仅考虑收缩率因素,还须考虑模腔的磨损、毛坯体积的变化、模具温度、锻件温度及模具弹性变形等因素的影响,合理地确定模腔尺寸。另外,模腔的设计应根据金属在模腔不同位置的流动情况不同,模腔的各部位所受的压力和润滑程度的差异,其磨损程度也不相同确定。精锻模腔设计时需用磨损公差来补偿,其磨损公差按下列原则计算: ①外形长度与宽度及外径尺寸的模腔磨损公差按相应尺寸乘以下表中相应的系数,并将公差加在锻件外长度、外宽度和外径尺寸的正偏差上。 ②内长度、内宽度及内径尺寸的模腔磨损公差按同样方法计算,但将公差加在内长度、内宽度和孔径尺寸的负偏差上。 内、外尺寸上单面模腔磨损公差均按总值 1/2 计算。模具磨损公差不能应用中心线到中心线间的尺寸					
	锻件材料	系数	锻件材料	系数	锻件材料	系数
	碳钢	0.0034	耐热合金	0.0087	超硬铝合金	0.0059
	低合金钢	0.0042	钛合金	0.0076	黄铜	0.0017
	高铬马氏体和低碳高铬铁素体不锈耐热钢	0.0050	难熔合金	0.0101	铜	0.0017
	镍铬奥氏体不锈钢	0.0059	锻铝合金	0.0031	镁合金	0.0050

	设计要点	说明
毛坯体积	螺旋压力机精锻时,因其行程不能固定,毛坯体积的变化会引起锻件高度和水平尺寸的变化,由此,精锻件尺寸的最大偏差与毛坯体积允许偏差的关系式如下: $$\Delta H = \frac{\Delta V}{V} H$$	式中 H——精锻件高度尺寸,mm ΔH——精锻件高度尺寸的最大偏差,mm;模腔总高度公差一般取 $0.5\Delta H$ V——毛坯体积,mm^3 ΔV——毛坯体积允许偏差(不形成毛刺的情况下),mm^3
模具温度	模具温度升高后模腔容积增大,模锻件也相应增大,精锻时锻模的实际温度与预定的模具温度具有一定的变化范围,因而对锻件的精度会有一定的影响,模腔尺寸的变化,可用下式计算其波动值: $\Delta A = A\alpha\Delta t$	式中 ΔA——模腔 A 方向尺寸波动值,mm A——在预定模具温度下 A 方向的模腔尺寸,mm α——模具材料的线胀系数,$℃^{-1}$ Δt——模锻结束时模具温度对预定模具温度的波动值,℃
锻件温度	模锻过程中毛坯温度的变化,末了终锻时的温度与预定终锻温度的偏差,其波动值可按下式计算: $\Delta A_d = A_d \alpha_d \Delta t_d$	式中 ΔA_d——锻件 A 方向尺寸波动值,mm A_d——在预定终锻温度下 A 方向的锻件尺寸,mm α_d——锻件材料的线胀系数,$℃^{-1}$ Δt_d——模锻结束时锻件温度对预定终锻温度的波动值,℃
模腔尺寸	因温度和模腔弹性变形的影响,精锻模腔尺寸按下式计算,经试锻后修整。 ①模腔外径 A $A = A_N + A_N\alpha t - A_N\alpha_d t_d - \Delta A_e$ ②凸模直径 B $B = B_N + B_N\alpha t - B_N\alpha_d t_d - \Delta B_e$	式中 A_N——锻件外径尺寸 α——坯料线胀系数,$℃^{-1}$ t——终锻时锻件温度,℃ α_d——锻模模块材料线胀系数,$℃^{-1}$ t_d——锻模工作温度,℃ ΔA_e——模锻时模腔外径 A 的弹性变形绝对值,mm

续表

	设计要点	说 明
模膛尺寸	③高度 H 按下式计算： $H=H_N+H_N\alpha t-H_N\alpha_d t_d+\Delta H_b/2$	B_N——锻件孔直径，mm ΔB_e——模锻时冲头直径 B 的弹性变形值，当直径变大时，ΔB_e 为负值，当直径减小时，ΔB_e 为正值 H_N——毛坯体积变化而引起锻件高度波动值（按前面公式计算），当 H_N 为负值时，模膛高度应增大 H——锻件高度，mm 其余符号与前面相同
其他设计要点	①模膛尺寸公差参见表 13-4。 ②表面粗糙度：终锻模膛、预锻模膛、校正模膛取 $Ra0.8\mu m$；分模面及飞边槽桥部取 $Ra1.6\mu m$；锻模检验面、锁扣面、燕尾斜面、支承面取 $Ra3.2\mu m$；锻模其余各面取 $Ra12.5\mu m$。 ③模膛的布置：为了使锻件能顺利出模，应将有深凹槽和复杂的模膛布置于上模，且上模的模锻斜度比下模膛大一级。若无法将有深的凹穴和复杂的模膛布置于上模，必须布置在下模时，应考虑氧化皮及其他污物的排出问题，在深凹槽处和难于充满模膛处必须设置 $\phi1\sim3mm$ 的排气孔。 ④模块设计：可按（表 13-2 中的表 2）确定模块（凸、凹模）的尺寸，模块（凸、凹模）强度计算与闭式锻模相同。 ⑤导向装置：精锻模可采用导柱、导套形式的导向装置或凸凹模自身导向，采用导柱、导套导向装置时，其配合精度按 H6/h5 配合，对要求较低的精锻模可采用 H7/h6。采用凸凹模自身导向时，其凸凹模间的间隙可按（表 13-2 中的表 3）选取。 ⑥模具的冷却：精锻过程中，锻模受坯料温度的影响，模膛温度也不断上升，特别是下模膛与锻件接触比较长，温度升高得较快，为保证精锻件尺寸的精度，故一般在下模模块应设置冷却装置（图 2）。 ⑦顶料装置：螺旋压力机的顶料装置有液压顶料、气压顶料和机械顶料。采用顶料杆时，应保证顶料杆处于最高位置时，不妨碍坯料在下模中的正确安放和定位，否则不宜采用。而液压顶料和气压顶料装置最适合于精锻模

表 13-4 精锻模模膛尺寸公差   mm

模膛尺寸	高精度终锻模膛			终锻模膛			预锻模膛		
	水平	深度	中心距	水平	深度	中心距	水平	深度	中心距
<18	+0.11 −0.07	+0.07 −0.04	±0.07	+0.18 −0.11	+0.11 −0.07	±0.11	+0.43 −0.27	+0.18 −0.11	±0.11
>18~30	+0.13 −0.10	+0.08 −0.05	±0.08	+0.21 −0.13	+0.13 −0.08	±0.13	+0.52 −0.33	+0.21 −0.13	±0.13
>30~50	+0.16 −0.10	+0.10 −0.06	±0.10	+0.25 −0.16	+0.16 −0.10	±0.16	+0.62 −0.39	+0.25 −0.16	±0.16
>50~80	+0.19 −0.12	+0.12 −0.07	±0.12	+0.30 −0.19	+0.19 −0.12	±0.19	+0.74 −0.46	+0.30 −0.19	±0.19
>80~120	+0.22 −0.14	+0.14 −0.08	±0.14	+0.35 −0.22	+0.22 −0.14	±0.22	+0.87 −0.54	+0.35 −0.22	±0.22
>120~250	+0.29 −0.18	—	±0.18	+0.46 −0.29	—	±0.29	+1.15 −0.72	—	±0.29
>250~315	+0.32 −0.21	—	±0.21	+0.52 −0.32	—	±0.32	+1.30 −0.51	—	±0.32
>315~400	+0.36 −0.23	—	±0.23	+0.57 −0.36	—	±0.36	+1.40 −0.89	—	±0.36
>400~500	+0.40 −0.25	—	±0.25	+0.63 −0.40	—	±0.40	+1.55 −0.97	—	±0.40
>500~630	+0.44 −0.28	—	±0.28	+0.70 −0.44	—	±0.44	+1.75 −1.10	—	±0.44
>630~800	+0.50 −0.32	—	±0.32	+0.80 −0.50	—	±0.50	+2.00 −1.25	—	±0.50
>800~1000	+0.56 −0.36	—	±0.36	+0.90 −0.56	—	±0.56	+2.30 −1.40	—	±0.50

注：1. 深度公差以分模面为准。
2. 模膛内凸出部分尺寸公差数值按表中上下偏差的符号应对调。
3. 高精度终锻模模膛系精密锻模用，即一级精度模锻件模锻用；终锻模膛为二级精度模锻件模锻用；三级精度模锻件终锻模膛的公差可取表中终锻模膛公差的1.3倍。

13.7 模架设计

螺旋压力机用锻模是通过模架紧固在滑块底面和工作台面上的,采用通用模架,每台螺旋压力机必须设计一套或几套通用性模架以适应于各种不同形状和尺寸规格的要求。

13.7.1 模架种类

螺旋压力机锻模模架由上下模座、导向部分、顶出部分和安装(紧固)调整零件组成。通常分为三类:整体式、组合式(包括镶块式)和精锻模模架,见表 13-5。

表 13-5 螺旋压力机锻模模架种类

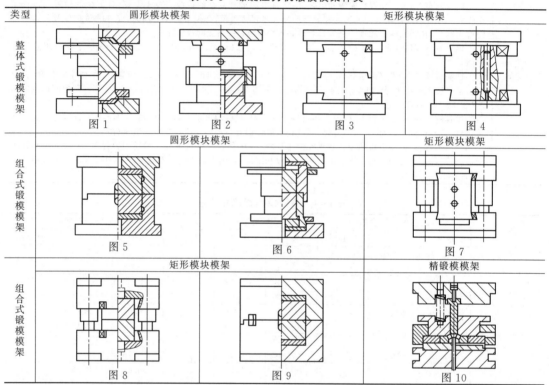

13.7.2 整体式圆形模块模架

整体式圆形模块模架(Ⅰ)见表 13-6 和表 13-7。

表 13-6 整体式圆形模块模架(Ⅰ)

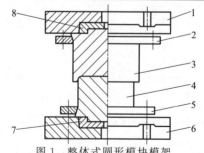

图 1 整体式圆形模块模架

1—上模座;2—上模压圈;3—上模块;4—下模块;5—下模压圈;6—下模座;7—下垫板;8—上垫板

续表

① 上、下模座设计/mm

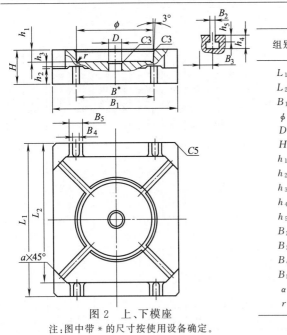

图 2 上、下模座

注：图中带 * 的尺寸按使用设备确定。

组别	1	2	3	4	5	6	7	8	9	10
L_1	250	250	300	400	450	550	730	830	950	1250
L_2	180	180	220	300	370	450	580	680	800	980
B_1	180	160	220	300	370	450	580	680	800	980
ϕ	95	80	150	200	240	320	400	500	600	700
D	18	18	18	20	24	24	32	32	52	82
H	55	65	70	70	80	100	120	135	150	180
h_1	20	20	22	22	25	30	40	42	45	50
h_2	24	24	24	25	30	35	40	45	60	80
h_3	3	3	3	3	3	5	5	5	5	5
h_4	25	25	25	30	48	48	54	54	54	100
h_5	13	13	13	18	28	28	28	28	28	52
B_2	14	14	14	18	28	28	36	36	36	54
B_3	28	28	28	34	48	48	58	62	62	90
B_4	18	18	18	22	28	28	36	36	36	54
B_5	30	30	30	40	50	50	50	70	70	100
a	20	20	20	24	35	35	42	42	42	65
r	2.5	2.5	2.5	2.5	2.5	2.5	3	3	3	5

② 上、下模压圈设计/mm

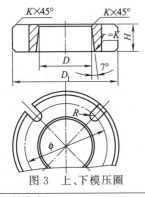

图 3 上、下模压圈

组别		1	2	3	4	5	6	7	8	9	10
D	上	100	95	140	190	240	310	400	480	590	700
	下	70	65	110	160	200	270	350	420	500	600
D_1	上	175	175	220	300	370	445	580	680	790	980
	下	150	150	210	265	330	410	535	630	720	880
ϕ	上	145	145	190	260	320	400	520	600	730	890
	下	125	125	175	230	285	365	465	565	655	785
H		20	20	22	30	36	36	46	50	60	80
R		7	7	7	9	14	14	18	18	18	27
K		3	3	3.5	4	4	5	6	8	8	10

③ 上、下垫板设计/mm

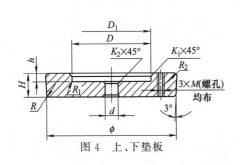

图 4 上、下垫板

组别	1	2	3	4	5	6	7	8	9	10
ϕ	95	80	150	200	240	320	400	500	600	700
D	70	65	110	160	200	270	350	420	500	600
D_1	82.5	72.5	130	180	220	295	375	460	550	650
d	16	16	16	18	20	25	30	30	50	80
H	22	22	24	24	27	32	42	44	47	52
h	6	6	8	8	10	10	10	10	10	12
R	2	2.5	2.5	3	3	3.5	3.5	5	8	10
R_1	1.5	1.5	1.5	2	2.5	3	3	3	3.5	4
R_2	3	3	3	5	5	6	6	8	10
K_1	1.5	2	2	2.5	2.5	3	3.5	3.5	3.5	4
K_2	2	2.5	2.5	3	3	3.5	3.5	3.5	3.5	5
M	10	10	10	12	12	16	20	24	30	40

④上、下模块设计/mm

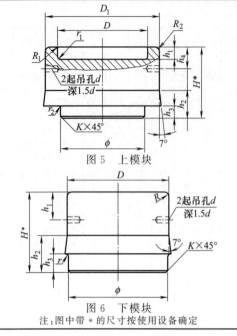

图5 上模块

图6 下模块

注：图中带 * 的尺寸按使用设备确定

	组别	1	2	3	4	5	6	7	8	9	10
上模块	D	70	65	110	160	200	270	350	420	500	600
	D_1	100	95	140	190	240	310	400	480	590	700
	ϕ	70	65	110	160	200	270	350	420	500	600
	h_1	15	15	15	15	25	25	30	35	45	50
	h_2	28	28	32	40	48	48	58	62	72	95
	h_3	8	8	10	10	12	12	12	12	12	15
	h_4	30	35	40	40	50	65	75	90	110	130
	d	10	10	10	12	12	15	15	20	24	30	40
	R_1	5	5	6	6	8	8	10	12	15	
	R_2	3	3	4	4	5	6	8	10	12	
	r_1	3.5	3.5	4.5	4.5	5.5	5.5	6.5	6.5	8	12
	r_2	2	2.5	2.5	3	3	3.5	3.5	3.5	4	
	K	1.5	1.5	1.5	2.5	3	3.5	3.5	3.5	4	

	组别	1	2	3	4	5	6	7	8	9	10
下模块	D	70	65	110	160	200	270	350	420	500	600
	ϕ	70	65	110	160	200	270	350	420	500	600
	h_1	30	30	35	35	40	50	65	90	90	110
	h_2	28	28	32	40	48	48	58	62	72	95
	h_3	8	8	10	10	12	12	12	12	12	15
	R	5	5	6	6	8	8	10	12	15	
	r	2	2.5	2.5	3	3	3.5	3.5	3.5	4	
	K	1.5	1.5	1.5	2.5	3.5	3.5	3.5	4	5	
	d	10	10	12	12	15	15	20	24	30	40

表 13-7 整体式圆形模块模架（Ⅱ）

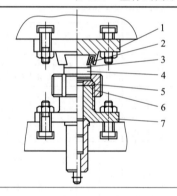

图1 整体式圆形模块模架（Ⅱ）
1—上模座；2—上斜楔；3—上模块；4—下模块；
5—垫板；6—紧固螺母；7—下模座

①上模座设计/mm

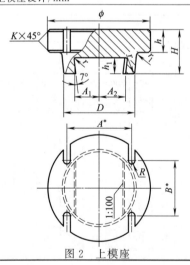

图2 上模座

序号	1	2	3	4	5
ϕ	210	180	240	300	400
D	120	120	160	180	220
H	50	60	60	65	75
h	24	24	24	25	30
h_1	24	24	24	30	35
A_1	30	35	45	55	60
A_2	50	55	65	75	85
r	1.5	1.5	2	2	2
r_1	3	3	3	5	5
K	3	3	3	5	5

注：图中带 * 的尺寸按使用设备确定

② 下模座设计/mm

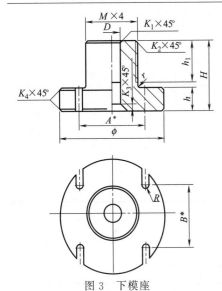

图3 下模座

序号	1	2	3	4	5
ϕ	220	240	300	400	450
D	20	20	25	25	30
H	75	80	90	100	105
h	25	25	25	30	35
h_1	40	45	50	55	55
M	110	130	180	210	230
r	5	5	8	10	10
K_1	2	2	2.5	2.5	3
K_2	2.5	2.5	3	3	5
K_3	3	3	4	4	5
K_4	2.5	2.5	3	3	5

注：图中带 * 的尺寸按使用设备确定

③ 上模块设计/mm

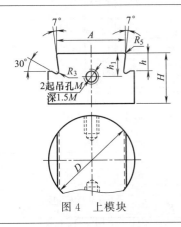

图4 上模块

序号	1	2	3	4	5
A	60	70	90	110	120
h	24^{+1}_{0}	24^{+1}_{0}	24^{+1}_{0}	30^{+1}_{0}	35^{+1}_{0}
h_1	20	25	25	25	25
M	12	12	12	16	16
D	90	110	150	180	200

④ 下模块设计/mm

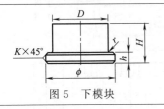

图5 下模块

序号	1	2	3	4	5
D	90	110	160	190	200
ϕ	110^{0}_{-1}	130^{0}_{-1}	180^{0}_{-1}	210^{0}_{-1}	230^{0}_{-1}
h	10	12	12	15	20
K	2	2	2.5	2.5	2.5
r	2	2	2.5	2.5	2.5

⑤ 垫板设计/mm

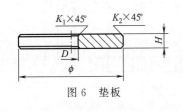

图6 垫板

序号	1	2	3	4	5
ϕ	100	120	170	200	220
H	6	8	15	15	20
D	15	15	20	20	25
K_1	2	2	2.5	3	3
K_2	3	3	3.5	4	5

⑥ 紧固螺母设计/mm

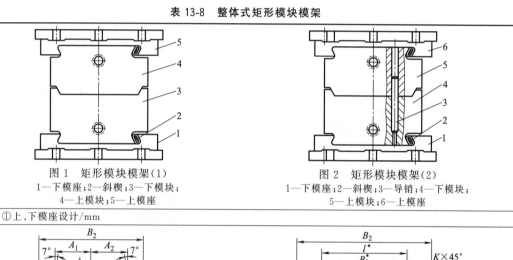

序号	1	2	3	4	5
ϕ	160	130	235	270	290
B	145	165	270	255	275
D	110	130	180	210	230
D_1	90	110	160	190	200
D_2	120	140	190	220	240
H	110	130	180	210	230
h	60	40	80	90	95
h_1	12	15	15	18	22
h_2	12	15	18	20	25
b	6	6	6	6	6
K_1	12	12	15	15	15
K_2	3	3	5	6	8
K_3	2.5	2.5	3	3	3.5

图 7

13.7.3 整体式矩形模块模架

整体式矩形模块模架见表 13-8。

表 13-8 整体式矩形模块模架

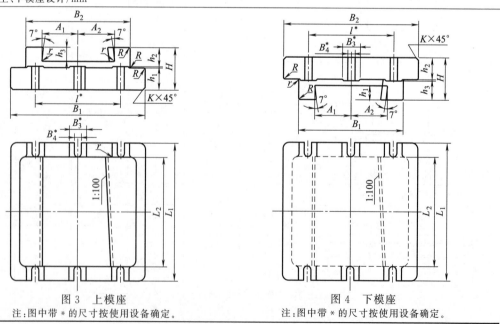

图 1 矩形模块模架(1)
1—下模座；2—斜楔；3—下模块；
4—上模块；5—上模座

图 2 矩形模块模架(2)
1—下模座；2—斜楔；3—导销；4—下模块；
5—上模块；6—上模座

① 上、下模座设计/mm

图 3 上模座
注：图中带 * 的尺寸按使用设备确定。

图 4 下模座
注：图中带 * 的尺寸按使用设备确定。

续表

序号	1	2	3	4	5	6	7	8	9	10
L_1	230	250	300	400	420	500	650	800	1000	1200
L_2	160	180	230	300	350	400	520	650	800	950
B_1	180	160	210	300	350	400	520	650	800	950
B_2	180	160	210	280	340	380	500	630	780	920
A_1	40	35	55	65	75	90	130	180	240	300
A_2	60	55	75	85	100	120	160	215	280	350
H	60	60	65	70	85	105	135	145	175	185
h_1	25	25	25	30	35	35	40	45	50	80
h_2	3	3	3	3	4	4	5	5	6	6
h_3	24	24	24	24	35	35	45	45	60	60
R	5	5	6	8	8	8	8	10	10	10
r	1.5	1.5	1.5	1.5	2	2	2.5	2.5	3	3

② 上、下模块设计/mm

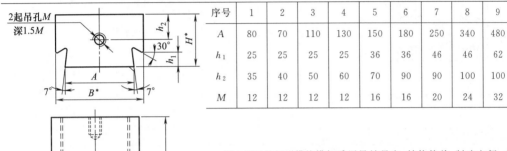

序号	1	2	3	4	5	6	7	8	9	10
A	80	70	110	130	150	180	250	340	480	600
h_1	25	25	25	25	36	36	46	46	62	62
h_2	35	40	50	60	70	90	90	100	100	130
M	12	12	12	12	16	16	20	24	32	36

图 2 所示的矩形模块模架采用导销导向，结构简单，制造方便，生产周期短，适用于生产小批量和精度要求不高的锻件。其主要零件设计与本表所列相同。其导销零件系列见表 13-2（图 12），导销位置及个数要根据锻件特点、模块尺寸大小而定，但不应妨碍模膛的布置，保证模膛的最小壁厚并便于操作

图 5 上、下模块

注：图中带 * 的尺寸按使用设备确定

13.7.4 组合式圆形模块模架

组合式圆形模块模架见表 13-9。

表 13-9 组合式圆形模块模架

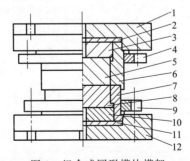

图 1 组合式圆形模块模架

1—上模座；2—上垫板；3—上模垫块；4—上法兰；5—上模块；6—上模套；7—下模套；8—下模块；9—下法兰；10—下模垫块；11—下垫板；12—下模座

① 上、下模座设计/mm

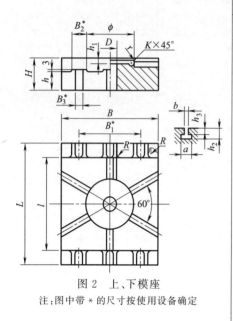

图2 上、下模座
注：图中带 * 的尺寸按使用设备确定

序号	1	2	3	4	5	6	7	8	9	10
L	250	250	300	400	450	550	730	800	950	1250
B	180	160	220	300	370	450	580	660	800	980
l	180	160	220	300	370	450	480	660	800	980
H	55	65	70	70	80	100	120	135	150	180
h	24	24	24	25	30	35	40	45	60	80
h_1	20	20	20	20	25	30	42	46	46	50
h_2	25	25	25	30	48	48	51	54	54	100
h_3	13	13	13	18	28	28	28	28	28	52
ϕ	90	70	115	167.4	207.4	278.4	361.3	432.3	514.7	619.6
D	18	18	18	20	24	24	32	32	52	82
a	28	28	28	34	48	48	62	62	62	90
b	14	14	14	18	28	28	36	36	36	54
R	5	5	5	6	6	6	8	8	10	10
r	2.5	2.5	2.5	2.5	2.5	3	3	3	3	5
K	2.5	2.5	3	3	3.5	3.5	4	4	5	5

② 上、下模块设计/mm

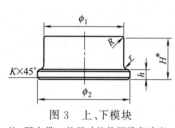

图3 上、下模块
注：图中带 * 的尺寸按使用设备确定。

序号	1	2	3	4	5	6	7	8	9	10
ϕ_1	50	30	80	130	160	230	300	360	410	500
ϕ_2	55	35	90	140	180	250	320	380	430	520
h	15	15	15	15	20	20	25	25	30	40
K	1.5	1.5	2.5	2.5	3	3	3.5	3.5	3.5	3.5
R	1	1	1.5	1.5	2.5	2.5	3	3	3	3
r	0.5	0.5	1	1	1.5	1.5	2	2	2	2

③ 法兰设计/mm

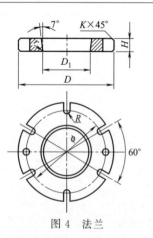

图4 法兰

序号		1	2	3	4	5	6	7	8	9	10
D	上法兰	190	170	220	300	370	445	580	680	790	980
	下法兰	170	145	210	265	330	410	535	630	720	880
D_1	上法兰	115	95	140	190	240	310	400	480	590	700
	下法兰	85	65	110	160	200	270	350	420	500	600
ϕ	上法兰	165	145	190	260	320	400	520	600	730	890
	下法兰	135	110	175	230	285	365	465	565	655	785
H		20	20	22	30	36	36	46	50	60	80
R		7	7	7	9	14	14	18	18	18	27
$r=K$		3	3	3.5	4	4	5	6	8	8	10

④上模套设计/mm

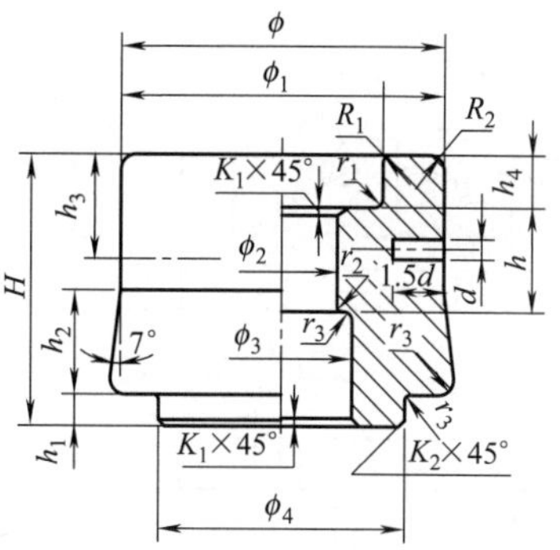

图 5 上模套

序号	1	2	3	4	5	6	7	8	9	10
ϕ	115	93	140	190	240	310	400	480	590	700
ϕ_1	85	65	110	160	200	270	350	420	500	600
ϕ_2	50	30	80	130	160	230	300	360	410	500
ϕ_3	55	35	90	140	180	250	320	380	430	520
ϕ_4	90	70	115	167.4	207.4	278.8	361.8	432.3	514.7	619.6
H	850	100	110	110	135	165	190	195	215	270
h	35	50	60	60	60	85	85	85	90	120
h_1	10	10	10	10	13	13	13	13	13	13
h_2	20	20	22	30	36	36	46	50	60	80
h_3	30	40	45	45	50	70	80	80	90	100
h_4	15	15	15	15	25	25	30	35	45	50
R_1	5	5	6	6	8	8	8	10	12	15
R_2	2.5	2.5	3	3	4	4	4	5	6	8
r_1	3	3	5	5	6	6	6	8	10	12
r_2	0.5	0.5	1.5	1.5	2	2	2.5	2.5	2.5	2.5
r_3	1	1	2	2	2.5	2.5	3	3	3	3
d	10	10	12	12	15	15	20	24	30	40
K_1	1.5	1.5	1.5	1.5	2	2	2.5	2.5	3	3
K_2	3	3	3	3	5	5	8	8	10	10

⑤下模套设计/mm

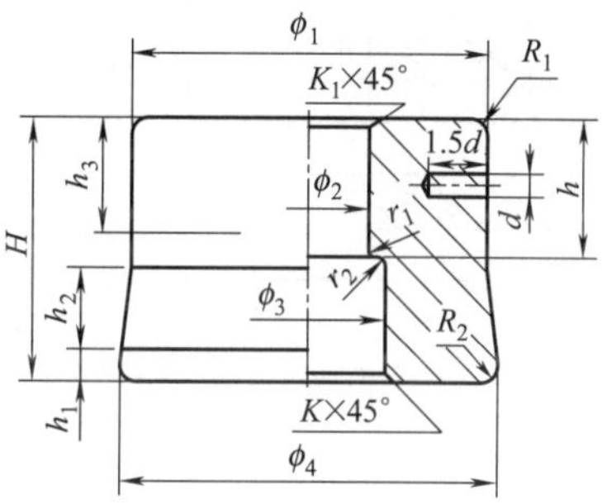

图 6 下模套

序号	1	2	3	4	5	6	7	8	9	10
ϕ_1	85	65	110	160	200	270	350	420	500	600
ϕ_2	50	30	80	130	160	230	300	360	410	500
ϕ_3	55	35	90	140	180	250	320	380	430	520
ϕ_4	90	70	115	167.4	207.4	278.8	361.3	432.3	514.7	619.6
H	70	85	95	95	110	140	160	160	170	220
h	35	50	60	60	60	85	85	85	90	120
h_1	10	10	10	10	13	13	13	13	13	13
h_2	20	20	22	30	30	36	46	50	60	80
h_3	25	30	35	35	40	60	65	65	70	90
d	10	10	12	12	15	15	20	24	30	40
R_1	5	5	6	6	8	8	8	10	12	15
R_2	2	2.5	2.5	3	3	3.5	3.5	3.5	3.5	5
r_1	0.5	0.5	1.5	1.5	2	2	2.5	2.5	2.5	2.5
r_2	1	1	2	2	2.5	2.5	3	3	3	3
K	1.5	1.5	1.5	1.5	2	2	2.5	2.5	3	3

13.7.5 组合式矩形模块锻模模架

组合式矩形模块锻模模架见表13-10。组合式矩形、圆形模块通用模架见表13-11。

表 13-10 组合式矩形模块锻模模架

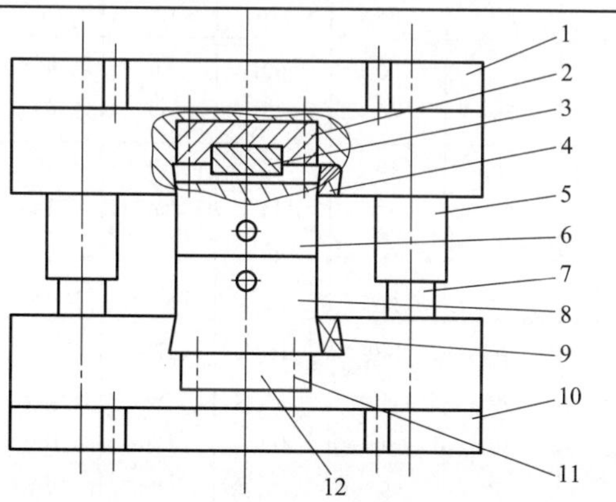

图 1 矩形模块模架

1—上模座；2—上垫板；3—定位块；4—上斜楔；5—导套；6—上模块；
7—导柱；8—下模块；9—下斜楔；10—下模座；11—定位销；12—下垫板

① 上、下模座设计/mm

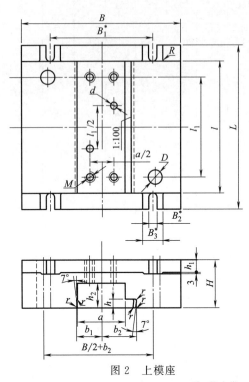

图 2 上模座

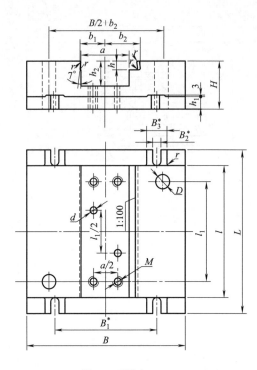

图 3 下模座

注：图中带 * 的尺寸按使用设备确定。

序号		1	2	3	4	5	6	7	8	9	10
L		250	250	330	420	500	600	720	840	980	1250
B		190	170	280	390	430	600	720	840	880	980
l		190	180	270	340	410	510	600	720	860	1100
l_1		120	120	200	240	310	390	430	510	620	800
H		70	75	85	85	110	125	150	165	195	220
D	上	35	35	45	50	60	70	85	120	150	180
	下	25	25	30	35	40	45	60	80	100	120
d		10	10	10	10	12	12	16	16	20	20
h		25	25	25	25	36	36	46	46	62	62
h_1		24	24	24	25	30	35	40	45	60	80
h_2		36	36	36	36	55	55	70	70	90	90
a		70	50	100	120	150	180	240	320	400	500
b_1		35	25	50	60	75	90	120	160	200	250
b_2		55	45	70	80	100	120	150	195	240	300
R		5	5	5	5	8	8	10	10	15	15
r		1.5	1.5	1.5	1.5	2	2	2.5	2.5	3	3
M		6	6	6	6	10	10	10	10	10	10

② 上、下模块设计/mm

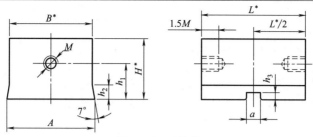

图 4 上、下模块

注：图中带 * 的尺寸按使用设备确定。

序号	1	2	3	4	5	6	7	8	9	10
A	70	50	100	120	150	180	240	320	400	500
h_1	30	30	30	30	40	40	50	50	70	70
h_2	25	25	25	25	36	36	46	46	62	62
h_3	5	5	5	5	8	8	10	10	12	12
a	10	10	10	10	20	20	30	30	40	40
M	16	16	16	16	20	20	24	30	36	36

③ 上、下垫板设计/mm

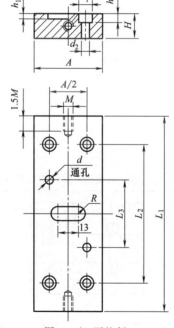

图 5 上、下垫板

序号	1	2	3	4	5	6	7	8	9	10
L_1	190	180	270	340	410	510	600	720	860	1100
L_2	120	120	200	240	310	390	430	510	620	800
L_3	20	20	20	20	50	60	80	100	120	150
A	70	50	100	120	150	180	240	320	400	500
H	12	12	12	12	20	20	25	25	30	30
h_1	4	4	4	4	6	6	8	8	10	10
h_2	7	7	7	7	11	11	13	13	17	17
R	5	5	5	5	10	10	15	15	20	20
d	10	10	10	10	12	12	16	16	20	20
d_1	12	12	12	12	18	18	22	22	28	28
d_2	7	7	7	7	12	12	15	15	19	19
M	6	6	6	6	10	10	12	12	16	16

④导套设计/mm

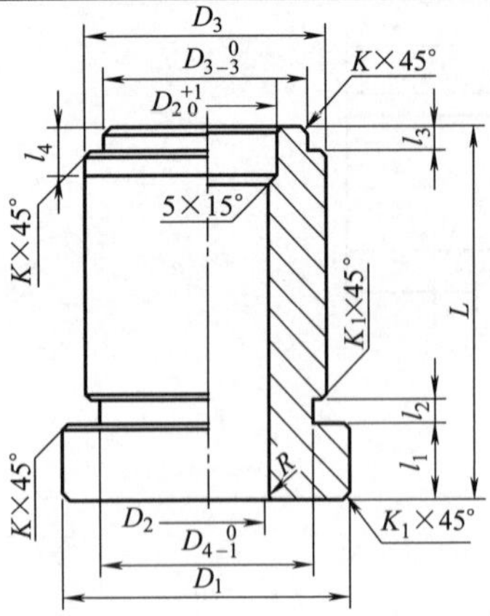

序号	1	2	3	4	5	6	7	8	9	10
D_1	40	40	60	65	75	85	105	140	170	200
D_2	25	25	30	35	40	45	60	80	100	120
D_3	35	35	45	50	60	70	85	120	150	180
L	110	140	150	150	165	215	255	265	295	365
l_1	50	75	80	80	75	120	135	135	135	185
l_2	2.5	2.5	2.5	3.5	3.5	5	5	5	5	5
l_3	3	3	4	4.5	4.5	5	6	8	8	12
l_4	10	10	12	12	12	12	15	20	20	30
R	3	3	3	3.5	3.5	4	5	5	8	10
K	1	1	1	1.5	1.5	2	2	2	2	2
K_1	1.5	1.5	1.5	3	3	3.5	3.5	3.5	3.5	3.5

图6 导套

⑤导柱设计/mm

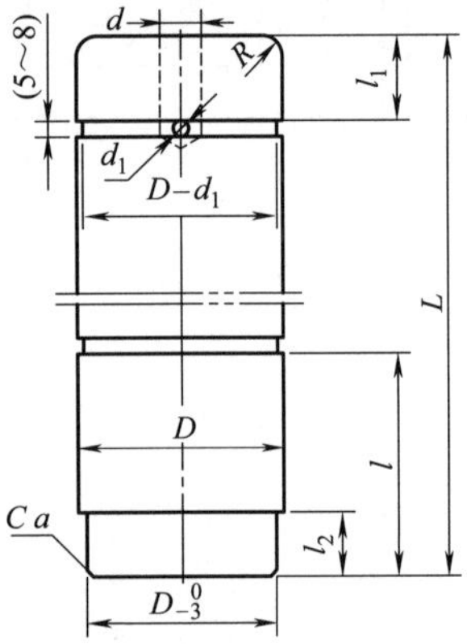

序号	1	2	3	4	5	6	7	8	9	10
L	115	150	165	165	175	255	280	290	300	425
D	25	25	30	35	40	45	60	80	100	120
l	48	50	55	55	75	85	100	110	130	150
l_1	8	8	8	10	12	12	20	25	30	40
l_2	5	5	6	6	8	8	10	10	15	15
d	5	5	5	8	8	12	12	15	20	25
d_1	3	3	3	4	4	4	5	5	6	6
R	3.5	3.5	3.5	5	6	8	10	15	20	25
a	2	2	2	3	3	4	4	5	5	6

图7 导柱

表13-11 组合式矩形、圆形模块通用模架

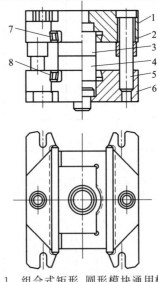

图1 组合式矩形、圆形模块通用模架
1—上模座;2—导套;3—上模块;4—下模块;5—导柱;6—下模座;7—上斜楔;8—下斜楔

① 上、下模座设计/mm

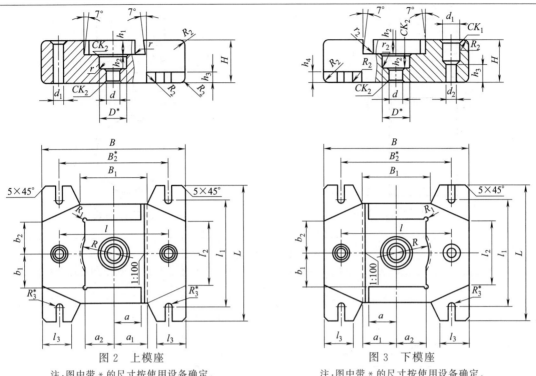

图2 上模座　　　图3 下模座

注：图中带 * 的尺寸按使用设备确定。

序号	1	2	3	4	5	6
L	250	250	330	420	500	600
l	145	125	220	295	335	465
l_1	170	170	240	300	380	450
l_2	100	100	150	200	240	280
l_3	45	45	65	90	100	130
B	190	170	280	390	430	600
B_1	90	70	140	190	210	300
H	85	95	100	110	115	120
h_1	24	24	24	35	35	35
h_2	20	20	25	25	25	25
h_3	30	35	40	40	45	45
h_4	25	25	25	30	35	40
a	29	49	59	68	88	133
a_1	50	40	80	100	120	165
a_2	40	30	70	85	105	150
b_1	62	52	87	102	142	177
b_2	60	50	85	100	140	175
d	20	20	20	22	22	22
d_1 上	35	35	45	50	60	70
d_1 下	25	25	30	35	40	45
d_2	15	15	20	20	20	20
R	50	40	80	100	120	165
R_1	5	5	5	6	6	6
R_2	3.5	3.5	3.5	4	4	4
r	0.5	0.5	0.5	1	1	1
K_1	3	3	3	3.5	3.5	3.5
K_2	1.5	1.5	1.5	2	2	2

② 上、下模块设计/mm

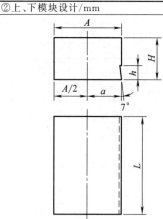

图 4 矩形上、下模块

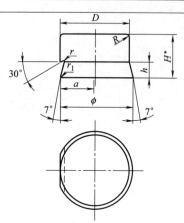

图 5 圆形上、下模块

注:图中带 * 的尺寸按使用设备确定。

	序号	1	2	3	4	5	6	序号	1	2	3	4	5	6
矩形模块	A	80	60	140	170	210	300	h	25	25	25	36	36	36
	a	30	20	60	70	90	135	L	120	100	170	200	280	350
圆形模块	序号	1	2	3	4	5	6	序号	1	2	3	4	5	6
	ϕ	100	80	160	200	240	330	R	0.5	0.5	0.5	1	1	1
	D	95	75	155	190	230	320	r	2	2	2	3	3	3
	a	30	20	60	65	110	135	r_1	1.5	1.5	1.5	2	2	2
	h	25	25	25	36	36	36							

③ 导柱、导套设计/mm

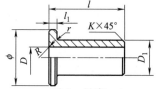

图 6 导套

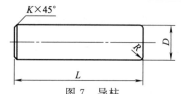

图 7 导柱

	序号	1	2	3	4	5	6	序号	1	2	3	4	5	6
导套设计	D	25	25	30	35	40	45	l_1	20	25	40	30	50	70
	D_1	35	35	45	50	60	70	R	3	3	3.5	3.5	3.5	3.5
	ϕ	40	40	60	65	75	85	K	3	3	3.5	3.5	3.5	3.5
	l	85	100	115	110	135	165	r	0.5	0.5	1	1	1	1
导柱设计	序号	1	2	3	4	5	6	序号	1	2	3	4	5	6
	D	25	25	30	35	40	45	K	3	3	3.5	3.5	3.5	3.5
	L	135	150	150	160	160	235	R	5	5	6	8	8	10

13.7.6 斜楔和 T 形紧固螺钉

斜楔和 T 形紧固螺钉是紧固锻模的通用件,设计参数见表 13-12。

表 13-12 斜楔和 T 形紧固螺钉   mm

	$b \times h$		L	
斜楔	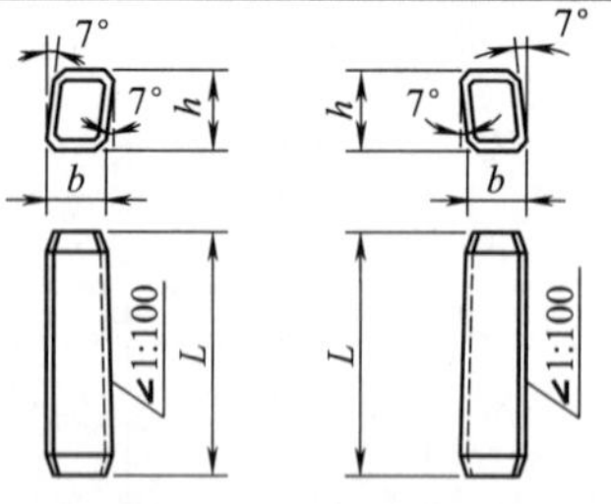 20.5×25	200	250	350
	20.5×30	350		
	25.5×35	400	450	
	30.5×35	400	450	550
	30.5×45	550	650	
	35.5×45	600	700	750
	40.5×60	850	900	
	50.5×60	1000	1200	

(a) 上斜楔 (b) 下斜楔

图 1 斜楔

续表

T形紧固螺钉		d	12	16	20	24	30	32	32	32	48
		L	95	110	125	150	185	175	210	260	310
		l	40	60	65	75	85	90	100	110	120
		h	10	12	15	15	22	22	22	22	32
		a	25	30	36	42	52	52	56	60	80

图 2 T形紧固螺钉

13.7.7 锻模技术要求

锻模技术要求见表 13-13。

表 13-13 锻模技术要求

项目	说　明
锻模模块外形	①支承面与水平分模面的平行度;检验面间的垂直度;燕尾两侧斜面的平行度;燕尾两侧面对纵向检验面的平行度;锻模合模后上、下对支承面的平行度。 以上各形位公差对于一级锻件按 GB/T 1184—1996 规定的 5 级精度;二级锻件按 GB/T 1184—1996 规定的 7 级精度;三级锻件按 GB/T 1184—1996 规定的 9 级精度。 ②锻模后模后,上、下模分模面的不吻合间隙如下。 水平分模:一级锻件,小于 0.08mm;二级锻件,小于 0.10mm;三级锻件,小于 0.12mm。 折线分模:一级锻件,小于 0.15mm;二级锻件,小于 0.18mm;三级锻件,小于 0.20mm。 曲线分模:一级锻件,小于 0.30mm;二级锻件,小于 0.40mm;三级锻件,小于 0.50mm
表面粗糙度	①终锻模膛、校正模膛、预锻模膛为 $Ra\,0.8\mu m$。 ②锻模分模面、飞边槽桥部为 $Ra\,0.16\mu m$。 ③锻模检验面、锁扣面、燕尾斜面、支承面为 $Ra\,3.2\mu m$。 ④锻模其余各面为 $Ra\,12.5\mu m$

13.8　螺旋压力机上锻模结构实例

螺旋压力机上锻模结构实例见表 13-14。

表 13-14　螺旋压力机上锻模结构实例

类别	简　图	说　明
开式顶镦模	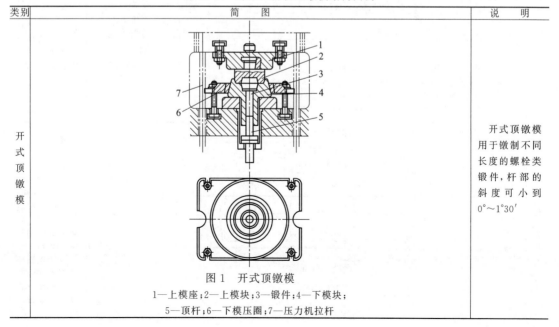 图 1　开式顶镦模 1—上模座;2—上模块;3—锻件;4—下模块; 5—顶杆;6—下模压圈;7—压力机拉杆	开式顶镦模用于镦制不同长度的螺栓类锻件,杆部的斜度可小到 $0°\sim1°30'$

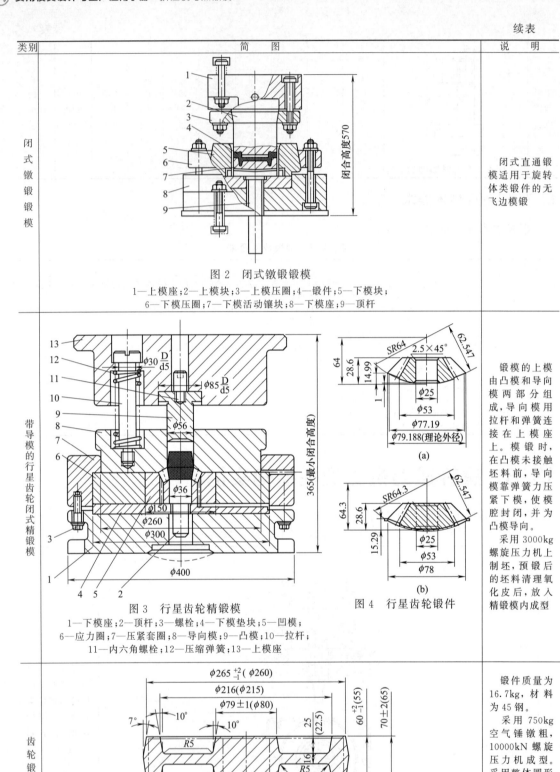

续表

类别	简图	说明
齿轮锻模	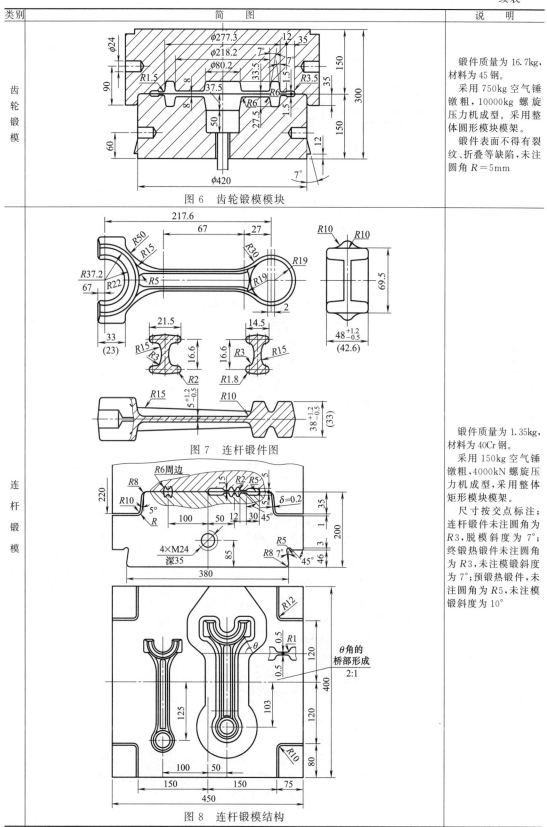 图 6 齿轮锻模模块	锻件质量为 16.7kg，材料为 45 钢。 采用 750kg 空气锤镦粗，10000kg 螺旋压力机成型。采用整体圆形模块模架。 锻件表面不得有裂纹、折叠等缺陷，未注圆角 $R=5$mm
连杆锻模	图 7 连杆锻件图 图 8 连杆锻模结构	锻件质量为 1.35kg，材料为 40Cr 钢。 采用 150kg 空气锤镦粗，4000kN 螺旋压力机成型，采用整体矩形模块模架。 尺寸按交点标注；连杆锻件未注圆角为 $R3$，脱模斜度为 $7°$；终锻热锻件未注圆角为 $R3$，未注模锻斜度为 $7°$；预锻热锻件，未注圆角为 $R5$，未注模锻斜度为 $10°$

续表

类别	简 图	说 明
半轴突缘锻模	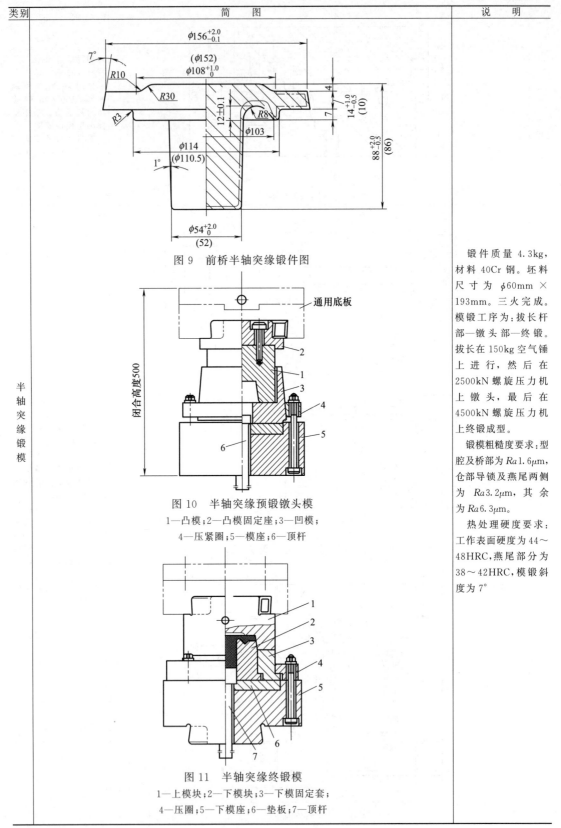 图 9　前桥半轴突缘锻件图 图 10　半轴突缘预锻镦头模 1—凸模；2—凸模固定座；3—凹模； 4—压紧圈；5—模座；6—顶杆 图 11　半轴突缘终锻模 1—上模块；2—下模块；3—下模固定套； 4—压圈；5—下模座；6—垫板；7—顶杆	锻件质量 4.3kg，材料 40Cr 钢。坯料尺寸为 $\phi60mm \times 193mm$。三火完成。模锻工序为：拔长杆部—镦头部—终锻。拔长在 150kg 空气锤上进行，然后在 2500kN 螺旋压力机上镦头，最后在 4500kN 螺旋压力机上终锻成型。 锻模粗糙度要求：型腔及桥部为 $Ra1.6\mu m$，仓部导锁及燕尾两侧为 $Ra3.2\mu m$，其余为 $Ra6.3\mu m$。 热处理硬度要求：工作表面硬度为 44～48HRC，燕尾部分为 38～42HRC，模锻斜度为 7°

第 14 章 平锻机用锻模设计

14.1 平锻工艺性

平锻机是一种曲柄连杆传动设备,它有两个滑块:主滑块和夹紧滑块。工作部分的主滑块作水平方向往复运动;夹紧滑块则垂直于主滑块运动方向运动。根据夹紧滑块上凹模分模面是垂直还是水平的,可将平锻机分为两大类:垂直分模平锻机和水平分模平锻机。平锻机适用于局部镦粗和头部带孔的长轴类锻件及小型环形锻件,在汽车、拖拉机等制造行业中应用较广泛。

14.1.1 平锻机的工作特点和工艺特点

1) 主要工作特点:
① 凹模有两个分模面,同时,可模锻斜度小或无模锻斜度的锻件。
② 主滑块在水平方向运动;主滑块和夹紧滑块分别由两套机构传动,能相互于垂直方向移动,并可按一定的程序进行夹紧、镦粗、退回、松开等动作。
③ 有坯料的定位装置。
④ 机床身和曲柄连杆机构的刚度较大。

2) 主要工艺特点:
① 有两个分模面,能够锻出两个凹挡、凹孔的锻件(如双凸缘轴套等)或其他锻压设备难以锻压的复杂锻件。
② 适合于长轴类锻件和长杆空心类锻件的模锻,也可进行深冲孔、深穿孔等工序。
③ 可进行开式和闭式模锻,可进行终锻成型和制坯,也可进行弯曲、压扁、剪料、穿孔、切飞边、热精压等联合工序,不需要另配备压力机。
④ 水平分模平锻机可进行热挤压工艺。
⑤ 可采用组合式及镶块式模具,以减少模具钢的消耗。
⑥ 平锻机冲击力小,对设备的基础要求不高,厂房造价低。
⑦ 平锻机工作时是静压力,平锻时振动和噪声较小,较易实现机械化操作。

⑧ 锻造过程中坯料水平放置，其长度不受设备工作空间限制，可锻制长杆类锻件，也可用长棒料进行多件连续锻造，节省棒材剪切工作量。

3) 平锻机上模锻存在的缺点：
① 平锻机结构复杂，造价较高，投资大。
② 平锻时坯料表面氧化皮不能自动脱落，平锻前需清除氧化皮。
③ 对非回转体、中心不对称锻件较难锻造，工艺适应性差。
④ 靠凹模夹紧棒料进行锻造，一般要用高精度热轧钢材或冷拔整径钢材，否则夹不紧或在凹模间产生较大的纵向毛刺。

4) 与垂直分模平锻机比较，水平分模平锻机模锻的特点：
① 水平分模平锻机夹紧力大，可锻造形状复杂的锻件，并且提高锻件精度；
② 水平分模平锻机刚性大，可锻造精度较高的锻件；
③ 模锻时，坯料沿水平方向送料，易于实现机械化和自动化生产。

5) 水平分模平锻机的缺点：
① 夹紧机构是曲柄连杆式，凹模夹紧状态的保持时间较短，而不宜进行深冲孔和管坯端部镦锻成型。
② 连续锻造时，需要辅助装置将锻件从模面上卸除，而垂直平锻机则依靠锻件自重由凹模间落下。
③ 不易从凹模中清除氧化皮和冷却水。

14.1.2 锻件图设计

锻件图是依据产品零件图制定的。它是模具设计和验收锻件主要技术文件，锻件图不仅要满足零件图及机械加工的要求，还须满足平锻机所能允许的技术条件。

锻件图设计内容主要包括分模面形式与位置的确定，加工余量和公差，模锻斜度，圆角半径及锻件技术要求等，见表 14-1。

表 14-1 平锻件图设计

序号	类型	简图	说明
1	分模面形式	开式平锻 图 1 1—凹模；2—凸模；3—锻件 闭式平锻 图 2 1—凹模；2—凸模；3—锻件	平锻机锻模可分为开式平锻和闭式平锻。开式平锻(图1)，对于使用后挡板的零件，太多采用开式平锻。开式平锻产生横向飞边，需要增加切边工序。对于形状复杂的锻件，虽然采用前挡板，为增加阻力以便使金属充满模膛，也常采用开式平锻。 闭式平锻(图2)，对于使用前挡板的零件，因为能控制变形金属的体积，因此大多采用闭式平锻。闭式平锻不产生横向飞边，但易产生纵向飞边，需要用砂轮磨去纵向飞边

续表

序号	类型	简图	说明
2	分模面的位置	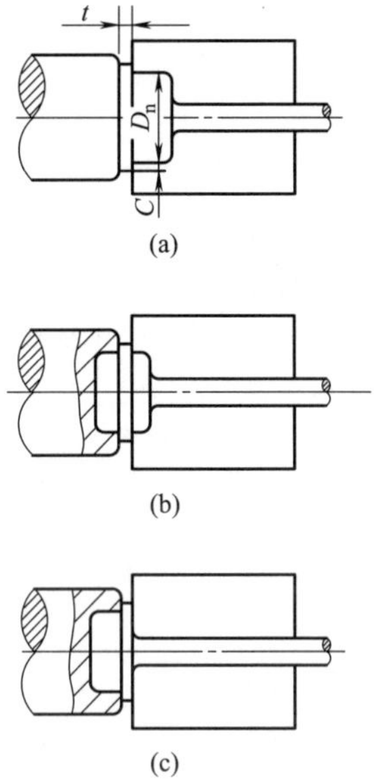 三种分模面形式 图 3 分模面的位置	分模面的位置应设置在锻件的最大轮廓处,可分为三种情况[图 3]。 ①分模面设置在最大轮廓的最前端[图 3(a)]。优点:凸模结构简单,锻件的头部和杆部不偏心,对于非回转体锻件,可以简化模具制造和安装调整工作。缺点:切边时易拉出纵向毛刺。 ②分模面设置在最大轮廓的中部[图 3(b)]。优点:飞边可以完全切除干净,一般飞边设置在距凸模方向 10~15mm 为宜。缺点:凸模与凹模调整不当时,锻件容易产生错位,并要求终锻模膛和切边模膛有较好的同轴度。 ③分模面设置在最大轮廓的后端[图 3(c)]。优点:锻件都在凸模内成型,锻件的内外径和前后台阶同轴度好。缺点:锻件在切边模膛内难定位,且锻件与坯料间易产生错位,一般很少采用。只在生产轴承环锻件时采用,在压床上切除飞边

mm

3	横向飞边尺寸	D_n	<20	>20~80	>80~160	>160~260	>260~360	注:横向飞边尺寸见图 3,平锻机精度差时,飞边厚度 t 取大值
		C	5~8	>8~12	>12~16	>16~20	>20~25	
		t	1.2~1.5	>1.5~2.5	>2.5~3.5	>3.5~4.0	>4.0~4.5	

图 4

4	平锻件的模锻斜度	凸模内成型模锻斜度 γ[图 4(a)]	H/d	≤1	>1~3	>3~5
			γ	0°15′	0°30′	1°00′
		锻件内孔模锻斜度 θ[图 4(b)]	H/d_k	≤1	>1~3	>3~5
			θ	0°30′	0°30′~1°00′	1°30′
		锻件夹紧方向内模锻斜度 β[图 4(c)]	C/mm	≤10	>10~20	>20~30
			β	5°~7°	7°~10°	10°~12°
			α	3°~5°	3°~5°	3°~5°

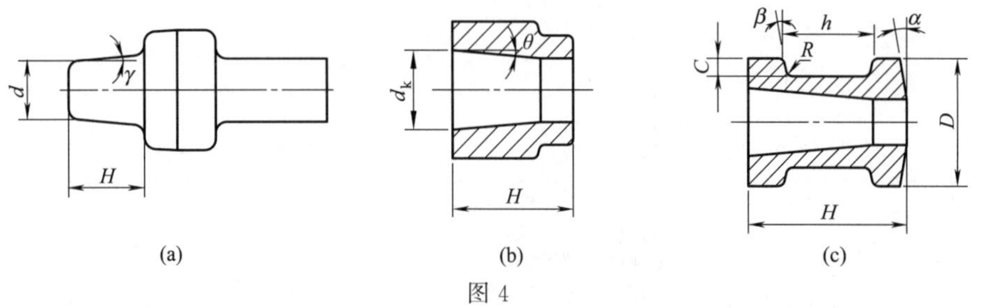

序号	类型	简图	说明
5	圆角半径	图 5（外圆角半径 R，内圆角半径 r，h）	①外圆角半径 R：$R = \dfrac{a_1+a_2}{2}+S$ 式中 a_1——锻件高度方向机械加工余量； a_2——锻件径向机械加工余量； S——零件边缘倒角值或圆角半径。 一般应使 $R \geqslant 3\mathrm{mm}$。当计算的圆角半径过小时，可加大相邻两边的余量以增大外圆角半径，若不加大余量，而过多加大半径，会过多减少圆角处的加工余量，由于黑皮而产生废品。 对于挤压成型部位的圆角半径 R_1： $R_1 = 0.1h+1$ 式中 h——挤压部位的深度 ②内圆角半径 r 一般 $r \geqslant 3\mathrm{mm}$，但 r 不可过大，否则将增大加工余量及锻件的重量。 挤压成型部位的内圆角半径 r_1： $r_1 = 0.2h+1$
6	平锻件加工余量和公差	平锻机吨位/kN: 2250～6300 | 8000～16000 加工余量/mm: 1.5～2 | 2～2.5	①当零件表面粗糙度在 $Ra1.6\mu\mathrm{m}$ 以下时，在表中余量基础上增加 0.5mm。 ②对于加热方式和加热次数，如火焰炉加热产生氧化皮较多，应适当加大余量。 ③对于具有粗大部分的杆类锻件，杆部采用粗（精）磨加工时，仅需留磨加工量 0.5～0.75mm，可选用冷拔钢 ①锻件的直径、杆部长度公差可查表 10-20。对于不锻造部分的杆部长度公差，由该部分的重量确定，但若加热长度难以严格控制时，公差可放宽 2～3 档。 ②锻件的厚度公差查表 10-22。当采用管材镦锻法兰盘锻件时，视管材大小要增加公差 1～2mm，镦粗比 $\varphi \geqslant 7$ 时，应提高公差一档。 ③错差公差及横向残留飞边和切入深度公差查表 10-20。 ④直线度及平面度公差查表 10-26。 ⑤中心距公差查表 10-25。 ⑥纵向毛刺公差查表 10-17。 ⑦同轴度公差见表 10-20，数值为错差公差的两倍。当 $h/d > 1.5 \sim 3.0$ 时，冲孔同轴度公差为 0.5～0.8mm；当 $h/d > 3.0 \sim 5.0$ 时，公差值为 0.8～1.2mm；当 $h/d > 5.0$ 时，公差值大于 1.2mm。 ⑧壁厚公差值可查表 10-20 或表 10-21 中错差公差的两倍
7	锻件技术要求		①未注明模锻斜度。 ②未注明圆角半径。 ③未注明残留毛刺。 ④未注明缺陷深度：小于或等于锻件加工余量之半。 ⑤锻件差错：小于或等于锻件加工余量之半。 ⑥热处理硬度：调质硬度、正火硬度。 ⑦锻件重量。 ⑧其他：形位公差等

14.1.3 棒料直径的确定

（1）坯料的体积 $V_{坯}$

$$V_{坯} = (V_{锻}+V_{芯}+V_{飞}+V_{扩径})(1+\delta)\% \qquad (14\text{-}1)$$

式中 $V_{锻}$——锻件体积，按冷锻件图名义尺寸加正公差之半计算；

$V_{芯}$——芯料体积；

$V_{飞}$——终锻后横向飞边体积，见表14-1中序号2、序号3；

$V_{扩径}$——具有扩径穿孔类锻件的扩径部分的体积；

δ——坯料加热时的烧损率，火焰加热，$\delta=3\%$；电加热时，$\delta=1\%\sim1.5\%$。

（2）坯料的直径 $d_{坯}$

1）具有镦粗部分的杆类锻件，尽量选用棒料直径 d_0 等于锻件杆部直径，以减小机械加工量。

2）对于穿孔类锻件，为保证冲孔成型质量，冲头直径和坯料直径应有一个适当的比值。以保证冲头对坯料起分流作用，防止金属倒流，而应有一个合适的冲孔坯料——计算毛坯。

计算毛坯的长度与锻件的长度相等，各个截面积与相应的锻件截面积相等。计算毛坯直径 d_j 为：

$$\frac{\pi}{4}d_j^2 = \frac{\pi}{4}D_w^2 - \frac{\pi}{4}d_n^2 \tag{14-2}$$

$$d_j = \sqrt{D_w^2 - d_n^2} \tag{14-3}$$

式中 D_w——锻件外径，mm（图14-1）；

d_n——锻件内孔径 mm。

对有孔锻件，在选择坯料直径时应遵循下列原则：

① 当 $d_j/d_n=1.0\sim1.2$ 时，$d_p=(0.82\sim1.0)d_j$，则 $d_p=(0.82\sim1.0)d_j=(0.82\sim1.0)\times(1.0\sim1.2)d_n\approx d_n$。因此可省去卡细、胀粗、切芯料工步，也简化工艺及模具结构。

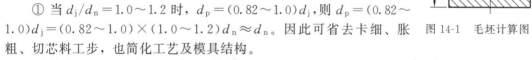

图14-1 毛坯计算图

② 当 $d_j/d_n>1.2$ 时，为减少顶镦工步，应取 $d_p>d_n$，此时坯料需要卡细。

③ 当 $d_j/d_n<1.0$ 时，为防止金属倒流，应取 $d_p<d_n$，此时坯料需要胀粗。

3）坯料直径确定后，需计算每一件锻件坯料的长度 L_p，即按下式计算：

$$L_p \frac{\pi}{4}d_p^2 = V_p \tag{14-4}$$

$$L_p = 1.27 \frac{V_p}{d_p^2} \tag{14-5}$$

式中 V_p——包括锻件各名义尺寸正公差之半所计算的锻件体积、飞边、烧损、冲孔芯料等项目的坯料体积。

14.2 平锻机压力计算和设备选择

14.2.1 平锻机压力计算

① 模锻力 P 按经验公式计算：

$$P = KF_d = K \times \frac{\pi}{4}D_d^2 = \frac{\pi}{4}\omega Z\tau\sigma_s D_d^2 \tag{14-6}$$

式中 D_d——锻件直径，mm；

ω——速度系数，设备越大，ω 越小，$\omega=1.5\sim2.0=2.2(1-0.001D_d)$；

Z——应力分布不均匀系数，$Z=1.2$；

τ——锻件形状系数，当 $D_d/h_{平均}=4$ 时，$\tau=2.4$；

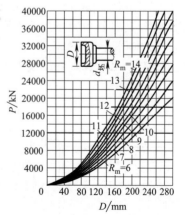

图14-2 确定平锻机模锻所需要的压力曲线图

σ_s——金属在终锻温度时的屈服强度，N/mm²。

将系数代入上式中，简化为：

$$P = 5(1 - 0.001 D_d) D_d^2 \sigma_s / 1000 \tag{14-7}$$

上式适用于 $D_d \leqslant 300$mm 闭式模锻，对于开式模锻，考虑到飞边影响，可用下式计算：

$$P = 5(1 - 0.001 D_d)(D_d + 10)^2 \times \sigma_s / 1000 \tag{14-8}$$

对镦锻部分为非圆形的锻件，可换算直径 $D_d = 1.13 \sqrt{F_d}$ 代入公式计算。最大直径应是考虑了收缩量和正公差的尺寸。

图 14-2 是按开式模锻的计算公式求出模锻所需的压力曲线图。

② 概略计算公式：

$$P = 57.5 K F_d \tag{14-9}$$

式中 K——钢种系数，见表 14-2；

F_d——锻件最大投影面积（包括飞边），cm²。

表 14-2 钢种系数 K

钢 号	K
中碳钢、低碳合金钢，如 45，20Cr	1
高碳钢、中碳合金钢，如 60，45Cr	1.15
高合金钢，如 GCr15，45CrNiMo	1.30

③ 平锻机的规格表示法，是用所能锻制的棒料直径（英制）以及主滑块所能产生的力表示。平锻机公称压力与可锻棒料直径及所能达到锻件直径的关系见表 14-3。

表 14-3 平锻机公称压力与可锻棒料直径及所能达到锻件直径的关系

平锻机公称压力/kN		1000	1600	2500	4000	6300	8000	10000	12500	16000	20000	25000	31500
可锻棒料直径	mm	20	40	50	80	100	120	140	160	180	210	240	270
	in	~1″	$1\frac{1}{2}$″	2″	3″	4″	~5″	—	—	—	—	—	—
所能达到锻件的直径/mm		40	55	70	100	135	155	175	195	225	255	275	315

14.2.2 平锻机吨位选择

(1) 吨位选择步骤

① 计算锻件终锻时锻造压力，初步选定平锻机吨位。

② 根据锻件形状、尺寸和工步数计算凹模体宽度或高度，核对平锻机的安模空间宽度或高度。若计算值大于初选平锻机安模空间宽度或高度，则要加大平锻机吨位。

③ 根据坯料镦粗长度 L_0，核对所选平锻机的全行程和有效行程。对于用"前挡板"定位的锻件，必须保证在凸模内聚集的镦粗长度 L_0 符合如下公式：

$$L_0 \leqslant \text{全行程} S - (100 \sim 150) \tag{14-10}$$

(2) 实例说明

图 14-3 为汽车第一轴锻件图，材料为 45Cr，试确定工艺方案，选择合适的平锻机。

① 锻造力。

锻件投影面积 $F_{锻} = \frac{\pi}{4} D^2 = \frac{\pi}{4} \times 11.5^2 = 104$（cm²）

锻造力 P，按公式：

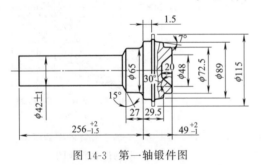

图 14-3 第一轴锻件图

$P = 57.5kF_{锻} = 57.5 \times 1.15 \times 104 = 6877$ (kN)

初选择 9000kN 水平分模平锻机。

② 估算凹模体宽度 B。

$$B = [D_{max} + 2(0.1D + 10)]n + 2 \times 40$$

式中 D_{max}——锻件最大直径（包括飞边），$D_{max} = 115$mm；

n——工步数，经设计计算需要 5 个工步，见图 14-4，$n = 5$。

$$B = [115 + 2 \times (0.1 \times 115 + 10)] \times 5 + 80 = 870 (mm)$$

查表 14-4 和图 14-5，9000kN 水平分模平锻机凹模安装空间，允许的最大模宽约 800mm，故应选择 12500kN 水平分模平锻机，其允许的最大模宽约 920mm。

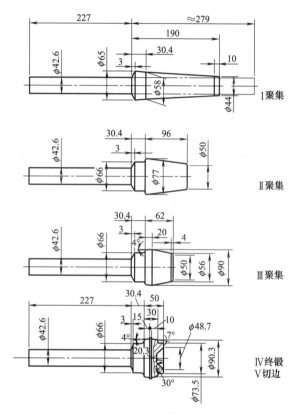

图 14-4 第一轴工步图及热锻件图
注：1. 热锻件尺寸；2. 未注明 $R5$。

③ 根据坯料镦粗长度 $L_{坯}$，核对所选择平锻机的全程。

第一轴的坯料长度 $L_{坯} = 279$，见图 14-4。

12500kN 水平分模平锻机的全程 $S = 460$mm，必须满足：

$L_{坯} \leqslant S - (100 \sim 150)$

$S - (100 \sim 150) = 460 - 150 = 310 (mm)$

由于 $L_{坯} = 279$，所以 $L_{坯} < S - (100 \sim 150)$

选定的 12500kN 水平分模平锻机是合适的。

14.2.3 平锻机的技术规格和安模空间主要参数

平锻机的技术规格和安模空间主要参数见图 14-5、图 14-6 和表 14-4、表 14-5。

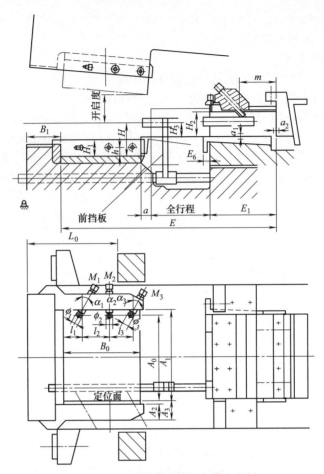

图 14-5　水平分模平锻机安模空间图

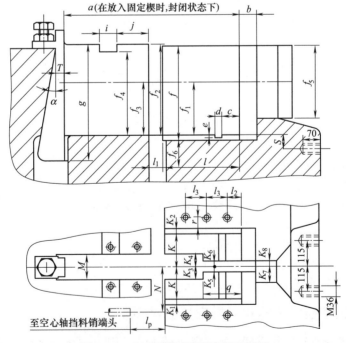

图 14-6　垂直分模平锻机安模空间图

表 14-4　水平分模平锻机技术规格和安模空间主要参数

代号	名称和单位	3150kN	德国 4500kN	6300kN	德国 9000kN	国产 9000kN	12500kN	德国 16000kN
	夹紧力 /kN	3150	4500	6300		9000	12500	21200
	行程次数 /(次/min)	55	45	35	32	32	28	20
	最大棒料直径/mm	65	80	95	115	115	140	160
	上模开启度/mm	120	135	155	180	180	205	230
	全行程/mm	290	330	360	420	420	460	540
	有效行程/mm	150	170	190	215	215	245	280
	后退行程/mm	80	75	100		108	130	
	安模空间 长×宽×高 /mm×mm×mm	330×380 ×145	400×450 ×170	450×530 ×190	530×600 ×220	530×600 ×220	600×720 ×250	680×760 ×280
	马达功率/kW	17	37	55	37	70	95	110
	闭合高度/mm	755	860	1020	1155	1270	1500	1585
E	/mm	1045	1190	1380	1575	1690	1900	2125
E_1	/mm	315	390	450	445	560	600	720
a	/mm	10	35	120	180	180	300	70
A_0	模宽/mm	380	450	530	600	600	720	760
A_1	/mm	400	470	550	620	630	750	775
A_2	/mm	85	100	110	130	150	190	235
A_3	/mm	110	125	130	150	160	220	250
B_0	模长/mm	330	400	450	530	530	600	680
B_1	/mm	200	196	230	300	250	305	210
H	模厚/mm	145	170	190	220	220	250	280
H_1	/mm	60	60	下模 75 上模 78.5	90	95	100	120
H_2	夹持器高/mm	120	140	165	185	200	230	220
H_3	/mm	60	70	82	92.5	97.5	115	110
l_1	模子安装孔位置 /mm	61	108	下模 138 上模 102	下模 98 上模 83	136	120	上模 120
l_2		114	142	上模 170	上模 177	194	156	上模 540
l_3		—	—	—	下模 364	—	214	下模 540
h	/mm	30	30	40	40	45	50	20
L_0	/mm	400	480	550	605	652.5	745	635
m	/mm	190	210	270	266	370	370	535
$\alpha_1 \times \phi_1$	模子安装孔尺寸 /mm	25°×ϕ40	25°×ϕ45	25°×ϕ45	20°×ϕ60	25°×ϕ50	0°×ϕ50	上模×ϕ55
$\alpha_2 \times \phi_2$		0°×ϕ28	0°×上模ϕ30 下模ϕ35	0°×ϕ35	0°×ϕ50	0°×ϕ36	25°×ϕ50	—
$\alpha_3 \times \phi_3$		—	—	—	30°×ϕ60	—	0°×ϕ50	45°×上模ϕ55 下模ϕ70
a_1	上下调整量/mm	±2	±2	±2.5	±5	±3	±2.5	
a_2	前后调整量/mm	±5	±6	±4	+10 −5	±5	±7	+20 −5

续表

代号	名称和单位	3150kN	德国 4500kN	6300kN	德国 9000kN	国产 9000kN	12500kN	德国 16000kN
	外形尺寸 长×宽×高 /mm×mm×mm	2440× 2160× 2420	3900× 2450× 2440	4320× 2700× 3100		6540× 3370× 3630	7650× 3830× 4150	
	地面以上高度/mm	2170	2220	2360		2680	2600	
	机器总质量/t	21.4	34.6	48.5		87.2	131.8	

表 14-5 垂直分模平锻机技术规格和安模空间参数

公称压力/kN			2250	5000	8000	12000	12500	20000
主滑块全行程/mm			220	280	380	500	460	610
夹紧滑块行程/mm			85	125	160	215	220	312
夹紧模闭合后主滑块有效行程/mm			110	190	250	318	310	340
夹紧模闭合后主滑块后退行程/mm			50	30	130	175	170	140
主滑块行程次数/(1/min)			60	45	35	27	27	25
凹模空间(长×宽×高)/mm×mm×mm			320×140 ×360	450×180 ×435	550×210 ×660	660×260 ×820	700×260 ×820	850×320 ×1030
进料窗口尺寸(宽×高)/mm×mm			900×300	150×410	190×610	235×735	265×780	330×980
电动机	型号			JH-82-8	JR-92-8		JR-127-10	JR-128-8
	功率/kW		14	28	55	80	115	155
机器总质量/t			19	40.2	87	120	136.2	256.4
外形尺寸[长×宽×(地面上高/总高)]/ mm×mm×mm			3250× 2860× (2028)	4845× 3015× (1985/2350)	5215× 3930× (2296/3040)	6145× 4380× (3700)	6345× 3930× (3000/3680)	8620× 5185× (3140/4140)

吨位/kN 尺寸/mm	2250	5000	8000	12000	12500	20000	吨位/kN 尺寸/mm	2250	5000	8000	12000	12500	20000
l_p	745	1005	1205	1419	1420	1720	K_3	50	70	110	160		
b	70	100	90	110	60		K_4	55	85	110	160		
c	70	55	101	127	127		K_5	25	45	60	80	85	
d	20	24	50	50	50		K_6	30	60	60	80	85	
l_1	7	7	10	10	10		K_7	60	100	120	155	170	
f	360	435	660	820	820		K_8	30	50	70	80		
f_1	200	195	310	415	415		l	320	450	550	660	700	
f_2	385	460	695	845	845		l_1	65	110	175	219	180	
f_3	200	195	310	415	415		l_2			95	120		
f_4	360	440	685	834	820		l_3				170	215	
f_5	300	400	610	735	780		M	$100D_4$	$120D_4$	$200D_4$	$230D_4$	$230D_4$	$254D_4$
f_6	20	25	25	25	20		N	195	230	310	370		
g	450	560	800	980	980		p	150	195	140	108		
i	75	90	80	100			q	160	210	220	290		
j	142	165	340	380	380		r				60	58	
K	140	180	210	260 (290)	260	320	S			60	70		
K_1	25	25	25	25			T	65	54	80	90	98	
K_2	20	35	25	25			α			7°	7°11′	7°	

14.3 模膛、凸模和凹模设计

14.3.1 终锻模膛设计

终锻模膛设计见表14-6。

表14-6 终锻模膛设计

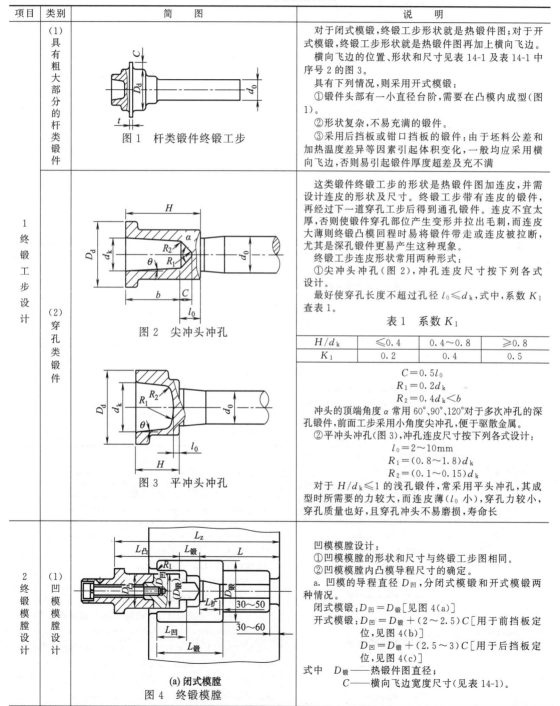

项目	类别	简图	说明
1 终锻工步设计	(1)具有粗大部分的杆类锻件	图1 杆类锻件终锻工步	对于闭式模锻，终锻工步形状就是热锻件图；对于开式模锻，终锻工步形状就是热锻件图再加上横向飞边。横向飞边的位置、形状和尺寸见表14-1及表14-1中序号2的图3。具有下列情况，则采用开式模锻：①锻件头部有一小直径台阶，需要在凸模内成型(图1)。②形状复杂，不易充满的锻件。③采用后挡板或钳口挡板的锻件：由于坯料公差和加热温度差异等因素引起体积变化，一般均应采用横向飞边，否则易引起锻件厚度超差及充不满
	(2)穿孔类锻件	图2 尖冲头冲孔 图3 平冲头冲孔	这类锻件终锻工步的形状是热锻件图加连皮，并需设计连皮的形状及尺寸。终锻工步带有连皮的锻件，再经过下一道穿孔工步后得到通孔锻件。连皮不宜太厚，否则使锻件穿孔部位产生变形而拉出毛刺，而连皮太薄则终锻凸模回程时易将锻件带走或连皮被拉断，尤其是深孔锻件更易产生这种现象。 终锻工步连皮形状常用两种形式： ①尖冲头冲孔(图2)，冲孔连皮尺寸按下列各式设计： 最好使穿孔长度不超过孔径 $l_0 \leq d_k$，式中，系数 K_1 查表1。 表1 系数 K_1 | H/d_k | ≤0.4 | 0.4～0.8 | ≥0.8 | |---|---|---|---| | K_1 | 0.2 | 0.4 | 0.5 | $C = 0.5 l_0$ $R_1 = 0.2 d_k$ $R_2 = 0.4 d_k < b$ 冲头的顶端角度 α 常用60°、90°、120°。对于多次冲孔的深孔锻件，前面工步采用小角度尖冲孔，便于驱散金属。 ②平冲头冲孔(图3)，冲孔连皮尺寸按下列各式设计： $l_0 = 2 \sim 10 \text{mm}$ $R_1 = (0.8 \sim 1.8) d_k$ $R_2 = (0.1 \sim 0.15) d_k$ 对于 $H/d_k \leq 1$ 的浅孔锻件，常采用平头冲孔，其成型时所需要的力较大，而连皮薄(l_0 小)，穿孔力较小，穿孔质量也好，且穿孔冲头不易磨损，寿命长
2 终锻模膛设计	(1)凹模模膛设计	图4 终锻模膛 (a)闭式模膛	凹模模膛设计： ①凹模模膛的形状和尺寸与终锻工步图相同。 ②凹模模膛内凸模导程尺寸的确定。 a. 凹模的导程直径 $D_凹$，分闭式模锻和开式模锻两种情况。 闭式模锻：$D_凹 = D_锻$[见图4(a)] 开式模锻：$D_凹 = D_锻 + (2 \sim 2.5)C$[用于前挡板定位，见图4(b)] $D_凹 = D_锻 + (2.5 \sim 3)C$[用于后挡板定位，见图4(c)] 式中 $D_锻$——热锻件图直径； C——横向飞边宽度尺寸(见表14-1)。

续表

项目	类别	简图	说明
2 终锻模膛设计	(1)凹模模膛设计	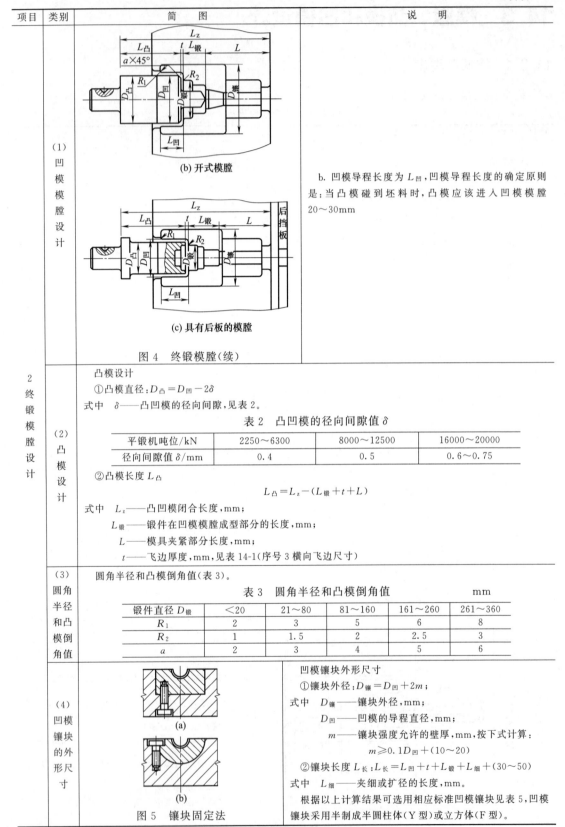 (b) 开式模膛 (c) 具有后板的模膛 图4 终锻模膛(续)	b. 凹模导程长度为$L_{凹}$，凹模导程长度的确定原则是：当凸模碰到坯料时，凸模应该进入凹模模膛20~30mm
	(2)凸模设计	凸模设计 ①凸模直径：$D_{凸}=D_{凹}-2\delta$ 式中 δ——凸凹模的径向间隙，见表2。 表2 凸凹模的径向间隙值δ 	平锻机吨位/kN	2250~6300	8000~12500	16000~20000
径向间隙值δ/mm	0.4	0.5	0.6~0.75	 ②凸模长度$L_{凸}$ $$L_{凸}=L_z-(L_{锻}+t+L)$$ 式中 L_z——凸凹模闭合长度，mm； $L_{锻}$——锻件在凹模模膛成型部分的长度，mm； L——模具夹紧部分长度，mm； t——飞边厚度，mm，见表14-1(序号3横向飞边尺寸)	
	(3)圆角半径和凸模倒角值	圆角半径和凸模倒角值(表3)。 表3 圆角半径和凸模倒角值　　　　mm | 锻件直径$D_{锻}$	<20	21~80	81~160	161~260	261~360
---	---	---	---	---	---
R_1	2	3	5	6	8
R_2	1	1.5	2	2.5	3
a	2	3	4	5	6		
	(4)凹模镶块的外形尺寸	(a) (b) 图5 镶块固定法	凹模镶块外形尺寸 ①镶块外径：$D_{镶}=D_{凹}+2m$； 式中 $D_{镶}$——镶块外径，mm； $D_{凹}$——凹模的导程直径，mm； m——镶块强度允许的壁厚，mm，按下式计算： $$m\geqslant 0.1D_{凹}+(10\sim 20)$$ ②镶块长度$L_{长}$：$L_{长}=L_{锻}+t+L_{镶}+(30\sim 50)$ 式中 $L_{细}$——夹细或扩径的长度，mm。 根据以上计算结果可选用相应标准凹模镶块见表5，凹模镶块采用半制成半圆柱体(Y型)或立方体(F型)。

续表

项目	类别	简 图	说 明
2 终锻模膛设计	(4) 凹模镶块的外形尺寸	图5 镶块固定法(c)	根据模膛各部分磨损情况的不同,模膛可全部采用镶块或是局部采用镶块。镶块与凹模连接方式,采用螺钉紧固(见图5)。螺钉规格见表4。 表4 按平锻机吨位选择螺钉 | 平锻机吨位/kN | 2250～6300 | 8000～12500 | 12500～16000 | |---|---|---|---| | 内六角螺钉 | M12 | M16 | M20 |

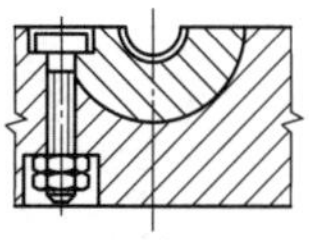

表5 标准凹模模块坯料(JB/T 5111.3—91) mm

标记示例:半圆形凹模镶块直径 $d=80$ mm,厚度 $b=50$ mm。
镶块Y80×50-8Cr3。
JB/T 5111.3。
材料:选用8Cr3锻件。
允许用力学性能与8Cr3相当的其他钢种代替。

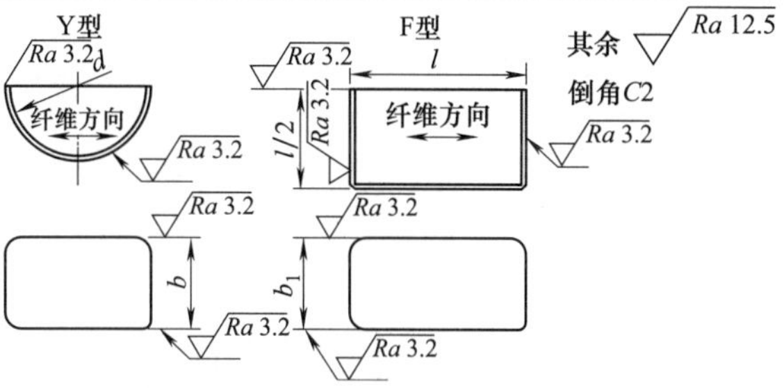

图6 凹模模块坯料

b\d=l	25	32	40	50	63	80	100	110	125	140	160	180	200	220	240	260	280	300
56	○	○	○	○	○													
63	○	○	○	○	○	○												
71		○	○	○	○	○	○											
80			○	○	○	○	○	○										
90			○	○	○	○	○	○										
100				○	○	○	○	○	○									
110				○	○	○	○	○	○									
125					○	○	○	○	○	○	○							
140						○	○	○	○	○	○							
160						○	○	○	○	○	○	○						
180							○	○	○	○	○	○	○					
200							○	○	○	○	○	○	○	○	○			
220									○	○	○	○	○	○	○	○		
240									○	○	○	○	○	○	○	○	○	
260									○	○	○	○	○	○	○	○	○	○

注:○为选用模块

项目	类别	简 图	说 明
2 终锻模膛设计	(5) 凸模柄的设计	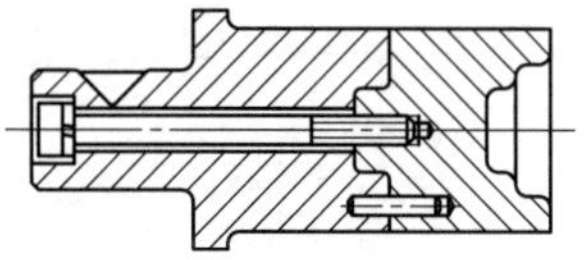 图7 组合式凸模 图8 组合式成型凸模结构(斜楔紧固)	组合式凸模由凸模柄和凸模组成,采用螺钉紧固和斜楔紧固两种结构形式。 ①内六角长螺钉紧固的凸模见图7,凸模柄和凸模的尺寸见表6。 材料:凸模为8Cr3,凸模柄为40Cr,销子为T8A。圆柱销一般采用φ8,对于16000kN平锻机或大于16000kN平锻机的组合式凸模,其圆柱销采用φ10。 ②斜楔紧固的凸模见图8,凸模尾柄及其尺寸见表7,材料为40Cr,凸模尺寸见表9,材料为8Cr3,螺栓尺寸见表8,材料为40Cr,斜楔尺寸见表10,材料为40Cr

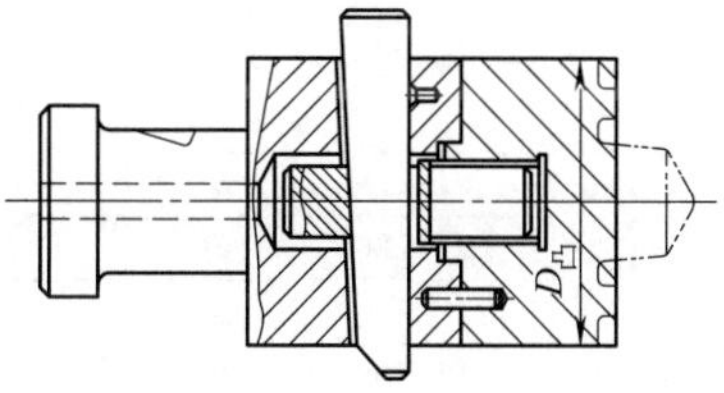

续表

项目	类别	简 图	说 明
2 终锻模膛设计	(5) 凸模柄的设计	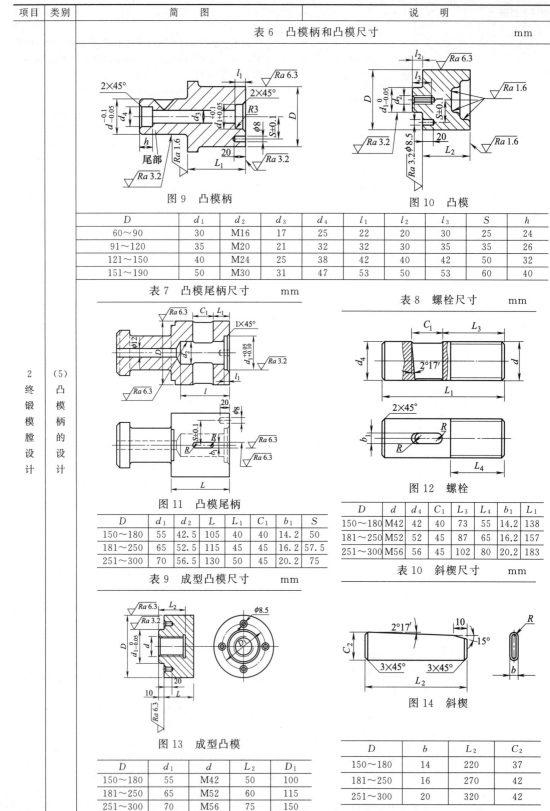 表6 凸模柄和凸模尺寸 mm 图9 凸模柄　　图10 凸模 图11 凸模尾柄　　图12 螺栓 图13 成型凸模　　图14 斜楔	

表6 凸模柄和凸模尺寸　mm

D	d_1	d_2	d_3	d_4	l_1	l_2	l_3	S	h
60～90	30	M16	17	25	22	20	30	25	24
91～120	35	M20	21	32	32	30	35	35	26
121～150	40	M24	25	38	42	40	42	50	32
151～190	50	M30	31	47	53	50	53	60	40

表7 凸模尾柄尺寸　mm

D	d_1	d_2	L	L_1	C_1	b_1	S
150～180	55	42.5	105	40	40	14.2	50
181～250	65	52.5	115	45	45	16.2	57.5
251～300	70	56.5	130	50	45	20.2	75

表8 螺栓尺寸　mm

D	d	d_4	C_1	L_3	L_4	b_1	L_1
150～180	M42	42	40	73	55	14.2	138
181～250	M52	52	45	87	65	16.2	157
251～300	M56	56	45	102	80	20.2	183

表9 成型凸模尺寸　mm

D	d_1	d	L_2	D_1
150～180	55	M42	50	100
181～250	65	M52	60	115
251～300	70	M56	75	150

表10 斜楔尺寸　mm

D	b	L_2	C_2
150～180	14	220	37
181～250	16	270	42
251～300	20	320	42

14.3.2 预锻模膛设计

预锻模膛设计见表 14-7。

表 14-7 预锻模膛设计

项目	类别	简 图	说 明
1 预锻工步设计	(1) 具有较大部分的杆类锻件	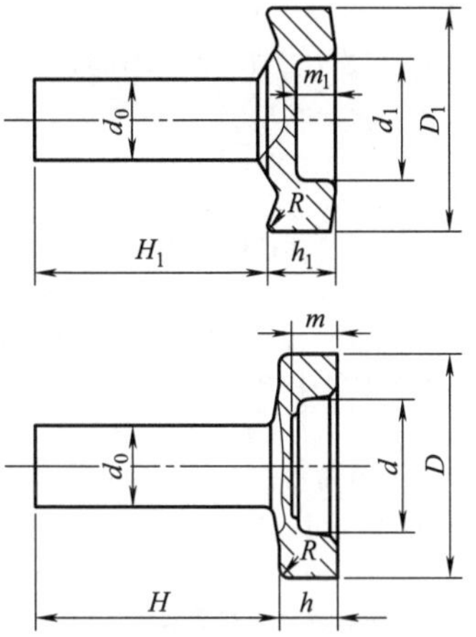 图 1 预锻工步和终锻工步比较	预锻工步对锻终成型影响较大，因此，预锻工步的形状在设计时应予以充分注意。 预锻工步是在终锻工步的基础上设计的，应保证终锻模膛填充良好，设计的预锻工步图应在终锻模膛内尽可能镦粗成型，故预锻工步图的高度尺寸相应比终锻大 6～8mm，而直径比终锻要小 0.5～2mm。 根据终锻形状，对于不易充满的部位，应在预锻做好成型准备，如图 1 所示，后端 R 不易充满，则在预锻中先成型圆角 R。相关尺寸应满足下列要求： $H_1 = H$ $h_1 = h + (6\sim 8)$mm $m_1 = m - (4\sim 6)$mm $d_1 = d$ $D_1 = D - (0.5\sim 2)$mm
	(2) 冲孔类锻件	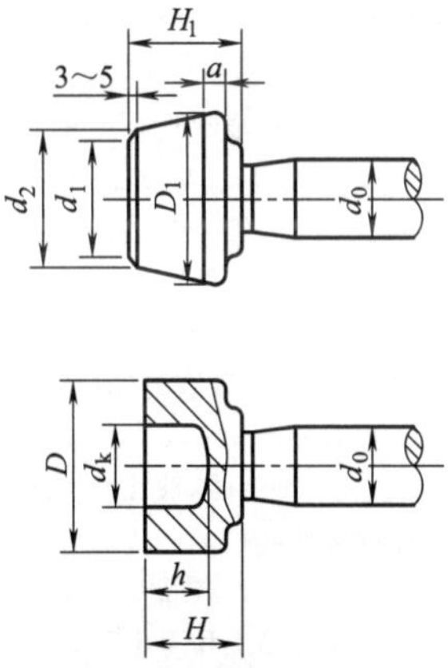 图 2 浅孔厚壁锻件 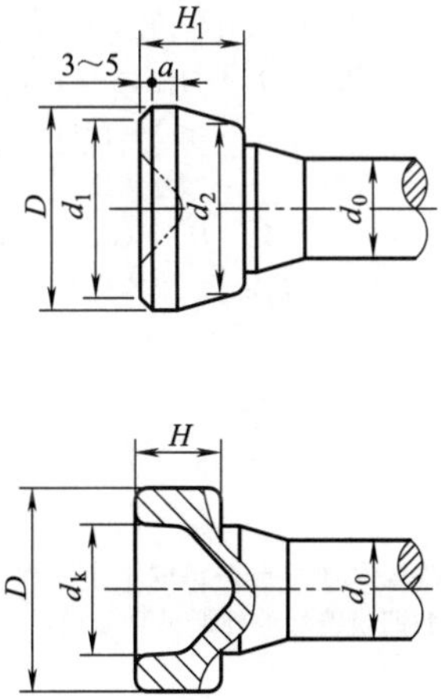 图 3 浅孔薄壁锻件	(1) 冲孔次数和冲孔深度分配 ① 冲孔次数 冲孔次数取决于冲孔深度 h（其数值见图 2）和冲孔直径 d_k 的比值如表 1 所示。 表 1 冲孔次数 | h/d_k | ≤1.5 | >1.5～3 | >3～5 | |---|---|---|---| | 冲孔次数 | 1 | 2 | 3 | ② 冲孔深度分配 多次冲孔时，因坯料尚未稳定，第一次冲孔较浅，其他各次冲孔深度基本相等，其计算式如下： 第一次冲孔深度：$h = 0.5d_k$ 其余冲孔深度：$h_k = (1\sim 1.5)d_k$ (2) 预锻工步设计 根据锻件相对壁厚和相对孔深分为四种。 ① 浅孔厚壁锻件（图 2） $h/d_k \leqslant 1.5, (D-d_k)/d_k > 1.25$ 此类锻件不需要预冲孔，仅在终锻时一次冲孔，其预锻设计原则如下： a. $D_1 = D$ 或 $D_1 = D - (1\sim 2)$mm $a = 5\sim 20$mm 后端的一段直径等于终锻直径或稍小一些。以保证在终锻时，锻件后端易充满，且定位较好。 b. $H_1 = H + (8\sim 15)$mm 预锻高度 H_1 应比终锻高度 H 高 8～15mm，保证冲孔时有一定压缩量，避免金属倒流，以获得充满良好的锻件。 c. $d_1 = d_k + (8\sim 10)$mm 前端设计成锥形，使 $d_1 > d_k$，以避免冲孔时金属变形产生折纹。 d. d_2 在满足上述条件后按体积不变原则计算确定，模膛充不满系数 $K = 1.1\sim 1.2$。 ② 浅孔薄壁锻件（图 3）。 $h/d_k \leqslant 1.5, (D-d_k)/d_k \leqslant 0.6$ 此类锻件的预锻形状和浅孔厚壁锻件不同，因孔大，冲头粗，金属易被镦粗，终锻时，锻件前端

续表

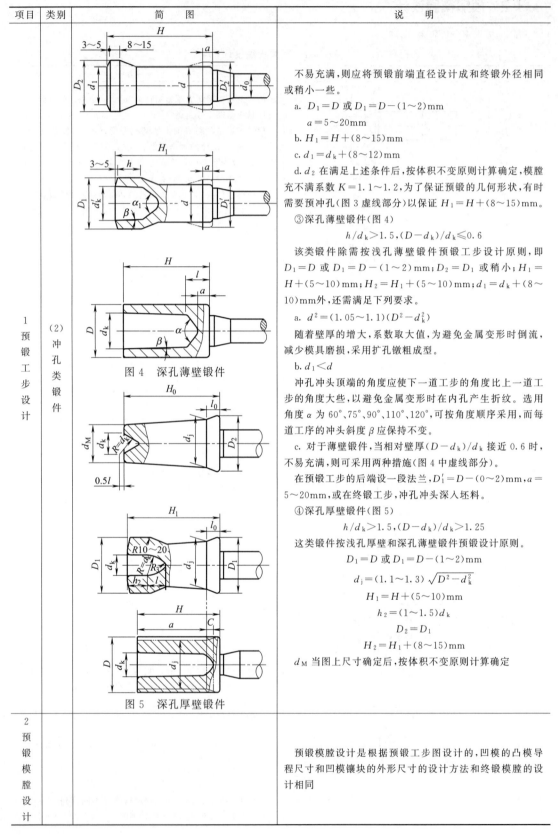

项目	类别	简 图	说 明
1 预锻工步设计	(2) 冲孔类锻件	图4 深孔薄壁锻件 图5 深孔厚壁锻件	不易充满,则应将预锻前端直径设计成和终锻外径相同或稍小一些。 a. $D_1=D$ 或 $D_1=D-(1\sim 2)$mm $a=5\sim 20$mm b. $H_1=H+(8\sim 15)$mm c. $d_1=d_k+(8\sim 12)$mm d. d_2 在满足上述条件后,按体积不变原则计算确定,模膛充不满系数 $K=1.1\sim 1.2$,为了保证预锻的几何形状,有时需要预冲孔(图3虚线部分)以保证 $H_1=H+(8\sim 15)$mm。 ③ 深孔薄壁锻件(图4) $$h/d_k>1.5, (D-d_k)/d\leqslant 0.6$$ 该类锻件除需按浅孔薄壁锻件预锻工步设计原则,即 $D_1=D$ 或 $D_1=D-(1\sim 2)$mm;$D_2=D_1$ 或稍小;$H_1=H+(5\sim 10)$mm;$H_2=H_1+(5\sim 10)$mm;$d_1=d_k+(8\sim 10)$mm外,还需满足下列要求。 a. $d^2=(1.05\sim 1.1)(D^2-d_k^2)$ 随着壁厚的增大,系数取大值,为避免金属变形时倒流,减少模具磨损,采用扩孔镦粗成型。 b. $d_1<d$ 冲孔冲头顶端的角度应使下一道工步的角度比上一道工步的角度大些,以避免金属变形时在内孔产生折纹。选用角度 $α$ 为 60°、75°、90°、110°、120°,可按角度顺序采用,而每道工序的冲头斜度 $β$ 应保持不变。 c. 对于薄壁锻件,当相对壁厚 $(D-d_k)/d$ 接近0.6时,不易充满,则可采用两种措施(图4中虚线部分)。 在预锻工步的后端设一段法兰,$D_1'=D-(0\sim 2)$mm,$a=5\sim 20$mm,或在终锻工步,冲孔冲头深入坯料。 ④ 深孔厚壁锻件(图5) $$h/d_k>1.5, (D-d_k)/d_k>1.25$$ 这类锻件按浅孔厚壁和深孔薄壁锻件预锻设计原则。 $D_1=D$ 或 $D_1=D-(1\sim 2)$mm $d_j=(1.1\sim 1.3)\sqrt{D^2-d_k^2}$ $H_1=H+(5\sim 10)$mm $h_2=(1\sim 1.5)d_k$ $D_2=D_1$ $H_2=H_1+(8\sim 15)$mm d_M 当图上尺寸确定后,按体积不变原则计算确定
2 预锻模膛设计			预锻模膛设计是根据预锻工步图设计的,凹模的凸模导程尺寸和凹模镶块的外形尺寸的设计方法和终锻模膛的设计相同

14.3.3 聚集模膛设计

聚集模膛设计见表14-8。

表 14-8　聚集模膛设计

项目	类别	简　图	说　明
1 聚集（顶锻）规则	(1) 自由聚集规则	图1 自由聚集	顶锻（聚集）规则　顶锻分为自由顶锻、凹模内顶锻以及凸模内顶锻三种。 自由顶锻规则：当毛坯上需要顶锻部分长度l_0与其直径的比值$l_0/d_0<3.2$时，且坯料端部较平整时，可以一次顶锻到任意大直径（图1），而不致引起毛坯弯曲和折叠。允许的镦粗比$\psi_{允许}$的数值可由表1查得。如坯料加热不均匀时，允许镦粗比$\psi_{允许}$的数值适当取小些。 由于坯料端面常有斜度，容易引起弯曲，一般取$l_0\leqslant(2.2\sim2.5)d_0$，当坯料端面较平整（斜角$\alpha<2°$）一次镦粗成型的允许镦粗比$\psi_{允许}=l_0/d_0=2.5$，当坯料端面不平整（角$2°<\alpha<5°$），且有凹坑或用带预冲孔冲头进行镦粗时，一次镦粗成型的允许镦粗比$\psi_{允许}=2.0$。但在坯料端面无斜面或镦粗时具有良好导向的情况下，其允许镦粗比$\psi_{允许}=3$。当$\psi_{允许}$超过表1中所允许值时，则应将棒料先进行逐步镦粗，使$\psi\leqslant\psi_{允许}$时才能进行最终成型。 表1　自由聚集的允许镦粗比$\psi_{允许}$　mm | 冲头形式 | 平冲头 || 冲孔冲头 || |---|---|---|---|---| | 棒料直径 | $d_0\leqslant50$ | $d_0>50$ | $d_0\leqslant50$ | $d_0>50$ | | 棒料锯割斜度（0°~3°） | $\psi_{允许}=2.5+0.01d_0$ | $\psi_{允许}=3$ | $\psi_{允许}=1.5+0.01d_0$ | $\psi_{允许}=2$ | | 棒料剪切斜度（3°~6°） | $\psi_{允许}=2+0.01d_0$ | $\psi_{允许}=2.5$ | $\psi_{允许}=1+0.01d_0$ | $\psi_{允许}=1.5$ |
	(2) 凹模内顶锻（聚集）规则	图2 凹模内聚集	在凹模内镦粗时，当凹模直径与坯料直径比D/d_0不大时，镦粗初期先产生一些弯曲，但与模壁接触后便不再发展，然后随着变形而充满模膛。但若当D/d_0较大时，仍能产生折叠，因此对一定直径的坯料防止产生折叠的关键是控制凹模直径。 凹模内聚集（顶锻）的规则：坯料在凹模的圆柱形模膛内镦粗，允许$D=(1.25\sim1.5)d_0$。当镦粗后的直径$d_1\leqslant1.5d_0$时，则露出在凹模外面的坯料长度必须是$a\leqslant d_0$。当$d_1\leqslant1.25d_0$时，则$a\leqslant1.5d_0$。一般$D=1.5d_0$，适用于$l_0/d_0<10$的情况。而$D\leqslant1.25d_0$适用于$l_0/d_0>10$的情况。在凹模内镦粗能一次顶锻的坯料较多，但这种镦粗方式易使金属从纵向及分模面挤出毛刺。故这种顶锻方式一般情况下较少采用，只用于成型工步，在生产中常采用凸模内聚集
	(3) 锥形模膛聚集规则	图3 锥形模膛相对的尺寸	在凸模内顶锻时，为了便于金属聚集，提高端面质量，减少飞边，将凸模设计成锥形（图3）。在锥形模膛内聚集时，坯料产生弯曲是靠模壁限制的。模膛直径较大时，也有可能产生折叠，为防止产生折叠，就要靠控制模膛的直径D，模膛大头直径D减小时，越不易产生折叠，但过小就要增加工步次数，降低生产率。 凸模内聚规则是：$D=(1.25\sim1.6)d_0$。当$D\leqslant1.6d_0$时，必须$a\leqslant2d_0$；当$D\leqslant1.25d_0$时，$a\leqslant3d_0$。

续表

项目	类别	简 图	说 明
1 取集(顶锻)规则	(3)锥形模膛聚集规则	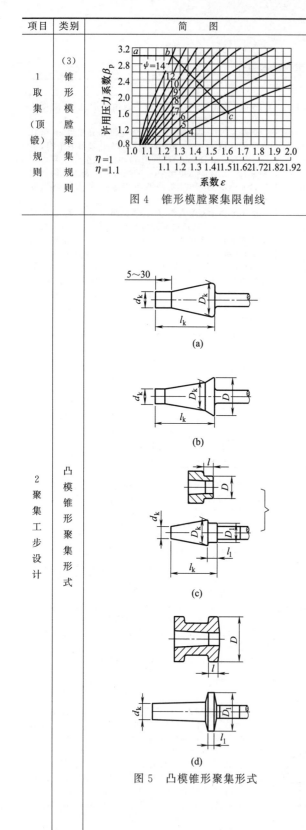 图4 锥形模膛聚集限制线	锥形模膛集聚的规则是:在一次顶镦后锥体(或模膛)(图3)的大端直径 $D_k(D_k=\varepsilon d_0)$ 和压缩量 $a(a=\beta d_0)$ 均应小于允许的极限量。其极限值由图4中的聚集限制线 a、b、c 确定。 由已知的镦粗比 $\psi(\psi=l_0/d_0)$ 定出与 abc 线的交点,再由交点作与纵横坐标的垂线便可求出 ε 和 β 的极限值。 经生产实践证明,当 ε 或 β 之一超过极限值,或两者同时为极限值时,在聚集过程中坯料易弯曲并产生折纹。 根据不同的镦粗比 ψ 值,η 值和图4的限制线 abc,求出所需的 ε、β 值。再由 η、ε 及 β 值计算锥形模膛的尺寸,即: $d_k=\eta d_0$ $D_k=\varepsilon d_0$ $l_k=\lambda d_0=(\psi-\beta)d_0$ 计算后续的工步,按同样的方法,将 d_0 换成平均直径 $d_{cp}=\dfrac{D_k+d_k}{2}$。
2 聚集工步设计	凸模锥形聚集形式	(a) (b) (c) (d) 图5 凸模锥形聚集形式	根据已知的毛坯和锻件尺寸后,按上述规则求出所需的聚集次数。例如第一次聚集后,如果 l_{B1}/d_{cp},$\psi_1 \leqslant \psi_{允许}(2.2\sim2.5)$(也可查表1),下一次就可以压缩到任意直径;如果 $\psi_1 > \psi_{允许}(2.2\sim2.5)$,则需要进行第二次聚集;如果镦粗比仍然 $\psi_2 > \psi_{允许}$,则需要第三次聚集,直到镦粗比 $\psi_n < \psi_{允许}(2.2\sim2.5)$ 为止。 ①当镦粗比 $\psi > 4.5$ 时,在锥形小端部分一段设计长度为 $5\sim30$mm 的圆柱,镦粗比 ψ 越大,取大值,在凸模内装垫塞子,便于调整聚集坯料的体积[见图5(a)]。 ②在聚集过程中,由于坯料尺寸偏差而挤出毛刺,应考虑充不满系数 K,其值见表2。 表2 系数 K 值 | 聚集工步 | 系数 | 常用系数 | |---|---|---| | 第一步 | $K_1=1.04\sim1.1$ | $1.06\sim1.08$ | | 第二步 | $K_2=1.04\sim1.08$ | 1.06 | | 第三步 | $K_3=1.03\sim1.04$ | | | 第四步 | $K_4=1.03\sim1.04$ | | ③当镦粗比 $\psi > 7$ 时,在压缩系数 β 值允许的前提下,为了增加聚集压缩量,则在锥形大端部分,设计一个较大的锥体,见图5(b)。 ④当锻件有台阶 D 时[图5(c)],且直径 D 小于允许的大端直径 $D_k=\varepsilon_k d_0$(聚集规则),即 $D \leqslant \varepsilon_k d_0$,且在压缩系数 β 值的允许范围内,必须在第一次聚集时成型。否则在终锻时将为挤压成型。同时也便于下一道工步定位。$D_1=D-(0\sim1)$mm,$l_1=l$。 ⑤对具有后法兰的锻件[图5(d)],应先在第一道聚集时将法兰锻出,否则其他工步难以弥补。设计后法兰时,其坯料镦粗比 ψ' 不能超过自由聚集允许的镦粗比 $\psi_{允许}$,即 $\psi' \leqslant \psi_{允许}$

续表

项目	类别	简 图	说 明
3 聚集模膛设计	(1) 凸模设计	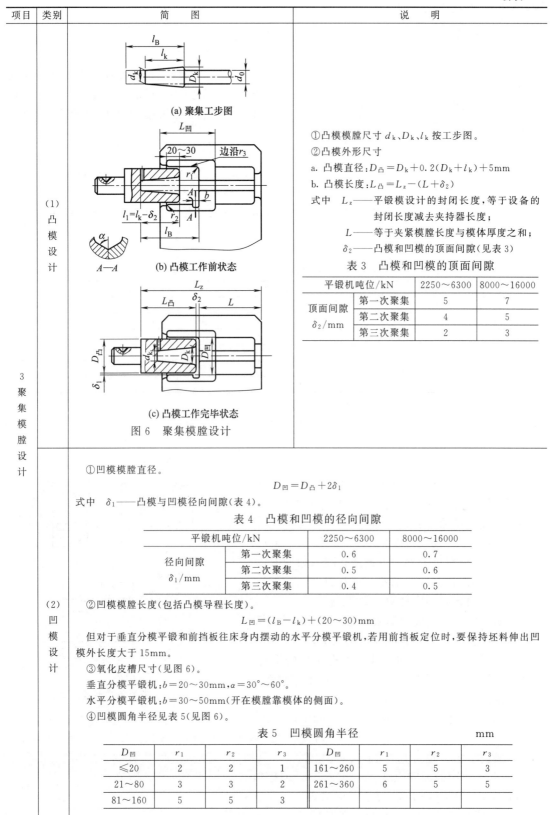 (a) 聚集工步图 (b) 凸模工作前状态 (c) 凸模工作完毕状态 图 6 聚集模膛设计	① 凸模模膛尺寸 d_k、D_k、l_k 按工步图。 ② 凸模外形尺寸 a. 凸模直径：$D_凸 = D_k + 0.2(D_k + l_k) + 5\text{mm}$ b. 凸模长度：$L_凸 = L_z - (L + \delta_2)$ 式中 L_z——平锻模设计的封闭长度，等于设备的封闭长度减去夹持器长度； L——等于夹紧模膛长度与模体厚度之和； δ_2——凸模和凹模的顶面间隙（见表3） 表 3 凸模和凹模的顶面间隙 | 平锻机吨位/kN | | 2250～6300 | 8000～16000 | |---|---|---|---| | 顶面间隙 δ_2/mm | 第一次聚集 | 5 | 7 | | | 第二次聚集 | 4 | 5 | | | 第三次聚集 | 2 | 3 |
	(2) 凹模设计		① 凹模模膛直径。 $$D_凹 = D_凸 + 2\delta_1$$ 式中 δ_1——凸模与凹模径向间隙（表4）。 表 4 凸模和凹模的径向间隙 | 平锻机吨位/kN | | 2250～6300 | 8000～16000 | |---|---|---|---| | 径向间隙 δ_1/mm | 第一次聚集 | 0.6 | 0.7 | | | 第二次聚集 | 0.5 | 0.6 | | | 第三次聚集 | 0.4 | 0.5 | ② 凹模模膛长度（包括凸模导程长度）。 $$L_凹 = (l_B - l_k) + (20 \sim 30)\text{mm}$$ 但对于垂直分模平锻和前挡板往床身内摆动的水平分模平锻机，若用前挡板定位时，要保持坯料伸出凹模外长度大于15mm。 ③ 氧化皮槽尺寸（见图6）。 垂直分模平锻机：$b = 20 \sim 30\text{mm}$，$\alpha = 30° \sim 60°$。 水平分模平锻机：$b = 30 \sim 50\text{mm}$（开在模膛靠模体的侧面）。 ④ 凹模圆角半径见表5（见图6）。 表 5 凹模圆角半径 mm | $D_凹$ | r_1 | r_2 | r_3 | $D_凹$ | r_1 | r_2 | r_3 | |---|---|---|---|---|---|---|---| | ≤20 | 2 | 2 | 1 | 161～260 | 5 | 5 | 3 | | 21～80 | 3 | 3 | 2 | 261～360 | 6 | 5 | 5 | | 81～160 | 5 | 5 | 3 | | | | |

14.3.4 夹紧模膛设计

夹紧模膛常用的形式有平滑式和带肋条式两种。

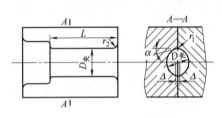

图 14-7 平滑式夹紧模膛

(1) 平滑式夹紧模膛（图 14-7）

平滑式夹紧模膛的特点是锻件杆部没有压痕，模具制造简单，但夹紧力小，模锻时定位差，常用于杆部要求较高，不允许有压痕及用后挡台板定位的锻件。

① 夹紧模膛长度 $L_夹$。

$$L_夹 = K d_0 \text{ 或经验公式：} L_夹 = 2.5 d_0 + 50$$

式中　d_0——棒料直径，mm，考虑收缩率；

K——夹紧系数，棒料直径在 $10\sim100$ mm 之内时，$K=10\sim3.5$。棒料越粗，系数取小值。

夹紧模膛长度 $L_夹$，也可由表 14-9 查得。

表 14-9　夹紧长度 $L_夹$、r_1、r_2 及 Δ 和 α　mm

坯料直径 d_0		10~19	20~29	30~39	40~49	50~59	60~69	70~79	80~89	90~99	100~119	120~140
$L_夹$ 不小于	Ⅰ	100	110	130	150	170	180	200	220	240	280	330
	Ⅱ	90	100	110	125	140	150	160	180	200	220	260
r_1		1	1.5	1.5	2	2.5	3	3	3.5	3.5	4	5
r_2		3	3	3	4	5	6	6	8	8	10	12
Δ		0.2	0.3	0.4	0.5	0.6	0.7	0.8	0.9	1.0	1.1	1.2
α		20	20	15	15	15	15	15	15	15	12	12

注：Ⅰ为原型；Ⅱ为有卡细槽时，长度 $L_夹$ 包括卡细槽在内。

② 夹紧模膛模面间隙 Δ、r_1、r_2 及 α 见表 14-9。

③ 夹紧模膛直径 $D_夹$，按棒料负公差进行设计。以满足棒料在负公差时也能夹紧。但对于具有粗大部分的杆类锻件，还应满足棒料在变形后的直径要大于锻件杆径负公差，即：

$$b/2 > \Delta > a/2 \quad (14\text{-}11)$$

式中　a——棒料负偏差，可查热轧圆钢和方钢；

b——锻件杆径负偏差，可看锻件图。

(2) 带肋条式夹紧模膛（图 14-8）

带肋条式夹紧模膛夹紧效果好，夹紧长度比平滑式夹紧模膛短些，可以减少料头损失，这种模膛主要适用于穿孔类锻件和杆部允许有压痕的锻件。杆件虽有压痕，并不影响锻件质量，也不影响继续变形使用。

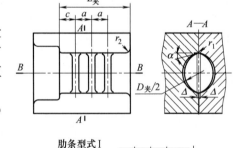

图 14-8　带肋条式夹紧模膛

① 夹紧长度 $L_夹$ 按下列经验公式确定：

$$L_夹 = 2 d_0 + 30 \quad (14\text{-}12)$$

夹紧长度 $L_夹$ 也可查表 14-9。

② 夹紧模膛模面间隙 Δ、r_1、r_2 及 α 见表 14-9。

③ 夹紧模膛直径 $D_夹$，$D_夹 = 0.97 d_0$。

④ 肋条宽度 a、b、c 及肋条高度 h、r_3、r_4，按表 14-10 确定。

表 14-10 肋条式夹紧模膛主要尺寸   mm

坯料直径 d_0		10～19	20～29	30～39	40～49	50～59	60～69	70～79	80～89	90～99	100～119	120～140
$L_夹$ 不小于	Ⅰ	90	100	110	125	140	150	160	180	200	220	260
	Ⅱ	70	80	90	100	110	120	130	140	160	180	200
a		10	15	20	25	30	32	40	42	48	56	70
b		4	6	8	10	12	13	15	18	20	22	30
c		8	10	14	18	20	24	26	30	34	40	50
r_3		3	5	6	8	10	10	12	15	15	18	22
r_4		2	2	2	2	3	3	3	3	3	4	4
h		0.4	0.4	0.4	0.5	0.5	0.5	0.5	0.5	0.5	0.6	0.6

注：1. Ⅰ为原型；Ⅱ为有卡细模膛时，长度 $L_夹$ 包括卡细模膛在内。

2. 多工步时，c 值应采用不同的数值，如Ⅰ、Ⅱ、Ⅲ工步依次为 c，$c+\frac{a}{2}$，c。

14.3.5 卡细模膛设计

卡细模膛（图 14-9）的作用是将坯料（棒料）的直径变细，主要用于以下两种情况。

① 当穿孔类锻件的穿孔孔径小于棒料直径时（即 $d_孔 < d_0$），需使用卡细模膛。

② 当需要剪断具有粗大部分的杆类锻件时，则需采用卡细模膛。

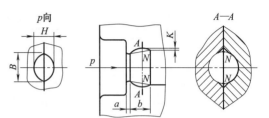

图 14-9 卡细模膛

(1) 卡细次数的确定

卡细次数由 $d_0/d_细$ 的比值来确定，比值越大，卡细次数越多，见表 14-11。其中：

$$d_细 = d_孔 - (0.5\sim2) \text{mm} \tag{14-13}$$

式中　$d_孔$——锻件穿孔后直径，mm。

表 14-11 卡细次数

$d_0/d_细$	<1.45	1.45～2.5	>2.5
卡细次数	2	3	4

卡细直径 $d_细$ 比穿孔直径 $d_孔$ 小 0.5～2mm 的优点是锻件穿孔后，不易产生纵向毛刺，可提高穿孔冲头的寿命。

(2) 卡细模膛尺寸的确定（其结构见图 14-10）

① 卡细模膛的短轴 H 和长轴 B，每次卡细量为 $m = \dfrac{d_0 - d_细}{n-1}$。

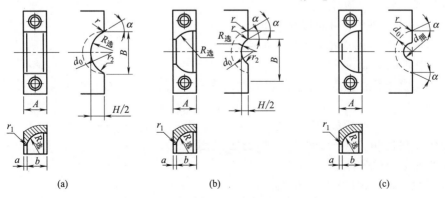

图 14-10 卡细模膛结构

卡细模膛的卡细次数和卡细模膛尺寸见表 14-12。

② 卡细模膛刃口宽度 a 和储料槽宽度 b 及 A 见表 14-13，a 见表 14-10。

表 14-12 卡细模膛的长轴 B 和短轴 H 尺寸与卡细次数的关系

卡细次数 /次	B（长轴）				H（短轴）			
	首次	第二次	第三次	末次	首次	第二次	第三次	末次
2	$B=d_0$	—	—	$B=d_{细}$	$H=d_{细}$	—	—	$H=d_{细}$
3	$B=d_0$	$B=\dfrac{d_{细}+d_0}{2}$	—	$B=d_{细}$	$H=\dfrac{d_0+d_{细}}{2}$	$H=d_{细}$	—	$H=d_{细}$
4	$B=d_0$	$B=\dfrac{2d_0+d_{细}}{2}$	$B=\dfrac{d_0+2d_{细}}{3}$	$B=d_{细}$	$H=\dfrac{2d_0+d_{细}}{3}$	$H=\dfrac{d_0+2d_{细}}{3}$	$H=d_{细}$	$H=d_{细}$

表 14-13 卡细模膛刃口宽度 a、储料槽宽度 b 及模膛长度 A、圆角半径 r_1、r_2　　mm

坯料直径 d_0 或宽度 B_0	<30	30～39	40～49	50～59	60～69	70～79	80～89	90～99	100～119	120～140
a	3	3	3	4	4	4	5	5	5	6
b	15	15	20	25	30	35	40	45	50	60
A	25	25	30	36	40	45	55	60	65	75
r_1	1.5	1.5	1.5	2.0	2.0	2.0	2.5	2.5	2.5	3.0
r_2	5	6	8	10	12	15	16	18	20	24

14.3.6 扩径模膛设计

当穿孔孔径 d_k 大于棒料直径 d_0 时，需采用扩径模膛（图 14-11）。

① 颈部直径 $d_{扩}$：

$$d_{扩}=d_k-(1\sim2) \tag{14-14}$$

式中　d_k——锻件穿孔直径，mm。

② 扩径模膛尺寸（见表 14-14）。

③ 颈部宽度 b：

$$b=0.5d_0$$

b 值可取整数，如 15、20、25、30 等。

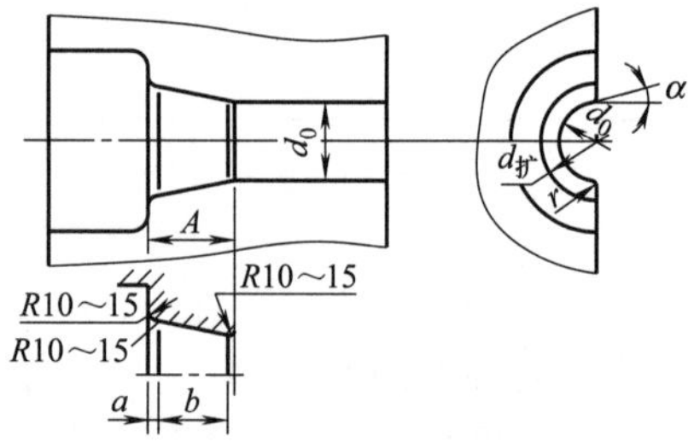

14.3.7 穿孔模膛设计

穿孔模膛一般有两种形式：

① 棒料经过卡细的穿孔模膛见图 14-12。

② 棒料经过扩径的穿孔模膛见图 14-13。

(1) 穿孔凹模模膛设计

穿孔凹模模膛尺寸包括：凸模导程尺寸、放锻件模膛尺寸、穿孔模膛尺寸。

$$d_1=1.01d_k+0.5\text{mm}$$

凸模的导程直径：$d_1=d_k+\Delta$ 或 $d_1=d_k+\delta_1+0.2$ 　　(14-15)

凸模的导程长度：$h_3=0.15d_{孔}+10$ 或 $h_3\geqslant20$mm

式中，Δ 按表 14-15 确定。

δ_1 按公式：$\delta_1=0.005d_{孔}+0.05$。

放锻件模膛尺寸：　　$d_2=D_2+x$；$d_3=D_1+x$ 　　(14-16)

图 14-11 扩径模膛

$$h_2 = H_2 + (15 \sim 20) + 尺寸上限公差$$

式中 x——锻件径向正公差。

$$h_1 = H_1 - y; \quad d_6 = 1.02d_0 + 1$$

式中 y——锻件在高度方向的负公差。

对于开式终锻的锻件,锻件有横向飞边,为便于锻件放入模膛中,需增加一个凹槽,凹槽直径为:

$$K = D_2 + 2C + (10 \sim 20) \quad (深度 m = 6t, 则 m \geqslant 10\text{mm}) \tag{14-17}$$

式中 C——飞边径向尺寸;
　　　t——飞边厚度。

穿孔模膛尺寸:$d_5 = d_孔 + 2\delta_1$ (14-18)

式中 δ_1——凸模与凹模之间的间隙值;$\delta_1 = 0.005d_孔 + 0.05$;$d_7 = d_5 + 8$。

穿孔凹槽刃口厚度:$a = 5\text{mm}$;$b = 35 \sim 45\text{mm}$。

(2) 穿孔凸模设计

穿孔凸模一般都采用组合式结构,常采用以下两种形式。

① 大螺母紧固的凸模(图 14-12)。

该结构由凸模柄、凸模、大螺母三部分组成。其尺寸见表 14-16～表 14-18。这种结构装卸较方便。

表 14-14 扩径模膛尺寸　　　　　　　　　　　　　　　　　mm

d_0	a	b	A	r	$\alpha/(°)$
<30	5	15	30	1.5	20
30～39	6	15	30	1.5	15
40～49	6	20	35	2.0	15
50～59	7	25	40	2.5	15
60～69	7	30	45	3.0	15
70～79	8	35	50	3.0	15
80～89	8	40	60	3.5	15
90～99	9	45	65	3.5	15
100～119	9	50	70	4.0	12
120～140	10	60	80	5.0	12

表 14-15 Δ 值　　　　　　　　　　　　　　　　　mm

$d_孔$	20～40	>40～60	>60～80	>80～100
Δ	0.6	0.8	1.0	1.2

表 14-16 穿孔凸模柄　　　　　　　　　　　　　　　　　mm

$d_孔$	D_1	D_2	L_1	L_2
>28	M48	40	40	15
29～38	M60	50	50	20
39～50	M78	66	65	25
51～63	M95	85	75	30
64～78	M115	105	90	35

注:1. $d_孔$——锻件穿孔直径,它与凸模夹持器装配部分相对应。
2. D_3、L_3、L_4 由凸模夹持器尺寸确定。L_1、L_2 由穿孔模膛(图 14-12)设计规则确定。

② 内六角螺钉紧固的穿孔凸模(图 14-13)。当内孔直径较大时,常采用这种结构。凸模柄和凸模的尺寸见表 14-19。

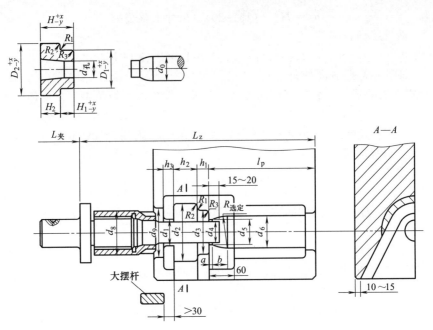

图 14-12　棒料经过卡细的穿孔模膛

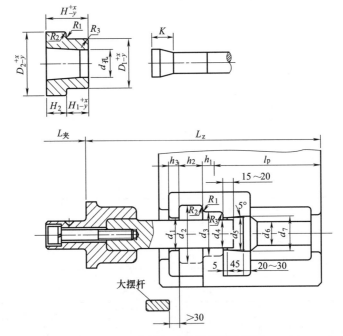

图 14-13　棒料经过扩径的穿孔模膛

表 14-17　穿孔凸模　　　　　　　　　　　mm

	$d_{孔}$	d_1	d_2	a	b
	>28	30	40	10	30
	29～38	40	50	12	30
	39～50	52	66	14	35
	51～63	70	85	16	40
	64～78	80	100	18	45

表 14-18 大螺母   mm

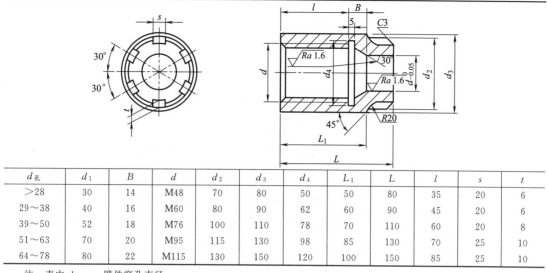

$d_孔$	d_1	B	d	d_2	d_3	d_4	L_1	L	l	s	t
>28	30	14	M48	70	80	50	50	80	35	20	6
29~38	40	16	M60	80	90	62	60	90	45	20	6
39~50	52	18	M76	100	110	78	70	110	60	20	8
51~63	70	20	M95	115	130	98	85	130	70	25	10
64~78	80	22	M115	130	150	120	100	150	85	25	10

注：表中 $d_孔$——锻件穿孔直径。

表 14-19 穿孔凸模柄和凸模的尺寸   mm

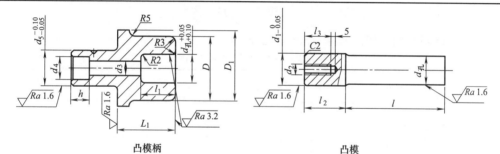

凸模柄　　　　　　　凸模

$d_孔$	d_1	d_2	d_3	d_4	l_1	l_2	l_3	h
<30	35	M16×2	17	25	40	40	30	24
31~40	45	M20×2.5	21	32	50	50	35	26
41~50	55	M24×3	25	38	60	60	42	32
51~60	65	M27×3	28	42	70	70	48	35
61~70	75	M30×3.5	31	47	80	80	53	40

注：1. L_1、l 由穿孔模膛安模空间 L_2（图 14-13）设计原则确定。
2. 一般 $D=(2\sim2.5)d_1$。
3. $d_孔$——锻件穿孔直径。

14.3.8 切边模膛设计

切边模膛的两种形式：

① 用于垂直分模平锻机的切边模膛（图 14-14）。
② 用于水平分模平锻机的切边模膛（图 14-15）。

（1）切边模膛
① 刃口直径

$$d_1=D \text{ 或 } d_1=D+x/2 \qquad (14-19)$$

式中　x——锻件径向正偏差，mm。

② 凸模直径

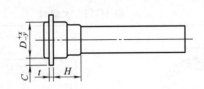
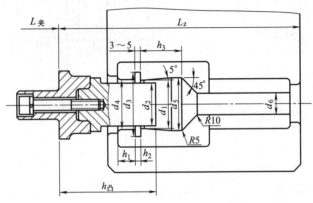

图 14-14 垂直分模平锻机切边模膛

$$d_2 = D - \Delta \text{ 或 } d_2 = \left(D + \frac{x}{2}\right) - \Delta \tag{14-20}$$

式中 Δ——凸模与凹模间的间隙，mm，见表 14-20。

表 14-20 凸模和凹模间的间隙   mm

D	<30	>30～80	>80～160
Δ	0.6	0.8	1.0

③ 放置飞边的模膛直径

$$d_3 = D + 2C + (5 \sim 10) \tag{14-21}$$

式中 C——飞边宽度，mm。

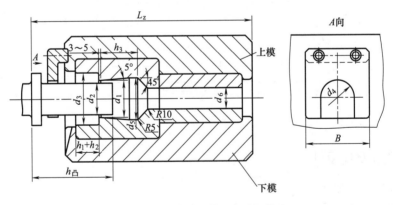

图 14-15 水平分模平锻机切边模膛

④ 切边导程直径

$$d_4 = d_2 + (1 \sim 2)$$

⑤ 其他尺寸 $d_5 = d_1 + (8 \sim 10)$
                $d_6 = d_0 + (1.5 \sim 3)$
                $h_1 > 20\text{mm}$

$$h_2 = (4 \sim 5)t \tag{14-22}$$
$$h_3 = H + (10 \sim 15) \tag{14-23}$$

式中 t——飞边厚度，mm；

H——锻件在凸模模膛的成型高度，mm。

凸模长度 $h_凸$ 可由切边模膛图 14-14 和图 14-15 的安模空间长度 L_z 设计确定。

（2）刮飞边板

水平分模平锻机常采用刮飞边板，将飞边刮下落入地坑。也有采用图 14-14 的形式，但必须设置吹出飞边的压缩空气通道。

$$d_4 = D + (2 \sim 3)$$
$$B = D + 2C + (10 \sim 20)$$

14.3.9 切断模膛设计

将锻件从棒料上切断，如图 14-16 所示。当具有粗大部分的杆类锻件杆部长度和直径之比小于 2.5 时，采用切断工序。当棒料直径 d_0 和卡细直径 d_1 之比 f 大于 $1.25 \sim 1.4$ 时（镦粗比 $\psi < 2$ 时，取 $f = 1.4$）。需要切去废芯 d_1，如图 14-17 所示，否则聚集时易产生折纹。

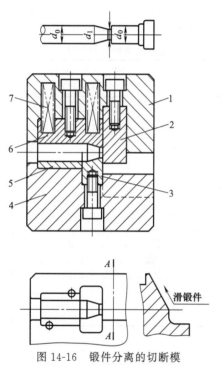

图 14-16 锻件分离的切断模
1—上模体；2—活动剪刀；3—固定剪刀；
4—下模体；5—固定夹紧凹模；
6—活动夹紧凹模；7—压缩弹簧

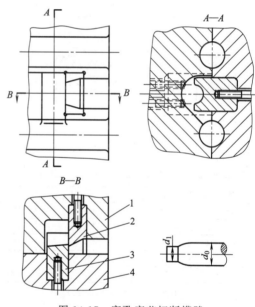

图 14-17 穿孔废芯切断模膛
1—活动凹模体；2—活动剪刀；
3—固定剪刀；4—固定凹模体

1）固定剪刀尺寸（见表 14-21）。

2）活动剪刀尺寸（见表 14-22）。

剪刀高出凹模体分模面高度 h，分两种情况。

① 对于从棒料上切断锻件

$$h = \frac{d_0 + d_1}{2} + (10 \sim 20)$$

② 对于从棒料上切除废芯料

$$h = d_1 + (10\sim20)$$

3）活动夹紧镶块的结构（图14-18）。

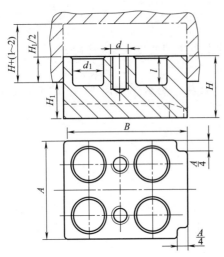

图14-18 活动夹紧镶块

活动夹紧镶块结构的计算原则如下：

① 宽度 A。由凹模体的允许模膛镶块宽度确定，但又能布置四个弹簧窝座。

② 长度 B。

$$B \leqslant a + b + L$$

式中 L——固定夹紧凹模的夹紧长度由设计确定，但要能布置四个弹簧窝座和螺孔。

③ 高度 H。要保证在活动剪刀碰到棒料卡细直径或废芯直径 d_1 时，见图14-16或图14-17，活动夹紧镶块已预先压上棒料，所以夹紧镶块露出凹模体的高度 H_1 大于活动剪刀露出凹模体的高度 h，即：

$$H_1 = h + (20\sim40)$$

一般取：$H = 1.5H_1$

活动夹紧镶块如图14-18所示。

表14-21 固定剪刀尺寸　　mm

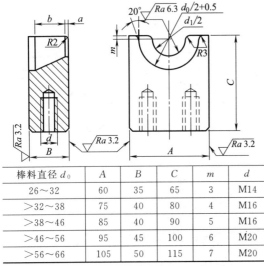

棒料直径 d_0	A	B	C	m	d
26～32	60	35	65	3	M14
>32～38	75	40	80	4	M16
>38～46	85	40	90	5	M16
>46～56	95	45	100	6	M20
>56～66	105	50	115	7	M20

注：1. a——卡细刃口宽度（表14-14）。

2. b——卡细模膛长度（表14-14）。

3. d_1——卡细直径。

表14-22 活动剪刀尺寸　　mm

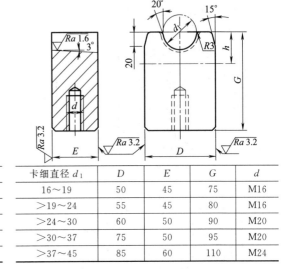

卡细直径 d_1	D	E	G	d
16～19	50	45	75	M16
>19～24	55	45	80	M16
>24～30	60	50	90	M20
>30～37	75	50	95	M20
>37～45	85	60	110	M24

14.3.10　管料镦粗（聚集）模膛设计

用管料镦粗的方式有下列五种。

① 管料的内径 d_0 保持不变，仅增大外径 D_0［图14-19（a）］。

② 管料的外径 D_0 保持不变，仅缩小内径 d_0［图14-19（b）］。这时管料的外径被模具紧紧地夹着，因此这种镦粗稳定性好。

③ 既增大外径 D_0，又缩小内径 d_0［图14-19（c）］。这种镦粗，管料处于自由状态，因此稳定性差。

④ 管料外径和内径同时增大［图14-19（d）］。由于管料外径和内径同时增大，内壁不

易产生凹陷,因此不易产生折纹,镦粗稳定性较好。

⑤ 在凸模的锥形模膛里镦粗管料[图 14-19(e)]。这种镦粗方法不产生纵向毛刺和折纹。管料镦粗可在凹模中进行,也可在冲头中进行,在生产中一般多以凹模镦粗为主,在镦粗过程中,管料难于夹紧,为保证冲头有良好的导向性,常采用后定料装置。

(1) 管料镦粗(聚集)规则

1) 管料自由聚集规则

当 $\psi \leqslant \psi_{允许}$ 时,坯料在一个行程中可获得任意形状。

① 计算管料镦粗比 ψ

$$\psi = \frac{l_0}{d_{计}} \qquad (14-24)$$

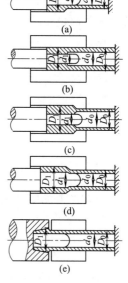

图 14-19 管料镦粗方式

式中 l_0——镦粗长度(见图 14-20);

$d_{计}$——管料计算直径,mm。

$$d_{计} = \sqrt{D_{外}^2 - d_{内}^2} \qquad (14-25)$$

式中 $D_{外}$——管料外径,mm;

$d_{内}$——管料内径,mm。

② 计算管料自由聚集允许镦粗比 $\psi_{允许}$:

$$\psi_{允许} = \frac{K(D_{外} - d_{内})}{2d_{计}} \text{ 或 } \psi_{允许} = Kt/d_{计}(t \text{ 为原管料壁厚}) \qquad (14-26)$$

式中 $D_{外}$——管料外径,mm;

$d_{内}$——管料内径,mm;

$d_{计}$——管料计算直径,mm;

K——管料镦粗方式系数,查表 14-23;

$\dfrac{(D_{外} - d_{内})}{2d_{计}}$——管料相对壁厚。

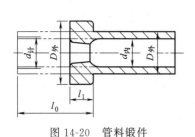

图 14-20 管料锻件

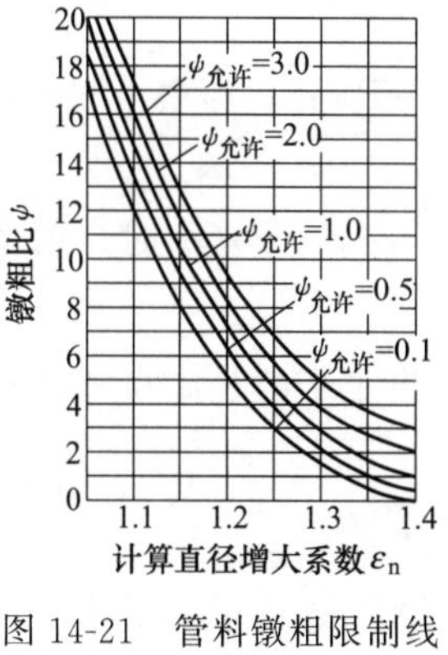

图 14-21 管料镦粗限制线

表 14-23 管料镦粗时的系数 K 值

$D_{外}/d_{内}$	系数 K	
	内径缩小外径不变	外径增大内径不变
>2.0~2.2	5.0	2.5
>1.8~2.0	4.6	2.3
>1.6~1.8	4.2	2.1
>1.4~1.6	3.8	1.9
>1.2~1.4	3.4	1.7
1.1~1.2	3.0	1.5

2) 管料镦粗（聚集）规则

当 $\psi > \psi_{允许}$ 时，不能一次成型，需要在模膛内进行聚集。在模膛内一次行程中管料直径增大的数值也不能过大。否则产生管壁凹陷和折纹。

在模膛内管料聚集的规则是：在一次聚集后，管料计算直径的增大系数 ε_n 应小于或等于图 14-21 中管料聚集限制线的数值。此数值与管料聚集比 ψ 及 $\psi_{允许}$ 有关。

(2) 管料聚集工步设计

1) 设计原则

① 薄壁管。

a. 在开始采用外径保持不变，仅缩小内径以加强壁厚，聚集坯料，然后同时扩大内外径以加厚管壁。在计算自由聚集允许镦粗比 ψ 时，假设扩大的内径不变，仅扩外径。

b. 采用横向飞边。因管料壁厚公差大，可以把多余的金属挤入飞边，确保锻件厚度公差，同时也把纵向毛刺挤入飞边。

② 厚壁管。

由于坯料的稳定性较好，可以在凸模的锥形模膛里聚集坯料。

2) 第一聚集工步设计

根据锻件图和镦粗方式先计算出镦粗比 ψ_1 和自由聚集允许镦粗比 $\psi_{允许}$，然后查图 14-21 管料聚集限制线，得到坯料计算直径增大系数 ε_1，就可以计算出第一聚集工步的直径和截面面积即：

$$d_{1计} = \varepsilon_1 d_{0计}$$

$$F_{1计} = \frac{\pi}{4} d_{1计}$$

当 $D_{锻均}/d_{1计} \leqslant (1 \sim 1.05)$ 时，可一次成型，否则需要采用聚集工步。

第一聚集工步的外径和长度计算：

当 $d_{锻内} \neq d_{0内}$（$d_{锻内}$ 指聚集后坯料的内径，$d_{0内}$ 指原始管料内径），使内径 $d'_{1内}$（$d_{0内} > d'_{1内} > d_{锻内}$）在确保 $F_{1计}$ 的条件下确定外径：

$$D'_{外} = \sqrt{d_{1计}^2 + d'^2_{1内}} \text{；但 } D'_{1外} \geqslant d_{外}$$

当 $d'_{1内} = d_{锻内}$，即第一次聚集所能达到要求的内径时，则：

$$D'_{1外} = \sqrt{d_{1计}^2 + d_{锻内}^2}$$

当 $d'_{1内} = d_{锻内} = d_{0内}$ 时，用增大外径的方法进行镦粗，则：

$$D_{1外} = \sqrt{d_{1计}^2 + d_{0内}^2}$$

第一聚集工步的长度尺寸计算：

$$l_1 = KV_{坯}/F_{1计} = \frac{K(1+\delta)V_{终}}{\frac{\pi}{4}(D_{1外}^2 - d_{1内}^2)} \tag{14-27}$$

式中 $D_{1外}$——第一聚集工步外径，mm；

$d_{1内}$——第一聚集工步内径，mm；

$V_{坯}$——管料锻件镦粗部分体积，mm³；

K——模膛充不满系数，一般取 1.07～1.1；

δ——加热时坯料火耗率，火焰加热 3%，电加热 1%～1.5%。

3) 第二聚集工步设计

确定下一个聚集工步的镦粗比 ψ 和允许镦粗比 $\psi_{允许}$。

$$镦粗比 \; \psi = l_1/d_{1计} \tag{14-28}$$

$$\text{允许镦粗比 } \psi_{允许} = Kt_1/d_{1计} \tag{14-29}$$

式中　K——镦粗方式系数，查表 14-23 确定；
　　　t_1——第一工步后管壁壁厚，mm；
　　　$d_{1计}$——第一工步后计算直径，mm。

若 $\psi \leqslant \psi_{允许}$，则不需要第二次聚集。

若 $\psi \geqslant \psi_{允许}$，则要验证是否需要第二聚集工步。验证方法是根据已知的 ψ 和 $\psi_{允许}$，由图 14-21 确定 ε_n 值，然后计算出第二聚集工步的计算直径和横截面积，即：

$$d_{2计} = \varepsilon_n d_{1计}$$

$$F_{2计} = \frac{\pi}{4} d_{2计}^2$$

如果 $D_{锻均}/d_{2计} \leqslant (1 \sim 1.05)$，不需要第二次聚集。

第二次聚集的外径和长度计算。

当 $d_{锻内} \neq d_{0内}$ 时，先规定内径 $d'_{2内}$，然后再按下式确定外径：

$$D'_{2外} = \sqrt{d_{2计}^2 + d'^2_{2内}}$$

当将内径镦粗到 $d'_2 = d_{锻内}$ 时，则：$D'_{2外} = \sqrt{d_{2计}^2 + d_{锻内}^2}$

当用增加外径的方法镦粗时，则：$D'_{2外} = \sqrt{d_{2计}^2 + d_{0内}^2}$

第二聚集工步的长度为：
$$l_2 = \mu V_{坯}/F_{2计} = \frac{\mu(1+\delta)V_{坯}}{\frac{\pi}{4}(D_{2外}^2 - d_{2内}^2)} \tag{14-30}$$

式中　μ——充不满系数，$\mu = 1.15$。

若需要第三、四聚集工步，计算方法同上。可求出第三工步的外径 $D'_{3外}$ 或内径 $d'_{3内}$，及镦粗后的长度 l_3。直到坯料镦粗比 ψ 小于自由聚集允许镦粗比 $\psi_{允许}$ 为止。

(3) 管料聚集模膛设计（图 14-22）

1) 凹模模膛尺寸

① 凹模模膛直径 D_1 由镦粗方式根据聚集规则设计计算确定，详见聚集工步设计。

② 模膛长度 l

$$l = a_H + l_B \tag{14-31}$$

式中　a_H——凸模在凹模内的导向长度，一般取 $a_H = 20 \sim 30\text{mm}$；
　　　l_B——镦粗长度，由锻件终锻形状按体积不变原则计算得出。

2) 凸模尺寸

① 凸模直径 D

$$D = D_1 - C \tag{14-32}$$

式中　C——凸模与凹模之间的径向间隙，一般为 $0.3 \sim 0.5\text{mm}$，间隙不可过大，否则易产生较大的纵向毛刺。

凸模冲头直径 d_1，由镦粗方式根据管料聚集规则设计计算确定，详见聚集工步设计。

② 凸模冲头长度 l_H

$$l_H \geqslant l_B + d_0 \tag{14-33}$$

式中　d_0——管料内径，mm。

③ 管料夹紧部分长度 $l_夹$

$$l_夹 = (5 \sim 7)D_0 \tag{14-34}$$

式中　D_0——管料外径，mm。

管料镦粗时，因为空心管料在模膛的夹紧部分很难牢固夹紧，夹得太紧，则易夹扁管料。为了防止管料沿轴向移动，宜采用后挡板定位，牢固可靠。

当管料锻件杆部长度 $l<4D_0$ 时，可将整个锻件杆部放入夹紧模膛内，并需用管腔夹钳。模膛和夹钳尺寸见图 14-23。

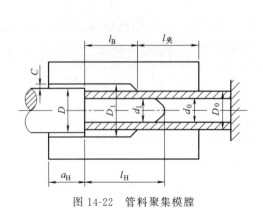

图 14-22　管料聚集模膛

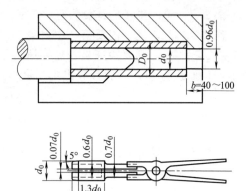

图 14-23　全夹紧模膛和管腔夹钳

14.4　平锻模模具设计

14.4.1　模具总体结构

水平分模平锻机的模具结构见图 14-24。

垂直分模平锻机的模具结构见图 14-25。

（1）平锻模模具的组成

水平分模平锻模和垂直分模平锻模一样，也是由凸模夹持器、凸模（或模柄和凸模）、凹模（或凹模体和凹模镶块）和后挡板四部分组成。在水平分模平锻机的凹模体上还需配置冷却模具和吹去氧化皮的喷嘴。

凸模夹持器通过螺栓安装在主滑块的凹座中，在凸模夹持器上也用螺钉水平安装若干个工步的凸模。

凹模由上下（左右）两个模块组成，下凹模（右模）安装在床身上，工作时不运动，故称为固定凹模，上凹模（左凹模）安装在平锻机的夹紧滑块上，随夹紧滑块上下（左右）运动，故称为活动凹模。

挡板分为前挡板和后挡板，前挡板设在平锻机上，主要用来控制变形金属的长度。通常是一根棒料锻若干个锻件时使用；而后挡板设在模具上（或连接在平锻机上），用于控制具有粗大部分杆类锻件的杆部长度，一般是一根棒料锻一个锻件。水平分模平锻机采用机械化操作时，无须用前挡板或后挡板，靠机械手定位。

（2）水平分模平锻机模具设计特点

1）对于手工操作的模具，成型模膛尽可能布置在夹紧滑块中心，即在平锻机左右两个大摆杆之间，见图 14-24。

2）对于需要使用前挡板定位的锻件，设计时应注意水平分模平锻机前挡板有两种结构：一种是当凸模往凹模方向运动时，前挡板往床身内摆动；另一种是当凸模往凹模方向运动时，前挡板往床身外摆动，因而凹模模膛位置不同。

对于往床身内摆动的前挡板，凹模模膛位置以"前挡板"的调整中心为基准设计，见图

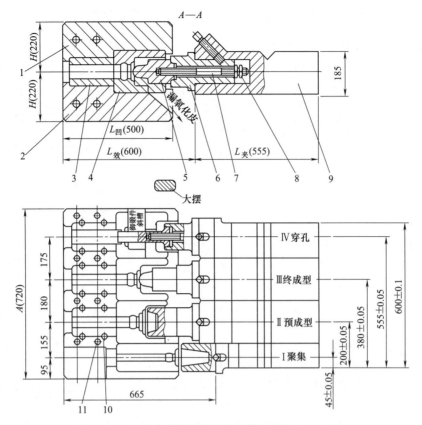

图 14-24 水平分模平锻机齿轮类模具总图（9000kN）

1—活动凹模体；2—固定凹模体；3—夹紧镶块；4—终成型镶块；5—终成型冲头；6—凸模柄；
7—双头螺栓；8—螺母；9—凸模夹持器；10—镶块螺钉；11—冷却喷嘴

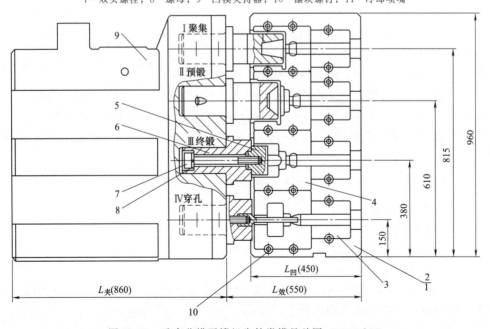

图 14-25 垂直分模平锻机齿轮类模具总图（12500kN）

1—活动凹模体；2—固定凹模体；3—夹紧镶块；4—终锻镶块；5—终锻凸模；6—凸模柄；
7—内六角螺钉；8—弹簧垫圈；9—凸模夹持器；10—镶块螺钉

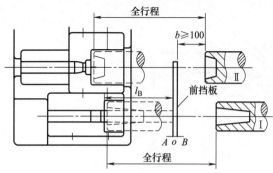

图 14-26 第一、第二工步模膛、凸模位置关系图

14-26。设计原则如下：

① 第一工步凹模模膛位置由锻件镦粗长度 l_B 确定，即距前挡板调整中心位置镦粗长度 l_B，而第一工步凸模在后死点的位置要距前挡板的"调整后点 B"位置大于 100mm，防止凸模往前运动时碰击前挡板。

② 第二工步凹模模膛位置由凸模在前死点位置来设计，凸模在后死点位置时，也要距前挡板的"调整后点 B"位置大于 100mm，否则当前挡板往床身内摆动时，易与同时往前运动的第二工步凸模相碰。

对于往床身外摆动的前挡板，由于它不受床身限制，甚至可以伸入模具内部，所以第一、第二工步凹模模膛位置不受限制，可以和其他工步凹模模膛位置一致。但是，无论何种形式前挡板（包括垂直分模平锻机的前挡板），对于一定规格的平锻机，在凸模内的镦粗长度要受到设备吨位的限制，其最大镦粗长度为：

$$l_B = 设备全行程 - (100\sim150)\text{mm}$$

其中 100～150mm 是主滑块前挡板来回摆动的安全行程，例如，9000kN 平锻机全行程为 420mm，即在凸模内的最大镦粗长度为：

$$l_B = 420 - 150 = 270(\text{mm})$$

如锻件镦粗长度大于 270mm，例如 320mm，即设计时就将 320 - 270 = 50（mm），那么锻件需提到 12500kN 平锻机锻造。

3）机械化模具设计要点（使用摇杆式机械手）机械化模具空间尺寸见图 14-27。

① 凹模模膛的前后挡板以大摆杆为基准，坯料端面离开

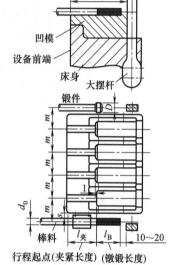

图 14-27 机械化模具空间尺寸

大摆杆 10～20mm，故第一工步模膛位置也就确定了，它离大摆杆 $l_B + (10\sim20)$mm。

其他各模膛前后位置按顺序减 1mm，保证棒料在机械化传送时顺利放入模膛。

② 凹模左右宽度根据机械手行程距离 m，并考虑喂料和出料有足够位置，所以凹模宽度 B 为：

$$B = 5m - (D/2 + d_0/2 + s) \tag{14-35}$$

式中 m——机械手行程，mm；
D——锻件最大直径，mm；
d_0——原棒料直径，mm；
s——安装托料架宽度，mm。

③ 当具有粗大部分的杆类锻件的杆长和杆径比小于 4 时，由于伸出模具外的杆长太短，机械手不易夹持，所以不能使用机械手。

④ 采用机械手操作生产时，不使用前挡板，靠机械手和电感应加热炉定位。

⑤ 凸模夹持器的宽度，分别由机械手行程的起点位置，机械手行程 m，以及滑块安放凸模夹持器的空间宽度 A 确定。

14.4.2 凸模夹持器

（1）凸模夹持器在平锻机主滑块凹座内的紧固方式

垂直分模平锻机凸模夹持器紧固的情况见图 14-28。

水平分模平锻机凸模夹持器紧固的情况见图 14-29。

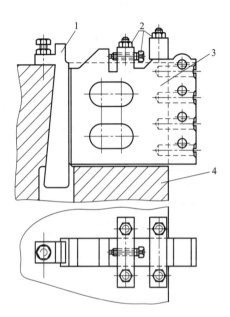

图 14-28 垂直分模平锻机凸模夹持器紧固
1—前后调整斜铁；2—紧固凸模夹持器螺栓；
3—凸模夹持器；4—主滑块

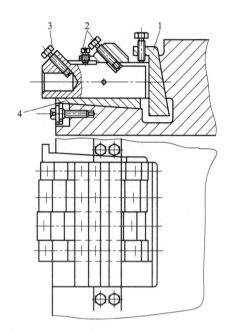

图 14-29 水平分模平锻机凸模夹持器紧固
1—前后调整斜铁；2—紧固凸模夹持器螺栓；
3—紧固凸模螺钉；4—上下调整斜铁

（2）凸模夹持器的形式

常采用的夹持器有三种形式：压盖式、插销式、螺钉顶紧式。

① 压盖式凸模夹持器（图 14-30）。

由夹持器本体、压盖、螺钉及螺母组成。其结构紧固凸模比较牢靠，但机械加工比较复杂，使用中易损坏，磨损后修复较困难，装卸比较麻烦。

② 插销式凸模夹持器（图 14-31）。

由夹持器本体、紧固插销、螺母及垫圈组成。该结构紧固凸模的牢固性较压盖式差些，但加工较简单，装卸凸模和调整较为方便。

③ 螺钉顶紧式凸模夹持器（图 14-32）。

该结构形式，紧固凸模的螺钉要有足够的强度，否则紧固凸模不牢靠，但制造简单，装卸凸模和调整均较为方便。故常采用这种凸模夹持器，特别是水平分模平锻机多采用。

（3）凸模夹持器设计

根据平锻机技术规格和安模空间主要参数（图 14-5、表 14-4 和图 14-6、表 14-5），确定主要滑块的安模空间尺寸（长、宽、高），锻件的锻模工步数和设备所能生产的最大锻件直径 D_{max}。

1）水平分模平锻机凸模夹持器

① 夹持器的宽度 B_1 和 B_2。

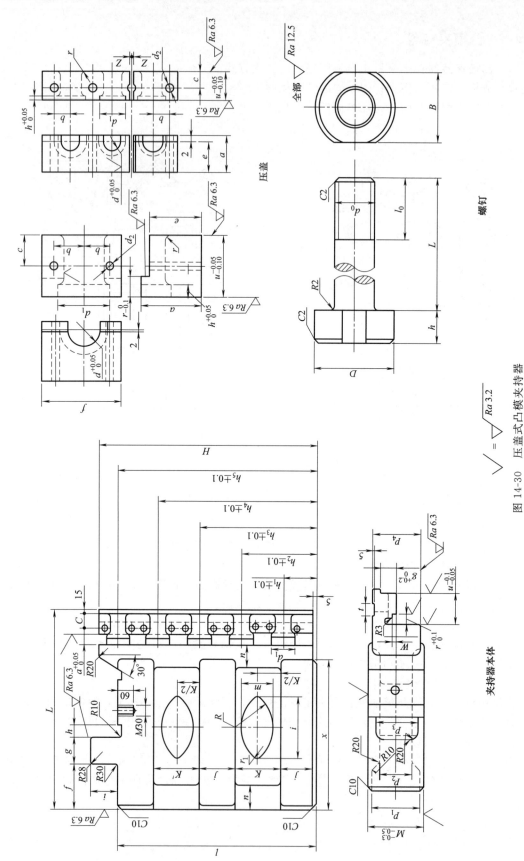

图 14-30 压盖式凸模夹持器

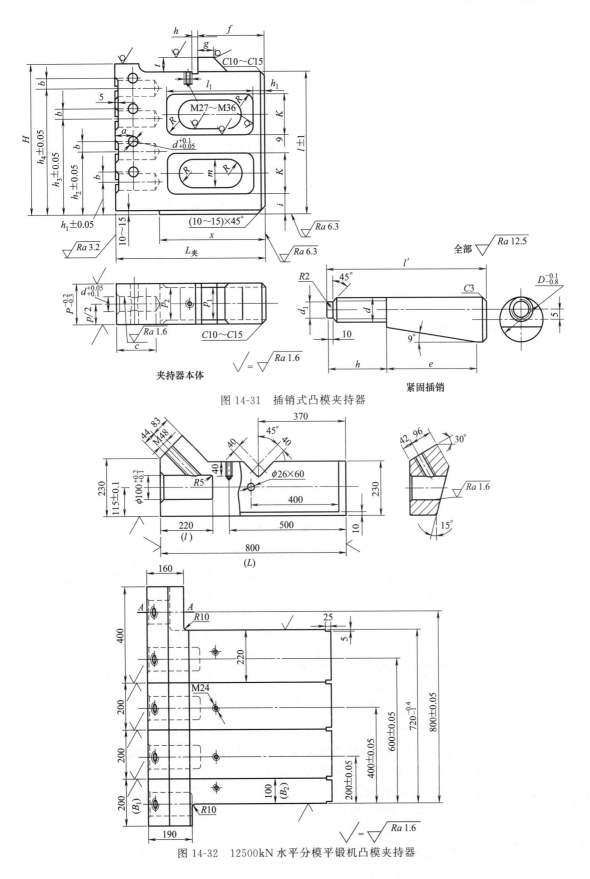

图 14-31 插销式凸模夹持器

图 14-32 12500kN 水平分模平锻机凸模夹持器

$$B_1 = D_{max} + 2(0.1D_{max} + 10) \tag{14-36}$$

式中 B_1——夹持器安装凸模部分宽度,取决于模锻工步数量和凹模模膛布置,应与凹模相对应;

　　　D_{max}——锻件最大直径,mm。

　　B_2 是凸模夹持器在主滑块内部分的宽度,单位为 mm。

② 夹持器的长度 $L_夹$。

$$L_夹 = L - L_凹 - C \tag{14-37}$$

式中 L——平锻机的封闭长度,见表 14-4 和图 14-5 中闭合高度;

　　　$L_凹$——凹模体长度,由凹模体的设计原则确定;

　　　C——在模具封闭状态下,凸模夹持器和凹模体之间的间隔量,见表 14-24。

表 14-24　间隔量 C

平锻机/kN	间隔量 C/mm	平锻机/kN	间隔量 C/mm
2250~3150	>30	12500	>60
4500~6300	>35	16000	>70
8000~9000	>45	20000	>80

③ 夹持器的高度 H,取决于模锻工步数及模膛布置状况,H 应与凹模体相对应,见图 14-5 和表 14-4。

其计算式:
$$H = [D_{max} + 2(0.1D_{max} + 10)]n + h \tag{14-38}$$

式中 D_{max}——锻件最大直径,mm;

　　　n——工步数;

　　　h——夹持器高度方向两端有效高度,mm。

④ 其他尺寸。

a. 安装凸模孔径 d 和长度 l。孔径 d 主要考虑凸模和夹持器接触面上单位压力,其值要小于夹持器材料的屈服强度。

$$孔长\ l = (1.6 \sim 2.2)d \tag{14-39}$$

式中 d——安装凸模孔径,mm(查表 14-25)。

表 14-25　凸模模柄尺寸

平锻机/kN	模柄尺寸/mm	平锻机/kN	模柄尺寸/mm
2500	≥60	8000~10000	≥80
4000~6300	≥70	12500	≥90

b. 顶紧螺钉要有足够的强度和刚性,防止使用中变形,以确保凸模牢固,见表 14-26。

图 14-26　顶紧螺钉直径

平锻机/kN	顶紧螺钉直径/mm	平锻机/kN	顶紧螺钉直径/mm
2250~3150	M30×2	12500	M48
4500~6300	M36×3	16000	M64×4
8000~9000	M42×3	20000	M64×4

⑤ 例如,试设计水平分模平锻机凸模夹持器,见图 14-32,按五个模锻工步:聚集、聚集、预锻、终锻、穿孔(或切边),还能满足四个工步。

a. $B_1 = D_{max} + 2(0.1D + 10)$

　　　$= 150 + 2 \times (0.1 \times 150 + 10)$

　　　$= 200$(mm)

b. B_2 由 100mm、200mm、200mm、220mm 四块组成,由模膛中心线划分(考虑终锻

时的锻造中心）。

c. 长度
$$L = L_p - L_凹 - C \tag{14-40}$$

式中　L_p——平锻机的封闭长度，查图 14-5 和表 14-4 中闭合高度，12500kN 平锻机 $L_p = 1500\text{mm}$；

　　　$L_凹$——凹模体长度，$L_凹 = 560\text{mm}$，按凹模设计原则确定；

　　　C——模具在封闭状态下，凸模夹持器与凹模之间应保持的间隔，取 $C = 140\text{mm}$，考虑到要安装刮飞边板，故取大些。

$$L = 1500 - 560 - 140 = 800 \text{ (mm)}$$

d. 高度 $H_2 = 230\text{mm}$（查图 14-5 和表 14-4）。

e. 安装凸模的孔为 $\phi100\text{mm} \times 220\text{mm}$。

f. 顶紧螺钉 M48。

2）垂直分模平锻机凸模夹持器

① 夹持器的宽度 M，就是平锻机主滑块的安装空间宽度 M，查图 14-6 和表 14-5。

② 夹持器的长度 L
$$L = L_p - L_凹 - C \tag{14-41}$$

式中　L_p——平锻机的封闭长度，mm，见图 14-6 和表 14-5。

　　　$L_凹$——凹模体的长度，mm，由凹模体的设计原则确定；

　　　C——在模具封闭状态下，凸模夹持器与凹模之间应保持的间隔，见表 14-24。

③ 夹持器的高度 H　取决于模锻工步数和凹模模膛布置，应和凹模相对应。

$$H = D_1 + D_2 + D_3 + D_4 + D_5 + h \tag{14-42}$$

式中　$D_1 \sim D_5$——凹模体上各模锻工步的工作镶块窝座直径，mm，$D = D_{max} + 2(0.1D_{max} + 10)$；

　　　h——夹持器高度方向两端的有效高度，mm。

14.4.3　凹模体

凹模采用全镶块结构形式，见图 14-33 和图 14-34。凹模体主要尺寸设计如下。

1）凹模体宽度 C（也即垂直分模平锻机凹模体高度）。

凹模体宽度 C 是凹模体上工作镶块窝座直径和宽度方向两端的容许壁厚之和，它必须在平锻机安模空间规格之内。

① 工作镶块直径 D。
$$D = D_{max} + 2(0.1D_{max} + 10)\text{mm} \tag{14-43}$$

式中　D_{max}——平锻机所能生产的最大直径或锻件本身的最大直径，mm。

② 宽度 C。
$$C = nd + 2\delta \tag{14-44}$$

式中　n——锻件模锻工步数；

　　　δ——凹模座在宽度两端镶块窝座的壁厚，$\delta = 30 \sim 40\text{mm}$。

2）凹模体的长度 B，见图 14-34。
$$B = l_夹 + l_坯 + l_{压缩} + l_凹 + l_q + l_h \tag{14-45}$$

式中　$l_夹$——棒料夹紧长度，mm，一般 $l_夹 = 3 \sim 5d_0$；

　　　d_0——棒料直径；

　　　$l_坯$——凹模模膛内坯料长度或锻件高度，若坯料在凸模内成型，则 $l_坯 = 0$；

$l_{压缩}$——模锻时最大压缩量,由工步图计算获得,若是第一工步,$l_{压缩}=l_B-l_1$;

l_B——镦粗长度;

l_1——第一工步聚集锥体长度;

$l_{凹}$——凸模在凹模内的导程,一般取 $l_{凹}=20\sim40$mm;

l_q——凹模体长度方向的镶块窝座前部的壁厚,一般取 $l_q=20\sim40$mm;

l_h——凹模体长度方向的镶块窝座后部的壁厚,一般取 $l_h=30\sim60$mm。

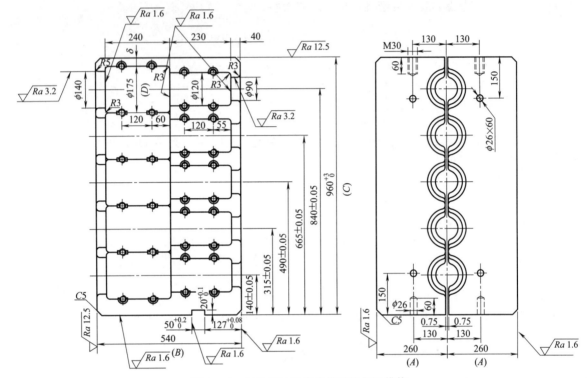

图 14-33 12500kN 垂直分模平锻机凹模体

3) 凹模体的厚度 A。

按锻件所采用平锻机的安模空间的规格确定,查表 14-4 和表 14-5。

4) 其他尺寸。

① 夹紧镶块窝座直径可取坯料直径的 2~3 倍,长度取坯料的直径 2~4 倍。

② 安装水平分模平锻机凹模体的螺孔位置和尺寸,查图 14-5 和表 14-4。

③ 紧固凹模镶块的内六角螺钉,见表 14-27。

④ 水平分模平锻机凹模体上冷却水和压缩空气通道一般取 $\phi20$mm,但 16000kN 和大于 16000kN 平锻机采用两条通道,下模接通冷却水,上模接通压缩空气,吹扫下模模腔的氧化皮,喷嘴螺纹采用 M10×1。

表 14-27 压紧凹模镶块的内六角螺钉　　　　　　　　　　mm

平锻机吨位/kN	2250~6300	8000~12500	16000~20000
内六角螺钉	M12	M16	M20

14.4.4 平锻模常用材料及热处理硬度

平锻模常用材料及热处理硬度见表 14-28,使用材料时,应使平锻模的模腔中心线与模块的纤维方向或镶块的纤维方向相垂直,否则将影响模具使用寿命。

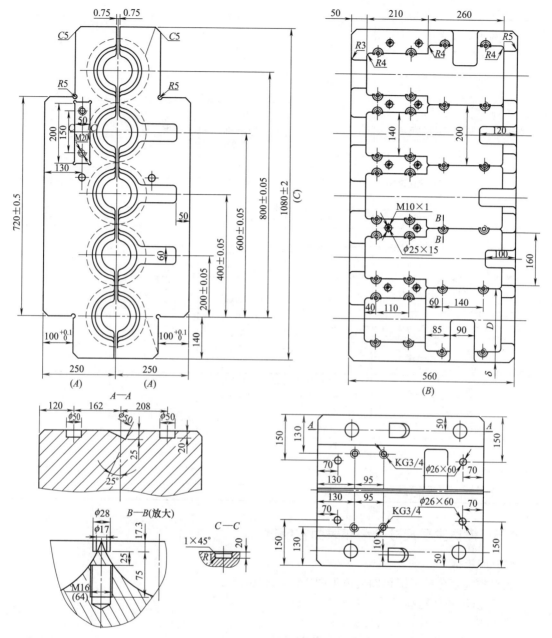

图 14-34 12500kN 水平分模平锻机凹模体

表 14-28 平锻模常用材料及热处理硬度

模具或零件名称		钢号		热处理硬度	
		主要材料	代用材料	HBW	HRC
整体凹模	<8000kN	8Cr3	7Cr3 5CrNiMo	354~390	39~42
	>8000kN	8Cr3	7Cr3 5CrNiMo	322~364	35~40
凹模镶块	中小型镶块	6CrW2Si	5CrNiMo 5CrMnMo 8Cr3	354~390	39~42

续表

模具或零件名称		钢号		热处理硬度	
		主要材料	代用材料	HBW	HRC
凹模镶块	大型镶块	6CrW2Si 4Cr5MoVSi	5CrNiMo 5CrMnMo 8Cr3	322～364	35～40
	切边凹模镶块	8Cr3	7Cr3 5CrNiMo 6CrW2Si	364～417	40～44
	穿孔凹模镶块	8Cr3	7Cr3 5CrNiMo 6CrW2Si	354～390	39～42
凹模体	凹模体	40Cr	40、45	322～364	35～40
	切边凹模体	45	—	322～364	35～40
整体凸模	小型凸模	8Cr3 6CrW2Si	7Cr3 5CrNiMo	354～390	39～42
	大型凸模	8Cr3 6CrW2Si	7Cr3 5CrNiMo	322～364	35～40
凸模镶块	小型镶块	8Cr3	3Cr2W8V 6CrW2Si	354～390	39～42
	小型镶块	8Cr3	3Cr2W8V 6CrW2Si	322～364	35～40
	穿孔镶块	3Cr2W8V 8Cr3	7Cr3 6CrW2Si	354～390	39～42
凸模柄		40Cr	45	322～364	35～40
凹模固定器		8Cr3	—	302～340	33～39
夹钳口		7Cr3 8Cr3	6CrW2Si	340～370	39～42
凸模夹持器	垂直分模	ZG45		330～370	36～42
	水平分模	40Cr	45	322～364	35～40

14.4.5 模具主要尺寸公差和表面粗糙度

（1）凹模体

水平和垂直分模平锻机凹模体见图 14-35 和图 14-36。

① 凹模体的外轮廓尺寸公差见表 14-29。

② 镶块窝座尺寸公差见表 14-29。

③ 吊环螺钉孔、轴销光孔的尺寸公差见图 14-37。

④ 凹模基准面放在水平位置时，其两工作面间的不密合度不应超过垂直分模平锻机凹模高度或水平分模平锻机凹模宽度 C 的 0.06％。

⑤ 垂直分模平锻机凹模体基准面的垂直度，工作面和 A 基准面的平行度与水平分模平锻机凹模体相同。

表 14-29 凹模体轮廓尺寸公差和镶块窝座尺寸公差　　　mm

平锻机吨位/kN	A	B、B_1	C、C_1	d_1	d_2	L_1	L_2
2250～5000	±0.1	±1	±1	+0.05	+0.04	+0.06	+0.6
6300～9000	±0.2	$^{+2}_{-1}$	$^{+2}_{-1}$	+0.07	+0.05	+0.08	+0.7
12500～16000	±0.3	$^{+3}_{-2}$	$^{+3}_{-2}$	+0.08	+0.07	+0.09	+0.8

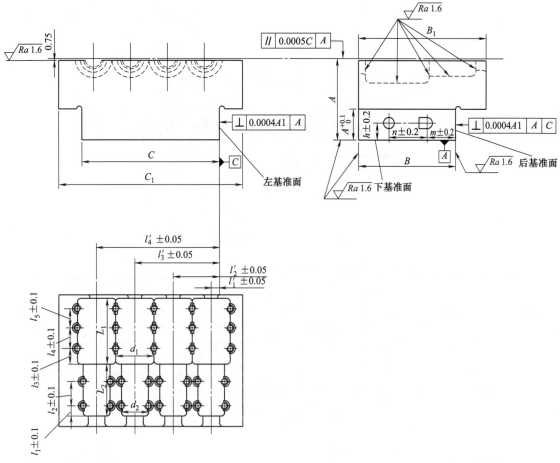

图 14-35 水平分模平锻机凹模体

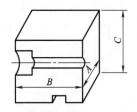

图 14-36 垂直分模平锻机凹模体（示意图）

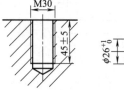
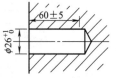

图 14-37 吊环螺钉孔、轴销光孔

(2) 凹模镶块

1) 聚集凹模镶块和成型凹模镶块

① 凹模镶块外轮廓尺寸见图 14-38。

② 聚集模膛和成型模膛的尺寸公差见表 14-30。

2) 夹紧模膛和卡细模膛

夹紧模膛和卡细模膛尺寸公差见图 14-39 和表 14-31。

3) 夹钳挡板窝座

夹钳挡板窝座尺寸公差见图 14-40 和表 14-32。

4) 穿孔模膛

穿孔模膛尺寸公差见图 14-41 和表 14-33。

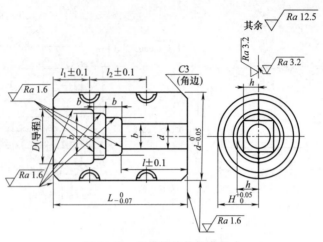

图 14-38 凹模镶块外轮廓尺寸

表 14-30 聚集模膛和成型模膛尺寸公差   mm

模膛尺寸		<20	21~40	41~80	81~160	161~260	261~360	>360
宽度 b	聚集	+0.2	+0.25	+0.3	+0.35	+0.4	+0.45	+0.5
	成型	+0.1	+0.15	+0.2	+0.25	+0.3	+0.35	+0.4
高度 h		±0.05	±0.1	±0.1	±0.15	±0.2	±0.25	±0.3
导程直径 D	聚集模膛	+0.15	+0.2	+0.25	+0.3	+0.35	+0.4	+0.45
	预锻模膛	+0.15	+0.2	+0.25	+0.3	+0.35	+0.4	+0.45
	模膛终锻	+0.1	+0.15	+0.15	+0.2	+0.25	+0.3	+0.35

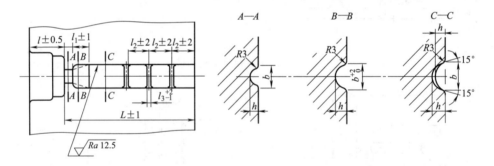

图 14-39 夹紧模膛和卡细模膛

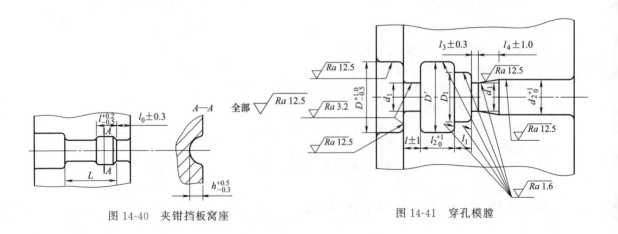

图 14-40 夹钳挡板窝座

图 14-41 穿孔模膛

表 14-31 夹紧模膛和卡细模膛尺寸公差　　　　　　　　　　　　　　　　　　　　mm

模膛尺寸	<10	11~20	21~40	41~60	61~80	>80
宽度 b	+0.4	+0.6	+0.8	+1.0	+1.2	+1.4
高度 h	±0.05	±0.1	±0.1	±0.15	±0.15	±0.2

注：该表所表示的公差用于一料生产多件的卡细模膛，对于"具有粗大部分的杆类锻件"，其夹紧模膛公差按表14-31。

表 14-32 夹钳挡板窝座尺寸公差　　　　　　　　　　　　　　　　　　　　mm

长度 L	<50	51~80	81~120	121~160	161~260
公差	±0.1	±0.15	±0.2	±0.25	±0.3

表 14-33 穿孔模膛尺寸公差　　　　　　　　　　　　　　　　　　　　mm

模膛尺寸	<21	21~40	41~80	81~160	161~260	261~360	>360
模膛直径 D_1	+0.15	+0.2	+0.25	+0.3	+0.35	+0.4	+0.45
导程直径 d_1	±0.05	±0.1	±0.15	±0.2	±0.25	±0.3	±0.35
模膛长度 l_1	±0.05	+0.1 / −0.05	+0.15 / −0.1	+0.2 / −0.1	+0.2 / −0.15	+0.25 / −0.15	+0.3 / −0.2

5) 切断模膛

切断模膛的尺寸公差见图 14-42 和表 14-34。

6) 凹模模膛

活动凹模和固定凹模上每个模膛在长度与宽度方向的外形偏差不应超过各相应尺寸公差数值的一半，且在闭合状态下模膛的轮廓尺寸应保持该模膛在公差上所规定的范围内，组合凹模在组合后应符合图14-12的要求，其宽度公差为±0.05mm，模膛错移不大于模膛相应尺寸公差值的一半。

凹模模膛沿分模面的圆角半径按表 14-35 选取。

7) 模锻斜度

凹模模膛的模锻斜度公差见表 14-36。

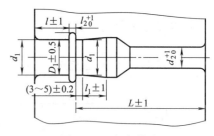

图 14-42 切断模膛

表 14-34 切断模膛尺寸公差　　　　　　　　　　　　　　　　　　　　mm

刃口直径 d_1	<20	21~40	41~80	81~160	161~260	261~360	>360
公差	+0.1 / 0	+0.15 / 0	+0.2 / 0	+0.25 / 0	+0.3 / 0	+0.35 / 0	+0.4 / 0

表 14-35 圆角半径　　　　　　　　　　　　　　　　　　　　mm

模膛的直径或宽度		≤10	>10~30	>30~50	>50~80	>80
圆角半径	成型段	1	1.5	2	2.5	3
	夹紧段	1	2	2.5	3	4

表 14-36 模锻斜度公差

模锻斜度		1°	3°	5°	7°	10°
公差	+	15′	30′	30′	45′	45′
	−	15′	30′	30′	30′	30′

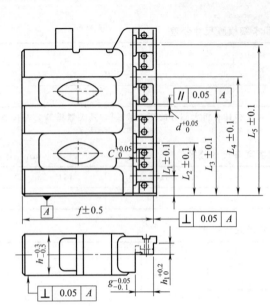

（3）凸模夹持器

凸模夹持器的尺寸公差见图 14-43 和图 14-44。

（4）凸模

① 聚集凸模尺寸公差见图 14-45 和表 14-37。

② 成型凸模尺寸公差见图 14-46 和表 14-38。

③ 穿孔凸模尺寸公差见图 14-47 和表 14-39。

④ 切边凸模尺寸公差见图 14-48 和表 14-40。

（5）凸模柄

凸模柄尺寸公差见图 14-49 和图 14-50，其中销孔 $\phi 8_{0}^{+0.05}$ 用于 ≤12500kN 平锻机，>12500kN 平锻机凸模柄的销孔为 $\phi 10_{0}^{+0.1}$。

（6）模锻斜度

凸模工作部分的模锻斜度公差见表 14-41。

图 14-43 垂直分模平锻机凸模夹持器

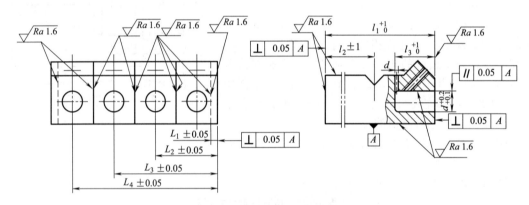

图 14-44 水平分模平锻机凸模夹持器

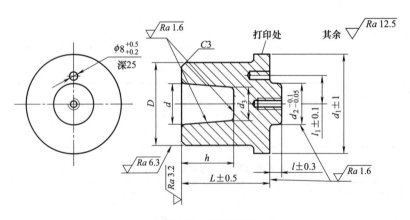

图 14-45 聚集凸模

表 14-37　聚集凸模尺寸公差　　　　　　　　　　　　　　　　　　　　mm

尺寸	<20	21～40	41～80	81～160	161～260	261～360	>360
锥形模膛直径 d	+0.2 -0.1	+0.3 -0.1	+0.3 -0.15	+0.4 -0.2	+0.5 -0.25	+0.6 -0.3	+0.7 -0.4
锥形模膛长度 h	+0.2 -0.1	+0.3 -0.1	+0.3 -0.15	+0.4 -0.2	+0.5 -0.25	+0.6 -0.3	+0.7 -0.4
凸模导程直径 D	-0.1	-0.15	-0.15	-0.2	-0.25	-0.3	-0.4

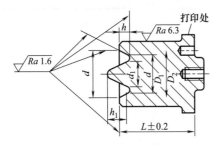

图 14-46　成型凸模
D_1—预成型凸模直径；
D_2—终锻成型凸模直径

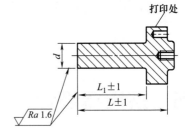

图 14-47　穿孔凸模

表 14-38　成型凸模尺寸公差　　　　　　　　　　　　　　　　　　　　mm

模膛尺寸	<20	21～40	41～80	81～160	161～260	261～360	>360
模膛直径 d	±0.05	±0.1	±0.1	±0.15	±0.2	±0.25	±0.3
模膛高度 h	±0.05	±0.1	±0.1	±0.15	±0.2	±0.25	±0.3
预锻导程直径 D_1	-0.1	-0.15	-0.2	-0.25	-0.3	-0.35	-0.4
终锻导程直径 D_2	-0.05	-0.1	-0.1	-0.15	-0.2	-0.25	-0.3

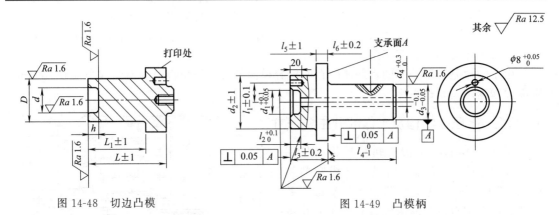

图 14-48　切边凸模　　　　　　　　图 14-49　凸模柄

表 14-39　穿孔凸模尺寸公差　　　　　　　　　　　　　　　　　　　　mm

穿孔直径 d	<40	41～80	81～160	161～260
公差	±0.05	±0.1	±0.15	±0.2

表 14-40　切边凸模尺寸公差　　　　　　　　　　　　　　　　　　　　mm

模膛尺寸	<40	41～80	81～160	161～260	261～360	>360
模膛直径 d	+0.1 +0.2	+0.1 +0.2	+0.15 +0.25	+0.2 +0.3	+0.25 +0.35	+0.3 +0.4
模膛高度 h	+0.1 +0.2	+0.1 +0.2	+0.15 +0.25	+0.2 +0.3	+0.25 +0.35	+0.3 +0.4
凸模外径	-0.15	-0.2	-0.25	-0.3	-0.35	-0.4

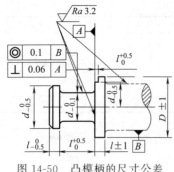

图 14-50 凸模柄的尺寸公差
及表面粗糙度

表 14-41 凸模工作部分的模锻斜度公差

模锻斜度		0°	15′	30′	45′	1°
公差	+	10′	10′	10′	15′	15′
	−	0	10′	10′	15′	15′
模锻斜度		1°15′	1°30′	1°45′	2°	
公差	+	20′	20′	20′	20′	
	−	20′	20′	20′	20′	

14.5 挤压模设计

14.5.1 水平分模平锻机挤压工艺特点

在水平分模平锻机上进行挤压工艺是由于夹紧力大，且水平分模面。其夹紧力是镦锻力的 1.33 倍或更大，垂直分模平锻机夹紧力只有镦锻力的 0.3，大的夹紧力使两块分开的凹模牢固地成为一体而不被挤开，分模面呈水平便于放置坯料。由于水平分模平锻机是双向分模，它与普通锻压设备挤压相比有较多优点。

① 可以挤压形状较复杂的零件，例如汽车万向联轴器叉（见表 14-44 中图 4），在普通压力机上挤压较困难，而在水平分模平锻机上挤压则较方便。

② 挤压模具结构简单，由于凹模是水平分开的，有些零件（如空心套管）挤压时，则可省略顶料装置，将棒料插入"空心套管"内就可把挤压件取出（图 14-51）。

③ 由于设备有"有效后退行程"可省去其他设备反挤压时模具卸锻件装置，故模具结构简单，操作方便，生产率高。

由于凹模是水平分开的，挤压时在凹模分模面处会挤压出很薄的毛刺（为 0.5~2mm），则需要增加一道切边工序。

14.5.2 挤压模结构及工作部分主要尺寸

① 总体结构。平锻机热挤压模（见图 14-51）由凸模夹持器、凸模（凸模和凸模柄）、凹模（凹模镶块和凹模体）组成，并在凹模体上配有冷却润滑装置和吹出氧化皮的喷嘴。

凸模夹持器是通用标准件，其结构与镦锻用凸模夹持器相同。

凸模夹持器、凸模、凸模柄、凹模镶块和凹模体的尺寸，根据挤压件的形状、尺寸及平锻机安模空间确定。

② 热正挤压模工作部分主要尺寸。热正挤压模工作部分主要尺寸见图 14-52 和表 14-42。

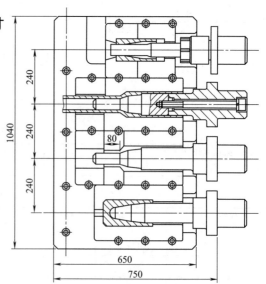

图 14-51 "轴套管"平锻机热挤压模

③ 热反挤压模工作部分主要尺寸。热反挤压模工作部分主要尺寸见图 14-53 和表 14-43。

14.5.3 热挤压模设计实例

热挤压模设计实例见表 14-44。

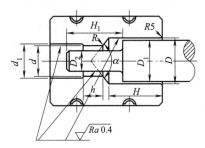

图 14-52 热正挤压模工作部分尺寸

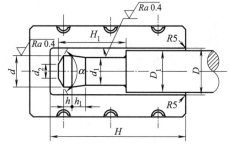

图 14-53 热反挤压模工作部分尺寸

表 14-42 热正挤压模工作部分主要尺寸

mm

尺寸	数 值
D	热挤压件大端直径
D_1	$D_1 = D - (0.2 \sim 0.5)$
D_2	热挤压件孔的直径
d	热挤压件小端直径
d_1	$d_1 = d + (0.5 \sim 1)$
H	$H = H_0 + R5 + (20 \sim 30)$
H_1	$H_1 = H_0 + h$
h	$h = (0.5 \sim 1)d$
α	$90° \sim 120°$ 最佳

注：H_0——坯料或挤压前工作高度。

表 14-43 热反挤压模工作部分主要尺寸

mm

尺寸	数 值
D	热挤压件的外径
D_1	$D_1 = D - (0.2 \sim 0.5)$
d	热挤压件的内径
d_1	$d_1 = d - (1 \sim 2)$
d_2	$d_2 = 0.5d$
H	$H = H_0 + H_1 + R5 + (20 \sim 30)$
H_1	热挤压件内孔深度 + 20
h	$h = 30 \sim 40$
h_1	$h_1 = 2h$
α	$120°$

注：H_0——坯料高度。

表 14-44 热挤压模设计实例

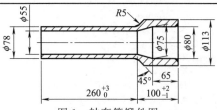

图 1 轴套管锻件图

序号	步骤	参数	工艺分析和计算
1	确定坯料尺寸	原始数据	锻件体积：$V = 1160000 \text{mm}^3$；锻件质量：$G = 9.1 \text{kg}$。材料：45 钢
		确定坯料尺寸	经工艺分析及计算选取方料：80mm × 80mm；坯料尺寸：80mm × 80mm × 183mm
2	确定工步数和挤压力	(1)变形程度	(a) 坯料　(b) 制坯 图 2

续表

序号	步骤	参数	工艺分析和计算	
2	确定工步数和挤压力		(c) 穿孔　　　　　　(d) 挤压 图 2　轴套管工步图	
		(1)变形程度	挤压变形前坯料的横截面积： $A_0 = \frac{\pi}{4}(D_1^2 - D_2^2) = \frac{\pi}{4} \times (114.5^2 - 55.8^2) = 7847 (\text{mm}^2)$ 挤压变形后坯料的横截面积： $A_1 = \frac{\pi}{4}(D_1^2 - D_2^2) = \frac{\pi}{4} \times (79^2 - 55.8^2) = 2455 (\text{mm}^2)$ 断面收缩率： $\varepsilon = \frac{A_0 - A_1}{A_0} = \frac{7847 - 2455}{7847} = 69\%$ 挤压比： $n = A_0/A_1 = 7847/2455 = 3.2$	
		(2)工步设计	坯料热体积：$V = 1225075 \text{mm}^3$。 第一工步，扩孔制坯为挤压工步准备体积一定、形状合适的坯料，使内孔形状基本与终锻相符。后端 $\phi 25$mm 小尾是多余金属，是坯料尺寸偏差所致 由体积不变原则计算坯料长度 l_1： $\pi/4 D^2 l_1 - V_{in} = VK$ $0.785 \times 114.5^2 \times l_1 - 630143 = VK$ $l_1 = 188$mm 第二工步，称为穿孔工步，用于冲除多余金属。 第三工步，挤压成型。 挤压行程为： $H_0 - H_1 = 188 - 101.5 = 86.5 (\text{mm})$ 毛坯相对高度： $H_0/D_0 = 188/114.5 = 1.64$	式中　D——锻件外径，$D=114.5$mm 　　　V_{in}——坯料内孔体积，$V_{in}=630143\text{mm}^3$ 　　　V——坯料热体积，$V=1225075\text{mm}^3$； 　　　K——充不满系数，$K=1.06$ 计算获得扩孔后的坯料长度 $l_1 = 188$mm
		(3)挤压力计算	$F = mA\sigma_B$ $m = 2\left(\ln\frac{D}{d} + 2\mu\frac{h}{d} + H_0/D\right)$ $D = \sqrt{\frac{F_0}{\frac{\pi}{4}}} = \sqrt{\frac{7847}{0.785}} = 100 (\text{mm})$ $d = \sqrt{\frac{A_1}{\frac{\pi}{4}}} = \sqrt{\frac{2455}{0.785}} = 56 (\text{mm})$ 将以上数值代入上式： $m = 2 \times \left(\ln\frac{100}{56} + 2 \times 0.55 \times \frac{80}{56} + \frac{188}{100}\right) = 7.97$	式中　F——挤压力，kN 　　　m——不同挤压方式系数 　　　D——挤压凸模直径 　　　d——挤压凹模使坯料变形部分直径 　　　h——挤压凹模使坯料变形部分长度，$h=80$mm

续表

序号	步骤	参数	工艺分析和计算	
2	确定工步数和挤压力	(3)挤压力计算	$F = mA\sigma_b = 7.97 \times 7847 \times 60 \approx 3750 \text{(kN)}$ 查水平分模平锻机镦锻力允许载荷(图3),需要16000kN的平锻机。 图3 平锻机镦锻力载荷图 (纵轴:镦锻力/kN, 0~20000;横轴:"前死点"前的滑块行程/mm, 0~70)	H_0——坯料长度,$H_0 = 188\text{mm}$ μ——摩擦系数,坯料温度 t 约 1000℃时,$\mu = 1.05 - 0.0005t = 0.55$ A——挤压凸模受力的投影面积,$A \approx 7847\text{mm}^2$ σ_b——终挤温度时,金属材料的拉伸强度 1000℃时,$\sigma_b = 60\text{MPa}$
3	模具设计	(1)模膛设计	模膛的形状和尺寸按图2轴套管工步图和热正挤压工作部分主要尺寸进行设计。 挤压工作带长度 $h = (0.5 \sim 1)d = (0.5 \sim 1) \times 79 = 39.5 \sim 79 \text{(mm)}$,取 $h = 80\text{mm}$	
		(2)镶块外径和长度	主要考虑材料强度,以提高模具寿命	
		(3)模具总图	按16000kN水平分模平锻机安模空间尺寸和镶块大小进行合理布置,见图14-51	

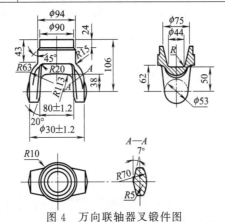

图4 万向联轴器叉锻件图

序号	步骤	参数	工艺分析和计算
4	确定坯料尺寸	原始数据	锻件体积:$V = 474\text{cm}^3$;锻件质量:$G = 3.72\text{kg}$。材料:40MnB
		确定坯料尺寸	经计算坯料尺寸为:$\phi 90\text{mm} \times 78\text{mm}$
5	确定工步数和挤压力	(1)反挤压锻件锥孔	①挤压比 $A_0 = \pi/4 d_0^2 = \pi/4 \times 90^2 = 6359 \text{(mm}^2\text{)}$ $A_1 = \pi/4 d_1^2 = \pi/4 \times 75^2 = 4416 \text{(mm}^2\text{)}$ $n = \dfrac{A_0}{A_0 - A_1} = \dfrac{6359}{6359 - 4416} = 3.3$ 式中 A_0——变形前的坯料横截面积; A_1——变形后锻件内孔的面积。 ②反挤压力 由挤压比 $n = 3.3$ 查图5,45钢挤压的单位面积压力线图,得出单位挤压力。 $\sigma = 400\text{MPa}(1100℃)$ 则最后瞬间挤压力为: $F = \sigma A_1 = 400 \times 4416 \approx 1766 \text{(kN)}$ 图5 45钢挤压的单位面积压力曲线 (纵轴:对于 A_0 的单位面积压力/MPa, 100~1600;横轴:挤压比 $n = A_1/A_2$ 或 $A_0/A_0 - A_1$, 1~40;曲线:1100℃时的反挤压、1100℃时的正挤压、1200℃时的反挤压、1200℃时的正挤压)

续表

序号	步骤	参数	工艺分析和计算	
5	确定工步数和挤压力	(2)正挤压锻件两"叉口"	①挤压比 $n=A_0/A_1=6359/2800=2.27$ ②正挤压力 F $F=\sigma A_0=340\times 6359\approx 2162(\mathrm{kN})$ 按体积不变条件计算，则挤压行程约33mm	式中 A_0——变形前的坯料横截面积（$A_0=6359\mathrm{mm}^2$）； A_1——变形后的坯料横截面积，即由两个叉口最小截面之和，由作图得$2800\mathrm{mm}^2$； σ——单位面积挤压力，按挤压比$n=2.27$，查图5，得$\sigma=340\mathrm{MPa}$
		(3)挤压工步数	根据16000kN平锻机镦锻力允许载荷（压力行程曲线），一个行程中可以同时挤压两件，其工作载荷曲线没有超过镦锻力允许载荷图（见图6），即一个工步可挤压完成	图6 挤压工作载荷图和16000kN平锻机镦锻力载荷图
6	挤压模设计		(1)凹模模膛设计 为了改善金属流动，挤压模膛的金属出口外圆角应大一些，在两个叉子的四个底面有流线折纹，经试验后，由原设计的全部$R12$，改为均匀过渡到$R20$，流线折纹即消除。 底面圆角设计成$R113$，以减少挤压"死区"（见锻件图4）。 挤压模膛导程直径计$\phi 92.3\mathrm{mm}$，因热轧钢材$\phi 90\mathrm{mm}$正偏差时的尺寸为（$\phi 90^{+0.9}$），如加上热收缩率也能放入模膛。导程直径不能太大，否则，当坯料在放入模膛、上模夹紧时，坯料和模膛的径向间隙都在上模，因而，在坯料挤压时，将会引起较大的壁厚差和纵向毛刺。 (2)挤压模结构（图14-54） 在一凹模上同时排布四个挤压模膛，在生产时，可以在模具上对称放置两件坯料，因而使设备受力均匀，设备安模空间也充分利用。为便于锻件起模，在模具上设计顶料装置	

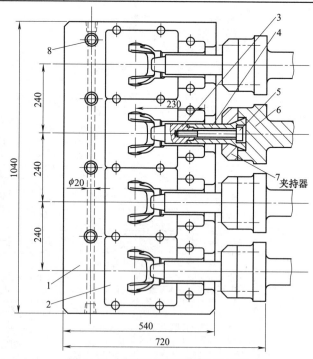

图14-54 汽车万向联轴器热挤压模

1—凹模体；2—凹模镶块；3—凸模；4—凸模座；5—螺钉；6—凸模柄；7—压盖；8—喷嘴

14.6 平锻模设计实例

① 小链轮轮毂锻模（见表 14-45）。

表 14-45 小链轮轮毂锻模

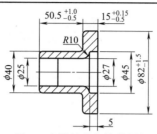

图 1 小链轮轮毂锻件图

序号	步骤	工艺计算
1	计算锻件体积和质量	$V_{锻}=105732\text{mm}^3$（计算过程省略） $G=0.83\text{kg}$
2	设计锻件终锻的形状与计算体积	设计锻件连皮体积：$V_{计}=8658\text{mm}^3$ 终锻的体积：$V_{终}=V_{锻}+V_{连}=105732+8658=114390(\text{mm}^3)$
3	确定坯料直径 d_0，计算镦粗长度 l_B，镦粗比 ψ 和下料长度 L	①确定坯料直径 d_0 根据穿孔类锻件棒料直径 d_0 的确定方法，选取棒料直径。 a. 锻件相对厚度 $$\frac{D-d_k}{d_k}=\frac{40-26}{26}=0.54<0.6$$ b. 锻件的相对孔深 $h/d_k=61/26=2.35>1.5$ $$d_k=\frac{27+25}{2}=26(\text{mm})$$ $h=51+10=61(\text{mm})$ 式中　D——锻件外径，mm，D 取 40mm； 　　　d_k——锻件内孔平均直径，mm； 　　　h——锻件内孔深度，mm。 即具有法兰 $\phi82\text{mm}\times15\text{mm}$ 的薄壁深孔锻件。 c. 锻件的计算直径 $$d_{计}=\sqrt{D^2-d_k^2}=\sqrt{40^2-26^2}=30.4(\text{mm})$$ d. 工艺方案分析 锻件外径 $D=40\text{mm}$，内孔 $d_k=26\text{mm}$，可由凸模将棒料直接扩孔而成，棒料直径应比计算直径稍大些，而多余坯料随凸模向前运动时镦向锻件后端。则取： $$d_0=(1.05\sim1.1)d_{计}=(1.05\sim1.1)\times30.4=32\sim34(\text{mm})$$ 选用棒料直径 $d_0=34\text{mm}$。 ②验算镦粗比和卡细率 根据锻件尺寸 $\phi40\text{mm}\times50.5\text{mm}$，由棒料直接扩孔而成，由于法兰部分 $\phi82\text{mm}\times15\text{mm}$ 需要镦锻，其镦粗长度 l_B 为： $$l_B=l_{终}-l_0=130-51=79(\text{mm})$$ 式中　$l_{终}$——锻件终锻时的坯料长度； 　　　l_0——锻件 $\phi40\text{mm}\times50.5^{+1}_{-0.5}\text{mm}$ 部分的名义尺寸长度加正公差之半，为 51mm。 $$l_{终}=\frac{V_{终}\delta}{\frac{\pi}{4}d_0^2}=\frac{114390\times1.03}{\pi/4\times34^2}=130(\text{mm})$$ 法兰镦粗比：$\psi=l_B/d_0=79/34=2.32$ 卡细率：$f=d_0/d_{min}=34/24.5=1.39$ 因为镦粗比 $\psi：2.32<2.5$，所以允许卡细率达到 1.4。且不需要切断"穿孔废芯"工步。

序号	步骤	工艺计算
3	确定坯料直径 d_0，计算镦粗长度 l_B，镦粗比 ψ 和下料长度 L	故选用坯料直径 $d_0=34$mm 是合适的。 ③确定下料长度 L 锻件所需坯料的长度： $$l_{锻}=\frac{V_{锻}\delta}{\frac{\pi}{4}d_0^2}=\frac{105732\times 1.03}{\frac{\pi}{4}\times 34^2}=120\text{(mm)}$$ 选用可生产锻件 11 件的坯料长度为 $l=120\times 11=1320$(mm)，再取坯料夹紧长度 $l_{夹}=5d_0=5\times 34=170$(mm)，坯料的夹钳口长度 $l_{钳}=60$mm。 则：$L=l+l_{夹}+l_{钳}=1320+170+60=1550$(mm) 下料规格：$\phi 34mm\times 1550$mm/11
4	设计和计算工步图	锻件相对孔深 $h/d_k=2.3>1.5$。查表 14-7 中的表 1，冲孔两次，并且需要预冲孔。 镦锻长度热尺寸： $$l'_B=1.015 l_B=1.015\times 79=80\text{(mm)}$$ 锻件法兰热体积： $$V_F=74748\text{mm}^3$$ (1)第一道聚集工步 经计算卡细穿孔后的坯料（见图 2）的镦粗长度约 90mm。镦粗比 $\psi=l'_B/d_0=90/34=2.65$。 聚集锥体小端直径取 $d_{k1}=36$mm。 锥体大端直径：$D_k=\varepsilon_k d_0=1.5\times 34.5=52$(mm) 式中 ε_k——锥体大端直径允许增大系数，查表 14-8 中的图 4。 图 2 小链轮轮毂工步图 注：1—热锻件尺寸；2—未注明 $R3$。 锥体长度 l_1 $$l_1=\frac{V_F K(1+\delta)}{\frac{\pi}{12}(d_{k1}^2+d_{k1}D_k+D_k^2)}=\frac{74748\times 1.06\times 1.03}{\frac{\pi}{12}\times(36^2+36\times 52+52^2)}=53\text{(mm)}$$

续表

序号	步骤	工艺计算
4	设计和计算工步图	验算： ①验算压缩系数 β。 压缩量 $\alpha = l'_B - l_1 = 90 - 53 = 37 (mm)$ 压缩系数 $\beta = \alpha/d_0 = 37/34.5 = 1.07$，查表 14-8 中的图 4，允许最大压缩系数 $\beta_p = 2$。$\beta < \beta_p$。故设计的聚集锥体是合适的。 ②验算自由聚集（镦粗）的允许墩粗比。 第一工步坯料的镦粗比 $\psi = l_1/d_{1均} = \dfrac{53}{44} = 1.2$ 式中 $d_{1均}$——第一工步坯料的平均直径，$d_{1均} = 44mm$。 查表 14-8 中的表 1，自由聚集（镦粗）的允许镦粗比 $\psi_{允许}$ 的计算公式如下： 因需要预冲孔，第二工步采用冲孔凸模，则 $\psi_{允许} = 1.5 + 0.01 d_{1均} = 1.5 + 0.01 \times 44 = 1.94$。因为 $\psi < \psi_{允许}$，故不需要再聚集坯料，可以进行预锻成型。 (2) 第二道预锻工步 锻件法兰部分相对壁厚 $D_{外} - d_{孔}/d_{孔} = (83.2 - 27.5)/27.5 = 2.03 > 1.25$ 锻件法兰部分相对孔深 $h/d_{孔} = 16/27.5 = 0.58 < 1.5$。 式中 $D_{外}$——锻件法兰外径，$D_{外} = 83.2mm$； $d_{孔}$——锻件法兰孔径，$d_{孔} = 27.5mm$； h——锻件法兰内孔深度，$h = 16mm$。 该锻件法兰部分是厚壁浅孔，故预锻工步后端要有一段直径等于或稍小于终锻工步的法兰直径，取 $\phi 82mm \times 10mm$。 其余尺寸可见工步图 2。 (3) 第三道终锻工步 冲孔凸模设计成 90°尖头，扩孔时，便于金属流动。连皮厚度较薄，约为 9mm，以保证锻件外径（$\phi 40.6mm$）的后圆角（$R3$）充满完好。 (4) 第四道穿孔工步 即冲去连皮。 (5) 卡细工步 1) 因坯料直径 $\phi 34.5mm$ 大于锻件内孔 $\phi 25.4mm$，故坯料需卡细后才能穿孔，卡细直径 d_{min} 应稍小于内孔，取 $d_{min} = 24.9mm$。 计算卡细率 f，确定卡细次数。 $f = d_0/d_{min} = 34.5/24.9 = 1.39$，经查表 14-11，需要二次卡细。 该锻件工步可允许采用三次卡细，即在聚集、预锻和终锻工步设置卡细。卡细次数的增加，可以减少卡细模膛磨损，并提高锻件质量。 2) 卡细工步尺寸。 $$每次卡细量\ m = (d_0 - d_{min})/n - 1$$ 式中 d_0——坯料直径，$d_0 = 34.5mm$； d_{min}——卡细直径，$d_{min} = 24.9mm$； n——卡细次数，$n = 3$。 则 $m = \dfrac{34.5 - 24.9}{3 - 1} = 4.8(mm)$ ①第一次卡细在聚集工步。 长轴 $Q_1 = d_0 + (1 \sim 2) = 34.5 + (1 \sim 2)$，取 36mm。 短轴 $M_1 = 28mm$（第一次卡细量取大一些，取 6.5mm）。 ②第二次卡细在预锻工步。 长轴 $Q_2 = M_1 + (1 \sim 2) = 28 + (1 \sim 2)$，取 30mm。 短轴 $M_2 = 24mm$。 ③第三次卡细在终锻工步。 长轴 $Q_3 = M_3 = 24.9mm$，即直径 $\phi 24.9mm$
5	计算锻造压力、模具宽度、选择平锻机吨位	①锻造压力 $F = 3150kN$ ②凹模宽度 凹模设计为通用标准件，取镶块外径 $D = 145mm$，计算凹模宽度 640mm。 查图 14-5 和表 14-4 选择 6300kN 水平分模平锻机

续表

序号	步骤	工艺计算
6	模具设计	(1) 凹模体 ① 宽度。按上述计算为 640mm。 ② 长度。$L = l_{夹} + l_p + l_b + l_{dao} + l_q + l_h$ $l_{夹} = 5d_0 = 5 \times 34 = 170$mm 式中 $l_{夹}$——夹紧镶块长度，mm； l_p——凹模内成型的坯料长度，mm，由工步图2，得 $l_p = 51.3$mm； l_b——模锻时的最大压缩量，mm，由工步图计算 $l_b = 33$mm（在第二工步）； l_{dao}——凸模在凹模内的导程，mm，取 $l_{dao} = 30$mm； l_q、l_h——凹模体上镶块窝座前、后的壁厚，mm，分别取 30mm 和 40mm。 则 $L = 170 + 51.3 + 33 + 30 + 30 + 40 = 354.3$（mm） 将凹模设计为通用标准件，取 $L = 400$mm。 ③ 厚度。查表14-4，凹模高度为 190mm。 (2) 夹持器 ① 宽度。滑块安装夹持器的宽度为 530mm（查表14-4），凹模镶块直径 $D = 145$mm，模腔中心线为 145mm，夹持器在滑块内的宽度分别为 120mm、145mm、145mm、120mm。由四个凸模夹持器组成 ② 长度 L。$L = L_p - L_{ao} - a$ 式中 L_p——6300kN 平锻机的封闭长度，$L_p = 1020$mm； L_{ao}——凹模体长度，$L_{ao} = 400$mm； a——在设备闭合状态下，凹模体和凸模夹持器之间的间隙，$a = 70$mm。 则 $L = 1020 - 400 - 70 = 550$（mm） ③ 高度。查图14-5和表14-4，高度为 190mm。 ④ 其他尺寸见图14-56。 (3) 凹模镶块外形尺寸和模腔设计 ① 夹紧镶块外形尺寸。$\phi 100$mm $\times 140$mm，夹紧尺寸为偏心 0.5mm，直径 $\phi 34.5$mm。 ② 工作镶块外形尺寸。$\phi 145$mm $\times 190$mm，模腔按工步图和各类模腔设计原则设计，见模具总图14-55。 (4) 凸模柄和凸模 由闭合高度 470mm，夹持器宽度 145mm 及工步图设计确定，应尽可能设计成标准件。

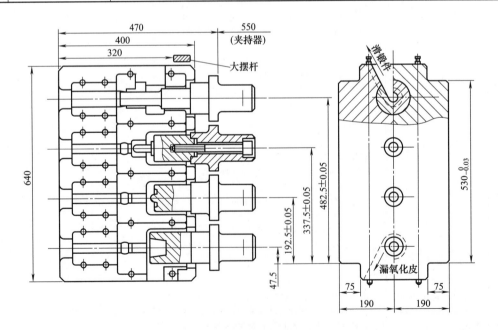

图 14-55 小链轮轮毂模具图

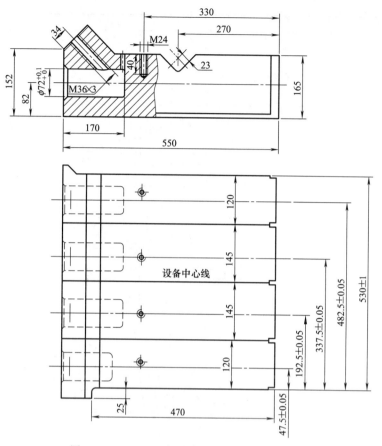

图 14-56 6300kN 水平分模平锻机凸模夹持器

② 转向摇臂轴锻模（见表 14-46）。

表 14-46 转向摇臂轴锻模

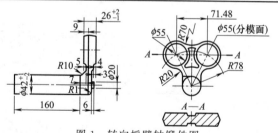

图 1 转向摇臂轴锻件图

序号	步骤	工艺计算
1	计算锻件体积和质量	$V_{锻}=445860\text{mm}^3$ $G=3.5\text{kg}$
2	设计锻件终锻的形状并计算体积	飞边体积 $V_{飞}=22490\text{mm}^3$ 法兰体积 $V_{法}=219720\text{mm}^3$ 锻件头部镦锻部分体积 $V_{头}=V_{飞}+V_{法}=242210(\text{mm}^3)$
3	选择坯料直径 d_0、镦锻长度 l_B、镦粗比 ψ 和下料长度 L	①该锻件是"具有粗大部分"的杆类锻件,取其杆部直径为坯料直径 $d_0=42\text{mm}$。 ②镦粗长度 $l_B=\dfrac{V_{镦}}{\dfrac{\pi}{4}d_0}=180(\text{mm})$

序号	步骤	工艺计算
3	选择坯料直径 d_0、镦锻长度 l_B、镦粗比 ψ 和下料长度 L	③镦粗比 $\psi = l_0/d_0 = \dfrac{180}{42} = 4.3$ ④下料长度 $L = \dfrac{V_{锻}+V_{飞}}{\dfrac{\pi}{4}d_0^2} = 340(\text{mm})$
4	设计和计算工步图	I 聚集 II 镦头 III 压扁 IV 弯曲 V 终锻 VI 切边 图 2 转向摇轴工步图(热尺寸) 镦粗长度的热尺寸：$l'_B = 1.015 l_0 = 1.015 \times 180 = 182.7(\text{mm})$ 镦锻热体积 $V'_热 = 1.015^3 V_头 = 1.015^3 \times 242210 = 253274(\text{mm}^3)$ 经计算该锻件需采用聚集、镦头、压扁、弯曲、终锻、切边六道工序。 (1)第一工步：聚集 凸模内的锥形是聚集 $\phi55\text{mm}$ 两法兰的外切面之间的体积，凹模内的锥形是为了把在弯曲工步时内层坯料压缩产生"接缝"挤入飞边。图 3 表示没有设置锥形"$\phi63\text{mm} \times 40\text{mm}$ 时"，弯曲工序杆部和锥体剧烈过渡处产生金属流动的会合接缝，该接缝在终锻时形成折纹(见图 4)。

序号	步骤	工艺计算
4	设计和计算工步图	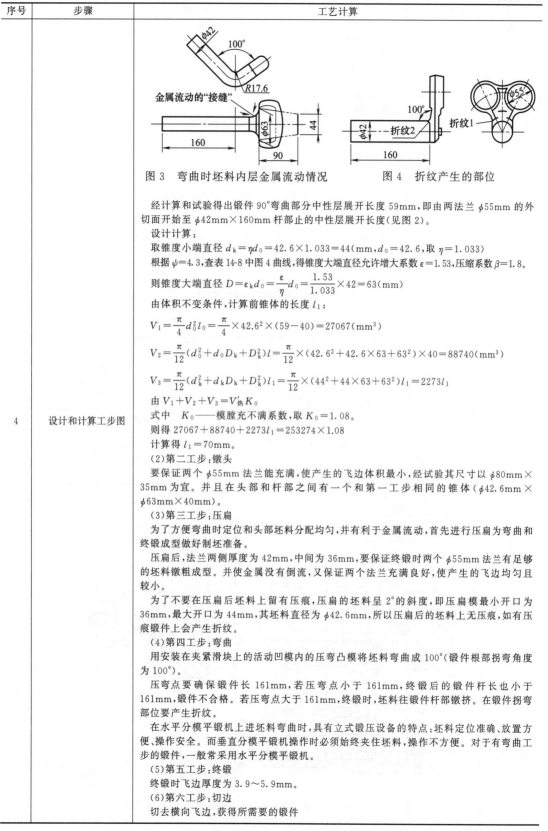 图 3　弯曲时坯料内层金属流动情况　　图 4　折纹产生的部位 经计算和试验得出锻件 90°弯曲部分中性层展开长度 59mm，即由两法兰 $\phi55$mm 的外切面开始至 $\phi42$mm×160mm 杆部止的中性层展开长度（见图 2）。 设计计算： 取锥度小端直径 $d_k = \eta d_0 = 42.6 \times 1.033 = 44$(mm,$d_0 = 42.6$，取 $\eta = 1.033$) 根据 $\psi = 4.3$，查表 14-8 中图 4 曲线，得锥度大端直径允许增大系数 $\varepsilon = 1.53$，压缩系数 $\beta = 1.8$。 则锥度大端直径 $D = \varepsilon_k d_0 = \dfrac{\varepsilon}{\eta} d_0 = \dfrac{1.53}{1.033} \times 42 = 63$(mm) 由体积不变条件，计算前锥体的长度 l_1： $V_1 = \dfrac{\pi}{4} d_0^2 l_0 = \dfrac{\pi}{4} \times 42.6^2 \times (59 - 40) = 27067$(mm³) $V_2 = \dfrac{\pi}{12}(d_0^2 + d_0 D_k + D_k^2) l = \dfrac{\pi}{12} \times (42.6^2 + 42.6 \times 63 + 63^2) \times 40 = 88740$(mm³) $V_3 = \dfrac{\pi}{12}(d_k^2 + d_k D_k + D_k^2) l_1 = \dfrac{\pi}{12} \times (44^2 + 44 \times 63 + 63^2) l_1 = 2273 l_1$ 由 $V_1 + V_2 + V_3 = V'_{热} K_0$ 式中　K_0——模膛充不满系数，取 $K_0 = 1.08$ 则得 $27067 + 88740 + 2273 l_1 = 253274 \times 1.08$ 计算得 $l_1 = 70$mm。 (2)第二工步：镦头 要保证两个 $\phi55$mm 法兰能充满，使产生的飞边体积最小，经试验其尺寸以 $\phi80$mm×35mm 为宜。并且在头部和杆部之间有一个和第一工步相同的锥体（$\phi42.6$mm×$\phi63$mm×40mm）。 (3)第三工步：压扁 为了方便弯曲时定位和头部坯料分配均匀，并有利于金属流动，首先进行压扁为弯曲和终锻成型做好制坯准备。 压扁后，法兰两侧厚度为 42mm，中间为 36mm，要保证终锻时两个 $\phi55$mm 法兰有足够的坯料镦粗成型。并使金属没有倒流，又保证两个法兰充满良好，使产生的飞边均匀且较小。 为了不要在压扁后坯料上留有压痕，压扁的坯料呈 2°的斜度，即压扁模最小开口为 36mm，最大开口为 44mm，其坯料直径为 $\phi42.6$mm，所以压扁后的坯料上无压痕，如有压痕锻件上会产生折纹。 (4)第四工步：弯曲 用安装在夹紧滑块上的活动凹模内的压弯凸模将坯料弯曲成 100°(锻件根部拐弯角度为 100°)。 压弯点要确保锻件长 161mm，若压弯点小于 161mm，终锻后的锻件杆长也小于 161mm，锻件不合格。若压弯点大于 161mm，终锻时，坯料往锻件杆部镦挤。在锻件拐弯部位要产生折纹。 在水平分模平锻机上进坯料弯曲时，具有立式锻压设备的特点：坯料定位准确、放置方便、操作安全。而垂直分模平锻机操作时必须始终夹住坯料，操作不方便。对于有弯曲工步的锻件，一般常采用水平分模平锻机。 (5)第五工步：终锻 终锻时飞边厚度为 3.9～5.9mm。 (6)第六工步：切边 切去横向飞边，获得所需要的锻件

续表

序号	步骤	工艺计算
5	锻造压力、模具宽度、平锻机吨位的确定	(1) 锻造压力 终时锻压投影面积 $F_锻=110 \text{cm}^2$。 计算直径 $D_锻=1.13\sqrt{F_锻}=11.85(\text{cm})$。 查图 14-2 得:锻造压力 $P=7000\text{kN}$。 (2) 凹模体宽度 $B=[D_{\max}+2(0.1D_{\max}+10)]n+80$ $=[118.5+2\times(0.1\times118.5+10)]\times6+80$ $=1053(\text{mm})$ 查表 14-4 选用 12500kN 水平分模平锻机
6	模具设计	锻件的锻压中心偏离锻件轴杆中心线 48mm,见工步图 2。凹模需有两个台阶分模面。其中一个台阶分模面高度为 250mm,即为正常分模面。另一个台阶分模面为 $250+48=298(\text{mm})$。 模具总图见图 14-57。 终锻模膛中心线尽量靠近设备模锻中心,各模膛中心距离取 180mm、200mm、200mm、200mm,凹模体宽度 $B=180+200\times3+80+100+2\times30=1020(\text{mm})$;凹模长度 $C=550\text{mm}$。 夹持器长度 $L=L_p-l_凹-a=1500-550-70=880(\text{mm})$。 式中 L_p——12500kN 水平分模平锻机封闭长度,L_p 取 1500mm; 　　　$L_凹$——凹模长度,$L_凹=550\text{mm}$; 　　　a——在设备封闭状态下,凸模夹持器和凹模体之间的间隔,取 $a=70\text{mm}$。

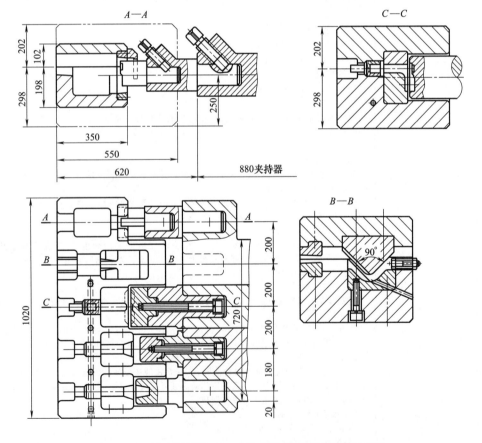

图 14-57　转向摇臂轴 12500kN 水平分模平锻机模具总图

③ 轮毂轴管锻模（见表 14-47）。

表 14-47　轮毂轴管锻模

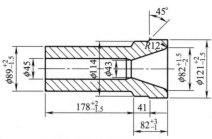

图 1　轮毂轴管锻件图

序号	步骤	工艺计算
1	计算锻件体积和质量	锻件法兰部分体积：$V_{法}=671975mm^3$ 锻件体积：$V_{锻}=1538109mm^3$ 锻件质量：$G=12.1kg$
2	设计锻件终锻的形状并计算体积	由于锻件厚度公差很大（22mm±2.2mm），为了工艺稳定而设计横向飞边，横向飞边外径取 150mm，厚度 4mm（见图 2）。 飞边体积：$V_{飞}=\pi/4\times(150^2-122^2)\times 4=23914(mm^3)$ 锻件终锻时的体积：$V_{终}=V_{飞}+V_{法}=23914+671975=695889(mm^3)$
3	计算镦粗长度 l_B，镦粗比 ψ_0，管料的计算直径 $d_{计}$，和下料长度 L	①计算直径：$d_{0计}=\sqrt{D_0^2-d_0^2}=\sqrt{90.3^2-45.7^2}=77.9(mm)$ ②管料的镦粗长度：$l_B=\dfrac{V_{终}(1+\delta)}{\dfrac{\pi}{4}d_{0计}^2}=\dfrac{1.015^3\times 695889\times 1.015}{\dfrac{\pi}{4}\times 77.9^2}=738591/4764=155$ (mm) ③镦粗比：$\psi=l_B/d_{0计}=155/77.9=1.99$ ④允许镦粗比：$\psi_{允}=Kt/d_{0计}=3\times 21/77.9=0.8$（式中，$t$ 为管壁厚，取下偏差 $t=21$；K 查表 14-23，当 $D_0/d_0=90.3/45.7=1.98$，内外径都同时改变时，K 取中间值，即 $K=3$） ⑤下料长度 $L=l_0+l_B=179+155=334(mm)$
4	设计和计算工步图	法兰部分终锻时的热体积 $V'_{终}$： $V'_{终}=1.015^3V_{终}=1.015^3\times 695889=727676(mm^3)$ 按热收缩率 1.5% 计算： 管坯外径 $D_0=90.3mm$，管坯内径 $d_0=45.7mm$，计算直径 $d_{计}=\sqrt{D_0^2-d_0^2}=\sqrt{90.3^2-45.7^2}=77.9(mm)$。 1) 第一工步设计（仅扩大外径）。 ①镦粗比 ψ。$\psi=D_0/d_0=90.3/45.7=1.99$ ②允许镦粗比。$\psi_{允}=\dfrac{K(D_0-d_0)}{2d_{0计}}=\dfrac{2.3\times(90.3-45.7)}{2\times 77.9}=102.58/155.8=0.66$ K 查表 14-23，当 $D_0/d_0=1.98$ 时，镦粗方式系数 $K=2.3$。 ③聚集后允许达到的最大外径 D_{1max}。 $\qquad d_{1max}=\varepsilon d_{0计}=1.31\times 77.9=102(mm)$ 式中，ε 查图 14-20，根据 $\psi=1.98$，$\psi_{允}=0.62$，查得 $\varepsilon=1.31$。 $\qquad D_{1max}=\sqrt{d_{1max}^2+d_1^2}=\sqrt{102^2+45.7^2}=111.8(mm)$ 由于该锻件厚壁管坯，镦锻稳定性高，故采用锥形凹模模腔内聚集。 ④选择锥体直径，取锥体大端直径 $D_1=104mm$，取小端直径 $D'_1=91mm$，其平均直径为： $\qquad D_{1cp}=(D_1+D'_1)/2=(104+91)/2=97.5(mm)$ 因此第一工步镦粗后实际计算直径为： $\qquad d_{1计}=\sqrt{D_{1cp}^2-d_1^2}=\sqrt{97.5^2-45.7^2}=86.1(mm)$ ⑤第一次聚集后的长度尺寸 l_1。

序号	步骤	工艺计算
4	设计和计算工步图	$$l_1 = \frac{V'_{\text{终}} \mu(1+\delta)}{\frac{\pi}{4}d_{1\text{计}}^2}$$ 式中　μ——充不满系数，$\mu=1.1$； 　　　δ——坯料加热烧损率，$\delta=1.5\%$。 $$l_1 = \frac{695901 \times 1.015^3 \times 1.1 \times 1.015}{\frac{\pi}{4} \times 86.1^2} = 139 \text{(mm)}$$ 其第一工步聚集后坯料尺寸见图2。 图2　轮毂轴管工步图 ⑥确定下一个工步的 ψ_1 和 $\psi_{1\text{允许}}$。 第一工步聚集后坯料镦粗比　$\psi_1 = l_1/d_{1\text{计}} = \frac{139}{86.1} = 1.61$ $$\psi_{1\text{允许}} = Kt_1/d_{1\text{计}} = 3 \times 25.9/86.1 = 0.9$$ 式中　t——第一工步后管坯平均壁厚，$t=(D_{1\text{cp}}-d_1)/2 = \frac{97.5-45.7}{2} = 25.9 \text{(mm)}$； 　　　K——由表14-23查得，当 $D_{1\text{cp}}/d_1 = \frac{97.5}{45.7} = 2.1$ 时，$K=3$（内外径同时变化，K 取中间值）。 由于 $\psi_1 > \psi_{1\text{允许}}$，所以需增加第二道聚集工步。 2）第二工步设计（同时扩内外径）。 ①允许最大的计算直径 $d_{1\text{计}}$。 由于 $\psi_1 = 1.61$ 和 $\psi_{1\text{允许}} = 0.9$，查图14-21得第二工步坯料计算直径允许最大系数 $\varepsilon_2 = 1.35$，其允许最大计算直径 $d_{2\text{计}}$ 为： $$d_{2\text{计}} = \varepsilon_2 d_{1\text{计}} = 1.35 \times 86.1 = 116.2 \text{(mm)}$$ ②成型后法兰（靠近锻件杆部）基本成型尺寸接近终锻尺寸，而前法兰聚集金属。 取后法兰外径尺寸 $D_2 = 115$mm，内孔直径和终锻工步相应部位相同，则 $d_{2\text{小}} = 43.6$mm，$d_{2\text{大}} = 62.5$mm。取法兰锥孔直径为 66.5mm。 ③计算允许扩大的最大外径 $D_{2\text{max}}$。

续表

序号	步骤	工艺计算
4	设计和计算工步图	$D_{2max} = \sqrt{d_{2计}^2 + d_{2cp}^2} = \sqrt{116.2^2 + 57.5^2} = 129.6 \text{(mm)}$ $d_{2cp} = \dfrac{d_{2小} + d_{2大} + 66.5}{3} = 57.5 \text{(mm)}$ ④确定第二工步前法兰坯料的聚集锥体尺寸,大端直径取 116mm,小端直径取 110mm。 ⑤计算镦粗后的坯料长度 l_2。 由体积不变条件求得 $l_2 = 58$mm。 ⑥计算第二工步前法兰坯料计算直径 $d_{2计}$、镦粗比和允许镦粗比。 $$d_{2计} = \sqrt{D_{2cp}^2 - d_{2cp}^2}$$ 式中 D_{2cp}——坯料内孔的平均直径; d_{2cp}——坯料内孔的平均直径。 $d_{2计} = \sqrt{113^2 - 64.5^2} = 92.8 \text{(mm)}$ $D_{2cp} = \dfrac{116 + 110}{2} = 113 \text{(mm)}$ $d_{2cp} = \dfrac{66.5 + 62.5}{2} = 64.5 \text{(mm)}$ 镦粗比 $\psi = l_2/d_{2计} = 58/92.8 = 0.63$ 允许镦粗比 $\psi_{允许} = K t_2/d_{2计}$ 式中 t_2——第二工步后前法兰平均壁厚。 $\psi_{允许} = 2.8 \times 24.25/92.8 = 0.73$ $t_2 = (D_{2cp} - d_{2cp})/2 = \dfrac{113 - 64.5}{2} = 24.25$ K 查表 14-23,当 $D_{2cp}/d_{2cp} = 113/64.5 = 1.75$ 时,得到镦粗方式系数 $K = 2.8$。 ⑦比较 ψ_2 和 $\psi_{允许}$。 由于 $\psi_2 < \psi_{允许}$,故不再需要聚集,可直接进行终锻
5	计算锻造压力,模具宽度,确定设备吨位	1)锻造压力。终锻成型时,最大计算直径 $d = \sqrt{152^2 - 83.2^2} = 127 \text{(mm)}$。 在 800℃终锻时,材料拉伸强度为 9N/mm²,查图 14-2 得,锻造压力 $P = 9000$kN。 2)凹模宽度。 $C = [D_{max} + 2(0.1 D_{max} + 10)]n + 80 = [152 + 2 \times (152 \times 0.1 + 10)] \times 4 + 80 = 889.6 \text{(mm)}$(设计 $C = 1040$) 查图 14-5 和表 14-4 选用 16000kN 水平分模平锻机
6	模具设计	模具总体布置:由于锻件杆长是 2 倍管料外径(178/89=2),并且管料不易夹紧,因此,需要将整个锻件杆部夹紧(见图 14-58),操作时,采用"管腔夹钳"夹持管料锻件(见图 14-23)。 1)凹模体。 ①宽度。经计算,按标准件选用凹模体,取工作镶件外径 $D = 240$mm;凹模体宽 $C = 1040$mm。 ②长度。锻件杆长 179mm(名义长加正偏差之半),镦粗长度 166mm,夹紧镶块上的后挡板厚度 80mm,凹模体夹紧镶块窝座的后壁厚 50mm,凸模导程 25mm,工作镶块窝座的前壁厚 40mm。 故其长度 $B = 50 + 80 + 179 + 166 + 25 + 40 = 540 \text{(mm)}$ ③高度。查图 14-5 和表 14-4,高度为 280mm。 2)凸模夹持器。 $$长度 L = L_p - L_凹 - a$$ 式中 L_p——16000kN 水平分模平锻机封闭长度,$L_p = 1585$mm; $L_凹$——凹模体长度,$L_凹 = 540$mm; a——凸模夹持器和凹模体之间的间距,取 $a = 80$mm。 $L = 1585 - 540 - 80 = 965 \text{(mm)}$ 宽度分别为 280mm、240mm、230mm 三块。高度为 220mm。 3)由工步图及模膛设计原则,设计模具总图(见图 14-58)

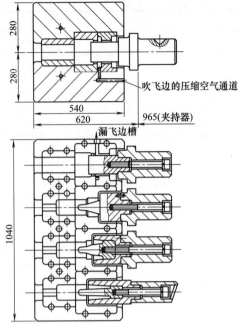

图 14-58　轮毂轴管模具图（16000kN 水步分模平锻机）

④ 倒车齿轮锻模（见表 14-48）。

表 14-48　倒车齿轮锻模

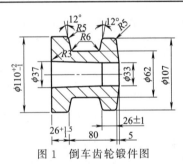

图 1　倒车齿轮锻件图

序号	步骤	工艺计算
1	计算锻件体积和质量，及终锻形状与体积	①锻件体积 $V_{锻}=630573mm^3$ ②锻件质量 $G=4.85kg$ ③终锻时"连皮"体积（"连皮"形状和尺寸见图2），连皮体积 $V_{连}=29230mm^3$ ④终锻时的体积 $V_{终}=659803mm^3$
2	确定坯料直径 d_0，镦粗长度 l_B，镦粗比 ψ 和棒料下料长度 L	(1)确定坯料直径 d_0。 ①试取坯料直径。 计算锻件直径 $\phi62mm$ 颈部的相对壁厚来选取坯料直径： $$相对壁厚\ t=(D-d_{孔})/d_{孔}$$ 式中　D——锻件颈部外径，$D=62$； 　　　$d_{孔}$——锻件平均孔径，即 $d_{孔}=(37+33)/2=35(mm)$。 $$t=\frac{62-35}{35}=0.77$$ 颈部的计算直径 $d_{计}=\sqrt{D^2-d_{孔}^2}=\sqrt{62^2-35^2}=51.2(mm)$ 取棒料直径 $d_0=55mm$ ②验算镦粗比 ψ 和卡细率 f。

续表

序号	步骤	工艺计算
2	确定坯料直径 d_0,镦粗长度 l_B,镦粗比 ψ 和棒料下料长度 L	镦粗长度 $l_B = \dfrac{V_{终}(1+\delta)}{\dfrac{\pi}{4}d_0^2} = \dfrac{659803 \times 1.03}{\dfrac{\pi}{4} \times 55^2} = 286(\text{mm})$ 镦粗比 $\psi = l_0/d_0 = 286/55 = 5.2$ 所以需要采用二次聚集、预锻、冲孔、终锻成型、穿孔、切去芯料六个工步。 $$f = d_0/d_{细} = 55/33 = 1.67$$ $f > 1.25$,需要切断"穿孔废芯"才能继续锻造。但由于切断工序劳动条件差,又增加工步数,故采用一根棒料锻两件(调头锻),采用 ϕ55mm 的棒料是合适的。 (2)下料长度 L 由于采用一根棒料调头锻造,所以下料长度应为两倍镦粗长度加上模具夹紧长度和钳口长度。 $$L = 286 \times 2 + 55 \times 5 + 50 = 900(\text{mm})$$
3	设计和计算工步图	镦粗长度的热尺寸:$l_B' = 286 \times 1.015 = 290(\text{mm})$ 终锻时的热体积:$V_{终}' = 1.015^3 V_{终} = 1.015^3 \times 659803 = 689942(\text{m}^3)$ (1)第一道聚集工步 1)第一道聚集工步是锻件的后法兰尺寸(ϕ108.6mm$\times$26.4mm)基本形成,该部分在第二、第三工步基本不变形,在终锻时,把预锻 ϕ58.2mm 的多余金属镦挤入后法兰而成型。 第一工步镦挤的"后法兰"外径和终锻时相同,为 ϕ108.6mm,但其高度 $l_{法}$ 由终锻后 ϕ108.6mm$\times$26.4mm 的体积减去预锻工步颈部 ϕ58.2mm 和终锻相应部位体积之差计算获得。 $$V' = \dfrac{\pi}{4} \times 58.2^2 \times 43.83 - \dfrac{\pi}{4} \times (62.9^2 - 35.5^2) \times 43.83 = 23778(\text{mm})$$ $$l_{法} = \dfrac{V_{后} - V_{差}}{\dfrac{\pi}{4}D^2} = \dfrac{\dfrac{\pi}{4} \times 108.6^2 \times 26.4 - 23778}{\dfrac{\pi}{4} \times 108.6^2} = 23.84(\text{mm}) \quad 取 \ l_{法} = 24\text{mm}$$ 2)验算后法兰的镦粗比 $\psi_{后}$。 ①后法兰体积。 $$V_{后} = \dfrac{\pi}{12} \times (55.8^2 + 55.8 \times 108.6 + 108.6^2) \times 5 + \dfrac{\pi}{4} \times 108.6^2 \times 24 + \dfrac{\pi}{12} \times (108.6^2 + 108.6 \times 60 + 60^2) \times 5.16 = 279287(\text{mm}^3)$$ ②镦粗长度 $l_{后}$ 和镦粗比 $\psi_{后}$。 镦粗长度 $l_{后} = \dfrac{V_{后}}{\dfrac{\pi}{4}b_0^2} = \dfrac{279287}{\dfrac{\pi}{4} \times 55.8^2} = 114(\text{mm})$ 镦粗比 $\psi_{后} = l_{后}/d_0 = \dfrac{114}{55.8} = 2.04$ 由于自由聚集允许镦粗比 $\psi_{允许} = 2.5$(查表 14-8 中的表 1),所以仅需要一次聚集就可达到法兰直径 ϕ108.6mm。 3)锥形聚集。第一工步主要是使后法兰成型,而锥形聚集量很小。取锥形小端直径 $d_k = 57$mm,大端直径 $D_k = 58$mm。 由体积不变条件计算锥形长度 $l_1 = 179$mm。 $$l = \dfrac{VK(1+\delta)}{\dfrac{\pi}{12}(d_{k1}^2 + d_{k1}D_k + D_k^2)}$$ 式中 V——所求锥体长度 l 的体积,由体积不变条件求得 383292mm^3; K——充不满系数,取 $K = 1.08$; δ——坯料加热烧损率,$\delta = 3\%$。 $$l = \dfrac{383292 \times 1.08 \times 1.03}{\dfrac{\pi}{12} \times (57^2 + 57 \times 58 + 58^2)} = 164(\text{mm})$$ 4)验收压缩系数 β。 $$压缩量 \ a = l_B - l_1'$$ 式中 l_B——坯料锻粗长度 $l_B = 290$mm; l_1'——第一工步聚集后的总长度,$l_1' = 179 + 24 + 5 = 208(\text{mm})$。

续表

序号	步骤	工艺计算
3	设计和计算工步图	$a = 290 - 208 = 82\text{(mm)}$ 压缩系数 $\beta = a/d_0 = 82/55.8 = 1.47$ 查表 14-8 中的图 4,压缩系数允许的极限 $\beta_{允许} = 3, \beta < \beta_{允许}$,设计合理。 (2)第二道聚集工步 1)后法兰的尺寸基本和终锻工步相同,为了操作时便于坯料出入模膛,高度取 26mm,比第一工步后法兰高度大 2mm,比终锻工步后法兰高度小 0.4mm。 2)颈部直径取 $\phi 58\text{mm}$。 3)设计和计算前法兰的聚集形状。 ①计算前法兰的体积。 $$V_{前} = V'_{终} - V_{后} - V_{颈} - V$$ 式中　$V'_{终}$——终锻时体积 $V'_{终} = 689942\text{mm}^3$; 　　　$V_{后}$——第一工步后法兰体积,$V_{后} = 279287\text{mm}^3$; 　　　$V_{颈}$——第二工步颈部体积,$V_{颈} = \dfrac{\pi}{4} \times 58^2 \times 42.21 = 111466\text{(mm}^3)$; 　　　V——前法兰模锻斜度 12°锥体的体积,$V = \dfrac{\pi}{12} \times (58^2 + 58 \times 111 + 111^2) \times 5.63 = 32633\text{(mm}^3)$,其中 5.63 由 $\left(\dfrac{111-58}{2}\right)\tan 12°$ 计算所得。 $V_{前} = 689942 - 279287 - 111466 - 32633 = 266556\text{(mm}^3)$ ②计算镦粗长度 $l_{前}$ 和镦粗比 $\psi_{前}$。 $$l_{前} = (179 + 24) - (82 - 5.63) = 126.63\text{(mm)}$$ $$\psi_{前} = l_{前}/d_{cp}$$ 式中　d_{cp}——第一工步坯料平均直径,$d_{cp} = (57+58)/2 = 57.5$。 查表 14-8 中的表 1,得 $\psi_{允许} = 2.5, \psi_{前} < \psi_{允许}$ 可以一次镦成成型。 $$\psi_{前} = 126.63/57.5 = 2.2$$ ③设计前法兰聚集形状。 由 $\dfrac{D-d_{孔}}{d_{孔}} = \dfrac{111-37}{37} = 2 > 1.25$,属于厚壁类锻件。故第二工步前法兰锥体的大端直径取 $D_k = 111\text{mm}$,锥体小端直径取 $d_k = 60\text{mm}$,锥体长度 l_2 由体积不变条件计算得 48mm(见工步图 2)。 (3)第三预锻工步 1)决定冲孔次数。 $$n = h/d_{孔}$$ 式中　h——锻件冲孔深度,$h = 90\text{mm}$; 　　　$d_{孔}$——锻件内孔平均直径,$d_{孔} = 35.5\text{mm}$。 $$n = 90/35.5 = 2.54$$ 查表 14-7 中的表 1,当 $h/d_{孔} = 1.5 \sim 3.0$ 时,需要采用二次冲孔,因此在预锻工步需要预冲孔。 2)预冲孔的形状和尺寸(见工步图 2),取冲头角度 $\alpha = 60°$,最大孔径为 37.6mm。 3)前法兰预锻直径和高度。 取前法兰 $D = 111\text{mm}$(比终锻小 0.7mm),高度 l_3 由体积不变条件计算得: $$l_3 = \dfrac{V_q K}{\pi/4(D^2 - d_k^2)} = \dfrac{266556 \times 1.04}{\pi/4 \times (111^2 - 37^2)} = 32\text{(mm)}$$ (4)第四道终锻工步 在热锻件图上加上"连皮"就是终锻工步的形状。 (5)第五道穿孔工步 冲去"连皮"即获得具有通孔的锻件。 (6)卡细工步设计 1)确定卡细次数。 $$n = d_0/d_{min}$$ 式中　d_0——原棒料直径; 　　　d_{min}——棒料卡细后的直径,比穿孔直径小 0.5mm,为 33mm。 $$n = \dfrac{55.8}{33} = 1.69$$ 经查表 14-11,需要三次卡细。 2)卡细的每次最大允许压下量 m。

序号	步骤	工艺计算
3	设计和计算工步图	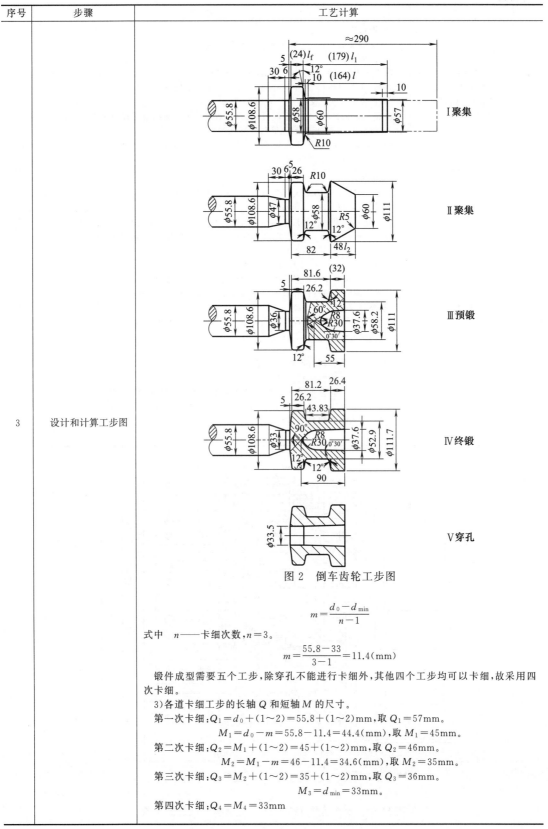 图 2 倒车齿轮工步图 $$m = \frac{d_0 - d_{\min}}{n-1}$$ 式中 n——卡细次数，$n=3$。 $$m = \frac{55.8 - 33}{3-1} = 11.4 (\text{mm})$$ 锻件成型需要五个工步，除穿孔不能进行卡细外，其他四个工步均可以卡细，故采用四次卡细。 3) 各道卡细工步的长轴 Q 和短轴 M 的尺寸。 第一次卡细：$Q_1 = d_0 + (1 \sim 2) = 55.8 + (1 \sim 2)$ mm，取 $Q_1 = 57$ mm。 $M_1 = d_0 - m = 55.8 - 11.4 = 44.4 (\text{mm})$，取 $M_1 = 45$ mm。 第二次卡细：$Q_2 = M_1 + (1 \sim 2) = 45 + (1 \sim 2)$ mm，取 $Q_2 = 46$ mm。 $M_2 = M_1 - m = 46 - 11.4 = 34.6 (\text{mm})$，取 $M_2 = 35$ mm。 第三次卡细：$Q_3 = M_2 + (1 \sim 2) = 35 + (1 \sim 2)$ mm，取 $Q_3 = 36$ mm。 $M_3 = d_{\min} = 33$ mm。 第四次卡细：$Q_4 = M_4 = 33$ mm

续表

序号	步骤	工艺计算
4	计算锻件锻造压力,模具宽度,验算镦粗长度,确定平锻机吨位	(1)锻造压力 $F=7500$kN,初选8000kN垂直分模平锻机。 (2)凹模体高度C 计算出工作镶块外径$D_1=154$mm,$C=5D_1+2\times40=5\times154+80=850$(mm)。 查图14-6和表14-5,8000kN垂直分模平锻机安模空间偏小。 (3)验算镦粗长度l_B 验算8000kN垂直分模平锻机,其全行程380mm,前挡板行程约100mm,故$l_p=380-100=280$(mm),而倒车齿轮锻件实际镦粗长度为290mm。 因此初选的8000kN垂直分模平锻机不合适,应选用12500kN垂直分模平锻机。该平锻机行程为460mm,所以$l_p=460-100=360$(mm),可符合使用要求
5	模具设计	(1)凹模体 ①高度C。按锻件最大外径$\phi111.7$mm计算模具工作镶块外径为154mm。取镶块窝座直径$D_1=175$mm。$C=nD_1+2\times40=5\times175+80=955$(mm),取高度$C=960$mm。 ②长度$B$。棒料夹紧长度$l_夹=5d_0=5\times55=275$mm,锻件长度$l_锻=114$mm(取锻件正公差),凸模导程81mm,长度方向两端的镶块窝座壁厚分别为40mm和30mm。 故$B=275+114+81+40+30=540$(mm) ③厚度A。查图14-6和表14-5,$A=260$mm。 ④夹紧镶块窝座直径和长度。直径取$\phi120$mm,长度230mm。 ⑤工作镶块窝座直径和长度。取直径$\phi175$mm,长度240mm。 (2)模膛设计 按工步图和各类模膛设计方法确定各部分尺寸(见模具图14-59)。 (3)凸模夹持器(见图14-60) $$长度 L=L_平-L_凹-a$$ 式中 $L_平$——平锻机的封闭长度,$L_平=1415$mm; $L_凹$——凹模体长度,$L_凹=540$mm; a——在设备闭合状态下,凸模夹持器和凹模体之间的间隔,取$a=105$mm。 $$L=1415-540-105=770(mm)$$ 高度H由模具图工作镶块窝座直径$\phi175$mm计算确定。 $$H=nD+\delta=5\times175+45=920(mm)$$

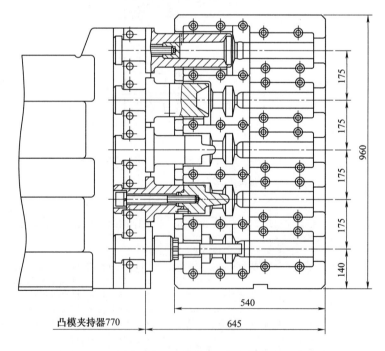

图14-59 倒车齿轮12500kN垂直分模平锻机模具图

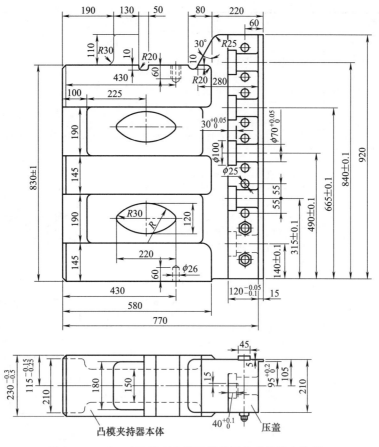

图 14-60 12500kN 垂直分模平锻机压盖式凸模夹持器

⑤ 轴套管锻模（见表 14-49）。

表 14-49 轴套管锻模

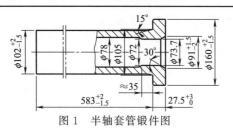

图 1 半轴套管锻件图

序号	步骤	工艺计算
1	计算锻件体积和质量	① 法兰部分 $V_F = 478532 mm^3$ ② 锻件体积 $V_{锻} = 2762315 mm^3$ ③ 锻件质量 $G = 21.7 kg$ ④ 坯料镦锻至杆部 35mm 处的体积 $V_S = 13907 mm^3$
2	计算镦粗长度 l_B，镦粗比 ψ 和毛坯长度 L	由工步设计，锻件飞边外径 $\phi 165 mm$、内径 $\phi 124 mm$（见图 2）。 飞边体积 $V_{飞} = 46507 mm^3$ 镦粗变形体积 $V_{镦}$ 为：$V_{镦} = V_F + V_{飞} + V_S = 478532 + 46507 + 13907 = 538946 (mm^3)$ ① 镦粗长度 l_B。$l_B = 146 mm$ ② 镦粗比 ψ。先计算毛坯直径 $d_{计}$

续表

序号	步骤	工艺计算
2	计算镦粗长度 l_B，镦粗比 ψ 和毛坯长度 L	$$d_{计}=\sqrt{D_0^2-d_0^2}$$ 式中 D_0——管料外径，取 $D_0=102$mm； d_0——管料内径，取管料壁厚偏差（12^{+3}_{0}mm）的下偏差，即内径 $d_0=78$mm。按最不利条件设计工步，镦锻时稳定可靠。 $$d_{计}=\sqrt{102^2-78^2}=65.73(\text{mm})$$ $$\psi=l_0/d_{计}=146/65.73=2.2$$ ③坯料长度 L。锻件杆长加镦粗长度 $L=l_{锻}+l_B=584+146=730$（mm）
3	设计和计算工步图	工步图 2 均为热锻件尺寸，镦粗长 $l_B=148$mm，镦粗变形部分体积 $V_{镦}=563564$mm³，管料计算直径 $d_{0计}=66.7$mm。 1）第一工步设计（外径保持不变，仅缩小内径）。 ①镦粗长度 l'_B、镦粗体积 $V'_{镦}$ 和镦粗比 ψ' 因为第一工步外径不变，仅缩小内径，所以镦粗长度和体积均应包括锻件图上长度为 35mm（其热锻件尺寸为 35.5mm）的一段。 $l'_B=148+35.5=183.5$（mm） $V'_{镦}=V_{镦}+\frac{\pi}{4}(D_0^2-d_0^2)\times 35.5=563564+\frac{\pi}{4}\times(103.5^2-79.2^2)\times 35.5=687285$（mm³） $\psi'=l'_B/d_{0计}=183.5/66.7=2.75$ ②允许镦粗比 $\psi_{允许}=Kt/d_{0计}$ 式中 K——镦粗方式系数。 $$\psi_{允许}=3.4\times\frac{12}{66.7}=0.612$$ 由 $D_0/d_0=\frac{103.5}{79.2}=1.31$，查表 14-23，得 $K=3.4$。 ③允许缩小的最小内径 d_{1min} 由镦粗比 $\psi'=2.75$，允许镦粗比 $\psi_{允许}=0.612$，查图 14-21 管料镦粗限制线，得 $\varepsilon=1.29$，允许的最小计算直径 $d_{计}$ 为： 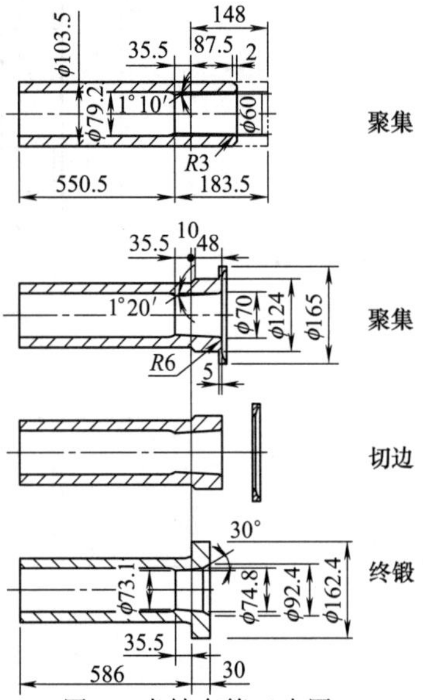 $d_{计}=\varepsilon d_{计}=1.29\times 66.7=86$（mm） $d_{1min}=\sqrt{D_1^2-d_1^2}=\sqrt{103.5^2-86^2}=57.6$（mm） ④选择缩小内孔直径 d_1 为了防止产生折叠，要求 $d_1\geqslant d_{1min}$，取 $d_1=60$mm，故第一工步的实际计算直径 $d_{1计}$ 为： $d_{1计}=\sqrt{D_1^2-d_{1计}^2}=\sqrt{103.5^2-60^2}=84.33$（mm） ⑤计算镦粗后的管坯长度 l_1 $$l_1=\frac{V'_{镦}K(1+\delta)}{\frac{\pi}{4}(D_1^2-d_1^2)}$$ 式中 $V'_{镦}$——终锻时的体积，$V'_{镦}=687285$mm³； δ——烧损率，电感应加热为 1.5%； K——充不满系数，取 $K=1.02$。 $$l_1=\frac{687285\times 1.02\times 1.015}{\frac{\pi}{4}\times(103.5^2-60^2)}=711546/5583=128(\text{mm})$$ 考虑凸模的模锻斜度为 1°10′（图 2 第一工步），计算得 $l_1=123$mm。从法兰算起的管坯长度 l： $$l=123-35.5=87.5(\text{mm})$$ 2）第二工步设计（同时扩大内外径，并产生横向飞边）。 终锻时，内径保持不变，第二工步内径取 $d_2=70$mm。 ①允许镦粗比 $\psi_{允许}$ 由 $D_1/d_1=103.5/60=1.73$，查表 14-23 得镦粗方式系数 $K=3$，$\psi_{允许}=K(D_1-d_1)/(2d_{1计})=3\times(103.5-60)/(2\times 84.33)=0.77$ ②允许扩大的最大外径 D_{2max}

图 2 半轴套管工步图

续表

序号	步骤	工艺计算
3	设计和计算工步图	镦粗比 $\psi_1 = l/d_{1\text{计}} = \dfrac{87.5}{84.33} = 1.04$ 因 $\psi_1 > \psi_{\text{允许}}$，需要再聚集坯料。 由 ψ_1 和 $\psi_{\text{允许}}$ 查图 14-21，得第二工步计算直径的最大允许增大系数 $\varepsilon_2 = 1.37$，所以允许的最大计算直径 $d_{2\text{计}}$ 为： $$d_{2\text{计}} = \varepsilon_2 d_{1\text{计}} = 1.37 \times 84.33 = 115.5(\text{mm})$$ $$D_{2\max} = \sqrt{d_{2\text{计}}^2 + d_2^2}$$ 式中 d_2——第二工步坯料的内径为 70mm。 $$D_{2\max} = \sqrt{115.5^2 + 70^2} = 135(\text{mm})$$ ③选择扩大的外径 D_2，为了镦粗时稳妥可靠，逐步成型，取 $D_2 = 124$，所以第二工步的实际计算直径 $d_{2\text{计}}$ 为： $$d_{2\text{计}} = \sqrt{D_2^2 - d_2^2} = \sqrt{124^2 - 70^2} = 102.4(\text{mm})$$ ④计算镦粗后管坯长度 l_2，由体积不变条件，计算得 $l_2 = 48\text{mm}$。 飞边外径取 $\phi 165\text{mm}$，厚度 5mm，为了充放多余的金属坯料，需设计飞边仓部。 3) 第三工步（切边）。 切去第二工步产生的横向飞边。 4) 第四工步（终锻），内径基本保持不变，仅扩大外径。 ①允许镦粗比 $\psi_{2\text{允许}}$。由 $D_2/d_2 = 124/70 = 1.77$，查表 14-23，得镦粗方式系数 $K = 2.1$。 $$\psi_{2\text{允许}} = K(D_2 - d_2)/(2d_{2\text{计}}) = 2.1 \times (124-70)/(2 \times 102.4) = 0.55$$ ②允许扩大的最大外径 $D_{4\max}$。 镦粗比 $\psi_2 = l_2/d_{2\text{计}} = 58/102.4 = 0.57$ 由 ψ_2 和 $\psi_{2\text{计}}$ 查图 14-21，得终锻工步计算直径的允许增大系数 $\varepsilon_4 = 1.4$，计算得允许的最大计算直径 $d_{4\text{计}}$： $$d_{4\text{计}} = \varepsilon_4 d_{2\text{计}} = 1.4 \times 102.4 = 143.4(\text{mm})$$ 由计算直径公式得允许扩大的最大外径 $D_{4\max}$。 $$D_{4\max} = \sqrt{d_{4\text{计}}^2 + d_4^2}$$ 式中 d_4——终锻时内孔的平均直径，约 80mm。因为终锻的外径要求达到 $\phi 162.4\text{mm}$，小于允许扩大的最大外径，所以可终锻成型。 $$D_{4\max} = \sqrt{143.4^2 + 80^2} = 164.2(\text{mm})$$
4	计算锻件锻造压力，模具宽度，确定设备吨位	选取 12500kN 垂直分模平锻机
5	模具设计	1) 凹模镶块。 ①终锻镶块外径 $D = D_{\max} + 2m$ 式中 $D_{\max}$——锻件最大外径，$D_{\max} = 162.4\text{mm}$； m——凹模模膛的壁厚，$m = 0.1 D_{\max} + (10 \sim 20)\text{mm} = 26.24 \sim 36.24(\text{mm})$。 $$D = 162.4 + 2 \times (26.24 \sim 36.24) = 214.9 \sim 234.9(\text{mm})$$ $$\text{取 } D = 230\text{mm}$$ ②其他工作镶块外径均取 $\phi 230\text{mm}$。 ③工作镶块长度取 240mm。 ④夹紧镶块直径和长度 $\phi 160\text{mm} \times 240\text{mm}$。 2) 凹模体（图 14-61）。 ①长度：$B = l_{\text{夹}} + l_{\text{B}} + l_{\text{凹}}$ 式中 $l_{\text{夹}}$——管坯夹紧长度，取 $l_{\text{夹}} = 380\text{mm}$； l_{B}——管坯的镦粗长度，取 $l_{\text{B}} = 148\text{mm}$； $l_{\text{凹}}$——凹模模膛的导程长度，$l_{\text{凹}} = 32\text{mm}$。 $$B = 380 + 148 + 32 = 560(\text{mm})$$ ②高度 $C = nD + (30 \sim 40)$ 式中 n——锻件模锻工步数，$n = 4$； D——工作镶块外径，$\phi 230\text{mm}$； $30 \sim 40$——凹模体上镶块窝座在高度方向两端的壁厚，取 35mm。 $$C = 4 \times 230 + 35 = 955(\text{mm})$$

序号	步骤	工艺计算
5	模具设计	厚度查表 14-5，厚度 $A=260\text{mm}$。 3) 凸模夹持器。 ① 长度 $L=L_p-L_凹-a$ 式中　L_p——12500kN 平锻机封闭长度，1415mm； 　　　$L_凹$——凹模体长度，560mm； 　　　a——闭合状态下，凸模夹持器和凹模体之间的间隔，取 60mm。 $$L=1415-560-60=795(\text{mm})$$ ② 高度　$H=nD+(30\sim40)\text{mm}$ 式中　n——锻件工步数，$n=4$； 　　　D——工作镶块外径，$\phi230\text{mm}$ $$H=4\times230+35=955\text{mm}$$ ③ 宽度　查表 14-5，得 230mm

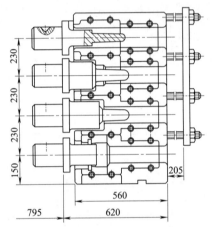

图 14-61　半轴套管模具图
(12500kN 垂直分模平锻机)

第 15 章
热模锻压力机用锻模设计

热模锻压力机（简称锻压机）是适用于自动化高效率生产的锻压设备，也是被广泛应用的模锻设备。锻锤上能生产的任何锻件也能在热模锻压机上生产。对变形速度较为敏感的某些材料不适于在锤上模锻，也可以在热模锻压力机上模锻。在热模锻压力机上不仅能进行一般模锻外，还能进行热挤压和热精压等工艺。

15.1 热模锻压力机的模锻特点

热模锻压力机的主要工作特点是：其载荷为静压力，设备的刚度大，导向性好，承受偏载能力强；滑块行程固定；并具有上、下顶出装置。因此其模具设计及模锻工艺具有下列特点。

① 在锤上模锻时，由于坯料在锤头多次打击下逐渐成型，锤头打击速度快，而每次锤击时金属的变形量较小，可利用金属的流动惯性，有利于模锻成型。而热模锻压力机是静压力使金属变形的，其行程速度慢，且行程和压力不能随意调节，故金属坯件的变形在滑块一次行程内完成。若一次行程打击中金属变形量过大，金属沿水平方向流动剧烈，而高度方向流动缓慢，容易产生折叠，充填模膛较困难，对于复杂的锻件，需要采用制坯、预锻工步。因此热模锻压力机上的锻模设计一些关键尺寸不能套用锤上锻模的设计参数。

② 由于热模锻压力机的行程固定，不便于进行拔长、滚压等制坯工步。对于截面积变化大于 10%～15% 的锻件，需配备其他设备（如辊锻机、平锻机、电镦机等）进行制坯。

③ 热锻压力机具有顶出装置，某些长轴类锻件可以竖立起来进行模锻或镦挤，可以采用比锤上模锻更小的模锻斜度，以提高锻件精度。

④ 由于热模锻压机的行程固定且变形力由机架本身承受，为防止设备闷车，上、下模不能压靠（即没有锤上模锻承击面的概念），一般应留有飞边桥部高度的间隙。

⑤ 由于热模锻压力机载荷是静压力，不便于制坯，坯料表面的氧化皮不易去掉，而需要配备氧化皮清除装置（如高压水或机械刷等），在有条件时，最好采用电加热或少无氧化加热。

⑥ 热模锻压力机模锻时，金属在模具内变形剧烈，其模具寿命一般比锤用锻模低，故

需采用较好的模具钢和模具润滑剂。为了提高模具使用寿命，热模锻压力机上采用预锻工步是有必要的。

⑦ 热模锻压力机是静压力进行模锻，其模具可采用通用模座能安装模腔镶块的组合结构（包括上、下模座，各种垫板，上、下模块，导向装置，顶料装置等部件组成）。故模架结构应设计合理，适用性强，经济合理并耐用可靠。

15.2　热模锻工步选择

按表 10-3 模锻件的分类来选择热模锻工步，见表 15-1。

表 15-1　热模锻工步的选择

序号	类型	A类	B类	C类
1	第1类是圆形、方形或水平投影形状接近圆形或方形的锻件。其工艺特点是单件进行镦粗成型	锻件形状简单，常用镦粗—终锻，若采用少、无氧化加热，则只需要用一个终锻模腔	这类锻件对终锻模腔坯料的直径有要求，故常采用镦粗—终锻，或预锻—终锻	这类锻件形状比较复杂，凡有深模腔、轮辐和内孔的环形锻件都属此类。常用镦粗—预锻—终锻。该类锻件每道工步都应考虑有良好的定位
2	第2类是沿轴线的截面变化不大的长轴件，可以在热模锻压机上进行制坯	锻件是带杆的小件，一般采用一模多件锻造工艺，即在锻模内设置2~5个模腔，一次模锻出2~5件。但一模多件模的制造精度要求很高，且终锻模和切边模的配合要很精确。若制模条件或加工精度不太高，则不宜超过一模三件。常用工序是压扁—预锻—终锻。若原坯料直接放入预锻模容易定位，或采用少、无氧化加热时，也可采用预锻—终锻	锻件是较大截面不在两端的长轴件，坯料的长度可短于锻件的总长，根据锻件的形状和截面变化情况可采用镦粗—预锻—终锻，或镦挤—终锻	锻件是较大截面处于轴线两端的锻件。当轴线为直线时，采用镦粗—预锻—终锻。当轴线为曲线时，采用弯曲—预锻—终锻
3	第3类是横截面沿轴线变化较大的长轴锻件，可在热模锻压力机上进行制坯并采用成对模锻工艺	该类锻件可采模腔错开排列的成对锻造。可采用压扁—预锻—终锻工序	锻件带有落差且截面沿轴线有变化。采用镦挤—预锻—终锻。该类锻件是曲线分模，因此，在成对锻造时应使锁扣对称，以平衡错移力	锻件沿轴线的截面变化很大。可采用模腔错开排列的成对锻造，将坯料压扁，并进行适当的分料。采用的工序为镦挤—预锻—终锻
4	第4类是沿轴线横截面变化很大的长轴件，既不能成对锻造又不能在热模锻压力机上制坯，必须在其他设备上进行制坯或最后成型	锻件是沿轴线截面变化很大，需要先在其他设备上制坯，然后在热模锻压机上成型，通常在辊锻机或平锻机上进行制坯。在平锻机上制坯，需要二次加热。为了去除氧化皮和便于定位，在热模锻压力机上可采用压扁—终锻。在辊锻机上制坯，一般是一次加热，可采用预锻—终锻。为了便于定位，也可采用压扁—预锻—终锻	锻件沿轴线截面变化较大，需要在辊锻机上制坯，一般可在一次加热内成型。在热模锻压力机上采用工序为预锻—终锻	该类锻件主要是各种曲轴。带平衡块的曲轴，一般需在辊锻机上进行制坯，然后在热模锻压力机上成型，采用预锻—终锻。不带平衡块的曲轴，大都在热模锻压力机上成型而不需要其他制坯设备配合，采用弯曲—预锻—终锻。一般曲轴锻件在模锻成型后往往还需要在其他设备上镦锻法兰或扭转角度等

续表

序号	类型	A类	B类	C类
5	第5类是镦挤件，其工艺特点是在闭式模内进行预挤和终挤成型，或在闭式模内预挤，在开式模内终挤成型	该类是一次镦挤成型的锻件。只采用一个终挤工序。该类锻件需要严格控制氧化皮，采用少、无氧化加热，或增加去除氧化皮的镦粗工步	该类是二次镦挤成型的锻件。需要在制坯后进行预挤和终挤，采用镦粗—预挤—终挤。一般采用镦粗工序去除氧化皮，获得平整的端面及所需的直径和高度，挤出凸台、杆部等定位部分。预挤在闭式模内进行，终挤可采用无飞边镦挤或带飞边的镦挤	该类是比较复杂的镦挤件。有些可以一次加热在热模锻压力机上采用镦粗—预挤—终挤。但有些锻件只在热模锻压力机上进行制坯、预挤，而在其他设备上进行终锻或精整工序

15.3 锻件图制定

锻件图制定的原则和内容与锤上模锻相同，见表15-2。

表15-2 锻件图制定的原则和内容

序号	参数	设计原则和内容
1	分模面	确定锻件分模面的原则与锤上模锻相同，但由于热模锻压机有顶出装置，使锻件可以较方便地从较深的模膛内取出。因此，可按成型要求较灵活地选择分模面
2	余量和公差	锻件的余量和公差与锤上模锻相同，可按国家标准 GB/T 12362—1990《钢质模锻件公差及机械加工余量》中的规定值确定，见表10-20～表10-27
3	模锻斜度	由于锻压机具有顶料机构，因而锻件的模锻斜度一般可比锤上模锻件小一级。外斜度为 3°～7°，一般常用5°。内斜度为7°～10°，可根据孔的相对深度而定。当孔深大于0.75倍孔径($h>0.75d$)时，最好采用两级模锻斜度，见图1和表1 表1 孔壁模锻斜度 | 相对深度	$h\leq 0.5d$	$h\leq 0.75d$	$h>0.75d$
---	---	---	---
$\beta/(°)$	10	12	—
$\beta_1/(°)$	—	—	≤ 7～10
$\beta_2/(°)$	—	—	10～15
h_1/mm	—	—	$(0.4$～$0.6)h$
R/mm	6～8	6～8	6～8	 图1 孔壁模锻斜度示意图
4	锻件圆角半径	可按图10-2和表10-32中的公式计算确定
5	冲连皮	冲孔连皮的形状和设计方法与锤上模锻相同，连皮厚度通常取6～8mm。直径小于26mm的孔一般不冲出

15.4 坯料计算

热模压力机模锻的坯料计算与锤上模锻基本相似（见表15-3）。

表15-3 坯料计算的原则

序号	参数	设计原则和内容
1	镦粗类锻件	镦粗（Ⅰ类锻件，见表10-4），锻件主要应确定坯料的长度和直径之比 L/D，L/D 应小于2.5，最好是1.8～2.2。若 $L/D>2.5$～3，则应采用闭式镦粗模，将坯料插入模内进行镦粗
2	沿轴线截面变化不太大的长轴类锻件	沿轴线截面变化不太大的长轴类锻件（Ⅱ、Ⅲ类锻件，见表10-4），以确定坯料的长度为主计算坯料。 ① 当较大截面处于中间或一端时，坯料长度 L 可短于锻件长度 L_d。 则 $L=L_d-(20$～$40)$mm

序号	参数	设计原则和内容
2	沿轴线截面变化不太大的长轴类锻件	$D=\sqrt{V_p/L}$ 式中 V_p——坯料体积。 ②当较大截面位于两端时,取坯料长度 L 等于锻件长度 L_d,即 $L=L_d$,然后确定坯料直径 D。计算出坯料直径 D 后,可选择材料标准中最接近的规格,再对 D 和 L 作少量修改得到所需要的坯料尺寸
3	沿轴线截面变化较大的长轴类锻件	沿轴线截面变化较大的长轴类锻件(Ⅳ类锻件,见表 10-4),以确定坯料的直径为主计算坯料。原则上坯料应按锻件的平均最大截面来选取直径(图 1) $$F'=V'/l'$$ $$\frac{\pi}{4}D_p^2=F'$$ $$D_p=\sqrt{4V'/\pi l'}$$ 式中 F'——锻件的平均最大截面,mm²; 　　V'——锻件大截面部位的总体积(包括飞边体积在内),mm³; 　　l'——锻件大截面部位的长度,mm; 　　D_p——坯料直径,mm。 根据计算出的 D_p,按材料标准选取接近规格,然后计算坯料长度 L_p。 $$L_p=4V_p/\pi D_p^2$$ 式中 V_p——坯料体积。 对曲轴类锻件,不论是否带有平衡块,其坯料直径的确定都采用上述方法,即按两曲拐之间的平均截面作为计算锻件平均最大截面 F' 的依据,然后再计算出坯料的直径与长度 图 1 确定平均最大截面
4	挤压类锻件	挤压类锻件(Ⅴ类锻件)的坯料计算,基本上与镦粗类锻件相同。只是坯料长度与直径之间比 L/D 的范围更大一些,通常在 1.2~3 之间

15.5 设备吨位的确定

热模锻压力机吨位的选择见表 15-4。

表 15-4 热模锻压力机吨位的选择

序号	参数	设计原则和内容
1	锻造力 P 根据经验公式确定	锻造力 P 一般可用经验公式计算: $$P=KF$$ 式中 K——金属变形抗力系数,决定钢种和锻件形状复杂程度,10kN/cm²; 　　F——包括锻件飞边桥部宽度在内的投影面积,cm²
2	采用图表确定锻压机吨位	用图表法来确定压力机吨位。 ①图 1 是采用 $K=4.0~7.1$。该图表考虑了锻件的形状复杂程度和钢种等综合因素。 图 1 确定压机吨位图表　$K=4.0~7.1$

续表

序号	参数	设计原则和内容
2	采用图表确定锻压机吨位	②图2是采用 $K=6.9\sim7.3$。该图表仅考虑了锻件的形状复杂程度而没有考虑钢种的因素。 从上述两个图表中可以看出，对于形状不复杂的锻件采用系数为 $K=6.4$ 显然偏大，而采用 $K=4\sim6$ 较为合适。 经过查表初步确定吨位后，再选择锻压机的吨位级（标准）中最接近的级别为最后确定的吨位。但锻压机的使用吨位最好不要大于公称吨位的80%，以防意外过载而引起闷车，同时也能提高锻件质量并可减少设备的维修量。由于闷车现象在锻造过程中时有发生，因此在选择设备吨位时应引起重视 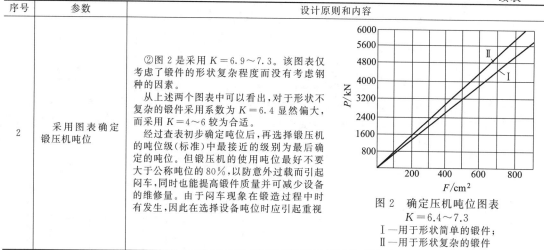 图2 确定压机吨位图表 $K=6.4\sim7.3$ Ⅰ—用于形状简单的锻件； Ⅱ—用于形状复杂的锻件

15.6 模膛设计

15.6.1 终锻模膛设计

终锻模膛设计的主要内容是确定模膛本体的尺寸，选择飞边槽，设计钳口和排气孔，确定锁扣的形式和合理布置顶料杆等（见表15-5）。

表15-5 终锻模膛设计

序号	参数	设计原则和内容
1	模膛尺寸的确定	终锻模膛设计依据是热锻件图，主要考虑如下几点。 (1)收缩率的确定，对钢件一般为 1%～1.5%，细长与扁薄的锻件取 1.2%，模锻后需要校正或压印工序的锻件可取 1%～1.2%，以补偿尺寸的增加。压力机或模具的弹性变形量较大时，也应将锻件高度尺寸适当减小。 (2)分模面的选取与锤上锻模基本相同，有顶出装置时，旋转体型的长轴类锻件的分模面允许取在非最大尺寸的截面上。 在设计热锻件图时，除考虑收缩率外，还应考虑： ①在切飞边和冲孔连皮时，锻件可能产生的拉缩变形。 ②对终锻模膛的易磨损处，可在锻件负公差尺寸上适当增加磨损量，以提高模具寿命。 ③下模膛较深处易聚积氧化皮的部位，锻件尺寸应增加2mm，并尽可能将较深的型腔设置在上模。 ④如锻压机和模具的弹性变形量较大时，应将热锻件的高度尺寸适当减小，以抵消其影响。 ⑤锻件图上应注明而未注明的模锻斜度和圆角半径，其尺寸注法一般规定按交点标注。外形尺寸标注在锻件最小部位（即模膛最深处），但不标注在分模面上，因多种因素的影响，分模面不宜作测量基准
2	飞边槽	(1)热模锻压力机上飞边槽的形式与锤上模锻相近，它没有承击面，飞边槽的尺寸可按设备的吨位确定(见表1)。 (2)终锻模膛的周围设置的飞边槽，其阻流作用不如锤上模锻那么重要，主要起着排出和容纳多余金属的作用，因此，飞边桥部及仓部的尺寸应比锤上锻模适当增大。对于不易充满模膛的部位，可将相应部位的飞边桥部宽度增大 50%～70%，以利促进成型。而对于切边质量要求较高者，也可将飞边桥部高度减小 10%～15%，使金属易于充填模膛。 (3)因热模锻压力机用锻模没有承击面的要求，当飞边槽仓部到模块边缘距离小于 20～25mm 时，可将仓部直接开通至模块边缘。 (4)飞边槽的形式与尺寸如表1所示。

续表

序号	参数	设计原则和内容
2	飞边槽	表1 终锻模膛飞边槽尺寸 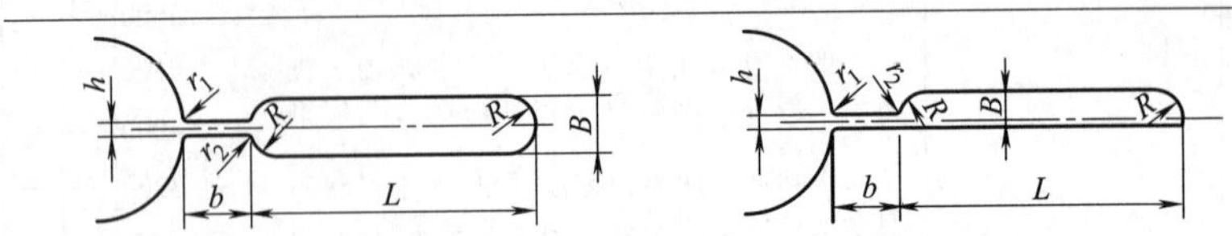 图1 飞边槽结构形式 （形式I、形式II） mm | 飞边槽尺寸	热模锻压力机规格/kN								| |---|---|---|---|---|---|---|---|---|---| | | 10000 | 16000 | 20000 | 25000 | 31500 | 40000 | 63000 | 80000 | 120000 | | h | 2 | 2 | 3 | 4 | 5 | 5 | 6 | 6 | 8 | | b | 10 | 10 | 10 | 12 | 15 | 15 | 20 | 20 | 24 | | B | 10 | 10 | 10 | 10 | 10 | 10 | 10 | 12 | 18 | | L | 40 | 40 | 40 | 50 | 50 | 50 | 60 | 60 | 60 | | r_1 | 1 | 1 | 1.5 | 1.5 | 2 | 2 | 2.5 | 2.5 | 3 | | r_2 | 2 | 2 | 2 | 2 | 3 | 3 | 4 | 4 | 4 |
3	钳口	热模锻压力机锻模一般不用钳口,检验模膛的浇口可用顶杆孔代替。没有顶杆孔的则要设钳口,其形状见图2,其尺寸为:$L = 60 \sim 70mm$,$b = 50 \sim 60mm$,或参照锤用锻模确定 图2 钳口
4	排气孔	对于终锻模膛较深的型腔,由于金属在成型时聚集在腔内的空气受到压缩,无法排出,而严重影响金属充满型腔,因此应在模膛深腔底部金属最后充满处开设排气孔,其尺寸参见图3。对环形模膛,排气孔可对称布排。而深窄的模腔,一般在底部只开设一个。如模膛底部有顶出器或有排出气体的缝隙时,可不需另开排气孔 图3 排气孔
5	锁扣和顶杆	锁扣设计见表15-21,顶杆的设计见表15-22~表15-23

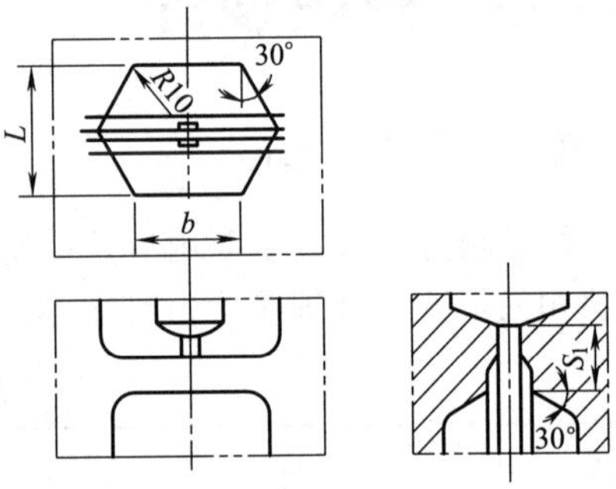

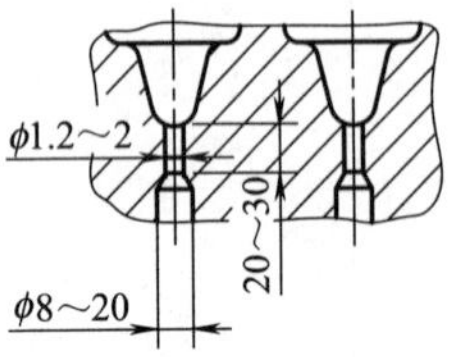

15.6.2 预锻模膛设计

预锻模膛设计,除应参考锤用锻模预锻模膛的设计原则外,还要考虑的原则见表15-6。

表15-6 预锻模膛设计

序号	参数	设计原则和内容
1	模膛高度和宽度尺寸	预锻模膛的高度尺寸应比终锻模膛相应大2~5mm,宽度尺寸应适当减少0.5~2mm。预锻模膛的截面积也应比终锻模增大3%~4%,以增加坯料向高度方向的充填能力

续表

序号	参数	设计原则和内容
2	模膛的截面形状	若预锻模膛与终锻模膛的截面积相差较大时，为防止金属坯料在终锻时产生回流而形成夹层或折叠，必须严格核对相应部分的体积。如终锻模膛截面形状为圆形，预锻模膛应取椭圆形，并且长轴较圆的直径增大 4%～5%，以利于成型。图1所示为终锻与预锻模膛的差别，如坯料在终锻模膛中不能以镦粗方式成型，而只能以压入方式成型时，预锻后的毛坯形状应能与终锻模膛侧面接触，以确保金属向终锻模膛深处充填 图1 预锻模膛与终锻模膛的差别
3	飞边槽	预锻飞边槽的结构形式与终锻飞边槽相同。对于顶锻模膛通常不设飞边槽，也不开排气孔。若锻件形状复杂，可设置飞边槽有助于成型，但应将飞边槽的桥部高度加大 30%～40%，桥部宽度 b 也应比终锻模膛稍加大些，具体尺寸参见表1。 表1 预锻模膛飞边尺寸 图2 飞边槽结构形式（形式Ⅰ、形式Ⅱ） mm

表1 预锻模膛飞边尺寸

飞边槽尺寸	热模锻压力机规格/kN								
	10000	16000	20000	25000	31500	40000	63000	80000	120000
h	3	3	4	5	6	6	7	7	9
b	10	10	10	12	15	15	20	20	24
B	10	10	10	10	10	10	10	12	18
L	40	40	40	50	50	50	60	60	60
r_1	1.5	1.5	2	2	3	3	3.5	3.5	4
r_2	2	2	2	2	3	4	4	4	4

序号	参数	设计原则和内容
4	冲深孔与连皮	对于有孔的锻件，但孔径不大，预锻件与终锻件的内孔深度之差不应超过 5mm。否则终锻时内孔将有大量金属沿径向外流而形成折叠。如孔径较大，则应在终锻模膛中设置带仓的连皮，以容纳连皮处多余的金属。预锻冲孔连皮设计见图3。 ①当 $D \leqslant 1.5H$ 时，采用图3(a)型连皮。 $S = h$ $S_1 = (1.5 \sim 2)S$ $R_1 = 5 \sim 20$mm（根据 S、S_1 作图选择确定） 式中 h——飞边桥部厚度，mm； 　　　S——连皮厚度，mm； 　　　S_1——连皮最大厚度，mm； 　　　R_1——连皮圆角半径，mm。 ②当 $D \geqslant 1.5H$ 时，采用图3(b)型连皮。 $S = h$ $d = (0.25 \sim 0.33)D$ $\alpha = 5° \sim 7°$ $R_1 = 10 \sim 30$mm 式中 d——连皮中部平均直径，mm； 　　　α——连皮斜度； 　　　R_1——连皮圆角半径，mm； 　　　D——孔径，mm。 图3 预锻冲孔连皮
5	圆角半径	预锻件的圆角半径及模锻斜度与锤上模锻相同

15.6.3 制坯模膛设计

热模锻压力机上模锻常用的制坯模膛有镦粗模膛、镦挤（成型）模膛和弯曲模膛等。

(1) 镦粗模膛

镦粗模膛有镦粗台和成型镦粗模膛两种（见表 15-7）。

表 15-7 镦粗模膛设计

序号	参数	设计原则和内容
1	镦粗台	图 1 所示，上、下模的工作面是平面，用于坯料镦粗，通常用于圆形件镦粗。图中 H 为模具的封闭高度，每一种模架中的 H 是定值。下模座和镦粗上模是通用件，h_2 和 h_3 也是定值。设计时应使 h_1 的高度比预锻模膛下模块的高度高出 5～10mm。以便将镦粗后坯料推到预锻模下模块上。为满足上述要求，以调节 h_4 或 h_2 来解决。镦粗下模磨损后需要翻新，使 h_4 变小，则调整垫片 2 的厚度 h_5 来进行补偿。 镦粗下模 3 的底部工作面为圆形，底面直径 d 应尽可能大一些，在台阶处应保持间隙 Δ，其值为 1～2mm。 镦粗后坯料的高度 h，按坯料自由镦粗后最大外径比预锻模膛在分模面上的直径小 1～3mm，一般要能顺利放进预锻模膛
2	成型镦粗模膛	图 2 成型镦粗模的上、下模结构带有一定的形状的模膛，其作用是使成型后的坯料易于在预锻模中定位或有利于成型。 图中下模上端有一段 20mm 的凸台，是因为镦粗后的坯料易卡在下模，为了便于将坯料取出，其凸台可作为操作起料时夹钳的支点，可省力也方便

图 1 镦粗台
1—下模座；2—调整垫片；
3—镦粗下模；4—镦粗上模

图 2 成型镦粗模

(2) 镦挤（成型）模膛

镦挤（成型）模膛设计见表 15-8。

表 15-8 镦挤（成型）模膛设计

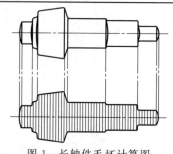

图 1 长轴件毛坯计算图

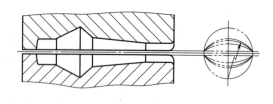

图 2 镦挤模膛图

序号	参数	设计原则和内容
1	作用	镦挤模膛与锤上模锻的滚压模膛相似，其主要作用是沿坯料纵向重新分配金属，使其接近锻件沿轴向的截面变化。镦挤时，坯料长度增加而截面积减小。同时镦挤还有去除表面氧化皮的作用
2	镦挤模膛设计	①镦挤模膛设计依据是计算毛坯图。图 1 为长轴件的计算毛坯(直径)图，图 2 为其挤压模膛图。在计算飞边体积时，一般按仓部充满 50% 计算，但对叉形劈开件，其叉口内侧应按仓部全部充满计算。对某些特殊部位也可按成型难易程度适当调整飞边的仓部充满百分比。

续表

序号	参数	设计原则和内容
2	镦挤模膛设计	②模膛宽度 $B=(1.6\sim1.8)d$（d 为坯料直径）。 ③对拔长区段的模膛深度 $h_1=(0.5\sim0.9)d$，h_1 不宜过小，因为一般需要在同一模膛中进行 1~3 次镦挤，每次都要翻 90°，如一次压下量过大，翻转 90°再компрес时易产生缺陷。 对于要求聚料的区段：$h=(1.1\sim1.3)d$，当聚料区段较短且处于锻件中部时，聚料区段长度与坯料直径的比值约为 0.6，当坯料截面积达到锻件最大截面积的 0.65 倍时，就能满足聚料要求。聚料区靠近锻件一端时，则此值应增大至 0.85 左右。 ④镦挤模膛长度：一般热模锻压力机镦挤时，不另加夹钳料头。为了操作方便，可将模膛一侧开通并加深或是把分模面间隙加大，以不压夹钳为准。因此，镦挤模膛总长度 $L\leqslant$ 热锻件长度。 ⑤镦挤模膛在模膛深度变化的过渡区，过渡圆角 R_n 应尽量设计大一些。特别是由小截面向聚料段大截面过渡圆角要加大，如有可能时应设计成带斜度 α 的均匀变化的模膛深度。过渡圆角加大，可以避免在预锻模膛中模锻时在过渡处产生折叠。 ⑥上、下镦挤模分模面上的间隙 t 不应大小。一般为坯料直径的 12% 左右为宜。 ⑦模膛尾部应设计成斜度 $\beta=7°\sim10°$，分模面上 r 不应小于 5mm，端面 R 不应小于 10mm。 ⑧镦挤模膛的横截面积根据模膛深度 h、宽度 B 和分模面间隙 t 的交点作圆。当截面变化小时，可采用矩形截面

（3）弯曲模膛

弯曲模膛设计见表 15-9。

表 15-9 弯曲模膛设计

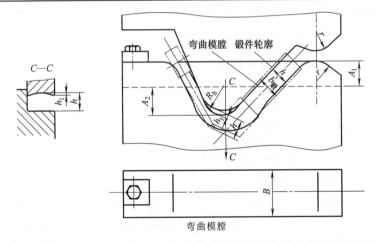

弯曲模膛

序号	参数	设计原则和内容
1	作用	弯曲模膛的作用是将坯料在弯曲模膛内压弯，使其符合于预锻模膛或终锻模膛在分模面上的形状
2	弯曲模膛设计	弯曲模膛的设计依据是预锻模膛或终锻模膛的热锻件图在分模面上的投影形状，其设计要点如下。 ①弯曲模膛在急剧弯曲处应设计成较大的圆角，特别是弯曲处转角接近或小于 90°时，应加大转角半径 R_n，以免在预、终锻模膛时产生折叠。 ②弯曲模膛在下模上应有两个支点，以放置压弯前的坯料，并使其处于水平位置。 ③弯曲下模应有固定的或可调整的坯料定位装置。 ④手工操作的弯曲模膛应有夹钳口
3	模膛尺寸	①模膛深度：$h=(0.8\sim0.9)b_d$，对于容易堆积氧化皮的模膛较深处，h 应加大。 式中 b_d——锻件相应截面位置的宽度。

序号	参数	设计原则和内容
3	模膛尺寸	②模膛截面形状：矩形。 ③模膛宽度：用型材作坯料时　$B=F_0/h_{\min}+(10\sim20)\,\mathrm{mm}$ 　　　　　　用预制的坯料作坯料时　$B=F_1/h_{\min}+(10\sim20)\,\mathrm{mm}$ 式中　F_0——坯料截面积，mm^2； 　　　$h_{\min}$——模膛最小深度，mm； 　　　F_1——模膛最小深度 $h_{\min}$ 处相应坯料截面积，mm^2。 应使 $B\geqslant F_{\max}/h_2+(10\sim20)\,\mathrm{mm}$ 式中　$F_{\max}$——坯料最大截面积，mm^2； 　　　h_2——最大截面处的模膛深度，mm。 ④为了使坯料定位和防止压弯时坯料偏向一边，弯曲模膛的凸出部分（仅上模膛凸出部分）在宽度方向应做成弧形凹坑（见图C—C），并使 $h_1=(0.1\sim0.2)h$，式中，h 为模膛相应部分深度。弯曲模膛凸出于分模线部分的高度应接近相等（即 $A_1\approx A_2$）。

15.7　锻模设计

15.7.1　锻模总体结构和高度尺寸设计

锻模总体结构和高度尺寸设计见表 15-10。

表 15-10　锻模总体结构和高度尺寸设计

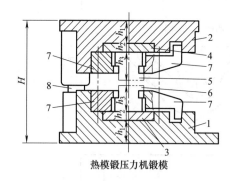

1—下模架；2—上模架；3,4—中间模板；
5—上模块；6—下模块；7—紧固压板；8—导向装置

热模锻压力机锻模

项目	说　明
锻模总体结构	热模锻压力机锻模主要由下模架1，上模架2，中间模板3、4，上、下模块5、6，紧固压板7和导向装置8等组成
锻模高度尺寸设计	热模锻压力机锻模一般应符合下列比例关系。 (1) 锻模闭合高度 H $$H=A+0.75a$$ 式中　H——锻模闭合高度； 　　　A——热模锻压力机最小装模高度（可见 16 热模锻设备相关内容），mm； 　　　a——热模锻压力机装模高度调节量（可见 16 热模锻设备相关内容），mm。 热模锻压力机的装模高度调节量是较小的，考虑到模架的修复和补偿热模锻压力机加载时机身、曲轴、连杆等部件的弹性变形及某些结构件连接处的间隙（一般占调节量的35%左右）等因素，调节量 a 应取较大值，由于热模锻压力机和模架的制造都会有误差，所以，上式中采用调节量 a 的 75% (2) 模座厚度 h_1 和垫板厚度 h_2 $$h_1+h_2=(0.3\sim0.325)H$$ 式中　h_1——模座厚度，mm； 　　　h_2——模板厚度，mm。

续表

项目	说　　明
锻模高度尺寸设计	(3)模块厚度 h_3 　　模块厚度 h_3 与上、下模座厚度 h_1 和垫板厚度 h_2 相互关联。h_2 不变，增大 h_1 就得减小 h_3，使模块的翻新量减少。反之，增大 h_3 就得减薄 h_1，使模架的强度削弱。各板的厚度可在热模锻压力机允许的锻模闭合高度 H 的范围内根据强度条件确定。 (4)上、下模块间的间隙 h_j 和飞边槽的桥部厚度 h_f(图中未注出)的关系 $$h_j = h_f$$ 式中　h_j——上、下模块间的间隙，mm； 　　　h_f——飞边槽的桥部厚度(可查表15-5中表1或表15-6中表1)，mm。 上、下模间保持间隙 h_j 非常必要，它可以补偿模具制造和安装的微小误差，防止设备闷车。 (5)锻模各零件高度尺寸的确定 $$H = 2(h_1 + h_2 + h_3) + h_j$$ 式中　H——锻模的闭合高度，mm，其值等于热模锻压力机最大装模高度 $H_{max} - 5$mm，即 $H = H_{max} - 5$mm； 　　　h_1——上、下模座厚度，mm； 　　　h_2——上、下垫板厚度，mm； 　　　h_3——上、下模块厚度，mm； 　　　h_j——上、下模块间的间隙，其值等于飞边槽桥部高度，mm。 模座高度 h_1 在可能情况下选取最大值，以容纳有足够行程的顶料装置，并保证模座在各个方向有足够强度，并使导向装置有足够的稳定性。锻模各零件高度尺寸参考下表确定。 | 设备公称压力/MN	6.3	10	16	20～25	31.5～40	63～80
---	---	---	---	---	---	---
上、下模座厚度 h_1	约95	110～120	145～165	160～230	220～275	280～320
垫板厚度 h_2　窝座式模架用	约30	40～45	约55	70～90	100～110	—
垫板厚度 h_2　键式模架用	—	50～60	50～70	50～70	70～90	70～90
键式模架中间垫板厚度 h'_2	—	约30	35	40	40	45	

15.7.2　模架设计

(1) 模架设计的主要内容

模架设计的主要内容见表15-11。

表15-11　模架设计的主要内容

项目	说　　明
模架的作用与特点	模架用于紧固模块，传递锻压机顶料运动的主要部件，并承受锻造过程中的全部负荷。模架质量较大(一般整副模架的质量达1～2t，120000kN热模锻压力机的模架重达50多吨)，制造困难，因此必须对模架的设计、制造和使用予以十分重视
模架设计的主要内容	模架设计工作主要包括：上、下模座，上、下垫板，上、下模块，顶料装置以及某些紧固件等
对模架的基本要求	①模架的结构形式应具有较大的通用性，并能适应多品种生产。 ②模架应具有足够的强度和刚度，应保证设备在锻造过程中所引起的弹性变形，不致影响锻件高度方向的尺寸，因此，模架内各种承受锻造负荷的部件，包括上、下模座在内均应采用合金钢制造并进行适当的热处理。 ③模架上所有的零件形状应尽可能地简单，以便于加工制造。 ④模架内设置的顶料装置应可靠、耐用，以便于修理和更换。 ⑤模架的结构应保证在安装、调整和更换模块时，不需要将模架从热模锻压力机上卸下，以减少换模工作量。 ⑥模架上所有的紧固件位置要布排得当，使紧固时操作方便。 ⑦模架上应设有起重孔或起重棒，并保证吊装时安全可靠

续表

项目	说 明
根据设计要求和条件确定模架的设计有关事项	模架设计前必须详细了解锻件的工艺要求和热模锻压力机的技术条件。包括设备的装模空间尺寸、最大的封闭高度尺寸、封闭高度调节量、设备的顶料机构、顶料行程、顶料杆的数量和位置、采用本模架锻制锻件的种类、锻件的形状、生产纲领、生产方式,以及锻造的操作方式(手工或机械操作)等。 根据上述要求和条件提供模架设计有关事项。 ①根据锻件的生产品种、生产纲领和生产方式,确定模架的结构形式、定位和紧固方式。 ②根据设备的装模空间尺寸、封闭高度调节量,确定模架的封闭高度尺寸,模架的长度、宽度以及模架在设备上的紧固位置和尺寸。 ③根据设备的顶料机构的布置和顶料行程,确定模架的顶杆数量、顶杆布置方式及顶杆的长度。 ④根据本模架模锻的锻件种类及其轮廓尺寸,确定模架内安装预锻、终锻模块的尺寸。 ⑤根据设备的吨位和锻件的大小,确定模架内导向装置各部件的尺寸。 ⑥根据锻造的操作方式,确定模架内制坯、预锻、终锻等模块的布排顺序和距离。若采用机械手操作,各模膛必须按工序依次排列在一条直线上,并保持相等的距离;若用手工操作,只要按锻造顺序布置模膛即可

(2) 模架结构

按模块和模架的紧固方式,模架结构主要有窝座式和键式模架两种形式(见表 15-12 和表 15-13)。

① 窝座式模架见表 15-12。

表 15-12 窝座式模架的特点与结构

项目	说 明
特点	窝座式模架在上、下模座的中间都铣有用来安放模具的窝座,其优点如下: ①定位准确,紧固牢靠,是热模锻压力机模架使用最广泛的典型结构。 ②模具的翻新次数较多。 ③适用于锻件产量大,要求精度高,品种不太多的生产场合。 缺点如下: ①需要有很强的模具制造能力和较高的制造精度。 ②通用性与万能性较小,不适用于多品种,小批量以及需要经常进行迂回生产的场合。 ③模具的安装和调整比较困难,锻件的精度很大程度上取决于模具的制造精度
模架的结构	①矩形模块用窝座式模架 图 1 矩形模块用窝座式模架 1—模块;2—垫板;3—螺钉;4—前压板;5—上下模座;6—后挡板;7—侧板螺钉

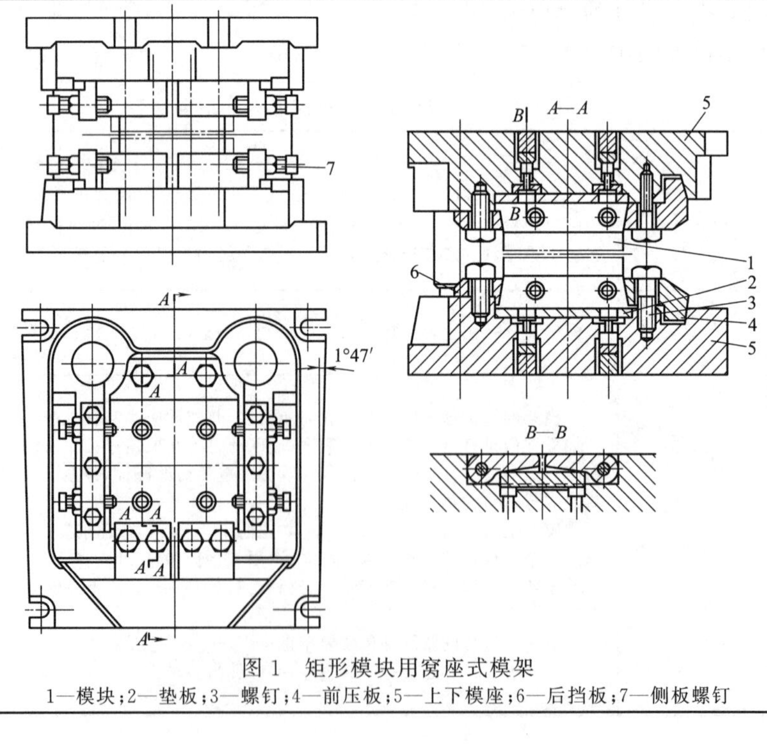

续表

项目	说　明
模架的结构	带斜面的矩形模块安放在四周封闭的窝座中。带有 7°斜面的后挡板 6 和带有 10°斜面的前压板 4 紧压住模块的前、后端面，拧紧螺钉 3 时，模块 1 就被前后紧压压住。下模块前后方向的调整利用设备工作台上的前、后定位调整螺钉。左右方向则利用下模块两侧面的 1°47′斜面和侧板螺钉 7 来调整和紧固。垫板 2 的作用是防止模座支撑面被模块压出凹痕 ② 圆柱形模块用窝座式模架 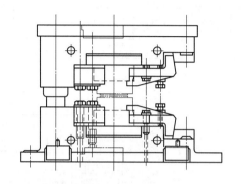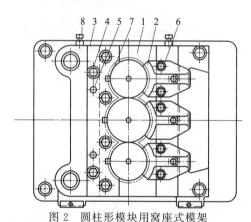 图 2　圆柱形模块用窝座式模架 1—下模座；2—压板；3—后定位板；4,6,8—螺栓；5—定位销；7—键 此类模架适用于回转体锻件模锻，圆柱形模块被紧固在模架的窝座内，定位准确，而且能承受较大的模锻错移力。但模块外形尺寸精度要求高，左右方向调整和模块的装卸比较困难。模块适应范围较小。一般用于模锻错移力大，模锻工艺力大的回转体锻件的模锻。也适宜于批量大的模锻生产。这类模架上，下模座的左右两侧是贯通的，但带有圆弧的后定位板如似窝座一样使模块在其中定位，故它属于窝座式结构的模架。后定位板 3 由螺栓 4 和定位销 5 紧固在上、下模座上，模块由压板 2 和螺栓 6 施压紧固，为防止模块转动而在模块和定位板间放入键 7，螺栓 8 是用作调整和侧向压紧下模座 1 的

② 键式模架见表 15-13。

表 15-13　键式模架的特点与结构

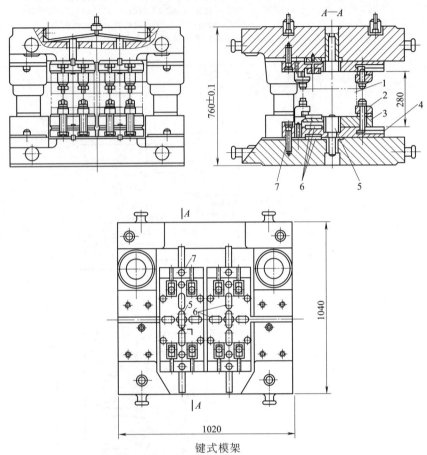

键式模架

1—模块；2—压板；3—中间垫板；4—垫板；5—键；6—定位平键；7—螺钉

特点	键式模架结构比较简单，模架安装、更换、调整比较方便，因为紧固压板的T形螺钉可以在垫板中的T形槽前后移动，更换模具时，松动T形螺钉，将压板向外移动，即可取出模块修整。键式模架对模块长度适应范围大，有较大的通用性。在生产中如需将在同吨位或小吨位的其他热模锻压力机上使用的模块在本模架上使用，只要增加一块过渡垫板或重新设计不同厚度的垫板即可。键式模架的模块较容易翻新。 键式模架对十字形键槽的制造精度要求很严。上下对应部位必须严格对正，才能保证不错移。定位键的有效长度要尽可能长，才能使定位可靠，一般不宜小于40mm。 如经常更换调整模块，会使键槽磨损，且较难修复；定位键的有效高度小，定位可靠性差。顶杆和纵向键槽在同一中心线上排列，为适应多种长度的模块和不同形状的锻件需统一顶杆位置，有时会使键槽与顶杆槽排列互相干涉。模块上的底面十字形槽都开通，削弱模块强度。垫板上的顶杆槽、键槽等减少了垫板与模块的承压面积。特别对小模块，使得承受单位压力增加，模块容易损坏，垫板凹陷变形。为解决这些问题，必须增大模块尺寸，从而增加了模具钢材消耗。 键式模架适用于生产批量大，模具更换不很频繁的情况。多用于在31.5MN以下系列的热模锻压力机上
键式模架的结构	键式模架（见图示）的结构有如下特点。 ①模块以平键定位。模块用十字形布置的平键定位，垫板和模座的定位也采用十字形布置的键结构。需要进行前后或左右错差调整时采用偏心键。该模架上可以布排四个模膛，从左到右是制坯模，预锻模，终锻模，切边模（或冲孔模）。上、下模座与垫板4之间，垫板4与模块1之间都采用平键定位，并用螺钉紧固。

键式模架的结构	②垫板是整体结构，它既用平键又用窝座进行定位。垫板直接与锻模接触，承受变形时的全部压力，使用一定时间后将产生变形和磨损，需要定期更换。垫板应采用与模块一样的材料，其淬火热处理后布氏硬度应提高到363～444HB；应尽量可能将垫板设计得大一些，以增加与模座的接触面积。垫板厚度应大于40mm，一般以70～80mm为宜。模具翻过新后，在垫板与模块之间应再装一块中间垫板，以保持模具闭合高度不变。图15-1和图15-2分别是用于20000kN热模锻压力机的键式模架的垫板和中间垫板的结构。 ③不同长度的模块可用不同的压板来进行紧固。垫板与模块间是用压板2紧固的。 ④模块尺寸范围：模块长度 $L=320\sim560$mm 模块宽度 $B=200\sim300$mm（预锻和终锻） $B\leqslant 220$mm（制坯） $B\leqslant 240$mm（切边或冲孔） ⑤用于定位的平键可以设计成互相通用的标准件（表15-14）。为了锻模的调整方便，可以采用偏心键，常用的偏心值有0.5、1.0、1.5、2.0等，可根据需要确定（表15-14）。 ⑥钩形压板设计见表15-15。 ⑦上、下模座的设计。上、下模座是模架的主体，必须具有一定的耐冲击性、较好的强度和耐磨性能，长期使用而不失效。上、下模座材料宜选用5CrNiMo钢。热处理硬度为布氏硬度285～321HB。模座材料不宜采用铸钢件。 图15-3～图15-7列出了一种键式模架的结构供参考

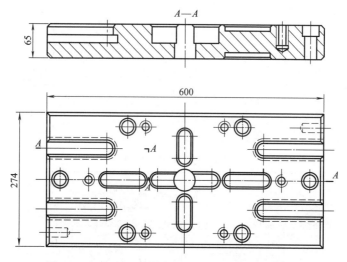

图 15-1　20000kN 热模锻压力机用键式模架的垫板

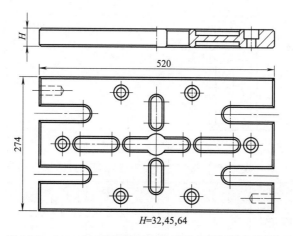

$H=32,45,64$

图 15-2　20000kN 热模锻压力机用键式模架的中间垫板

③ 定位平键及偏心键见表 15-14，钩形压板设计见表 15-15。

表 15-14 定位平键及偏心键   mm

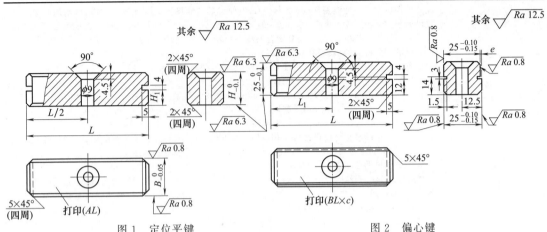

图 1 定位平键　　　　　　　图 2 偏心键

	序号	H_1	H	B	L	说　　明
定位平键	1	12	25	25	50,70,100,135	
	2	14	28	30	70,85,90,100,120,130,150	
	序号	L	L_1		e	① 材料：45 钢。② 热处理：淬火 45～50HRC
偏心键	1	50	25			
	2	70	35		0.5,1.0,1.5,2.0,2.5	
	3	100	50			

表 15-15 钩形压板设计   mm

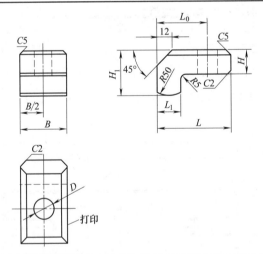

序号	D	B	H	H_1	L_0	L	L_1	说　　明
1	25	50	25	50	50	92	25	
2	25	55	30	55	55	100	30	① 材料：45 钢。② 热处理：淬火 35～45HRC
3	31	60	35	65	60	110	35	
4	25	55	30	55	65	125	30	
5	31	70	35	65	60	130	35	

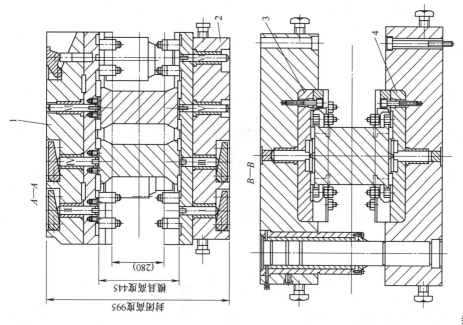

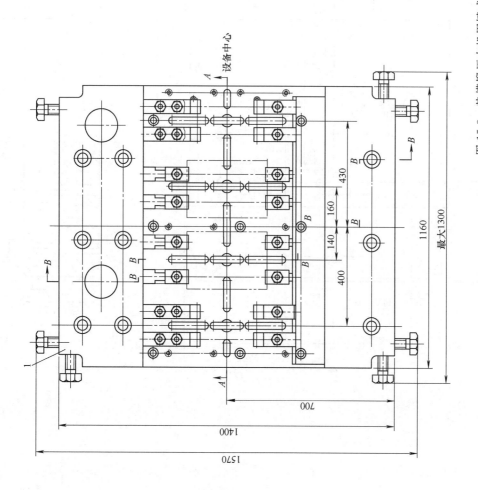

图 15-3 热模锻压力机用键式模架锻模
1—上模座；2—下模座；3—上垫板；4—下垫板

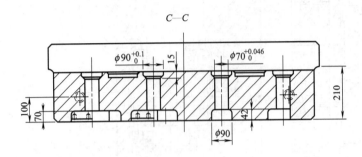

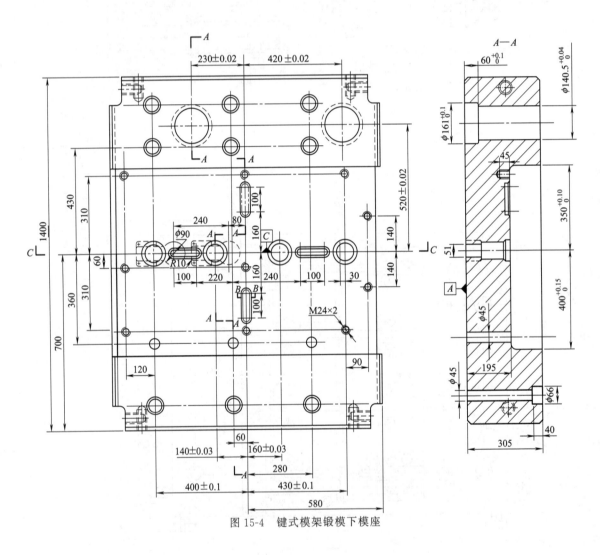

图 15-4 键式模架锻模下模座

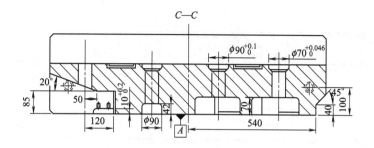

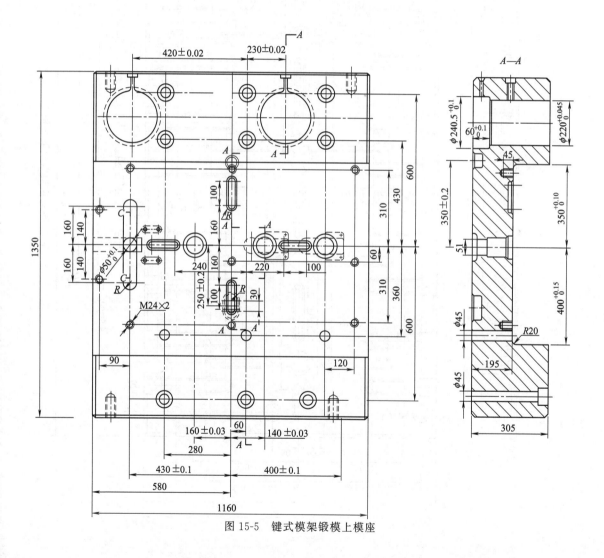

图 15-5 键式模架锻模上模座

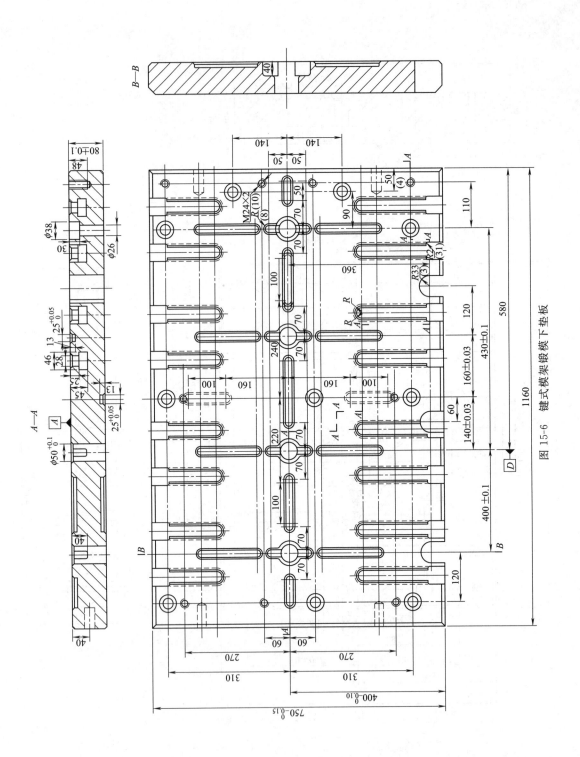

图 15-6 键式模架锻模下垫板

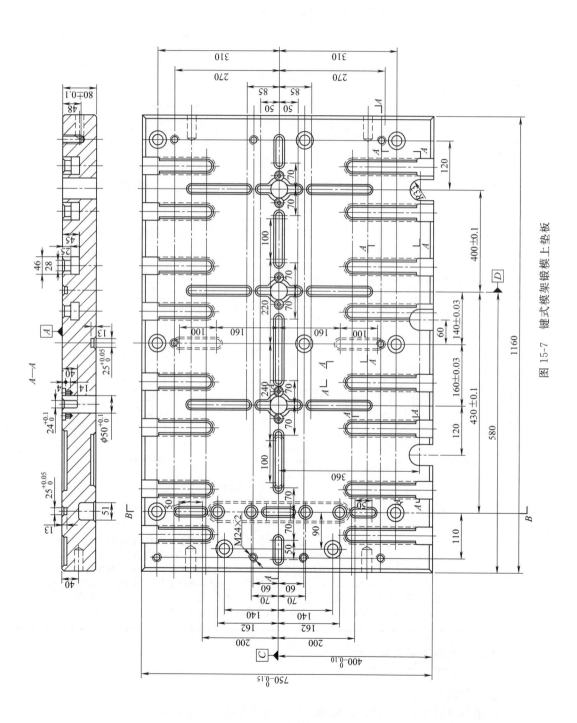

图 15-7 键式模架锻模上垫板

15.7.3 模块设计

(1) 模块的形式和特点

整体式模块的形式及特点见表 15-16。

表 15-16 整体式模块的形式及特点

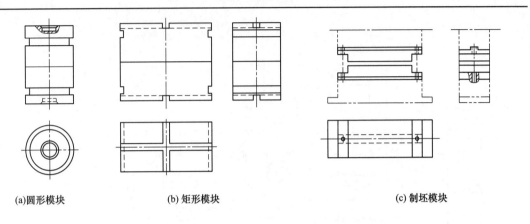

(a)圆形模块　　　(b)矩形模块　　　(c)制坯模块

图 1　键式模架用模块

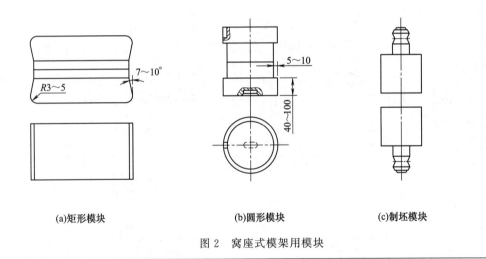

(a)矩形模块　　　(b)圆形模块　　　(c)制坯模块

图 2　窝座式模架用模块

特点	整体式模块：上、下模块各为一整块
模块的形式	主要形式有两种：矩形和圆形。一般矩形模块采用较多，锻制圆形锻件也常用矩形模块，其调整较圆柱形模块容易。为了减少模架和模块的种类，应将锻件合理地分类和分组，以便选择标准模块。 图 1 是键式模架所用的模块，其底部都开有十字形的键槽或者空位孔。矩形模块的前后端和圆形模块的周边开有供压板压紧用的直槽。制坯用的模块一般采用组合式结构，用螺钉紧固在模座上。 图 2 是窝座式模架所用的模块，矩形模块的前后端面带有 7°~10°的斜度；圆形模块带有 5~10mm 的台肩，底部开有防止转动的键槽。用于镦粗的制坯模块大都是采用螺钉紧固在模架的左前角

(2) 组合式模块的形式及特点

组合式模块的形式及特点见表 15-17。

(3) 模块的结构设计

模块的结构设计见表 15-18，矩形模块标准尺寸见表 15-19 和表 15-20。

表 15-17　组合式模块的形式及特点

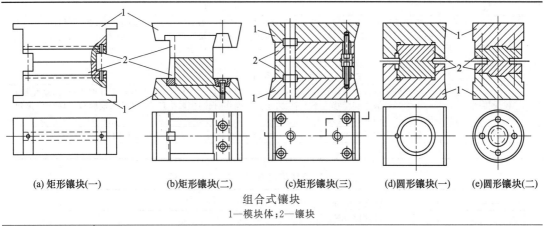

(a) 矩形镶块（一）　　(b) 矩形镶块（二）　　(c) 矩形镶块（三）　　(d) 圆形镶块（一）　　(e) 圆形镶块（二）

组合式镶块

1—模块体；2—镶块

特点		镶块式模块：上、下模块或有一个分为模块体与镶块，在镶块上加工出各种模膛。镶块可一次性使用不翻新
镶块的定位与紧固	方形和矩形镶块的定位	矩形镶块的定位如图示(a)、(b)、(c)所示，其中图(a)采用长槽，图(b)采用方键，图(c)采用空心圆
	圆形镶块的定位	圆形镶块的定位如图示(d)、(e)所示；其中图(d)采用圆销，图(e)采用窝座定位
	镶块与模座的连接紧固	镶块与模座的连接紧固可采用螺钉或斜楔，斜楔紧固比较牢固可靠

表 15-18　模块的结构设计

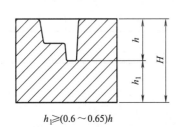

$h_1 \geqslant (0.6 \sim 0.65)h$

图 1　模块底部厚度示意图

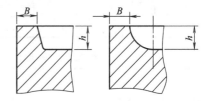

$B \geqslant h$　　$B \geqslant (0.6 \sim 0.65)h$

图 2　模壁厚度与模膛形状的关系

参数	说明
镶块的尺寸	①水平方向尺寸　镶块水平方向的尺寸取决于模膛的形状、尺寸及模壁厚度等因素。其壁厚 B 按下式确定（见图 2）： $$B=(1\sim 1.5)h \geqslant 40\mathrm{mm}$$ 式中　h——模膛最宽处的深度，mm。 一个模块上设置有两个模膛时，其模膛间的壁厚 B_1 可按下式确定： $$B_1 \geqslant (0.5\sim 1)h$$ 当模膛为圆形时，B_1 可取小值，其他形状应取最大值。 ②模块的高度尺寸　模块的高度尺寸与模膛的深度、翻新次数及模架的闭合高度有关。模块高度 H 与底部厚度 h_1 和模架闭合高度 $H_总$ 应尽可能符合下列条件： $$h_1 \geqslant (0.6\sim 0.65)H$$ $$H_总 \leqslant (0.35\sim 0.4)H$$ 式中　h_1——模膛底部厚度； 　　　H——模架闭合高度； 　　　$H_总$——模块闭合状态时的总高度。 如锻模的上、下模膛不对称时，则上、下模块也应做成不同的高度，以保持上述的比例关系。 确定模块高度时应将翻新量考虑在内，即模块最后一次翻新时应能符合 $h_1 \geqslant (0.6\sim 0.65)H$。而模块每次的翻新量应是一个固定值，以便增加标准尺寸的垫板来补偿模块的翻新量

续表

参数	说　　明
承压面积	模块承压面积是指模块与模架垫板的接触面积。模块的尺寸初步确定后，为了保证模块工作的安全可靠性，必须对模块的承压面积进行核算，模块所承受的压应力应满足下列要求： $$p = F/A < 300 \text{MPa}$$ 式中　F——压力机的公称压力，kN； 　　　A——模块底面的有效承压面积，mm^2
模膛排列	终锻模膛的模块应设置在模座中心，使金属变形抗力的合力作用点与连杆中心重合，避免偏心打击。当模锻力和错移力不大时，为了方便操作，提高模锻生产率，也可将模膛按工序顺序排列，由模具的导向装置来防止错移
标准模块	标准模块的尺寸见表 15-19，适用于窝座式模架；表 15-20 适用于键式模架
锁扣	关于锁扣设计见表 15-21

表 15-19　矩形模块标准尺寸（窝座式模架用）

图示	热模锻压力机吨位/kN	A	B	H	l	l_1	$\alpha/(°)$
		/mm					
	6300	310	292	240	140	—	7
	10000	220	200	230	110	110	7
		265	242	240	190	—	7
	16000	275	270	260	200	140	7
	20000~25000	440	406	380	178	152	7
		395	370	304	310	—	7
		559	528	282	140	140	10
	31500~40000	395	360	406	320	225	7
		740	700	370	250	205	10

表 15-20　矩形模块标准尺寸（键式模架用）

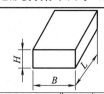

序号	模块规格:$L \times B \times H$ /mm×mm×mm	设备吨位/kN	序号	模块规格:$L \times B \times H$ /mm×mm×mm	设备吨位/kN
1	240×240×130	16000	22	760×200×160	31500
2	240×240×160	16000	23	950×200×160	40000
3	260×260×110	20000	24	550×240×160	31500
4	260×260×140	20000	25	600×240×160	40000
5	260×260×160	20000	26	650×240×160	40000
6	260×260×190	20000	27	550×240×190	31500/25000
7	290×230×130	20000	28	400×260×180	31500
8	290×230×160	20000	29	430×260×160	31500
9	290×230×190	20000	30	480×260×180	31500
10	300×190×130	16000	31	630×260×200	40000
11	300×190×140	16000	32	830×260×200	25000
12	320×230×140	20000	33	630×260×230	40000
13	320×230×155	20000	34	550×270×170	25000
14	350×190×130	20000	35	400×314×160	31500/40000
15	350×190×140	20000	36	400×314×185	31500/40000
16	350×190×170	20000	37	400×314×260	40000
17	380×220×150	20000/25000	38	540×375×200	40000
18	420×180×140	20000	39	650×200×175	40000
19	420×180×155	20000	40	500×280×200	40000
20	520×230×150	20000	41	400×314×100	31500/40000
21	600×200×160	25000/40000	42	400×314×210	40000

15.7.4 锁扣设计

锁扣设计见表 15-21。

表 15-21 锁扣设计

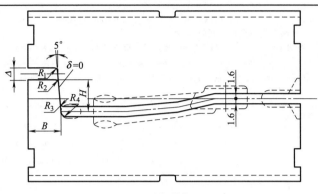

图 1 平衡锁扣(一)

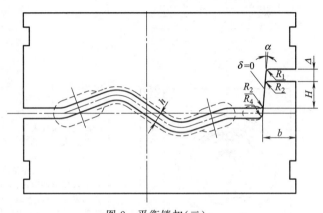

图 2 平衡锁扣(二)

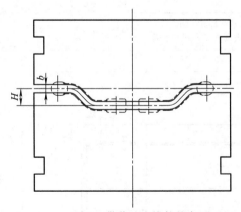

图 3 带落差小锻件的布置

作用	热模锻压力机上模锻虽然在模架上设有良好的导向装置,但当锻件的分模面为斜面、曲面或锻模中心与模腔中心的偏移量较大时,在模锻过程中将产生水平分力,引起上、下模腔的错移,致使锻件产生错差,并加速热模锻压力机导轨和模架导柱、导套的磨损。故常在锻模模块上设置锁扣来平衡错移力。热模锻压力机上用的锁扣,根据其用途可分为两大类:一类是平衡锁扣(也称形状锁扣),其主要作用是平衡错移力;另一类是一般锁扣,用于分模面没有落差的锻件,其目的是保证锻件精度和便于模块的安装、调整等

平衡锁扣	平衡锁扣用于具有落差的锻件，设计方案有两种： ①将锻件平放（图1），锁扣高度与分模面落差相等，但不小于25mm。 ②将锻件斜放，并设置锁扣（图2），锁扣高度 $H \geqslant 25\mathrm{mm}$。锻件的倾斜度不应大于模锻斜度，以免影响锻件出模。该方案可减小锁扣高度并节省锻模材料。 形状锁扣的宽度 $B \geqslant 1.5H$，圆角 $R_1 = R_4 = 2 \sim 3\mathrm{mm}$，$R_2 = R_3 = 3 \sim 5\mathrm{mm}$，上、下锁扣间隙 $\Delta = 3 \sim 5\mathrm{mm}$，锁扣导面之间不允许有间隙，即 $\delta = 0$。 对有落差的小锻件，可对称排列锻造，而依靠相反方向的水平错移力相互抵消，故可不用锁扣（图3）
普通锁扣	普通锁扣用于分模面无落差的锻件，热模锻压力机用的一般锁扣有圆形锁扣、纵向锁扣、侧面锁扣和四角锁扣四种
	①圆形锁扣

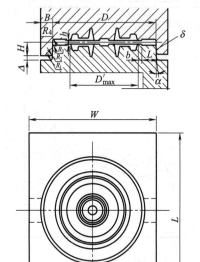

圆形锁扣一般用于齿轮件、环形件，这些锻件的特点是根据锻件的外形，很难确定错移的方向。

锁扣直径 $D = D'_{\max} + 2b + 2L$
$\Delta = 3 \sim 5\mathrm{mm}$
$\alpha = 5°$
$R_1 = R_4 = 3\mathrm{mm}$
$R_2 = R_3 = 5\mathrm{mm}$

式中　$D'_{\max}$——锻件最大外径（包括模锻斜度），mm；
b,L——飞边桥部和仓部的长度，mm；
R_1,R_2,R_3,R_4——圆角，mm；
Δ——上、下锁扣间隙，mm；
α——锁扣斜度，(°)。

L 应该取较大值，可以比正常值大5mm，以免坯料过大时金属流入锁扣间隙造成事故。锁扣凸凹部分的间隙 $S = 0.3\mathrm{mm}$。锁扣高度 H 不小于30mm。锁扣宽度 $B > H$，此处是指在长方形模块短边的截面。当 B 小于 H 时，为保证锁扣的强度，可以把最小的一段去掉（图中双点画线处）。对于似方形的模块，可以在互相垂直的方向作同样的处理。锁扣的突出部分应设计在下模，以便于清除氧化皮

图4　圆形锁扣
W—模块宽度；L—模块长度

②纵向锁扣

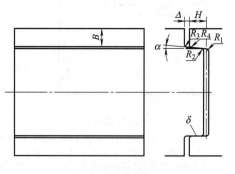

纵向锁扣一般用于长轴类锻件，用于防止上、下模纵向错移和相对转动。锁扣突出部分应设在下模。

锁扣高度 $H \geqslant 25\mathrm{mm}$
锁扣宽度 $B \geqslant 1.5H$
$\alpha = 5°$
$\Delta = 3 \sim 5\mathrm{mm}$
$\delta = 0.3\mathrm{mm}$
$R_1 = R_3 = 3\mathrm{mm}$
$R_2 = R_4 = 5\mathrm{mm}$

图5　纵向锁扣

普通锁扣	③ 侧面锁扣 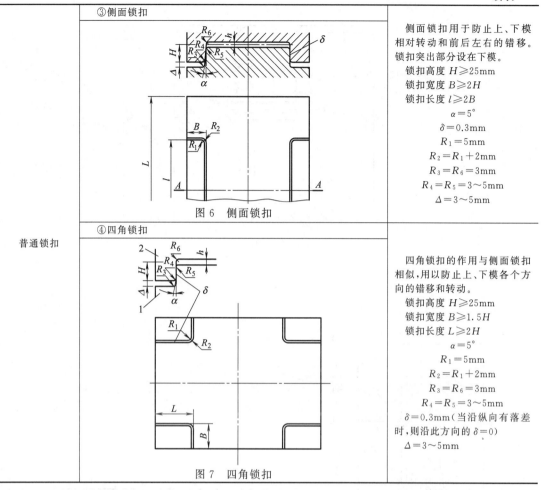 图6 侧面锁扣	侧面锁扣用于防止上、下模相对转动和前后左右的错移。锁扣突出部分设在下模。 锁扣高度 $H \geq 25$ mm 锁扣宽度 $B \geq 2H$ 锁扣长度 $l \geq 2B$ $\alpha = 5°$ $\delta = 0.3$ mm $R_1 = 5$ mm $R_2 = R_1 + 2$ mm $R_3 = R_6 = 3$ mm $R_4 = R_5 = 3 \sim 5$ mm $\Delta = 3 \sim 5$ mm
	④ 四角锁扣 图7 四角锁扣	四角锁扣的作用与侧面锁扣相似,用以防止上、下模各个方向的错移和转动。 锁扣高度 $H \geq 25$ mm 锁扣宽度 $B \geq 1.5H$ 锁扣长度 $L \geq 2H$ $\alpha = 5°$ $R_1 = 5$ mm $R_2 = R_1 + 2$ mm $R_3 = R_6 = 3$ mm $R_4 = R_5 = 3 \sim 5$ mm $\delta = 0.3$ mm(当沿纵向有落差时,则沿此方向的 $\delta = 0$) $\Delta = 3 \sim 5$ mm

15.7.5 顶料装置

模架内设有顶料装置,用于传递锻压机顶杆的顶料力,顶料装置的可靠与否直接影响模锻的效果。热模压力机一般配有3~4个顶杆,顶杆的位置可参考相关设备的说明书。模架内的顶杆位置可分为两类,应根据锻件的形状和尺寸确定,模架内顶杆的位置和设计要求见表15-22,常用顶料装置的形式及特点见表15-23。

表15-22 模架内顶杆的位置和设计要求

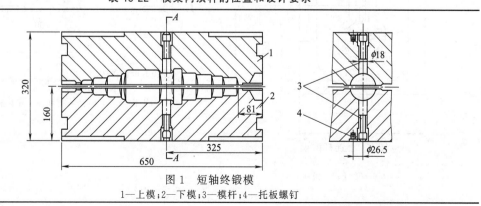

图1 短轴终锻模
1—上模;2—下模;3—模杆;4—托板螺钉

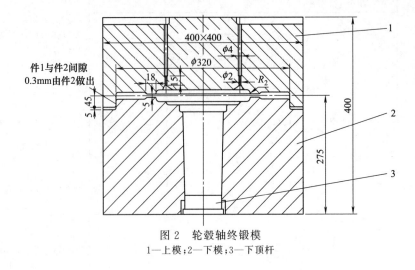

图 2 轮毂轴终锻模
1—上模;2—下模;3—下顶杆

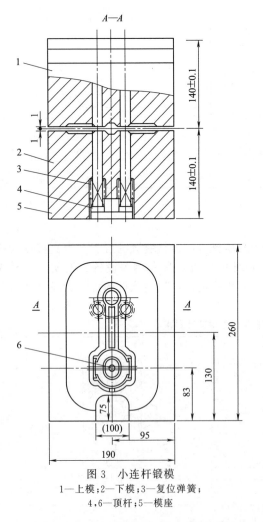

图 3 小连杆锻模
1—上模;2—下模;3—复位弹簧;
4,6—顶杆;5—模座

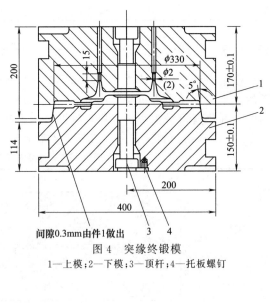

图 4 突缘终锻模
1—上模;2—下模;3—顶杆;4—托板螺钉

续表

序号	类型	说　明
1	顶杆位置在锻件本体上	顶杆位置在锻件本体上，设计这类锻件应注意下列几点：①对于形状简单或尺寸较小的锻件，采用单顶杆时（见图1、图2），为保证锻件能平稳顶出，必须使顶杆位置处于锻件的重心或重心附近。若重心的一侧出模容易，而另一侧较困难，则顶杆位置应当移向较难出模的一侧。②对于形状复杂或尺寸较大的锻件，应考虑设置2个或2个以上的顶杆。③顶杆位置应尽可能布置在锻件的加工表面上，但其部位不应是机械加工的基准面或装夹面。④顶杆的直径在保证其强度的条件下，应尽可能采用较小的直径，尤其当顶杆布置在圆柱侧面上时，若将顶杆顶端做成与圆柱侧面一样的形状，使顶杆加工和定向结构复杂化。而且顶杆受力不均匀时，容易变形。若采用平端面，顶杆端面会在锻件表面形成凸起或压凹的平面。故其尺寸应在锻件公差和余量允许的范围内。⑤顶杆端面尽量不要作为模膛的一部分（见图1），因为在模锻成型过程中，最先接触热坯料，容易产生弯曲、磨损和变形，从而造成顶杆孔的不均匀变形。金属流向顶杆和孔之间的间隙，形成纵向毛刺，严重时会使顶杆动作不灵而失效。也可能在下一个锻件成型时，其毛刺在锻件表面形成压凹而造成锻件报废。故这类顶杆仅用于飞边较小或成型时顶杆受力较小的场合。并在使用中应经常注意顶杆和顶杆孔的配合以及其磨损情况，并及时予以修复。⑥对于成型时受力较大的顶杆（见图2），应考虑顶杆底面的承压面积
2	顶杆位置在飞边或冲孔连皮上	图3中的顶杆4分布在锻件外侧飞边上，顶杆6和图4中的顶杆3分布在锻件内孔的连皮上。设计这类顶杆应注意如下几点。 ①锻件外侧顶杆首先考虑顶出的平稳。图3的顶杆4是左右对称分布。 ②锻件外侧顶杆应布置在模锻时成型较大飞边的部位。如果飞边过小，会使顶杆顶不着飞边而失去作用。故应选择飞边足够的部位布置顶杆。 ③锻件外侧的顶杆必须能及时回复到原始位置，不允许在成型过程中顶杆露出飞边桥部。成型开始时，如果顶杆不能退回而露出，则金属迅速外流，将沿水平方向冲击顶杆使其弯曲变形。同时金属也容易流入顶杆和顶杆孔的间隙内，卡住顶杆而使其失效，为此，顶出装置中应设有复位弹簧，特别是上模中的顶出装置，需用弹簧将顶杆顶件后退回原位。 ④设置在孔内连皮上的顶杆模锻时受力较大，很容易产生弯曲变形而失效。因此，使用中应经常注意修复和更换
3	冲孔连皮直径较小的锻件	图5　冲孔连皮直径较小的锻件用顶杆 1—锻件；2—下模块； 3—顶杆；4—压力机顶杆 图6　顶件环顶料 1—锻件；2—下模块；3—顶件环； 4—冲孔凸模；5—中间顶杆；6—顶料盘； 7—压力机顶杆（三个顶出器成120°） 冲孔连皮直径较小的锻件，为了保证冲孔的强度，在冲孔深度不大时，可采用图5所示的顶杆。冲孔凸模与顶杆做成一体，便于维修或更换。也可采用图6所示的顶件环，三个中间顶杆沿圆周均匀分布，这种顶件结构虽然复杂，但顶出效果较好

序号	类型	说明	
4	顶杆结构	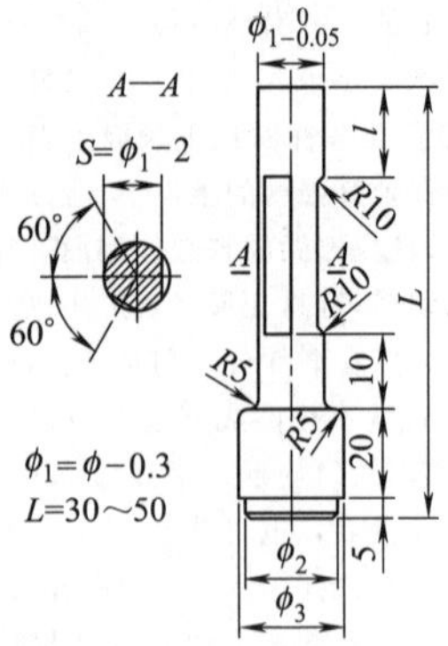 图7 顶杆结构	顶杆在工作时，必须有导向，主要用顶杆和孔的公差配合来解决。导向段1可选用30～50mm，但不宜大于50mm，考虑到热态下膨胀问题，导向段顶杆直径比孔径小0.3～0.4mm。顶杆外径规定用负公差即－0.05mm，孔为正偏差＋0.1mm。 顶杆非导向段直径应比导向段直径小1mm。为使导向更好，又减少摩擦，顶杆导向段1下面的一段最好削成三菱形（图中 A—A 截面所示），既起导向作用，又可减少摩擦和防止弯曲。 为使顶杆在模具安装和运输中不掉出，应设计托板螺钉（图1和图4中均带有托板螺钉），这是一种带有圆头的螺钉，圆头直径为 $\phi24\sim28$mm，螺纹直径为M8，板厚4.5mm，圆头高度比模板上的孔深小5mm，以保证工作时托板螺钉不受力，仅起安装和搬运中托住顶杆不致掉出的作用
5	顶料行程	顶料行程可根据热模锻压力机吨位确定，对于模锻斜度为2°～5°，模座深度在50mm左右的锻模，最大的顶料行程只需20～30mm就足够了。顶料行程过大，会使顶料装置复杂化，也会降低模架的强度。因此大行程顶料一般仅用于模锻斜度0°30′或1°的深模膛或热镦挤。常用的顶杆行程见下表。 | 热模锻压力机吨位/kN	16000～25000	31500～40000	80000～120000
顶杆行程/mm	10～12	12～14	14～35		

表 15-23 常用顶料装置的形式及特点

序号	类型	简 图	说 明
1	直接式	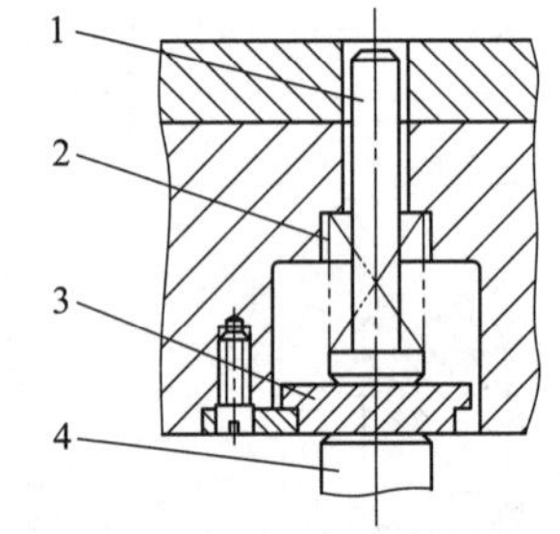 图1 直接式顶料机构 1—顶杆；2—弹簧；3—顶板；4—压力机顶杆	直接式顶料装置（图1），结构简单可靠，锻压机上的顶杆直接推顶模架内的顶杆，适用于模架与设备的顶料位置完全一致的场合。一般锻压机设备上只在中心处设置顶杆，因此这种机构只能用于单模膛成型后的顶料，如终锻或最终镦挤等。但该形式的顶料装置使用范围较窄，如根据工艺需要，可要求在设备上设置多根顶杆，而相应的模架上就可采用这种顶料装置
2	平板式	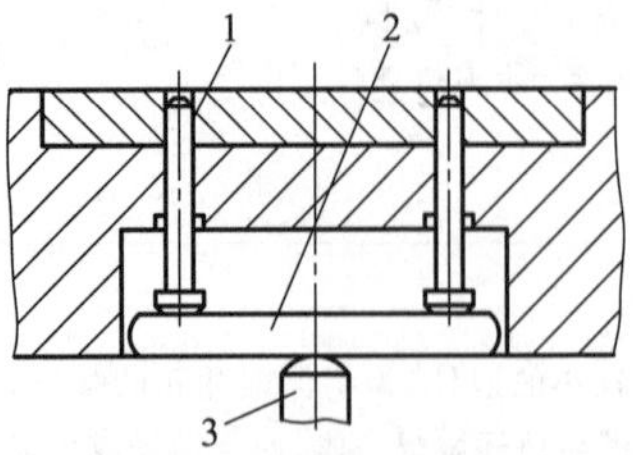 图2 平板式顶料机构 1—顶杆；2—平板；3—压力机顶杆	平板式顶料机构（图2）结构比较简单，适用于有预锻和终锻两个模膛的场合。锻压机上的顶杆推顶平板，由平板推顶模架内的顶杆，由于锻造需按顺序进行，如预锻模膛和终锻模膛内不同时存在锻件，故顶料时平板会产生倾斜，从而有卡塞的可能。为防止卡塞，平板的两端面应做成大圆弧或球面

续表

序号	类型	简 图	说 明
3	拉杆式	图 3　拉杆式顶料机构 1—顶杆；2—拉杆	拉杆式顶料机构(图3)仅适用于需要大行程的锻件
4	杠杆平板式	图 4　杠杆平板式顶料机构 1—顶杆；2—顶板；3—中间顶杆；4—中间顶板； 5—双臂杠杆；6—压力机顶杆	杠杆平板式顶料机构(图4)适用于需要推顶双模膛(预锻、终锻)的场合，而且每个模膛中排布多顶杆的场合。热模锻压力机的顶杆推顶模架中的双臂杠杆，双臂杠杆再推顶平板，故运动是平稳的，但结构比较复杂

续表

序号	类型	简图	说明
5	杠杆式	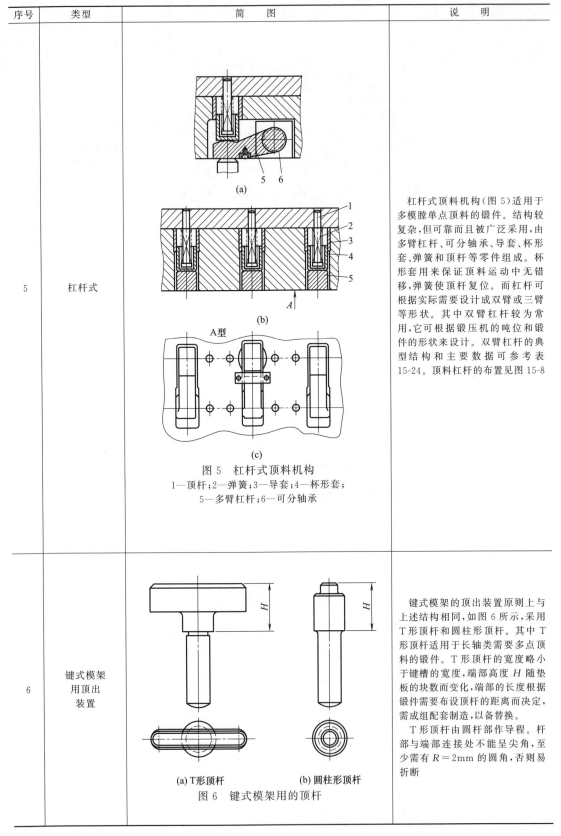 图 5 杠杆式顶料机构 1—顶杆；2—弹簧；3—导套；4—杯形套； 5—多臂杠杆；6—可分轴承	杠杆式顶料机构（图 5）适用于多模膛单点顶料的锻件。结构较复杂，但可靠而且被广泛采用，由多臂杠杆、可分轴承、导套、杯形套、弹簧和顶杆等零件组成。杯形套用来保证顶料运动中无错移，弹簧使顶杆复位。而杠杆可根据实际需要设计成双臂或三臂等形状。其中双臂杠杆较为常用，它可根据锻压机的吨位和锻件的形状来设计。双臂杠杆的典型结构和主要数据可参考表 15-24。顶料杠杆的布置见图 15-8
6	键式模架用顶出装置	(a) T形顶杆　(b) 圆柱形顶杆 图 6 键式模架用的顶杆	键式模架的顶出装置原则上与上述结构相同，如图 6 所示，采用 T 形顶杆和圆柱形顶杆。其中 T 形顶杆适用于长轴类需要多点顶料的锻件。T 形顶杆的宽度略小于键槽的宽度，端部高度 H 随垫板的块数而变化，端部的长度根据锻件需要布设顶杆的距离而决定，需成组配套制造，以备替换。 T 形顶杆由圆杆部作导程。杆部与端部连接处不能呈尖角，至少需有 $R=2mm$ 的圆角，否则易折断

表 15-24 双臂杠杆的典型结构和主要数据

热模锻压力机吨位/kN	尺寸/mm		
	d	H	B
6300	30	30	25
10000	40	40	32～35
16000	50	50	40
20000～25000	65	55	50
31500～40000	90	80	65～75

顶料杠杆的布置见图 15-8。

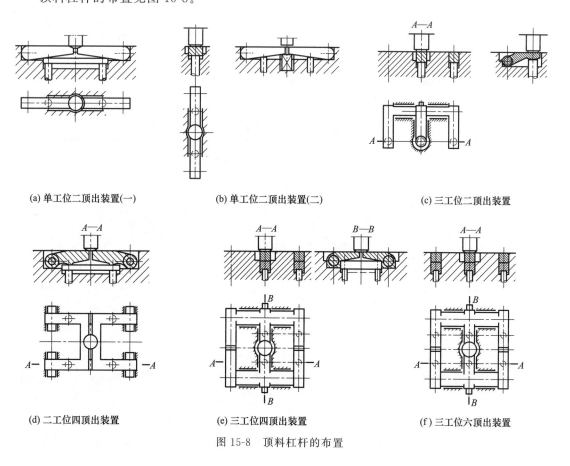

(a) 单工位二顶出装置(一)　(b) 单工位二顶出装置(二)　(c) 三工位二顶出装置

(d) 二工位四顶出装置　(e) 三工位四顶出装置　(f) 三工位六顶出装置

图 15-8 顶料杠杆的布置

15.7.6 导向装置

导向装置见表 15-25～表 15-35。

表 15-25 导向装置结构及设计要求

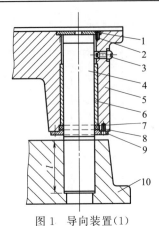

图 1 导向装置(1)
1—盖板；2,8—螺钉；3—螺塞；4—导柱；5—上模座；
6—导套；7—油封；9—油封端盖；10—下模座

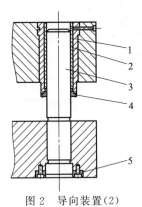

图 2 导向装置(2)
1—衬套；2—导套；3—导柱；4—刮板；5—托板

作用	热模锻压力机锻模采用导向装置主要是为了减小模具错移，提高锻件精度，便于模具调整。导柱要有足够的强度和刚度以承受锻模过程中产生的错移力，导柱与导套之间应留有必要的间隙以补偿制造中的偏差、设备滑块和工作台面的不平行度，以及锻造过程中的受热膨胀等因素的影响
结构设计	导向装置：包括导柱、导套、刮圈等零件。导向装置中包括润滑和防尘机构。一般模架的后部设双导柱装置，有时也采用三导柱或四导柱。 导柱和导套分别和上、下模座采用过盈配合紧固。导柱、导套间留有 0.25～0.5mm 的间隙。确定导柱和导套长度尺寸的原则是：当热模锻压力机的滑块在上止点时，导柱仍在导套内的长度不小于导柱直径的 1.5 倍。导柱、导套等零件的尺寸参考表 15-26～表 15-27

表 15-26 导柱尺寸（一） mm

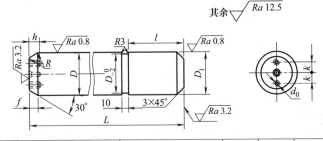

序号	设备吨位 /kN	D		D_1		$L \geq$	f	R	d_0	h	k
		公称尺寸	偏差	公称尺寸	偏差						
1	6300	65	0 −0.020	65	+0.065 +0.045	100	10	5	M10	15	17
2	10000	90	0 −0.023	90	+0.085 +0.060	140	15	6	M12	18	22
3	16000	110	0 −0.023	110	+0.095 +0.070	170	20	8	M14	25	28

续表

序号	设备吨位/kN	D 公称尺寸	D 偏差	D_1 公称尺寸	D_1 偏差	$L\geqslant$	f	R	d_0	h	k
4	20000	140	0 −0.027	140	+0.110 +0.080	220	20	10	M16	25	40
5	25000	180	0 −0.027	180	+0.125 +0.095	300	25	12	M20	30	45
6	31500	180	0 −0.027	180	+0.125 +0.095	300	25	12	M20	30	45
7	40000	180	0 −0.027	180	+0.125 +0.095	300	25	12	M20	30	45

注：1. 材料：20钢。
2. 热处理：表面渗碳层深 0.8~1.2mm，淬火硬度 57~60HRC。

表 15-27 导套尺寸（一） mm

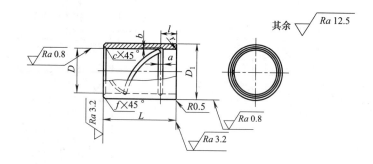

序号	设备吨位/kN	D 公称尺寸	D 偏差(H7)	D_1 公称尺寸	D_1 偏差	L	l	a	b	c	f	r
1	6300	65.2	+0.030	80	+0.055 +0.033	125	12	4	2	2	1	3
2	10000	90.25	+0.035	110	+0.070 +0.045	170	15	5	2.5	3	2	4
3	16000	110.25	+0.035	130	+0.085 +0.058	200	20	5	2.5	3	2	5
4	20000	140.3	+0.040	160	+0.085 +0.058	230	25	6	3	3	2	5
5	25000	180.35	+0.045	210	+0.105 +0.075	300	30	6	3	4	3	8
6	31500	180.35	+0.045	210	+0.105 +0.075	300	30	6	3	4	3	8
7	40000	180.35	+0.045	210	+0.105 +0.075	300	30	6	3	4	3	8

注：材料为锡青铜 ZQSn5-5-5（或黄铜 ZHMn58-2-2）或 20 钢。

表 15-28 刮圈尺寸（一）　　　　mm

序号	设备公称压力/kN	D	D_1	D_2	D_3	H	h	d	k	c
1	6300	67	90	110	130	11	5	8.5	4.5	3
2	10000	92	120	145	170	16	8	10.5	5.5	5
3	16000	112	140	165	195	22	11	10.5	5.5	6
4	20000～25000	143	170	200	230	28	14	10.5	5.5	6
5	31500～40000	185	220	250	290	34	17	13	7	8

表 15-29 上、下模座导柱和导套装配孔的尺寸　　　　mm

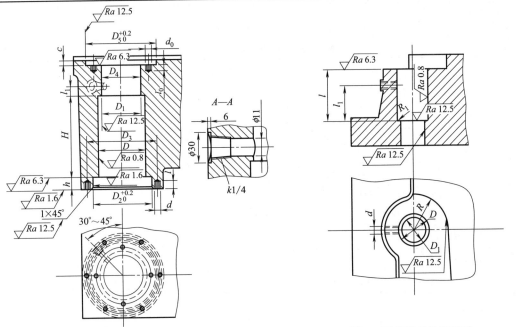

图 1　上模座导套装配孔　　　　图 2　下模座导柱装配孔

上模座导套装配孔尺寸

序号	设备公称压力/kN	D 名义尺寸	D 偏差(H7)	D_1	D_2	D_3	D_4	D_5	h	H	d_0	d	l_0	l	l_1	c
1	6300	80	+0.030 0	70	90	110	90	115	13	125	M8	M8	18	18	20	7
2	10000	110	+0.035 0	100	120	145	120	145	17	170	M10	M10	18	18	25	9
3	16000	130	+0.040 0	120	145	165	140	170	20	200	M10	M10	25	25	25	9
4	20000～25000	160	+0.040 0	150	170	200	175	205	26	230	M10	M10	25	25	30	10
5	31500～40000	210	+0.046 0	190	220	250	210	240	31	300	M10	M12	25	30	30	10

续表

下模座导柱装配孔尺寸

序号	设备公称压力 /kN	D 名义尺寸	D 偏差(H7)	D_1	R	$l \geq$	l_1	d
1	6300	65	+0.030 / 0	50	70	100	70	M16
2	10000	90	+0.035 / 0	70	90	140	90	M16
3	16000	110	+0.035 / 0	90	105	170	110	M24
4	20000~25000	140	+0.040 / 0	120	120	220	150	M24
5	31500~40000	180	+0.040 / 0	150	150	300	200	M24

表 15-30 导柱尺寸（二） mm

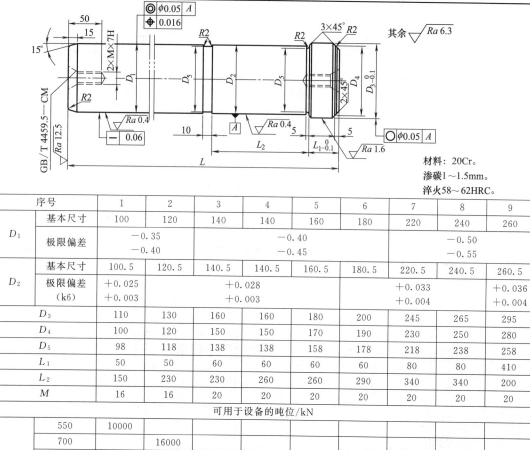

材料：20Cr。
渗碳 1~1.5mm。
淬火 58~62HRC。

	序号	1	2	3	4	5	6	7	8	9
D_1	基本尺寸	100	120	140	140	160	180	220	240	260
	极限偏差	−0.35 / −0.40		−0.40 / −0.45				−0.50 / −0.55		
D_2	基本尺寸	100.5	120.5	140.5	140.5	160.5	180.5	220.5	240.5	260.5
	极限偏差(k6)	+0.025 / +0.003		+0.028 / +0.003				+0.033 / +0.004	+0.036 / +0.004	
D_3		110	130	160	160	180	200	245	265	295
D_4		100	120	150	150	170	190	230	250	280
D_5		98	118	138	138	158	178	218	238	258
L_1		50	50	60	60	60	60	80	80	410
L_2		150	230	230	260	260	290	340	340	200
M		16	16	20	20	20	20	20	20	20
	可用于设备的吨位/kN									
L	550	10000								
	700		16000							
	730		18000	20000						
	910				20000	31500				
	970				25000					
	980						40000			
	1020				31500					
	1080						40000			
	1160								80000	
	1280							63000		120000

表 15-31 导套尺寸（二）　　　　　　　　　　　mm

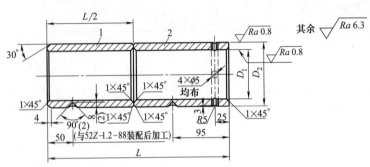

材料：锡青铜 ZQSn5-5-5 或黄铜 ZHMn58-2-2。

序号		1	2	3	4	5	6	7	8	9
D_1	基本尺寸	100	120	140	140	160	180	220	240	260
	极限偏差（H7）	-0.035 / 0		-0.040 / 0				+0.046 / 0		+0.052 / 0
D_2	基本尺寸	120	145	165	165	185	205	245	265	310
	极限偏差（k6）	+0.025 / +0.003		+0.028 / +0.003				+0.033 / +0.004		+0.036 / +0.004
L	可用于设备的吨位/kN									
	290	10000								
	340			16000						
	360			18000	20000					
	490				20000	31500				
	510									120000
	550					25000	31500	40000		
	600							40000	80000	
	640								63000	

表 15-32 衬套尺寸　　　　　　　　　　　mm

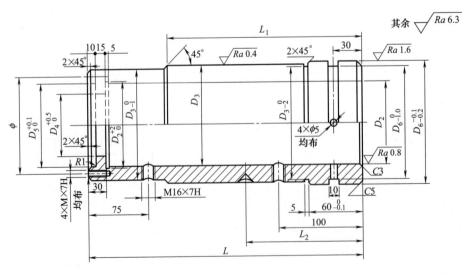

材料：20Cr。
渗碳 1～1.5mm。
淬火 58～62HRC。

续表

序号		1	2	3	4	5	6	7	8	9
导柱直径		100	120	140	140	160	180	220	240	260
D_2	基本尺寸	120	145	165	165	185	205	245	265	285
	极限偏差（H7）	+0.035 0	+0.040 0				+0.046 0		+0.052 0	
D_3	基本尺寸	160	190	210	220	240	260	300	320	345
	极限偏差（k6）	+0.028 +0.003	+0.033 +0.004				+0.036 +0.004		+0.040 +0.004	
	D_4	102	122	142	142	164	184	225	245	265
	D_5	120	145	165	165	185	205	245	265	285
	D_6	170	200	220	240	260	280	320	340	360
	ϕ	140	160	186	192	212	232	272	292	312
	M	M10	M10	M12	M12	M12	M12	M16	M16	M16
	L_1	240	280	290	310	320	350	420	420	
	L_2	设计上底板时确定								
	可用于的设备吨位/kN									
L	320	10000								
	370		16000							
	390		18000	20000						
	520			20000	31500					
	580				25000	31500	40000			
	630						40000		80000	
	670							63000		

表15-33 刮圈尺寸（二） mm

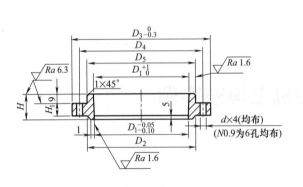

材料：黄铜 ZHMn58-2-2 或铸造黄铜 ZCuZn38Mn2Pb2。

序号		1	2	3	4	5	6	7	8	9
D_1		100	120	140	140	160	180	220	240	260
D_5	基本尺寸	120	145	165	165	185	205	245	265	320
	极限偏差	-0.036 -0.123	-0.043 -0.143				-0.046 -0.165		-0.056 -0.186	-0.062 -0.202
	D_2	120	145	165	165	185	205	245	265	274
	D_3	159	189	209	219	239	259	299	319	320
	D_4	140	166	185	192	212	232	272	292	290
	d	11	11	13	13	13	13	17	17	12
	H_1	10	15	15	15	15	15	15	15	15
	H	25	30	30	30	30	30	30	30	30

表 15-34 油封尺寸　　mm

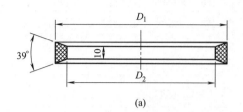
(a)

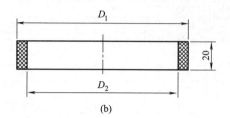
(b)

图号	直径	1	2	3	4	5	6
(a)	D_1	100	120	140	160	180	220
	D_2	115	135	155	175	195	235
(b)	D_1	100	120	140	160	180	220
	D_2	120	140	160	180	200	240

注：材料为油毛毡。

表 15-35 盖板尺寸　　mm

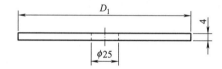

序号	1	2	3	4	5	6	7	8	9
用于导柱直径 ϕ	100	120	140	140	160	180	220	240	260
D	118	143	161	163	183	203	243	263	

注：材料为 35（或 Q235-A）。

15.8 热模锻压力机上模锻实例

15.8.1 倒挡齿轮锻模

倒挡齿轮锻模设计见表 15-36。

表 15-36 倒挡齿轮锻模设计

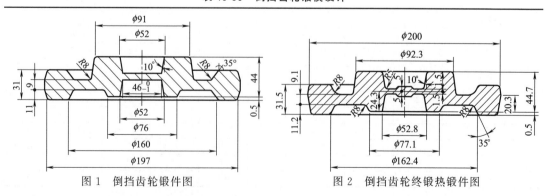

图 1 倒挡齿轮锻件图　　　　图 2 倒挡齿轮终锻热锻件图

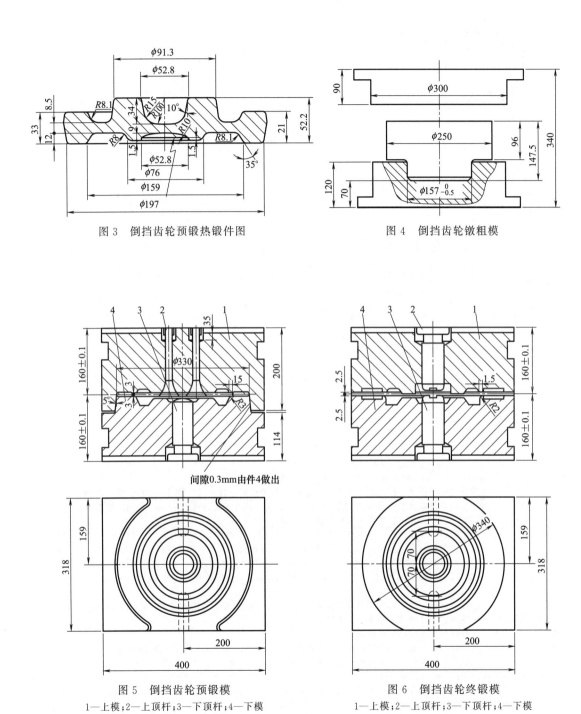

图 3 倒挡齿轮预锻热锻件图

图 4 倒挡齿轮镦粗模

图 5 倒挡齿轮预锻模
1—上模；2—上顶杆；3—下顶杆；4—下模

图 6 倒挡齿轮终锻模
1—上模；2—上顶杆；3—下顶杆；4—下模

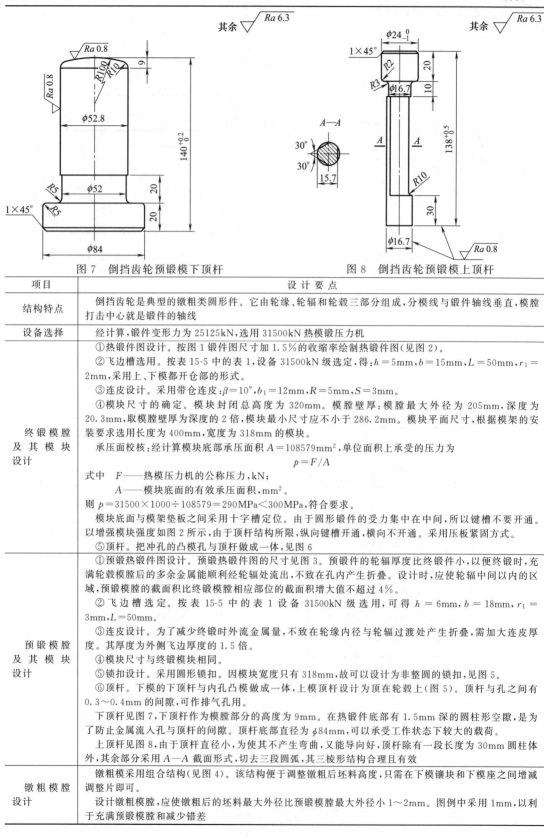

图 7 倒挡齿轮预锻模下顶杆　　　　图 8 倒挡齿轮预锻模上顶杆

项目	设 计 要 点
结构特点	倒挡齿轮是典型的镦粗类圆形件。它由轮缘、轮辐和轮毂三部分组成,分模线与锻件轴线垂直,模腔打击中心就是锻件的轴线
设备选择	经计算,锻件变形力为 25125kN,选用 31500kN 热模锻压力机
终锻模腔及其模块设计	① 热锻件图设计。按图 1 锻件图尺寸加 1.5% 的收缩率绘制热锻件图(见图 2)。 ② 飞边槽选用。按表 15-5 中的表 1,设备 31500kN 级选定,得;$h=5$mm,$b=15$mm,$L=50$mm,$r_1=2$mm,采用上、下模都开仓部的形式。 ③ 连皮设计。采用带仓连皮:$\beta=10°$,$b_1=12$mm,$R=5$mm,$S=3$mm。 ④ 模块尺寸的确定。模块封闭总高度为 320mm。模腔壁厚:模腔最大外径为 205mm,深度为 20.3mm,取模腔壁厚为深度的 2 倍,模块最小尺寸应不小于 286.2mm。模块平面尺寸,根据模架的安装要求选用长度为 400mm,宽度为 318mm 的模块。 承压面校核:经计算模块底部承压面积 $A=108579$mm^2,单位面积上承受的压力为 $$p=F/A$$ 式中　F——热模压力机的公称压力,kN; 　　　A——模块底面的有效承压面积,mm^2。 则 $p=31500×1000÷108579=290$MPa<300MPa,符合要求。 模块底面与模架垫板之间采用十字槽定位。由于圆形锻件的受力集中在中间,所以键槽不要开通。以增强模块强度如图 2 所示,由于顶杆结构所限,纵向键槽开通,横向不开通。采用压板紧固方式。 ⑤ 顶杆。把冲孔的凸模孔与顶杆做成一体,见图 6
预锻模腔及其模块设计	① 预锻热锻件图设计。预锻热锻件图的尺寸见图 3。预锻件的轮辐厚度比终锻件小,以便终锻时,充满轮毂模腔后的多余金属能顺利经轮辐处流出,不致在孔内产生折叠。设计时,应使轮辐中间以内的区域,预锻模腔的截面积比终锻模腔相应部位的截面积增大值不超过 4%。 ② 飞边槽选定。按表 15-5 中的表 1 设备 31500kN 级选用,可得 $h=6$mm,$b=18$mm,$r_1=3$mm,$L=50$mm。 ③ 连皮设计。为了减少终锻时外流金属量,不致在轮缘内径与轮辐过渡处产生折叠,需加大连皮厚度。其厚度为外侧飞边厚度的 1.5 倍。 ④ 模块尺寸与终锻模块相同。 ⑤ 锁扣设计。采用圆形锁扣。因模块宽度只有 318mm,故可以设计为非整圆的锁扣,见图 5。 ⑥ 顶杆。下模的下顶杆与内孔凸模做成一体,上模顶杆设计为顶在轮毂上(图 5)。顶杆与孔之间有 0.3~0.4mm 的间隙,可作排气孔用。 下顶杆见图 7,下顶杆作为模腔部分的高度为 9mm。在热锻件底部有 1.5mm 深的圆柱形空隙,是为了防止金属流入孔与顶杆的间隙。顶杆底部直径为 $\phi84$mm,可以承受工作状态下较大的载荷。 上顶杆见图 8,由于顶杆直径小,为使其不产生弯曲,又能导向好,顶杆除有一段长度为 30mm 圆柱体外,其余部分采用 $A-A$ 截面形式,切去三段圆弧,其三棱形结构合理且有效
镦粗模腔设计	镦粗模采用组合结构(见图 4)。该结构便于调整镦粗后坯料高度,只需在下模镶块和下模座之间增减调整片即可。 设计镦粗模腔,应使镦粗后的坯料最大外径比预锻模腔最大外径小 1~2mm。图例中采用 1mm,以利于充满预锻模腔和减少错差

15.8.2 套管叉锻模

套管叉锻模设计见表 15-37。

表 15-37 套管叉锻模设计

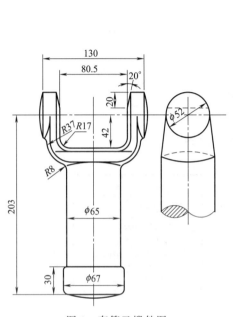

图 1 套管叉锻件图

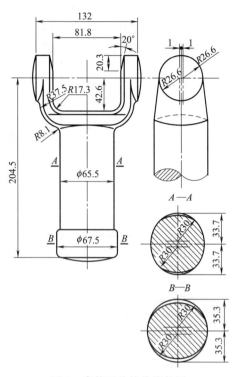

图 2 套管叉终锻热锻件图

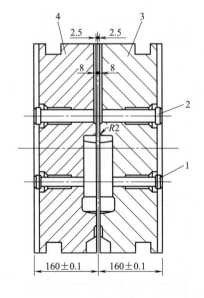

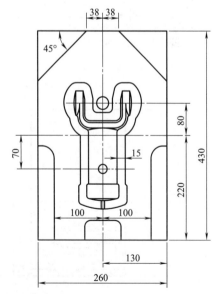

图 3 套管叉终锻模
1—托板螺钉；2—顶杆；3—上模；4—下模

续表

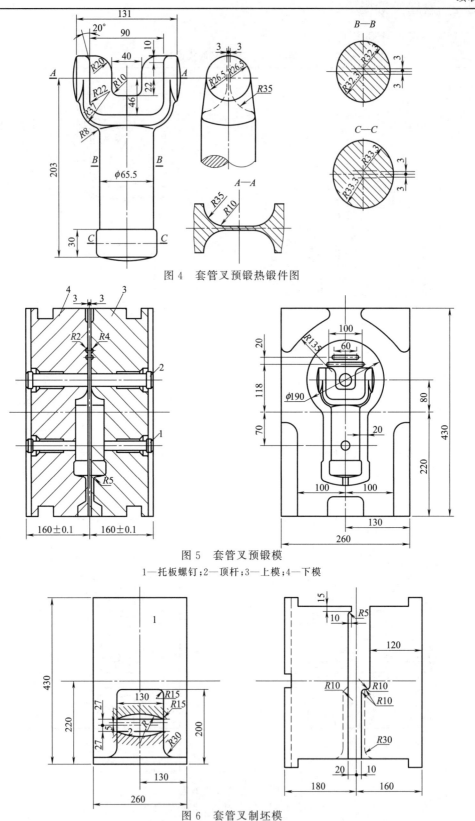

图 4 套管叉预锻热锻件图

图 5 套管叉预锻模
1—托板螺钉；2—顶杆；3—上模；4—下模

图 6 套管叉制坯模

续表

项目	设计要点
工艺特点	图 1 套管叉是典型的叉形锻件,杆部粗大,叉口开档为杆直径的 1.23 倍。外侧为杆部直径的 2 倍,叉部向杆部过渡截面小。 叉部成型和充满比较困难。由于叉部周长比较长,截面较小,且叉口端为圆柱形,切边凸模与锻件接触面较小,切边时变形大。故切边后应进行热校正,在设计终锻模时要留出预校正量。 应按叉部平均截面积增大 13% 选择坯料。按叉部计算坯料取边长 67mm×67mm,实际应采用边长为 85mm×85mm 的正方形截面坯料
终锻模膛设计	为满足热校正需要,热锻件截面上叉形部位 φ52mm 处留出 2mm 热校正量;向杆部过渡处 R37.5mm 圆弧处也留相同的热校正量。杆部主要校正弯曲变形,高度方向分别有 1.4mm 和 2.6mm 的热校正量,宽度减小 0.5mm。 飞边槽按表 15-5 中的表 1 设备 31500kN 级选用。为增大阻力,叉部的桥部尺寸应适当加大。顶杆采用两种不同直径,叉部用 φ30mm,杆部选用 φ18mm
预锻模膛设计	①劈料模膛设计。起模斜度 $\alpha=110°$;连皮宽度 $d=40mm$;连皮厚度 $t=(1\sim1.5)h=6\sim9mm$;取 6mm;h 为飞边桥部厚度;劈料台外圆角 R 取 35mm。 ②预锻模膛其他部分。叉形内侧比终锻大 1.5mm,外侧比终锻小 1mm,杆部宽度比终锻小 0.9mm。在叉形开口处设置两条阻力沟,第一条占叉口两侧模膛宽度的 1/2,第二条为第一条长度的 60%
制坯模膛设计	根据所采用的坯料尺寸和锻件杆部及叉口成型对坯料的要求,制坯时采用整体压扁—转 90°局部再压扁两个工步。 将边长 85mm 方截面坯料放在 1 处平面压扁。压至 60mm 高,坯料宽展到 100mm 左右,然后拉出坯料,转 90°在 2 处进行局部压扁,长度约为 130mm。坯料压成 T 字形,转 90°放到预锻模膛中,第一次压扁的平面覆盖住叉口模膛,第二次压扁部分放在杆部模膛内。由于杆部坯料较高,预锻时,金属沿纵向流动快,较易充满杆部末端。第二次压扁模膛截面设计为圆弧形,使坯料转 90°后两侧为鼓形,以便在预锻模膛中定位和稳定性好

15.8.3 十字轴锻模

十字轴锻模设计见表 15-38。

表 15-38 十字轴锻模设计

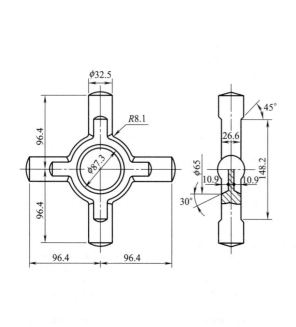

图 1 十字轴锻件图

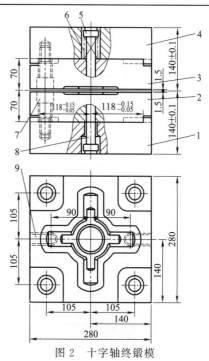

图 2 十字轴终锻模

1—下模座;2—下模镶块;3—上模镶块;4—上模座;5—上顶杆;
6—回位弹簧;7—紧固螺钉;8—下顶杆;9—定位键

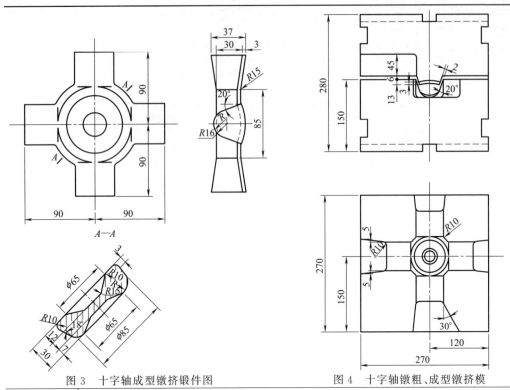

图 3 十字轴成型镦挤锻件图　　　图 4 十字轴镦粗、成型镦挤模

特点	图 1 十字轴是具有四个长分枝的镦粗类锻件。四个分枝为 φ32mm×52mm，中间有一个外径为 φ86mm、内孔 φ64mm 的环形。因此，如果采用一般镦粗件的镦粗、预锻、终锻工序，不仅材料浪费很大，而且四个分枝端头不易充满。该件采用镦粗、成型镦挤、终锻三个工步
终锻模设计	①热锻件图设计。按冷锻件全部尺寸(图1)增加 1.5% 的收缩率。内孔连皮采用平连皮，连皮厚 S 取 4.8mm，圆角半径 R 取 10mm。 ②模块结构。因模膛较浅，最深处只有 16.25mm，所以采用矩形镶块结构。镶块左右方向采用槽形定位，前后方向用平键 9 定位(见图 2)，使镶块不产生转动，保持十字分枝的方向一定。 ③镶块承压面强度校核。该件在 20000kN 热锻压力机上模锻，镶块底面承压面积 $F=66080 mm^2$，则： $$p=P/F$$ 式中　P——热模锻压力机的公称压力，kN； 　　　F——模块底面的有效承压面积，mm^2。 $$p=20000\div 66080=302(MPa)$$ 接近允许值(300MPa)的极限值，由于模膛较浅，故可以采用。 ④飞边槽选用。按表 15-5 中的表 1 设备 20000kN 级选用，可得 $h=3mm，b=12mm，B=10mm，r_1=1.5mm$。仓部全部开通。 ⑤顶杆。由于模块封闭高度只有 280mm。而模座高度小，不便于设计成两级顶杆。只采用单级顶杆。为了便于调整，上、下模座中的顶杆孔可以放大间隙
镦粗、成型镦挤模设计	十字轴镦粗模膛与成型镦挤模膛设计在同一块模块上(图4)。 镦粗模膛设在模块左前角 A 处，其作用是去除加热坯料侧面氧化皮，并使镦粗后的坯料外径和高度适合于成型镦挤模变形的要求。应使镦粗后坯料的最大外径为 φ85mm，斜度为 18°的模膛中位于高度的一半以下，以获得较好的镦挤效果。 成型镦挤模膛起代替预锻模膛的作用，将镦粗后的坯料放在成型镦挤模膛中，镦挤时，在 18°区段，上模进入下模，此处间隙为 2mm。当金属被镦挤入这个间隙时，阻力迅速增大，迫使金属按最小阻力定律向四个开口的分支流出。四个分支的上模也进入下模，此处为 20°，间隙也为 2mm。金属流入该间隙，阻力也迅速增大，同样迫使金属向四个分枝的开口处分支流出。这样形成一个沿上模周边带有 18°~20°斜度的十字轴坯料(图3)。将成型镦挤后的坯料放到终锻模膛中，滑块下压时，由于四枝已挤出，金属很快可以充满各部位的模膛。 成型镦挤模膛设计原则：成型镦挤后必须使产生飞边的坯料轮廓大于终锻件的最外轮廓线，以避免飞边入终锻模膛形成折叠；四个分枝的长度应小于终锻模膛四枝长度；为了减小金属流动阻力，四分枝模膛向外设计成锥形(图3)，在直径 85mm 范围外，由 30mm 加大到 37mm；为便于成型镦挤件从模膛中取出，必须设置顶杆。模块前端开一个 30°的斜面，以便于用夹钳夹料；成型模膛由中间向四枝过渡处的圆角 R 应加大，防止终锻时产生对流折叠

15.8.4 连杆锻模

连杆锻模设计见表 15-39。

表 15-39 连杆锻模设计

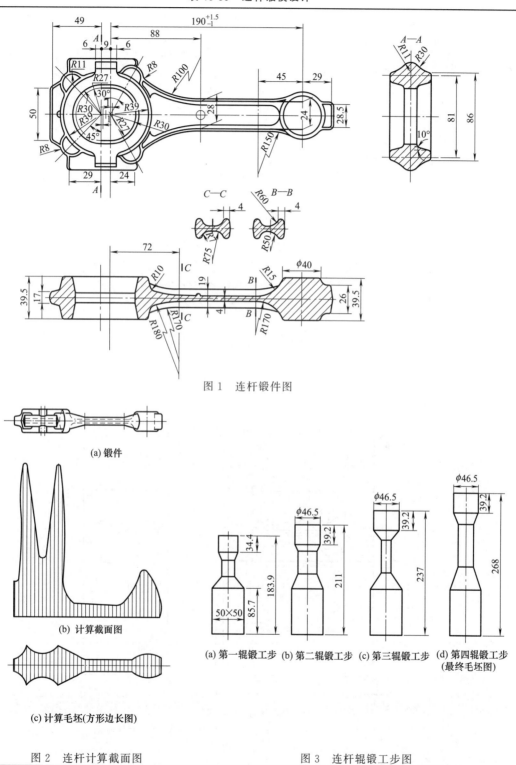

图 1 连杆锻件图

图 2 连杆计算截面图

图 3 连杆辊锻工步图

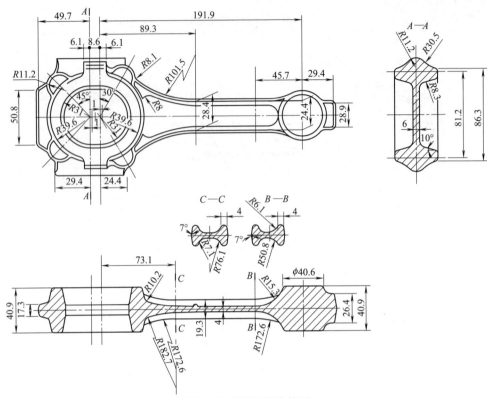

图 4 连杆终锻热锻件图

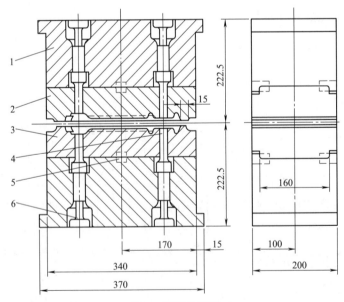

图 5 连杆终锻模
1—上模座；2—上模镶块；3—下模镶块；4—镶块模膛下顶杆；
5—定位键；6—模座顶杆

续表

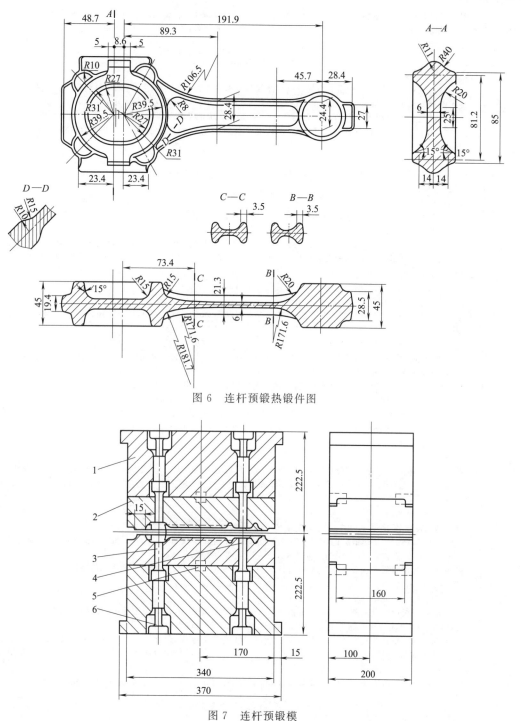

图 6 连杆预锻热锻件图

图 7 连杆预锻模
1—上模座；2—上模镶块；3—镶块模膛顶杆（后顶杆）；4—镶块模膛顶杆（前顶杆）；
5—定位键；6—模座顶杆

	续表
特点	图 1 是连杆锻件图，沿纵向轴线截面变化较大，在 H 字形截面区段，腹板厚度只有 4mm。H 字形顶端宽度最小处为 4mm，H 字形向两端过渡，截面变化较大。该产品设计有重量公差要求，其偏差值为公称重量的 8%。故高度尺寸公差定为 ± 0.3mm。
设计要点	(1) 计算截面图 连杆截面图见本表图 2。头部平均截面积与杆部截面积之比为 6.68：1。因此采用制坯辊锻。 最大截面在头部，包括飞边和连皮的截面积在内为 2521mm²。可选用方型钢 50mm×50mm。小头截面相当于 ϕ45mm，杆部截面相当于方形 22mm×22mm。据此设计辊锻毛坯图见本表图 3。 图 3 第四个工步图是根据计算截面图设计的辊锻最后的毛坯图。前面三个工步图为辊锻过程的三个工步图。 (2) 设备选定 经计算，连杆模锻变形力为 19536kN，为保证锻件的精度和重量公差，选用 25000kN 热模锻压力机。 (3) 终锻模膛及其模块设计 1) 热锻件图设计。 ① 由于连杆有重量公差要求，且要求大、小头端面压力加工后直接进行磨削加工，故模锻后需要进行冷压印，压印变形量为 1.4mm。 ② 由于连杆形状复杂，模锻后需进行切边、冲孔和调质热处理时，有可能产生弯曲变形。故后续工序有冷校正、冷压印等。因而会使连杆杆部增长，即大、小头中心距增大，为此，中心尺寸 190mm 在热锻件图设计时应按 1% 收缩率计算。 ③ 其余尺寸应按冷锻件图上尺寸增加 1.5% 收缩率计算。 2) 飞边槽及连皮的设计。 ① 飞边槽。按表 15-5 中的表 1 设备 25000kN 级选用，$h=4$mm，$b=15$mm，$B=10$mm，$r_1=1.5$mm。仓部开通到模块边缘。 ② 连皮。采用平连皮，见图 4。 3) 模块结构。连杆模膛深度较浅，最深处为 20.45mm。而连杆模膛尺寸精度要求高，当磨损到一定程度就必须更换，故采用镶块结构，见图 5。 镶块高度为 70mm，镶块纵向用槽形定位，横向用定位键定位见图 5 中件 5 定位。 4) 顶杆。由于模块封闭高度较大，为 445mm，模座高度为 152.5mm，故顶杆分为两级。 图 5 中件 4 为镶块模膛下顶杆，件 3 为下模镶块，承压面在模座 1 上（上、下模座相同），件 6 模座顶杆承压面为模架的垫板。该结构在使用中，件 6 很少更换，主要更换件 3 和件 4。这样既方便又节约顶杆的消耗。 (4) 预锻模膛设计 1) 热锻件图设计。热锻件图设计见图 6。 ① $R31$mm 椭圆孔部分。需要把金属向两侧分流。因为连杆和连杆盖合成一体，该部分的预锻设计介于叉形劈开和内孔成型之间。在 8.6mm 这一段，设计成带斜面的分流，然后在 90°范围内逐步过渡到平连皮相类似的设计。 连皮厚度 $S=1.2h=6$mm。 内模锻斜度比终锻大，选用 15°。R_1 选为 $R20$mm 和 $R15$mm，均匀过渡。 ② H 字形部分。由于辊锻后的坯料直接放入预锻模，坯料高度较高。开始变形时，飞边阻力小，金属外流快，容易产生返流折叠，其部位多在 H 字形内侧，故应适当调节变形量。 模膛宽度 B 的设计与终锻模膛宽度相同，以便在终锻变形一开始，金属就受到模膛外壁的阻力，有利于模膛充满和防止产生折叠。 在高度方向，预锻模膛比终锻模膛高 2mm。 H 字形向腹板过渡处的圆角 R 在图 6 的 $B-B$ 剖面，由于宽度小，用作图法选定。内模锻斜度 $\beta=5\beta_1$，选用 35°。该设计主要为减缓金属外流，防止 H 形内侧充不满引起返流折叠。 ③ 其余部分。预锻后锻件的大小，以能顺利放进终锻模膛为原则，尺寸可以增减 0.5mm。过渡处 R 均应加大，如杆部向两头过渡处，均应相应增大，在 $D-D$ 截面处，过渡形状应较圆滑。在 $R8$ 范围内也应向两边均匀过渡。 2) 飞边槽选定。按表 15-5 中的表 1 设备 25000kN 级选用，$h=6$mm，$b=18$mm，$B=10$mm，$r_1=2$mm。仓部开通到模块边缘。 3) 模块结构。与终锻模相同，见图 7 连杆预锻模图。 4) 顶杆结构也与终锻模相同，见图 7

15.8.5 磁极锻模

磁极锻模设计见表 15-40。

表 15-40 磁极锻模设计

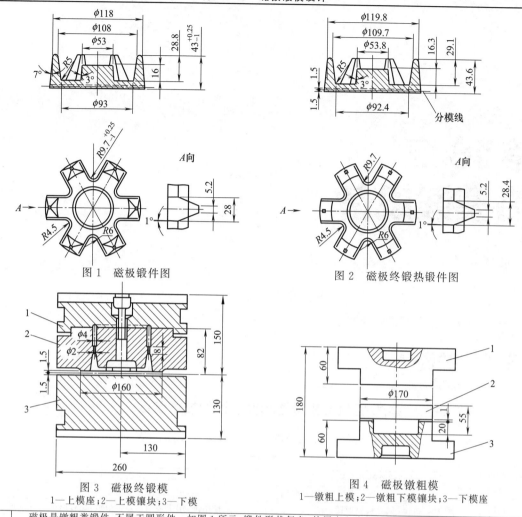

图 1 磁极锻件图

图 2 磁极终锻热锻件图

图 3 磁极终锻模
1—上模座；2—上模镶块；3—下模

图 4 磁极镦粗模
1—镦粗上模；2—镦粗下模镶块；3—下模座

特点	磁极是镦粗类锻件，不属于圆形件。如图 1 所示，锻件形状复杂，外周有六个极，极尖细小，只有 5.2mm 宽，高为 28.8mm，属于高肋类锻件。其六个极尖的模腔充满是相当困难的，金属坯料要从中间沿径向流动，由 φ53mm 的凸台流过一个环形辐板区至 φ93mm 处，最后才充满六个深而窄的模腔，就必须在飞边桥部应有适当的阻力。在极的内侧 φ93mm 处的过渡很容易产生折叠，防止折叠是设计的关键。 这类锻件主要从充满模腔和模具寿命上考虑，应该采用镦粗、预锻、终锻等工序，根据锻件的复杂情况，如坯料的大小与温度及模具的磨损等因素，要使预锻和终锻两个模腔设计得配合适当，避免终锻时造成充不满和折叠。
终锻模腔设计要点	①热锻件图设计。分模线：磁极的六个极要求很严，不允许有错差。故应将六个极都设计在一个模腔内，在模具制造中应保证六个极的相对位置。所以，按总高度减去分模面飞边桥高度，其余都设计在上模，如图 2 所示。 在 φ93mm～53mm 环形区，锻件要求冷压印后不进行机械加工，为此，锻件压印后 φ93mm 尺寸要增大。热锻件图设计要预留其增大量，而将尺寸缩小到 φ92.4mm。 热锻件图的其他尺寸均按冷锻件图尺寸加 1.5% 的收缩率设计。 ②飞边槽设计。本锻件计算变形力为 10120kN，选用 20000kN 热模锻压力机。本例不采用预锻，为保证终锻时磁极尖模腔充满，需要在飞边桥部有足够的阻力，为此需将飞边桥部桥口增窄，但不宜过窄，以免当桥口阻力过大时，金属充满极尖模腔后，会继续充入排气孔。当锻件顶出模腔时，会使这一段金属被拉断而残留在排气孔内，而将排气孔堵死，致使下一锻件极尖充不满。因此，桥口尺寸应设计恰当。取 $h=3mm, b=15, r_1=1.5mm$，比通常选用桥口尺寸提高了一级。 ③模块结构。因下模工作面是平面，故下模采用整体式。模具封闭高度为 280mm。上模腔比较深，制造精度高，且很容易磨损，所以采用镶块结构。选用镶块厚为 82mm，上模底座厚为 68mm。 为保证磁极尖部充满，六个极尖模腔均设有排气孔并连有环形排气道。排气孔如图 3 所示。 下模不设顶杆，上模由于底座厚度小，故采用单级顶杆结构。磁极终锻模如图 3 所示。
镦粗模设计要点	采用组合式，如图 4 所示。 镦粗模设计原则：镦粗后的坯料外径应覆盖住 φ92.4mm 处，并使镦粗后高度约为锻件总高度的 0.6

第16章 热模锻设备

锻造设备分类及用途特点见表16-1。

16.1 锻锤

16.1.1 空气锤、蒸汽-空气自由锻锤和模锻锤的技术参数

空气锤、蒸汽-空气自由锻锤和模锻锤的技术参数见表16-2～表16-4。

表16-1 锻造设备分类及用途特点

类别	设备的分类及名称			主要工艺用途或模锻工艺特点
锤类	模锻锤	有砧座模锻锤	蒸汽-空气模锻锤(简称模锻锤)	双作用锤,用于多型槽多击模锻
			落锤(如夹板模锻锤)	单作用锤,用于多型槽多击模锻,还可以用于冷校正
		无砧座蒸汽-空气模锻锤(简称无砧座锤)		主要用于单型槽多击模锻
		高速锤		主要用于单型槽单击闭式模锻
螺旋压力机类	摩擦螺旋压力机			主要用于单型槽多击模锻,以及冷热校正等
	液压螺旋锤			用于单型槽多击模锻
曲柄压力机类	热模锻曲柄压力机	楔形工作台式		用于3～4型槽的单击模锻。终锻应位于压力中心区
		楔式传动		用于3～4型槽的单击模锻。型槽可按工序顺序排列
	平锻机	垂直分模		用于3～6工步多型槽的单击模锻。可用于镦粗、成型、挤压、冲孔和切断等工步,适用于带头部的杆类和有孔锻件的模锻
		水平分模		
	径向旋转锻造机			专用于轴类锻件
	精压机			用于平面或曲面冷精压
	切边压力机			用模锻后切边、冲孔、弯曲等
	普通单点臂式压力机			用于冷切边、冷冲孔和冷剪切下料
	型材剪切机			用于冷、热剪切下料
轧锻压力机类	纵向轧机	辊锻机		用于模锻前的制坯和模锻辊锻
		扩孔机		专用于环形锻件的扩孔
		四辊螺旋纵向轧机		专用于麻花钻头的生产
	横向轧机	二辊或三辊螺旋横轧机		专用于热轧齿轮和滚柱、滚珠、轴承环轧制
		三辊仿形横轧机		用于圆变断面轴杆零件或坯料的轧制

续表

类别		设备的分类及名称	主要工艺用途或模锻工艺特点
液压机类	模锻水压机	单向模锻水压机	用于单型槽模锻
		多向模锻水压机	用于单型槽多个分模面的多向镦粗、挤压和冲孔模锻
	油压机		可用于校正、切边和液态模锻等

表 16-2 空气锤的型号和主要技术参数

型号		C41-40	C41-65	C41-75	C41-150	C41-200	C41-250	C41-400	C41-560	CB41-560	C41-750	C41-1000	C43-400	C43-1000
落下部分质量/kg		40	65	75	150	200	250	400	560	560	750	1000	400	1000
锤头最大行程/mm		270	280	350	350	420	560	700	600		835	950		
打击次数/(次/min)		245	200	210	180	150	140	120	115	115	105	95	120	95
打击能量/N·m		530	850	1000	2500	4000	5600	9500	13700	13700	19000	27000	9500	25000
下砧面至工作缸下盖距离/mm		245	280	300	380	420	450	530	600	670	670	820	233	260
锤杆中线至锤身距离/mm		235	290	280	350	395	420	520	550	550	750	800		
砧块平面尺寸长×宽/mm×mm		120×50	140×65	145×65	200×85	210×95	220×100	250×120	300×140		330×160	365×180		
能锻方钢最大边长/mm		52	65	65	130	150	175	200	270		270	380		
能锻方钢最大直径/mm		68	85	85	145	170	200	220	280		300	400		
型号		C41-40	C41-65	C41-75	C41-150	C41-200	C41-250	C41-400	C41-560	CB41-560	C41-750	C41-1000	C43-400	C43-1000
电动机	型号	J0-62-6	J02-52-6	J02-52-6	J02-62-4	J02-72-6	J02-71-4	J02-82-6	J-82-6		J0-93-6D2	J02-92-6		
	功率/kW	4.5	7.5	7.5	17	22	22	40	40		55	75		
外形尺寸	前后/mm	1136	1867	1480	2375	2420	2665	3215	3360		4010	4125		
	左右/mm	650	1600	1510	1085	955	1155	1364	1425		1290	1500		
	高/mm	1430	1784	1890	2150	2300	2540	2750	3082		3175	3405		
总质量	带砧座/kg	1480	2730	2330	5130	8900	8000	15010	18000		26000	34000		
	不带砧座/kg	1000	1650	1430	3330	6000		9010	9600		14750	19000		

表 16-3 蒸汽-空气自由锻锤技术参数

落下部分质量/t	1	2		3		5	
结构形式	双柱式	单柱式	双柱式	单柱式	双柱式	双柱式	桥式
最大打击能量/N·m	35300	—	70000	120000	152200	—	180000
打击次数/(次/min)	100	90	85	90	85	90	90
锤头最大打击速度/(m/s)	7.6	—	8.9	—	9.05	8.4	8.4
锤头最大行程/mm	1000	1100	1260	1200	1450	1500	1728
气缸直径/mm	330	480	430	550	550	660	685
锤杆直径/mm	110	280	140	300	180	205	203
下砧面至立柱开口距离/mm	500	1934	630	2310	720	780	—
下砧面至地面距离/mm	750	650	750	650	740	745	737
两立柱间距离/mm	1800	—	2900	—	2700	3130	4850
上砧面尺寸/mm×mm	230×410	360×490	520×290	380×686	590×330	400×710	380×686
下砧面尺寸/mm×mm	230×410	360×490	520×290	380×686	590×330	400×710	380×686
导轨间尺寸/mm	430		550		630	850	737
砧座质量/t	12.7	19.2	28.39	30	45.8	68.7	75
机器总质量/t	27.6	44.8	57.94	61.6	77.38	120	138.52
外形尺寸(长×宽×地面高)/mm×mm×mm	3780×1500×4880	3750×2100×4361	4600×1700×5640	4900×2000×5810	5100×2630×5380	6030×3940×7400	6260×2600×7510

表 16-4　蒸汽-空气模锻锤主要技术参数

落下部分质量/t	1	2	3	5	10	16
最大打击能量/kJ	25	50	75	125	250	400
锤头最大行程/mm	1200	1200	1250	1300	1400	1500
锻模最小闭合高度（不算燕尾）/mm	220	260	350	400	450	500
导轨间距离/mm	500	600	700	750	1000	1200
锤头前后方向长度/mm	450	700	800	1000	1200	2000
模座前后方向长度/mm	700	900	1000	1200	1400	2110
打击次数/(次/min)	80	70	60~70	60	50	40
蒸汽 绝对压力/MPa	0.6~0.8	0.6~0.8	0.7~0.9	0.7~0.9	0.7~0.9	0.7~0.9
蒸汽 允许温度/℃	200	200	200	200	200	200
砧座质量/t	20.25	40	51.4	112.547	235.53	325.85
总质量(不带砧座)/t	11.6	17.9	26.34	43.793	75.737	96.235
外形尺寸（前后×左右×地面高）/mm×mm×mm	2380×1330×5051	2960×1670×5418	3260×1800×6035	2090×2700×6560	4400×2700×7460	4500×2500×7894

空气锤的最小锻造厚度见表 16-5。

表 16-5　空气锤的最小锻造厚度

空气锤落下部分质量/kg		75	150	200	250	400	560	750
最小厚度/mm	高速钢、高碳合金钢	6		8		10		15
	低碳钢、中碳钢	4		6		8		13

16.1.2　锻锤的生产能力

锻锤的生产能力见表 16-6～表 16-8。

表 16-6　自由锻锤的生产能力

序号	锻锤落下部分质量/kg	拔长时能锻的最大坯料尺寸（圆料直径或方形边长）/mm	能锻最大钢锭/t	能镦粗锻件的最大直径/mm	成型锻件 平均质量/kg	成型锻件 最大质量/kg	轴类锻件最大质量/kg	镦粗锻件最大质量/kg	环形锻件最大外径/mm
1	65	50	—	100	0.5	2	10	3	—
2	100	90	—	130	1	3	20	5	—
3	150	110	—	170	1.5	4	30	7	350
4	250	130	—	210	2.5	8	60	12	450
5	300	140	—	220	3	10	80	15	520
6	400	160	—	250	6	18	100	25	630
7	500	180	—	270	8	25	160	35	680
8	750	200	—	300	12	40	230	50	750
9	1000	220	0.73	350	20	70	400	90	900
10	2000	280	1.0	450	60	180	650	250	1100
11	3000	350	1.5	520	100	320	1000	350	1200
12	5000	450	2.5	600	200	700	1600	600	1500

注：表内所列尺寸与质量，适用于碳素结构钢或低合金结构钢，如高合金结构钢，按上表所列尺寸乘以 0.85，合金工具钢乘以 0.75，高速钢及其他硬钢乘以 0.5 而得。

表 16-7　蒸汽-空气模锻锤的生产能力

项目		设备吨位/t				
		1	2	3	5	10
连杆	每件质量/kg	0.4~2.5	2.5~6	4.5~8	12~15	
	生产率/(件/h)	175~120	170~80	70~50	50~40	

续表

项目		设备吨位/t				
		1	2	3	5	10
曲轴	每件质量/kg			12～15	30～40	45～100
	生产率/(件/h)			80～50	60～30	50～30
齿轮	每件质量/kg	0.5～2.0	3～6	3.5～8	9～24	<80
	生产率/(件/h)	300～100	150～100	120～80	100～65	80

表 16-8 模锻锤的生产能力

序号	模锻锤能力（落下部分质量）/t	模锻件材料				能锻的一般锻件质量/kg	模具	
		低碳结构钢	高、中碳结构钢	低合金结构钢	高合金结构钢		最大尺寸（长×宽）/mm×mm	最大质量每块/t
		不包括飞边的投影面积/cm²						
1	0.5	38	33	24	22		350×400	0.175
2	0.75	78	64	50	38		400×450	0.265
3	1	140	130	110	78	0.5～2.5	450×500	0.35
4	1.5	250	240	220	170		600×560	0.525
5	2	410	380	340	250	2.5～6	700×600	0.7
6	3	660	590	550	470	6～17	800×700	1.05
7	4	910	840	800	660		900×700	1.4
8	5	1130	1050	960	860	17～40	1000×700	1.75
9	8	1740	1669	1520	1390		1100×900	2.8
10	10	2140	2000	1890	1660	40～80	1200×1000	3.5
11	15	3100	2900	2700	2370		1500×1200	5.25

注：1. 本表适用于圆形锻件，如为长形锻件，求出的锻锤吨位须乘以系数 η，$\eta=1+0.1\sqrt{L^2/F}$，L——模锻件长度；F——不包括飞边的锻件投影面积。

2. 表内数据按模锻终锻温度时的各种钢的强度极限计算。其 σ_b 值为：低碳结构钢-550；高、中碳结构钢-600；低合金结构钢-650；高合金结构钢-750（10^5Pa）。

16.1.3 气液锤

气液锤的主要技术参数见表 16-9、表 16-10。

表 16-9 气液锤动力头技术参数

规格	打击能量/kJ	工作行程/mm	打击次数/(次/min)	主缸气压/MPa	电动机功率/kW	动力头质量/t
一吨模锻锤	25	1000	75～130	2.0～3.0	55	5
二吨模锻锤	50	1200	65～120	2.0～3.0	75	8
三吨模锻锤	75	1250	60～100	2.0～3.0	75×2	11
五吨模锻锤	125	1300	55～90	3.0～3.5	75×3	14
十吨模锻锤	250	1400	50～80	3.0～3.5	75×6	20
十六吨模锻锤	400	1500	40～70	3.0～4.0	75×8	30
0.5吨单臂自由锻锤	15	600	90～130	2.0～3.0	55	4
0.75吨单臂自由锻锤	20	670	90～130	2.0～3.0	55	5
一吨单臂自由锻锤	27	1000	80～130	2.0～3.0	55	5
二吨单臂自由锻锤	55	1100	70～120	3.0～3.5	55×2	7.5
三吨单臂自由锻锤	120	1200	65～110	3.0～3.5	75×3	11
一吨自由锻锤	35	1000	75～130	3.0～3.5	55	5
二吨自由锻锤	70	1260	65～120	3.0～3.5	75×2	8
三吨自由锻锤	120	1450	60～100	3.0～3.5	75×3	12
五吨自由锻锤	180	1728	55～90	3.5～4.0	75×5	16

注：系北京异辉公司研制。

表 16-10 大型自由锻气液锤的主要技术参数

技术参数	8t	10t	12t
打击能量/kJ	250	350	400
落下部分最大质量/kg	8000	10000	12000
锤头最大行程/mm	2000	2300	2500
打击次数(全行程)/(次/min)	50～60	40	40
锤杆直径/mm	100	160	180
活塞直径/mm	180	220	250
工作气压/MPa	3.5～4.0	3.5～4.0	3.5～4.0
工作油压/MPa	11.0～14.5	11.0～14.5	11.0～14.5
电气控制	PLC	PLC	PLC
油泵型号	A2F160 或 A2F160R2P3	A2F160	A2F160
装机容量/kW	75×7+11×2	75×8+11×2	75×9+11×2
砧座总重/t	100～104	150	150
设备总重/t	190～195	～270	～270

注：系北京异辉公司研制。

CHK 型模锻液压锤的主要技术参数见表 16-11。

表 16-11 CHK 型模锻液压锤的主要技术参数

技术参数	16	25	31.5	50	63	80
当量参数/t	0.75	1	1.5	2	2.5	3.15
打击能量/kJ	16	25	31.5	50	63	80
落下部分质量/kg	1100	2100	2500	3000	4200	5000
每分钟打击次数/(次/min)	90	90	80	80	80	80
电动机功率/kW	30	45	55	2×45	2×55	2×90
机器质量/t	24	37	46	75	98	116

16.1.4 电液锤

电液模锻锤的主要技术参数见表 16-12、表 16-13。

表 16-12 国产电液锤的主要技术参数（1）

技术参数	自由锻锤				模锻锤			
打击能量/kJ	35	70	120	152	25	50	75	125
锤头行程/mm	1000	1200	1450	1500	1000	1200	1250	1300
落下部分质量/kg	1400	2500	4000	6000	1400	2800	4000	6500
主电动机功率/kW	37	2×37	3×37	4×45	30	2×30	3×30	4×30
全行程连击	5s 内不少于 5 次							
打击次数/(次/min)	50～120							

表 16-13 国产电液锤的主要技术参数（2）

技术参数	自由锻锤吨位					模锻锤吨位					
	1	2	3	3	5	1	2	3	5	10	16
额定打击能量/kJ	35	80	105	150	180	25	50	75	125	250	400
落下部分质量/kg	1200	2400	3200	3800	5600	1200	2400	3600	6000	12000	18000
最大工作行程/mm	1000	1100	1200	1300	1400	900	1000	1200	1300	1400	1450
主电动机功率/kW	75	135	165	220	260	60	110	165	220	275	300
打击频率/(次/min)	60～120	55～120	50～110	50～110	45～110	60～120	55～120	50～110	45～110	35～90	30～80
结构形式				单臂							

电液自由锻锤的主要技术参数见表 16-14。

表 16-14 电液自由锻锤的主要技术参数

技术参数	DY-1	DY-2	DY-3
落下部分计算质量/kg	1400	3100	4500
最大打击能量/J	35000	70000	150000
锤头行程/mm	1000	1145	1450
打击速度/(m/s)	7.0	6.7	8.0
主缸充气压力/MPa	3.4	3.5	5.0
回程油缸压力/MPa	10.8	9.5	11.4
液压系统流量/(L/min)	180	3×160	925
主电动机功率/kW	37	3×37	4×55
打击次数/(次/min)	≥60	≥60	≥58

电液模锻锤的主要技术参数见表 16-15。

表 16-15 电液模锻锤的主要技术参数

技术参数	DY1-M	DY2-M	DY3-M	DY5-M
落下部分计算质量/kg	1400	2800	4000	6500
最大打击能量/J	25000	50000	75000	125000
锤头行程/mm	1000	1200	1250	1300
打击次数/(次/min)	50～120	50～120	50～120	50～120
主电机功率/kW	45	45×2	45×3	45×4

16.1.5 数控液压锻锤

CTK 系列程控模锻液压锤的主要技术参数见表 16-16。

CTY 系列自由锻液压锤的技术参数见表 16-17。

表 16-16 CTK 系列程控模锻液压锤（换头）的技术参数

技术参数	CTK-25	CTK-50	CTK-75	CTK-125
打击能量/kJ	25	50	75	125
锤头质量/kg	2100	3000	5000	8500
锤头行程/mm	670	800	850	930
每分钟打击次数/(次/min)	90	80	80	75
电动机功率/kW	45	2×55	2×75	2×110

注：系海安百协锻锤公司研制。

表 16-17 CTY 系列自由锻液压锤（换头）的技术参数

技术参数	CTY-35	CTY-70	CTY-120
打击能量/kJ	35	70	120
锤头质量/kg	2100	3500	5000
锤头行程/mm	940	1125	1315
每分钟打击次数/(次/min)	80	68	60
电动机功率/kW	2×30	2×45	2×55

C92K 系列数控液压模锻锤技术参数见表 16-18。

表 16-18 C92K 系列数控液压模锻锤技术参数

技术参数	C92K-6.3	C92K-8	C92K-10	C92K-12.5	C92K-16	C92K-20	C92K-25	C92K-31.5	C92K-40	C92K-50	C92K-63	C92K-80	C92K-100	C92K-125	C92K-160
打击能量/kJ	6.3	8	10	12.5	16	20	25	31.5	40	50	63	80	100	125	160
落下部分质量/kg	430	540	680	860	1080	1350	1700	2150	2700	3400	4300	5400	6800	8500	1080

续表

技术参数	C92K-6.3	C92K-8	C92K-10	C92K-12.5	C92K-16	C92K-20	C92K-25	C92K-31.5	C92K-40	C92K-50	C92K-63	C92K-80	C92K-100	C92K-125	C92K-160
每分钟打击次数/(次/min)	152	145	138	129	122	123	113	100	98	98	98	92	81	70	70
打击行程/mm	380~555	395~570	405~580	420~620	435~635	455~665	470~685	490~755	510~790	530~775	550~805	570~835	595~885	615~920	640~960
工作油压/MPa	20	20	20	20	20	20	20	20	20	20	20	20	20	20	20
主电动机功率/kW	30	30	30	37	45	55	75	75	90	2×75	2×75	2×90	2×90	2×110	3×90
整机质量/kg	15000	15000	15000	19000	24000	30000	41000	46000	58000	80000	94000	116000	141000	189000	235000

16.1.6 对击液气锤

CDK 型程控对击液气锤技术参数见表 16-19。

表 16-19　CDK 型程控对击液气锤的技术参数

技术参数	CDK-100	CDK-160	CDK-250
当量参数/t	4	6	10
最大打击能量/kJ	100	160	250
最大打击行程/mm	530	630	710
最大打击次数/(次/min)	60	50	40
机器质量/t	68	109	170
电动机功率/kW	150	220	320

16.1.7 无砧座模锻锤的主要技术参数

无砧座模锻锤（又称对击锻锤）的主要技术参数见表 16-20。

表 16-20　无砧座模锻锤的主要技术参数

技术参数	DCH16	DCH25	DCH40	DCH63
打击能量/kJ	160	250	250	400	6300
最大击锤速度/(m/s)	2×3.3	2×3	2×3.16	2×3.13	2×3.13
两锤头行程和/mm	2×630	2×600	2×630	2×280	2×800
最小模具闭合高度/mm	2×225	2×375	2×250	2×280	2×350
导轨间距/mm	900	1090	1000	1200	1500
锤头长度/mm	1250	1600	1800	2000	2500
最高锤击次数/(次/min)	45	50	45	35	30
平均锤击次数/(次/min)	7	7	7	6	6
介质工作压力/×10⁵Pa	7~9				
锻锤质量/t	101	~150	~155	300	450
锻锤地面以上高度/mm	5300	~5950	5455	6900	7410
联动方式	液压	钢带	液压	液压	液压

16.1.8 消振液压锤

消振液压锤主要技术参数见表 16-21。

表 16-21 消振液压锤主要技术参数

技术参数		C83-25	C83-50	C83-80	C83-100
打击能量/kJ		25	50	75	125
打击行程/mm		450	550	595	630
每分钟打击次数/(次/min)		50~120	50~110	50~100	40~100
模具闭合高度(设燕尾)/mm		300~540	340~580	360~600	400~640
安装空间/mm	左右	540	610	700	730
	前后	600	700	800	900
电动机功率/kW		30	2×30	2×45	2×55

注：系济南铸锻机械研究所研制。

16.1.9 高速锤

高速锤的基本参数见表 16-22。

表 16-22 高速锤的基本参数

打击能量/kJ	25	63	100	160	250	400	630	1000
打击速度/(m/s)	16~18					14~16		
打击行程/mm	280	320	320	360	400	450	520	600
模具最小闭合高度/mm	350	450	500	560	680	800	900	1000
锤击系统质量/t	0.21~0.17	0.53~0.42	0.84~0.67	1.35~1.07	2.10~1.67	4.40~2.66	6.90~5.30	11.0~8.40

16.2 螺旋压力机

16.2.1 摩擦螺旋压力机

摩擦螺旋压力机中最常见的是双盘摩擦螺旋压力机，其参数系列标准见表 16-23。国产摩擦螺旋压力机技术参数见表 16-24。

表 16-23 双盘摩擦螺旋压力机系列（JB/T 2547—1991）

技术参数		主要参数系列								
		63	100	160	250	400	630	1000	1600	2500	4000
公称压力/kN		63	100	160	250	400	630	1000	1600	2500	4000
运动部分能量/kJ		0.22	0.45	0.9	1.8	3.6	7.2	14	28	50	100
滑块行程/mm		200	250	300	350	400	500	600	700	800	900
滑块行程次数/(次/min)		35	30	27	24	20	16	13	11	9	7
最小封闭高度/mm		315	355	400	450	530	630	710	800	1000	1250
垫板厚度/mm		80	90	100	120	150	180	200	220	250	280
工作台尺寸	左右 mm	250	315	400	500	600	720	800	1050	1250	1400
	前后 mm	315	400	500	600	720	800	1050	1250	1500	1800

表 16-24 国产摩擦螺旋压力机技术参数

技术参数	J53-40	J53-63A	J53-100A	J53-160A	J53-160B[①]	J53-300[①]	J53G-300	J53-400[①]
公称压力/kN	400	630	1000	1600	1600	3000		4000
能量/kJ	1	2.5	5	10	10	20		40
滑块行程/mm	180	270	310	360	360	400		500
行程次数/(次/min)	40	22	19	17	17	15/22		14
封闭高度/mm	280	270	320	380	260	300		520
垫板厚度/mm	80	80	100	120	—	—		—
工作台尺寸/mm×mm	300×600	450×400	500×450	560×510	560×510	650×570		820×730

续表

技术参数		J53-40	J53-63A	J53-100A	J53-160A	J53-160B①	J53-300①	J53G-300	J53-400①
导轨间距/mm		300	350	400	460	—	650		—
电动机	型号	Y10012-4	Y132M1-6	Y160M-6	Y160L-6		Y200L2-6	Y200L-4	
	功率	3	4	7.5	11	10	22/30		30
外形尺寸/mm×mm×mm		1056×960×2313	1538×1105×2840	1884×1393×3375	2043×1425×3695	1465×2240×3730	2581×1603×4345		1890×2812×5115
总质量/t		1.86	3.2	5.6	8.5	8.8	13.5		16.6
技术参数		JB53-400	J53-630①	JB53-630	J53-1000①	JB53-1000	J53-1600①	JB53-1600	J53-2500
公称压力/kN		4000	6300	6300	10000	10000	16000	16000	25000
能量/kJ		36	80	72	160	140	280	280	500
滑块行程/mm		400	600	400	700	500	700	600	800
行程次数/(次/min)		20	11	20	10	17	10	15	9
封闭高度/mm		530	650	630	700	710	750	800	980
垫板厚度/mm		150	—	180	—	200	—	200	—
工作台尺寸/mm×mm		750×630	920×820	900×750	1200×1000	1120×900	1250×1100	1280×1000	1600×1200
导轨间距/mm		650	—	766		915		1030	
电动机	型号	Y160L-4 Y180L-6		JH02-81-6 JH02-71-4		JH02-82-6 JH02-72-4		JS-116-8 JQ02-91-6	
	功率	15/15	55	30/22	75	30/22	130	70/55	230
外形尺寸/mm×mm×mm		3020×2750×4612	5000×4320×6060	4340×3300×5447	6000×5670×7250	5050×4300×7250	5850×5750×8260	4950×3850×7700	4847×6797×9560
总质量/t		17.5	39.3	50	67	70	85	94	155

① 青岛锻压机床厂产品,其余为辽阳锻压机床厂产品。

16.2.2 离合器式螺旋压力机

离合器式螺旋压力机主要技术参数见表 16-25。

表 16-25 离合器式螺旋压力机的主要技术参数

技术参数		J55-400	J55-630	J55-800	J55-1000	J55-1250	J55-1600	J55-2000	J55-2500	J55-3150	J55-4000
公称压力/kN		4000	6300	8000	10000	12500	16000	20000	25000	31500	40000
最大打击力/kN		5000	8000	10000	12500	16000	20000	25000	40000	40000	50000
滑块速度/(mm/s)≥		500	500	500	500	500	500	500	500	500	500
有效变形能量(飞轮速降≤12.5%)/kJ		60	100	150	220	300	420	500	750	1000	1250
最大行程/mm		300	335	355	375	400	425	450	625	500	530
最大装模空间(无滑块垫板)/mm		500	560	630	670	710	950	850	900	950	1060
工作台面尺寸	左右/mm	670	750	800	850	900	1000	1200	1400	1450	1600
	前后/mm	800	900	950	1000	1060	1250	1200	1400	1450	1600
离合器压力/MPa		0.55	0.55	0.55	0.55	0.55	0.55	0.55	0.55	0.55	0.55
主电机功率/kW		18	30	37	45	55	90	90	132	132	160
主机质量/t		23	32	44	56	71	110	180	250	290	320
主机地面以上高度/mm		4000	4500	4600	5200	5600	6000	7100	7100	7300	8000
工作台顶出器	顶出行程/mm	120	120	160	160	200	200	250	250	250	280
	顶出力/kN	100	100	200	200	250	250	315	315	315	400
滑块顶出器	顶出行程/mm	15	15	40	40	50	50	55	55	55	60
	顶出力/kN	15	20	50	50	80	80	100	100	100	125

16.2.3 液压螺旋压力机

液压螺旋压力机主要技术参数见表 16-26。

表 16-26 液压螺旋压力机的主要技术参数

公称压力/kN		250	400	630	1000	1600	2500	4000	6300	10000
运动部分能量×10/kJ		1.8	3.6	7.2	14	28	50	100	200	400
滑块行程/mm		280	315	355	400	450	500	630	800	1000
理论行程次数/(次/min)		40	35	30	25	18	16	12	8	6
最小闭合高度/mm		450	530	630	710	800	1000	1250	1600	2000
工作台尺寸	左右/mm	500	630	800	900	1120	1250	1400	1700	2000
	前后/mm	630	750	900	1000	1250	1500	1800	2100	2500

16.3 热模锻曲柄压力机

热模锻曲柄压力机主要技术参数见表 16-27、表 16-28。

表 16-27 热模锻曲柄压力机的主要技术参数

技术参数		曲轴纵放式		曲轴横放式				
公称压力/kN		10000	16000	20000	25000	31500	40000	80000
滑块行程/mm		250	280	300	320	350	400	460
行程次数/(次/min)		90	85	80	70	55	50	39
最大装模高度/mm		560	720	765	1000	950	1000	1200
装模高度调节量/mm		10	上、下各5	21	22.5	23	25	25
导轨间距/mm		1050	1250	—	—	1300	—	1820
工作台尺寸	左右/mm	1000	1250	1035	1140	1240	1450	1700
	前后/mm	1150	1120	1100	1250	1300	1500	1830
电动机功率/kW		55	75	115	135	180	202	45×2(主)
质量/t		50	75	117	163	203	285	858
外形尺寸	长/mm	2600	3190	6900	—	4230	8100	6700
	宽/mm	2400	2680	5300	—	4870	8000	5200
	高/mm	5550	5610	9020	—	8700	10900	11350
生产厂		济南重型机器厂	太原重型机器厂	沈阳重型机器厂	沈阳重型机器厂	一重集团公司	沈阳重型机器厂	一重集团公司

表 16-28 MP 系列热模锻压力机的主要技术参数

公称压力/kN		6300	10000	12500	16000	20000	25000	31500	40000	50000	63000	80000
滑块行程次数/(次/min)		110	100	95	90	85/70	85/65	60	55	45	42	40
滑块行程/mm		220	250	270	280	300	320	340	360	400	450	450
装模高度调节量/mm		11	14	16	18	20	22.5	25	28	32	35	38
最大装模高度/mm		630	700	775	875	950	1000	1050	1110	1180	1250	1350
工作台尺寸	左右/mm	690	850	910	1050	1210	1300	1400	1500	1600	1840	1840
	前后/mm	920	1120	1250	1400	1530	1700	1860	2050	2250	2300	2400
额定传动功率/kW		37	45	55	75	90	110	132	185	230	300	370

注：表中产品系第二重型机器厂生产。

16.4 平锻机

水平分模平锻机和垂直分模平锻机的技术参数分别见表 16-29～表 16-31。

表 16-29 水平分模平锻机的主要技术参数

公称压力/kN		3150	4500	6300	9000	12500
夹模开口度/mm		120	135	155	180	205
主滑块行程/mm		290	330	360	420	460
夹紧模闭合后主滑块的有效行程/mm		150	170	190	215	245
夹紧模闭合时主滑块的返回行程/mm		80	95	100	108	130
模具尺寸(长×宽×高)/mm×mm×mm		330×380×145	400×450×170	450×530×190	530×600×220	705×720×250
主滑块在最前位置时其前边缘与夹紧模间距离/mm		110	—	120	180	380
主滑块行程次数/(次/min)		55	45	35	32	28
电动机	型号	JH02-62-4	JR-81-4	JR-92-8	JR-116-8	JR-126-10
	功率/kW	17	40	55	70	95
机器总质量/t		21.38	34.55	48.47	87.2	131.81
地面上高度/mm		2070	2120	2364.3	2680	2599
外形尺寸(长×宽×高)/mm×mm×mm		3442×2160×2415	3905×1450×2440	4320×3370×3626	6535×3370×3626	7645×3825×4149

表 16-30 SM 型水平分模平锻机技术参数

技术参数	量 值										
主滑块公称压力/kN	800	1250	2000	3150	4500	6300	9000	12500	16000	20000	25000	31500
夹紧力/kN	1060	1700	2650	4200	6000	8500	11800	17000	21200	26500	33500	4200
主滑块有效行程/mm	100	110	130	150	170	190	215	245	280	310	350	380
行程次数/(次/min)	75	70	65	55	45	35	32	28	25	23	20	18
夹紧凹模开口度/mm	80	90	100	120	135	155	180	205	230	255	290	325
公称凹模宽度/mm	250	280	315	380	450	530	600	680	760	850	950	1060
最大凹模宽度/mm	450	490	570	650	760	860	960	1100	1220	1360	1560	1700
电动机功率/kW	7.5	11	11	15	22	30	37	60	75	90	110	132

表 16-31 垂直分模平锻机的主要技术参数

主滑块公称压力/kN		5000	8000	12500	20000
夹紧滑块行程/mm		125	160	220	312
主滑块行程/mm		280	380	460	610
夹紧滑块闭合后主滑块的有效行程/mm		190	250	310	340
夹紧滑块闭合后主滑块的返回行程/mm		30	130	170	140
主滑块行程次数/(次/min)		45	33	27	25
主滑块在最前极限位置时其边缘与夹紧模间距离/mm		110	175	180	230
进料窗口尺寸(宽×高)/mm×mm		150×410	190×610	265×780	330×980
模具尺寸(长×宽×高)/mm×mm×mm		450×180×435	550×210×600	700×260×820	850×320×1030
电动机	型号	JH-82-8	JR-92-8	JR-127-10	JR-128-8
	功率/kW	28	55	115	155
机器总质量/t		40.2	85	129	256
外形尺寸[长×宽×(地面上高/总高)]/mm×mm×mm/mm		4000×3055×(1945/2310)	5215×2931×(2296/3041)	3645×3930×(3000/3680)	8620×5185×(3140/4140)

16.5 水压机

16.5.1 自由锻造水压机

① 单臂式锻造水压机的主要技术参数见表 16-32。

② 整装式锻造水压机的技术参数见表 16-33。

表 16-32 单臂式锻造水压机的主要技术参数

技术参数	量 值		
公称压力/MN	3.15	5.0	(8.0)
液体工作压力/×10⁵Pa	200 或 320		
最大行程/mm	700	800	1000
净空距/mm	1700	1800	2000
工作缸中心线到机架内壁的距离/mm	800	800	1000
工作台面尺寸(长×宽)/mm×mm	3350×1000	3600×1100	3800×1200
工作台行程/mm	1000	1400	1600
锻造次数/(次/min)	30～90	24～90	15～80

表 16-33 整装式锻造水压机的技术参数

技术参数		BY214	BY215	Y311	Y222	BY221	4101
公称压力/MN		16	20	25	31.5	60	125
压力分级/MN		8/16	10/20	8/16/25	16/31.5	60/40/20	125/83.6/41.8
工作液体		乳化液					—
工作液体压力/×10⁵Pa		320	320	320	320	320	320
立柱中心距(长×宽)/mm×mm		2400×1200	2800×1500	3400×1600	3500×1800	5200×2300	6300×3450
净空距/mm		2950	3400	3500	3800	6130	7000
活动横梁最大行程/mm		1400	1600	1800	2000	2600	3000
活动横梁移动速度	空程向下/(mm/s)	300	300	300	300	300	250
	工作行程/(mm/s)	150	150	150	160	75～100	70～100
	回程/(mm/s)	300	300	300	300	300	250
工作行程次数/(次/min)		16	10	8～10 (行程200mm)	8～10	5～7 (60000kN)	5～6
快锻行程次数/(次/min)		60	50	35～45 (行程50mm)	40	—	—
工作缸数及柱塞直径/mm		三缸,φ560, 2×φ400	三缸,φ560, 2×φ450	3×φ580	—	3×φ920	3×φ1290
回程缸数及柱塞直径/mm		2×φ160	2×φ200	2×φ220	—	—	—
回程力/kN		—	—	2×1200	2×1700	6.5	10.8
工作台面尺寸(长×宽)/mm×mm		4000×1500	5600×2000	5000×2100	6000×2000	9000×3400	10000×4000
工作台移动力/kN		—	—	600	1000	2.25	3
工作台移动行程/mm		—	—	4000	4000	左、右各3000	左、右各7000
工作台移出最大行程/mm		左、右各1500	左、右各2000	—	—	—	—
工作台移动速度/(mm/s)		200	250	250	200	150～200	200
最大允许偏心距/mm		120	160	200	200	200	250
顶出器顶出力/kN		—	—	1600	1500	2.56	4.0
顶出器行程/mm		—	—	1000	860	1400	1500
工具提升缸力/kN		—	—	—	—	36	—
工具提升行程/mm		—	—	—	—	4000	—
可锻最大钢锭	拔长/t	14	36	—	—	—	—
	镦粗/t	8	14	—	—	—	—
液压机外形尺寸	长/mm	15640	20850	26760	21700	47400	52200
	宽/mm	13070	12140	13760	13300	(宽)18750 (高)22570	(宽)14550 (高)24440
	地面上高度/mm	≈8500	9410	9810	11125	15480	18310
	地面下深度/mm	≈2700	3080	5500	5000	—	—
本体质量/t		182.5	309	385	—	1850	2632
设备总质量/t		277.4 (不包括泵站)	401 (不包括泵站)	534	551	2250	3232

③ 锻造水压机技术参数见表 16-34。

表 16-34　锻造水压机的技术参数

公称压力/kN		5000	6300	8000	10000	12500	16000	25000	60000	120000
工作液体压力/MPa		20	20	32	20	32	32	32	32	35
各级压力	第一级/kN	5000	6300	4000	10000	6000	8000	8000	20000	30000
	第二级/kN	—	—	3000	—	12500	16000	16000	40000	60000
	第三级/kN	—	—	—	—	—	—	25000	60000	120000
行程次数　工作/快锻/(次/min)		—	—	—	—	16/60	16/60	8~10/35~45	5~12/—	—
公称压力/kN		5000	6300	8000	10000	12500	16000	25000	60000	120000
活动横梁移动速度　空程/工作/(mm/s)		—	—	—	—	—/100	300/150	300/150	300/100	—
活动横梁最大行程/mm		1600	800	1000	2200	1250	1400	1800	2500	3000
行程长度　锻压/快锻/mm		—	100/25	50/18	—	—	—	200/50	—	—
立柱中心距/mm×mm		—	1600×1100	1760×900	—	2400×1200	2400×1200	3400×1600	5200×3200	—
工作台面尺寸/mm×mm		900×1800	—	1200×2400	1250×2500	1500×3000	1500×4000	5000×2100	9000×3400	—
工作台最大行程/mm		—	900	1600	—	2000	1500	4000	6000	—
上砧板与台面净空高/mm		650	—	2000	1100	1250	2800	3500	6000	6500
顶出器	有效顶出力/kN	—	—	460/300	—	600/300	650/300	1600/—	2000/800	—
	伸出台面高度/mm									
提升缸数量及提升力/kN		—	—	2×700	—	2×1250	2×1300	2×1200	2×2900	—
锻造时允许最大偏心距/mm		—	—	—	—	—	120	200	200	—
可锻最大中碳钢质量　拔长/镦粗/t		—	5/1.5	6/2	—	9~12/4~5	8/3	45/3~20	150/80	—

④ 锻造水压机与应配备的锻造操作机的关系见表 16-35。

表 16-35　锻造水压机与应配备的锻造操作机的关系

锻造水压机/MN	应配备的锻造操作机		应配备的工具操作机/t
	夹持质量/t	荷重力矩/kN·m	
120	180~200	3600~4000	3
31.5	40~55	800~1000	1
16	20	400	0.5
12.5	10	200	0.3

16.5.2　模锻水压机

① 小型专用模锻水压机的主要技术参数见表 16-36。

表 16-36　小型专用模锻水压机的主要技术参数

技术参数		量　值	
公称压力/MN		300	150
工作液体压力/$\times 10^5$Pa		1000	1000
工作缸数量/个		1	1
工作台面尺寸(长×宽)/mm×mm		2500×1500	1500×1000
净空距/mm		1500	1000
最大行程/mm		350	250
水压机轮廓尺寸	平面尺寸(长×宽)/mm×mm	4750×3750	3800×3500
	地面以上高度/mm	4925	3400
	总高/mm	11415	7800
水压机本体质量/t		895	346
总质量/t		1390	698.7

② 80MN 黑色金属模锻水压机的主要技术参数见表 16-37。

表 16-37 80MN 黑色金属模锻水压机的技术参数

技术参数		量值	技术参数	量值
公称压力/MN		80	平衡力/kN	600
工作介质		乳化液	净空距/mm	2600
工作介质压力/10^5Pa	高压	320	立柱中心(长×宽)/mm×mm	2800×2800
	低压	4~6	工作台尺寸(长×宽)/mm×mm	4735×1840
回程力/MN		5.0	活动横梁最大行程/mm	550
空程及回程速度/(mm/s)		80~100	液压机地面下深度/mm	2735
工作行程速度/(mm/s)		60	外形尺寸(长×宽×高)/mm×mm×mm	12070×7270×12039
工作台移动力/kN		400		
工作台行程/mm		3000	本体总质量/t	556
工作台移动速度/(mm/s)		670	设备总质量/t	625
液压机地面上高度/mm		8654	最大件质量(下横梁)/t	65.2

③ 300MN 模锻水压机的主要技术参数见表 16-38。

表 16-38 300MN 模锻水压机的主要技术参数

技术参数		量值	技术参数		量值
公称压力/MN		300	总平衡力/MN		16
分级压力/MN	第一级	100	总回程力/MN		39
	第二级	210	同步缸	数量/个	4
	第三级	300		活塞直径/mm	φ900/φ400
工作液体压强/10^5Pa	泵站	320		初始压强/10^5Pa	65
	变压器	150,450		最大工作压强/10^5Pa	200
	充液罐	5~8		缸间距离(长×宽)/mm×mm	10000×8000
工作液体	主系统	乳化液	工作台移动缸	柱塞直径/mm	320
	同步系统	矿物油		移动力/MN	2.5
活动横梁最大行程/mm		1800		行程/mm	8000
行程速度/(mm/s)	加压行程	0~30	中央顶出器	顶杆数/个	5
	空程和回程	~150		顶出力/MN	7.5
净空距/mm		3900		行程/mm	300
允许偏心距/mm	纵向	400	侧顶出器	顶出力/MN	5.0
	横向	200		行程/mm	1000
工作台面尺寸(长×宽)/mm×mm		3300×10000	立柱间距	横向/mm	5600
工作缸数量/个		8		纵向/mm	3×2700
工作缸柱塞直径/mm		1030	变压器	台数/台	2
回程缸数量/个		4		行程/mm	2600
回程缸柱塞直径/mm		480		下缸直径/mm	φ370,2×φ315
平衡缸数量/个		4		变压缸直径/mm	φ460
平衡缸柱塞直径/mm		400		一次行程压出液体容积	430
活动部分质量/t		2100		相当于活动横梁行程	60
充液罐	容积/m³	2×37	轮廓尺寸/mm	地下高	10400
	压强/10^5Pa	5~8		宽度	32645
低压缓冲器	容积/m³	4×6		长度	49300
	压强/10^5Pa	5~8	最重零件单件重/t	上小横梁	129
同步系统主油泵	压强/10^5Pa	200		立柱	101
	流量/(L/mm)	3×200			
轮廓尺寸	总高/mm	26500	本体部分质量/t		7100
	地上高/mm	16100	总质量/t		8067

16.5.3 切边水压机

切边水压机主要配合大型模锻锤进行模锻件的热切边用。切边水压机的主要技术参数见表 16-39。

表 16-39 切边水压机的主要技术参数

技术参数		量 值				
公称压力/MN		10	20	31.5	50	80
活动横梁最大行程/mm		800	900	1000	1250	1600
最大净空距		1600	1800	2200	2700	3000
工作台尺寸/mm	宽	1400	1600	2000	2500	3000
	长	1800	2500	3000	4000	5000
回程缸压力/MN		1.0	2.0	3.2	5.0	8.0
空行程速度/(mm/s)		200	150	150	150	150
工作行程速度(不小于)/(mm/s)		15	10	10	10	10
回程速度/(mm/s)		150	100	100	100	100

16.6 油压机

油压机以油为工作介质，可于切边、校正等多种锻造工序，还可用于液态模锻、等温模锻和精密模锻。用于液态模锻和等温模锻的液压机技术参数分别见表 16-40 和表 16-41。

表 16-40 液态模锻用液压机的主要技术参数

技术参数		TDY33-200A	TDY33-315
公称压力/kN		2000	3150
液体最大工作压力/MPa		25	25
回程压力/kN		300	450
顶出压力/kN		400	630
活动梁最大行程/mm		600	700
活动梁距工作台面最大距离/mm		1050	1250
顶出活塞最大行程/mm		250	300
最快下行/(mm/s)		140	110~120
减速下行/(mm/s)		40	40
活动梁行程速度	高压下行/(mm/s)	3~5	3~5
	最快回程/(mm/s)	110	90
工作台有效尺寸/mm×mm		900×900	1255×1120

表 16-41 等温模锻用液压机技术参数

公称压力/MN	2.5	6.3	16
横梁最大行程/mm	710	800	1000
横梁空载行程速度/(mm/s)	63	40	25
横梁工作行程速度/(mm/s)	0.2~2.0	0.2~2.0	0.2~2.0
闭合高度/mm	600	975	975
下顶杆顶出力/MN	0.25	0.63	1.6
上顶杆顶出力/MN	0.25	0.63	1.6
下顶杆顶出距/mm	250	320	400
上顶杆顶出距/mm	100	100	100
立柱左右间距/mm	1000	1250	1600
立柱前后间距/mm	800	1000	1250
压机左右总宽/mm	2250	2580	4325
压机前后总长/mm	2020	2180	2850
压机总高/mm	5685	6900	9140
压机总质量/t	—	—	—

16.7 精压机

精压机用于锻件的精整。其特点是工作行程短，变形压力大，运动精度高，冷精压后的锻件精度可达 0.03~0.05mm。精压机有下压式和上移式两种结构形式。其技术参数分别见表 16-42 和表 16-43。

表 16-42 下压式精压机的技术参数

公称压力/kN	4000	8000	12500	20000	40000
滑块行程/mm	130	125	120	200	230
滑块行程次数/(次/min)	50	26	30	18	—
最大封闭高度/mm	520	460	580	830	900
立柱间距/mm	660	750	1010	1300	—
工作台尺寸(长×宽)/mm×mm	660×660	800×720	980×1010	1300×1280	1500×1500
电动机功率/kW	17	22	30	55	—
机器总质量/t	14	33.3	60.8	128.2	337.5

表 16-43 上移式精压机的技术参数

公称压力/kN	400	630	1250	2500
滑块行程/mm	25	65	25	65
滑块行程次数/(次/min)	24	24	24	8
最大封闭高度/mm	260	260	340	400
立柱间距/mm	410	410	440	440
滑块下面工作台面积(长×宽)/mm×mm	230×310	230×310	255×350	290×310
电动机功率/kW	2.7	2.7	4.2	6
机器总质量/t	5.2	5.2	6.5	9

16.8 轧锻压力机

轧锻压力机有辊锻机和楔横轧机两种类型。辊锻机主要用于长轴线锻件的制坯工序。辊锻机的技术参数见表 16-44～表 16-46；楔横轧机可轧制各种形状的阶梯轴类锻件，其特点是生产率高、材料利用率高、模具寿命高。工作时无冲击，噪声小，但工艺、模具复杂，调整困难，故适合于大批量生产。楔横轧机技术参数见表 16-47、表 16-48。

表 16-46 悬臂式辊锻机的主要技术参数

技术参数	D41-200	D41-250	D41-315	D41-400	D41-500	D41-800
锻模公称直径/mm	200	250	315	400	500	800
公称压力/kN	160	250	400	630	1000	1200
锻辊直径/mm	110	140	180	220	280	
锻辊可用长度/mm	200	250	315	400	500	800
锻辊转速/(r/min)	125	100	80	63	50	40
锻辊中心距调节量/mm	-10	-12	-14	-16	-18	+5 -20
锻辊轴向调节量/mm	±3	±3	±3	±3	±3	±2
锻辊角度调节量/(°)	±3	±3	±6	±5	±5	±5
可锻方坯边长/mm	32	45	75	90	125	110

注：型号意义，例：D 4 1-200 为辊锻机型号与规格。
  -200 表示主参数锻模公称直径 200mm
  1 表示组别，第 1 组为悬臂式，第 2 组为双支承式，第 3 组为复合式
  4 表示列别，第 4 列为辊锻机系列
  D 表示锻机类

表 16-45 双支承辊锻机的主要技术参数

技术参数		D42-160	D42-250	D42-400	D42-500	D42-630	D42-800	D42-1000
锻模公称直径/mm		160	250	400	500	630	800	1000
公称压力/kN		125	320	800	1250	2000	3200	4000
锻辊直径/mm		105	170	260	330	430	540	680
锻辊可用长度/mm		160	250	400	500	630	800	1000
锻辊转速/(r/min)	Ⅰ挡	100	80	60	50	40	30	25
	Ⅱ挡	—	—	40	32	25	20	—
锻辊中心距调节量不小于/mm		8	10	12	14	16	18	20
可锻方坯边长/mm		20	35	60	80	100	125	150

表 16-46 D43-630 复合式辊锻机技术参数

技术参数	内辊或外辊	量 值
锻模公称直径/mm	内、外辊	630
公称压力/kN	内辊	1600
	外辊	1000

续表

技术参数	内辊或外辊	量 值
锻辊转速/(r/min)	内、外辊	40/30
锻辊直径/mm	内辊	400
	外辊	320
锻辊可用长度/mm	内辊	800
	外辊	320
锻辊中心距调节量/mm	内、外辊	30
	外辊补偿量	±2
可锻方坯边长/mm	内、外辊	80

表 16-47　H 型辊式楔横轧机技术参数

技术参数		H500	H630	H800	H1000
轧辊中心距/mm		520	660	800~850	980~1060
轧辊工作部分尺寸:直径/mm		500	630/700	810	1060
长度/mm		450	500	700	800
工件最大尺寸:直径/mm		30	30/50	80	100
长度/mm		400	450	600	700
轧辊每分钟连续转数/(r/min)		12/15	8/12/15	6/9/12	6/8/10
轧辊相应调节量/(°)		±2	±2	±3	±3
主电机	形式	交流	交流	交流	交流
	功率/kW	30	40	60	95
	转速/(r/min)	1000	1000	750	750
轧辊许用静力矩/(kN·m)		6×2	(13/20)×2	40×2	80×2
轧机质量/t		6	9	34	45

表 16-48　D46 型楔横轧机技术参数

技术参数		D46-15×200	D46-25×250	D46-35×300	D46-50×400	D46-80×550	D46-100×700	D46-120×900	D46-150×1200	D46-70×700
轧辊中心距/mm		315	400	500	630	800	1000	1200	1500	700
轧辊工作部分尺寸	直径/mm	250	320	400	500	640	800	1000	1250	540
	长度/mm	250	300	400	500	650	800	1000	1300	800
工件最大尺寸	直径/mm	15	25	35	50	80	100	120	150	70
	长度/mm	200	250	300	400	550	700	900	1200	700
轧辊中心距调整量/mm		±8	±10	±12	±15	±20	±25	+10/−45	+10/−50	+15/−20
轧辊转速/(r/min)		15	15	14	12	12	10	9	8	12
轧辊(模具)相位角调整量		±3°	±3°	±3°	±3°	±3°	±3°	±3°	±3°	±3°
电动机功率/kW		13	17	30	40	70	110	155	210	55

16.9　胎模锻设备选用

胎模锻成型方法和所需锻锤吨位计算方法见表 16-49 和表 16-50。

表 16-49　胎模锻成型方法及所需锻锤吨位（1）

成型方法简图	锻件尺寸/mm	锤落下部分质量/kg				
		250	400	560	750	1000
摔模成型	$D \times L$	60×80	80×90	90×120	100×150	120×80

续表

成型方法简图	锻件尺寸/mm	锤落下部分质量/kg				
		250	400	560	750	1000
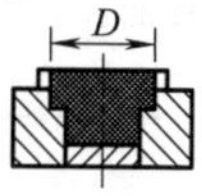 开式套筒模成型	D	120	140	160	180	220
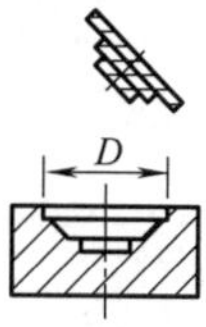 摔模成型	D	65	75	85	100	120
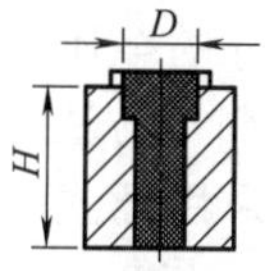 预镦模成型	D×H	65×250	100×380	120×380	140×450	160×500
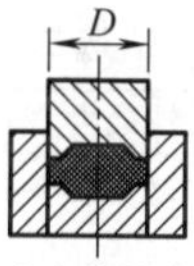 闭式套筒模成型 $D=1.13\sqrt{A}$ （A 为锻件最大投影面积，不计飞边）	D	80~100	130~150	155~165	175~185	200~210
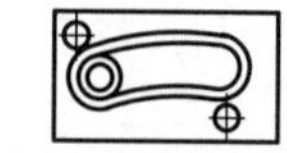 合模成型	D	60~80	70~100	90~120	100~140	110~160

注：1. 当要求锻件一火成型时，尺寸取下限；若增加火次，则按上限尺寸。
2. 摔模成型时，L 受砧宽度限制；顶镦模成型时，H 受锤头有效打击行程限制。

表 16-50　胎模锻成型方法及所需锻锤吨位（2）

序号	类型	公式	说　　明
1	有飞边合模锻造	G=KF	式中　G——所需锻锤落下的部分质量，kg 　　　F——锻件烟形部分的投影面积（计算时不计飞边的面积），cm² 　　　K——系数，一般在 5~10 之间；对形状简单、制坯较好的锻件，取 5~6；较复杂或局部有筋锻件，取 6~7；对直接烟形的较小锻件，取 7~9；对较薄锻件（如变速叉等）取 8~10
2	无飞边闭式套模	见表 16-51	表中规定最大直径能在自由镦粗或简单制坯后一火锻成。有些需要预锻（如高轮毂带槽齿轮需用开式套模预锻），二次加热后终锻的锻件也可用此表。表中较小数值用于有较大扁平部分或连皮的锻件（如薄辐齿轮）

序号	类型	公式	说明
3	跳模	见表 16-52	跳模锻造设备吨位选择的原则是指将毛坯直接放入跳模（先放入拌好机油的锯末）连续重打 3～4 次后,锻件能自动跳出。选择锻锤吨位时可参考表 16-52

利用上述公式和表格时应注意以下几点。

（1）所列数据适用于锻造中等强度的坯料，锻造高温强度较高的金属时可适当增大。

（2）用闭式套模焖形时，锻锤吨位不宜过大，否则易引起套模破裂和下砧凹陷。

（3）采用所列数据，可使锻件终锻时一火完成，如增加终锻火次可选择较小的设备吨位。

（4）在中小工厂锻锤吨位较小的情况，为锻出较大锻件，可采用如下措施。

① 将锻件的各个部分依次成型，最后整形。

② 增加预锻（采用预锻模）工序，减小终锻时的变形量。

③ 胎模锻时连皮很难压薄，故在制坯过程中，尽量减少形成连皮部分的金属。如拨叉类锻件，可冲去坯料叉口之间的金属，焖大孔齿轮时，采用先锻成环形坯料等方法。

④ 跳模是为了提高生产率"大锤干小活"的方法，锻锤较小时，可采用开式套模。如仍要用跳模，可先放入锯末将坯料镦几下后，再在终锻前放入锯末，锤击 1～2 次后，锻件自动跳出。

表 16-51　无飞边闭式套模锻造设备选择

锻锤吨位/t	锻件最大直径/mm
0.25	80～100
0.4	130～150
0.56	155～165
0.75	175～185
1.0	200～210

表 16-52　跳模锻造设备选择

锻锤吨位/t	锻件最大直径/mm
0.25～0.3	65
0.4	75
0.56	85
0.75	100
1.0	120

第 17 章 热作模具钢

17.1 模具钢锻造工艺

17.1.1 模具钢锻造工艺规范

模具钢锻造工艺规范见表 17-1。

表 17-1 模具钢锻造工艺规范

钢 号	加热温度/℃	始锻温度/℃	终锻温度/℃	冷 却 方 式
10、30、45、55、20Cr、40Cr	1180~1220	1170~1200	≥800	空冷或堆放空冷
T7、T8、T9、T10、T11、T12	1050~1100	1020~1080	800~750	空冷至650℃后转入坑中缓冷
8MnSi、Cr2、V、9Cr2、Cr06、W、GCr15	1120~1160	1100~1140	800~850	空冷至650℃后转入坑中缓冷
CrW5	1100~1140	1080~1120	850~900	空冷至650℃后转入坑中缓冷
9Mn2V	1080~1120	1050~1100	850~800	缓冷(砂冷或坑冷)
CrWMn	1100~1150	1050~1100	850~800	先空冷后缓冷
MCrWV	1120~1150	1080~1100	≥800	缓冷(砂冷或坑冷)
9CrSi	1100~1150	1050~1100	850~800	缓冷(砂冷或坑冷)
Cr12	1120~1140	1080~1100	880~920	缓冷(砂冷或坑冷)
Cr12MoV	1050~1120	1000~1060	900~850	缓冷(砂冷或坑冷)
Cr4W2MoV	1040~1080	1020~1050	850~900	缓冷(砂冷或坑冷)
Cr6WV	1060~1120	1000~1080	900~850	缓冷(砂冷或坑冷)
Cr2Mn2SiWMoV	1040~1080	1020~1050	850~900	缓冷(砂冷或坑冷)
Cr6W3Mo2.5V2.5	1100~1150	1100	850~900	缓冷(砂冷或坑冷)
W18Cr4V	1180~1220	1120~1140	≥950	缓冷(砂冷或坑冷)
W6Mo5Cr4V2	1140~1150	1040~1080	≥900	缓冷(砂冷或坑冷)
6W6Mo5Cr4V(6W6)	1100~1120	1050~1080	≥850	缓冷(砂冷或坑冷)
6Cr4W3Mo2VNb(65Nb)	1120~1150	1100	850~900	缓冷(砂冷或坑冷)
7Cr7Mo2V2Si(LD)	1130	1100	≥850	缓冷(砂冷或坑冷)
7CrSiMnMoV	1150~1200	1100~1150	800~850	缓冷(砂冷或坑冷)
6CrNiMnSiMoV(GD)	1080~1120	1040~1060	≥850	缓冷(砂冷或坑冷)
8Cr2MnWMoVSi	1100~1150	1060	≥900	缓冷(砂冷或坑冷)

续表

钢 号	加热温度/℃	始锻温度/℃	终锻温度/℃	冷 却 方 式
4CrW2Si	1150～1180	1130～1160	≥800	缓冷（砂冷或坑冷）
5CrW2Si	1150～1180	1130～1160	≥800	缓冷（砂冷或坑冷）
6CrW2Si	1150～1180	1130～1160	≥800	缓冷（砂冷或坑冷）
7Mn15Cr2A13V2WMo	1140～1160	1080～1100	≥900	缓冷
5CrMnMo	1100～1150	1050～1100	850～800	缓冷
5CrNiMo	1100～1150	1050～1100	850～800	缓冷
3Cr2W8V	1130～1160	1080～1120	900～850	缓冷
4Cr5MoSiV	1120～1150	1070～1100	900～850	缓冷
4Cr5MoSiV1	1120～1150	1070～1100	900～850	缓冷
4CrMnSiMoV	1120～1150	1050～1100	≥850	缓冷
3Cr3Mo3W2V	1150～1180	1050～1100	≥850	缓冷
5Cr4W2Mo2VSi	1130～1140	1080～1100	≥850	缓冷
5Cr4Mo3SiMnVA1(021A)	1100～1140	1050～1080	≥850	缓冷

17.1.2 常用模具钢的临界温度

常用模具钢的临界温度见表 17-2。A_{c1} 表示加热时珠光体转变为奥氏体的温度；A_{r1} 表示冷却时奥氏体转变为珠光体的温度；A_{c3} 表示加热时铁素体转变为奥氏体的终了温度。

A_{r3} 表示冷却时奥氏体转变为铁素体的开始温度；A_{ccm} 表示加热时二次渗碳体向奥氏体中溶解的终了温度；A_{rcm} 表示冷却时二次渗碳体从奥氏体中析出的开始温度，见图 17-1。

热处理过程中，奥氏体在极大的冷却速度下，转变为马氏体。但加热至奥氏体状态或转变为马氏体中，仍保持原有的含碳量不变，而形成碳在 α-Fe 中的过饱和状态。马氏体的转变是将奥氏体过冷至某一温度时才开始发生的。其转变开始的温度，通常用"Ms"符号表示。用"Mz"表示马氏体转变终了的温度。在 Ms 与 Mz 之间随着温度的下降，马氏体量不断增加而奥氏体量不断减少。上述临界点是正确选择钢在热处理时的加热温度和冷却时组织结构变化的主要依据。

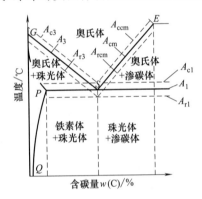

图 17-1 钢加热和冷却时组织转变各临界点的位置

表 17-2 模具钢的临界温度

牌号	A_{c1}	$A_{c3}(A_{ccm})$	A_{r1}	A_{r3}	Ms
T7	730	770	700	—	220～240
T8	730		700	—	240
T10	730	800	700		200
9Mn2V	750	860	660		200～210
CrWMn	750	940	710		200～260
9CrWMn	750	900	700		205
9CrSi	770	870	730		160
GCr15	760	900	695	707	
Cr12	810	835	755	770	180
Cr12MoV	830	1200(855)	750	785	230
Cr12Mo1V1	810	875	695	A_{rcm}:750	190
Cr4W2MoV	795	900	760	—	142
Cr6WV	815	845	775	625	150

续表

牌号	A_{c1}	$A_{c3}(A_{ccm})$	A_{r1}	A_{r3}	Ms
Cr2Mn2SiWMoV	770		640	—	
W18Cr4V	(870)	1330	760	—	180~220
W6Mo5Cr4V2	835	—	770	—	140
6W6Mo5Cr4V	820	730			240
CT35	740	770			
TLMW50	761	790	690	730	
3Cr2W8V	825(800~850)	1100	790(690~750)	—	380
5CrMnMo	710	760	650		220
5CrNiMo	720	820	680		210
20	735	855	700	—	渗碳层175~200
20Cr	766	838	702	799	
45	724	780	682	751	350
40Cr	743	782	693	730	355

17.1.3 热作模具钢的分类

热作模具钢的分类见表17-3。

表17-3 热作模具钢的分类

按用途分类	按性能分类	按化学成分分类	钢号
锤锻模具用钢	低耐热高韧性模具钢	低合金热作模具钢	5CrNiMo,5CrMnMo 4CrMnSiMoV,5Cr2NiMoV
机锻模用钢 热挤压模用钢 压铸模用钢	中耐热,高热强性模具钢 高耐热,高耐磨性模具钢	铬系模具钢 铬钨系模具钢 铬钼钨系模具钢	4Cr5MoSiV,4Cr5MoSiV1 4Cr5W2SiV 4Cr5Mo2MnV1Si 3Cr2W8V 5Cr4W5Mo2V,3Cr3Mo3W2V 5Cr4W2Mo2VSi 5Cr4Mo3SiMnVAl 4Cr3Mo2MnVNbB
热冲裁模具钢	低耐热,高韧性 高耐热,高耐磨	铬系 钨系	8Cr3 3Cr2W8V
特殊用途 模具钢	无磁模具钢 时效硬化模具钢	奥氏体系 马氏体系	7Mn10Cr8Ni10Mo3V2 5Mn15Cr8Ni5Mo3V2 7Mn15Cr2Al3V2WMo 18Ni(300),18Ni(250) 18Ni(350)

17.1.4 热作模具钢的用途

热作模具钢的用途见表17-4。

表17-4 热作模具钢的用途

钢号	用途举例
5CrMnMo	形状较简单,厚度≤250mm 的小型锤锻模,也用于热切边模
5CrNiMo	形状较简单,厚度为 250~350mm 的中型锤锻模,也用于热切边模
3Cr2W8V	工作温度较高(≥550℃),并承受静载荷较高而冲击载荷较低的锻造压力机模(镶块),也用于铜合金热挤压模、压铸模
5Cr4Mo3SiMnVAl	较高工作温度、高磨损条件下的模具,如标准行业的热挤压模
3Cr3Mo3W2V	用于镦锻模、精锻模,以及铜合金、轻金属的热压模、压铸模
5Cr4W5Mo2V	用于热挤压模具、使用寿命比3Cr2W8V 钢显著提高,也用于精锻模、热冲模等

续表

钢 号	用 途 举 例
8Cr3	承受冲击载荷不大,工作温度≤500℃的热作模具,如热切边模、螺栓与螺钉热顶锻模、热弯曲与热剪切用成型冲模等
4CrMnSiMoV	大、中型锤锻模,压力机锻模,也用于校正模、平锻模和热弯曲模等
4Cr3Mo3SiV	热挤压模芯棒、挤压缸内套及垫块等,也用于热锻模、热冲模等
4Cr5MoSiV	型腔复杂,承受冲击载荷较大的锤锻模,锻造压力机整体模具或镶块,以及热挤压模、热切边模、压铸模,也用于高耐磨塑料模具
4Cr5MoSiV1	用途与4Cr5MoSiV相近,由于钢中钒含量提高,其热硬性与耐磨性更好些,用途更广
4Cr5W2VSi	锻压模具、高速锤锻模与冲头、热挤压模与芯棒,以及铝、锌等轻金属压铸模等

17.1.5 常用热作模具钢的化学成分

常用热作模具钢的化学成分见表17-5。

表17-5 常用热作模具钢的化学成分

序号	牌号	化学成分(质量分数)/%							
		C	Si	Mn	Cr	Mo	W	V	其他
		①低耐热性热作模具钢(GB/T 1299—2000)							
1	5CrMnMo	0.5~0.6	0.25~0.6	1.2~1.6	0.6~0.9	0.15~0.3	~	~	P≤0.03
2	5CrNiMo	0.5~0.6	≤0.40	0.5~0.8	0.5~0.8	0.15~0.3	~	~	Ni:1.4~1.8
3	4CrMnSiMoV	0.35~0.45	0.8~1.1	0.8~1.1	1.3~1.5	0.4~0.6	~	0.2~0.4	S≤0.03
		②中耐热性热作模具钢(GB/T 1299—2000)							
4	4Cr5MoSiV	0.33~0.43	0.8~1.2	0.2~0.5	4.75~5.5	1.1~1.6	—	0.3~0.6	P≤0.03
5	4Cr5MoSiV1	0.32~0.45	0.8~1.2	0.2~0.5	4.75~5.5	1.1~1.75	—	0.8~1.2	Ni:1.4~1.8
6	4Cr5W2VSi	0.32~0.42	0.8~1.2	≤0.40	4.5~5.5	—	1.6~2.4	0.6~1.0	S≤0.03
7	8Cr3	0.75~0.85	≤0.40	≤0.40	3.2~3.8	—	—	~	
		③高耐热性热作模具钢(GB/T 1299—2000)							
8	3Cr2W8V	0.3~0.4	≤0.40	≤0.40	2.2~2.7	—	7.5~9.0	0.2~0.5	P≤0.03
9	3Cr3Mo3W2V	0.32~0.42	0.6~0.9	≤0.65	2.8~3.3	2.5~3.0	1.2~1.8	0.8~1.2	Ni:1.4~1.8
10	5Cr4Mo3SiMnVAl	0.47~0.57	0.8~1.1	0.8~1.1	3.8~4.3	2.8~3.4	—	0.8~1.2	S≤0.03
11	5Cr4W5Mo2V	0.4~0.5	≤0.40	≤0.40	3.4~4.4	1.5~2.1	4.5~5.3	0.7~1.1	

注:5Cr4Mo3SiMnVAl中Al的质量分数为0.30%~0.70%。

17.1.6 常用热作模具材料的性能比较

常用热作模具材料的性能比较见表17-6。

表17-6 常用热作模具材料的性能比较

牌号	标准号	耐磨性	韧性	高温强度	热稳定性/℃	耐热疲劳性	切削加工性	淬硬层深度	淬火不变形	脱碳敏感性
5CrMnMo		中等	中等	较差	<500	较差	较好	中等	中等	较大
5CrNiMo		中等	较好	较差	500~550	中等	较好	中等	中等	较大
3Cr2W8V		较好	中等	较好	<600	较好	较差	中~深	中等	较小
8Cr3		中等	较差	较差	400~500	中等	较差	中等	中等	中等
4Cr5MoSiV	CB/T 1299—2000	较好	中等	较好	<600	好	较好	深	中等	中等
4Cr5W2VSi		较好	中等	较好	<600	好	较好	深	中等	中等
4Cr5MoSiV1		较好	中等	较好	<600	好	较好	深	中等	中等
5Cr4W5Mo2V		较好	较差	好	600~650	较好	较好	深	中等	中等
4CrMnSiMoV		中等	中等	中等	<600	中等	较好	深	中等	中等
4Cr3W4Mo2VTiNb	非国家标准	较好	中等	好	<600	较好	较好	深	中等	中等
3Cr3Mo3V		较好	中等	较好	<600	较好	较好	深	中等	中等
35Cr3Mo3W2V		较好	中等	较好	600~650	较好	较好	深	中等	中等

17.1.7 锤锻模具材料及其硬度

锤锻模具材料及其硬度见表 17-7。

表 17-7 锤锻模具材料及其硬度

锻模种类	锻模或零件名称		锻模材料		锻模硬度			
			简单型	复杂型	模腔表面		燕尾部分	
					HBW	HRC	HBW	HRC
整体锻模或嵌镶模块	小型锻模(高度小于275mm)		5CrMnMo 5SiMnMoV③	4Cr5MoSiV 4Cr5MoSiV1 4Cr5W2VSi	387～444① 364～415②	42～47① 39～44②	321～364	35～39
	中型锻模(高度为275～325)				364～415① 340～387②	39～44① 37～42②	302～340	32～37
	大型锻模(高度为325～375)		4CrMnSiMoV 5CrNiMo		321～364	35～39	286～321	30～35
	特大型锻模(高度为375～500)				302～340	32～37	269～321	28～35
镶块锻模	特大型锻模(高度为375～500)		ZG40Cr		—	—	269～321	28～35
堆焊锻模	模体	特大型锻模(高度为375～500)	ZG45Mn2		—	—	269～321	28～35
	堆焊材料	特大型锻模(高度为375～500)	5Cr4Mo3V、5CrNiMo 5Cr2MnMo③		302～340	32～37	—	—
锤杆	中、小型锻锤		40Cr		241～269	—	—	—
	大型锻锤		40CrNi					

① 用于模腔浅而形状简单的锻模。
② 用于模腔深、形状复杂的锻模。
③ 非国家标准牌号,仅供参考。

17.1.8 其他类型热锻模材料的选用举例及其硬度

其他类型热锻模材料的选用举例及其硬度见表 17-8。

表 17-8 其他类型热锻模材料的选用举例及其硬度

锻模类型或零件名称		推荐选用的材料牌号	可代用的材料牌号	要求的硬度值	
				HBW	HRC
摩擦压力机锻模	凸模镶块	4Cr5W2VSi、4Cr5MoSiV 3Cr2W8V、3Cr3Mo3V② 35Cr3Mo3W2V②	5CrMnMo 4CrMnSiMoV 5CrNiMo	390～490	—
	凹模镶块			390～440	—
	凸模、凹模镶块模体	45Cr	45	349～390	—
	整体凸模、凹模	5CrMnMo、5SiMnMoV②	8Cr3	369～422	—
	上、下压紧圈	45	40、35	349～390	—
	上、下垫板和顶杆	T7	T8	369～422	—
	导柱、导套	T8	T7	—	56～58
热模锻压力机锻模	终锻模腔镶块	4CrMnSiMoV、5CrNiMo 3Cr3Mo3V、4Cr5W2VSi	5CrMnMo 5SiMnMoV	368～415	—
	顶锻模腔镶块	4Cr5MoSiV、4Cr3W4Mo2VTiNb②		352～388	—
	锻件顶杆	4Cr5MoSiV、4Cr5W2VSi 3Cr2W8V	GCr15	477～555	—
	顶出板、顶杆	45	40Cr	368～415	—
	垫板			444～514②	—
	镶块固定零件	45 40Cr	40Cr —	341～388 368～415	—
平锻机锻模	整体凸凹模	中、小型锻模 8Cr3	5CrNiMo	354～390	39～42
		大型锻模 4CrMnSiMoV	5CrMnMo	322～364	35～40
	凹模镶块	中、小型镶块 6CrW2Si	5CrNiMo	354～390	39～42
		大型镶块 4CrMnSiMoV	5CrNiMo	322～364	35～40

续表

锻模类型或零件名称		推荐选用的材料牌号	可代用的材料牌号	要求的硬度值	
				HBW	HRC
平锻机锻模	凹模镶块 切边凹模镶块	8Cr3	5CrNiMo	364～417	40～44
	凹模镶块 冲孔凹模镶块	4CrMnSiMoV	5CrMnMo	354～390	39～42
	凸模镶块 小型镶块	8Cr3	3Cr2W8V	354～390	39～42
	凸模镶块 大型镶块	4CrMnSiMoV	6CrW2Si	322～364	35～40
	冲头	3Cr2W8V、5Cr4W5Mo2V	8Cr3、6CrW2Si	354～390	39～42
	镶块模基体 凹模体	40Cr	40、45	322～364	35～40
	镶块模基体 凸模座	40Cr	45		
	镶块模基体 切边凹模体	45	—		
	凹模固定器	8Cr3	—	302～340	33～39
	切刀	4Cr5W2VSi、8Cr3	4CrMnSiMoV、5CrNiMo	364～417	40～45
	夹钳口	8Cr3	—	340～370	39～42
精密锻造或高速锤锻模（整体模或镶块组合模）		4Cr5W2VSi、4Cr5MoSiV 4Cr5MoSiV1、5Cr4W5Mo2V 4Cr4Mo2WVSi② 4Cr3W4Mo2VTiNb 铁素体时效硬化钢①	3Cr2W8V 5CrNiMo 4CrMnSiMoV		45～54
切边模	热切边凸模、凹模	8Cr3、4Cr5MoSiV 5Cr4W5Mo2V	5CrNiMo、5CrMnMo 4CrMnSiMoV	368～415	—
	冷切边凹模	Cr12MoV	T10A	444～514	—
	冷切边凸模	9CrWMn、9SiCr	9Mn2V	444～514	—
冲孔模	热冲孔 凹模	8Cr3		321～368	—
	热冲孔 凸模	8Cr3	3Cr2W8V、6CrW2Si	368～415	—
	冷冲孔 凹模	T10A	—	—	56～58
	冷冲孔 凸模	Cr12MoV	T10A	—	56～60
热校正模		8Cr3	5CrMnMo 4CrMnSiMoV	368～415	—
冷校正模		Cr12MoV	T10A	—	56～60
平面精压模		T10A Cr12MoV	Cr12	—	51～58
整体热精压模		3Cr2W8V 4Cr5W2VSi	5CrMnMo	—	52～58

① 铁素体时效硬化钢（碳的质量分数小于或等于0.05%，硅的质量分数小于0.05%，钼的质量分数为16%～18%，铬的质量分数为0.8%～1.0%，钒的质量分数为0.50%，钛的质量分数为0.50%，稀土的质量分数为0.10%～0.2%）是高速锤锻模中性能较好的一种模具材料，使用寿命（可达1000次左右）高于其他模具钢。其热处理规范是：1220℃固溶处理，750℃时效10h，硬度值为52～53HRC。

② 非国家标准牌号，仅供参考。

17.1.9 热挤压模具材料的选用

热挤压模具材料的选用见表17-9。

表17-9 热挤压模具材料的选用

被挤压材料	铝、镁合金		铜及铜合金		钢	
模具名称	模具材料	硬度(HRC)	模具材料	硬度(HRC)	模具材料	硬度(HRC)
凹模	4Cr5MoSiV1 4Cr5MoSiV	47～51	4Cr5MoSiV1 4Cr3Mo3SiV 5Cr4W2Mo2SiV① 3Cr2W8V 4Cr4W4Co4V2Mo①	42～44	4Cr5MoSiV1 4Cr3Mo3SiV 3Cr2W8V	44～48

续表

被挤压材料	铝、镁合金		铜及铜合金		钢	
模具名称	模具材料	硬度(HRC)	模具材料	硬度(HRC)	模具材料	硬度(HRC)
芯棒	4Cr5MoSiV1 4Cr5MoSiV	46～50	4Cr5MoSiV1 4Cr3Mo3SiV 4Cr4W4Co4V2Mo	46～50	4Cr5MoSiV1 3Cr2W8V 4Cr3Mo3SiV 4Cr4W4Co4V2Mo[①]	46～50
芯棒头镶块	W6Mo5Cr4V2 6W6Mo5Cr4V	55～60	6W6Mo5Cr4V 高温合金:GH761	55～60	W6Mo5Cr4V2 6W6Mo5Cr4V GH761	55～60
挤压缸内套	4Cr5MoSiV1 4Cr5MoSiV	42～47	4Cr5MoSiV1 4Cr5MoSiV 铁基高温合金	42～47	4Cr5MoSiV1 GH2761	42～47
挤压缸外套	5CrMnMo 4Cr5MoSiV	32～38	5CrMnMo 4Cr5MoSiV	32～38	5CrMnMo 4Cr5MoSiV	32～38
模座	4Cr5MoSiV1 4Cr5MoSiV	42～46	5CrMnMo	42～46	5CrMnMo 4Cr3Mo3SiV	44～50
垫块挤压杆	4Cr5MoSiV1 4Cr5MoSiV	40～44	4Cr5MoSiV1 4Cr3Mo3SiV	40～44	4Cr5MoSiV1 4Cr3Mo3SiV	40～44

① 非国家标准牌号,仅供参考。

17.1.10 胎模锻的胎模材料及其硬度

胎模锻的胎模材料及其硬度见表17-10。

表17-10 胎模锻的胎模材料及其硬度

胎模或零件名称		主要材料	代用材料	硬度(HRC)
摔子、扣模和弯曲模	上、下模	45、40C	—	37～41
		T7	—	40～44
	模把	20	A3	—
垫模、套模	模套	5CrMnMo 5CrNiMo 4SiMnMoV	45、40Cr 45Mn2	38～42
	垫模、冲头、模垫	同模套	T7、T8、45Mn2	40～44
合模	小型	同垫模套模	T7、T8、40Cr、45Mn2	40～44
	中型		40Cr、45Mn2	40～44
	大型		40Cr、45Mn2	38～42
	导销	40Cr	45、T7	38～42
冲切模	热切冲头	7Cr3、5CrMnMo	T7、T8	42～46
	热切凹模	45	T7、T8	42～46
	冷切冲头 冷切凹模	T8	T8	46～50
热态工作繁重的胎模零件(垫模、冲头、模垫、拼分模镶块等)		3Cr2W8V	5CrMnMo 5CrNiMo	46～50

17.1.11 螺旋压力机锻模用钢及其硬度

螺旋压力机锻模用钢及其硬度见表17-11。

表 17-11 螺旋压力机锻模用钢及其硬度

锻模零件名称	钢 牌 号 主要材料	钢 牌 号 代用材料	硬度(HB)
凸模镶块	3Cr3Mo3VNb 4Cr5W2VSi 3Cr2W8V 4Cr5W2VSi	5CrNiMo 5CrNiMo 5CrMnMo 5CrNiMo	444～495 390～490 461～514
凹模镶块	3Cr3Mo3VNb 3Cr2W8V 4Cr5W2VSi	5CrNiMo 5CrNiMo 5CrMnMo 5CrNiMo	444～495 390～440 461～514
凸凹模模体	45Cr	45	349～390
整体凸凹模	5CrMnMo	8Cr3	369～422
上、下压紧圈	45	40,35	349～390
上、下垫板	T7	T8	369～422
上、下顶杆	T7	T80	369～422
导柱、导套	T8	T7	56～58HRC

17.2 常用热作模具钢的热处理

17.2.1 常用热作模具钢的热处理规范

常用热作模具钢的热处理规范见表 17-12。

表 17-12 常用热作模具钢的热处理规范

序号	牌号	热加工与热处理规范				
1	5CrMnMo (T20102)	热加工				
		项目	加热温度/℃	始锻温度/℃	终锻温度/℃	冷却方式
		钢锭	1140～1180	1100～1150	880～800	缓冷(坑或砂冷)
		钢坯	1100～1150	1050～1100	850～800	缓冷(坑或砂冷)
		热处理规范				
		淬火温度/℃	冷却介质	温度/℃	冷却	硬度(HRC)
		820～850	油	150～180	至 150～180℃后小型模具空冷,大中型模具立即回火	52～58
		回火规范				
		回火部位	锻模类型	加热温度/℃	加热介质	硬度(HRC)
		模具工作部分	小型锻模 中型锻模	490～510 520～540	煤气炉或电炉	41～47 38～41
		锻模燕尾部分	小型锻模 中型锻模	600～620 620～640		35～39 34～37
		回火温度与硬度的关系				
		回火温度/℃	200	300	400	450	500	550	600	650
		硬度(HRC)	57	52	47	44	41	37	34	30
		注:一般回火2次,每次回火后均需油冷,以防回火脆性的产生				
2	5CrNiMo (T20103)	热加工				
		项目	加热温度/℃	始锻温度/℃	终锻温度/℃	冷却方式
		钢锭	1140～1180	1100～1150	880～800	缓冷(坑或砂冷)
		钢坯	1100～1150	1050～1100	850～800	缓冷(坑或砂冷)

续表

序号	牌号	热加工与热处理规范							
2	5CrNiMo (T20103)	热处理规范							
		淬火温度/℃		冷却介质	介质温度/℃		冷却			硬度(HRC)
		830~860		油	20~60		至150~180℃后立即回火			53~58
		回火规范							
		方案	回火用途	锻模规格		加热温度/℃	加热介质			硬度(HRC)
		I	消除应力稳定组织和尺寸	小型锻模		490~510	煤气炉或电炉			44~47
				中型锻模		520~540				38~42
				大型锻模		560~580				34~37
		II		燕尾	中型	620~640				34~37
					小型	640~660				30~35
		淬火、回火对钢材冲击韧度的影响							
		淬火温度/℃		回火温度/℃						
				300	350	400	450	500	550	600
				冲击韧度 α_k/(J/cm²)						
		840		21	25	29	35	45	56	71
		950		19	20	23	25	35	49	62
		1000		13	16	20	23	30	40	54
		淬火、回火对钢材硬度的影响							
		淬火温度/℃		回火温度/℃						
				300	350	400	450	500	550	600
				硬度(HRC)						
		850		52	50	48	45	41	38	32
		900		52	50	48	45	41	38	32
		950		53	51	49	46	42	39	33
		1000		54	52	50	47	43	40	34
		回火温度与硬度的关系							
		回火温度/℃	100	200	300	400	450	500	550	600	650
		硬度(HRC)	62	57.5	53	48	45.7	41.8	37.3	34	29.5

序号	牌号	热加工与热处理规范				
3	4CrMnSiMoV (T20101)	热加工				
		项目	加热温度/℃	始锻温度/℃	终锻温度/℃	冷却方式
		钢锭	1160~1180	1100~1150	≥850	缓冷(坑或砂冷)
		钢坯	1100~1150	1050~1100	≥850	缓冷(坑或砂冷)
		热处理规范				
		淬火温度/℃	淬火介质	介质温度/℃	冷却	硬度(HRC)
		870±10	油	20~60	至油温	56~58
		回火规范				
		模具类型	回火温度/℃		回火设备	回火硬度(HRC)
		小型	520~580		空气炉	43.7~48.7
		中型	580~630			40.7~43.7
		大型	610~650			37.8~41.7
		特大型	620~660			36.9~39.7
		不同温度淬火后的硬度				
		淬火温度/℃	800	850	860	870	875	885	900
		硬度(HRC)	46	56	57	58	58	58	57
		回火温度与硬度的关系				
		回火温度/℃	淬火后	300	400	450	500	550	600	650	700
		硬度(HRC)	56	52	49	48	47	46	42	38	30

序号	牌号	热加工与热处理规范			
4	5Cr2NiMoVSi (T20202)	热加工			
		加热温度/℃	始锻温度/℃	终锻温度/℃	冷却方式
		1180~1200	1140~1160	850~900	缓冷(坑或砂冷)
		热处理规范			
		淬火温度/℃	冷却介质		硬度(HRC)
		960~1010	油冷		54~61

续表

序号	牌号	热加工与热处理规范					
4	5Cr2NiMoVSi (T20202)	回火规范					
		回火温度/℃				回火硬度(HRC)		
		600～680				48～35		
5	4Cr5MoSiV (T20501)	热加工					
		项目	加热温度/℃	始锻温度/℃	终锻温度/℃	冷却方式	
		钢锭	1140～1180	1200～1150	≥925	缓冷	
		钢坯	1120～1150	1070～1100			
		热处理规范					
		淬火温度/℃	冷却介质	介质温度/℃	延续	硬度(HRC)	
		1000～1030	油或空气	20～60	冷至油温	53～55	
		回火规范					
		用途	回火温度/℃	设备	冷却	回火次数	回火硬度(HRC)
		消除应力和降低硬度	530～560	熔融盐溶或空气炉	空冷	2	47～49
		注：第二次回火温度通常比第一次低20～30℃					
		表面处理规范					
		工艺	温度/℃	时间/h	介质	渗层厚度/mm	显微硬度(HV)
		氰化	560	2	50%KCN+50%NaCN	0.04	690～640
		氰化	580	8	天然气+氨	0.25～0.30	860～830
		氮化	540	12～20	氨,α=30%～60%	0.15～0.20	760～550
6	4Cr5MoSiVI (T20502)	热加工					
		项目	加热温度/℃	始锻温度/℃	终锻温度/℃	冷却方式	
		钢锭	1140～1180	1100～1150	900～850	缓冷(砂冷或坑冷)	
		钢坯	1120～1150	1050～1100	900～850	缓冷(砂冷或坑冷)	
		热处理规范					
		淬火温度/℃	冷却			硬度(HRC)	
			介质	介质温度/℃	冷却到室温		
		1020～1050	油或空气	20～60		56～58	
		回火规范					
		回火目的	回火温度/℃	设备	冷却	回火次数	回火硬度(HRC)
		消除应力和降低硬度	560～580①	熔融盐浴或空气炉	空气	2	47～49
		①第二次回火温度应比第一次低20℃					
		表面处理规范					
		工艺	温度/℃	时间/h	介质	渗层厚度/mm	显微硬度(HV)
		氰化	560	2	50%KCN+50%NaCN	0.04	690～640
		氰化	580	8	天然气+氨	0.25～0.30	860～635
		氮化	530～550	12～20	氨,α=30%～60%	0.15～0.20	760～550
7	4Cr5W2VSi (T20520)	热加工					
		项目	加热温度/℃	始锻温度/℃	终锻温度/℃	冷却方式	
		钢锭	1140～1180	1100～1150	925～900	缓冷(砂冷或坑冷)	
		钢坯	1100～1150	1080～1120	900～850	缓冷(砂冷或坑冷)	
		热处理规范					
		方案	淬火温度/℃	冷却		硬度(HRC)	
				介质	介质温度/℃	冷却到室温	
		Ⅰ	1060～1080	油或空气	20～40		56～58
		Ⅱ	1030～1050	油	20～40		53～56

续表

序号	牌号	热加工与热处理规范					
7	4Cr5W2VSi(T20520)	回火规范					
		淬火方案	用途	回火温度/℃	设备	冷却	保温时间/h	硬度(HRC)
		Ⅰ	降低硬度和稳定组织	第一次 590~610 第二次 570~590	熔融盐浴或空气炉	空气	2 2	48~52
		Ⅱ		第一次 560~580 第二次 530~540	熔融盐浴或空气炉	空气	2 2	47~49
		表面处理规范					
		工艺	温度/℃	时间/h	介质	渗层厚度/mm	显微硬度(HV)
		氰化	560	2	50%KCN+50%NaCN	0.04~0.07	710~580
		氰化	580	8	天然气+氨	0.25	765~660
		氮化	530~550	12~20	氨,a=30%~60%	0.12~0.20	1115~650

序号	牌号	热加工				
8	8Cr3(T20300)	项目	加热温度/℃	始锻温度/℃	终锻温度/℃	冷却方式
		钢锭	1180~1200	1100~1150	870~900	缓冷
		钢坯	1160~1180	1050~1100	870~900	缓冷
		热处理规范				
		淬火温度/℃	冷却介质	介质温度/℃	冷却 || 硬度(HRC)
		850~880	油	20~40	冷却到油温 || ≥55
		回火规范				
		回火目的	回火温度/℃	加热设备	冷却介质 || 回火硬度(HRC)
		消除应力和降低硬度	480~520	熔融盐浴或空气炉	空气 || 41~46
		表面处理规范				
		氮化温度/℃	氮化时间/h	介质	扩散层	
					渗层厚度/mm	显微硬度(HV)
		480	50	氨,a=25%~35%	0.35~0.40	600~750

序号	牌号	热加工				
9	3Cr2W8V(T20280)	项目	加热温度/℃	始锻温度/℃	终锻温度/℃	冷却方式
		钢锭	1150~1200	1100~1150	900~850	先空冷,后坑冷或砂冷
		钢坯	1130~1160	1080~1120	900~850	
		热处理规范				
		方案	淬火加热温度/℃	冷却			硬度(HRC)
				介质	温度/℃	延续	冷却到20℃
		Ⅰ	1050~1100	油	20~60	至150~180℃	空气	49~52
		注:1. 大型模具采用加热温度的上限值,小型模具采用加热温度的下限值。 2. 大型模具应先在600~650℃进行1~2h预热,然后再进行加热。 3. 加热保温时间;火焰炉根据模具厚度,每25mm保温40~50min;电炉加热时,再加40%				
		回火规范				
		用途	加热温度/℃	加热设备			回火硬度(HRC)
		消除应力,稳定组织与尺寸	600~620	煤气炉或电炉			40.2~47.4
		注:1. 大型模具在淬火后,应立即回火。 2. 模具回火时,先装入350~400℃的炉内停留1~3h,然后将温度升至回火温度。 3. 回火保温时间,按每25mm厚度为40~45min进行计算				

序号	牌号	热加工				
10	3Cr3Mo3W2V(T20323)	项目	加热温度/℃	始锻温度/℃	终锻温度/℃	冷却方式
		钢锭	1170~1200	1100~1150	≥900	缓冷(砂冷或坑冷)
		钢坯	1150~1180	1050~1100	≥850	缓冷(砂冷或坑冷)

续表

序号	牌号	热加工与热处理规范				
10	3Cr3Mo3W2V（T20323）	热处理规范				
		淬火温度/℃	淬火介质		介质温度/℃	淬火硬度（HRC）
		1060~1130	油		20~60	52~56
		回火规范				
		回火目的	回火温度/℃		回火介质	回火硬度（HRC）
		增加耐磨性	640		空气	52~54
		提高韧性	680			39~41
		回火稳定性				
		回火温度/℃	下列保温时间(h)后的硬度（HRC）			
			4	6	8	12
		600	50	49.5	50.5	46.5
		640	48	46.5	43.5	—
		680	39.5	37.5	—	—
		注：在1130℃淬火后,640℃回火时硬度下降到HRC≤40所需的时间,3Cr3Mo3W2V钢为8h。				
11	5Cr4W2Mo2VSi	热加工				
		项目	加热温度/℃	始锻温度/℃	终锻温度/℃	冷却方式
		钢锭	1150~1180	1100~1140	≥900	砂冷或坑冷
		钢坯	1130~1160	1080~1100	≥850	砂冷或坑冷
		热处理规范				
		加热温度/℃		冷却		硬度（HRC）
		预热温度	淬火温度	介质	出油温度℃	
		500~580	1080~1120	油	150~200	61~63
		回火规范				
		回火温度/℃	加热设备		冷却方式	硬度（HRC）
		600~620	熔融盐浴或电炉		空气	52~54
		抗张强度				
		淬火温度/℃	下列温度（℃）回火后 σ_b/MPa			
			300	400	500	600	650
		1080℃油淬	2070	2210	2182	2055	1870
		1120℃油淬	2075	—	2070	2215	2055
12	5Cr4Mo3SiMn-VAl（T20403）	热加工				
		加热温度/℃	始锻温度/℃		终锻温度/℃	冷却方式
		1100~1140	1050~1080		≥850	缓冷（砂冷或坑冷）
		热处理规范				
		模具种类	冷作模具		热作模具	压铸模具
		淬火温度/℃	1090~1120		1090~1120	1120~1140
		回火规范				
		模具种类	冷作模具		热作模具	压铸模具
		回火温度/℃	510		600~620	620~630
13	5Cr4W5Mo2V（T20452）	热加工				
		项目	加热温度/℃	始锻温度/℃	终锻温度/℃	冷却方式
		钢锭	1180~1200	1130~1160	≥850	缓冷（砂冷或坑冷）
		钢坯	1170~1180	1120~1150	≥850	缓冷（砂冷或坑冷）
		热处理规范				
		淬火温度/℃	淬火介质		介质温度/℃	硬度（HRC）
		1130~1140	油		20~60	58~56
		回火规范				
		回火温度/℃	回火时间(h)和次数		回火设备	回火硬度（HRC）
		600~630	2×2		熔融盐溶或空气炉	50~56

续表

序号	牌号	热加工与热处理规范								
13	5Cr4W5Mo2V (T20452)	回火稳定性								
		项目	1130℃淬火并630℃回火后,再保温不同时间/h							
			0.5	1.0	1.5	2.0	2.5	3.0	3.5	4.0	5.0
		硬度(HRC)	56.8	56	54.8	54.3	53	53	52.0	52.5	52
		高温力学性能								
		试验温度/℃	σ_b/MPa		$\sigma_{0.2}$/MPa		δ_{10}/%		ψ/%		α_k/(J/cm²)
		550	1540		1300		4.5		—		23.5
		600	1500		1065		7.0		15.5		25.9
		650	1060		800		5.0		25		23.6

序号	牌号	热加工与热处理规范				
14	6Cr4Mo3Ni2WV	热加工				
		项目	加热温度/℃	始锻温度/℃	终锻温度/℃	冷却方式
		钢锭	1120~1150	1080~1120	≥900	缓冷(砂冷或坑冷)
		钢坯	1100~1140	1050~1080	≥900	缓冷(砂冷或坑冷)
		热处理规范				
		淬火温度/℃	冷却		硬度(HRC)	
			冷却介质	分级温度/℃		
		1100~1160	油	560~600	62~63	
		回火规范				
		回火温度/℃	加火时间/h	回火次数	用途	
		560±10	2	2	冷作模具	
		630±10	2	2	热作模具	
		高温力学性能				
		热处理制度	室温硬度(HRC)	温度/℃	σ_b/MPa	δ_5/%	ψ/%	硬度(HV)	α_k/(J/cm²)

热处理制度	室温硬度(HRC)	温度/℃	σ_b/MPa	δ_5/%	ψ/%	硬度(HV)	α_k/(J/cm²)
1120℃油淬,560℃,2h×2次回火	59~61	550	1660~1840	3.5~4.5	8~8.5	447	25
		600	1450			352	24
		650	1080~1140			210	24
		700	550~690	13.5	41.5	97.6	71
1120℃油淬,630℃,2h×2次回火	51~53	550	1400~1560	5~8	10~15	401~429	19
		600	1150~1350	11	34	279~317	20
		650	900~1120	9.5~12	22~32	187~230	25
		700	660~720	9~10	30~32	101~103	75

6Cr4Mo3Ni2WV 钢经 1120℃淬火,560、630℃回火的时间、次数对钢的硬度值及残余奥氏体量的影响

回火温度/℃	回火时间、次数 硬度及残A	1h,1次		1h,2次		2h,1次		2h,2次		2h,3次		3h,1次	
		硬度(HRC)	残A/%	硬度(HRC)	残A/%	硬度(HRC)	残A/%	硬度(HRC)	残A/%	硬度(HRC)	残A/%	硬度(HRC)	残A/%
560		59	3.3	60		60.5	3.9	61.5	3.3	57.5	2.7	60.5	2.7
630		59	2.3	57.6		57.5	1.7	53.5	1.5	52.5	0.5	57	2.8

17.2.2 常用热作模具钢的回火硬度与回火温度的关系

常用热作模具钢的回火硬度与回火温度的关系见表17-13。

表17-13 常用热作模具钢的回火硬度与回火温度的关系

回火温度/℃ 钢号	硬度(HRC)						回火时间/h	回火次数	冷却方式
	30~35	35~40	40~45	45~50	50~55	55~60			
5CrMnMo	540~600	520~560	480~500	440~480	300~400	200~300	≥2	>1	空冷
5CrNiMo	550~600	510~570	500~530	460~500	350~400	150~250	≥2	>1	空冷
3Cr2W8V	660~700	630~660	600~650	550~600	—	—	≥2	≥2	空冷
8Cr3	560~600	540~560	510~540	460~490	—	—	>1	>1	空冷

续表

回火温度/℃ 钢号 硬度(HRC)	30～35	35～40	40～45	45～50	50～55	55～60	回火时间/h	回火次数	冷却方式
5SiMnMoV	—	580～600	450～540	400～420	380～420	180～250	≥1	≥1	空冷
4Cr5MoSiV	—	670～690	650～670	530～560	500～520	—	≥1	≥1	空冷
4Cr5W2VSi	—	620～640	620～640	600～630	580～610	540～500	≥2	≥2	空冷
4Cr5MoSiV1	640～660	620～640	590～610	560～580	480～510	—	≥2	≥2	空冷
4Cr4Mo2WVSi	—	—	—	620～630	560～600	—	≥2	≥2	空冷
5Cr4W5Mo2V	—	—	—	660～700	600～630	—	≥2	≥2	空冷
4CrMnSiMoV	—	620～660	580～630	520～580	—	—	≥2	≥1	空冷
4Cr3Mo3W2V	—	680～700	640～660	610～630	550～600	—	≥2	≥2	空冷
5Cr4Mo3SiMnVAl	—	680～700	660～680	650～660	620～640	550～600	≥2	≥2	空冷
3Cr3Mo3VNb	—	—	640～660	480～580	—	—	≥2	≥2	空冷

17.2.3 常用热作模具钢的高温硬度

常用热作模具钢的高温硬度见表 17-14。

表 17-14 常用热作模具钢的高温硬度 HV

温度/℃ 钢号	300	450	600	650	700	750
5CrNiMo	333	353	261.3	201.7	150	72.3
5CrMnSiMoV	367.3	337	301	255.3	191.5	155
5Cr2NiMoVSi	348	336	301	277	253.5	196
4Cr5MoSiV	491.5	448.5	364	302.5	227.5	178.5
4Cr5MoSiV1	454.5	427.5	394	362	246.5	204.5
4Cr5W2VSi	444.5	415.5	371	314	250	170.5
4Cr3Mo3W2V	468.5	437.5	396	365	299.5	215.5
3Cr2W8V	479.5	448.5	414.5	398.5	354.5	208.5
3Cr3Mo3VNb	457.1	434.5	391.5	358	296.5	226
5Cr4W5Mo2V	491.5	450.5	442.5	395	361.5	230
5Cr4Mo3SiMnVAl	444.5	407.5	371	345	310	226.5
4Cr3Mo2NiVNiB						
4Cr3Mo3W4VNb						
4Cr3Mo2MnVNbB	479.5	435.5	393.5	381	340	274.5
4Cr5Mo2MnVSi	406.3	387	354	313.5	245.5	185.5

17.2.4 常用热作模具钢的强韧化热处理规范

常用热作模具钢的强韧化热处理规范见表 17-15。

表 17-15 常用热作模具钢的强韧化热处理规范

钢号	热处理工艺规范
3Cr3Mo3W2V	①双重热处理工艺 1200℃加热油冷+730℃回火+1050℃油冷+620～630℃回火
25Cr3Mo3VNb	②快速球化退火工艺 500～550℃预热+1070℃油冷小于200℃入炉+860℃保温后炉冷小于450℃出炉空冷
5CrMnMo 3Cr2W8V	③高温淬火工艺 500℃预热+900℃保温后预冷至740～780℃油冷+460℃回火+400℃回火 1140～1150℃油冷+670～680℃回火(二次)
W18Cr4V W6Mo5Cr4V2	④低温淬火工艺 1230～1240℃油淬+550℃×3h回火+610～620℃×3h回火 1160℃油淬+300℃回火
3Cr2W8V W18Cr4V	⑤贝氏体等温淬火工艺 (1100±10)℃加热+340～350℃等温+610℃回火(二次)+560℃回火 1240～1250℃加热+570℃分级淬火+280～300℃等温淬火+560℃回火
5CrMnMo	⑥复合等温淬火工艺 600℃预热+890～900℃加热油冷后+260℃等温淬火+450℃回火

参 考 文 献

[1] 冯炳尧，等. 模具设计与制造简明手册. 3版. 上海：上海科学技术出版社，2008.
[2] 王孝培，等. 冲压手册. 3版. 北京：机械工业出版社，2011.
[3] 杜东福，等. 冷冲压模具设计. 长沙：湖南科学技术出版社，1985.
[4] 许发樾，等. 实用模具设计与制造手册. 2版. 北京：机械工业出版社，2005.
[5] 《冲模设计手册》编写组. 冲模设计手册. 模具手册之四. 北京：机械工业出版社，2002.
[6] 王树勋，等. 模具实用技术设计综合手册. 2版. 广州华南理工大学出版社，2003.
[7] 陈锡栋，等. 实用模具技术手册. 北京：机械工业出版社，2001.
[8] 中国机械工程学会. 锻压手册. 2卷. 冲压. 2版. 北京：机械工业出版社，2002.
[9] 彭建声. 冷冲压技术问答. 上册. 北京：机械工业出版社，1981.
[10] 马朝兴，等. 冲压模具设计手册. 北京：化学工业出版社，2009.
[11] 郝滨海. 挤压模具简明设计手册. 北京：化学工业出版社，2006.
[12] 张水忠. 挤压工艺及模具设计. 北京：化学工业出版社，2009.
[13] 翟德梅. 挤压工艺及模具. 北京：化学工业出版社，2004.
[14] 中国模具设计大典编委会. 中国模具设计大典. 4卷. 南昌：江西科学技术出版社，2003.
[15] 中国机械工程学会. 锻压手册. 3卷. 锻压车间设备. 3版. 北京：机械工业出版社，2007.
[16] 中国标准出版社第三编辑室. 锻压机械标准汇编. 下册. 北京：中国标准出版社，2010.
[17] 郝滨海. 锻造模具简明设计手册. 北京：化学工业出版社，2005.
[18] 洪慎章，等. 锻造实用数据速查手册. 北京：机械工业出版社，2007.
[19] 中国模具设计大典编委会. 中国模具设计大典. 2卷. 南昌：江西科学技术出版社，2003.
[20] 林慧国，等. 模具材料应用手册. 北京：机械工业出版社，2004.
[21] 陈再枝，等. 模具钢手册. 北京：冶金工业出版社，2002.

后 记

笔者原在企业从事模具技术工作，并亲历了模具制造业较发达地区的模具设计及制造工作，发现当今的模具设计人才与模具设计相关资料相当欠缺，有些模具的设计甚至完全依赖设计者自身的经验完成。鉴于此，笔者依据四十多年的模具设计与制造经验精心编制了这套综合性的《实用模具设计与生产应用手册》，以供从事模具设计、制造等工作的专业技术人员参考。

笔者编纂本书历经十余年，以奉献理念为本，希望为传承模具文化奉献微薄之力。为避免差错，笔者在编写此书时参阅了大量可靠的文献资料，并进行了多次校对，勘误求正。

承蒙化学工业出版社的支持和帮助以及细致严谨的工作。本手册编写之时，得到了曾在江西天河传感器科技有限公司的简文辉、钟松荣、张洪恒、张巍林等工程师的友情帮助，在此一并表示感谢！同时本套书的完成也得益于永新祥和电脑服务部的吴老师指导 CAD 学习，以及家人的支持和爱女在电脑使用中的帮助，一并致谢！

编著者

于宁波